中国科学院科学出版基金资助出版

U0275511

现代化学专著系列·典藏版　38

稀土有机-无机杂化发光材料

张洪杰　牛春吉　冯　婧　著

科学出版社

北　京

内 容 简 介

本书是一部稀土有机-无机杂化材料方面的学术专著,总结了作者团队多年来在该领域所取得的科研成果,同时也介绍了国内外相关研究进展。全书共分12章。第1章绪论,介绍杂化材料的研究意义、定义、分类、特点以及稀土有机-无机杂化材料研究的发展历程等;第2章稀土离子的光谱性质,介绍稀土离子的能级、电子跃迁形式、发光特点等;第3章发光稀土配合物,介绍稀土离子的配位化学特点及几类主要的发光稀土配合物等;第4章至第12章按杂化材料的种类分别介绍稀土配合物介孔杂化发光材料、稀土配合物大孔杂化材料、稀土配合物高分子杂化材料、稀土配合物多功能杂化材料、稀土配合物凝胶杂化发光材料、稀土配合物凝胶薄膜、稀土配合物自组装膜、稀土配合物 LB 膜、其他稀土杂化发光材料共 9 类稀土有机-无机杂化材料的制备及性能等。

本书内容丰富、全面,且极具创新性、先进性和系统性,可供从事化学、材料科学、稀土科技等方面研究、教学、生产的人员参考,也可作为相关专业的研究生、高年级本科生的参考读物。

图书在版编目(CIP)数据

现代化学专著系列：典藏版 / 江明，李静海，沈家骢，等编著. —北京：科学出版社，2017.1

ISBN 978-7-03-051504-9

Ⅰ.①现… Ⅱ.①江… ②李… ③沈… Ⅲ.①化学 Ⅳ.①O6

中国版本图书馆 CIP 数据核字(2017)第 013428 号

责任编辑：顾英利　张　星 / 责任校对：张凤琴
责任印制：张　伟 / 封面设计：铭轩堂

科学出版社 出版

北京东黄城根北街 16 号
邮政编码：100717
http://www.sciencep.com

北京厚诚则铭印刷科技有限公司印刷
科学出版社发行　各地新华书店经销

*

2017 年 1 月第 一 版　开本：720×1000 B5
2017 年 1 月第一次印刷　印张：26 3/4　插页：2
字数：526 000

定价：7980.00 元(全 45 册)

(如有印装质量问题,我社负责调换)

序

我国稀土资源丰富,且品种齐全。稀土元素具有独特的 4f 亚层电子结构,稀土激光和发光材料的优良性能均源于 4f 电子在其不同能级的跃迁(f-f 和 f-d 跃迁)。这些跃迁对光子能量的吸收与发射可以发生在真空紫外(VUV)-紫外(UV)-可见-近红外等很宽的光谱区,稀土光学材料在广阔的电磁波频谱中都获得了重要的应用。因此,稀土是巨大的发光和激光材料宝库。

目前,在可见光区的稀土材料已广泛用于照明和显示,包括稀土节能荧光灯、稀土白光 LED、液晶显示屏内的冷阴极荧光灯或 LED 背光源、长余辉夜光安全标志及正在研发的 OLED 等,许多都已成为人们每天接触的日用品。稀土的光学温度传感器可用于超高速飞行物表面温度分布的成像以及高速旋转物温度的非接触测量。在近红外和中红外区,稀土已成为制备红外激光器、光纤与光波导放大器的重要新材料,在光通信、激光加工、测距、制导、激光核聚变等军用和民用领域已发挥了十分重要的作用。在紫外和真空紫外光区,稀土紫外发光材料可用于复印灯、光疗灯和无汞荧光灯的环保照明。在更高能区的射线和粒子的探测中,稀土发光材料作为探测 β 射线、γ 射线和 X 射线的固体剂量器和闪烁晶体,用于航空、航天、安检的设备以及正电子发射断层成像的 PET 等检查癌症的医疗设备。通过稀土发光材料的上转换或下转换,有望提高太阳能电池的效率。利用上转换的特性,稀土可用于生物荧光探针和免疫分析,并有可能通过上转换的途径探索可见光区的激光器和光制冷。由此可见,稀土光学材料的应用十分广泛。

21 世纪是光子学、光子技术和光子产业的时代,稀土在光的产生、调制、传输、记录、存储和探测等光学产业链的各个环节发挥着不可替代的作用。杂化材料是继单组分材料、复合材料、梯度材料之后的第四代材料。这部著作所介绍的有机-无机杂化发光材料的研究属化学、物理学、高分子科学和材料科学等多学科的交叉前沿领域。杂化材料可将高分子中的聚合等化学反应和无机化学中的溶胶-凝胶过程及介观物理等巧妙地结合起来,同时利用化学键把无机物和有机物相连接,实现分子水平、纳米尺度复合或形成互穿网络,把稀土离子具有优异的发光性能及高聚物具有易加工成型等优良性能成功地集于一体,从而得到多功能发光材料。稀土有机-无机杂化发光材料在激光、信息传输、显示及国防军工领域具有广阔的应用前景。

这部专著总结了作者多年来从事稀土有机-无机杂化发光材料研究所取得的丰硕研究成果,同时介绍了这一热门研究领域的最新研究进展和发展前景,并列出了重要的参考文献以便读者查阅。这部专著的出版,将会为从事此领域科研、教学、生产的相关人员提供创新的研究思路,并且对希望迅速了解稀土有机-无机杂化发光材料国内外研究和发展状况的人员也具有重要参考价值。相信这部专著的出版将对我国新型稀土发光材料研究与应用的发展起到有益的作用。

中国科学院院士

中山大学教授

中国科学院长春应用化学研究所研究员

苏锵

2014 年 2 月于广州

前　言

材料是人类赖以生存和发展的物质基础,也是人类物质文明与社会进步的重要标志之一。在世界经济和科学技术腾飞的 21 世纪,材料科学与化学的互促发展将人类的物质文明推向一个崭新的阶段。在各种材料竞相涌现的今天,材料领域的新型材料——有机-无机杂化材料是继单组分材料、复合材料和梯度材料之后的第四代材料。有机-无机杂化材料利用无机相和有机相之间的作用力,实现了分子水平、纳米尺度复合或形成互穿网络,兼具两类材料的优点,在固体染料激光、平板显示、信息传输、光电开关及航空航天等高科技领域显示了广阔的应用前景。我国是稀土大国,稀土储量和产量均居世界第一。稀土有机-无机杂化材料的研究将进一步拓宽稀土的应用领域,这对于将我国的稀土资源优势转化为技术和经济优势具有十分重要的意义。

近年来作者研究组在国家科学技术部、国家自然科学基金委员会以及中国科学院的强有力的资助下,围绕稀土有机-无机杂化材料这一国际热点研究进行了卓有成效的工作,取得了一批高水平创新性研究成果。相关成果得到了国际学术界同行的公认和赞誉,并且纷纷采用作者研究组的方法和技术开展研究工作,在本研究领域的迅速发展中发挥了重要的推动作用。作者研究组的研究成果多次获奖,特别是 2011 年获国家自然科学奖二等奖。材料研究的迅速发展迫切需要高水平的反映其最新进展的专著出版,期待本书的出版能对提高我国有机-无机杂化材料的基础理论和研究水平有所贡献。

本书是总结作者多年来从事稀土有机-无机杂化材料研究所取得的研究成果的专著,同时也介绍了国内外相关研究进展。全书共分 12 章。第 1 章绪论,介绍杂化材料的研究意义、定义、分类、特点以及稀土有机-无机杂化材料研究的发展历程等;第 2 章稀土离子的光谱性质,介绍稀土离子的能级、电子跃迁形式、发光特点等;第 3 章发光稀土配合物,介绍稀土离子的配位化学特点及几类主要的发光稀土配合物等;第 4 章至第 12 章按杂化材料的种类分别介绍稀土配合物介孔杂化发光材料、稀土配合物大孔杂化材料、稀土配合物高分子杂化材料、稀土配合物多功能杂化材料、稀土配合物凝胶杂化发光材料、稀土配合物凝胶薄膜、稀土配合物自组装膜、稀土配合物 LB 膜、其他稀土杂化发光材料共 9 类稀土有机-无机杂化材料的制备及性能等。

饮水还须思源。正是由于国家科学技术部、国家自然科学基金委员会以及中国科学院的宝贵资助才使稀土有机-无机杂化材料的研究取得突破性进展,并由此促使本书的问世。借此机会向国家科学技术部、国家自然科学基金委员会以及中国科学院谨致诚挚的谢意。科学出版社高质量的编辑、出版工作保证了本书的顺利出版。在本书的撰写、编辑、出版过程中,科学出版社的同志给予了多方指导和帮助,这使作者受益匪浅,在此表示由衷的感谢。还要感谢为稀土有机-无机杂化材料研究做出贡献的作者研究组的成员(含曾经工作过的成员),特别要感谢范伟强、孙丽宁、党颂、符连社、李斌和郭献敏博士完成了大量插图的修改和绘制等工作。最后感谢在本书的撰写、编辑、出版过程中所有做出有益工作的同事。

本书内容前沿性突出,有的尚处于研讨中,加之作者水平有限和时间仓促,因此尽管作者已经付出了颇为艰辛的努力,书中纰漏之处仍然在所难免。对此,作者深表歉意,并竭诚欢迎读者批评指正。

作 者

2014 年 2 月于长春

目　　录

第1章 绪 论

1.1 概 述

当今世界经济的繁荣和科学技术的发展以信息科学、生命科学和材料科学为三大支柱。材料是一切技术发展的物质基础，也是人类进化的重要里程碑。特别是材料科学的发展与化学的发展相互促进，更显示出巨大的生命力。随着科学技术的发展，具有单一功能的材料已不能满足人们的需要，复合化、低维化及智能化是现代材料发展的趋势。通过将单一功能的两种或多种材料的功能复合，使其性能互补和优化，可以制备出性能更加优异的杂化材料，这是当前材料领域的研究热点之一。

有机-无机杂化材料自20世纪80年代问世以来，引起了人们的极大关注。有机-无机杂化材料利用无机相和有机相之间的作用力，实现了有机材料和无机材料的分子水平或纳米水平复合，将有机材料和无机材料的优势集于一体，从而获得了具有优异性能的新材料。这种将无机材料与有机材料在分子或纳米水平上杂化的研究已成为无机化学、高分子科学及材料科学交叉的前沿领域。杂化材料可以充分体现各组分的优势，它是继单组分材料、复合材料(两种物质复合而成，有明显的界面，相区尺寸在微米级以上)、梯度材料(两种物质的组分呈梯度变化，没有明显的相界面)之后的第四代新材料。

我国稀土储量丰富、矿藏分布广、所含稀土元素种类齐全，为稀土新材料研究提供了得天独厚的资源。稀土元素因其独特的4f亚层电子结构，表现出丰富的光、电、磁、催化等性质，被誉为"新材料的宝库"。在稀土功能材料的研究中，稀土发光材料是一个研究最为广泛、最为重要的领域。稀土有机-无机杂化发光材料是稀土发光材料的一个重要分支，其研究是将稀土有机配合物与一定的基质材料组装而形成杂化材料。稀土有机配合物发射量子效率高、发光性能好，但它的弱点是光学、热学及化学稳定性较差，因而限制了其在很多领域的实际应用。然而，基质材料大多具有良好的光学、热学和化学稳定性，尤其是凝胶、介孔材料和高分子材料等主体基质材料不仅具有良好的光学、热学和化学稳定性，而且能明显改变客体分子(稀土有机配合物)或离子的化学微环境，从而影响客体分子或离子的发光性能。因此，将二者复合是改善稀土有机配合物的光学、热学、化学稳定性及荧光性能，进而开发新型稀土有机-无机杂化发光材料的新途径。这对于提升我国高技术水平具有重要的意义,同时它的商业化也将产生可观的经济效益。

1.2 有机-无机杂化材料的特点和分类

1.2.1 有机-无机杂化材料的特点

由有机组分和无机组分组装的有机-无机杂化材料具有一系列特点,简列如下:

(1) 有机-无机杂化材料兼有有机组分和无机组分的性能,并且不仅是有机组分和无机组分性能的简单叠加,而是由于形成杂化材料而使单组分的性能得以明显改善。例如,稀土配合物较差的热稳定性在杂化材料的基质中得以明显改善。

(2) 利用有机组分和无机组分之间的作用力,尤其是借助两者间形成共价键,可以制备结构和性能稳定的新型材料。

(3) 有机组分与无机组分可以实现纳米尺度或分子水平的复合,形成结构、成分均一的新型材料。

(4) 可以制备在同一基质中含多种功能组分的杂化材料,实现新型高性能有机-无机杂化材料的科学设计和组装。

(5) 有机-无机杂化材料往往具有良好的机械稳定性、柔韧性和热稳定性,易于加工成各种形状,如薄膜、块体和纤维等。

(6) 有机-无机杂化材料的特殊结构和性能使其应用领域进一步扩大,如在生物传感、固体染料激光、平板显示等高科技领域均显示了重要的应用前景。

1.2.2 有机-无机杂化材料的分类

Sanchez 等根据有机-无机杂化材料的有机组分和无机组分间作用力的不同将有机-无机杂化材料分为Ⅰ型杂化材料和Ⅱ型杂化材料[1]。Ⅰ型杂化材料是有机组分(如有机分子或有机聚合物)简单地包埋于无机基质中,有机组分和无机组分之间只是通过弱的相互作用(氢键、范德华力或离子间作用力)连接,这种弱相互作用对材料整体结构产生内聚作用。此类杂化为物理杂化,如大多数掺杂有机染料或酶等的凝胶即属于此类杂化材料。Ⅱ型杂化材料是有机组分通过化学键嫁接于无机基质中,有机组分和无机组分之间通过强的化学键(离子键-共价键、共价键)连接,此类杂化为化学杂化,如有机改性的硅酸酯(organically modified silicate, ormosil)。这类杂化材料对于活性中心的固定有很好的效果,而且组分可以在分子水平上均匀分布,从而有效地避免活性中心的团聚和散失。

根据有机-无机杂化材料基质材料的不同也可以将有机-无机杂化材料分为介孔杂化材料、凝胶杂化材料和高分子杂化材料等。

有机-无机杂化材料具有多种功能,根据有机-无机杂化材料功能的不同还可以将其分为杂化发光材料和多功能杂化材料等。

1.3　稀土有机-无机杂化材料研究的发展历程

稀土有机-无机杂化体系是一个涉及化学、物理、高分子科学和材料科学等多学科的交叉前沿领域。1988 年,Lintner 等提出了有机-无机复合的思想[2],有机-无机杂化材料一出现,立即引起人们的极大关注。国际上很多国家都投入大量的人力、物力和财力对这类有机-无机杂化材料进行了深入细致的研究。稀土有机-无机杂化材料是在溶胶-凝胶技术的基础上发展起来的。1993 年,Matthews 等首次采用溶胶-凝胶法将稀土配合物 $Eu(TTA)_3(H_2O)_2$(TTA 代表噻吩甲酰三氟丙酮)引入 SiO_2 凝胶基质中,研究发现掺杂 $Eu(TTA)_3(H_2O)_2$ 凝胶材料的发光强度比掺杂相同浓度 $EuCl_3$ 凝胶材料的发光强度提高了一个数量级[3]。此后,国际上的科学家更加重视稀土有机配合物凝胶材料的制备和研究。经过研究人员的努力,目前稀土有机-无机杂化材料的研究已经取得了重大进展,已报道了许多种类的高性能稀土有机-无机杂化材料,并且它们在诸多领域展示出重要的应用前景。回顾稀土有机-无机杂化材料研究的发展历程,可以认为这一发展历程应是以三个突破为主导,即物理杂化向化学杂化的转变、单一功能的杂化材料向多功能杂化材料的转变、单一基质向多样化基质的转变。

1.3.1　物理杂化向化学杂化的转变

在稀土有机-无机杂化材料的发展初期,稀土配合物和基质材料之间仅存在弱的相互作用力,如范德华力和静电引力。以稀土配合物溶胶-凝胶杂化发光材料为例,最早采用预掺杂法[4],即将稀土配合物直接分散在溶胶前驱体溶液中。例如,采用预掺杂法分别将 $Eu(phen)_2(H_2O)_4Cl_3$(phen 代表 1,10-邻菲罗啉)和 $Tb(bipy)_2(H_2O)_4Cl_3$(bipy 代表 2,2′-联吡啶)引入凝胶中制得了稀土配合物凝胶杂化材料[5];又如采用该法将稀土配合物掺入无机/高分子的脲硅凝胶基质中[6-8]。研究结果表明,与纯配合物相比,所得的凝胶材料具有更长的荧光寿命和更高的光学稳定性,有望成为制备有机发光二极管和短中波紫外剂量计的候选材料。但预掺杂法也有一些弊端,如对于一些具有优良发光性能的金属有机配合物在采用该法制备杂化材料的过程中容易发生化学分解或因溶解度低而析出,因此很难制备掺杂均匀且具有良好发光性能的材料。此后又出现了后掺杂法[3],即利用浸渍工艺,直接将制备好的凝胶浸入含有稀土配合物的溶液中。例如,将普通的硅胶和功能化的硅胶连续浸渍于稀土铕配合物的溶液中,制备了掺杂铕-邻菲罗啉、铕-联吡啶、铕-苯甲酰三氟丙酮及铕-乙酰丙酮配合物的凝胶杂化发光材料[9]。但由于这种方法制得的杂化发光材料实质上是复相材料,材料中存在明显的界面,因此材料的光学均匀性也受到严重影响,并且稀土配合物容易从凝胶中析出。对于某些在溶胶-凝胶前驱体溶液中易分解或很难溶解的稀土有机配合物,很难用上述传统的溶胶-凝胶法将它们均匀地掺杂于基质材料中。为了制备高性能的杂化发光材料,又开发出了原位合成法[10,11]。原位合成,就是在凝胶形成的过程中,同步实现有机光活性物质(稀土配合物)的化学合成过程,即在材料制备过程中原位地合成稀土有机配合物。这种方法克服了预掺杂法和后掺杂法所存在的发光有机配合物易分解、溶解度低和光学均匀性差等缺点,能够有效地将稀土有机配合物均匀地组装到无机凝胶基质中。在这一方法的研究中,浙江大学的王民权小组与中国科学院长春应用化学研究所张洪杰小组做出了开创性的工作,分别开发出两种工艺不同的原位合成方法[12,13]。王民权小组详细研究了运用原位合成法制备凝胶的关键条件。在此基础上,张洪杰小组开发出两步水解原位合成法,大大缩短了工艺的制备周期,从而使其更具实际应用价值。原位合成方法的出现进一步改进了稀土有机-无机杂化材料的制备方法,并提升了所制备的稀土有机-无机杂化材料的性能。

　　上述制备法所得到的稀土有机-无机杂化材料中,稀土配合物和基质之间仅是物理杂化。以弱键(氢键或范德华力)结合,这导致杂化材料的结构和性能存在诸多缺欠。要解决这些问题,就要将稀土配合物以强键的形式(如共价键)键合到基质材料上。在这种情况下,制备稀土有机-无机杂化材料的共价键嫁接法问世了,这也标志着稀土有机-无机杂化材料的研究由物理杂化转为化学杂化。共价键嫁接法的关键是合成一种双功能化合物,它既能与稀土离子配位,又能作为溶胶-凝胶反应的前驱体参与形成 Si—O 网络[14,15]。在这方面 Zambon 等[16]首先报道了其研究成果。他们首先将有机配体进行有机硅烷化,从而得到一类新的反应前驱体,然后在稀土离子存在下将其进行水解缩聚反应,最终稀土配合物通过 Si—C 键嫁接到硅胶网络上。他们的研究结果表明,稀土配合物的热稳定性和掺杂浓度有了很大程度的提高,同时避免了漏析现象的发生。近几年来,各国研究人员在双功能化合物合成方面开展了大量很有成效的工作,已经合成了多种类型的双功能化合物,并进一步利用共价键嫁接法制备了多种稀土配合物有机-无机杂化材料[17-22]。共价键嫁接法的优点是能增加作为发光中心的稀土配合物的掺杂量,同时提高材料的稳定性和发光性能。由此可见,进入化学杂化时期后,稀土配合物有机-无机杂化材料研究迎来了质的提升。

1.3.2　单一功能的杂化材料向多功能杂化材料的转变

　　稀土配合物光致发光的研究始于 20 世纪 40 年代[23],起初主要研究 Eu³⁺ 和

Tb^{3+} 的可见发光。由于稀土离子近红外发光在光纤通信、激光系统、诊断学及荧光免疫分析等领域的应用有特殊的优点，因此随着检测技术的进步，稀土 Er^{3+}、Nd^{3+}、Yb^{3+}、Ho^{3+}、Pr^{3+}、Sm^{3+}、Dy^{3+} 和 Tm^{3+} 配合物的近红外发光也被深入研究。同样，稀土有机-无机杂化发光材料也是由首先研究可见发光的铕和铽配合物有机-无机杂化材料发展到研究近红外发光的稀土配合物有机-无机杂化材料。Bae 等[24]利用传统的溶胶-凝胶法将 Er^{3+} 与 8-羟基喹啉形成的配合物掺杂到溶胶-凝胶中制备成薄膜，通过激发配体吸收得到了特征的 Er^{3+} 发射，所得 1.53 μm 发射峰的半高宽为 73 nm，这可能为光放大提供比较宽的增益谱带。此后，又开展了不少这方面的工作[25]。近红外发光稀土配合物有机-无机杂化材料研究中最引人瞩目的进展是合成了一些高效近红外发光稀土配合物并制备了其近红外发光稀土配合物有机-无机杂化材料。近红外发光稀土离子对振动钝化非常敏感，配体中具有的高能振子，如 C—H 和 O—H 键，很大程度上能非辐射地猝灭稀土离子的激发态，导致稀土离子较低的发光强度和短的激发态寿命。合成具有高效发光性能的稀土配合物时，需要氘化配体中 C—H 键的 H 原子，或以 C—F 键取代 C—H 键，这将降低由于配体振动带来的能量损失，从而提高稀土离子的发光强度。Yanagi-da 等[26,27]合成了一系列新型的含不同全氟取代烷基链配体的 Nd^{3+} 化合物，并研究其在不同有机溶剂中的近红外发光性能及发射量子产率，分析了稀土离子的荧光猝灭机理，报道了配体的氟化或氘化和溶剂的氘化对稀土配合物发光性能有积极的影响。结果表明，配体中以 C—F 键取代 C—H 键即全氟烷基长链的引入对提高 Nd^{3+} 化合物的发射强度及荧光寿命至关重要。目前已合成了多种类型的含氟配体，它们的稀土配合物呈现出高效稀土离子特征的红外发光[28,29]。张洪杰小组设计合成了含三氟、五氟、七氟、十五氟烷基链的配体，并制备了一系列稀土配合物[30]，它们均表现出较高的荧光量子效率。利用共价键嫁接的方法将三元氟化稀土配合物固定到凝胶材料[22]和介孔材料[31]中，所得到的杂化发光材料均展现了相应稀土离子高强度的近红外荧光发射和较高的量子效率。

近年来，单一功能的材料已经不能满足实际应用的需要，多功能材料已成为材料领域的研究热点之一。稀土有机-无机杂化材料的研究同样经历了从单一功能的杂化材料向多功能杂化材料转变的发展过程。具有独特磁学和光学性质的多功能材料在生物学领域有着非常广阔的应用前景，因此在发光功能稀土有机-无机杂化材料研究取得一定进展之后，同时具有磁性和发光性能的多功能稀土有机-无机杂化材料研究成为研究人员更为感兴趣的课题。张洪杰小组在这方面做了一系列工作。2007 年，采用改进的 Stöber 法，用二氧化硅包覆具有超顺磁性能的四氧化三铁(Fe_3O_4)纳米粒子，继而将具有优良绿光发射性质的铽配合物以共价键嫁接到磁性二氧化硅纳米球表面，合成了集发光和超顺磁性能为一体的具有核壳结构的双功能纳米材料样品[32]。继而，结合介孔材料、磁性 Fe_3O_4 纳米粒子和稀土配合物的优点合成了新型纳米复合材料,其中磁性 Fe_3O_4 纳米粒子包覆于介孔球中,稀土配合物以共价键嫁接于介孔球的网络中,所得的纳米复合材料样品同时具有超顺磁性、高强度的荧光发射性质及介孔结构[33,34]。此外,还利用大孔材料作为基质材料,采用简易的方法,利用具有磁性的功能胶粒(Fe_3O_4@PS)①作为模板,在合成发光大孔材料的同时原位将磁性粒子植入大孔孔隙中,制备了磁性和发光双功能大孔材料样品[35]。

1.3.3　单一基质向多样化基质的转变

对于稀土有机-无机杂化材料,基质材料的选择也经历了一个很长的发展历程。早期的文献报道了很多稀土溶胶-凝胶杂化发光材料的研究工作。随着材料科学的发展,为了赋予稀土有机-无机杂化材料独特的结构和性质,满足更广泛实际应用的需求,基质材料逐渐突破了凝胶材料范围,很多具有独特优良性质的材料不断成为合成新型稀土有机-无机杂化材料的新型基质材料。2000 年,Xu 等[36]发现与纯稀土配合物相比,在介孔材料 MCM-41 孔内组装的稀土有机配合物的发光寿命及稳定性都有所提高。Bian 等[37]报道稀土有机配合物组装在介孔材料后,Eu^{3+} 的电子跃迁能级不受介孔二氧化硅主体的影响。与纯稀土配合物相比,组装后的稀土配合物的光致发光效率较高,其原因在于介孔二氧化硅具有抑制稀土离子荧光猝灭的作用。张洪杰小组也在这方面做了大量的工作,合成了一系列稀土有机-无机杂化介孔材料样品,并详细研究了所得杂化材料在可见或近红外区的发光强度、荧光寿命和热稳定性[38-40]。此外,该小组还将稀土有机-无机介孔杂化材料从"孔道化学"扩展到了"孔壁化学",利用桥连倍半硅氧烷功能化配体和含桥连有机官能团(R)的双硅酯($R'O)_3$—Si—R—Si—$(OR')_3$ 作为前驱体,在模板剂存在条件下,经过可控的水解和缩聚反应,制备了稀土配合物以共价键嫁接于周期性介孔材料孔壁骨架内的杂化材料[41,42]。作为多孔材料之中的重要一类,大孔材料也是稀土有机-无机杂化材料良好的基质。该类材料在上面已经提到,不再赘述。

在稀土有机-无机杂化材料研究初期,文献报道主要集中在以二氧化硅材料为基质(如凝胶材料和介孔二氧化硅材料)的杂化材料上,以其他非二氧化硅材料作为基质材料的杂化材料则鲜有报道。李焕荣等在这方面做出了突破性的工作[43,44],他们对以往合成以二氧化硅为基质的有机-无机杂化材料的方法进行了扩展,以二氧化钛为基质,通过利用钛酸异丁酯与烟酸反应并与稀土离子配位将稀土配合物固定在二氧化钛基质中。

高分子材料由于其高的机械强度、柔韧性和可加工性,也已成为稀土配合物的

---

① PS 代表聚苯乙烯(polystyrene)

理想基质。Ueba 等曾将稀土配合物引入聚苯乙烯(PS)[45,46]和聚甲基丙烯酸甲酯 (PMMA)[47]中,配合物的热稳定性得以提高。一直以来,研究者从各个方面力图 提高作为杂化材料基质材料的高分子材料的性能。2010 年,张洪杰小组[48]用以 锡氧簇为构筑单元的高分子材料为基质合成了稀土配合物高分子杂化材料样品, 由于锡氧簇的桥连作用,在高分子基质里面形成了丰富的微观空隙结构,因此该类 高分子材料不仅适于稀土配合物的物理掺杂,而且适于以共价键嫁接稀土配合物。

离子液体是由特定的阳离子和阴离子构成的熔点在 100℃以下的物质,在室 温或接近室温下呈现液态,近年来作为稀土有机-无机杂化材料的基质备受关注。 李焕荣小组在这方面做出了开创性的工作[49,50],他们在含羧基的咪唑类离子液体 中原位合成稀土配合物,所得到的杂化材料样品具有高强度的相应稀土离子的特 征发射。在离子液体的选择上,他们充分考虑离子液体既要能溶解稀土氧化物,又 要能溶解有机配体。在该体系中,稀土离子的掺杂量可高达 33%(摩尔分数)。

还有一些新型基质材料竞相涌现出来,在此基础上组合成了各类混合基质材 料,如凝胶-高分子材料[51]和凝胶-离子液体材料[52]等。如此种类繁多的基质材料 赋予了稀土有机-无机杂化材料很多独特的性质,大大丰富了稀土有机-无机杂化 材料的种类,也为稀土有机-无机杂化材料在更广阔领域的应用提供了可能。

1.4 基 质

对于稀土有机-无机杂化材料,稀土配合物具有发光性能,主要赋予杂化材料 发光性质,被称为光活性物质。组装稀土有机-无机杂化材料使用的稀土配合物主 要有稀土 β-二酮配合物、稀土羧酸配合物。稀土 β-二酮配合物的发光性能优良, 广泛用于组装稀土有机-无机杂化材料。稀土羧酸配合物除具有良好的发光性质 外,还表现出较好的热稳定性,也常用于制备稀土有机-无机杂化材料。

对于稀土有机-无机杂化发光材料,稀土配合物被分散在另外一种组分中,这 一组分被称为基质材料。制备稀土有机-无机杂化材料所用基质材料种类较多,主 要是无机材料(也有聚合物等)。下面介绍几种常用的基质材料。

1.4.1 凝胶材料

凝胶材料是制备稀土有机-无机杂化材料的常用基质材料,具有如下优点:

(1) 光学透明度好,在紫外到近红外的整个波长范围内透明,而其他基质则有 不同程度的吸收,如聚合物基质在近紫外区有吸收。

(2) 光化学稳定性和热学稳定性良好,而有的基质因化学稳定性和光学稳定 性较差,会逐步产生程度不同的变化。

(3) 处于凝胶材料中的光活性物质和凝胶基质中的 Si—O—Si、Si—OH 及

Si—OR基团的作用较弱,因而不至于引起光活性物质的失活。

(4) 凝胶材料可使掺杂的光活性物质分子和外界化学环境隔绝,可以作为一种很好的保护介质。

(5) 掺杂进凝胶材料中的光活性物质,由于受到"笼效应"(cage effect)的影响,掺杂分子之间相互孤立,减少了聚集体的生成和由此而产生的浓度猝灭作用,因此,可明显地提高光活性物质掺杂浓度。

(6) 掺杂于凝胶材料中的光活性物质,借助于凝胶的保护作用,不容易被水或其他溶剂浸出。

(7) 与塑料基质相比,凝胶材料具有较强的刚性,可以避免分子的转动和与周围环境的相互作用,从而抑制了非辐射去活化过程。

1.4.2　介孔材料

有序介孔材料M41S系列是美国美孚(Mobil)公司研究人员在1992年首次利用阳离子型烷基季铵盐表面活性剂作为模板剂合成的,成为分子筛合成由微孔向介孔飞跃的重要里程碑。介孔材料是以表面活性剂(包括阳离子表面活性剂、非离子表面活性剂和阴离子表面活性剂)为模板剂,利用溶胶-凝胶、乳化或微乳化等化学过程,通过有机物和无机物之间的界面作用组装生成的一类孔径在 $2\sim50$ nm之间、孔径分布窄且具有规则的孔道结构的无机多孔材料。其结构和性能介于无定形无机多孔材料(如无定形硅铝酸盐)和具有晶体结构的无机多孔材料(如沸石分子筛)之间。介孔材料令人趋之若鹜的原因在于它具有一些其他多孔材料所不具备的优异特点[53]:

(1) 具有高度有序的孔道结构;

(2) 孔径呈单一分布,且孔径尺寸可以在很宽的范围内调控($1.3\sim30$ nm);

(3) 可以具有不同的结构、孔壁(骨架)组成和性质;

(4) 无机组分呈多样性;

(5) 高比表面积,大的孔体积;

(6) 颗粒具有规则外形,可以具有不同形貌(纳米或微米级),并且可控制;

(7) 经过优化合成条件或后处理,可具有很好的热稳定性和水热稳定性;

(8) 在微结构上,介孔材料的孔壁为无定形,这与微孔分子筛的有序骨架结构有很大差别,但是这并不意味着孔壁一定不存在微孔;

(9) 通过控制合成条件可以制备具有纤维、薄膜、薄片、球形、圆盘状、螺旋形、花瓣状、麦穗状、圆环、绳状、碟状、面包圈等形貌的介孔材料。

1999年,Inagaki、Ozin和Stein三个小组[54-56]分别用离子型十八烷基三甲基氯化铵(OTAC)或十六烷基三甲基溴化铵(CTAB)作为模板剂,在碱性条件下合成了桥连乙基的周期性介孔有机硅材料(periodic mesoporous organosilica,

PMO)。在这种材料中,有机基团在分子水平均匀分布于介孔骨架内,成为三维网络结构的一部分,真正实现了骨架的有机-无机杂化,将有机-无机杂化介孔材料由传统"孔道化学"的研究扩展到了"孔壁化学"的范围,开辟了在分子尺度上设计、合成可控表面性质的有机-无机杂化介孔材料研究的崭新方向。

周期性介孔有机硅材料具有以下特点:①有机基团均匀分散在孔壁内,修饰量可达 100%;②有机基团在孔壁内不致堵塞孔道;③可调控骨架的物理性能(如密度、介电常数);④便于进一步对材料进行化学修饰,可实现骨架和孔道表面的双重修饰以制备双功能介孔材料。周期性介孔有机硅材料以上特点显示出其作为基质材料在制备稀土有机-无机杂化材料方面具有重要的应用前景。

1.4.3　大孔材料

大孔材料一般是指具有大于 50 nm 孔径的多孔材料。根据大孔材料骨架基质的不同可分为以下主要四类:①无机氧化物大孔材料[57-59];②聚合物大孔材料[60];③碳和半导体大孔材料;④金属大孔材料。

大孔材料作为杂化材料的基质材料主要有以下特点:

(1)大孔材料通常由模板法合成,胶体晶体可作为合成大孔材料的模板用于制备大孔材料,并且大孔材料的孔结构可以有效地通过胶体晶体的尺寸及排布方式加以控制。由于可作为模板的胶体晶体的材料多种多样,如聚苯乙烯、聚甲基丙烯酸甲酯和无机 SiO_2 粒子,因此可以通过选择适当的胶体晶体作模板设计合成具有特定组成和结构的大孔材料以制备高性能的杂化材料。

(2)在大孔材料表面修饰功能团通常是赋予大孔材料新颖性质的一条比较有效的途径[61,62]。骨架表面修饰的功能基团的不同会在很大程度上影响大孔材料的结构、性质和应用范围。因此,借助大孔材料表面修饰功能团的方法可以制备理想的大孔基质材料。

(3)大孔材料具有的比较大的孔道结构能够容纳分子体积比较大的光活性物质,这明显优于微孔和介孔基质材料。

(4)具有有序孔结构的大孔材料通常具有光子禁带,在光学领域具有重要的研究意义[63]。以大孔材料为基质的杂化材料也有可能显示出有趣的光学性质。

由于大孔材料的上述特点,将其作为稀土有机-无机杂化材料的基质是很值得人们期待的。

1.4.4　高分子材料

1.4.4.1　无机簇改性的高分子材料

近年来,一类新型杂化材料基质——无机簇改性的高分子材料问世了。无机簇改性的高分子材料是利用不同的无机簇作为构筑单元,通过适宜的化学反应将其以共价键嫁接于高分子材料的高分子链上而制得的。该类改性的高分子材料可以将有机成分和无机成分的多种性能融合为一体,具有多种特性,这无疑使其具有重要的应用前景。

无机簇改性的高分子材料也是稀土有机-无机杂化材料的理想候选基质材料之一。其理由如下:①无机簇改性的高分子材料具有柔性的骨架结构,这十分利于光活性物质稀土配合物的嫁接以制备共价键嫁接杂化材料;②无机簇改性的高分子材料通过内部无机簇的桥连作用,在高分子材料里形成了丰富的微观空隙结构,使该类高分子材料同样适于稀土配合物的物理掺杂。

1.4.4.2　光学树脂

高分子材料中的光学树脂也可作为杂化材料的基质材料。与其他基质材料相比,光学树脂具有几个比较明显的特点:①质量小,其密度仅为无机玻璃的 $1/3\sim1/2$,这对于某些特殊的应用具有特别意义;②抗冲击强度较高,使用安全可靠;③加工成型方法简单,可以采用一般塑料的成型方法,如注射或压模成型;④价格比较便宜,这一方面是由于原材料本身比较便宜,另一方面是由于适合于大批量生产;⑤光学树脂种类繁多,作为杂化材料的基质材料具有广阔的可筛选空间。

目前通常使用的光学树脂有聚甲基丙烯酸甲酯(PMMA)、聚苯乙烯(PS)、聚碳酸酯(PC)及聚双烯丙基二甘醇碳酸酯(CR-39)等。

1.4.5　其他基质材料

近年来,稀土有机-无机杂化材料发展迅速,出现了很多新型杂化材料,基质也由原来传统的二氧化硅类材料发展到很多其他种类的材料,主要包括二氧化钛[43,44,64]、离子液体[49,65]、微孔材料[66]等。此外,一些采用混合基质材料的杂化材料也屡见报道。混合基质材料包括凝胶-高分子材料、介孔-高分子材料和凝胶-离子液体等。

1.5　稀土有机-无机杂化材料的表征方法

常用的表征稀土有机配合物及稀土有机-无机杂化材料结构和性质的方法有元素分析、红外光谱、核磁共振波谱(包括 ^{1}H、^{29}Si 核磁)、扫描电镜、透射电镜、X射线粉末衍射、单晶 X 射线衍射、热重分析、氮气吸附/脱附等温线、紫外-可见吸收光谱、固体漫反射光谱、磷光光谱、荧光(激发-发射)光谱、荧光寿命、磁滞回线、零场冷/场冷曲线等。综合运用这些方法,可以得到有关稀土配合物及稀土有机-无机杂化材料结构和性质的可靠信息。下面简要介绍几种重要的表征方法。

1.5.1 X 射线粉末衍射

稀土有机-无机杂化材料粉末样品的 X 射线衍射（XRD）谱可采用 Rigaku-Dmax 2500 型 X 射线粉末衍射仪等仪器测定，一般使用 Cu/石墨靶，扫描速率 $4°/$ min，衍射角范围 $0.5°<2\theta<10°$ 或 $10°\sim90°$。通过各个晶面特征衍射峰的特点可以分析样品的结构和结晶度等。介孔材料的特征衍射峰出现在小角 $0.5°<2\theta<10°$ 范围内，其他材料的特征衍射峰通常出现在广角 $10°\sim90°$ 范围内。

1.5.2 单晶 X 射线衍射

稀土配合物的晶体衍射数据可由 Bruker-AXS Smart CCD 晶体衍射仪等仪器（2.4 kW，X 射线源，Mo-K_α，$\lambda=0.710\,73$ Å）在低温或常温条件下收集得到。结构的解析可利用 SHELXS-97 等程序，修正用全矩阵最小平方法，对非氢原子进行异性分析（部分 F 原子除外）。由此可得到稀土配合物的单晶结构、所属晶系和空间群、晶体结构数据、配位数、键长、键角等信息。了解稀土配合物的单晶结构对理解和分析配体到中心离子的能量传递、影响稀土离子荧光强度和效率的因素是十分重要的。

1.5.3 扫描电子显微镜和透射电子显微镜

扫描电子显微镜（SEM）的样品制备通常是直接将样品上层悬浮物转移到 ITO（氧化铟锡）导电玻璃或硅片上，使溶剂在空气中自然挥发。透射电子显微镜（TEM）的样品制备则是将超声处理过的样品滴在铜网上，使溶剂在空气中自然风干。扫描电子显微镜和透射电子显微镜可进行材料微观形貌观察、粒径大小的测定、膜厚度的测定、介孔孔道的表征和晶体结构分析。高分辨电子显微镜结合电子衍射、光学衍射能够用于考察晶体局部产生的新结构的性质以及这种新结构晶胞的大小等。高分辨电子显微镜还可以直接提供真实空间结晶学数据，与光学衍射技术结合可以深入阐明材料结构中的许多问题。

1.5.4 固体 ^{29}Si 核磁共振

^{29}Si 核磁共振（NMR）谱可用于考察以有机硅材料作为基质的杂化材料的骨架结构或二氧化硅基质上修饰有机基团的网络结构。其中，T^n 为有机硅氧烷 $RSi(OSi)_n(OH)_{3-n}$（$n=1\sim3$）的信号峰，一般出现在 $-50\sim-80$ ppm 范围内，有 T^n 信号峰的出现就表明杂化材料中 Si—C 键的存在。Q^m 代表硅氧烷 $Si(OSi)_m(OH)_{4-m}$（$m=2\sim4$）的信号峰，一般出现在 $-90\sim-120$ ppm 范围内，如

果在有机硅材料作为基质的杂化材料的 ^{29}Si NMR 波谱中没有观察到 Q^m 峰,则说明水解缩聚过程中没有发生 Si—C 键的断裂。此外,可以从 $T/(T+Q)$ 的值估计出有机基团在二氧化硅基质表面的覆盖度。为了进一步研究材料的水解缩聚度,还可以对波谱进行卷积,一般通过计算 $[(T^1+2T^2+3T^3)/3]$ 和 $[(Q^2+Q^3)/Q^4]$ 可以得到水解缩聚度。

1.5.5　氮气吸附/脱附等温线

氮气吸附/脱附的表征结果可以用来研究多孔材料的比表面积、孔体积和孔径分布等性质。利用 Brunauer-Emmett-Teller (BET) 和 Barrett-Joyner-Halenda (BJH)方法可得到材料的比表面积、孔体积和孔径分布等信息。

测定样品氮气吸附/脱附等温线通常的工作温度为 77 K,测量之前样品在413 K真空脱气 4 h。

根据 IUPAC(国际纯粹与应用化学联合会)标准,可将吸附/脱附等温线分为六大类:Ⅰ型等温线在较低的相对压力下吸附量迅速上升,达到一定相对压力后吸附出现饱和值,类似于 Langmuir 型吸附等温线。Ⅰ型等温线往往反映的是微孔吸附剂(分子筛、微孔活性炭)上的微孔填充现象,饱和吸附值等于微孔的填充体积。Ⅱ型等温线反映非孔性或者大孔吸附剂上典型的物理吸附过程,这是 BET公式最常说明的对象。由于吸附质与表面存在较强的相互作用,在较低的相对压力下吸附量迅速上升,曲线上凸。等温线拐点通常出现于单层吸附附近,随相对压力的继续增加,多层吸附逐步形成,达到饱和蒸气压时,吸附层无穷多,导致实验难以测定准确的极限平衡吸附值。Ⅲ型等温线下凹,且没有拐点。吸附气体量随组分分压增加而上升,此类等温线比较少见。Ⅳ型等温线与Ⅱ型等温线类似,但曲线后段再次凸起,且中间段可能出现吸附滞后环,其对应的是多孔吸附剂出现毛细凝聚的体系。在中等相对压力下,由于毛细凝聚的发生,Ⅳ型等温线较Ⅱ型等温线上升得更快。介孔毛细凝聚填满后,若吸附剂还有大孔径的孔或者吸附质分子相互作用强,则可能继续吸附形成多分子层,吸附等温线继续上升。但在大多数情况下,毛细凝聚结束后出现一吸附终止平台,并不发生进一步的多分子层吸附[67]。Ⅴ型等温线与Ⅲ型等温线类似,但达到饱和蒸气压时吸附层数有限,吸附量趋于一极限值。同时由于毛细凝聚的发生,在中等的相对压力下等温线上升较快,并伴有滞后环。Ⅵ型等温线反映的是无孔均匀固体表面多层吸附的结果(如洁净的金属或石墨表面)。根据 IUPAC 标准,又将常见的吸附/脱附等温线中出现的滞后环分为 H1～H4 四种类型,其中介孔材料通常属于 H1 型滞后环,反映的是两端开口的管径分布均匀的圆筒状孔,H1 型滞后环可在孔径分布相对较窄的介孔材料和尺寸较均匀的球形颗粒聚集体中观察到。

1.5.6　磷光光谱、荧光光谱和荧光寿命

磷光光谱在液氮(77 K)温度下测定。通过测试配体与 Gd^{3+} 形成的配合物的磷光光谱,由磷光光谱第一个发射峰的位置可计算配体的三重态能级,从而科学地选择理想的配体与稀土离子配位,更好地实现配体对稀土离子的敏化作用。

监控某个特定的荧光发射波长,可以得到在不同波长激发下的荧光强度变化图,即为激发光谱。从激发光谱中可以得到配体和稀土离子特征吸收峰的信息,由此可以正确选择样品的激发波长。选择最佳激发波长,可以通过有机配体向稀土离子的能量传递,得到稀土离子从激发态向低于它的各个能级的跃迁发光谱图,即荧光发射光谱。荧光发射光谱可以阐明样品中稀土离子的发射特征,并且从电偶极跃迁和磁偶极跃迁的发射比例的变化可以得到有关稀土离子周围环境变化的重要信息。

通过测定样品的荧光衰减曲线并对荧光衰减曲线进行拟合,可以得到稀土离子特定能级的荧光寿命,并且可以考察稀土离子所处的环境。通常情况下,荧光衰减曲线呈单指数或双指数衰减。对于荧光寿命为单指数衰减的情况,通常认为稀土离子在配合物或杂化材料中所处的化学环境均一。这种情况下,拟合函数为 $y = A_1\exp(-t/\tau) + y_0$,$\tau$ 代表单指数衰减荧光寿命。荧光寿命为双指数衰减的情况下的拟合函数是 $y = A_1\exp(-t/\tau_f) + A_2\exp(-t/\tau_s) + y_0$,表示荧光寿命衰减分快过程和慢过程,这种情况下可以分别得到快过程和慢过程的荧光寿命 τ_f 和 τ_s,亦可以根据公式 $\tau_{av} = (A_1\tau_f^2 + A_2\tau_s^2)/(A_1\tau_f + A_2\tau_s)$ 计算出平均荧光寿命 τ_{av},并且可以根据 $\alpha_f^\gamma = A_1\tau_f/(A_1\tau_f + A_2\tau_s)$ 和 $\alpha_s^\gamma = A_2\tau_s/(A_1\tau_f + A_2\tau_s)$ 计算出快过程和慢过程衰减所占总衰减过程的百分比。以上公式中 A_1 和 A_2 分别代表拟合曲线的指前因子。

1.5.7　磁滞回线和零场冷/场冷曲线

在磁场中,铁磁体的磁感应强度与磁场强度的关系可用曲线来表示,当磁化磁场强度作周期性的变化时,铁磁体中的磁感应强度与磁场强度的关系呈现一条闭合线,这条闭合线即为磁滞回线。不同温度(如 5 K 和 300 K)下的磁滞回线反映样品具有何种类型的磁性质,并可确定样品的饱和磁化强度和矫顽力 H_c。零场冷/场冷(ZFC/FC)曲线用来判断材料低温下的磁基态情况。测量的过程是:ZFC是在零场条件下降温到 4 K 左右,然后施加外加磁场测量材料的磁化率数据。FC是在降温的过程中已经施加一个外加磁场,然后再加上一个磁场测量磁化率数据。因为 FC 的测量过程是样品已经被磁化,所以可以通过 ZFC/FC 曲线的对比和ZFC/FC 在不同外加磁场下的表现来判断材料的磁基态。本书中涉及的磁性材料

在室温下均表现出超顺磁特性,该类材料的 ZFC/FC 曲线特征是两条曲线在高温时保持一致,随着温度的降低两条曲线开始分离,并且零场冷曲线在某一温度出现最大值。

1.6 小　结

作为材料领域的新型材料,稀土有机-无机杂化材料在显示、光通信、激光、药物传输、诊断、荧光免疫分析和成像方面具有广阔的应用前景。例如,近红外发光的稀土配合物凝胶杂化材料是光通信和激光领域的重要候选材料,而稀土配合物介孔杂化材料可作为良好的药物载体,稀土配合物高分子杂化材料由于良好的可塑性在发光薄膜方面具有应用价值。目前,稀土有机-无机杂化材料的研究已取得了重要的进展。预期稀土有机-无机杂化材料的发展趋势是低维、多功能及智能化,同时如何增强其荧光强度和提高荧光发射量子效率仍然是研究者面临的巨大考验,尤其是近红外发光的稀土有机-无机杂化材料。此外,在保持传统优势的基础上,设计开发新型稀土有机-无机杂化材料并拓宽其应用领域也是研究者面临的一大挑战。我国稀土资源丰富,品种齐全,是全球稀土资源大国。我国科研工作者应在稀土有机-无机杂化材料研究方面做出有特色的工作,为将我国稀土资源优势转变为技术和经济优势做出贡献。

参 考 文 献

[1] Sanchez C,Ribot F. Design of hybrid organic-inorganic materials synthesized via sol-gel chemistry. New J Chem,1994,18:1007-1047.

[2] Lintner B,Arsften N. A first look at the optical properties of ORMOSIL. J Non-Cryst Solids,1988,100: 378-382.

[3] Matthews L R,Knobbe E T. Luminescenc behavior of europium complexes in sol-gel derived host materials. Chem Mater,1993,5:1697-1700.

[4] Lochhead M J,Bray K L. Rare-earth clustering and aluminum codoping in sol-gel silica: investigation using europium(Ⅲ) fluorescence spectroscopy. Chem Mater,1995,7:572-577.

[5] Jin T,Tsutsumi S,Deguchi Y,et al. Preparation and luminescence characteristics of the europium and terbium complexes incorporated into a silica matrix using a sol-gel method. J Alloy Compds,1997,252: 59-66.

[6] Carlos L D,Sá Ferreira R A,Rainho J P,et al. Fine-tuning of the chromaticity of the emission color of organic-inorganic hybrids Co-doped with Eu^{Ⅲ},Tb^{Ⅲ},and Tm^{Ⅲ}. Adv Funct Mater,2002,12:819-823.

[7] Soares-Santos P C R,Nogueira H I S,Félix V,et al. Novel lanthanide luminescent materials based on complexes of 3-hydroxypicolinic acid and silica nanoparticles. Chem Mater,2003,15:100-108.

[8] Lima P P,Sá Ferreira R A,Freire R O,et al. Spectroscopic study of a UV-photostable organic-inorganic hybrids incorporating an Eu^{3+} β-diketonate complex. ChemPhysChem,2006,7:735-746.

[9] Serra O A,Nassar E J,Zapparoll G,et al. Organic complexes of europium(Ⅲ) supported in functionalized

silica gel: highly luminescent material. J Alloys Compds,1994:207-208,454-456.

[10] 钱国栋,王民权. 原位合成配合物 Eu(DBM)₃ · 2H₂O 在凝胶玻璃基质中的发光性能. 硅酸盐学报,
2003,31:47-51.

[11] Fu L S,Zhang H J,Wang S B,et al. Preparation and luminescence properties of terbium-sal complex *in-situ* synthesized in silica matrix by a two-step sol-gel process. J Mater Sci Technol,1999,15:187-189.

[12] Qian G D,Wang M Q. Preparation and fluorescence properties of nanocomposite of amorphous silica glasses doped with lanthanide(Ⅲ) benzoates. J Phys Chem Solids,1997,58:375-378.

[13] Fu L S,Zhang H J,Wang S B,et al. In-situ synthesis of terbium complex with salicylic acid in silica matrix by a two-step sol-gel process. Chin Chem Lett,1998,9:1129-1132.

[14] Lenaerts P,Driesen K,Van Deun R,et al. Covalent coupling of luminescent tris(2-thenoyltrifluoroaceto-nato)lanthanide(Ⅲ) complexes on a merrifield Resin. Chem Mater,2005,17:2148-2154.

[15] Lenaerts P,Storms A,Mullens J,et al. Thin films of highly luminescent lanthanide complexes covalently linked to an organic-inorganic hybrid material via 2-substituted imidazo[4,5-f]-1,10-phenanthroline groups. Chem Mater,2005,17:5194-5201.

[16] Franville A C,Zambon D,Mahiou R. Luminescence behavior of sol-gel-derived hybrid materials resulting from covalent grafting of a chromophore unit to different organically modified alkoxysilane. Chem Mater,2000, 12:428-435.

[17] Binnemans K,Lenaerts P,Driesen K, et al. A luminescent tris(2-thenoyltrifluoroacetonato) europium (Ⅲ) complex covalently linked to a 1,10-phenanthroline-functionalised sol-gel glass. J Mater Chem,
2004,14:191-195.

[18] Li H R,Lin J,Zhang H J,et al. Preparation and luminescence properties of hybrid materials containing Eu(Ⅲ) complexes covalently bonded to a silica matrix. Chem Mater, 2002,14:3651-3655.

[19] Li H R,Lin J,Zhang H J,et al. Novel,covalently bonded hybrid materials of Eu(Tb) complexes with silica. Chem Commun,2001:1212-1213.

[20] Liu F Y,Fu L S,Wang J,et al. Luminescent hybrid films obtained by covalent grafting of Tb complex to silica network. Thin Solid Films,2002,419:178-182.

[21] Sun L N,Zhang H J,Yu J B,et al. Performance of near-IR luminescent xerogel materials covalently bonded with ternary lanthanide (Erᴵᴵᴵ,Ndᴵᴵᴵ,Ybᴵᴵᴵ) complexes. J Photochem Photobio A: Chem,2008,
193:153-160.

[22] Feng J,Yu J B,Song S Y,et al. Near-infrared luminescent xerogel materials covalently bonded with ternary lanthanide [Er(Ⅲ),Nd(Ⅲ),Yb(Ⅲ),Sm(Ⅲ)] complexes. Dalton Trans,2009:2406-2414.

[23] Weissman S I. Intramolecular energy transfer. The fluorescence of complexes of europium. J Chem Phys,
1942,10:214-217.

[24] Park O H,Seo S Y,Bae B S,et al. Indirect excitation of Er³⁺ in sol-gel hybrid films doped with an erbium complex. Appl Phys Lett, 2003,82:2787-2789.

[25] Driesen K,van Deun R,Görller-Walrand C,et al. Near-infrared luminescence of lanthanide calcein and lanthanide dipicolinate complexes doped into a silica-PEG hybrid material. Chem Mater, 2004,16:
1531-1535.

[26] Hasegawa Y,Ohkubo T,Sogabe K,et al. Luminescence of novel neodymium sulfonylaminate complexes in organic media. Angew Chem Int Ed, 2000,39:357-360.

[27] Yanagida S,Hasegawa Y,Murakoshi K,et al. Strategies for enhancing photoluminescence of Nd³⁺ in liq-

uid media. Coord Chem Rev, 1998,171:461-480.

[28] Mancino G,Ferguson A J,Beeby A,et al. Dramatic increases in the lifetime of the Er³⁺ ion in a molecular complex using a perfluorinated imidodiphosphinate sensitizing Ligand. J Am Chem Soc, 2005,127: 524-525.

[29] Van Deun R,Nockemann P,Görller-Walrand C,et al. Strong erbium luminescence in the near-infrared telecommunication window. Chem Phys Lett, 2004,397:447-450.

[30] Yu J B,Deng R P,Sun L N,et al. Photophysical properties of a series of high luminescent europium complexes with fluorinated ligands. J Lumin,2011,131:328-335.

[31] Sun L N,Yu J B,Zheng G L,et al. Syntheses,structrues and near-IR luminescent studies on ternary lanthanide [Er(Ⅲ),Ho(Ⅲ),Yb(Ⅲ),Nd(Ⅲ)] complexes containing 4,4,5,5,6,6,6-heptafluoro-1-(2-thienyl)hexane-1,3-dionate. Eur J Inorg Chem,2006:3962-3973.

[32] Yu S Y,Zhang H J,Yu J B,et al. Bifunctional magnetic optical nanocomposites: grafting lanthanide complex onto core-shell magnetic silica nano-architecture. Langmuir, 2007,23:7836-7840.

[33] Feng J,Song S Y,Deng R P,et al. Novel multifunctional nanocomposites: magnetic mesoporous silica nanospheres covalently bonded with near-infrared luminescent lanthanide complexes. Langmuir, 2010, 26:3596-3600.

[34] Feng J,Fan W Q,Song S Y,et al. Fabrication and characterization of magnetic mesoporous silica nanospheres covalently bonded with europium complex. Dalton Trans,2010,39:5166-5171.

[35] Fan W Q,Feng J,Song S Y,et al. Erbium-complex-doped near-infrared luminescent and magnetic macroporous materials. Eur J Inorg Chem,2008,35:5513-5518.

[36] Xu Q H,Li L S,Li B,et al. Encapsulation and luminescent property of tetrakis [1-(2-thenoyl)-3,3,3-trifluoracetate] europium N-hexadecyl pyridinium in modified Si-MCM-41. Micropor Mesopor Mater, 2000,38:351-358.

[37] Bian L J,Xi H A,Qian X F,et al. Synthesis and luminescence property of rare earth complex nanoparticles dispersed within pores of modified mesoporous silica. Mater Res Bull, 2002,37:2293-2301.

[38] Meng Q G, Boutinaud P, Franville A-C, et al. Preparation and characterization of luminescent cubic MCM-48 impregnated with a Eu³⁺ β-diketonate complex. Micropor Mesopor Mater, 2003,65:127-136.

[39] Li H R,Lin J,Fu L S,et al. Phenanthroline-functionalized MCM-41 doped with europium ions. Micropor Mesopor Mater,2002,55:103-107.

[40] Peng C Y,Zhang H J,Yu J B,et al. Synthesis,characterization and luminescence properties of the ternary europium complex covalently bonded to mesoporous SBA-15. J Phys Chem B, 2005, 109: 15278-15287.

[41] Guo X M,Wang X M,Zhang H J,et al. Preparation and luminescence properties of covalent linking of luminescent ternary europium complexes on periodic mesoporous organosilica. Micropor Mesopor Mater, 2008,116:28-35.

[42] Guo X M,Guo H D,Fu L S,et al. Novel hybrid periodic mesoporous organosilica material grafting with Tb complex: synthesis, characterization and photoluminescence property. Micropor Mesopor Mater, 2009,119:252-258.

[43] Liu P,Li H R,Wang Y G,et al. Europium complexes immobilization on titania via chemical modification of titanium alkoxide. J Mater Chem,2008,18:735-737.

[44] Li H R,Liu P,Wang Y G,et al. Preparation and luminescence properties of hybrid titania immobilized

with lanthanide complexes. J Phys Chem C,2009,113:3945-3949.

[45] Ueba Y,Okamoto Y,Banks E. Synthesis and characterization of rare-earth-metal containing polymers . 1. Fluorescent properties of ionomers containing Dy^{3+},Er^{3+},Eu^{2+} and Sm^{3+}. J Appl Polym Sci,1980, 25:359-368.

[46] Ueba Y,Zhu K J,Banks E,et al. Rare-earth-metal containing polymers . 5. Synthesis,characterization and fluorescence properties of Eu^{3+}-polymer complexes containing carboxylbenzoyl and carboxylnaph-thoyl ligands. J Polym Sci,Polym Chem,1982,20:1271-1278.

[47] Okamoto Y,Ueba Y,Dzhanibekov N F,et al. Rare-earth-metal containing polymers . 3. Characterization of ion-containing polymer structures using rare-earth-metal fluorescence probes. Macromol,1981,14: 17-22.

[48] Fan W Q,Feng J,Song S Y,et al. Synthesis and optical properties of europium-complex-doped inorganic/organic hybrid materials built from oxo-hydroxo organotin nano building blocks. Chem Eur J,2010,16: 1903-1910.

[49] Li H R,Shao H F,Wang Y G,et al. Soft material with intense photoluminescence obtained by dissolving Eu_2O_3 and organic ligand into a task-specic ionic liquid. Chem Commun,2008:5209-5211.

[50] Li H R,Liu P,Shao H F,et al. Green synthesis of luminescent soft materials derived from task-specific ionic liquid for solubilizing lanthanide oxides and organic ligand. J Mater Chem,2009,19:5533-5540.

[51] Huang X G,Wang Q,Yan X H,et al. Encapsulating a ternary europium complex in a silica/polymer hybrid matrix for high performance luminescence application. J Phys Chem C,2011,115:2332-2340.

[52] Feng Y,Li H R,Gan Q Y,et al. A transparent and luminescent ionogel based on organosilica and ionic liquid coordinating to Eu^{3+} ions. J Mater Chem,2010,20:972-975.

[53] 徐如人,庞文琴,等. 分子筛与多孔材料化学. 北京:科学出版社,2004.

[54] Inagaki S,Guan S,Fukushima Y,et al. Novel mesoporous materials with a uniform distribution of organic groups and inorganic oxide in their frameworks. J Am Chem Soc, 1999,121:9611-9614.

[55] Asefa T,MacLachlan M J,Coombs N,et al. Periodic mesoporous organosilicas with organic groups inside the channel walls. Nature,1999,402:867-871.

[56] Melde B J,Holland B T,Blanford C F,et al. Mesoporous sieves with unified hybrid inorganic/organic frameworks. Chem Mater,1999,11:3302-3308.

[57] Yan H W,Blanford C F,Holland B T,et al. General synthesis of periodic macroporous solids by templated salt precipitation and chemical conversion. Chem Mater,2000,12:1134-1141.

[58] Holland B T,Abrams L,Stein A. Dual templating of macroporous silicates with zeolitic microporous frameworks. J Am Chem Soc,1999,121:4308-4309.

[59] Velev O D,Jede T A,Lobo R F,et al. Porous silica via colloidal crystallization. Nature, 1997,389: 447-448.

[60] Jiang P,Hwang K S,Mittleman D M,et al. Template-directed preparation of macroporous polymers with oriented and crystalline arrays of voids. J Am Chem Soc,1999, 121:11630-11637.

[61] Lebeau B,Fowler C E,Mann S,et al. Synthesis of hierarchically ordered dye-functionalised mesoporous silica with macroporous architecture by dual templating. J Mater Chem,2000,10:2105-2108.

[62] Ryu J H,Chang D S,Choi B G,et al. Fabrication of Ag nanoparticles-coated macroporous SiO_2 structure by using polystyrene spheres. Mater Chem Phys,2007,101:486-491.

[63] Arsenault A C,Clark T J,von Freymann G,et al. From colour fingerprinting to the control of photolumi-

nescence in elastic photonic crystals. Nat Mater,2006,5:179-184.

[64] Xin H,Ebina Y,Ma R Z,et al. Thermally stable luminescent composites fabricated by confining rare earth complexes in the two-dimensional gallery of titania nanosheets and their photophysical properties. J Phys Chem B,2006,110:9863-9868.

[65] Puntus L N,Schenk K J,Bünzli J-C G. Intense near-infrared luminescence of a mesomorphic ionic liquid doped with lanthanide beta-diketonate ternary complexes. Eur J Inorg Chem,2005,23:4739-4744.

[66] Wang Y,Li H R,Feng Y,et al. Orienting zeolite L microcrystals with a functional linker. Angew Chem Int Ed,2010,49:1434-1438.

[67] Branton P J,Hall P G,Sing K S W. Physisorption of nitrogen and oxygen by MCM-41,a model meso-porous adsorbent. J Chem Soc, Chem Commun,1993:1257-1258.

第2章　稀土离子的光谱性质

2.1　稀土元素概述

稀土元素是门捷列夫元素周期表中第三副族(ⅢB)的钪(Sc)、钇(Y)与原子序数从 57 至 71 的 15 种镧系元素的总称,其中镧系元素包括镧(La)、铈(Ce)、镨(Pr)、钕(Nd)、钷(Pm)、钐(Sm)、铕(Eu)、钆(Gd)、铽(Tb)、镝(Dy)、钬(Ho)、铒(Er)、铥(Tm)、镱(Yb)、镥(Lu)（图 2-1）。通常根据原子序数(或相对原子质量)的大小,从镧(La)到铕(Eu)被归为轻稀土(或铈组稀土),从钆(Gd)到镥(Lu)加上钇(Y)被归为重稀土(或钇组稀土);有时人们还把钐(Sm)到钆(Gd)几种元素称为中稀土。这里需要说明的是,虽然钇的原子序数和相对原子质量都比镧小得多,但由于它的离子半径与钬等重稀土相近,并且往往与重稀土共生,所以将其归入重稀土之列。

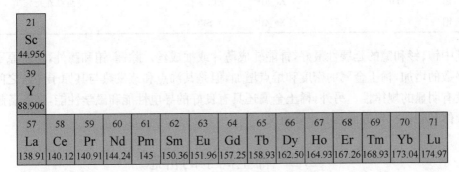

图 2-1　17 种稀土元素

镧系元素的一般电子构型为$[Xe]4f^{0\sim14}5d^{0\sim1}6s^2$,三价离子为$[Xe]4f^{0\sim14}$(三价稀土离子的电子构型见表 2-1),外层电子排布均为 $5s^25p^6$,这是它们性质类似的根本原因。它们的内层 4f 轨道具有不充满性,留有填充电子的空位,4f 电子的行为决定了其独特的性质。

稀土元素被人们称为新材料的"宝库",是国内外科学家,尤其是材料专家非常关注的一组元素。稀土元素具有典型的金属性质,仅次于碱金属和碱土金属,比其他金属活泼。与水作用可放出氢气,与酸反应更强烈。除镨和钕呈淡黄色外,其余均为具有银灰色光泽的金属,但由于易被氧化而呈暗灰色。稀土金属具有延展性,

表 2-1　三价稀土离子的电子构型和发光颜色[1]

元素	元素符号	原子序数	Ln^{3+} 电子构型	Ln^{3+} 基态	$4f^n$ 组态光谱支项数	主要发光颜色
镧	La	57	$[Xe]4f^0$	$^1S_0$	1	
铈	Ce	58	$[Xe]4f^1$	$^2F_{5/2}$	2	黄光
镨	Pr	59	$[Xe]4f^2$	$^3H_4$	13	橙光,近红外光
钕	Nd	60	$[Xe]4f^3$	$^4I_{9/2}$	41	近红外光
钷	Pm	61	$[Xe]4f^4$	$^5I_4$	107	
钐	Sm	62	$[Xe]4f^5$	$^6H_{5/2}$	198	橙光,近红外光
铕	Eu	63	$[Xe]4f^6$	$^7F_0$	295	红光
钆	Gd	64	$[Xe]4f^7$	$^8S_{7/2}$	327	紫外光
铽	Tb	65	$[Xe]4f^8$	$^7F_6$	295	绿光
镝	Dy	66	$[Xe]4f^9$	$^6H_{15/2}$	198	蓝光/黄光,近红外光
钬	Ho	67	$[Xe]4f^{10}$	$^5I_8$	107	绿光,近红外光
铒	Er	68	$[Xe]4f^{11}$	$^4I_{15/2}$	41	绿光/红光,近红外光
铥	Tm	69	$[Xe]4f^{12}$	$^3H_6$	13	蓝光,近红外光
镱	Yb	70	$[Xe]4f^{13}$	$^2F_{7/2}$	2	近红外光
镥	Lu	71	$[Xe]4f^{14}$	$^1S_0$	1	

其中铈、钐和镱的延展性最好,铈能轧成薄片或抽成丝。除镧、铕和镱外,随着原子序数的增加,稀土金属的密度和熔点增加,但是其沸点和蒸发热与其原子序数之间没有明显的规律性。另外,稀土金属还具有良好的导电性能和磁学性能,在制备超导体和磁性材料方面具有重要意义。

2.2　稀土离子的价态

镧系元素的一般电子构型为 $[Xe]4f^{0\sim14}5d^{0\sim1}6s^2$,易失去外层的 3 个电子,呈 +3 价。根据洪德(Hund)规则,在原子或离子的电子结构中,同一层处于全空、全满或半满的状态时比较稳定。例如,$[Xe]4f^0$ (La^{3+}),$[Xe]4f^7$ (Gd^{3+}) 和 $[Xe]4f^{14}$ (Lu^{3+}) 比较稳定。这样,处于 La^{3+} 之后的 $Ce^{3+}\{[Xe]4f^1\}$ 和 $Pr^{3+}\{[Xe]4f^2\}$ 分别比 La^{3+} 多 1 个和 2 个电子,所以趋向于再失去 1 个电子而形成相对稳定的电子组态 $Ce^{4+}\{[Xe]4f^0\}$ 和 $Pr^{4+}\{[Xe]4f^1\}$;处于 Gd^{3+} 之后的 $Tb^{3+}\{[Xe]4f^8\}$ 和 Dy^{3+} $\{[Xe]4f^9\}$ 分别比 Gd^{3+} 的稳定电子组态多 1 个和 2 个电子,所以也趋向于再失去 1 个电子以形成相对稳定的电子组态 $Tb^{4+}\{[Xe]4f^7\}$ 和 $Dy^{4+}\{[Xe]4f^8\}$;处于 Gd^{3+} 之前的 $Sm^{3+}\{[Xe]4f^5\}$ 和 $Eu^{3+}\{[Xe]4f^6\}$ 分别比 Gd^{3+} 的稳定电子组态少 2 个和 1

个电子,所以趋向于少失去 1 个电子而形成相对稳定的电子组态 $Sm^{2+}\{[Xe]4f^6\}$ 和 $Eu^{2+}\{[Xe]4f^7\}$;同样,处于 Lu^{3+} 之前的 $Yb^{3+}\{[Xe]4f^{13}\}$ 比 Lu^{3+} 的稳定电子组态少 1 个电子,所以趋向于少失去 1 个电子以形成相对稳定的电子组态 Yb^{2+} $\{[Xe]4f^{14}\}$。稀土离子的价态总结在表 2-2 中。

表 2-2　稀土离子的价态

元素符号	La	Ce	Pr	Nd	Pm	Sm	Eu	Gd
正常价态	La^{3+}	Ce^{3+}	Pr^{3+}	Nd^{3+}	Pm^{3+}	Sm^{3+}	Eu^{3+}	Gd^{3+}
反常价态	—	Ce^{4+}	Pr^{4+}	—	—	Sm^{2+}	Eu^{2+}	—

元素符号	Tb	Dy	Ho	Er	Tm	Yb	Lu	Sc
正常价态	Tb^{3+}	Dy^{3+}	Ho^{3+}	Er^{3+}	Tm^{3+}	Yb^{3+}	Lu^{3+}	Sc^{3+}
反常价态	Tb^{4+}	Dy^{4+}	—	—	Tm^{2+}	Yb^{2+}	—	—

元素符号	Y
正常价态	Y^{3+}
反常价态	—

2.3　三价稀土离子的能级

稀土元素(Sc、Y、La 除外)具有未充满的 4f 电子层结构,稀土离子在晶体中一般呈现最稳定的正三价,这些未充满的 $4f^n$ 电子结构使稀土离子具有丰富的多重态能级,稀土离子的吸收和发射现象主要来自于未充满的 4f 层间的电子跃迁,稀土离子的电子在这些能级间跃迁所发出光子的能量多位于可见区(400～800 nm)和近红外区(800～1700 nm),并且为线状光谱。

稀土离子在各种化合物中的能级已经被广泛测定和分析。1963 年,Dieke 和 Crosswhite 首先系统地分析和收集了各种稀土离子在 $LaCl_3$ 晶体中的光谱情况[2]。1968 年,Dieke 加以总结,给出了各种三价稀土离子在 40 000 cm^{-1} 以下完整的能级分布图,被称为"Dieke 图"[3],人们可以用该图来分析稀土化合物的光谱,确定能级位置,判断光谱产生的能级来源等。图 2-2 为稀土离子的部分能级图。Carnall 等同时系统地研究了晶体场对稀土离子能级的影响,进一步完善了稀土离子的光谱理论基础[4,5]。由于每种稀土离子具有一组特征的能级分布,所以不同的稀土离子表现出不同的特征发射光谱,反之,稀土离子的发射光谱也可作为"光谱指纹"用于识别稀土离子。三价稀土离子 $4f^n$ 组态中共有 1639 个能级,这么多的能级间可以发生约 199 177 个 f-f 跃迁,从而可以得到多种波长的发射光,由此可见稀土离子在发光领域占有极其重要的地位,被誉为"巨大的发光宝库"是当之无愧的。

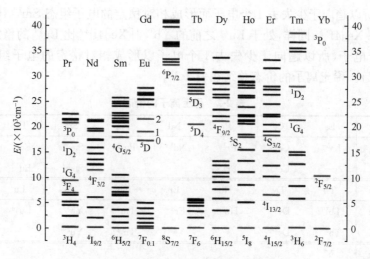

图 2-2　稀土离子的部分能级图(另见彩图)

主要发光能级用红色标出,基态用蓝色标出

(承惠允,引自[1])

2.4　稀土离子电子跃迁形式

稀土离子吸收和发射光谱归因于以下三种情况:①f^n组态内能级的跃迁,即 f-f 跃迁;②组态间的能级跃迁,即 f-d 跃迁;③电荷跃迁,即电子由配体向稀土离子的跃迁。

2.4.1　稀土离子的 f-f 电子跃迁

稀土离子具有未充满的 4f 电子壳层,其电子构型为$4f^n5s^25p^6$($0 \leqslant n \leqslant 14$),具有十分丰富的能级。稀土离子的 4f 壳层间的电子跃迁,即 f-f 跃迁会产生丰富的吸收和发射现象。对于 f-f 跃迁,主要涉及的稀土离子有Eu^{3+}、Tb^{3+}、Sm^{3+}、Dy^{3+}、Nd^{3+}、Ho^{3+}、Er^{3+}、Tm^{3+}、Pr^{3+}等。这些稀土离子同配体配位形成配合物后,用紫外光照射,常发射出相应中心稀土离子 f-f 跃迁比较强的特征光。

由于稀土离子 4f 壳层的电子被其外部的 5s 和 5p 电子所屏蔽,因此外界晶体场作用对其影响甚微。与此相对应,它们在晶体场中的能级类似于自由离子呈现的分立能级。因此,一般情况下,稀土离子 f-f 跃迁产生的荧光光谱由尖锐的发射带组成。

一般情况下,自由稀土离子的跃迁遵守宇称选择定则[6],即:

(1) 磁偶极与电四极跃迁发生在相同宇称之间,对于 f-f 跃迁,这两种跃迁是允许的,但是由于它们的强度较电偶极跃迁弱多达几个数量级,因此这严重制约了它们的应用。

(2) 电偶极跃迁只能发生在不同宇称的能态之间,对于 f-f 跃迁,由于其电子所在能级的宇称相同($l=3$,$\Delta l=0$),所以其电偶极跃迁是禁戒的。尽管如此,稀土离子所处邻近环境的对称性格位等因素的影响仍会使 f-f 电偶极跃迁成为可能。例如,当稀土离子处于偏离反演对称中心的基质格位时,晶体场势能展开式中会出现奇次项,这些晶体场奇次项将少量的相反宇称的波函数 5d 或 5p 混入 4f 波函数中,导致晶体中的宇称禁戒选律放宽,从而使 f-f 电偶极跃迁成为可能。

稀土离子 f-f 跃迁具有以下特征:

(1) 对于 4f 层内的 f-f 电子跃迁,其吸收和发射都呈现尖锐的线状光谱,发光颜色纯,激发态具有相对长的寿命,发光效率高。

(2) 温度猝灭小,即使在 400~500℃仍然发光。

(3) 发射波长受环境的影响小。

(4) 谱线丰富,且分布范围较广;稀土离子的发射可以覆盖紫外区、可见区以及红外区,颜色鲜艳且丰富。

2.4.2 稀土离子的 f-d 电子跃迁

稀土离子在晶体场中除 f-f 电子跃迁外,还有 f-d($4f^{n} \rightarrow 4f^{n-1}5d^{1}$)电子跃迁。f-d跃迁是允许的,这同 f-f 跃迁有很大的差别。对于 f-d 跃迁,主要涉及一些低价稀土离子,如 Ce^{3+}、Pr^{3+}、Tb^{3+}、Eu^{2+}、Yb^{2+}、Sm^{2+}、Tm^{2+}、Dy^{2+} 等,其中 Ce^{3+}、Eu^{2+}、Yb^{2+}尤为重要。由于这种跃迁产生的光谱与晶格的振动有密切的关系,所以这种跃迁的光谱通常为宽带,其半峰宽可达 1000~2000 cm^{-1}。由于 f-d 跃迁是允许跃迁,因此其吸收强度比 f-f 跃迁大 4 个数量级,同时其荧光寿命也就比 f-f 跃迁短得多,如 Ce^{3+}、Eu^{2+} 的 f-d 跃迁寿命仅为 10^{-6} s。5d 电子裸露在外,较 4f 电子更容易受所处环境的影响,因此 f-d 跃迁的能量会因所处环境的不同而产生比较大的变化,即 f-d 跃迁的光谱谱峰位置受所处环境的影响比较大。已经发现,同一种稀土离子在不同的基质中 f-d 跃迁的强度和位置往往会有明显的不同。f-d 跃迁具有以下特征:

(1) 发射光谱为宽带。

(2) 基质对发射光谱的影响较大,可明显改变发光的颜色。

(3) 发射光谱受温度的影响较大。

(4) 发射强度较 f-f 跃迁明显增强,荧光寿命较短。

2.4.3 稀土离子的电荷迁移带

电子从配位原子(氧原子等)的全满分子轨道迁移到稀土离子内部未充满的

4f 轨道,从而在光谱上产生较宽的电荷迁移带。四价稀土离子 Ce^{4+}、Pr^{4+}、Tb^{4+}、Dy^{4+} 和三价稀土离子 Sm^{3+}、Eu^{3+}、Yb^{3+} 等在近紫外区具有电荷迁移带,属允许跃迁。一般来说,电荷迁移带随氧化态增加而向低能方向移动。在稀土离子的激发光谱中,其 f-f 跃迁(电偶极跃迁)属于禁戒跃迁,强度较弱,这十分不利于稀土离子吸收激发能量,因此会严重地影响稀土离子的发光效率。如果能充分利用电荷迁移带吸收能量,并将能量传递给发光稀土离子,将使稀土离子的发光效率明显提高。稀土离子的电荷迁移带具有以下特征[7]:

(1)与稀土离子配位的配体原子的电负性越小,电荷迁移带的能量越低。

(2)稀土离子的配位数越大,电荷迁移带的能量越低。

(3)稀土离子的氧化态越高,电荷迁移带的能量越低。

电荷迁移带与 f-d 跃迁的主要共同之处是皆为宽带,而它们的主要区别在于:

(1)电荷迁移带通常没有精细结构,而 f-d 跃迁由于 d 轨道受晶体场影响常发生劈裂,其光谱随之出现精细结构。

(2)电荷迁移带的半高宽一般较 f-d 跃迁的明显更宽。

(3)电荷迁移带随着稀土离子氧化态的升高向低能方向移动,而 f-d 跃迁则随着稀土离子氧化态的升高而向高能方向移动。例如,所有四价稀土离子的最低吸收带都属于电荷迁移带,而所有二价稀土离子最低吸收带都属于 f-d 跃迁。

2.5　稀土离子的发光特点

稀土离子具有未充满的 4f 电子壳层,使其具有十分丰富的能级,稀土离子的 4f 壳层间的电子跃迁会产生丰富的吸收和发射现象。对于 Sm^{3+}、Eu^{3+}、Tb^{3+} 和 Dy^{3+},它们的最低激发态和基态之间的能级差分别为 7400 cm^{-1}、12 500 cm^{-1}、14 800 cm^{-1} 和 7850 cm^{-1},f-f 跃迁的非辐射失活概率也较小,且辐射波长在可见光区,因此研究得较多,尤其是 Eu^{3+} 和 Tb^{3+}。近年来,Pr^{3+}、Nd^{3+}、Sm^{3+}、Dy^{3+}、Ho^{3+}、Er^{3+}、Tm^{3+} 和 Yb^{3+} 等稀土离子的近红外发光在光纤通信、激光系统、生物荧光探针及荧光免疫分析等方面显示出特殊的优点,尤其是 Er^{3+}、Nd^{3+} 和 Yb^{3+} 的近红外发光引起了研究者的极大兴趣,有关稀土离子近红外发光材料的研究报道已有很多。三价稀土离子的发光颜色列于表 2-1 中。

稀土离子的 4f 轨道处于原子结构的内层,被 $5s^2 5p^6$ 壳层电子部分屏蔽,从而大大降低了外界磁场和电场对 4f 电子的影响,使三价稀土离子主要表现特征的窄带发射(一般只有 100 cm^{-1})。稀土离子丰富且能量分布广的能级导致其发射光谱可以覆盖近红外(NIR)、可见(Vis)、紫外(UV)和真空紫外(VUV)十分宽广的光谱区域[8]。例如,张思远[9]在《稀土离子的光谱学——光谱性质和光谱理论》一书中展示了稀土五磷酸盐中三价稀土离子的吸收、激发和发射光谱,其 f-f 跃迁光谱覆盖了 280~1700 nm 的范围。此外,稀土离子的发射还具有激发态寿命相对较长、发光效率高的特点。

除了 f-f 跃迁发射外,稀土离子的 f-d 跃迁、电荷迁移带均可以产生很有特点的发射,这使稀土离子的发射光谱更加丰富多彩。稀土离子已成为研发高性能新发光材料的重要"宝库"。

稀土离子发光机理大致分为三个过程:①接受外界能量被激发;②电子从基态跃迁到激发态;③电子从激发态返回到能量较低的能级时放出辐射能而发出荧光。虽然稀土离子的发光具有波长固定的发射峰,且发射谱带窄、色纯度高,但是由于稀土离子的 f-f 跃迁是宇称禁戒的($l=3,\Delta l=0$),稀土离子的摩尔消光系数很低,一般为 1~10 L/(mol•cm),从而导致单纯的稀土离子发光强度不理想,这样大大限制了稀土离子的实际应用。为了提高稀土离子的发光强度,就需要将稀土离子引入到一些晶格里面,通过晶体场的作用打破一些跃迁禁戒。或者采用一些理想的有机分子作为稀土离子的配体,通过形成的稀土配合物内部能量传递,即"天线效应",增大稀土离子对外界光能量的吸收量,从而大大提高稀土离子的发光强度[10]。1942 年,Weissman[11]首次提出用紫外线激发稀土配合物,通过有效的分子内能量传递过程可将配体吸收的激发能量传递给中心稀土离子的发射能级,从而提高稀土离子的特征荧光。发光稀土配合物将在第 3 章中详细介绍。

2.6 f-f 跃迁的谱线强度

2.6.1 超灵敏跃迁

正如本书前文所介绍的那样,f-f 跃迁的电偶极跃迁是禁戒的,虽然 f-f 跃迁的磁偶极与电四极跃迁是允许的,但是由于它们的强度太弱,因此 f-f 跃迁的强度较弱。然而,镧系离子光谱中某些跃迁强度却敏感于其所处的环境,这些跃迁被称为"超灵敏跃迁"。

1962 年,Judd[12]总结出了镧系离子光谱中有一些对环境改变很敏感的"超灵敏跃迁",其选择定则遵循:$|\Delta J|=2,\Delta S=0,|\Delta L|\leqslant2$,这些跃迁强度随所处环境的不同可改变 2~4 倍。超灵敏跃迁与稀土离子配位原子的种类有很大关系,不同配位原子的作用具有明显差异。依据配位原子的极化效应,配位原子的超灵敏作用强弱具有以下次序:$I>Br>Cl>H_2O>F$。Henrie[13]等认为影响超灵敏跃迁的因素主要有以下三点:

(1) 配体的碱性越强,稀土离子超灵敏跃迁的强度越大。

(2) 当近邻的配位原子是氧原子时,稀土离子与氧原子形成的 Ln—O 键越短,超灵敏跃迁强度越大。

（3）稀土离子与周围原子的共价性和轨道重叠越大，超灵敏跃迁的强度越大。

2.6.2　Judd-Ofelt 理论

1962 年，Judd 和 Ofelt 分别根据镧系离子在周围电场作用下，组态与相反宇称的组态混合而产生"强制"的电偶极跃迁，提出了研究镧系离子 4f-4f 跃迁光谱强度的 Judd-Ofelt 理论[13,14]。

因为 $4f^n$ 组态内各个状态的宇称是相同的，它们之间电偶极跃迁的矩阵元的值为零，所以电偶极作用不能引起 4f-4f 跃迁，也就是说 $4f^n$ 组态内的能级之间跃迁是宇称禁戒的。然而，在固体或溶液中的稀土离子由于晶体场奇次项的作用，与 $4f^n$ 组态状态相反宇称的组态状态混入 $4f^n$ 组态状态中，这样原来的 $4f^n$ 组态状态就不再是一种宇称的状态了，而是两种宇称状态的混合态，这些状态之间的电偶极跃迁矩阵元不再为零，于是就发生了呈现线状光谱的 4f-4f 跃迁。Judd-Ofelt 理论就是关于稀土离子 4f-4f 跃迁光谱强度的理论，利用这个理论可计算得到大量稀土离子在固体或溶液中 4f-4f 跃迁的光谱强度参数。

Judd 和 Ofelt 考虑晶体场展开式中晶体场奇次项相反宇称的组态混进了 $4f^n$ 组态，从而引起电偶极跃迁，这就要求晶体场展开式为

$$V = V_{偶} + V_{奇} = \sum_{t,p} A_{tp} D_P^{(t)} \qquad (2-1)$$

式中，t 为奇数的系数不全为零（非中心配位场）。其中，

$$D_P^{(t)} = \sum_j^n r_p^t \left[\frac{4\pi}{2t+1} \right]^{1/2} Y_{tp}(\theta_j, \Phi_j); \quad (j \text{ 为电子标号}) \qquad (2-2)$$

把自由离子的哈密顿算子连同 $V_{偶}$ 同时对角化得到的波函数作为零级近似的波函数，而把加进 $V_{奇}$ 微扰后的及近似波函数作为晶体场本征函数，电偶极算子 $D_P^{(t)}$ 在晶体场本征函数之间的矩阵元就会出现不为零的值。零级近似波函数认为是已知的，若不考虑 J 混杂则有如下形式：

$$\langle A| = \sum_M \langle f^n \psi, JM|\alpha_M \qquad (2-3)$$

其中 $\langle f^n \psi, JM|$ 代表中间耦合态，所以它能进一步表达成 LS 耦合的本征态 $\langle f^n \psi, JM|$ 按 S、L 的耦合。根据微扰理论，一级近似波函数即晶体场波函数。

$$\langle B| = \sum_M \langle f^n \psi, JM|\alpha_M + \sum_t \frac{\alpha_M \langle f^n \psi, JM|V_{奇}|f^{n-1}(n'l')\psi'', J''M''\rangle}{E(\psi J) - E(n'l', \psi'J')}$$
$$\times \langle f^{n-1}(n'l')\psi'', J''M''| \qquad (2-4)$$

式中，$\sum_t$ 表示对所有的 ψ''，J''，M''，l'，n' 求和。晶体中稀土离子的状态是式（2-4）描述的状态，Judd 和 Ofelt 推导了在这样两个状态（初态 i 和终态 f）之间的电偶极算子矩阵元，得到

$$\langle i | D_q^p | f \rangle = \langle B | D_q^p | f \rangle = \sum_{q,p,\lambda} (2\lambda+1)(-1)^{p+q} A_{tp}$$

$$\Xi(t,\lambda) \begin{pmatrix} 1 & \lambda & t \\ q & -(p+q) & p \end{pmatrix} \langle A | U_{p+q}^{(\lambda)} | A' \rangle \Xi(t,\lambda)$$

$$= 2 \sum (2l+1)(2l''+1)(-1)^{l+l'} \begin{Bmatrix} 1 & \lambda & t \\ l & l' & l \end{Bmatrix} \begin{pmatrix} l & 1 & l' \\ 0 & 0 & 0 \end{pmatrix}$$

$$\times \begin{pmatrix} l' & t & l \\ 0 & 0 & 0 \end{pmatrix} \frac{\langle nl | r | n'l' \rangle \langle nl | r' | n'l' \rangle}{\Delta(nl)} \tag{2-5}$$

式中，t 为奇数，l 为偶数；（ ）和 { } 分别是 Wingner $3j$ 和 $6j$ 符号。式(2-5)称为 Judd-Ofelt 公式，它把对晶体场斯塔克能级间求电偶极矩阵元的问题，转换为对相应的零极近似态间求张量算子 $U^{(\lambda)}$ 矩阵元的问题。$\langle A |$ 和 $| A' \rangle$ 能从"晶体场计算"得到，上面已经提到，它们是 $4f^n$ 组态 $\langle 4f^n \alpha SLM |$ 的线性组合。因此，$\langle A | U_{p+q}^{(\lambda)} | A' \rangle$ 可以按标准的张量算子法加以约化和计算，有关三价稀土离子的光谱线强度的计算都以式(2-5)为基础。

2.6.2.1　三参量 Judd-Ofelt 公式

在晶体里的三价稀土离子，其吸收线（精细结构）往往难以分辨。难以分辨的吸收线（或发射线）是各个成分的锐线吸收之和，尤其是在研究两个 J 簇能级之间的总跃迁时，需要如下求和：

$$\sum \langle i | D_i^{(\omega)} | f \rangle^2 \tag{2-6}$$

求和跑遍 q 和 J 簇的所有分量 i 及 J' 簇的所有分量 f，在这个意义上式(2-6)完全等同于光谱学中的"谱线强度 $S_{JJ'}$"。

Judd 假设粒子数在初能级上平均分布而进行求和，结果为

$$S_{JJ'} = \sum_{\lambda=2,4,6} \Omega_\lambda | \langle f^n \psi, J \| U^\lambda \| f^n \psi', J' \rangle |^2 \tag{2-7}$$

式中，$\Omega_\lambda = (2\lambda+1) \sum_{tp} \left[\frac{|A_{tp}|^2}{(2t+p)} \right]^2 \times \Xi^2(t,\lambda)$；$\Omega_\lambda$ 与 J 有关，而且只含晶体场参数，所以可作为可调节参量。张量算子的性质限定 $\lambda=2,4,6$。这就是三参量 Judd-Ofelt 公式。

2.6.2.2　Judd-Ofelt 理论在光谱计算中的应用

Judd-Ofelt 理论指出，在三参量近似下，电偶极跃迁振子强度可以写作：

$$P_{ed} = \frac{8\pi^2 mc\nu}{3h(2J+1)} \frac{(n^2+2)^2}{9n} \times \sum_{\lambda=2,4,6} \Omega_\lambda | \langle 4f^n (\alpha SL)J \| U^\lambda \| 4f^n (\alpha'S'L')J' \rangle |^2 \tag{2-8}$$

式中，h 为普朗克常量，m 为电子质量，ν 为波数(cm^{-1})，J 为发生跃迁的角动量

子数，n 为材料的折射率，$|\langle 4f^n(\alpha SL)J\|U^\lambda\|4f^n(\alpha'S'L')J'\rangle|^2$ 为单位张量的约化矩阵元，它对基质不敏感，可采用文献的数据。$\Omega_\lambda(\lambda=2,4,6)$ 为 Judd-Ofelt 强度参数，也称振子强度参数。

电偶极跃迁概率为

$$A_{ed}=\frac{64\pi^4}{3h\lambda^3(2J+1)}\frac{n(n^2+2)^2}{9}\times\sum_{\lambda=2,4,6}\Omega_\lambda\;|\langle 4f^n(\alpha SL)J\|U^\lambda\|4f^n(\alpha'S'L')J'\rangle|^2$$

$$(2\text{-}9)$$

实验振子强度可以由下式计算。

$$P_{exp}=\frac{mc^2}{\pi e^2 N}\int\sigma(\nu)\,\mathrm{d}\upsilon \tag{2-10}$$

式中，$\sigma(\nu)=\dfrac{\ln\left[\dfrac{I_0(\nu)}{I(\nu)}\right]}{l}$；$m$、$e$ 分别为电子的质量和电量，c 为光速，N 为单位体积内的稀土离子的数目，$\sigma(\nu)$ 为用波数表示的对应能级的微分消光系数。

对于有磁偶极跃迁的谱线，其振子强度的试验值 P_{exp} 应为电偶极跃迁的振子强度 P_{ed} 与磁偶极跃迁的振子强度 P_{md} 之和。

$$P_{exp}=P_{ed}+P_{md} \tag{2-11}$$

磁偶极跃迁的振子强度由下式确定。

$$P_{md}=\frac{8\pi^2 mc\nu n}{3he^2(2J+1)}\times S(\psi_J,\psi_{J'}) \tag{2-12}$$

$$S_{md}=\frac{e^2}{4m^2c^2}\;|\langle(SL)J\|L+2S\|(S'L')\rangle|^2 \tag{2-13}$$

式中，S_{md} 为谱线强度，由谱线强度可知磁偶极跃迁选择定则为 $\Delta L=0,\Delta S=0,\Delta J=0,\pm1(0\leftrightarrow0$ 除外$)$。

磁偶极跃迁概率为

$$A_{md}=\frac{64\pi^4\nu^3 n^3}{3h(2J+1)}\times\sum_{\alpha SL,\alpha'S'L'}c(\alpha SL)c(\alpha'S'L')\;|\langle 4f^n(\alpha SL)J\|M\|4f^n(\alpha'S'L')J'\rangle|^2$$

$$(2\text{-}14)$$

此处磁偶算符 $M=(-eh/2mc)(L+2S)$

当 $J=J-1$ 时，

$$\langle S,L,J\|L+2S\|S,L,J-1\rangle=\hbar\left\{\frac{[(S+L+1)^2-J^2]\times[J^2-(L-S)^2]}{4J}\right\}^{\frac12}$$

$$(2\text{-}15)$$

当 $J=J+1$ 时，

$$\langle S,L,J\|L+2S\|S,L,J+1\rangle=$$

$$\hbar\left\{\frac{\left[(S+L+1)^2-(J+1)^2\right]\times\left[(J+1)^2-(L-S)^2\right]}{4(J+1)}\right\}^{\frac{1}{2}} \tag{2-16}$$

当 $J=J$ 时，

$$\langle S,L,J\|L+2S\|S,L,J\rangle=\hbar\left[(2J+1)/4J(J+1)\right]^{1/2}$$
$$\times\left[S(S+1)-L(L+1)+3J(J+1)\right]$$

$$\tag{2-17}$$

将 $P_{\exp}$、σ 和 $|\langle 4f^n(\alpha SL)J\|U^\lambda\|4f^n(\alpha'S'L')J'\rangle|^2$ 的数据代入上述计算 P_{ed} 的公式[式(2-8)]，当 P_{md} 的数值不可忽略时，在计算 P_{ed} 时所采用的 $P_{\exp}$ 应扣除 P_{md}，采用最小二乘法即可算出三个强度参数 Ω_2、Ω_4、Ω_6。

因为 Ω_λ 只与材料有关而与哪两个能级之间的跃迁无关，所以通过实验测定的吸收光谱计算得到的 Ω_λ 可以用到该材料的发射谱以及任何两个 J 簇能级的跃迁。根据求得的 Ω_λ 和约化矩阵元 $|\langle 4f^n(\alpha SL)J\|U^\lambda\|4f^n(\alpha'S'L')J'\rangle|^2$，由下式可以计算发射光谱中相应跃迁的辐射跃迁速率：

$$A\left[(\alpha SL)J,(\alpha'S'L')J'\right]=A_{ed}\left[(\alpha SL)J,(\alpha'S'L')J'\right]+A_{md}\left[(\alpha SL)J,(\alpha'S'L')J'\right]$$

$$\tag{2-18}$$

辐射寿命 τ_{rad} 由下式得出：

$$\tau_{rad}=\frac{1}{\sum\limits_{\alpha'S'L'J'}A\left[(\alpha SL)J,(\alpha'S'L')J'\right]} \tag{2-19}$$

荧光分支比 β 由下面关系式得到：

$$\beta\left[(\alpha SL)J,(\alpha'S'L')J'\right]=\frac{A\left[(\alpha SL)J,(\alpha'S'L')J'\right]}{\sum\limits_{\alpha'S'L'J'}A\left[(\alpha SL)J,(\alpha'S'L')J'\right]} \tag{2-20}$$

受激发射截面为

$$\sigma_e=\frac{A\lambda^2}{4\pi^2n^2\Delta\nu}\qquad 洛伦兹线型$$

$$\sigma_e=\frac{A\lambda^2}{8\pi n^2\Delta\nu}\qquad 高斯线型 \tag{2-21}$$

如果实验已测定了相应跃迁的荧光寿命，则可按下式求出量子效率。

$$\eta_c=\frac{\tau_f}{\tau_{rad}} \tag{2-22}$$

如前所述，形成稀土有机配合物后，借助配体的强紫外吸收和有效的分子内能量传递可以大大增强稀土离子的特征荧光发射。各种各样的稀土有机配合物已经广泛地应用于稀土有机-无机杂化材料的制备，并且稀土有机配合物的辐射性质与稀土有机-无机杂化材料的性能关系十分密切。Judd-Ofelt 理论已广泛用于计算各种材料中稀土离子的光学性质,通过光吸收测量和 Judd-Ofelt 理论计算同样可以成功地得到稀土有机-无机杂化材料中稀土离子的辐射性质。在后面章节中,将涉及 Judd-Ofelt 理论的计算方法及其所预测的稀土有机-无机杂化材料中稀土离子的辐射性质。

2.7 谱线位移

理论上,谱线位移的原因归于电子云扩大效应,是指金属离子的能级在晶体中相对于自由离子状态发生红移的现象,这种现象进一步归于晶体中电子间库仑作用参数斯莱特(Slater)积分或拉卡(Racah)参数比自由离子状态减小。引起谱线位移的电子云扩大效应与配位原子的电负性有关,其次序为:自由离子$<F^-$(3.9) $<O^{2-}$(3.5)$<Cl^-$(3.1)$<Br^-$(2.9)$<I^-$(2.6)$\leqslant S^{2-}$(2.6)$<Se^{2-}$(2.4)$<Te^{2-}$ (2.1)。另外,还与稀土离子的配位数、稀土离子与配体之间的距离有关。随着稀土离子配位数的减少和稀土离子与配体之间距离的缩短,电子云扩大效应增大,谱线红移趋于明显。总之,谱线红移随配位原子电负性的减小、共价程度的增大而增大[8]。例如,$NdCl_3$ 水溶液中 Nd^{3+} 以水合形式存在,$^4I_{9/2}$-$^2P_{1/2}$ 跃迁的谱线位于 427.5 nm(选择$^2P_{1/2}$能级是由于其不被配位场所劈裂,是二重简并能级,只有一条谱线)。而在 $Nd(NO_3)_3 \cdot [(CH_3)_2SO]_4$ 中,Nd^{3+} 的配位环境是与 4 个二甲亚砜中的氧和 3 个 NO_3^- 的 6 个氧形成十配位,此时化学键中有一定的共价性,所以谱线发生红移。

2.8 谱线劈裂[15]

稀土离子的谱线受晶体场作用和周围环境对称性的改变的影响会发生不同程度的劈裂。一般来说,能级劈裂数目和跃迁数目都与稀土离子周围环境的对称性有关,稀土离子周围环境的对称性越低,越能解除一些能级的简并度而使谱线劈裂越多。具有奇数电子的稀土离子产生 Kramers 简并,其能级分裂数目少,而具有偶数电子的稀土离子由于 Jahn-Teller 效应,能使其简并能级尽量解除为单能级,降低周围环境对称性,其能级数目将增多。

周围环境能够影响稀土离子的能级和荧光光谱,反过来也可以借助稀土离子的荧光光谱考察稀土离子周围环境。值得提出的是,利用 $4f^6$ 组态的 Eu^{3+} 的能级和荧光特性,可以比较准确地得到有关 Eu^{3+} 周围环境的对称性、所处格位、不同对称性的格位数目和有无反演中心等结构信息。苏锵院士在《稀土化学》一书中[8]给出了不同对称性晶体场中 Eu^{3+} 的 ^7F_j 能级的劈裂和 $^5D_0$-^7F_j 跃迁所产生的荧光谱线的数目。根据 Eu^{3+} 的荧光光谱的谱线数目可以了解其周围环境的对称性,具体可以分为以下几种情况：①当 Eu^{3+} 处于有严格反演中心的格位时，将发生以 $^5D_0$-$^7F_1$ 为主的磁偶极跃迁，这种情况对应于稀土离子处于具有 C_i、C_{2h}、D_{2h}、C_{4h}、D_{4h}、D_{3h}、S_6、C_{6h}、D_{6h}、T_h 或 O_h 点群对称性的环境。当 Eu^{3+} 处于 C_i、C_{2h}、D_{2h} 点群对称性的环境时，$^7F_1$ 能级完全解除简并而劈裂成 3 个状态，这时 $^5D_0$-$^7F_1$ 跃迁就出现 3 条荧光发射谱线。当 Eu^{3+} 处于 C_{4h}、D_{4h}、D_{3h}、S_6、C_{6h}、D_{6h} 点群对称性的环境时，$^7F_1$ 能级劈裂成 2 个状态，出现 2 条谱线。当 Eu^{3+} 处于 T_h、O_h 点群对称性的环境时，对称性高，所以 $^7F_1$ 能级不劈裂，只出现 1 条谱线。②当 Eu^{3+} 处于偏离反演中心的格位时，4f 组态中混入了相反宇称的组态，晶体中宇称选择规则放宽，此时就出现了 $^5D_0$-$^7F_2$ 等电偶极跃迁。当 Eu^{3+} 处于无反演中心的格位时，则以 $^5D_0$-$^7F_2$ 跃迁（612 nm 红光）为主。③ $^5D_0$-$^7F_0$ 跃迁本来属于禁戒跃迁，但当 Eu^{3+} 处于 C_s、C_n（$n=1,2,3,4,6$）、C_{nv}（$n=2,3,4,6$）点群对称格位时，由于晶体场势展开式需包括线性晶体场项，此时出现 580 nm 左右的 $^5D_0$-$^7F_0$ 跃迁。由于 $^5D_0$-$^7F_0$ 跃迁只有一个发射峰，所以当 Eu^{3+} 同时存在于几种不同的格位时，将出现相应的几个 $^5D_0$-$^7F_0$ 发射峰。这样，可通过 $^5D_0$-$^7F_0$ 发射峰的数目了解 Eu^{3+} 所处的格位数。④当 Eu^{3+} 处于低对称性点群格位（如三斜晶系 C_1，单斜晶系 C_s 和 C_2）时，$^7F_1$ 和 $^7F_2$ 能级完全解除简并，分别劈裂为 3 个和 5 个状态。此时，可观察到 1 条 $^5D_0$-$^7F_0$，3 条 $^5D_0$-$^7F_1$ 和 5 条 $^5D_0$-$^7F_2$ 跃迁谱线，并以 $^5D_0$-$^7F_2$ 跃迁为主。

参 考 文 献

[1] Bünzli J-C G, Piguet C. Taking advantage of luminescent lanthanide Ions. Chem Soc Rev, 2005, 34: 1048-1077.

[2] Dieke G H, Crosswhite H M. The spectra of the doubly and triply ionized rare earths. Appl Optics, 1963, 2: 675-686.

[3] Dieke G H. Spectra and Energy Levels of Rare Earth Ions in Crystals. New York: Wiley-InterScience, 1968.

[4] Carnall W T, Fields P R, Rajnak K. Electronic energy levels in the trivalent lanthanide aquo ions. I. Pr^{3+}, Nd^{3+}, Pm^{3+}, Sm^{3+}, Dy^{3+}, Ho^{3+}, Er^{3+}, and Tm^{3+}. J Chem Phys, 1968, 49: 4424-4442.

[5] Carnall W T, Goodman G L, Rajnak K, et al. A systematic analysis of the spectra of the lanthanides doped into single crystal LaF_3. J Chem Phys, 1989, 90: 3443-3457.

[6] 张思远, 毕宪章. 稀土光谱理论. 长春: 吉林科学技术出版社, 1991.

[7] Blasse G. The Influence of Charge-Transfer and Rydberg States on the Luminescence Properties, Structure and Bonding 13. New York: Spring-Verlag Berlin Heidelberg, 1975.

[8] 苏锵. 稀土化学. 郑州: 河南科学技术出版社, 1993.

[9] 张思远. 稀土离子的光谱学——光谱性质和光谱理论. 北京: 科学出版社, 2008.

[10] Bünzli J-C G, Yersin J R, Mabillard C. FTIR and fluorometric investigation of rare-earth and metallic ion solvation. 1. Europium perchlorate in anhydrous acetonitrile. Inorg Chem, 1982, 21: 1471-1476.

[11] Weissman S I. Intramolecular energy transfer: the fluorescence of complexes of europium. J Chem Phys, 1942, 10: 214-217.

[12] Judd B R. Optical absorption intensities of rare-earth ions. Phys Rev,1962,127:750-761.

[13] Henrie D E,Fellows R L,Choppin G R. Hypersensitivity in electronic-transitions of lanthanide and actinide complexes. Coord Chem Rev,1976,18:199-224.

[14] Ofelt G S. Intensities of crystal spectra of rare-earth ions. J Chem Phys,1962,37:511-519.

[15] 洪广言. 稀土发光材料——基础与应用. 北京:科学出版社,2011.

第3章 发光稀土配合物

3.1 概　述

　　稀土元素属于 f 过渡金属,具有比较丰富的配位化学性质。在三价金属离子中,稀土离子具有比较大的离子半径,同时"镧系收缩"现象导致稀土的离子半径随其原子序数的增加而减小。尤其值得指出的是,稀土离子的 4f 电子受到其外层全满的 $5s^2 5p^6$ 电子的有效屏蔽,使稀土离子的 4f 电子对外界环境很不敏感。上述事实导致稀土离子具有一些明显不同于 d 过渡金属离子的配位化学特性。稀土离子可与多种配位原子发生配位作用,形成结构丰富、性质各异的众多配合物。

　　稀土配合物具有光、电、磁等多种有趣的性质,其中稀土配合物的发光由于其特殊性和多样性而备受关注。迄今,研究人员已经对稀土配合物的发光性质进行了大量的研究,并取得了重要的进展,发光稀土配合物已经成功地应用于许多领域。发光稀土配合物的研究和应用对合理地利用我国十分丰富的稀土资源和有力地促进我国工农业生产、高新技术的快速发展都具有非常重要的意义。

　　到目前为止,发光稀土配合物研究和应用的发展已经走过了大半个世纪,其发展历程大致可以分为以下五个主要阶段[1]。第一阶段是 20 世纪 40 年代至 50 年代末。在这一阶段,研究人员开展了许多关于水溶液中稀土配合物稳定性和热力学性质的研究,目的是通过这些研究进一步改进稀土的分离方法。配合物研究的主要对象是稀土的氨基多羧酸类配体的配合物,所采用的主要研究方法是 pH 电位法和量热法等。有关发光稀土配合物的研究主要是发现了稀土配合物的发光现象,并对稀土配合物的发光现象开始了颇感兴趣的研究。例如,已经进行了稀土与 β-二酮类配体发光配合物的合成、性质等研究,并且发现稀土离子的配位数远大于6。60 年代发光稀土配合物的研究进入第二阶段。在这一阶段研究人员对发光和激光材料(特别是对液体激光材料)尤其感兴趣,于是发光稀土配合物的研究备受重视。有关稀土发光配合物的合成、性质、结构的研究发展很快,出现了大量的报道,其中一些文献对发光稀土配合物分子内的能量传递过程进行了定性地研究。进入 70 年代发光稀土配合物的研究迎来了其发展的第三阶段。在 70 年代多种近代物理方法,如 X 射线、光谱、核磁等日趋成熟并且成功地应用于稀土配合物的研究,这使稀土配合物研究由宏观深入到微观,在配合物的结构与性质的研究中取得了新突破。毫无疑问,这也使发光稀土配合物的研究随之进入了更深的层次。对发光稀土配合物的分子内能量传递的研究达到了定量测定的水平,并对其发光机理进行了更为深入的研究。与此同时,合成的发光稀土配合物的数量也不断增加。80年代是发光稀土配合物研究和应用发展的第四个阶段,这是发光稀土配合物研究和应用取得重要进展的阶段。在这一阶段化学键理论,如价键理论、分子轨道理论已经建立并成功地应用于稀土配合物的研究,因此在更深的层次上阐明了稀土配合物的组成-性质-结构的关系,有力地促进了稀土配合物研究的深入发展。在基础研究继续开展的同时,发光稀土配合物的应用研究有了重要的突破,如发光稀土配合物作为荧光探针在生命科学领域得到了实际应用。90年代以来,高科技的快速发展又为发光稀土配合物研究和应用带来了新的发展机遇。发光稀土配合物在激光、平板显示、光通信等领域的诱人应用前景引发了研究人员很大的研究兴趣。在这一发展阶段,发光稀土配合物研究主要在发光稀土配合物的有机-无机杂化材料、稀土配合物的电致发光等方面取得了新研究成果。

3.2　稀土离子的配位化学性质[2-4]

稀土属于f过渡金属,因此稀土离子具有不同于其他金属离子的配位化学性质。现将稀土离子的配位化学性质介绍如下。

3.2.1　稀土离子形成的配位键的特性

三价稀土离子的外层电子轨道为6s、6p、5d,这些均为空轨道,由La^{3+}到Lu^{3+}增加的电子均填充到它们的4f轨道。稀土离子的4f电子被其外层已全满的$5s^2$和$5p^6$电子充分屏蔽,因此4f电子难以受到配位场的影响,其配位场稳定化能仅为4.18kJ/mol。而d过渡金属离子的d电子是裸露在外的,故容易受到配位场的作用,其配位场稳定化能可以达到418kJ/mol或更高,显著地超过了稀土离子的配位场稳定化能。量化计算研究也确认稀土离子的4f电子是定域的,基本不参与共价键的形成。稀土离子与配位原子的成键主要是借助静电相互作用,其化学键以离子性为主。然而,依配位原子电负性的不同,稀土配合物的化学键也能够呈现出很弱的不同程度的共价性,但是这种很弱的共价性主要是源于稀土离子的5d轨道。与此成为鲜明对照的是过渡金属离子的d电子与配位原子的作用很强,可以形成具有方向性的共价键。

此外,在三价金属离子中,稀土离子的半径是比较大的,这样其电离势小,极化能也就小,这也有助于使稀土离子与配位原子的成键主要表现为离子性的。

3.2.2　稀土离子的半径

稀土离子的半径为0.085～0.106 nm。随着原子序数的增加,稀土离子半径减小,即"镧系收缩"现象。正如上面所介绍的那样,稀土配合物的化学键以离子性为主,这样稀土配合物的性质、结构与其离子半径就有很密切的关系,在一些情况下,稀土配合物的性质、结构随其离子半径的变化而呈现出几种典型的变化规律:①单调变化,即稀土配合物的某一性质或结构参数随着稀土离子半径的减小而呈现递增或递减的变化规律;②"钆断现象",稀土配合物的某一性质或结构参数随稀土离子半径的减小在钆处出现明显的转折点;③"四分组现象",稀土配合物的某一性质或结构参数随稀土离子半径的减小呈现出四个小周期。当然,在不少情况下,随稀土离子半径的减小稀土配合物的某一性质或结构参数的变化规律并不明显。

3.2.3　稀土离子的配位原子

依据软硬酸碱原理,稀土离子属于硬酸,因此稀土离子更倾向于同硬碱类配位原子配位。稀土离子的配位原子主要有氧、氮、卤素(X)、硫、磷原子,在稀土金属有机化合物中,配位原子主要是碳、氢原子。按软硬酸碱原理,稀土离子与这些配位原子作用的强弱顺序应该是

$$F>O>N>S\approx P$$

而按照与稀土离子生成的配合物的数量排列配位原子,则有以下的顺序:

$$O>C>N>X>S>H>P$$

含有各类配位原子的配体的数量相差悬殊,如含氧、氮配位原子的配体的数量与含氟配体的数量相差悬殊,并且各种配合物的应用价值也相差甚大,如一些含氧配体的稀土配合物具有重要的应用价值。因此,研究的含氧等配体的稀土配合物数量众多,从而导致上述两种配位原子的排列顺序不一致。

对于稀土离子,在所有配位原子中氧原子是最重要的配位原子。含有氧原子的配体很多,如羧酸、β-二酮等酸性配体及醇、醚、水等中性配体。此外,氧原子还能广泛与其他配位原子同时与稀土离子配位。迄今,稀土离子与含氧配体配合物的性质最优良,其应用也最为广泛。

3.2.4　稀土离子的配位数

稀土离子配位数为3~12的配合物均已制备。稀土离子配位数为6~10的配合物比较常见,其中稀土离子配位数为8和9的配合物数量约占稀土配合物总数的一半以上。稀土配合物的化学键以离子性为主,同时稀土离子具有较大的半径,因此导致稀土离子具有高的配位数。d过渡金属离子配合物的化学键是共价性的,具有饱和性,从而限制了过渡金属离子的配位数。通常3d过渡金属离子的配位数为4或6。

对于多数配合物,稀土离子的配位数主要取决于稀土离子的半径和配体的体

积。稀土离子的半径越大,配体的体积越小,稀土离子的配位数越高;反之则越低。

3.2.5 稀土配合物的结构

稀土配合物的结构丰富,稀土离子与配位原子构成了多种配位多面体。稀土配合物的化学键主要是离子性的,加之稀土离子的半径又比较大,因此配位原子在稀土离子的周围可以有各种各样的排布方式,于是形成多种配位多面体。代表性的配位多面体有:六配位的稀土配合物形成的八面体和三方棱柱,七配位的稀土配合物形成的单帽三方棱柱、五方双锥、单帽八面体、四方底三方底,八配位的稀土配合物形成的十二面体和四方反棱柱,九配位的稀土配合物形成的三帽三方棱柱、单帽四方反棱柱、单帽立方体,十配位的稀土配合物形成的双帽四方反棱柱、双帽十二面体。d 过渡金属离子则与稀土离子明显不同,形成的配位多面体种类很少,常见的是四面体(配位数为 4)、平面四边形(配位数为 4)、八面体(配位数为 6)。

稀土配合物常存在多晶型现象和同素异构现象,并且在一定温度和压力下出现多晶转变。稀土离子的配位数较高,只需较小的能量即可使相邻配体的位置发生变化,这是稀土配合物存在多晶型现象和同素异构现象的主要原因。

3.2.6 稀土离子与水分子的作用

稀土离子与水分子的作用很强。稀土离子(三价)水合热焓的计算值为 $-3722\sim-3278kJ/mol$,这充分证明稀土离子对水分子具有很强的亲和性。

稀土离子与水分子的强相互作用导致以下主要结果:①稳定性差的稀土配合物难以在水溶液中制备。生成配合物的过程就是配体与水分子竞争稀土离子的过程,如果配合物的稳定性差,则该配体无能力与水分子竞争稀土离子而形成配合物。因此,须在非水溶剂中进行制备。②配合物中通常含有水分子。水分子中有的参与同稀土离子的配位,有的则仅是结晶水。③容易生成含羟基的配合物。

3.3 稀土配合物的发光

3.3.1 有关稀土配合物发光的基本概念

1942 年,Weissman[5]发现 Eu^{3+} 与 β-二酮的配合物能够发射出比较强的 Eu^{3+} 的特征荧光,从而开始了稀土配合物发光的广泛研究。稀土配合物发光具有一系列突出的特点,已经成为一类非常重要的、高效的光活性材料。稀土配合物发光既涉及无机稀土离子,又与有机配体密切相关,具有特殊的发光过程以及发光机理。在介绍稀土配合物发光之前,先简单介绍一些基本概念。

基态　光物理和光化学中,基态就是指分子的稳定态,即分子的能量最低态。当一个分子中所有电子的排布完全遵从构造原理,即能量最低原理、泡利不相容原理、洪德规则时,则称该分子处于基态(ground state)。

激发态　当分子被适当的方式激发以后,该分子中的电子排布就变得不完全遵从构造原理,这时称该分子处于激发态(excited state)。激发态是分子的一种不稳定状态,其能量相对较高。

单重态与基态单重态　化合物分子一个态的性质可以用光谱项 $^{2S+1}L_J$ 来表示,该式中的 S 为总自旋量子数,$2S+1$ 被称为多重态或多重性,表示态的自旋状态;而 L 和 J 分别是总轨道量子数和总角动量量子数。如果某一个化合物分子是闭壳层的分子,即该化合物分子的每一个轨道均被两个自旋相反的电子所占据,则其总自旋 $S=0$,其多重态 $2S+1=1$,这就是说该化合物分子的基态属于单重态(singlet state)。单重态一般用 S 来表示。基态单重态,一般用 S_0 表示。

激发单重态与激发三重态　化合物分子在受到激发后,一个电子从低能量轨道被激发到了高能量轨道上,这个过程就是电子的跃迁。在电子跃迁到高能量轨道后,该电子在激发态的自旋状态有可能出现不同于基态的情况。如果化合物的分子被激发时,分子的电子自旋没有发生改变,则对于闭壳层的分子,激发态分子的总自旋仍为零($S=0$),其多重态 $2S+1=1$,分子仍为单重态,这就是激发单重态。依据它们能量的高低,可分别用 S_1、S_2、S_3 等来表示。若在分子激发时,跃迁电子的自旋发生了翻转,则分子中电子的总自旋 $S=1$,这时分子的多重态为 $2S+1=3$,即此时分子处于三重态(triplet state),用 T_1、T_2、T_3 等来表示具有不同能量的激发三重态。在本书所关注的化合物分子的光物理过程中,涉及最多的就是 S_0、S_1 和 T_1 三个态,这也是研究人员研究最多的分子能态。

系间窜越　指激发态分子通过无辐射跃迁的形式到达自旋多重度不同的较低能态。例如,分子从 S_1 态过渡到 T_1 态,并最终到达 T_1 态的最低振动态。

辐射跃迁与非辐射跃迁　分子在势能面间的跳跃过程称为跃迁,相应于电子从一个轨道跳跃到另一个轨道。跃迁根据其性质不同可以分为两大类:一类是辐射跃迁,即跃迁过程伴随着光子的放出,包括荧光和磷光过程;另一类是非辐射跃迁,即跃迁过程没有光子的参与,能量以热或其他形式耗散,包括内转换、系间窜越等。

振动弛豫　当分子被激发后从基态跃迁到激发态(该过程大约在 10^{-15} s 内完成),根据 Franck-Condon 原理,它到达电子激发态(S_1)的某一个振动激发态上,紧接着以热的方式耗散其部分能量,从振动激发态弛豫到 S_1 的最低振动态上,这一过程就是激发态的振动弛豫(vibrational relaxation)。

内转换　处于激发态的分子通过无辐射跃迁耗散能量而落回相同自旋多重度的低能势能面的过程即为内转换。它是一个态间过程,与荧光同属于单重态的去活(deactive)过程,或称失活过程。

荧光与磷光 荧光与磷光都是辐射跃迁过程,跃迁的终态都是基态,不同的是前者的跃迁起始态是单重态,而后者则是三重态。激发单重态荧光辐射跃迁的寿命一般在 10^{-8} s 数量级。由激发三重态的最低振动态辐射跃迁至基态的过程就是磷光过程。由于磷光过程是自旋多重度改变的跃迁,它会受到自旋因子的制约,所以其跃迁速率比荧光过程要小得多,相应寿命也就较长,一般都在微秒以上,甚至可以达到秒数量级。

3.3.2 有机化合物的发光[6]

由于稀土配合物的发光不仅涉及稀土离子,而且与有机配体有密切的关系,因此在介绍稀土配合物发光之前先简单介绍有机化合物的发光原理及其影响因素。

3.3.2.1 有机化合物的电子跃迁

根据分子轨道理论,一个成键轨道必定有一个相应的反键轨道。通常外层电子均处于分子轨道的基态,即成键轨道或非成键轨道(n 轨道)上。这些分子轨道能量的高低顺序为 σ 轨道<π 轨道<n 轨道<π* 轨道<σ* 轨道

当有机化合物分子的外层电子吸收紫外或可见光以后,电子就从基态向激发态(反键轨道)跃迁。其主要跃迁方式有四种:n→π*、π→π*、n→σ* 和 σ→σ* 跃迁,正如图 3-1 所示。

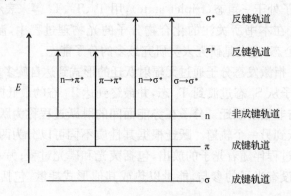

图 3-1 有机化合物电子跃迁形式

由于 σ 轨道上的电子跃迁能量处于真空紫外区,因此对大部分有机化合物分子,其紫外-可见区的电子光谱仅仅涉及其 π 电子和 n 电子的跃迁,其重要的跃迁是 n→π* 和 π→π* 跃迁。其中 π→π* 跃迁所需能量较低,在跃迁选律上是允许的,因此具有较大的吸光度,其摩尔消光系数一般在 $10^4 \sim 10^5$ L/(mol·cm)之间,属于强吸收。而 n→π* 跃迁,需要能量最低,它主要是有机化合物分子中杂原子,如 N、

O 和 S 上未参与成键的 p 电子的跃迁。然而,由于 n 轨道上的 p 电子在空间不能同 π 体系有效地重叠,也即跃迁是禁戒的,因此 n→π* 跃迁的吸光度较小,其摩尔消光系数一般不超过 100L/(mol·cm)。

有机化合物的发光依赖于其基态和激发态的特性。通常有机化合物分子中的电子是一一配对的,即每一个轨道均被两个自旋相反的电子所占据,这种状态在光谱学上称为单重态,其总自旋 $S=0$,多重态 $2S+1=1$,这就是说大多数有机化合物分子的基态属于单重态(S_0),如图 3-2 所示。

图 3-2　有机化合物基态及激发态

有机化合物分子的激发态有两类:①激发单重态,从激发单重态回到基态时电子无需改变其自旋方向($\Delta S=0$),此时激发态分子的总自旋仍为零($S=0$),其多重态仍为 1。因此,单重态跃迁是自旋允许的,典型的辐射跃迁速率为 $10^8\,s^{-1}$,即激发单态寿命约为 $10^{-8}\sim10^{-9}\,s$ 数量级。②激发三重态,电子从激发态回到基态需改变自旋方向($\Delta S\neq0$),此时 $S=1$,$2S+1=3$。因此,这种跃迁是自旋禁戒的,辐射跃迁速率比较低,其典型的寿命在毫秒和秒之间。由于自旋平行比自旋配对的状态更稳定,所以三重态的能级比单重态能量略低。

3.3.2.2　有机化合物发光机理

有机化合物的光吸收和光发射的机理可用 Jablonski 提出的能级图(图 3-3)加以说明。

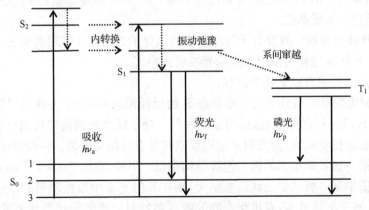

图 3-3　Jablonski 能级图

在图 3-3 所示的 Jablonski 能级图中,基态、第一和第二电子激发单重态分别用 S_0、S_1 和 S_2 表示,第一电子激发三重态用 T_1 表示,每个电子能级还有一些振动能级,分别用 0、1 和 2 表示,振动能级之间还存在着一些转动能级。由于转动能级之间的间隔非常小,再加上溶液中的谱线展宽作用,转动能级便无法分开,因此在溶液中观察到的有机化合物的光谱线常常是连续的,即呈带状谱。在固体中,由于分子的自由运动受到很大程度的限制,有机化合物的谱线的振动结构得到加强,以至于可以观察到振动结构分辨良好的光谱。

分子在各个振动能级上的分布可用 Boltzmann 分布加以描述:

$$R = e^{-\Delta E/(kT)}$$

其中,R 为分子在两能级上的布居数之比,ΔE 为两能级差,k 为 Boltzmann 常量,T 为热力学温度。对于有机化合物,室温下绝大多数分子均占据最低振动能级,光的吸收主要由处于最低能级的分子产生。此外,由于电子能级 S_0 和 S_1 间的能级差较大,分子基本不可能由热运动而布居于 S_1 态。

有机化合物分子吸收激发光以后,其电子由基态跃迁至激发态 S_1 或 S_2。电子处于激发态属于不稳定态,可通过非辐射跃迁和辐射跃迁形式失去能量。

非辐射能量传递有以下几个过程:

(1) **振动弛豫过程**　同一电子能级内以热的形式由高振动能级返回到该电子能级的最低振动能级,这一过程为振动弛豫。发生振动弛豫的时间为 10^{-12} s。

(2) **内转换过程**　当 S_2 的较低振动能级和 S_1 的较高振动能级能量相当时,分子有可能从 S_2 的振动能级以非辐射方式过渡到 S_1 能量相当的振动能级上,即被激发的分子发生了内转换过程。内转换过程一般在 10^{-12} s 内进行,而有机化合物的荧光寿命一般为 10^{-8} s,因而内转换过程和振动弛豫过程在荧光发射前即可完成。

(3) **系间窜越**　不同的多重态能级间的非辐射跃迁,该过程激发态分子改变其自旋态,是分子的多重性发生变化的结果。$S_1 \rightarrow T_1$ 即是单重态到三重态的跃迁,这种跃迁是禁戒跃迁。

(4) **外转换过程**　激发分子与溶剂或其他分子之间相互作用而失去能量的非辐射跃迁,外转换过程可使荧光或磷光减弱或猝灭。

辐射能量传递有以下几个过程:

(1) **荧光发射**　当分子处于激发态 S_1 的最低能级时,分子可通过发射光子而回到基态 S_0 的各振动能级,这称为荧光发射。分子吸收光谱能够反映有机化合物电子激发态的振动能级,而发射光谱则反映其基态的振动能级。一般情况下,分子的基态和第一激发单重态的振动能级结构类似。另外,根据 Franck-Condon 原理,如吸收光谱中某一振动带的跃迁概率大,则在发射光谱中该振动带的跃迁概率也大。因此,基于上述事实,有机化合物的吸收和发射光谱的形状是相似的,即存在镜像对称规则。

（2）**磷光发射** 激发态分子经过系间窜越至激发三重态后，可迅速弛豫到第一激发三重态的最低振动能级上，经发射光子返回到基态，此过程为磷光发射。由于发射是不同多重态之间的跃迁，属于禁戒跃迁，因此磷光的寿命比荧光要长得多。在通常情况下，有机化合物分子的 T_1 能级低于 S_1 能级，因此与发射的荧光相比，有机化合物发射的磷光向长波方向移动。

此外，还有延迟荧光，它来源于从第一激发三重态（T_1）重新生成的 S_1 态的辐射跃迁。

3.3.2.3 斯托克斯位移及溶剂的影响

当有机化合物分子吸收能量被激发到 S_1（或 S_2）较高的电子振动能级时，由于存在振动弛豫和内转换过程，处于激发态的分子一般在 10^{-12} s 内就可以弛豫到 S_1（或 S_2）的最低振动能级，处于激发态分子的过量能量就被很快地耗散。因此，有机化合物发射荧光的波长要小于激发光的波长，即斯托克斯（Stokes）位移。与此同时，有机化合物分子的发射光谱亦不会随激发光的波长而改变。

许多有机化合物的荧光光谱对其周围环境的极性非常敏感。依据使用的溶剂的极性，可以产生不同程度的斯托克斯位移。这种位移的物理起源为有机化合物分子的偶极矩与其诱导产生的周围溶剂的活性场之间的相互作用。此外，有机化合物与溶剂分子之间的特殊化学作用也可以产生发射光谱位移。因此，在有机化合物的荧光发射过程中，溶剂的弛豫作用消耗了部分激发能量，从而导致有机化合物的荧光发射出现了斯托克斯位移。

通常发光有机化合物光的吸收仅发生在 10^{-15} s 内，在如此短的时间内不足以使原子核产生位移（即 Franck-Condon 原理），然而对溶剂分子电荷的重新取向则是足够的，因此可以观察到溶剂对发光有机化合物所产生的斯托克斯位移作用。

普通溶剂作用主要是由其折射率（n）和介电常数（ε）引起的。若假定溶剂是一连续介质且忽略发光有机化合物和溶剂间的化学作用，则溶剂的作用影响有机化合物分子的基态和激发态的能级差。作为一级近似，该能级差（用波数表示）是溶剂的折射率和介电常数的函数，即它们之间的关系可以用 Lippert-Mataga 方程描述为

$$\Delta\nu_a - \Delta\nu_f = \frac{2}{hc}\left(\frac{\varepsilon-1}{2\varepsilon+1} - \frac{n^2-1}{2n^2+1}\right)\frac{(\mu^* - \mu)^2}{a^3} + 常数$$

式中，h 为普朗克（Planck）常量，c 为光速，a 为发光有机化合物分子在溶剂中所占的空腔半径，ν_a 和 ν_f 分别为有机化合物分子吸收和发射光的波数（cm^{-1}），μ^* 和 μ 分别为有机化合物分子处于激发态和基态时的偶极矩。Lippert-Mataga 公式中括号内部分为取向极化率 Δf，Δf 可以表示为

$$\Delta f = \frac{\varepsilon-1}{2\varepsilon+1} - \frac{n^2-1}{2n^2+1}$$

式中,第一项表示的光谱位移是由溶剂偶极矩的再取向和溶剂分子中电子的重新分布引起的,而第二项表示仅由电子的重新分布产生的贡献。按此理论,溶剂作用引起的斯托克斯位移主要由溶剂分子再取向引起,而电子的重新分布对位移的贡献比较小。如果忽略高次项(如溶剂分子的诱导偶极矩作用等),发光有机化合物分子在非极性溶剂中的斯托克斯位移应该是较小的,而在极性溶剂中产生的斯托克斯位移则比较大。基于有机化合物的斯托克斯位移对溶剂的极性非常敏感,荧光光谱通常被用来考察发光有机化合物周围环境的极性变化。

3.3.2.4　荧光寿命和量子效率

发光有机化合物的荧光寿命和发射量子效率可用图 3-4 加以说明。该图不考虑有机化合物 S_1 激发态的产生过程,而只考虑其从 S_1 到 S_0 的过程,即重点讨论发光有机化合物的辐射跃迁速率 R 和非辐射跃迁速率 K。

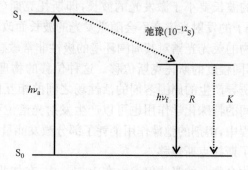

图 3-4　简化的 Jablonski 能级图

发光有机化合物的发射量子效率 η 被定义为其发射的光子数与其吸收的光子数之比,即

$$\eta = \frac{R}{R + K}$$

其中将所有可能的非辐射衰减过程用一个简单的非辐射跃迁速率 K 表示。由上式可以看出,当去激活的非辐射跃迁速率 K 比辐射跃迁速率 R 低得非常多时,即 $K \ll R$ 时,发光有机化合物的发射量子效率接近于 1。

荧光寿命 τ 定义为发光有机化合物分子回到其基态前,在其激发态停留的平均时间。按图 3-4 所示,荧光寿命可表示为

$$\tau = \frac{1}{R + K}$$

有机化合物的荧光发射是个随机问题,通常很少有激发态分子在 $t = \tau$ 的时刻发射光子。对于一个单指数衰减过程,大约有 63% 的激发态分子是在 $t = \tau$ 之前衰减的,而大约 37% 的则是在 $t > \tau$ 的时间衰减的。

任何影响辐射跃迁速率和非辐射跃迁速率的因素都会改变荧光寿命,发光有机化合物分子可能因为大的内转换速率和小的辐射跃迁速率而不产生荧光。

3.3.2.5　影响荧光强度的因素

荧光是由有机化合物吸收光后从激发态跃迁到基态时产生的,其发光强度与该有机化合物的吸收强度和荧光效率有关,影响其荧光强度的因素有内在因素和外在因素。

影响有机化合物荧光强度的内在因素主要有以下几点:

(1) **共轭 π 键结构**　强荧光的分子一般均具有大的共轭 π 键结构,如含有 π→π* 跃迁能级的芳香族化合物具有强的荧光发射。

(2) **电子取代基**　苯环上的取代基可引起吸收波长和荧光发射的变化。含有给电子基团时,荧光增强;反之,含有吸电子基团时,荧光减弱。

(3) **刚性平面结构**　分子的刚性越强,荧光越强。一些不产生荧光或荧光较弱的有机化合物,与金属离子形成配合物后,如果刚性和平面结构增强,则可以产生荧光或荧光增强。

此外,有机化合物最低激发单重态 S_1 的性质等也对其发光特性产生影响。

影响有机化合物荧光强度的外在因素主要有以下几点:

(1) **溶剂**　除了一般溶剂效应外,溶剂的极性和黏度等也可使有机化合物的荧光性质发生变化。荧光强度一般会随着溶剂极性的减小而增强。同时,随溶剂黏度的增加,荧光强度也增强。这是因为溶剂黏度增加时,分子的碰撞减少,能量损失也就减少,因此荧光强度随之增强。

(2) **温度**　一般说来,温度升高,激发态荧光分子的分子间碰撞或分子内能量转移增强,从而造成荧光减弱或猝灭。

(3) **酸碱度**　如果荧光有机化合物为弱酸或弱碱,并且该弱酸或弱碱的分子及其相应的离子具有不同的荧光特性,则溶液酸碱性的变化可使有机化合物不同型体的比例发生变化,从而对荧光光谱的形状和发光强度产生较大的影响。

此外,重原子效应等外在因素也可影响有机化合物的发光特性。

3.3.3　稀土配合物的荧光发射

稀土离子的吸收和发射现象主要是来自于其未充满的 4f 层间的电子跃迁(有一些低价稀土离子,如 Eu^{2+}、Yb^{2+} 等的吸收和发射是来自于 4f-5d 跃迁)。稀土离子未充满的 $4f^n$ 电子结构的特点决定了稀土离子的荧光发射具有一系列独特的优势。因此,高效稀土发光材料的研究、开发及其实际应用都十分引人注目。

然而,由于稀土离子的 f-f 跃迁是宇称禁戒的($l=3, \Delta l=0$),故稀土离子由 f-f 跃迁引起的紫外光区(200~400 nm)的消光系数很小。稀土离子对紫外光吸收弱,则其发光效率低。与稀土离子恰好相反,有机配体在紫外光区有比较强的吸收,而且稀土配合物中如果具备了适宜的条件,有机配体就能够有效地将其激发态的能量通过无辐射跃迁传递给稀土离子的激发态,从而使稀土离子发射其特征的荧光,即稀土配合物仍能够发射稀土离子的特征荧光。这就成功地弥补了稀土离子对紫外光的消光系数很小的缺陷,这种配体敏化中心稀土离子发光的现象称为"天线效应"(antenna effect)[7]。而稀土离子的这种发光现象也被称为稀土敏化发光,是一个光吸收—能量传递—光发射过程。具有"天线效应"的不同配体之间通过协同效应还可以将它们所吸收的激发能量有效地同时传递给稀土离子的激发态,从而可以大幅度地增强稀土离子的特征发光。

稀土配合物的发光具有以下显著特点:

(1) 发射波长分布区域广,且具有丰富多变的荧光特性。

(2) 发光谱带窄,色纯度高,色彩鲜艳。

(3) 激发态寿命长,跨越从纳秒到毫秒($10^{-9} \sim 10^{-3}$ s)6 个数量级。

(4) 吸收激发能量的能力强,转换效率高。

虽然稀土离子性质很类似,从而使稀土配合物的发光具有上述共同特点。但是,稀土离子性质之间仍然存在一定的差异,从而使稀土配合物的发光性质亦表现出一定的差异。依据发光性质的差异可以将稀土配合物的发光分以下四类。

(1) **发光比较强的稀土离子 Eu^{3+}、Tb^{3+}、Dy^{3+} 和 Sm^{3+} 的配合物**　具有很强的稀土离子特征荧光和比较弱的来源于有机配体的荧光和磷光。这些稀土离子的荧光发射能级与有机配体的三重态能级比较接近,配体的三重态到稀土离子的荧光发射能级的能量传递比较有效。另外,稀土离子在配体三重态和基态之间不存在密集的能级,其非辐射跃迁概率大为减少,因而这些稀土离子的特征发射比较强,其光谱也就容易观测到。

(2) **发光比较弱的稀土离子 Pr^{3+}、Nd^{3+}、Ho^{3+}、Er^{3+}、Tm^{3+} 和 Yb^{3+} 的配合物**　表现出比较弱的稀土离子特征荧光和比较弱的配体荧光和磷光。该类稀土离子的 4f 电子层为非半满或全满状态,基本都具有顺磁性。弱的配体荧光表明配体的单重态到三重态的系间窜越过程比较有效。这是因为顺磁性稀土离子产生磁场起伏而使配体的单重、三重态势能面交叉,从而导致系间窜越过程的增强。弱的配体磷光是由从配体到稀土离子 f 态的无辐射能量传递很强导致的。稀土离子的发光效率比较低是因为稀土离子具有很多能量相近的能级,从而使其易发生能级间的无辐射跃迁。虽然如此,但上述稀土离子在近红外区域仍有特征发射,因此它们在光通信等方面表现出巨大的应用潜力。

(3) **无稀土特征荧光的稀土离子 La^{3+}、Gd^{3+}、Lu^{3+} 和 Y^{3+} 的配合物**　无稀土离子特征荧光发射,而有比较强的源于配体的荧光和磷光。作为有机化合物,这些配体通常发射带状荧光和磷光光谱。La^{3+}($4f^0$)、Gd^{3+}($4f^7$)、Lu^{3+}($4f^{14}$)、

$Y^{3+}(3d^{10})$具有 4f 电子全空、半满或全满的稳定电子结构,因此不易被激发。此外,它们在配体的三重态附近一般也没有相应的发射能级,所以也不能发生从配体的三重态到稀土离子的能量传递。配合物吸收的全部能量都以较强的配体荧光和磷光形式耗散掉。

(4) 具有 4f-5d 跃迁的稀土离子 Eu^{2+}、Yb^{2+}、Ce^{3+}、Sm^{2+}、Tm^{2+}、Dy^{2+} 和 Nd^{2+} 的配合物　表现为源于稀土离子的 4f-5d 跃迁的发光,其发射光谱的特点为谱带宽、寿命短、强度较大,并且受晶体场影响也较大。

3.3.4　稀土配合物的发光机理

稀土配合物光致发光的研究始于 20 世纪 40 年代,此后研究人员随着对激光工作物质的探索而系统地进行了许多研究,由此积累了大量的实验结果,并在此基础上发展了相关的理论体系。Crosby、Sato 等[8,9]在进行了系统研究后,提出了这些配合物的光致发光机理。目前,关于稀土配合物的光致发光机理,有两种较为普遍的提法:一是能量转移机理;二是电荷转移机理。

3.3.4.1　能量转移机理

图 3-5 是稀土配合物的能量传递过程及发光的示意图。能量转移机理是通常被广泛接受的稀土配合物发光机理。该机理认为,稀土配合物通过配体的发色基团吸收紫外激发光能量后从它的基态单重态(S_0)跃迁到激发态的单重态(S_1),然后通过系间窜跃(非辐射跃迁过程)将能量传递到激发三重态(T),再由三重态经无辐射能量传递到中心稀土离子的激发态,最后通过稀土离子激发态到基态的辐

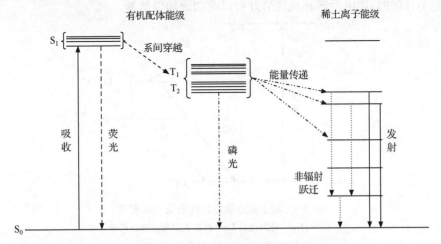

图 3-5　稀土配合物的能量传递过程及发光示意图

(承惠允,引自[80])

射跃迁而发射出稀土离子的特征荧光。这种配合物分子内的能量传递过程是通过稀土离子的 4f 激发态与配体最低激发三重态(T_1)之间的共振耦合进行的。这种能量传递过程只有在配体的最低激发三重态(T_1)能级高于或等于稀土离子的激发态能级时才能有效地进行，并由此敏化稀土离子的特征荧光发射。

　　大量实验结果已经证明，配合物中稀土离子与配体之间进行有效的能量传递而使稀土离子得到敏化时，其能量吸收系数能够高出稀土离子自身吸收系数$10^3 \sim 10^5$ 倍[10]，因而配合物中稀土离子的荧光发射比通过自身吸收激发光强得多。从能量传递示意图 3-5 还可以看出，稀土离子发射荧光所用的能量仅是配体吸收激发光能量的一部分，因此提高配体最低激发三重态能级与稀土离子的激发态能级之间的能量传递效率对增强稀土离子的荧光发射是至关重要的。

3.3.4.2　电荷转移机理

　　稀土配合物光致发光的另一个机理是电荷转移机理。图 3-6 给出了稀土配合物发光的电荷转移机理。该机理认为，稀土配合物通过配体的发色团吸收紫外激发光能量后从其基态跃迁到激发态，由于激发态分子往往比基态分子具有更强的氧化还原能力，因此配体的激发态分子比基态分子更容易与其他物质（如稀土离子）发生电子转移作用而使氧化还原过程进行。该机理能合理地解释了稀土离子与配体无能态重叠，但是其发光却受配体敏化而得到特征稀土发射的一类稀土配合物的发光现象[11]，如 Yb^{3+} 有机配合物的发光。由于 Yb^{3+} 的唯一的激发态$^2F_{5/2}$位于 10 235 cm^{-1}，其能量非常低，这就排除了其与常见配体，如 β-二酮、喹啉衍生物等的单重态或三重态能级的匹配，因此 Yb^{3+} 配合物的发光用能量转移机理解释将是不合理的，而电荷转移机理恰好可以成功地加以解释。

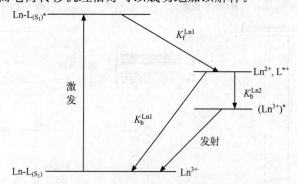

图 3-6　稀土配合物发光的电荷转移机理

K_f^{Ln1},K_b^{Ln1}分别代表 Ln^{3+} 电荷正向和逆向转移率

K_b^{Ln2}代表 $Ln^{2+} \rightarrow Ln^{3+}$ 电荷转移率

（承惠允，引自[12]）

具体的电荷转移过程如图 3-6 所示。从该图可以看出,当稀土配合物 Ln-L 处于激发单重态时,配体 L^* 与 Ln^{3+} 间发生了氧化还原反应:

$$Ln\text{-}L^* \longrightarrow Ln^{2+} + L^{*+} \text{(上标 * 表示处于激发态的物种,下同)}$$

上述反应能够实现电荷转移,同时反应体系能量随之降低。这时的配合物体系中,配体正离子 L^{*+} 具有强氧化性,而 Ln^{2+} 具有还原性。在低于激发单重态的某一虚拟能级将会再次发生氧化还原反应:

$$Ln^{2+} + L^{*+} \longrightarrow (Ln^{3+})^* + L \text{ 或 } Ln^{2+} + L^{*+} \longrightarrow Ln^{3+} + L$$

上述反应过程伴有能量转移,于是出现 $(Ln^{3+})^*$ 物种在激发态的布居,接着发生辐射跃迁,从而发射出稀土离子的特征荧光[12]。

3.3.5　稀土配合物发光的影响因素

为了优化稀土配合物的发光性质,需要阐明其发光的影响因素。稀土配合物发光主要受以下因素影响。

3.3.5.1　稀土离子电子层结构

配合物的中心稀土离子对配合物的发光有重要影响。Sm^{3+}、Eu^{3+}、Tb^{3+}、Dy^{3+} 四种离子的最低激发态与基态间的 f-f 跃迁概率比较大,并且其跃迁能量在可见区,这使它们的配合物具有比较强的可见区发光现象。

其他的稀土离子,如 Pr^{3+}、Nd^{3+}、Ho^{3+}、Er^{3+}、Tm^{3+} 和 Yb^{3+},也具有比较丰富的 4f 能级,能级分布也比较密,但是这些离子的最低激发态与基态间的 f-f 跃迁概率比较小。当选择合适配体与之匹配时,形成的配合物能够展现出比较弱的近红外特征发射。

具有惰性结构的稀土离子,如 $La^{3+}(4f^0)$、$Gd^{3+}(4f^7)$、$Lu^{3+}(4f^{14})$ 等,具有 4f 电子全空、半满或全满的稳定电子结构,因此它们本身不发光。然而,它们对其他发光稀土离子的发光却有一定程度的增强作用,这种荧光增强现象称为"共发光效应"或者"协同发光效应"。这些离子也可以形成配体发光配合物。

此外,一些低价稀土离子,如 Eu^{2+}、Ce^{3+} 的配合物具有源于 4f-5d 跃迁的稀土离子特征发光。

3.3.5.2　配体对激发光的能量吸收系数

从能量传递过程示意图(图 3-5)可以看出,稀土配合物体系的总能量来源于配体对激发光能的吸收,总能量与其他各种能量有如下的关系: $E_总 = E_{非辐射} + E_{配体荧光} + E_{配体磷光} + E_{Ln荧光}$。形成稀土离子激发态所需的能量来源于配体对激发光能量的吸收,因此配体对激发光的能量吸收系数大小与稀土配合物的荧光发射有密切的关系。配体对激发光吸收系数越大,则配合物体系的总能量越大,形成稀土离子激发态所需的能量也随之增大。

3.3.5.3　配体三重态能级与稀土离子最低激发态能级的匹配程度

根据 Dexter 的敏化发光理论,配体与稀土离子之间的能量传递效率取决于配体三重态能级与中心稀土离子激发态能级是否能很好匹配。配体三重态能级与稀土离子激发态能级之间的能量差过大或者过小都不利于实现高效的能量传递,即不能得到配合物的高效稀土离子的特征荧光。因此,配体三重态能级与稀土离子激发态能级的匹配程度是稀土配合物高效发光的重要条件之一。

3.3.5.4　非辐射跃迁过程

在稀土配合物体系存在一些非辐射跃迁过程。从能量传递过程示意图(图 3-5)可知,配体吸收的激发光能的一部分被非辐射跃迁消耗掉,因此辐射跃迁能量相应减少,这无疑会减弱配合物的发光强度。

3.3.5.5　水分子的影响

水分子的 O—H 键具有很大的振动能量,是一个强振子。O—H 键的振动会消耗能量,产生强非辐射跃迁过程,导致配合物的荧光减弱,这使发光效率大大降低,荧光寿命明显缩短。尤其值得指出的是,与稀土离子配位的水分子的这种荧光猝灭作用尤为强烈。

3.3.5.6　第二配体的影响

稀土离子的配位数比较高,一般可以达到 8 或 9。在二元配合物中,稀土离子的配位数通常尚未达到饱和,因此水分子往往有机会参与同稀土离子的配位。上面已提及配位水分子的存在将导致配合物的荧光减弱。为解决上述问题,需要形成三元配合物。三元配合物中第二配体的作用是:首先,第二配体(如邻菲罗啉等配体)的引入能够形成稀土三元配合物,从而第二配体的配位能够排除水分子与稀土离子配位;其次,在适宜的条件下,第二配体还可以向稀土离子传递能量;再次,第二配体有助于提高配合物的刚性和稳定性,这也有利于提高配合物的发光效率。

3.3.5.7　温度

温度也影响稀土配合物的荧光发射。随着温度的降低,稀土配合物的发射量子效率升高。而随着温度升高,稀土配合物的分子振动增强,分子的非辐射跃迁概率增大,这就会引起稀土配合物的发射量子效率降低。

3.3.6 增强稀土配合物荧光发射的途径

通过对稀土配合物光物理和光化学性质的大量研究,研究人员总结出增强稀土配合物荧光发射的有效途径。现总结如下:

(1) 设计、合成对激发光的吸收系数大的有机配体,设法增大稀土配合物体系由激发光吸收的总能量,这是稀土配合物荧光发射的能量之源。

(2) 对有机配体的结构进行化学修饰,并优选适宜的稀土离子,这会实现配体的三重态能级与稀土离子的激发态能级的良好匹配,从而使稀土离子通过能量传递的方式由配体获得尽可能多的激发能以用于其荧光发射[9]。

(3) 制备具有共轭平面和刚性结构程度比较高的稀土配合物,抑制由于配体的基团振动等引起的非辐射跃迁而减少其消耗的能量。此外,配体中具有的高能振子,如 C—H 键也能够在很大程度上猝灭稀土的激发态,导致稀土离子较低的发光强度和短的激发态寿命。因此,为了合成具有高发光性能的稀土配合物,需要氘化配体中 C—H 键的 H 原子,或以 C—F 键取代 C—H 键,这将降低因配体的振动而带来的能量损失[13,14]。

(4) 利用配体的不同取代基效应改变中心稀土离子的对称性、其周围分子场的强度以及稀土离子 4f 电子与其环境的相互作用,从而抑制非辐射跃迁过程[15]。

(5) 选用第二配体或协同配体制备稀土三元配合物[16]。一些含氮的中性配体通常可以作为第二配体。一般第二配体通过与稀土离子配位均能有效地排除水分子参与同稀土离子的配位,然而不同第二配体向中心稀土离子的能量传递作用有明显的差异。因此,必须对第二配体进行优选,具有适宜发色团的第二配体对紫外光吸收强,并将其吸收的激发能量传递给中心稀土离子,从而增强稀土离子的特征荧光发射。

(6) 采用具有惰性结构的稀土离子作为协同离子,如 La^{3+}($4f^0$)、Gd^{3+}($4f^7$)、Lu^{3+}($4f^{14}$)等。这些稀土离子具有 4f 电子全空、半满或全满的稳定电子结构,所形成的配合物不会发生分子内能量传递过程,它们本身不发光,但是可以增强发光稀土离子的荧光发射。这种荧光增强作用是基于以下事实:这些稀土离子容易与配体形成单核配合物,协同离子形成配合物的浓度一般要大于发光稀土离子形成的配合物,它们形成固溶体后,前者包围着后者,可以有效地减小发光稀土离子的激发态能量通过其他途径耗散。

(7) 将稀土配合物引入具有光、热及化学稳定性的惰性基质材料中,如凝胶材料、介孔材料等基质中制备稀土配合物杂化发光材料,以期改善稀土配合物的发光性能及热稳定性等[17,18]。

3.3.7　稀土配合物的近红外发光

稀土离子未充满的 $4f^n$ 电子结构不仅使稀土离子具有丰富的多重态能级,而且使其电子在这些能级间跃迁所发出光子的能量位于宽广的光谱区域,如可以覆盖可见区(400~800 nm)和近红外区(800~1700 nm)的光谱范围。与可见区的发光一样,稀土离子的近红外发光同样具有一系列特点,如窄带发射、荧光寿命长等。

稀土离子中 Pr^{3+}、Nd^{3+}、Sm^{3+}、Dy^{3+}、Ho^{3+}、Er^{3+}、Tm^{3+}、Yb^{3+} 都具有近红外发光性质,尤其是 Er^{3+} 位于 1.54 μm 附近的发射、Nd^{3+} 的特征发射(分别位于 0.87~0.92 μm、1.06~1.09 μm、1.32~1.39 μm 附近,其中 1.06 μm 附近的发射通常是 Nd^{3+} 的最强发射)及 Yb^{3+} 位于 980 nm 的发射均展示出了诱人的应用前景。

对可见区发光的稀土配合物的研究、应用已经开展了大量的工作,并且已经取得了令人瞩目的进展。然而,近红外区发光的稀土配合物的研究及应用却显得比较滞后。近年来,近红外发光稀土配合物在光通信、激光、生物医学等领域显示出令人青睐的应用前景,因此这方面研究受到了日益广泛的关注。

稀土配合物的近红外发光也是配体敏化的稀土离子特征发光,其发光机理与稀土配合物的可见发光相同。为了提高稀土配合物的近红外发射性能,亦可以采用上面介绍的改进稀土配合物的可见发光性能的途径。然而,稀土配合物的近红外发光毕竟有自己的特点,针对这些特点采取相应的措施会取得更好的效果。例如,由于近红外发光的稀土离子的第一激发态通常比较低,因此应该设计、合成具有较低三重态能级的有机配体与稀土离子形成配合物,使配体的三重态能级能够与近红外发射稀土离子的激发态能级匹配得更好,从而使稀土配合物发射更强的近红外荧光。又如稀土离子的近红外发光对配体振动引起的猝灭作用尤其敏感,配体中的高能振子,如 C—H 和 O—H 键会产生更加严重的猝灭作用。氘化配体中 C—H 键的 H 原子以及利用 C—F 键取代 C—H 键等,对于抑制配体振动引起的猝灭作用,从而提高稀土配合物的近红外发光强度特别有效。因此,这一点对设计、合成近红外发光稀土配合物的配体是非常重要的。

3.4　几类主要的发光稀土配合物

稀土配合物的种类繁多,其中有不少配合物具有发光性质,但发光性质比较优良的主要有 7 类。本节重点介绍稀土与 β-二酮、羧酸(其中芳香羧酸配合物的发光性质更优良)的发光配合物。

3.4.1 稀土 *β*-二酮配合物[2-4]

3.4.1.1 稀土 *β*-二酮配合物的组成和结构

β-二酮化合物是稀土离子一类非常重要的有机配体。它的结构通式是

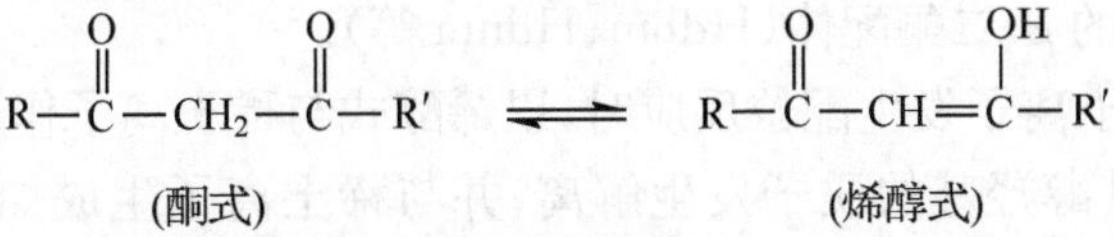

$$R-\overset{\overset{\displaystyle O}{\|}}{C}-CH_2-\overset{\overset{\displaystyle O}{\|}}{C}-R' \rightleftharpoons R-\overset{\overset{\displaystyle O}{\|}}{C}-CH=\overset{\overset{\displaystyle OH}{|}}{C}-R'$$

(酮式)   (烯醇式)

上式的左面即为 *β*-二酮（酮式）结构通式，其中的 R 和 R′分别代表两个取代基，R 和 R′可以是相同的基团，也可以是不同的基团。通过改变 R 和 R′取代基可以得到系列 *β*-二酮配体。正如上式所示，*β*-二酮具有两种异构体，酮式（左面）和烯醇式（右面），这两种异构体在溶液中处于平衡状态。为了拓展稀土 *β*-二酮配合物的应用领域，必须优化其特性。与其他配合物一样，稀土 *β*-二酮配合物的性质也取决于配体 *β*-二酮的结构。因此，研究人员已经研究了大量具有不同结构的 *β*-二酮配体，以便制备更加优良的稀土 *β*-二酮配合物。一些常见的 *β*-二酮配体的结构及其缩略语如图 3-7 所示。

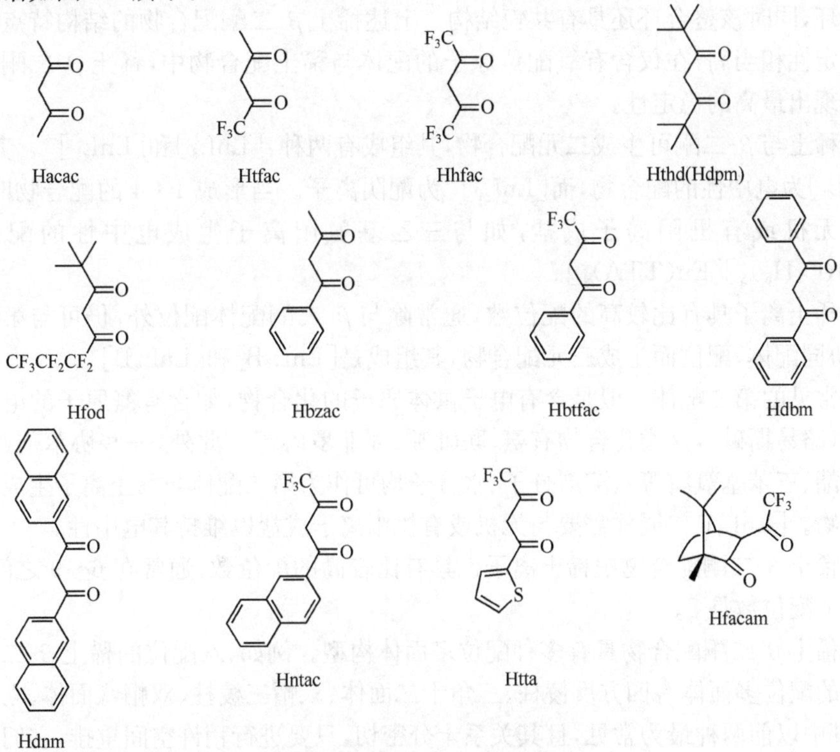

图 3-7 常见的 *β*-二酮配体结构
(承惠允,引自[76])

有的 β-二酮配体的缩略语不止一个,如乙酰丙酮通常用 Hacac 或 HAA 代表。此外, β-二酮配体的缩略语有时用小写的,有时用大写的,如用 Hdbm 或 HDBM 代表二苯甲酰甲烷,用 Htta 或 HTTA 代表噻吩甲酰三氟丙酮。图 3-7 中所给出的 β-二酮配体中有最经典的 β-二酮配体(Hacac)、含有 C—F 键的 β-二酮配体(Htfac、Hfod 等)、具有不同结构 R(R′)基团的 β-二酮配体(Hthd、Hfacam 等)以及含更多芳香环的 β-二酮配体(Hdbm、Hdnm 等)。

β-二酮与稀土离子发生配位反应时,以烯醇式与稀土离子作用,此时 β-二酮相当于一元羧酸,其醇羟基的质子发生解离,并与稀土离子生成如下结构的稀土配合物:

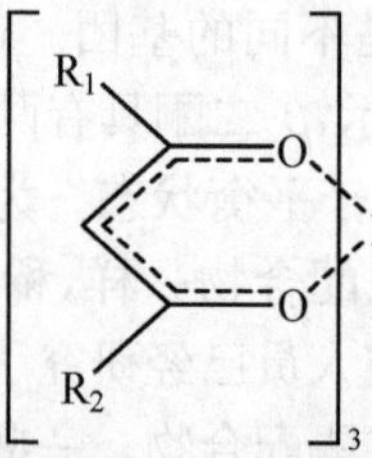

β-二酮分子的两个氧原子是以螯合的方式与稀土离子配位的,形成了一个六元的螯合环,同时该螯合环还具有共轭结构。上述稀土 β-二酮配合物的结构特点致使其稳定性相当高,在仅含有氧配位原子的配体与稀土配合物中,稀土 β-二酮配合物呈现出最高的稳定性。

稀土与 β-二酮可生成二元配合物,其组成有两种:$[LnL_3]$ 和 $[LnL_4]^-$。其中, $[LnL_3]$ 为电中性的配合物,而 $[LnL_4]^-$ 为配阴离子。当形成 $1:4$ 的配合物时,需要与无机或有机阳离子成盐,如与三乙基氨阳离子生成电中性的配合物 $[NH(C_2H_5)_3][Eu(TTA)_4]$。

稀土离子具有比较高的配位数,通常除与 β-二酮配体配位外,仍可与第二配体(协同配体)配位而生成三元配合物,其组成是 $[LnL_3B]$ 和 $[LnL_4B]^-$。

常见的第二配体一般是含有电子供体原子的化合物,如含有氮原子的电中性分子(路易斯碱),这类化合物有氨、联吡啶、邻菲罗啉等。此外,一些协萃剂(磷酸三丁酯、三苯基氧膦等)、溶剂分子、水分子均可作为第二配体与稀土离子生成三元配合物。$[LnL_4B]^-$ 同样需要与无机或有机阳离子成盐以维持其电中性。

稀土 β-二酮配合物中稀土离子也具有比较高的配位数,通常在 $6\sim9$ 之间,最常见的配位数是 8。

稀土 β-二酮配合物具有多种配位多面体构型。例如,八配位的稀土 β-二酮配合物的配位多面体有四方反棱柱、三角十二面体、双帽三棱柱、双帽八面体、立方体等,其中以前两种最为常见,且其关系十分密切,只要进行稍许空间重排,它们之间就可以相互转化。八配位的稀土 β-二酮配合物的数量最多,因此四方反棱柱、三角十二面体也是稀土 β-二酮配合物的常见配位多面体。

3.4.1.2　稀土 β-二酮配合物的性质

1. 发光性质

β-二酮配体是制备发光稀土配合物的十分优良的配体,它具有以下几个显著的特点:首先,它对紫外光吸收能力相当强,β-二酮配体借助其电子的 $\pi \rightarrow \pi^*$ 跃迁吸收紫外光能量,配体由基态转为激发态($S_0 \rightarrow S$);其次,β-二酮配体的三重态能级与稀土离子的激发态能级匹配比较好;最后,β-二酮配体与稀土离子可生成相当稳定的配合物,这就为配合物分子内的配体与稀土离子之间的能量传递创造了有利的条件。β-二酮配体的上述特点可以确保其与配合物中心稀土离子之间产生有效的能量传递。处于激发态的 β-二酮配体经系间窜越使其转为三重态,接着由最低三重态 T_1 向稀土离子可发射荧光的激发态能级进行能量转移,最终由稀土离子发射其特征荧光,这是 β-二酮配体敏化的稀土离子特征荧光发射。

Eu^{3+} 的 β-二酮配合物具有优良的可见区荧光发射特性。在典型的发射光谱中,通常在 581 nm、591 nm、615 nm、653 nm、701 nm 附近出现 5 个发射峰,它们可分别归属于 Eu^{3+} 的 $^5D_0 \rightarrow {}^7F_J$($J=0 \sim 4$)跃迁。5 个发射峰中以 $^5D_0 \rightarrow {}^7F_2$ 跃迁(电偶极跃迁)的发射最强,$^5D_0 \rightarrow {}^7F_1$ 跃迁(磁偶极跃迁)的发射强度次之,而其他发射峰均较弱,这是比较纯的红光发射。还应指出的是,Eu^{3+} 与 β-二酮配合物的 $^5D_0 \rightarrow {}^7F_2$ 跃迁的发射强度与 $^5D_0 \rightarrow {}^7F_1$ 跃迁的发射强度之比与配合物中 Eu^{3+} 所处环境的对称性有密切的关系,因此可以利用 Eu^{3+} 与 β-二酮配合物的发射光谱考察配合物中 Eu^{3+} 所处环境的对称性。

Tb^{3+} 的 β-二酮配合物也有优良的可见区荧光发射特性。Tb^{3+} 与 β-二酮配合物的发射光谱通常由位于 487 nm、543 nm、583 nm、621 nm 的 4 个发射峰组成,它们可分别归属于 Tb^{3+} 的 $^5D_4 \rightarrow {}^7F_J$($J=6 \sim 3$)跃迁。其中以 $^5D_4 \rightarrow {}^7F_5$ 跃迁发射最强,因此 Tb^{3+} 与 β-二酮配合物的荧光一般呈现亮绿色。

稀土 β-二酮配合物除了可发射可见光以外,还能发射近红外光。Pr^{3+}、Nd^{3+}、Sm^{3+}、Dy^{3+}、Ho^{3+}、Er^{3+}、Tm^{3+}、Yb^{3+} 都具有近红外发光特性。其中,Nd^{3+}、Er^{3+}、Yb^{3+} 的近红外发光更为优良,现正开展深入研究。

2. 激光

稀土 β-二酮配合物具有发射激光的特性。以稀土 β-二酮配合物作为液体激光工作物质,已实现了激光输出。例如,使用 $Eu(DBM)_4$(DBM 代表二苯甲酰甲烷)作为液体激光工作物质,在 -140℃实现了激光输出,其阈值为 1500 J,激光波长为 612.0 nm。作为液体激光工作物质,$Eu(DBM)_4$ 的工作温度比较低。利用铒与三氟乙酰丙酮的配合物作为液体激光工作物质,其激光输出可在室温(30℃)实现,其阈值为 1500 J,激光波长为 547 nm。

虽然稀土 β-二酮配合物液体激光工作物质能够发射激光,但是有比较严重的局限性:①作为有机化合物,β-二酮配体对光泵的光吸收十分强,这使光泵的光难以透入溶液的内部,其结果就是溶液内部大量的稀土离子难以被光泵的光激发,只有溶液表面的稀土离子能起到激活剂的作用;②稀土与 β-二酮配体的配合物中很轻的氢原子形成了许多 O—H 等键,这些键是很强的振子,其具有的很大振动能会严重地消耗激发能,从而导致稀土离子的荧光效率降低,甚至引起荧光的猝灭。因此,稀土 β-二酮配合物液体激光工作物质的激光阈值很高,大部分需要在低温下工作。正是由于上述局限性,稀土 β-二酮配合物液体激光工作物质没能够得以成功地应用。

3. 挥发性

稀土 β-二酮配合物还有一个特性,即具有很高的挥发性。稀土 β-二酮配合物的挥发性随着稀土离子半径的减小而增强,即重稀土配合物比轻稀土配合物具有更高的挥发性。此外,含有氟化取代基团的 β-二酮的稀土配合物的挥发性明显增高,如稀土与 1,1,1,2,2,3,3-七氟-7,7-二甲基-4,6-辛二酮(HFOD)的配合物具有明显高的挥发性。研究人员曾试图运用稀土 β-二酮配合物的挥发性的差异进行稀土的分离。虽然该法有一定的分离作用,但是由于其存在诸多缺点而不具有应用价值。

除了上述特性以外,稀土 β-二酮配合物还具有能够使核磁共振信号发生位移的特性等,在此不作进一步介绍。

3.4.2　稀土羧酸配合物[19]

羧酸是一类数量众多的配体,按其所含的羧基数量可分为一元羧酸、二元羧酸、三元羧酸等,按其碳链的结构可分为脂肪族羧酸、芳香族羧酸。稀土离子与羧酸形成的配合物不仅稳定性好,而且具有优良的发光性质,如荧光发射强度高、荧光寿命长等。除此之外,羧酸配体成本远低于 β-二酮配体。因此,稀土羧酸配合物(尤其是稀土与芳香羧酸配合物)成为一类很重要的发光稀土配合物,目前已经得到了实际应用,同时在一些领域还显示出诱人的潜在应用价值。

3.4.2.1　羧基与稀土离子的配位方式

羧基是配体羧酸与稀土离子配位的最主要的基团。羧基与稀土离子的配位方式多种多样,图 3-8 给出了主要的羧基与稀土离子的配位方式。(a)为单齿方式,(b)为螯合方式,这两种方式属于非桥式配位。其余方式均为桥式配位。其中(c)、 (d)、(e)为双齿桥式配位,但是它们的键角 C—O—Ln 不相同,据此又可分为三种类型,即(Z,Z),(Z,E),(E,E)。多齿桥配位方式中的(g)和(h)比较少见,以(f)为最常见方式。(b)为螯合方式配位,此时羧基与稀土离子形成了四元螯合环,其张力比较大,故其稳定性较差。由于稀土离子的配位数高,故要求羧基提供更多的配位位点。因此,稀土羧酸配合物中羧基经常以双齿桥或三齿桥的方式与稀土离子配位。应该指出的是在同一配合物中,以不同方式配位的羧基氧原子与稀土的键长不同,如(f)配位方式中 O'—Ln' 键比较长。

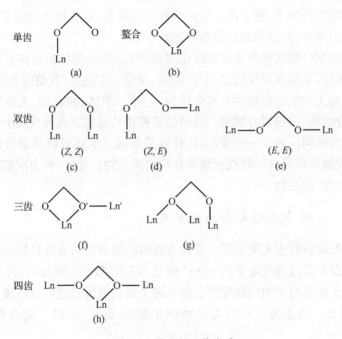

图 3-8　羧基的配位方式

3.4.2.2　羧基与稀土离子的连接方式

在稀土羧酸配合物中,通常稀土离子经由羧基连接起来,其连接方式亦是多种多样:①两个稀土离子借助双齿羧基桥连接。这里的双齿羧基桥的数量可以是 1、2、3 或 4 个等。随着羧基桥数量的增加两个稀土离子的结合愈加牢固,这样配合物中两个稀土离子之间的距离就越短。②两个稀土离子通过三齿羧基桥连接,三齿羧基桥可能是 2 个或 3 个等。这里的三齿羧基桥一般为图 3-8 中(f)方式。③两个稀土离子同时借助不同数量的双齿和不同数量的三齿羧基桥连接。

3.4.2.3　稀土羧酸配合物的组成和结构

稀土离子与羧酸能够生成多种组成的配合物,如 1∶1、1∶2、1∶3 及 1∶4(指稀土离子与羧酸中已解离的羧基的物质的量比)的配合物。对于 1∶1、1∶2 配合物,为了维持电中性,配合物组成中还需要包含阴离子,如 Cl^-、ClO_4^-。阴离子中具有较强配位能力的也能参与同稀土离子的配位,如 Cl^-。对于 1∶4 配合物,为了保持电中性,配合物组成中还需包括阳离子,如 Na^+、NH_4^+。此外,许多稀土羧酸配合物还含有一些中性分子,如水、乙醇分子,它们既可与稀土离子配位(因稀土离子的配位数比较高,与羧基配位尚未达到配位饱和),也可以不参与配位而通过其他的作用(氢键或范德华力等)存在于配合物中。

稀土羧酸配合物中,稀土离子的配位数也比较高,通常配位数为 7、8、9、10,其中以 8 和 9 最常见,而其他的配位数则比较少见。

稀土羧酸配合物能够形成多种配位多面体,常见的配位多面体是三帽三方棱柱、四方反棱柱、单帽四方反棱柱、十二面体、双帽三方棱柱、双帽四方反棱柱。

大多数稀土羧酸配合物具有聚合结构,包括二聚体、四聚体、无限链状聚合结构、层状聚合结构、三维聚合结构。羧基的多种桥式配位方式导致稀土羧酸配合物容易形成聚合结构。对于一元羧酸,比较容易形成二聚体或链状聚合结构的配合物,而多元羧酸则易形成层状或三维聚合结构配合物。此外,稀土羧酸配合物也能形成单核结构的配合物。

3.4.2.4　稀土羧酸配合物的发光

稀土羧酸配合物中主要是稀土与芳香羧酸的配合物具有优良的发光性质。芳香羧酸配体首先通过发生电子的 $\pi \rightarrow \pi^*$ 跃迁而吸收激发光能量,再经过上面已经介绍过的稀土配合物中的羧酸配体至稀土离子的能量传递过程而使稀土离子发射其特征的荧光。稀土芳香羧酸配合物中主要是 Eu^{3+} 和 Tb^{3+} 配合物的发光性质好。

Eu^{3+} 芳香羧酸配合物具有优良的可见区荧光发射特性。在得到了处于激发态的芳香羧酸配体传递的能量后,Eu^{3+} 通过其 $^5D_0 \rightarrow {}^7F_J (J=0 \sim 4)$ 跃迁发射其特征荧光,为比较纯的红光发射。

Tb^{3+} 芳香羧酸配合物也具有优良的可见区荧光发射特性。Tb^{3+} 借助 $^5D_0 \rightarrow {}^7F_J (J=6 \sim 3)$ 跃迁发射其特征荧光,其荧光呈现绿色。

3.4.3　稀土高分子配合物

稀土高分子配合物是指高分子的配位基团直接与稀土离子配位而形成的配合物。与高分子链相连的配位基团主要有 β-二酮基、吡啶基、羧酸基等。作为高分子主链,有单一的高分子,也有不同高分子的共聚物。这种配合物发光材料的特点是在较高的稀土浓度时仍能制成透明柔韧的薄膜。

低价稀土离子的高分子配合物也具有发光性质。Eu^{2+} 与含有 15-C-5 冠醚基的聚甲基丙烯酸甲酯(PMMA)的配合物 Eu-PMMA-15-C-5 可发射蓝光,而 Ce^{3+} 与含有 18-C-6 冠醚基的聚甲基丙烯酸甲酯的配合物 Ce-PMMA-18-C-6 可发射紫外光。上述两个稀土高分子配合物的发光源于稀土离子的 f-d 跃迁,这明显不同于稀土 β-二酮、羧酸配合物的 f-f 跃迁发光。

3.4.4　低价稀土配合物

低价稀土配合物主要指 Eu^{2+}、Yb^{2+}、Ce^{3+} 的配合物。这类配合物的发光是借助低价稀土离子的 f-d 跃迁而实现的。低价稀土离子的稳定性比较低,这对其研究和应用是很不利的。Eu^{2+} 的冠醚和穴醚配合物具有比较好的发光性质,这里配体同时还具有稳定低价的 Eu^{2+} 的作用。Yb^{2+} 与 18-C-6 的配合物也有较好的发光性质。此外,上面介绍的发光稀土高分子配合物中也提到了发光的低价 Eu^{2+} 和 Ce^{3+} 的高分子配合物。

除上述几类发光稀土配合物以外,还有:①稀土与杂环化合物的配合物,如联吡啶、邻菲罗啉、8-羟基喹啉及其衍生物的配合物;②稀土与含磷酰基及其他 X→O 基(X 代表 V、VI 主族非金属元素)化合物的配合物,如吡啶氮氧化物等的配合物;③稀土与大环或链状多配原子化合物的配合物,如大环聚醚、大环多酮、卟啉类、酞菁类、穴醚、多烯化合物、聚酰胺、聚醚酮、席夫碱大环的稀土配合物。

3.4.5　近红外发光稀土配合物

上面介绍了几类可见发光稀土配合物,下面介绍几种重要的近红外发光稀土配合物。

3.4.5.1　稀土与含氟配体的配合物

不少研究已经表明,氘化配体中 C—H 键的 H 原子或以 C—F 键取代 C—H 键这些改善稀土配合物的发光性能的有效途径对近红外发光的稀土配合物尤其重要。有关配体的氘化或氟化方面的研究已经开展了不少工作,并发现了一些新型高效近红外发光稀土配合物。

合成的全氟化的有机配体四(五氟苯基)-二次膦酸亚胺 [tetra(pentafluorophenyl)-imidodiphosphinate]能很好地敏化 Er^{3+} 的近红外荧光发射。该配体中芳香环的全氟化能够有效地改善其与 Er^{3+} 配合物的发光性能,可使该配合物的荧光寿命比相应的未氟化配体的配合物的寿命增长很多[14]。

不含 C—H 键的全氟化有机配体双(十七氟辛基磺酰)亚胺[bis(heptadecafluorooctyl sulfonyl)imide]与 Er^{3+} 的配合物也显示出了优良的近红外荧光发射性

质。在该配合物中，Er^{3+}免受非氟化配体C—H键的振动猝灭影响，从而使该配合物的近红外发光效率明显提高，并且该配合物中Er^{3+}的$^4I_{13/2} \rightarrow {}^4I_{15/2}$跃迁产生的发射峰的半高宽达到了100 nm，这对于含Er^{3+}材料是非常宽的增益带宽。因此，该配合物在光通信领域具有潜在的应用价值[20]。

3.4.5.2　稀土与过渡金属的双核配合物

稀土与过渡金属离子的双核配合物具有很好的近红外发光性能，这是过渡金属离子发色团敏化的稀土离子的特征近红外荧光发射。这些配合物中过渡金属发色团对激发光的吸收十分有效，并且在相当宽的光谱区具有吸收。过渡金属发色团与稀土离子，如Nd^{3+}、Er^3、Yb^{3+}的相关能级之间具有良好的匹配。上述事实导致过渡金属发色团能够有效地将其吸收的激发能传递给稀土离子，从而得到优良的Nd^{3+}、Er^{3+}、Yb^{3+}的特征近红外发光。例如，合成的含Cr和稀土离子（Nd^{3+}、Yb^{3+}）的双核化合物中，通过Cr→Ln的能量传递，得到了Nd^{3+}、Yb^{3+}特征的近红外发射，该配合物稀土离子的近红外荧光寿命也明显延长[21]。此外，其他一些过渡金属发色团对稀土离子的近红外荧光发射也具有敏化作用，如钌和钯。

3.4.5.3　稀土与多齿笼状配体的配合物

稀土与多齿笼状配体的配合物也是一类重要的近红外发光配合物。对于这类稀土配合物，多齿笼状配体的作用主要有三方面：①多齿笼状配体可比较强烈地吸收激发光能，并有效地将吸收的能量传递给稀土离子（作为近红外发光稀土离子的敏化剂）；②多齿笼状配体能够包裹稀土离子，有效地屏蔽稀土离子可能受到的外界荧光猝灭作用；③多齿笼状配体对稀土离子的包裹可以改善稀土配合物在基质中掺杂的均匀性，从而避免其团聚。因此，这类稀土配合物展示出很好的近红外发射性质。

多齿笼状配体间三联苯衍生物可与Nd^{3+}、Er^{3+}形成半球形的配合物，实现了在有机溶剂和平面光波导中的近红外发射。这些配合物的吸收截面不仅大大提高，并且Er^{3+}配合物位于1.54 μm处发射峰的半高宽可达到70 nm，如此宽的增益带宽特性使其很有可能应用于一些重要的领域[22,23]。

3.4.5.4　稀土与喹啉类配体的配合物

稀土与喹啉类配体的配合物的近红外发光性质正日益受到研究人员的关注，尤其是Er^{3+}、Nd^{3+}和Yb^{3+}的喹啉配合物。Er^{3+}、Nd^{3+}和Yb^{3+}的8-羟基喹啉配合物可以作为有机发光器件的发射层材料，已经实现了Er^{3+}位于1.54 μm的室温发光以及Nd^{3+}位于1.34 μm的室温发射[24,25]。通过卤原子取代8-羟基喹啉配体5-位和7-位的H原子，成功地将其与Er^{3+}的配合物的近红外发光强度提高了30%。

而通过在 8-羟基喹啉 5-位上结合一个硝基基团则可使该配体的吸收红移很大,并且能将该配体的消光系数提高 2.5 倍,从而显著地提高了其与 Nd^{3+} 和 Yb^{3+} 的配合物的近红外发光强度[26,27]。其他一系列改性的 8-羟基喹啉配体也展示出优良的特性,如这些配体具有水溶性并且很稳定,同时可作为 Nd^{3+}、Er^{3+}、Yb^{3+} 的优良敏化剂。这些改性的 8-羟基喹啉配体的稀土配合物水溶液也能检测出较强的近红外发光信号,在生物、医疗等方面具有潜在的应用价值[28,29]。

以上介绍的是 Nd^{3+}、Er^{3+}、Yb^{3+} 的主要近红外发光配合物。与 Nd^{3+}、Er^{3+}、Yb^{3+} 相比,其他具有近红外发光性质的稀土离子,如 Pr^{3+}、Sm^{3+}、Dy^{3+}、Ho^{3+}、Tm^{3+} 的近红外发光配合物的研究相对较少。环庚三烯酚酮是一个较好的配体,其与 Yb^{3+}、Nd^{3+}、Er^{3+}、Ho^{3+} 和 Tm^{3+} 等的稀土配合物可发射近红外荧光。环庚三烯酚酮配体具有较低的三重态能级($16\ 800\ cm^{-1}$),与稀土离子的激发态能级匹配较好,因此能够有效地敏化近红外发光稀土离子。尤其值得指出的是,其中的 Yb^{3+} 配合物具有相当高的发射量子效率[30]。改性的邻菲罗啉配体的 Sm^{3+}、Dy^{3+}、Pr^{3+}、Ho^{3+} 等稀土离子的配合物也能够发射稀土离子的特征近红外荧光[31]。

3.5 发光稀土配合物的应用研究

发光稀土配合物已经成功应用于许多方面,同时一些发光配合物还展示出重要的潜在应用前景。具体应用情况按以下几个方面介绍。

3.5.1 农业方面

将发光稀土配合物作为太阳光的转光剂,加入普通塑料薄膜中可制成农用光转换膜。这种农用光转换膜制备简便、成本低廉、使用方便。稀土配合物的加入赋予了农用光转换膜特殊的功能,即这种膜可以将太阳光中的高能紫外光有效地转换为可见光。农作物一般不能够利用太阳光中的紫外光,这使太阳光中相当一部分能量被浪费掉。农用光转换膜则能够有效地将太阳光中的紫外光转化为可见光,使农作物能够有效利用。使用农用光转换膜的种植大棚可提高太阳光的利用率,棚温及地温皆可升高,并可促进农作物的光合作用,最终导致农作物早熟和大幅度增产。农用光转换膜的增产和增收作用已经广为人们所认可,因此农用光转换膜已经实现了大面积推广使用。

3.5.2 防伪和装潢方面

当今社会,多种多样的商品极大地满足了人们不断提高的物质生活的需求,而同时伪劣商品也改头换面不断地出现在人们的周围,因此商品等的防伪就变得日益重要。商标已成为人们衡量商品真假的一个重要标志,而利用发光稀土配合物即可制成防伪商标。稀土有机配合物具有较强的发光性能和较好的油溶性,因此将其溶于印刷油墨,可以印制成各种荧光防伪商标、有价证券等。例如,在印刷油墨中添加发光 Eu^{3+} 配合物制成的防伪制品,利用普通光进行照射,与相应的非防伪油墨印刷的制品并没有区别,但是在紫外灯照射下,则能够发出相当强的红色荧光[32]。

随着经济的发展,装潢正变得越来越重要。色彩斑斓的发光稀土配合物在各种各样的装潢中也发挥了重要作用。

3.5.3　生命科学方面

1. 时间分辨荧光免疫分析

时间分辨荧光免疫分析(TRFIA)可以代替放射性免疫分析方法用于临床。这项技术的特点是避免放射性物质对人体的危害、无需进行放射性废物处理、根除了同位素的辐解而引起的测定误差、节约时间和经费等,因此很受生物学、医学界的青睐。该项技术是借助于双功能配体使稀土配合物与抗原或抗体通过化学键相结合,并以其作为发光标记物,然后与样品进行免疫反应,最后通过时间分辨荧光分析技术测量免疫反应产物中稀土离子的荧光强度。由于荧光强度与所含抗原或抗体的浓度成正比,从而可计算出测试的样品中抗体或抗原的含量(浓度)。该方法的关键是设计合成具有双功能性的配体,它既含有能与蛋白质等生物分子稳定结合的功能团,同时还具有能与稀土离子配位的功能团以保证稀土离子能牢固地键合到抗原或抗体上,同时又不影响被标记抗原或抗体的免疫活性。目前,β-二酮、联吡啶类配体是时间分辨荧光免疫分析的常用配体,而稀土离子中 Eu^{3+} 和 Tb^{3+} 是常用的稀土离子[11,33]。

目前使用 Eu^{3+} 和 Tb^{3+} 的发光配合物的荧光免疫分析存在一些缺点:①Eu^{3+} 和 Tb^{3+} 的发光配合物的发射波长在可见光区,这与检测体系中存在的生物分子的发光处于同一波段,为消除生物分子发光的干扰以获得高检测灵敏度,必须采用时间分辨光谱技术,这就使设备的成本大大提高,从而限制了该技术的普及;②该方法还必须采用强的紫外光作为检测的激发光源,这也限制了该技术在某些对紫外光敏感的体系中的应用。而使用可见光激发的近红外发光的稀土配合物的荧光免疫分析则能够有效地克服目前使用 Eu^{3+} 和 Tb^{3+} 的发光配合物的荧光免疫分析存在的缺点。因此,采用可见光激发的近红外发光的稀土配合物的荧光免疫分析更具其特点,研究人员正在为其用于临床而加紧工作。从目前进展情况看,该项技术也有望得到广泛应用[30,34]。

2. 荧光探针

以稀土荧光探针测定生物大分子的结构是稀土配合物在生命科学领域的另一重要应用。由于稀土离子与 Ca^{2+}、Mg^{2+} 具有非常相似的化学性质和配位行为,因此在一定条件下,Eu^{3+}、Tb^{3+} 可以取代生物大分子(蛋白质、酶等)中的 Ca^{2+} 或 Mg^{2+},并与生物大分子的磷酸基、氨基酸残基等基团配位,形成稀土生物大分子配合物。在形成稀土生物大分子配合物的同时,生物分子体系的活性还能够部分或全部得以保留。这样,通过测定 Eu^{3+}、Tb^{3+} 的荧光光谱,就可以研究生物大分子中结合的 Ca^{2+} 等金属离子的数目、结合部位、成键情况和周围环境等[35]。

3. 诊断技术

由于近红外光对各种生物样品,如血清、组织、体液等的透过能力比可见光要高得多,因此可以利用这一性质采用近红外发光稀土配合物确定活体病变组织的具体部位。例如,在光纤激光光谱诊断技术中,采用近红外发光的 Yb^{3+}-卟啉配合物代替卟啉进行皮肤癌变组织的定位时,可以获得高出原方法 40 多倍的灵敏度[18]。

3.5.4　分析方面

荧光分析是一种简便有效、灵敏度高的分析方法,在稀土离子微量和痕量分析方面具有广泛的应用,特别是对于某些稀土离子,如 Sm^{3+}、Eu^{3+}、Tb^{3+}、Dy^{3+} 等的混合稀土溶液中的单元素测定和多元素同时测定具有非常重要的意义。例如,利用 β-二酮稀土配合物的发光进行地矿荧光分析,可以方便地检测矿样中稀土的含量;又如利用惰性结构的稀土离子(La^{3+}、Gd^{3+}、Y^{3+} 等)能够提高 Eu^{3+} 和 Sm^{3+} 配合物发光强度的原理来提高稀土超微量分析的灵敏度。

然而,荧光分析主要是利用稀土配合物可见区的发光,因此可用该法进行测定的稀土离子也仅限于 Eu^{3+}、Tb^{3+} 等少数几种稀土离子。随着近红外发光稀土配合物研究的深入,借助近红外发光的稀土离子的荧光分析法将日臻成熟,这将使一些具有近红外荧光发射的稀土离子,如 Nd^{3+}、Er^{3+}、Yb^{3+} 的单元素测定和多元素同时测定成为可能,从而大大拓宽荧光分析方法在稀土分析方面的应用范围。

3.5.5　光通信和激光方面

在光通信和激光方面具有重要潜在应用价值的稀土配合物主要是荧光发射在近红外区域的稀土配合物。近红外光区是石英光纤的通信波段窗口,当前光纤通信系统工作有两个低损耗窗口,即 1.3 μm 波段和 1.55 μm 波段。Nd^{3+} 和 Pr^{3+} 配

合物恰好在 $1.3~\mu m$ 波段有发射,而 Er^{3+} 和 Tm^{3+} 配合物在 $1.5~\mu m$ 波段有发射。因此,使用上述稀土离子配合物的近红外发光材料可以使光纤通信系统使用的低损耗窗口的光得到有效的放大,从而可以实现远距离的传送。此外,Nd^{3+} 配合物也具有比较理想的近红外发射,其中位于 $1.06~\mu m$ 的近红外谱带最强,该发射在激光体系显示出良好的应用前景[10]。

3.5.6　有机电致发光方面

有机电致发光是目前国际上的一个热点研究课题,它具有高亮度、高效率、低压直流驱动、可与集成电路匹配、易实现彩色平板大面积显示等许多优点,因此具有十分诱人的应用前景。

稀土配合物作为电致发光物质具有明显的优点:①其光谱呈窄带发射,光色度纯,这对于高色纯的电致发光显示器是很有价值的;②稀土配合物发光既可以利用配体的三重激发态的能量,又能够利用单重激发态的能量,因此稀土配合物的发光效率至少在理论上是相当高的;③为改善配合物的理化性质,需要对配体进行必要的化学修饰。这种修饰并不影响其与稀土的配合物的发光颜色。这对于电致发光器件也很重要。正是由于上述发光特点,尽管稀土配合物作为电致发光器件的发光材料的性能尚不及其他材料,但人们仍对稀土配合物寄予厚望。

Tb^{3+} 与乙酰丙酮的配合物作为发射层已被引入有机电致发光器件中制成了双层电致发光器件,该器件显示出良好的发光性能。目前,Eu^{3+}、Tb^{3+} 配合物作为红、绿色电致发光材料的研究也已取得了很有意义的进展。此外,近红外发光的稀土配合物作为电致发光工作物质的研究也展示出良好的应用前景。

发光稀土配合物除了在以上几个方面的应用以外,在其他很多方面也具有重要的应用或应用前景。随着科学技术的发展,发光稀土配合物的应用范围将会得到进一步的拓展,在工农业生产和高技术领域将发挥更大的作用。

参 考 文 献

[1] 闫冰. 稀土有机配合物的发光、能量传递机制及其应用研究. 长春:中国科学院长春应用化学研究所博士学位论文,1998.

[2] 苏锵. 稀土化学. 郑州:河南科学技术出版社,1993.

[3] 黄春辉. 稀土配位化学. 北京:科学出版社,1997.

[4] 徐光宪. 稀土. 北京:冶金工业出版社,1995.

[5] Weissman S I. Intramolecular energy transfer. The fluorescence of complexes of europium. J Chem Phys, 1942,10:214-217.

[6] 符连社. 稀土/高聚物杂化材料的制备及发光性能的研究. 长春:中国科学院长春应用化学研究所博士学位论文,1999.

[7] (a)Bekiari V, Lianos P. Strongly luminescent poly(ethylene glycol)-2,2'-bipyridine lanthanide ion com-

plexes. Adv Mater,1998,10:1455-1458. (b)Binnemans K. Lanthanide-based luminescent hybrid materials. Chew Rev,2009,109:4283-4374.

[8] (a) Crosby G A,Whan R E,Alire R M. Intramolecular energy transfer in rare earth chelates,role of the triplet states. J Chem Phys,1961,34:743-748. (b) Crosby G A,Whan R E,Freeman J J. Spectroscopic studies of rare earth chelates. J Chem Phys, 1962,66:2493-2499. (c)Whan R E,Crosby G A. Luminescence studies of rare earth complexes:benzoylacetonate and dibenzeylmethide chelates. J Mol Spectry, 1962,8:315-327.

[9] Sato S,Wada M. Relations between intramolecular energy transfer efficiencies and triplet State energies in rare earth β-diketone chelates. Bull Chem Soc Jpn,1970,43:1955-1962.

[10] Klink S I,Grave L,Reinhoudt D N,et al. A systematic study of the photophysical processes in polydentate triphenylene-functionalized Eu^{3+}, Tb^{3+}, Nd^{3+}, Yb^{3+} and Er^{3+} complexes. J Phys Chem A,2000, 104:5457-5468.

[11] Horrocks W D,Jr,Bolender J P,Smith W D,et al. Photosensitized near infrared luminescence of ytterbium(Ⅲ) in proteins and complexes occurs via an internal redox process. J Am Chem Soc,1997,119:5972-5973.

[12] 陈大志,孟建新,冯德雄,等. 镧系离子(Ln^{3+})配合物近红外发光研究进展. 化学通报,2002,65:1-5.

[13] Gschneidner Jr K A,Bünzli J-C G,Pecharsky V K. Handbook on the Physics and Chemistry of Rare Earth. Amsterdam:Elsevier,2005,vol. 35,chapter 225:107-272.

[14] Mancino G,Ferguson A J,Beeby A,et al. Dramatic increases in the lifetime of the Er^{3+} ion in a molecular complex using a perfluorinated imidodiphosphinate sensitizing ligand. J Am Chem Soc,2005,127: 524-525.

[15] Filipescu N,Sager W F,Serafin F A. Substituent effects on intramolecular energy transfer. Ⅱ. Fluorescence spectra of europium and terbium β-diketone chelates. J Phys Chem,1964,68:3324-3346.

[16] Rohatgi K K. Luminescence behaviour and laser action in rare earth chelates. J Sci Industr Res,1965,24: 456-461.

[17] Lenaerts P,Driesen K,van Deun R,et al. Covalent coupling of luminescent tris(2-thenoyltrifluoroacetonato)lanthanide(Ⅲ) complexes on a merrifield resin. Chem Mater,2005,17:2148-2154.

[18] Lenaerts P,Storms A,Mullens J,et al. Thin films of highly luminescent lanthanide complexes covalently linked to an organic-inorganic hybrid material via 2-substituted Imidazo[4,5-f] -1,10-phenanthroline groups. Chem Mater,2005,17:5194-5201.

[19] 马建方. 稀土羧酸配合物的结构. 化学进展,1996,8:259-276

[20] Van Deun R,Nockemann P,Görller-Walrand C,et al. Strong erbium luminescence in the near-infrared telecommunication window. Chem Phys Lett,2004,397:447-450.

[21] Imbert D,Cantuel M,Bünzli J-C G,et al. Extending lifetimes of lanthanide-based near-infrared emitters (Nd,Yb) in the millisecond range through Cr(Ⅲ) sensitization in discrete bimetallic edifices. J Am Chem Soc,2003,125:15698-15699.

[22] Slooff L H,Polman A,Oude Wolbers M P,et al. Optical properties of erbium-doped organic polydentate cage complexes. J Appl Phys,1998,83:497-503.

[23] Slooff L H,van Blaaderen A,Polman A,et al. Rare-earth doped polymers for planar optical amplifiers. J Appl Phys,2002,91:3955-3980.

[24] Gillin W P,Curry R J. Erbium(Ⅲ)tris(8-hydroxyquinoline)(ErQ): a potential material for silicon com-

patible 1. 5 μm emitters. Appl Phys Lett,1999,74:798-799.

[25] Khreis O M,Curry R J,Somerton M,et al. Infrared organic light emitting diodes using neodymium tris-8-hydroxyquinoline. J Appl Phys,2000,88:777-780.

[26] Van Deun R,Fias P,Nockemann P,et al. Rare-earth quinolinates:infrared-emitting molecular materials with a rich structural chemistry. Inorg Chem,2004,43:8461-8469.

[27] Van Deun R,Fias P,Nockemann P,et al. Rare-earth nitroquinolinates:visible-light-sensitizable near-infrared emitters in aqueous solution. Eur J Inorg Chem,2007:302-305.

[28] Comby S,Imbert D,Chauvin A-S,et al. Stable 8-hydroxyquinolinate-based podates as efficient sensitizers of lanthanide near-infrared luminescence. Inorg Chem,2006,45:732-743.

[29] Albrecht M,Osetska O,Klankermayer J,et al. Enhancement of near-IR emission by bromine substitution in lanthanide complexes with 2-carboxamide-8-hydroxyquinoline. Chem Commun,2007:1834-1836.

[30] Zhang J,Badger P D,Geib S J,et al. Sensitization of near-infrared emitting lanthanide cations in solution by tropolonate ligands. Angew Chem Int Ed,2005,44:2508-2512.

[31] Quici S,Cavazzini M,Marzanni G,et al. Visible and near-infrared intense luminescence from water-soluble lanthanide [Tb(Ⅲ),Eu(Ⅲ),Sm(Ⅲ),Dy(Ⅲ),Pr(Ⅲ),Ho(Ⅲ),Yb(Ⅲ),Nd(Ⅲ),Er(Ⅲ)] complexes. Inorg Chem,2005,44:529-537.

[32] 李建宇. 稀土发光材料及应用. 北京:化学工业出版社,2003.

[33] (a) Yuan J L,Wang G L,Majima K,et al. Synthesis of a terbium fluorescent chelate and its application to time-resolved fluoroimmunoassay. Anal Chem,2001,73:1869-1876. (b) Ye Z Q,Tan M Q,Wang G L,et al. Preparation,characterization,and time-resolved fluorometric application of silica-coated terbium (Ⅲ) fluorescent nanoparticles. Anal Chem,2004,76:513-518. (c) Tan M Q,Wang G L,Hai X D,et al. Development of functionalized fluorescent europium nanoparticles for biolabeling and time-resolved fluorometric applications. J Mater Chem, 2004,14:2896-2901.

[34] Maupin C L,Parker D,Williams J A G,et al. Circularly polarized luminescence from chiral octadentate complexes of Yb(Ⅲ) in the near-infrared. J Am Chem Soc, 1998,120:10563-10564.

[35] Song B,Wang G L,Tan M Q,et al. A europium(Ⅲ) complex as an efficient singlet oxygen luminescence probe. J Am Chem Soc,2006,128:13442-13450.

第4章 稀土配合物介孔杂化发光材料

4.1 概　述

　　稀土配合物介孔杂化发光材料是由光活性物质稀土配合物与作为基质的介孔材料杂化而形成的一类新型的有机-无机杂化材料。稀土配合物介孔杂化发光材料能够集稀土配合物特殊的发光性质与介孔材料的多种优良性能于一身,因此这种杂化材料展现出十分令人欣喜的广阔的应用前景。其作为材料研究的新秀,受到材料研究人员的密切关注。目前,这方面研究正在不断取得可喜的进展。

　　介孔材料(mesoporous material)或称中孔材料,是以表面活性剂为模板剂,利用溶胶-凝胶、乳化或微乳化等化学过程,通过有机物和无机物之间的界面作用组装生成的一类孔径介于 2～50 nm 之间、孔径分布窄且具有规则孔道结构的无机多孔材料。其结构与性能介于无定形无机多孔材料(如无定形硅铝酸盐)和具有晶体结构的无机多孔材料(如沸石分子筛)之间,并且具有很多其他多孔材料所不具备的新颖、独特的性能,如大的比表面积、大的孔体积、可控的孔结构和均一的孔径分布,同时也具有良好的热稳定性和机械强度。介孔材料在催化、环保、生物、医药、化学传感器、纳米反应器等方面重要的应用前景已受到人们的普遍青睐。

　　尤其值得指出的是,介孔材料作为有机-无机杂化材料基质材料的应用更具有自己独特的优点。其所具有的特殊介孔结构使得孔内组装的客体材料尺寸、分布状况及排列方式严格地受介孔材料结构的限制,故在介孔材料孔内组装的客体材料分布均匀、尺寸较小且单一。因此,以介孔材料作为基质材料的有机-无机杂化材料在激光、滤光器、太阳能电池、染料、光能储存、光催化等方面具有重要的潜在应用价值。

　　介孔材料的一系列优异性能也使其成为负载发光功能稀土配合物的重要基质材料。发光稀土配合物是一类优良的发光物质。发光稀土配合物与介孔材料的科学组装产生了一类重要的新型有机-无机杂化发光材料——稀土配合物介孔杂化发光材料。因此,发光稀土配合物与介孔材料组装的研究正成为研究和发展新型多功能材料的重要新途径。

　　在过去几年里,人们已经成功地将稀土配合物引入各种介孔材料中,如MCM-41、HMS 及 SBA-15 等,并研究了所得材料的发光性能。制得的稀土介孔杂化发光材料不仅具有良好的发光性能,而且稀土配合物光和热稳定性明显得以改善。Bian 等[1]在文章中报道了 Eu^{3+} 配合物组装进介孔材料后，Eu^{3+} 的电子跃迁能级不受基质介孔二氧化硅主体的影响。与纯 Eu^{3+} 配合物相比，组装后的 Eu^{3+} 配合物的光致发光效率得以提高，其原因应该是 Eu^{3+} 配合物分散于基质介孔材料中，使 Eu^{3+} 配合物分子彼此远离，因而基质介孔材料能有效地抑制 Eu^{3+} 配合物分子间的荧光猝灭作用。Xu 等[2,3]将 Eu^{3+} 与噻吩甲酰三氟丙酮（TTA）的配合物 $[C_5H_5NC_{16}H_{33}][Eu(TTA)_4]$ 引入经过表面改性的介孔材料 MCM-41 的孔道中，发现该 Eu^{3+} 配合物的光、热稳定性均得到明显增强，并且发现与该纯 Eu^{3+} 配合物相比，组装在基质介孔材料 MCM-41 孔内的 Eu^{3+} 配合物的荧光寿命也有一定的提高。张洪杰研究小组也在这方面做了大量很有成效的工作，合成了一系列稀土配合物介孔杂化发光材料样品，并详细研究了所得杂化材料样品在可见或近红外区的发光性能、荧光寿命以及热稳定性等。例如，他们[4]用 3-氨丙基三乙氧基硅烷等三种硅烷化试剂对介孔材料 MCM-41 内壁羟基进行了修饰，并制备了其与 Eu^{3+} 的二苯甲酰甲烷、邻菲罗啉的三元配合物 $Eu(DBM)_3phen$ 的组装体。研究发现，该组装体在紫外光激发下可以发射出 Eu^{3+} 的特征荧光，其发光强度约为未改性 MCM-41 组装体的 9 倍。这表明经改性后，减少了基质 MCM-41 的羟基含量，从而减弱了因羟基的高能振动而引起的非辐射跃迁，提高了该组装体的荧光强度。研究结果还发现，该组装体的荧光寿命也变长。他们[5]还将稀土发光化合物通过 Si—C 共价键嫁接到介孔材料上，嫁接之后并不影响基质介孔材料的固有结构。用这种方法制备的介孔杂化发光材料可将介孔材料良好的热稳定性、高的比表面积、规则的孔道排列和稀土离子优异的发光性能有机地结合起来。以上有关稀土发光配合物与介孔材料组装体系的制备、表征以及发光性能的研究属于稀土介孔杂化发光材料比较早期的研究工作。

先期制备稀土配合物介孔杂化发光材料多采用浸渍法等简单的方法，这些方法属于物理方法。用该法制备的杂化材料中稀土配合物和基质之间仅存在着比较弱的物理作用（如氢键、范德华力），这样就不可避免地导致如下问题的存在：①稀土配合物在基质介孔材料中的分布不均匀；②稀土配合物的掺杂量不高；③稀土配合物不稳定，容易从基质中脱出。Ogawa 等[6]将钌与联吡啶的配合物 $[Ru(bipy)_3]^{2+}$ 装载到介孔材料中并考察了其发光性能。当该材料样品脱水之后，其发光强度就会降低；而重新吸水后，发光强度又会增强。这一现象意味着脱水后，介孔材料中负载的钌配合物在该样品中发生团聚，从而导致其荧光的浓度猝灭现象出现。当样品重新吸收部分水后，钌配合物又重新分散开来。显然，在该样品中钌配合物主要是通过弱的作用吸附在基质介孔材料中。张洪杰研究小组[7]将 Eu^{3+} 与二苯甲酰甲烷配合物掺杂到一种新型室温两步法合成的 MCM-48 中，发现 Eu^{3+} 配合物可以成功地吸附于基质 MCM-48 中，其掺杂量超过 MCM-41，并且远大于在微孔 SiO_2 中的掺杂量。这主要是由于 MCM-48 所具有的独特的三维孔道结构比 MCM-41 的二维孔道更容易容纳更多客体分子。与物理掺杂方法相比[8-10]，共价键嫁接法（将稀土配合物通过共价键嫁接于介孔材料中的方法）制备的稀土配合物介孔杂化材料中不仅稀土配合物与基质之间的结合牢固，而且可以使稀土配合物更均匀地分布于基质介孔材料中，在其掺杂量明显提高的同时还能有效地抑制由于稀土配合物发光中心的团聚而引起的浓度猝灭作用[11]。显然，共价键嫁接法的优势十分明显。目前很多研究小组已经将不同的稀土配合物通过共价键嫁接法引入介孔材料的孔道内，获得了具有优异发光性能和良好光、热稳定性的稀土配合物介孔杂化发光材料[12-18]。应该说共价键嫁接法的建立是稀土配合物介孔发光杂化材料制备研究的重要突破。

　　稀土离子的配位数较高，在一般的二元配合物中稀土离子的配位数尚未达到饱和，因而稀土二元配合物常含有水分子参与同中心稀土离子的配位。稀土配合物中配位的水分子的羟基振动对中心稀土离子的发光产生相当强的猝灭作用，这会导致稀土配合物介孔杂化发光材料的荧光发射性能变差。然而，对于三元稀土配合物，第一和第二配体的配位通常可以使稀土离子的高配位数得以满足，这样可以有效地排除水分子参与同稀土离子的配位，从而可消除配位水分子的羟基振动对中心稀土离子的荧光猝灭作用。除了水分子以外，基质介孔材料中通常也含有硅羟基，这些硅羟基对中心稀土离子的发光亦会产生猝灭作用。三元稀土配合物中第一和第二配体同样对硅羟基的荧光猝灭作用产生良好的抑制作用。众所周知，稀土配合物的发光是配体敏化的稀土离子发光。对发光三元稀土配合物，β-二酮通常是主要的第一配体。配体 β-二酮吸收激发能并将其传递给中心离子，从而使稀土离子发射其特征荧光。此外，第二配体如邻菲罗啉亦可将其吸收的激发能传递给稀土离子，从而进一步敏化稀土离子的发光。上述三个因素导致组装的三元稀土配合物介孔杂化发光材料的发光性能一般优于二元稀土配合物介孔杂化发光材料。因此，三元稀土配合物介孔杂化发光材料的研究更受人们的青睐。多种三元稀土配合物介孔杂化发光材料的制备[19-22]标志着稀土配合物介孔杂化发光材料研究的发展进入了更深的层次。

　　稀土离子在可见区具有十分优良的发光性质，研究人员早已开展了大量工作，并取得了许多重要的研究成果，一些 Eu^{3+} 和 Tb^{3+} 的可见发光材料已广泛应用于许多重要领域。相对而言，对稀土离子近红外发光性质的研究却相当滞后，而关于近红外发光的稀土配合物介孔杂化发光材料的研究更是鲜见报道。Park 等[23]比较早地运用溶液浸渍技术将 Er^{3+} 的 8-羟基喹啉配合物组装进介孔二氧化硅薄膜中，制备的杂化体系可观察到 Er^{3+} 室温的近红外光致发光。事实上，稀土离子不仅在可见区具有优良的发光性质，而且在近红外区同样具有一些突出的特点。许多稀土离子，如 Nd^{3+}、Pr^{3+}、Er^{3+}、Tm^{3+}、Sm^{3+}、Yb^{3+} 的 4f 电子跃迁带隙刚好处于近红外区，即在近红外区呈现优良的荧光发射，它们具有微秒范围的荧光寿命，并且在 900～1600 nm 波长范围具有窄带发射。稀土离子优良的近红外发射使其在光通信、生物、医学以及传感器等许多重要领域具有很广阔的应用前景。当人们注意到稀土近红外发光的重要应用价值后,便开展了稀土配合物近红外发光方面的研究工作。相继研究了近红外发光稀土配合物与介孔材料的组装、表征及近红外发光性能等。研究结果表明,近红外发光稀土配合物与介孔材料的组装体系能够发射优良的稀土离子特征的近红外区荧光,并且具有良好的热稳定性,因而其应用前景令人欣喜[24-26]。有关近红外发光稀土配合物与介孔材料组装体系的研究工作的开展,显著拓宽了稀土配合物介孔杂化发光材料的研究领域。

介孔材料中 SBA-15 和 MCM-41 具有优良的介孔结构,比较适于作为组装光活性物质稀土配合物的基质材料。人们对稀土配合物与 SBA-15、MCM-41 杂化发光材料的研究已开展了许多工作,已制备了多种多样的杂化发光材料样品,这些样品能够发射稀土离子的特征可见和近红外荧光,有的已显示出颇为乐观的应用前景。SBA-16 属于立方晶系,空间群为 $Im\bar{3}m$,它具有三维交叉孔道结构,也是组装光活性物质稀土配合物的基质材料之一。稀土配合物与 SBA-16 的杂化发光材料的研究也有报道。采用 β-二酮配体噻吩甲酰三氟丙酮和二苯甲酰甲烷功能化的双功能化合物已成功地将 Eu^{3+}、Tb^{3+} 的配合物共价键嫁接于基质 SBA-16 的孔道,所得杂化发光材料样品可以发射 Eu^{3+}、Tb^{3+} 的特征荧光[27]。然而,研究结果表明与稀土配合物的 SBA-15 杂化发光材料样品相比,其荧光寿命、发射量子效率均比较差,即作为稀土配合物杂化材料的基质材料,SBA-15 优于 SBA-16[28]。此外,MCM-48 作为基质的稀土配合物杂化发光材料也有研究。

通常介孔材料中含有的有机基团连接在其孔道的表面上,这样容易导致有机基团在其孔道内分布不均匀以及介孔材料中有机基团的负载量较低等问题的出现。而 20 世纪末报道的有机基团直接分布于介孔材料骨架内的周期性介孔有机硅材料(periodic mesoporous organosilica,PMO)的合成成功地解决了上述问题。PMO 材料的有机组分和无机组分在分子水平上分布在介孔材料的骨架内,并且通过调节有机基团的性质还可以调节材料的亲水和疏水性能、热稳定性、折射率、光学透明度和介电常数等理化性能。与有机基团修饰的介孔材料相比较,PMO 材料中有机基团均匀分散在其骨架内,有机基团修饰量可高达 100%,而且 PMO 材料中在骨架内的有机基团不仅不至于堵塞孔道,还可以改善材料的力学等性能;而有机基团修饰的介孔材料中当有机基团修饰量达 25% 时,即造成介孔材料的孔道塌陷。这种 PMO 材料具有与传统的介孔材料不同的优异化学、光学、电学等性能,同时其水热稳定性、机械性能及化学稳定性也明显提高。因此,PMO 材料在催化、吸附、生物包囊和基于有机分子的光响应等应用领域显示出诱人的应用前景。

除了在上述许多领域的重要潜在应用外,具有一系列优良特性的 PMO 也是有机-无机杂化材料的理想基质材料,以 PMO 为基质的杂化材料的研究已经引起研究人员的极大兴趣。到目前为止,很多功能性有机分子已经被成功地组装到 PMO 骨架内,所得产物显示出优良特性,这些产物的应用前景也使人感到鼓舞。2007 年,García 小组[29]在表面活性剂存在条件下,成功地将金属配合物三联吡啶钌引入 PMO 骨架中,所得含钌配合物的杂化产物具有光电压和电化学发光的活性。然而,在相同制备条件下,无表面活性剂存在时所制得的无定形钌配合物与 PMO 杂化产物则没有显示出以上特性,这表明表面活性剂促进了杂化产物粒子内部的电荷迁移,从而使产物显示出光电压和电化学发光的活性。将稀土配合物负载到 PMO 的研究正日益受到研究人员的重视[30-32]。Corriu 小组[30]开展了这方面的工作。他们首先制备了含有 P = O 基团的硅氧烷前驱体,以此前驱体为配体,制备出稀土(Eu、Er、Nd)配合物,再将稀土配合物和正硅酸乙酯在一定条件下水解得到孔壁内含有稀土配合物的 PMO 产物。研究结果表明,稀土离子的引入使其邻近配体的 P = O 基团距离更近,但是他们没有进一步进行光学表征。最近,Sun 等[32]将合成的具有近红外发光性能的三元稀土配合物[Ln(DBM)$_3$bipy](Ln=Er、Yb、Nd)通过联吡啶功能化的硅氧烷 bipy—Si 共价键嫁接到 PMO 材料中。得到的杂化材料样品在可见光的激发下,具有近红外发光性能。其中,含 Er^{3+} 的材料样品在 401 nm 激发下于 $1.54\mu m$ 处呈现出 Er^{3+} 的特征近红外发光,其发射光谱较宽的半高宽可能为光放大器提供一个较宽的增益谱带。而含 Nd^{3+} 的材料样品位于 $1.06\mu m$ 的发射非常强,该波长在激光体系具有重要的潜在应用(图 4-1)。这方面的研究仍有待于进一步开展,具有优良发光特性的稀土配合物

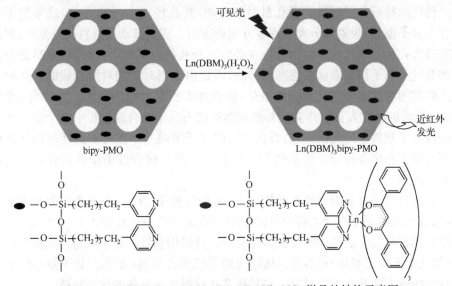

图 4-1　Ln(DBM)$_3$bipy-PMO (Ln=Er、Yb、Nd) 样品的结构示意图

圆形白色圆圈表示有序介孔结构,黑点表示二氧化硅网络中的 bipy—Si 桥连基团

(承惠允,引自[32])

与更为新颖的基质材料 PMO 的组装及其发光特性的研究将为稀土配合物介孔杂化发光材料的研究拓展新的发展空间,发光性能更为优良的有机-无机杂化发光材料的问世更值得人们期待。

4.2　稀土配合物介孔杂化发光材料的基质材料

在稀土配合物介孔杂化发光材料中基质材料是用作发光稀土配合物的载体,是杂化材料的主要组成部分之一,对决定杂化材料的性能起到很重要的作用。稀土配合物介孔发光杂化材料的基质材料主要包括介孔材料(mesoporous material)以及由介孔材料有机修饰而得到的周期性介孔有机硅材料(periodic mesoporous organosilica,PMO)两种。下面具体介绍介孔材料和周期性介孔有机硅材料。

4.2.1　介孔材料

4.2.1.1　引言

多孔材料是一类具有应用价值的重要材料。按照国际纯粹和应用化学联合会(IUPAC)的定义,多孔材料根据其孔径的大小可分为三类:①微孔材料(microporous material),孔径小于 2 nm;②介孔材料,孔径为 2~50 nm;③大孔材料(macroporous material),孔径大于 50 nm。

传统的沸石分子筛属于微孔材料的范畴,其孔径较小(<2 nm),这限制了它们在大分子催化、吸附和分离等许多方面的应用。应用推动着材料研究发展,因此具有较大孔径的多孔材料的制备势在必行。介孔材料又称中孔材料,最早是由长链的有机胺离子作为表面活性剂制得的,但是由于当时未能对所合成的介孔材料样品的结构和性能等进行充分的表征,因而并未引起人们的关注。1992 年,美国 Mobil 公司的研究人员[33,34]突破传统的微孔沸石分子筛合成过程中单个溶剂化的分子或离子起模板作用的原理,首次利用阳离子型烷基季铵盐表面活性剂作为模板剂合成了有序介孔分子筛系列 M41S,这成为分子筛合成由微孔向介孔飞跃的重要里程碑。

介孔材料是以表面活性剂为模板剂,采用溶胶-凝胶、乳化或微乳化等化学过程,通过有机物和无机物之间的界面作用组装而成的一类孔径为 2~50 nm、孔分布窄且具有规则孔道结构的无机多孔材料。其结构和性能介于无定形无机多孔材料(如无定形硅铝酸盐)和具有晶体结构的无机多孔材料(如沸石分子筛)之间,介孔材料的诱人之处在于它具有一些其他多孔材料所不具备的优异特性[35]:

(1) 孔径尺寸分布范围窄,且孔径尺寸可以在纳米范围内调控。

(2) 高比表面积,高孔隙率。

（3）具有高度有序的孔道结构。

（4）具有不同的结构、孔壁（骨架）组成和性能。

（5）颗粒具有不同形体外貌，并且可加以控制。

（6）无机组分的多样性。

（7）经过优化合成条件或后处理，可具有很好的热稳定性和水热稳定性。

介孔材料的发现不仅将分子筛由微孔范围扩展到介孔范围，而且在微孔材料与大孔材料之间架起了一座桥梁，是分子筛科学发展的一个里程碑式的突破。介孔材料已经成为国际上跨化学、物理、材料等多学科的热门前沿领域之一。

4.2.1.2　介孔材料的分类

介孔材料通常可按照其化学组成或结构进行分类。

介孔材料按照化学组成一般可分为硅基（silica-based）和非硅组成（non-silicated composition）介孔材料两大类。有序介孔材料骨架的化学成分并不只限于纯氧化硅，还可以是硅铝酸盐、磷酸盐、过渡金属氧化物，甚至是 II-IV 族半导体。另外，还可以通过掺杂的办法在骨架中引入 B、Ti、Fe、Mn、Ga、V、Zr、Co、Cr、La 等以获得某种物理或化学性质。由此可见，有序介孔材料的化学组成具有多样性和可控性的特点。

利用不同的界面组装作用、使用不同的表面活性剂和无机物种，科研人员已成功地合成出不同结构、组成、形貌和孔径大小的介孔材料。迄今，在已合成的介孔材料中已经发现其具有多种介观结构。显然，介孔材料按其结构分类也是很方便的。目前，具有应用价值的常见的有序介孔材料的介观结构列于表 4-1。

表 4-1　介孔材料的介观结构

孔道结构	晶系	空间群	典型材料
IHO*	近似六方		HMS,MSU-X,KIT
一维层状			SBA-4,MCM-50,MSU-V
二维直孔	六方	$P6mm$	MCM-41,SBA-3,SBA-15,TMS-1
三维（笼状、孔穴）	六方	$P6_3/mmc$	SBA-7,SBA-2,SBA-12
	立方	$Pm\bar{3}n$	SBA-1,SBA-6
		$Im\bar{3}m$	SBA-16
		$Fd\bar{3}m$	FDU-2
		$Fm\bar{3}m$	FDU-12
		$Pm\bar{3}m$	SBA-11
三维交叉孔道	立方	$Ia\bar{3}d$	MCM-48,KIT-6
		$Im\bar{3}m$	SBA-16
		$Pn\bar{3}m$	HOM-7
	四方	$I4_1/a$	CMK-1

* IHO（imperfect hexagonally ordered，不完美六方有序）表示产物的一维孔道排列不规则，缺乏长程有序性，但产物具有均一的孔径（约 3 nm）。

4.2.1.3 介孔材料的合成

1. 介孔材料的合成体系

典型的介孔材料合成体系涉及的三个主要部分是用来生成无机骨架（孔壁）的无机物种、作为反应介质的溶剂和在介观结构生成过程中起导向作用的表面活性剂。这三个主要组分之间的相互作用决定了介孔材料的合成反应。任何两个组分之间都有强的相互作用，其中表面活性剂和无机物种之间的相互作用（如电荷匹配）尤为关键[36]，在整个介孔材料形成过程中起主导作用。

选择无机物种（前驱物）的主要理论依据是溶胶-凝胶化学，即原料的水解和缩聚速率适当，且经过水热过程等处理后可以提高其缩聚程度。根据目标介孔材料的孔壁元素组成，无机物种可以是直接加入的无机盐，也可以是水解后可产生无机低聚体的醇盐（烷氧基化合物），如 $Al(i\text{-}OPr)_3$、$Si(OEt)_4$、$Ti(OBu)_4$ 或 $Nb(OEt)_5$ 等。

通常介孔材料合成反应中的溶剂为水，但非水体系中的合成也有一些报道。Yang 等[37]在非水体系中合成了金属氧化物（TiO_2、ZrO_2 等）的介孔材料。MacLachlan 等[38]也报道了在非水体系中合成具有介孔结构的硫化物的研究结果。合成体系的 pH 需要进行调节以便得到理想的产物。介孔材料的合成可以在酸性介质（如 pH<2）或碱性介质（如 pH>10）中进行。酸性条件有利于介观结构单元组装成具有一定形状（如膜或纤维等）的介孔材料，而碱性条件有利于合成高规整度（能够给出高质量的 X 射线衍射图）的产物。

表面活性剂也称模板剂。在制备介孔材料的过程中，表面活性剂的类型及性质对介孔材料的形成有较大影响。根据所用表面活性剂的不同，介孔材料的合成体系可以分为单一表面活性剂体系和混合体系。常见的用于合成介孔材料的不同类型的表面活性剂归类如下。

（1）阳离子表面活性剂 常用的包括：①长链烷基季铵盐阳离子表面活性剂，如 $C_n TMAX$（$n=10\sim22$，$X=Br^-$、Cl^- 或 OH^-），用于合成 M41S 型及其类似结构的介孔材料；②真正双子（二聚 Cn-s-n）表面活性剂，通过一个间隔链将两个相同或相似的双亲体以其亲水基或靠近亲水基的位置连接起来，可以通过调整这种表面活性剂胶束的有效堆积参数合成具有不同结构的介孔材料；③双子（双头单尾 Cn-s-1）表面活性剂，由于其有效堆积参数较低，并且具有较高的电荷密度，因此可用于合成高质量的新型结构的 SBA-2 介孔材料；④单头双尾的表面活性剂，如 $(C_{12}H_{25})_2 N(CH_3)_2 Br$，通常用于合成层状结构产物；⑤Bola 型表面活性剂，如合成 SAB-8 所用的 $[(CH_3)_3 N^+(CH_2)_{12} OC_6 H_4 C_6 H_4 O(CH_2)_{12} N^+(CH_3)_3](Br^-)_2$。

（2）非离子表面活性剂 著名的 SBA-15 介孔材料就是利用非离子表面活性

剂合成的。非离子表面活性剂主要包括：①长链有机胺，如 $CH_3(CH_2)_{11}NH_2$，可用于合成孔壁厚、粒径小且有二次堆积孔的介孔材料，但其孔道长程有序性差；②长链烷烃聚氧乙烯，用于合成孔壁较厚的介孔材料；③带多功能基团的表面活性剂，如 $NH_2(CH_2)_nNH_2$($n=10\sim22$)，可合成出具有不同形貌和多级结构的二氧化硅层状介相（如 MSU-V）；④非离子型 Gemini 表面活性剂，如 C^0_{n-2-0}($n=10$，$12,14$)，可以生成囊胞外形的等级结构（MSU-G）；⑤高相对分子质量的嵌段共聚物表面活性剂，如 PEO-PPO-PEO、PI-b-PEO 或聚氧乙烯-聚苯乙烯等。

（3）阴离子表面活性剂　阴离子表面活性剂分子由长链疏水端与阴离子亲水端组成，由于其可以与阳离子结合，因此多用于合成金属氧化物类介孔材料，如六方孔道的介孔氧化锡、介孔氧化铝及介孔氧化镓等。由于阴离子表面活性剂单独与硅物种结合时，亲水基团与无机物种产生的作用力为 S^-I^+ 和 S^-M^+I，在这种作用力下的自组装通常形成层状液晶相，因此多用来合成无序的六方相或者层状非硅介孔材料。近年来，以长链烷基酰基氨基酸类的系列阴离子表面活性剂为模板剂，在共模板剂 γ 胺丙基三甲氧基硅烷及三甲基 γ 胺丙基三甲氧基硅烷的存在下，合成了一系列 AMS 系列介孔材料。当使用 N-月桂酰基-L-丙氨酸钠为表面活性剂时，得到了具有螺旋孔道结构的介孔硅材料，这进一步丰富了介孔材料的合成化学。

（4）混合表面活性剂体系　由于单一表面活性剂所表现出的结构导向功能各有优缺点，因此混合表面活性剂体系应用于介孔材料的合成独具特色。混合体系可以直接由两种表面活性剂混合而成，如阳离子-阳离子型表面活性剂的混合物（如 CTMAB 和 Gemini 表面活性剂的混合物）、阳离子-阴离子型表面活性剂的混合物（如CTMAB 和烷基羧酸钠盐型阴离子表面活性剂的混合物）、阳离子-中性表面活性剂的混合物（如 CTAB 和 $C_{12}H_{25}NH_2$ 的混合物）、低相对分子质量和表面功能化的聚合物胶乳的混合物等（如 CTAB 和表面通过共价键连接有聚氧乙烯链的聚合物胶乳的混合物）。混合体系也可以由表面活性剂加助剂组成，常用的助剂包括极性溶剂（如 CH_3OH、C_2H_5OH、$tert$-C_4H_9OH 等）和非极性溶剂（如 1，3，5-三甲基苯等）。

（5）其他非表面活性剂结构导向剂　目前以环境友好的葡萄糖、果糖、酒石酸衍生物等为模板，经溶胶-凝胶反应已制备出介孔二氧化硅。以甘油、羟基酸、尿素、抗坏血酸等有机化合物为模板制备了大比表面积介孔二氧化硅和二氧化钛。以酒石酸、柠檬酸、乳酸、苹果酸等为模板也能制得块状介孔二氧化硅材料。同时，用非表面活性剂模板法合成了有机聚合物-无机杂化介孔材料。

在制备介孔材料的过程中，表面活性剂的类型和分子结构对产物最终结构以及性能有较大影响，其中有效堆积参数模型对解释和预测使用不同表面活性剂所得到的介孔材料的结构以及相转变有一定的指导意义[39]。该模型为

$$g = V/a_0l$$

其中，V 代表表面活性剂的链及链间助溶剂所占的体积，a_0 代表表面活性剂的活性头所占的有效面积，l 代表表面活性剂链的有效长度。当表面活性剂的 g 值变化时，产生的相应胶束的几何形状不同，从而导致了制得的相应介孔材料的结构的差异（表 4-2）。

表 4-2　不同 g 值时的相应胶束几何形状和所得介孔材料的介观结构

$g = V/a_0l$	胶束(液晶)几何形状	典型表面活性剂	典型介观相
$g < 1/3$	球形	单链，较大极性头	$Pm\overline{3}n$ 立方相(SBA-1)
$g = 1/3 \sim 1/2$	圆柱形	单链，较小极性头	$P6mm$ 二维六方相(MCM-41)
$g = 1/2 \sim 2/3$	三维圆柱形	单链，较小极性头	$Ia\overline{3}d$ 立方相(MCM-48)
$g = 1$	层	双链，较小极性头	层状相(MCM-50)
$g > 1$	反相的球形、圆柱形或层	双链，较小极性头	

2. 介孔材料的合成方法

目前合成介孔材料的主要方法有水热合成法、室温合成法、微波合成法、湿胶焙烧法、相转变法及在非水体系中的合成，其中水热合成法应用最广泛。上述各种合成方法均有其特色，但各自也有其局限性。在进行介孔材料的合成时，应根据目标产物等具体情况选择合适合成方法。

介孔材料的合成就是利用表面活性剂作为模板剂，与无机前驱体（无机单体或齐聚物）相互作用，通过某种协同作用或自组装方式形成由无机离子聚集体包裹的规则有序的胶束组装体。采用某种方式除去表面活性剂并保留无机骨架，最终获得规则有序的介孔结构。其合成过程可以分为以下两个阶段。

（1）先驱物有机-无机液晶相的生成　利用具有双亲性质（两端分别含有亲水和疏水基团）的表面活性剂与无机前驱体（无机单体或齐聚物）在一定环境下自组装生成有机物与无机物的液晶织态结构相，并且这一结构相具有纳米尺度的晶格常数。

（2）介孔结构的生成　利用高温热处理或化学方法除去表面活性剂，所保留下的空间即构成介孔孔道。清除合成的介孔材料中的表面活性剂常用的方法主要有焙烧法和溶剂萃取法两种。焙烧通常不会破坏介孔材料介孔结构的有序性，但会引起无机骨架网络的收缩。溶剂萃取虽然对介孔结构和孔壁表面影响较小，但如果无机骨架与表面活性剂之间存在强烈的静电作用，则溶剂萃取将导致介孔结构部分或全部受损。因此，必须针对上述情况采取不同的化学处理方法。若材料的无机骨架是电正性的，可以在乙醇中回流以除去表面活性剂和平衡离子；若材料的无机骨架是电负性的，应该在酸性条件下洗去表面活性剂；而若无机骨架是电中性的,则需要采用溶剂萃取法提取表面活性剂。

4.2.1.4　介孔材料合成机理研究进展

有序介孔材料成功合成以来,其分子水平上的无机-有机离子自组装结合方式一直受到材料学家的关注,他们对其合成机理进行了深入的探索。各类有序介孔材料虽然骨架结构彼此不同,合成条件各异,但其结构的形成都经历了在表面活性剂模板剂胶束作用下的超分子组装过程。目前提出的介孔材料的合成机理主要有液晶模板机理、协同作用机理、广义液晶模板机理、硅酸液晶机理[40]、片折叠模型机理[41]、电荷密度匹配机理[42a]等。其中具有代表性的是液晶模板机理、协同作用机理和广义液晶模板机理。

1. 液晶模板机理

为了解释介孔材料 MCM-41 的合成反应,Mobil 公司的研究人员最早提出了液晶模板机理(liquid-crystal templating mechanism,LCT)[33,34]和协同作用机理(图 4-2)。液晶模板机理的根据是 MCM-41 的高分辨电子显微镜、X 射线衍射结果与表面活性剂在水中生成的溶致液晶的相应实验结果非常一致。他们认为有序介孔材料的结构取决于表面活性剂疏水链的长度及不同表面活性剂的浓度等。这一机理认为,表面活性剂生成的溶致液晶可作为形成 MCM-41 结构的模板,并且表面活性剂的液晶相是在加入无机反应物之前形成的。具有亲水和疏水基团的表面活性剂(有机模板)在水体系中先形成球形胶束,再形成棒状(柱状)胶束,胶束的外表面由表面活性剂的亲水端构成。当表面活性剂浓度较大时,生成六方有序排

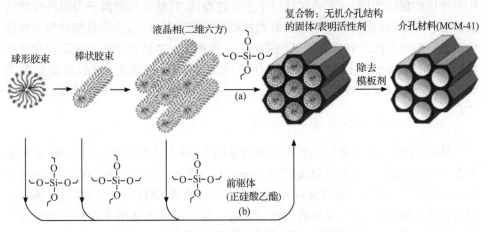

图 4-2　介孔材料(以 MCM-41 为例)的两种形成机理

(a) 液晶模板机理;(b) 协同作用机理

(承惠允,引自[42(b)])

列的液晶结构,溶解在溶剂中的无机单体分子或齐聚物因与亲水端存在引力而沉积在胶束棒之间的孔隙中,并进一步聚合固化构成孔壁。LCT 的核心观点是表面活性剂形成的液晶相或胶束可作为合成介孔材料的模板剂。这一机理的成功之处在于其简单直观,而且可直接借用液晶化学中的某些概念来解释合成过程中的很多实验现象,如解释反应温度、表面活性剂浓度等对目标产物结构的影响规律。

然而,随着对介孔材料合成机理研究的深入,发现 LCT 过于简单化,特别是对某些后来发现的实验现象的解释存在矛盾,因而面临着难以解决的问题。例如,Monnier 等[42]发现在硅酸盐不发生缩聚(pH＝12～14,质量分数为 0.5%～5%)及 CTAB(十六烷基三甲基溴化铵)-水体系中只有胶团存在(如 CTAB 的质量分数为 5%)时,将两者混合并经过水热反应后,可以生成 M41S 型介孔分子筛。此外,Huo 等[43]用 Gemini(Cn-s-m)型的双价阳离子型表面活性剂合成了含有笼状结构的三维六角相产物 SBA-2,其空间群为 $P6_3/mmc$,而此对称结构在表面活性剂溶致液晶的相结构中尚未见报道。在利用 LCT 无法解释上述问题的情况下,Mobil公司的研究人员又提出了另一个机理,即协同作用机理。

2. 协同作用机理

协同作用机理(cooperative formation mechanism,CFM)(图 4-2)同样认为表面活性剂形成的液晶相是形成 MCM-41 介孔结构的模板,但与液晶模板机理不同的是,协同作用机理认为表面活性剂的液晶相是在加入无机反应物之后形成的,所形成的表面活性剂介观相是胶束和无机物种相互作用的结果,这种相互作用表现为胶束加速无机物种的缩聚过程以及无机物种的缩聚反应对胶束形成类液晶相结构有序体的促进作用。CFM 包括三个主要过程:①硅酸盐与阳离子表面活性剂的多齿键合;②硅酸盐在界面的缩聚对无机层电荷密度的改变;③无机物种与表面活性剂之间的电荷匹配对表面活性剂排列方式的控制。协同作用机理可以合理地解释不同模板液晶结构的新相产物的合成、低表面活性剂浓度下(如质量分数为5%)的合成以及合成过程中的相转变[44]等介孔材料合成过程中的诸多实验现象。

3. 广义液晶模板机理

Huo 和 Stucky 等在协同作用机理的基础上,将上述机理进一步发展,使其更具普遍性,提出了广义液晶模板机理(generalized liquid-crystal templating mechanism)[45]。广义液晶模板机理认为表面活性剂分子与无机物种之间靠协同模板作用成核并形成液晶,进而发展成为介观结构。这一机理也适用于解释非硅组成的介孔材料的合成。协同模板主要包括以下三种类型。

(1)靠静电相互作用的电荷匹配模板(cooperative charge matched templating)。

（2）靠共价键相互作用的配位体辅助模板（ligand-assisted templating）。

（3）靠氢键相互作用的中性模板（neutral templating）。

上述机理的建立都是基于有机-无机离子之间的相互作用而完成自组装过程的原理，但各有侧重。这些机理均有其成功之处，即可以比较圆满地解释一些实验现象。然而，这些机理在解释有序介孔氧化硅材料的合成过程时，都有各自的缺陷，尚无法令人信服地揭示介孔结构形成的本质。随着对有序介孔材料研究的不断发展，有关合成的机理探讨还将进一步深入。

4.2.1.5　介孔材料宏观形貌控制

大量实验结果表明，在酸性体系下无机网络通过氢键与有机模板发生弱相互作用，硅物种的水解和缩聚比较容易控制，通过控制合成条件可以制备具有纤维、薄膜、薄片和球形等宏观形貌的介孔材料。虽然介观结构的生成速率很快，该过程主要受反应动力学因素控制，但是在特定条件下，所得介孔材料也能够按能量最低的方向生长，并最终固化成为具有一定特殊形体的介孔材料。

1. "单晶"介孔材料

Ryoo 研究组[46]以 CTAB 为模板剂，硅酸钠为硅源，水热合成了高质量的 MCM-48，该材料具有类似"单晶"的立方截角十二面体的形貌。Guan 等[47]也得到"单晶"状的具有有机-无机复合壁的介孔材料。Yu 等[48]首次以非离子型嵌段高分子为模板剂，合成出纯立方相的介孔氧化硅分子筛单晶。

2. 薄膜介孔材料

介孔材料的许多应用都要求材料具有薄膜等宏观形体。Yang 等[49]曾报道在云母表面和水与空气的界面上定向排列的介孔薄膜。Brinker 等[50]利用溶胶-凝胶法在固体基片上制备了连续的介孔分子筛膜。上述方法制备的介孔薄膜的一维介孔孔道均与薄膜表面平行，这使得物质的多维传递受阻。Stucky 小组[51]以双头季铵盐为模板剂合成了三维六方（$P6_3/mmc$）结构的介孔薄膜，其定向生长的 c 轴与膜的生长界面垂直，为物质在膜垂直方向上的传递提供了通道。

3. 球形介孔材料

采用具有较慢水解速率的正硅酸丁酯为硅源，Huo 等[52]制备了直径尺寸为 $50\mu m$～2cm 的透明介孔二氧化硅硬球。在酸性条件下，Schacht 等[53]结合乳液化学合成了具有二维六方和三维六方介观结构的空心球。Brinker 小组[54]发展了一种快速的气溶胶方法合成了具有六方、四方和囊泡状的介孔球。

4. 纤维介孔材料

Schacht 等[53]合成了骨架具有介孔结构的长度达 $50\sim1000~\mu m$ 的纤维。Lu 等[50]利用活性炭纤维为模板,在超临界 CO_2 介质中合成了与所用的活性炭纤维的微观形态相同的介孔二氧化硅纤维材料。

5. 其他形貌介孔材料

相对于在碱性条件下的合成,在酸性条件下无机硅物种多为线型结构,且其成核速率慢,容易生成具有特殊形貌的介孔二氧化硅材料,如圆盘状、螺旋形、花瓣状等形貌的介孔二氧化硅材料皆已有报道[55]。通过加入有机共溶剂,Zhao 等[56]还制得了麦穗状、圆环状、绳状、碟状、面包圈状等形貌的介孔二氧化硅材料。

总之,控制介孔材料宏观形貌的因素很多且很复杂,它涉及氧化硅物种的聚合速率、表面活性剂胶束的形状、体系中无机盐的浓度以及搅拌速率等具体的合成条件。

4.2.1.6　介孔材料的功能化

随着介孔材料应用领域的不断扩大,介孔材料单纯的二氧化硅骨架的性能远远不能满足要求,因此对介孔材料进行化学修饰以赋予介孔材料多种功能成为这一领域的研究热点之一。有机基团的引入可以实现介孔材料的功能化和调节其骨架的疏水性等。经功能化得到的有机-无机杂化介孔材料兼具无机物和有机物的性质,其中无机组分使介孔材料具有良好的稳定性,而有机组分则可以为介孔材料的骨架增加柔性及引入活性基团。因此,介孔材料的功能化使其性能明显地得以改善,应用领域进一步拓宽。下面介绍介孔材料功能化两种常用的主要方法。

1. 嫁接法

嫁接法又称后合成功能化(postsynthetic functionalization),是指利用后处理过程,将功能性分子连接到预先制备好的介孔材料表面的方法,如图 4-3 所示。在该图中以硅烷基化试剂有机硅氧烷 $(R'O)_3SiR$ 为例,R 为有机功能基团。

Jaroniec 等[57]首次将—$(CH_2)_3NH_2$、—CH_3 等有机基团嫁接到 MCM-41 中,发现嫁接后的材料具有如下特点:①随嫁接量的升高,孔径逐渐减小;②后嫁接通常不会改变材料的原有结构;③有机基团的种类对材料表面的亲/憎水性影响很大。

介孔材料不仅具有较大的孔径和内表面积,其内表面还含有丰富的硅羟基,这些硅羟基可作为有机改性的活性点。某些易与 Si—OH 作用的有机分子有可能进入孔道,并且是以共价键嫁接到介孔材料的孔道表面。采用该法对介孔材料进行

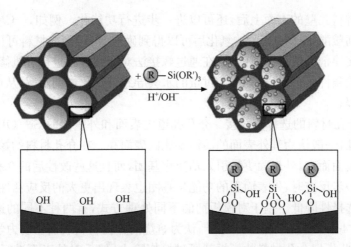

图 4-3　嫁接法合成有机改性的介孔二氧化硅材料
(承惠允,引自[42(b)])

改性时,常用的硅烷基化试剂主要有 Cl—SiR$_3$、R$'$O—SiR$_3$ 和 HN(SiR$_3$)$_2$ 等。这些试剂与已除去表面活性剂的介孔材料进行反应,其反应过程如下[58]:

$$\equiv Si—OH + Cl—SiR_3 \xrightarrow{base,25℃} \equiv Si—OSiR_3 + HCl \cdot base$$

$$\equiv Si—OH + R'O—SiR_3 \xrightarrow{100℃} \equiv Si—OSiR_3 + HOR'$$

$$2 \equiv Si—OH + HN(SiR_3)_2 \xrightarrow{25℃} 2 \equiv Si—OSiR_3 + NH_3$$

需要指出的是,并不是所有的硅羟基都易于硅烷基化,只有自由的硅羟基($\equiv$Si—OH)及双取代的硅羟基[$=$Si(OH)$_2$]容易硅烷基化。以氢键相连的 Si—OH[Si—O—H···O(H)Si]由于形成亲水网络结构而不易被改性。实验结果已证明,嫁接后介孔材料的孔结构基本保持不变。另外,要想增加表面分子的嫁接数量,就必须在模板剂的除去过程中保留尽可能多的硅羟基。通常模板剂的除去方式有两种,即焙烧法和萃取法。利用焙烧法,硅羟基由于缩聚数量会减少。对于焙烧后的介孔材料,为了使其恢复大量的表面硅羟基,可以在沸水中使其重新水合,并用共沸蒸馏的方法除去多余的水[59]。而萃取法则会保留大量的硅羟基,在某些情况下表面硅羟基几乎没有损失,从而易于嫁接较多的有机基团。因此,一般采用嫁接法对介孔材料进行改性时,其表面活性剂通常采用萃取法除去。

介孔材料的嫁接法功能化通常有下面三种情况。

(1) 嫁接钝化基团　钝化基团如烷基和苯基反应活性较低,不易与其他物质发生化学反应,能够增强主体材料内部的疏水性,可有效防止骨架水解作用的发生。Mobil 公司的科研人员[34,60]以及 Lu 等[61]在这方面做了大量的研究工作。

(2) 嫁接活性基团　活性基团,如烯烃类、氰类、烷基硫醇类、烷基氨类等被嫁接到介孔材料孔壁的表面上后，还可以进一步进行功能化。例如，—CN 基团可通过水解得到羧酸，—SH 基团被氧化后可以得到磺酸等，得到的材料可用作催化剂或者离子交换剂。值得注意的是，在通过嫁接法对介孔材料进行有机修饰的时候，必须在干燥条件下进行，这是因为过量的水会导致硅烷化试剂水解，从而破坏硅烷化反应进程。

（3）介孔材料的选择性嫁接　　介孔孔道内表面和外表面的 Si—OH 具有不同的反应活性，一般认为其外表面的活性要比内表面高。在介孔材料的嫁接改性中，相对于内表面而言，外表面更易引入功能化基团，而且这些改性后的介孔材料和其他试剂进一步反应时，外表面上的功能化基团也表现出更大的反应活性，这样会导致反应的选择性降低。基于对模板剂的不同处理方式，有两种不同的途径实现定向嫁接（图 4-4）[62a]。Shephard 等[62b]认为焙烧的介孔材料表面在动力学上更易于功能化，因此先把介孔材料的模板剂通过焙烧除去，然后对外表面进行功能化，再对内表面进行功能化；另外一种方法是在不除去模板剂的情况下先对介孔材料的

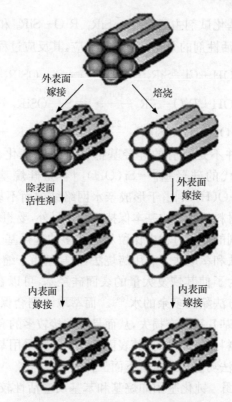

外表面
嫁接

焙烧

除表面
活性剂

外表面
嫁接

内表面
嫁接

内表面
嫁接

图 4-4　介孔材料内外表面的选择性嫁接方法

（承惠允，引自[62(a)]）

外表面进行功能化,由于内表面填满了表面活性剂而无法发生功能化反应,因此可以用萃取的方法除去模板剂后再对内表面进行功能化。

2. 共缩聚法

共缩聚法又称直接合成法,是在表面活性剂存在的条件下,在溶胶-凝胶过程中使用有机硅氧烷 $RSi(OR')_3$ 与四烷氧基硅 $Si(OR')_4$ 或其他有机硅氧烷 $R''Si(OR')_3$ 通过一步共聚合制备有机-无机杂化介孔材料的方法(图 4-5)。

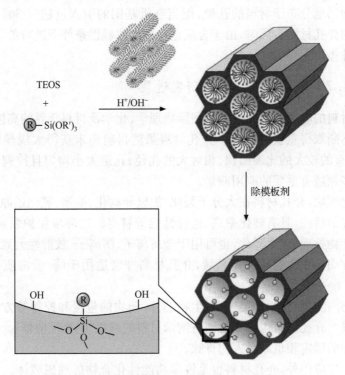

图 4-5 共缩聚法制备有机-无机杂化介孔材料过程
(承惠允,引自[42(b)])

1996 年,Mann 等[63]首先报道了一步缩聚合成表面结合型杂化材料。2000 年,Mercier 等[64]使用共缩聚方法合成了含有两种有机基团(苯基与氨丙基,苯基与巯丙基)的介孔材料,拓展了多功能氧化硅基介孔材料的种类。目前共缩聚反应已被广泛用于制备有机-无机杂化介孔材料。在共缩聚反应中,为了使有机功能团在介孔材料中均一分布以及避免 Si—C 键在反应中、模板剂除去过程中断裂,在选择反应体系时应考虑使前驱体在均相中反应。

3. 嫁接法与共缩聚法的比较

嫁接法和共缩聚法是介孔材料功能化常用的两种主要的方法。它们的目的都是向介孔材料中引入有机基团,但两种方法各有优缺点。嫁接法的主要优点是功能化后材料的有序度不受影响,材料的原始结构也不会受到破坏,并且可根据需要灵活地选择有机功能化基团。嫁接法的缺点是合成的材料中有机基团分布很不规则,并且其分布状态亦不可控制。共缩聚法最大的优点是合成材料中的有机基团能够相对均匀地分布于材料的孔道,但当有机基团的引入量超过 30％时,则很难得到有序的介孔材料。同时,由于合成是在酸性或碱性条件下进行的,有机硅氧烷可选择的种类也相对有限。

4.2.1.7　介孔材料的应用研究进展

介孔材料的应用研究一直受到国际物理学、化学及材料学界的高度重视,这一研究正在不断取得重要的进展。介孔材料虽然目前尚未获得大规模的工业化应用,但它具有的较大的比表面积、相对大的孔径、孔道大小均匀且排列有序等特性使其在许多领域有重要的应用前景。

在催化领域,介孔材料在大分子裂化、加氢异构化、缩聚、氧化还原等反应中都表现出良好的活性,具有转化率高、选择性强等特点。在环境保护领域,介孔材料可用于废弃物处理、废水净化,也可用于金属离子、阴离子、放射性元素及有机溶剂的回收等方面。在生物和医药领域,介孔材料非常适用于酶、蛋白质等的固定和分离。

另外,介孔材料在生物传感器、生物芯片、药物的包覆和控释等方面也有重要的应用前景。介孔材料也可作为制备纳米材料的理想"纳米反应器"。介孔材料作为色谱分离的固定相也颇受人们青睐。

除了上述应用外,介孔材料也是许多功能性化合物的理想载体。由于其所具有的独特介孔结构使得孔内组装的客体功能性化合物的尺寸、分布状况及排列方式严格地受到限制,故在介孔材料孔内组装的客体化合物分子分布均匀、尺寸较小且单一。功能性化合物的负载使介孔材料的性能更加优秀,其应用领域进一步得以拓宽。下面仅介绍负载光活性客体化合物的介孔材料的应用研究进展。

1. 负载金属配合物的介孔材料

金属配合物具有多种优良的功能,介孔材料负载金属配合物将成为具有重要功能的组合体。介孔材料尤其适合于负载稀土配合物,稀土配合物介孔杂化发光材料已显示出诱人的应用前景,本书后面将详细介绍,在此不再赘述。

2. 负载染料的介孔材料

介孔材料不但具有较强的刚性和较好的光稳定性,还具有有序的亲水性-疏水性界面,从而为染料发光提供了有利的微环境。这方面的研究工作已取得了很有意义的进展。已发现组装染料的 MCM-41 的吸收光谱与染料在溶液中的吸收光谱相似。研究了涂有染料分子的介孔纤维的光学性质,发现这种纤维具有优良的波导和共振结构,使染料分子受到激光激发后,能够产生与纤维轴向平行的、强度增强的发射光,这种材料有望作为激光材料而得到应用。

3. 负载光致变色材料的介孔材料

对负载于其他基质中的光致变色材料的性质进行研究,发现在纯无机基质中光敏材料的响应时间要比其在溶液中的响应时间长,而在纯有机基质中,其响应时间就比较快。然而,纯的有机基质材料的热稳定性较差,且光致变色材料在其中的分布不均匀,导致其光致变色响应时间长短不一致。介孔材料所具有的独特介孔结构使其负载的客体光致变色化合物分布均匀,这样介孔材料的出现就成功地解决了以上问题。研究人员考察了光致变色材料负载于介孔薄膜中的性能,发现所制得的杂化薄膜无色透明,其光致变色性能优越。例如,用 355 nm 的紫外光照射时,该杂化介孔薄膜立刻变成蓝色,而当移去紫外光时,薄膜又变成无色。

4. 负载具有传感功能的发光材料的介孔材料

介孔材料也适于作具有传感功能的发光材料的载体。一般是将具有传感功能的发光材料组装到介孔材料中,通过监测发光材料的吸收、发射及荧光寿命达到传感的目的。其中必须考虑两点:①传感器的稳定性,即在使用过程中,发光材料能否从基质介孔材料中流失,这决定着传感器的使用寿命;②被监测物质在传感器中的扩散速率,这决定着传感器的灵敏度等。目前制备的酸度传感器、探测蒸气成分的传感器以及生物传感器等均已显示出优良的传感性能。

此外,负载高聚物等发光材料的介孔材料的研究也取得了良好的进展。

4.2.2　周期性介孔有机硅材料

4.2.2.1　引言

为改进介孔材料的性能以满足不断增长的应用需求,自 1992 年介孔材料问世以来,研究人员一直致力于有关介孔材料改性的研究。嫁接法和共缩聚法是介孔材料改性的两种主要方法。虽然介孔材料经上述两种方法改性后,其性能有明显提升,但是所制得的改性介孔材料都不可避免地存在一些缺点,如孔道被有机基团填充、介孔材料的有序度降低以及有机基团在材料中的负载量难以控制等。这就要求人们寻找其他更有效的方法制备有机改性的介孔材料。1999 年，Inagaki、Stein 和 Ozin 三个研究小组[65-67]分别独立地合成了一类新型的、具有独特结构的有机改性的介孔材料——周期性介孔有机硅材料（PMO）。在这种材料中，有机基团在分子水平上均匀地分布于材料的骨架（孔壁）内，成为三维网络结构的一部分，真正实现了骨架的有机-无机杂化，从而将有机-无机杂化介孔材料由传统"孔道化学"的研究扩展到了"孔壁化学"的范畴，开辟了在分子尺度上设计、合成表面性质可控的有机-无机杂化介孔材料的崭新研究方向。

4.2.2.2　PMO 的合成

近年来，具有类似于 MCM-41、SBA-15 的二维六方结构，SBA-1、SAB-16 的三维立方结构及三维六方结构的 PMO 都相继被合成出来。合成 PMO 的反应前驱体是桥连倍半硅氧烷，其通式为 $[(R'O)_3Si]_m R(m\geqslant 2)$，其中有机基团与两个或多个烷氧基硅通过 Si—C 键以共价键的形式相连。桥连倍半硅氧烷制备方法主要有金属化作用、加氢硅烷化作用和有机硅烷功能化三种。在一定条件下，前驱体溶液通过水解、缩聚即可得到 PMO，详细合成过程如图 4-6 所示。

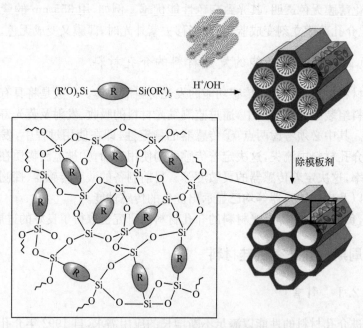

图 4-6　PMO 的合成过程（R 为有机基团）

PMO 的合成中，反应条件和表面活性剂对所得产物的孔径、比表面积及结构具有十分重要的影响，因此必须优化合成反应条件和选择最佳表面活性剂以制得理想的 PMO 产物。1999 年，Inagaki、Stein 和 Ozin[65-67]三个研究小组分别以离子型十八烷基三甲基氯化铵（OTAC）或十六烷基三甲基溴化铵为模板剂，在碱性条件下合成了桥连乙基的 PMO，但是这种材料的长程有序度较低，透射电子显微镜的研究结果证明所得材料具有蠕虫状结构而非二维六方结构。直到 2003 年，Nakajima 等[68]通过优化合成反应条件和选择最佳表面活性剂才成功地制备出桥连乙烯基且具有长程有序的二维六方结构的 PMO。在 PMO 的发展历程中，通过详细研究不同链长的表面活性剂对合成桥连乙基的 PMO 的孔径、比表面积及结构的影响，使 PMO 材料的合成方法由早期的碱性条件拓展到酸性及中性条件，同时模板剂的种类也由离子型表面活性剂扩展到非离子型、中性和混合模板剂。Temtsin 研究小组[69]用十六烷基氯化吡啶作模板剂，分别在酸性和碱性条件下合成了孔径为 2.3 nm、比表面积为 560~1100 m^2/g 的二维六方结构的 PMO。2001年，Muth 等[70]首次报道了使用中性嵌段共聚物 P123 为模板剂，在酸性条件下合成了骨架中含有乙基的六方结构大孔 PMO。Burleigh 等[71]在类似的条件下，用 1,3,5-三甲基苯（TMB）作为扩孔剂，合成了孔径可达 20 nm 的桥连乙基的 PMO。2006 年，Anwander 等[72]用非离子 Gemini 表面活性剂[$CH_3(CH_2)_{17}$ NMe_2-$(CH_2)_3NMe_3$]$_2^+$ $2Br^-$（C18-3-1）和十六烷基三甲基溴化铵作为模板剂，在酸性条件下合成出桥连乙基的 PMO。Guo 等[73]添加 K_2SO_4 作助剂，在酸性条件下使用 F127（$EO_{106}BO_{70}$ EO_{106}）作模板剂，合成了孔径为 9.8 nm 的桥连乙基的立方结构的 PMO，同时证明了无机盐的加入有利于材料有序结构的形成。最近，Zhao 等[74]在酸性条件下通过添加 KCl 合成了高度有序且具有笼状孔道的桥连乙基的 PMO。

由桥连倍半硅氧烷的通式[$(R'O)_3Si$]$_m$R（$m \geqslant 2$）可见，借助改变桥连倍半硅氧烷中的有机基团的组成和结构可以制备出大量的新颖有机前驱体。以这些有机前驱体为单一硅源，或与正硅酸乙酯（TEOS），或与另一种桥连倍半硅氧烷共缩聚即可合成结构、性能和形貌各异的 PMO。下面从两方面进行介绍。

1. 以双硅氧烷[$(R'O)_3Si$]$_m$R（$m=2$）为前驱体合成的 PMO（两点连接）

最初，人们合成 PMO 大部分选用含有脂肪烃的桥连倍半硅氧烷作为前驱体，如桥连甲基、乙基、乙烯基和乙炔基的桥连倍半硅氧烷。后来，随着对 PMO 认识的深入和合成条件的改进，前驱体中桥连的有机基团的种类得到了不断拓展。1999 年，Yoshina-Ishii 等[75]首次报道了桥连芳香环基团的 PMO 的合成。然而，合成反应只能在温和的酸性条件下进行才能得到有序的周期性介孔材料，在碱性条件下进行则会导致 Si—C 键的断裂。2002 年，Inagaki 等[76]报道了孔壁中桥连苯基的 PMO。这种 PMO 在分子尺度上高度有序并具有类晶相孔壁结构，在孔道的轴向有很多晶格条纹,其有序的孔壁具有严格的周期性(7.6 Å),—Ph—(苯环)与—Si—O—Si—在孔壁中交错排列(图 4-7)。这种材料是迄今周期性介孔材料中唯一证据确凿的孔壁结构高度有序的周期性介孔材料。值得注意的是,即使具有高度有序的介孔结构的桥连甲基或乙基的 PMO 也不能呈现出分子尺度上的周期性;而只有用含芳环的桥连倍半硅氧烷作前驱体,在表面活性剂存在条件下,由于π-π 堆积作用对芳基硅的排序,使得表面活性剂和桥连倍半硅氧烷的预组装和共组装作用同时发生,即发生双自组装过程,才能形成孔壁具有分子尺度周期性的分级有序的介孔材料。Bion 等[77]用烷基链不同的表面活性剂合成了孔径在 2.3~2.9 nm 之间变化的桥连苯基的 PMO。2006 年,Fröba 小组[78]分别在表面活性剂P123 和 Brij76 作为模板剂的条件下,合成出桥连苯基和噻吩基的双功能性的PMO,并详细研究了随着两种前驱体(分别是桥连苯基和噻吩基)的物质的量之比的变化所得 PMO 的孔径和结构的变化规律,也考察了这一物质的量之比对所得PMO 的表面特性的有效调控作用。

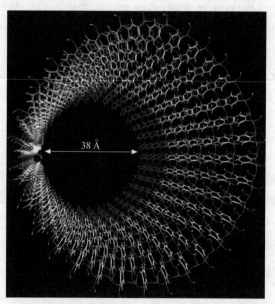

图 4-7　具有类晶相孔壁结构的桥连苯基的 PMO 的孔表面模型图
(承惠允,引自[76])

　　此外,由于手性化合物在药物、维生素类物质、非线性光学材料的合成以及精细化工方面具有很重要的应用价值,因此制备含有手性基团的 PMO 方面的工作也引起了研究人员浓厚的兴趣。2003 年,García 小组[79]将手性金属钒配合物引入MCM-41 型 PMO 的骨架中,研究结果表明当手性金属配合物的含量达到 2.5%时,材料仍然保持着介孔有序性和较高的催化活性。2004 年,他们[80]又将含联萘基和环己基的手性桥连倍半硅氧烷引入介孔材料的孔壁内,成功地得到了 MCM-41 型的 PMO,同时详细研究了手性分子的光学活性。

2. 以多硅氧烷$[(R'O)_3Si]_mR(m>2)$为前驱体合成的 PMO(多点连接)

在由两个三烷氧基硅基取代的桥连倍半硅氧烷合成的 PMO 中,有机基团是被包含在骨架内的;而在以三个或四个三烷氧基硅基取代的桥连倍半硅氧烷为前驱物合成的 PMO 中,有机基团可作为形成骨架的交联剂,显然这也同时提高了 PMO 的机械稳定性能和热稳定性能。因此,以多个三烷氧基硅基取代的桥连倍半硅氧烷为前驱体合成 PMO 的研究同样引起了人们的兴趣,从而将两点连接的桥连倍半硅氧烷拓展到多点连接的桥连倍半硅氧烷。2002 年,Kuroki 等[81]利用 1,3,5-三(三乙氧硅基)苯作前驱体合成了比表面积较大、热稳定性较好的高度有序的六方相的 PMO,并详细研究了材料的热变性能。同年,Corriu 小组[82]将 1,4,8,11-四氮杂环十四烷(cyclam)引入 PMO 的网络骨架中,其中每个 1,4,8,11-四氮杂环十四烷分子通过四个 N—Si 键与无机骨架相连。由于 1,4,8,11-四氮杂环十四烷存在于 PMO 的骨架内,因此可以有效地螯合过渡金属离子,同时介孔孔道表面还能进一步改性以获得双功能材料。2003 年,Landskron 等[83]用环状 1,3,5-三(二乙氧基硅杂)环己烷$[SiCH_2(OEt)_2]_3$作为前驱体,合成了高度有序的 PMO(图 4-8)。这种材料具有比较高的比表面积(1700 m^2/g)及优良的热稳定性,在氮气气氛中即使在 500℃下焙烧,也不会发生介孔结构的坍塌和 Si—C 键的断裂,甚至加热到 600℃,PMO 仍然保持介孔结构,同时孔径也不收缩。由于这种材料具有较低的介电常数,因此可以进一步制成有序的薄膜材料,这种薄膜材料适用于集成电路。此外,环形前驱体$[SiCH_2(OEt)_2]_3$能与叔丁基锂反应生成中间体$[(EtO)_2Si(CHLi)][(EtO)_2Si(CH_2)]_2$,其中的 Li^+ 可被亲电试剂(如 Br_2、I_2)取代生成官能化的环形前驱体$[(EtO)_2Si(CHR)][(EtO)_2Si(CH_2)]_2(R=Br、I)$。该前驱体能自组装为高度有序的 PMO,而官能基团(Br、I)在自组装和表面活性剂萃取过程中仍保持不变。因此,可以通过—CH_2 的化学改性引入各种官能基团,将多种性能结合于同一个结构单元,从而制备出大量新型材料。

2004 年,Landskron 和 Ozin[84]又把有机化学中的树枝状概念引入 PMO 中,他们分别以 $Si[(C_2H_4)Si(OEt)_3]_4$、$Si\{C_2H_4Si[C_2H_4Si(OEt)_3]_3\}_4$ 及 $SiCH_2Si[(C_2H_4)Si(OEt)_3]_6$为硅源,在模板剂的存在下水解共聚合成了一系列孔壁中含有有机基团,并且有机基团相互连接形成树枝状网络结构的高度有序的周期性介孔树枝状硅材料(PMD)。而 Kuroda 等[85]又在没有模板剂存在的条件下,用含有长链烷烃的硅氧烷$\{C_nH_{2n+1}Si[OSi(OMe)_3]_3, n=10$ 或 $16\}$作为前驱体,分别合成了二维六方和层状结构的 PMO(图 4-9)。若在高温下灼烧除去产物中键合

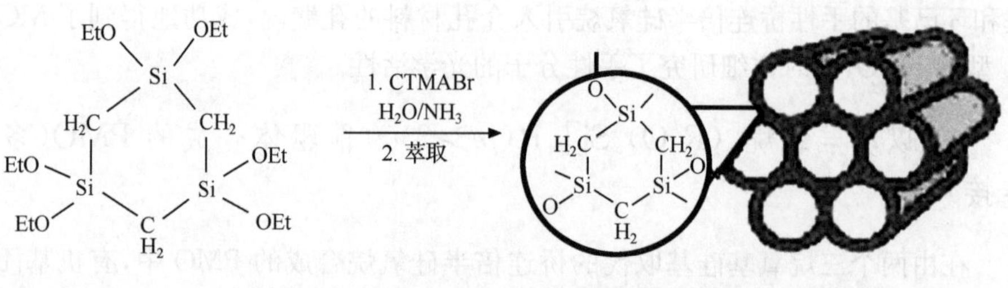

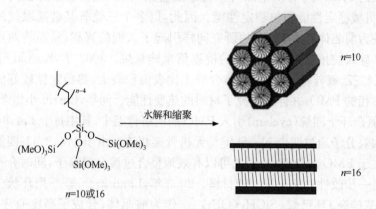

图 4-8　1,3,5-三(二乙氧基硅杂)环己烷的自组装合成环状的 PMO
(承惠允,引自[83])

图 4-9　用含烷烃的硅氧烷{$C_n H_{2n+1}$Si[OSi(OMe)$_3$]$_3$,$n=$10 或 16}合成 PMO
(承惠允,引自[42(b)])

的烷烃链,则层状的 PMO 结构会塌陷;而二维六方相的 PMO 结构仍保持,只是材料的晶格间距会稍微缩小。

　　总之,到目前为止,人们已经将具有不同有机桥连基团的硅氧烷前驱体成功地引入 PMO 的骨架中。图 4-10 列出了一些常见的合成 PMO 的前驱体。这些有机前驱体作为单一硅源,或与 TEOS,或与另一种桥连倍半硅氧烷共缩聚合成了具有不同结构、性能和形貌的 PMO。

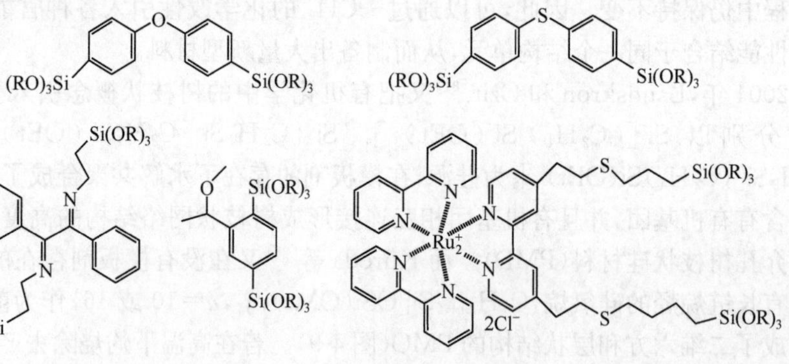

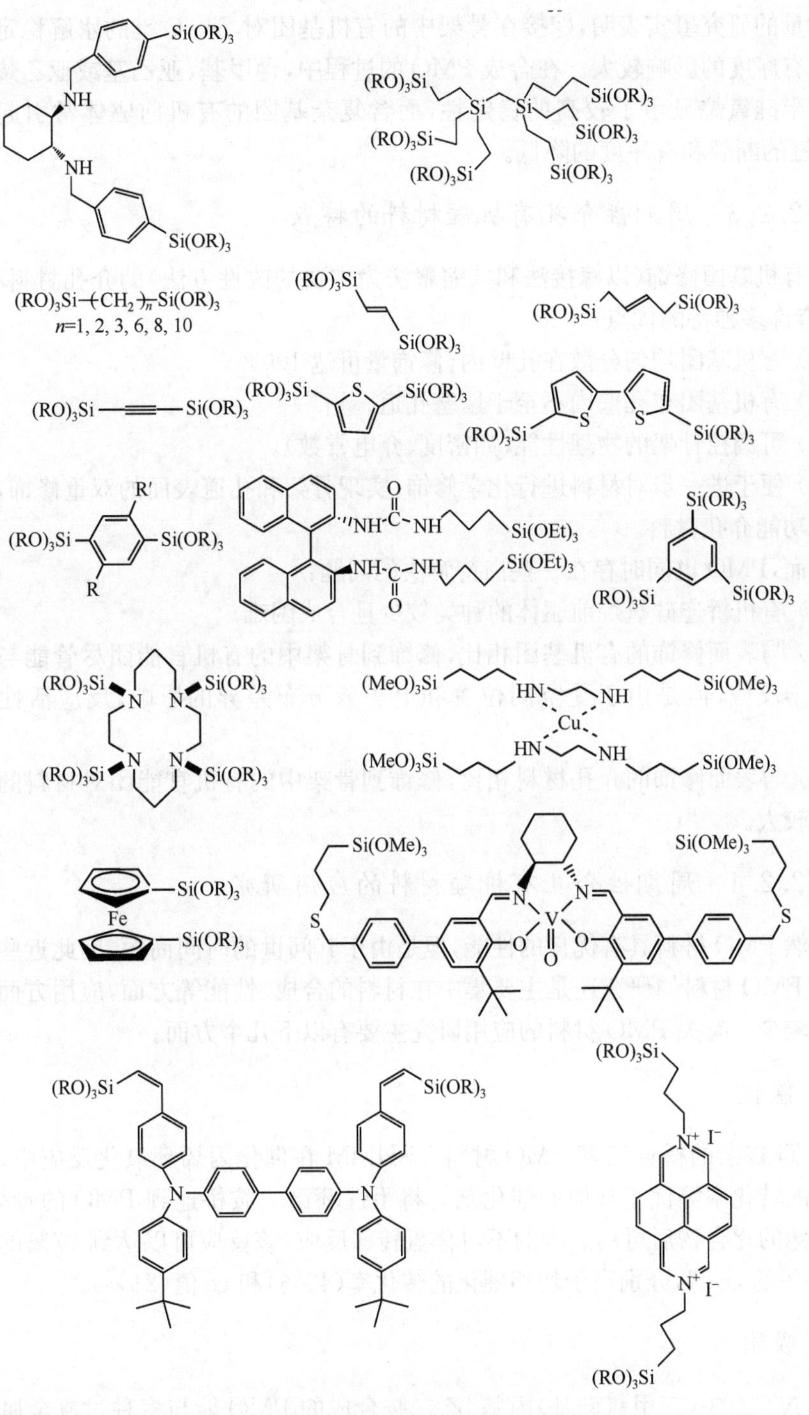

图 4-10　常用合成 PMO 的前驱体

　　大量的研究事实表明,嫁接在骨架中的有机基团对 Si—C 键的水解稳定性及其介孔有序度的影响较大。在合成 PMO 的过程中,含甲基、亚乙基或亚乙烯基的桥连倍半硅氧烷显示了较高的稳定性,而含复杂基团的有机前驱体常引起材料 Si—C 键的断裂和有序度的降低。

4.2.2.3　周期性介孔有机硅材料的特点

　　与有机基团修饰(以嫁接法和共缩聚法为主要的改性方法)的介孔材料相比,PMO 有许多独特的优点:

　　(1) 有机基团均匀分散在孔壁内,修饰量可达 100%。

　　(2) 有机基团在孔壁内不至于堵塞孔道。

　　(3) 可调控骨架的物理性能(如密度、介电常数)。

　　(4) 便于进一步对材料进行化学修饰,实现骨架和孔道表面的双重修饰,从而制备双功能介孔材料。

　　然而,PMO 也同时存在一些尚待解决的问题:

　　(1) 有机桥连硅氧烷前驱体的种类较少且合成困难。

　　(2) 与表面修饰的有机基团相比,修饰到骨架中的有机官能团尽管能与外界发生化学反应,但是由于受空间位置和电子云分布差异的影响,反应活性要弱得多。

　　(3) 与表面修饰的介孔材料相比,修饰到骨架中的有机官能团对材料的有序性影响较大。

4.2.2.4　周期性介孔有机硅材料的应用研究

　　虽然 PMO 材料具有优良的性能,但是由于其问世的时间尚短,因此近些年来人们对 PMO 材料的研究还是主要集中在材料的合成、性能等方面,应用方面的报道相对较少。有关 PMO 材料的应用研究主要有以下几个方面。

1. 催化

　　以 Ti 掺杂的桥连乙基 PMO 材料 Ti-HMM 在催化丙烯环氧化反应中,可以使丙烯的转化率等优于其他的催化剂。将手性环己二胺桥连到 PMO 的骨架中,在引入铑的化合物后可用于酮的不对称氢转移反应,该反应可以达到 97% 的转化率和 30% 的 ee 值,分别高于均相催化的转化率(45%)和 ee 值(21%)。

2. 吸附

　　N,N'-二[3-(三甲氧硅基)丙基]乙二胺合成的 PMO 能与多种过渡金属离子形成配合物,其对 Cu^{2+} 有较高的亲和性,而对 Zn^{2+} 和 Ni^{2+} 等的亲和性与介孔二氧化硅相似。采用四硫化物 $(EtO)_3Si—(CH_2)_3S—S—S—S(CH_2)_3—Si(OEt)_3$ 和 TEOS 作为前驱体合成了 PMO,该材料对 Hg^{2+} 有较高的亲和性,而对 Pb^{2+}、Cd^{2+}、Zn^{2+}、Cu^{2+} 等的亲和性较低,因此这种材料能够从水溶液中选择性吸附大量 Hg^{2+}。研究结果表明,四硫化物含量仅为 2% 的材料对 Hg^{2+} 的吸附量为 627 mg/g,而四硫化物含量为 15% 的材料对 Hg^{2+} 的吸附量可达到 2710 mg/g。

3. 传感器

分别将 2,7-二氮杂芘引入 PMO 的骨架中和介孔材料的孔道内,合成了两种发光的材料 BDAP-PMO 和 DAP-DAM-1,这两种材料都发出较强的蓝光。而当将这两种材料浸入四种含有硝基的化合物溶液中时,它们的发光均受到不同程度的猝灭,尤其是硝基苯的猝灭作用更为明显,它可使其发光强度降低 81%。因此,这两种材料在制备爆炸物的光学传感器方面具有潜在应用价值。

4. 高效液相色谱

PMO 在分子水平上将无机分子和有机分子结合在一起,既具有无机材料优良的稳定性,又具有有机材料在强酸碱介质中的化学稳定性,因此有希望成为一类新型固定相在高效液相色谱中得到广泛的应用。以桥连乙基的硅氧烷和 TEOS 作为硅源,采用共缩聚的方法制备了平均粒径为 4.6 μm、孔径为 18 nm、比表面积为 187 m^2/g 的 PMO。在将其表面进一步改性后,制成了反相色谱固定相。与纯硅基固定相相比,该固定相具有较好的分离效果和选择性。

PMO 具有的一系列特殊性能使其成为各种功能性化合物的优良基质,这是 PMO 应用的另一个重要方面。由 PMO 和功能性化合物组装制成的有机-无机杂化材料兼具基质和功能性化合物的优良性能,在许多领域显示出重要的潜在应用价值。PMO 也是发光稀土配合物的优良基质材料,发光稀土配合物与 PMO 组装制备的稀土配合物 PMO 杂化发光材料研究正在不断取得重要的进展。对此,本书将在后面的章节进行介绍。

4.3　稀土配合物介孔杂化发光材料的制备方法

为了得到高性能的稀土配合物介孔杂化发光材料,需要有适合的杂化材料制备方法。常用的制备方法主要有三种,即浸渍法、离子交换法、共价键嫁接法。下面分别进行介绍。

4.3.1　浸渍法[86]

浸渍法(也称掺杂法)作为制备稀土配合物介孔杂化发光材料的一种简单易行

的方法，在这种杂化材料研究的开始阶段即得到了应用。该法通常是将一定量已制备好的光活性物质稀土配合物溶解于适量选定的溶剂中制成溶液，然后加入计算量的介孔材料。将上述混合物在室温下剧烈搅拌一定时间后，采用适宜的分离法分离其固液相，固相再经适当的溶剂反复洗涤，即可得到稀土配合物介孔杂化发光材料产物。

浸渍法选用的溶剂应对所用的稀土配合物具有良好的溶解性，以保证浸渍取得更好的效果。一般情况下选用有机溶剂，如乙醇。浸渍过程中剧烈搅拌是必需的，这样可使稀土配合物溶液相与介孔材料固相充分接触，有利于更多的配合物由浸渍溶液扩散进入介孔材料的孔道中。为使足够量的稀土配合物掺杂进基质中，充分的搅拌时间也是必需的。不同基质材料的孔径、孔道结构及表面积等差别比较大，因此其掺杂稀土配合物的速率和容量也就呈现出明显的差异。

介孔材料具有高比表面积、高孔隙率和有序的孔道结构，当介孔材料与稀土配合物的溶液接触时，稀土配合物将主要通过扩散作用进入介孔材料中，并且主要借助吸附作用掺杂于介孔材料的孔道表面，从而形成稀土配合物与介孔材料的杂化发光材料。光活性物质稀土配合物与基质介孔材料之间的作用主要是物理作用。

下面以制备稀土二苯甲酰甲烷配合物 $Eu(DBM)_3(H_2O)_2$ 与 MCM-48 等介孔材料的杂化发光材料为例介绍浸渍法的应用。

浸渍法制备介孔杂化发光材料的具体操作过程如下。首先，称取一定量的已制备好的 Eu^{3+} 二苯甲酰甲烷配合物，将其溶解于少量的 N,N-二甲基甲酰胺（DMF）中，并加入一定量乙醇（作为溶剂）。然后，加入介孔材料 MCM-48-cal（cal 表示制备 MCM-48 时所用的表面活性剂是采用煅烧法除去的）粉末，同时调节使用的溶剂乙醇的加入量以便能将 MCM-48-cal 粉末完全覆盖。将上述混合物在室温下剧烈搅拌足够时间后，离心收集已浸有 Eu^{3+} 二苯甲酰甲烷配合物的 MCM-48-cal 粉末，用乙醇洗涤，于 100℃干燥 1h。得到的 Eu^{3+} 二苯甲酰甲烷配合物与 MCM-48-cal 的杂化发光材料样品，于干燥条件下储存。

为了得到发光性能优良的稀土配合物介孔杂化发光材料，需要对浸渍条件进行优化。浸渍溶液的配合物浓度对配合物在介孔材料的掺杂量有重要的影响，而配合物的掺杂量与稀土配合物介孔杂化发光材料的性能有直接的关系。用 Eu^{3+} 二苯甲酰甲烷配合物的乙醇溶液浸渍 MCM-48-cal 的实验结果表明，在浸渍溶液的低浓度范围，MCM-48-cal 基质中 Eu^{3+} 二苯甲酰甲烷配合物的含量随着浸渍溶液浓度的增加而增加，当浸渍溶液的浓度增加为 6.98×10^{-3} mol/L 时，MCM-48-cal 基质中掺杂的 Eu^{3+} 二苯甲酰甲烷配合物含量最高。此后，浸渍溶液浓度的增加导致 MCM-48-cal 基质中掺杂的 Eu^{3+} 二苯甲酰甲烷配合物含量减少（表 4-3）。浸渍溶液浓度增加超过一定限度反而引起 MCM-48-cal 基质中掺杂的 Eu^{3+} 二苯甲酰甲烷配合物含量减少，其原因可能是浸渍溶液的浓度过高时，进入 MCM-48-

cal 基质的 Eu^{3+} 二苯甲酰甲烷配合物更容易聚集在基质材料孔道的入口，妨碍 Eu^{3+} 二苯甲酰甲烷配合物分子继续进入基质材料的孔道内部并被吸附于其中。显然，用浸渍法制备稀土配合物介孔杂化发光材料使用的浸渍溶液浓度有最佳值。在选定的实验条件下，Eu^{3+} 二苯甲酰甲烷配合物浸渍溶液浓度的最佳值应是 6.98 $\times 10^{-3}$ mol/L。稀土配合物介孔杂化发光材料的发光性能与其光活性稀土配合物的掺杂量有密切的关系，光活性稀土配合物的掺杂量越大，发光强度越大（表 4-3，测定时使用的激发波长为 365 nm，荧光强度用 Eu^{3+} 的 570～640 nm 发射峰的积分面积表示）。因此，选用最佳浓度的稀土配合物浸渍溶液有利于制备发光性能优良的稀土配合物介孔杂化发光材料。

表 4-3　[$Eu(DBM)_3(H_2O)_2$]溶液的浓度及其在 MCM-48-cal 基质中的掺杂量

样品	浸渍溶液浓度/($\times 10^{-3}$ mol/L)	Eu^{3+} 的掺杂量/(mg/g)	发射强度/a. u.
Eu/MCM-48-cal-1	0.18	1.01	1.00
Eu/MCM-48-cal-2	0.36	2.36	1.36
Eu/MCM-48-cal-3	2.33	6.01	6.82
Eu/MCM-48-cal-4	4.65	8.53	7.06
Eu/MCM-48-cal-5	6.98	12.4	8.33
Eu/MCM-48-cal-6	9.30	11.4	8.17

在浸渍的过程中，浸渍溶液中的稀土配合物需要通过扩散过程进入介孔材料的孔道，而扩散过程需要一定时间才能完成，这样浸渍时间对 Eu^{3+} 二苯甲酰甲烷配合物在基质中的掺杂量也有重要的影响。在浸渍的初始阶段，随着浸渍时间的增加，Eu^{3+} 配合物在基质中的掺杂量不断增加，但经过一定时间的浸渍后，稀土配合物的掺杂量将达到一定值。此后，即使增加浸渍时间，掺杂量亦不再继续增加，即在一定条件下 Eu^{3+} 配合物在基质中的掺杂量具有饱和值。为使介孔材料中稀土配合物的掺杂量达到其饱和值（在一定实验条件下的），浸渍时间一般至少需要几小时。具有不同介孔结构的介孔材料的浸渍速率差异很明显，如以 Eu^{3+} 二苯甲酰甲烷配合物溶液浸渍 MCM-41-ext（ext 表示合成该介孔材料时加入的模板剂是采用萃取法除去的），达到 MCM-41-ext 的饱和掺杂量需要 24 h，而 MCM-48-ext 的浸渍却可以在 3 h 基本达到其饱和掺杂量。不同介孔结构的介孔材料的稀土配合物浸渍速率的差异主要来源于其介孔结构的差异。MCM-48 具有三维的孔道结构，这很有利于浸渍溶液中的稀土配合物快速扩散进入 MCM-48 的孔道，因而可在较短的时间内达到其饱和掺杂量。然而，MCM-41 具有二维的介孔孔道结构，因此浸渍溶液中的稀土配合物扩散进入 MCM-41 的孔道内的速率明显变慢。

具有不同介孔结构的介孔材料中，Eu^{3+} 二苯甲酰甲烷配合物的掺杂量也有很明显的差异（表 4-4）。与一般的二氧化硅材料相比，介孔材料具有大的比表面积、大的孔体积、可控的孔结构和均一的孔径分布,因此介孔材料 MCM-48 和 MCM-41 能够掺杂更多的 Eu^{3+} 二苯甲酰甲烷配合物,而一般的二氧化硅材料的掺杂量则很小。不同类型的介孔材料具有不同的介观结构,因此其掺杂量亦有一定的差异。与具有二维直孔结构的 MCM-41 相比,MCM-48 具有三维交叉孔道结构,这种孔道结构有利于稀土配合物的掺杂,因而基质 MCM-48 具有较高的 Eu^{3+} 二苯甲酰甲烷配合物掺杂量。此外,合成介孔材料时加入的模板剂的清除方法也影响配合物的掺杂量。MCM-48-ext 的 Eu^{3+} 二苯甲酰甲烷配合物掺杂量明显大于MCM-48-cat 的掺杂量。其原因主要有两个:①采用煅烧法清除模板剂时,因受热MCM-48 材料的整体发生收缩,MCM-48 材料的孔径和比表面积等明显减小,因此其掺杂的 Eu^{3+} 二苯甲酰甲烷配合物的量自然随之减少;②煅烧时由于受热也消除了 MCM-48 表面的—OH 基,而—OH 基的存在有利于基质材料 MCM-48 中掺杂更大量的 Eu^{3+} 二苯甲酰甲烷配合物。

表 4-4　不同基质材料中[Eu(DBM)₃(H₂O)₂]的掺杂量

样品	浸渍溶液浓度/($\times 10^{-3}$ mol/L)	Eu^{3+} 离子掺杂量/(mg/g)
Eu/MCM-48-ext	6.98	16.2
Eu/MCM-48-cat	6.98	12.4
Eu/MCM-41-ext	6.98	11.0
Eu/SiO₂	6.98	0.27

　　浸渍法的突出优点是方法简单、易行、不需要复杂的仪器设备等,因此用该法制备的稀土配合物杂化发光材料的成本很低。然而,浸渍法属于一种物理方法,光活性物质稀土配合物与基质介孔材料之间存在的主要是物理吸附作用(非化学键合作用),这种物理吸附作用较弱,从而导致浸渍法制备的稀土配合物介孔杂化发光材料存在一系列缺点。首先,浸渍法制备的稀土配合物介孔杂化发光材料中稀土配合物的掺杂量较低,而通常杂化发光材料的发光强度与其光活性物质的掺杂量有直接关系,因此稀土配合物较低的掺杂量必然导致浸渍法制备的稀土配合物介孔杂化发光材料发光强度比较弱,这是一个致命的弱点。其次,稀土配合物与基质介孔材料结合得不够牢固,从而使光活性物质稀土配合物很容易脱出。用乙醇(用作稀土二苯甲酰甲烷配合物 $Eu(DBM)_3(H_2O)_2$ 的浸渍溶液的溶剂)洗涤$Eu(DBM)_3(H_2O)_2$ 与介孔材料 MCM-48-cal 杂化发光材料样品的实验结果证实,仅经一次洗涤,MCM-48-cal 中掺杂的大部分 Eu^{3+} 二苯甲酰甲烷配合物就已随乙醇洗涤液流失。此后,随着乙醇洗涤次数的增加,基质中掺杂的配合物的流失不断增加。经十余次洗涤后,仅有少量配合物仍保留在 MCM-48-cal 基质中。对掺杂不同量稀土配合物的介孔杂化发光材料样品的洗涤实验均得到了类似的实验结果。光活性物质脱出以后,杂化发光材料的发光性能必将随之变劣。因此,用浸渍

法制备的稀土配合物介孔杂化发光材料的发光性能的稳定性明显差,这对杂化材料的实用化是十分不利的。再次,用浸渍法制备的稀土配合物介孔杂化发光材料中稀土配合物在基质介孔材料中的分布明显不均匀,尤其是相当一部分稀土配合物容易聚集在介孔材料孔道的入口等处,而其孔道内部分布的稀土配合物的量则比较少,特别是孔道深处掺杂的稀土配合物更少。稀土配合物在介孔材料孔道入口的聚集不仅妨碍稀土配合物继续进入孔道内部,致使稀土配合物的掺杂量难以继续增加,而且导致杂化发光材料的总体性能趋于劣化。最后,浸渍法制备的稀土配合物介孔杂化发光材料普遍存在较为严重的荧光猝灭现象。介孔材料中掺杂的稀土配化物在某些局部区域,如在介孔孔道入口处发生团聚,由此导致介孔杂化材料的荧光浓度猝灭现象出现。浸渍法制备的稀土配合物介孔杂化发光材料存在的这种荧光浓度猝灭作用对杂化材料荧光性能的进一步改善是非常不利的。

4.3.2　离子交换法

浸渍法虽然可以简单、方便地应用于稀土配合物介孔杂化发光材料的制备,但该法所固有的诸多缺点严重地阻碍了所制备的介孔杂化发光材料性能的提高。为了制备高性能的介孔杂化发光材料,研究人员对稀土配合物介孔杂化发光材料的制备方法进行了深入的研究,成功开创了另一种制备方法——离子交换法。

在合成介孔材料时,如果使用阳离子表面活性剂作为模板,则阳离子表面活性剂会自组装形成棒状胶束。在合成反应完成后,阳离子表面活性剂的棒状胶束与合成的介孔材料的二氧化硅孔道表面的负电荷会借助其间的库仑作用力发生相互作用。由于这种比较弱的库仑作用力很容易被破坏掉,因此采用离子交换反应阳离子表面活性剂很容易被其他阳离子所取代[87]。如果使用稀土离子的配阳离子与合成介孔材料时所用的阳离子表面活性剂进行离子交换,则经过一次离子交换反应不仅可以有效地除去介孔材料中的阳离子模板剂,还可以同时将稀土配合物组装进介孔材料的孔道内,可谓一石二鸟。制备稀土配合物介孔杂化发光材料的离子交换法正是基于上述想法而成功提出的。

下面以介孔材料 MCM-41 与稀土配合物 $Eu(phen)_3(H_2O)_2Cl_3$ 的杂化发光材料的制备为例介绍介孔杂化发光材料的这种较为方便、有效的制备方法——离子交换法。作为介孔材料 M41S 家族中的一员,MCM-41 具有规则的六方排列的二维孔道结构,并且它的孔径在 $2\sim10$ nm 范围内可以根据应用要求通过优化实验条件加以调控。在 MCM-41 的制备过程中需要加入阳离子表面活性剂作为模板剂,在所得的 MCM-41 产物中通常保留了合成反应中加入的阳离子表面活性剂自组装形成的棒状胶束,其与二氧化硅孔道表面的负电荷间库仑力相互作用较弱(图 4-11)。为了选择性地将稀土配合物组装到 MCM-41 孔道的内表面,应该首先将含有模板剂的 MCM-41 外表面的活性 Si—OH 基团进行钝化,然后采用离子交换法在阳离子表面活性剂除去的同时将稀土配阳离子引入作为基质材料的 MCM-41 孔道内表面。因此,将稀土配合物 Eu(phen)$_3$(H$_2$O)$_2$Cl$_3$ 组装到 MCM-41 孔道的内表面通常需要经过两个步骤:①采用苯基三乙氧基硅[Ph—Si(OEt)$_3$]将含有模板剂的 MCM-41 的外表面进行选择性功能化(即对外表面的活性 Si—OH 基团进行钝化),而孔道的内表面则由于阳离子表面活性剂的保护而保持完好不变,这样得到了用苯基改性的 MCM-41 介孔材料(用 Ph-MCM-41 表示);②在甲醇溶液中用稀土配阳离子[Eu(phen)$_3$(H$_2$O)$_2$]$^{3+}$(Euphen)与 Ph-MCM-41 的孔道内表面的模板剂进行离子交换反应,即可以得到目标产物稀土配合物 Eu(phen)$_3$(H$_2$O)$_2$Cl$_3$ 与 Ph-MCM-41 介孔杂化发光材料 Euphen/Ph-MCM-41 的样品。详细的制备流程示意图如图 4-11 所示。

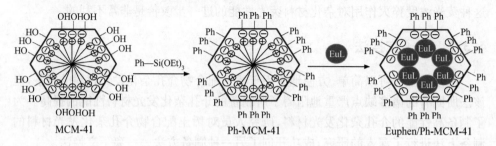

图 4-11　Euphen/Ph-MCM-41 样品的合成路线

L=(phen)$_3$(H$_2$O)$_2$,省略了电荷

(承惠允,引自[87(c)])

下面介绍由稀土配合物 Eu(phen)$_3$(H$_2$O)$_2$Cl$_3$(纯铕配合物,以 Euphen 表示。采用文献中常用的合成方法制备,故这里不再赘述)和含有模板剂的介孔材料 MCM-41(制备方法已成熟,这里亦不再重复)作为原材料,运用离子交换法制备稀土配合物介孔杂化发光材料 Euphen/Ph-MCM-41 样品的具体实验步骤。

1. 苯基改性的介孔材料 MCM-41 (Ph-MCM-41) 的合成

称取 0.80 g 含有模板剂的 MCM-41,加入 16.0 mL 苯基三乙氧基硅[Ph—Si(OEt)$_3$]和 64.0 mL 氯仿的混合溶液中,将混合溶液在 35℃和氮气气氛下反应 10 h。然后,将反应混合物滤出,再依次用氯仿和二氯甲烷分别洗涤四次以便除去残留的 Ph—Si(OEt)$_3$,再于 60℃下真空干燥 10 h,最后得到目标产物 Ph-MCM-41。

2. 介孔杂化发光材料 Euphen/Ph-MCM-41 样品的合成

称取 0.73 g(1.11 mmol)已合成好的稀土配合物 Euphen,将其加入含有 0.34 g Ph-MCM-41 的 16.0 mL 甲醇溶液中,在室温下搅拌反应 10 h。滤出所得的反应产物,并用甲醇洗涤四次以便除去残余的反应物。然后,于 60℃下真空干燥 10 h,最后得到目标产物 Euphen/Ph-MCM-41 样品。

采用离子交换法制备介孔杂化发光材料 Euphen/Ph-MCM-41 样品时,基质中模板剂的除去和铕配阳离子引入介孔材料孔道的内表面是同时进行的,即铕配阳离子取代了基质中的模板剂。红外光谱为此提供了有力的佐证[88]。未除模板剂的 MCM-41 和 Ph-MCM-41 样品的红外光谱中位于 2958 cm^{-1} 和 2854 cm^{-1} 处的比较强的吸收谱带是阳离子表面活性剂脂肪烃的—CH$_3$ 和—CH$_2$ 基团的伸缩振动谱带,而在约 1480 cm^{-1} 处的宽谱带主要应该归属于—CH$_2$ 基团的弯曲振动。当铕配阳离子与模板剂进行离子交换以后,这些阳离子表面活性剂脂肪烃的特征吸收峰完全消失。显然,铕配阳离子取代了基质中的阳离子表面活性剂(模板剂)而进入基质孔道的内表面,形成了目标产物 Euphen/Ph-MCM-41 样品。

用苯基三乙氧基硅对 MCM-41 进行改性时,仅是将含有模板剂的 MCM-41 孔道外表面的活性 Si—OH 基团进行钝化,这一化学修饰过程并不会破坏 MCM-41 规则的介孔结构,这样得到的 MCM-41 的苯基改性产物 Ph-MCM-41 样品仍然保留介孔材料 MCM-41 的六方介孔结构(其空间群为 $P6mm$)。Ph-MCM-41 样品这一结构特点清楚地反映在样品的 X 射线粉末衍射图(图 4-12)中。由图 4-12 可知,在 2θ 的 2°~6°的范围内,未除模板剂的 MCM-41 和 Ph-MCM-41 样品均显示出四个比较清晰的衍射峰,这四个衍射峰分别对应于两个样品(100)、(110)、(200)和(210)晶面的衍射。上述 X 射线粉末衍射结果充分表明,与 MCM-41 介孔结构类似,Ph-MCM-41 样品同样具有高度有序的六方相介孔结构(其空间群为 $P6mm$)[89]。

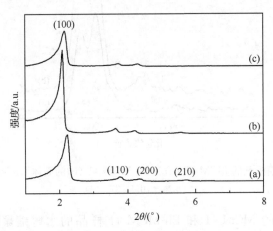

图 4-12　未除模板剂的 MCM-41(a)、Ph-MCM-41(b)和 Euphen/Ph-MCM-41(c)的
X 射线粉末衍射图

(承惠允,引自[87(c)])

　　用苯基改性未除模板剂的 MCM-41 的反应过程中,MCM-41 尚保留的一些硅羟基仍能进一步发生缩聚反应,因此导致其水解缩聚度发生一定的变化。样品的固体^{29}Si MAS 核磁共振谱清楚地证明了这一点(图 4-13)。未除模板剂的 MCM-41 和 Ph-MCM-41 样品的^{29}Si MAS 核磁共振谱具有各自的特点。未除模板剂的 MCM-41 的谱图出现了位于-110.9 ppm(Q^4)、-100.9 ppm(Q^3)和-92.7 ppm(Q^2)的三个核磁共振信号峰,它们可分别归属于($\equiv$SiO$)_4$Si,($\equiv$SiO$)_3$SiOH 和($\equiv$SiO$)_2$Si(OH$)_2$结构单元[90]。而在 Ph-MCM-41 样品的谱图中,上述三个特征核磁共振信号峰仍然保留,并分别出现在-110.6 ppm、-101.2 ppm 和-96.2 ppm处。然而,未除模板剂的 MCM-41 和 Ph-MCM-41 样品的这三个特征核磁共振信号峰的相对强度却发生了明显的变化,这说明样品中($\equiv$SiO$)_4$Si,($\equiv$SiO$)_3$SiOH 和($\equiv$SiO$)_2$Si(OH$)_2$结构单元的含量发生了变化,即意味着用苯基改性未除模板剂的 MCM-41 的反应过程中,MCM-41 尚保留的一些硅羟基进一步发生缩聚反应。除了上述三个核磁共振信号峰外,在 Ph-MCM-41 样品的谱图中还能清楚地观察到应该归属于有机硅氧烷结构单元($\equiv$SiO$)_3$SiR(T^3)的特征信号峰 T^3。T^3 的信号的出现表明样品中存在 Si—C 键,而 Ph-MCM-41 样品中的 Si—C 键来自于Ph—Si(OEt$)_3$对 MCM-41 的外表面进行的成功改性。

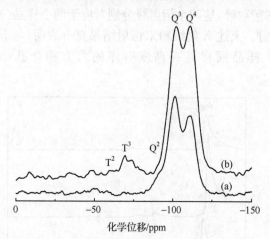

图 4-13　未除模板剂的 MCM-41 (a)和 Ph-MCM-41 (b)的固体^{29}Si MAS 核磁共振谱
(承惠允,引自[87(c)])

　　未除模板剂的 MCM-41 和 Ph-MCM-41 样品的水解缩聚度均可用($Q^2 + Q^3$)/Q^4(这里又以 Q 代表相应核磁信号的强度)表征。可以通过对其核磁共振谱峰进行卷积积分求得各个核磁共振信号峰的强度。正如所预期的那样,用苯基对未除模板剂的 MCM-41 进行改性的反应过程中,MCM-41 尚保留的一些硅羟基同时也进行了缩聚反应,这会引起其水解缩聚度发生改变。因此,与 MCM-41 相比,

Ph-MCM-41 样品的 $(Q^2+Q^3)/Q^4$ 值由 1.26 减小为 0.72，即 Q^2 和 Q^3 所占的百分比明显降低，而 Q^4 所占的百分比随之增加。样品的红外光谱结果也支持这一结论。在未除模板剂的 MCM-41 和 Ph-MCM-41 样品的红外光谱中，清楚地呈现出样品的 Si—O—Si 网络结构的特征红外振动谱带，例如位于 1068 cm^{-1}、800 cm^{-1} 和 460 cm^{-1} 处的红外振动谱带。同时，样品中 Si—OH 基团的特征红外振动谱带出现在 965 cm^{-1} 处。为了研究用苯基改性未除模板剂的 MCM-41 的反应过程中 MCM-41 水解缩聚度的改变，对未除模板剂的 MCM-41 和 Ph-MCM-41 样品的 1290~870 cm^{-1} 的特征吸收谱带的强度进行了积分，以获得 Si—OH 和 Si—O—Si 基团的特征谱带强度比值。由计算的结果得知，Ph-MCM-41 样品中 Si—OH 与 Si—O—Si 基团的谱带强度之比降低了 50%，这一数值与样品的 ^{29}Si MAS 核磁共振研究所得到的 $(Q^2+Q^3)/Q^4$ 计算值较为相近。因此，相互一致的 ^{29}Si MAS 核磁共振和红外光谱的研究结果充分说明了在采用苯基改性未除模板剂的 MCM-41 的反应过程中，MCM-41 中一些残留的硅羟基可以同时继续进行缩聚反应，从而导致水解缩聚度发生一定程度的改变，也就是说制得的改性介孔材料 Ph-MCM-41 样品的水解缩聚度进一步得到了提高。

离子交换法是一个方便而实用的制备稀土配合物介孔杂化发光材料的方法。然而，用该法制得的杂化材料中稀土配合物与基质间的作用力主要是静电作用，这与浸渍法制备的稀土配合物介孔杂化发光材料类似，稀土配合物与基质材料之间的相互作用仍然是比较弱的（即结合不牢）。因此，离子交换法仍然未能成功地从根本上解决浸渍法所存在的问题，其所制备的介孔杂化发光材料的性能难以得到明显的提升。

4.3.3　共价键嫁接法

浸渍法和离子交换法均存在一些明显的缺点，这对于稀土配合物介孔杂化发光材料的制备和应用十分不利，因此新的有效制备方法的建立势在必行。于是，在这种背景下人们又建立了第三种制备稀土配合物介孔杂化发光材料的方法，即共价键嫁接法。

用共价键嫁接法制备的稀土配合物介孔杂化发光材料中，光活性物质稀土配合物是借助共价键与基质相连的。为达到这一目的，首先需要制备双功能化合物作为合成介孔杂化发光材料的前驱体。双功能化合物含有两种功能基团，即可以与稀土离子配位的配位基团和具有水解、缩聚反应功能的有机硅氧烷基团。在合成介孔材料的反应体系中加入适量的双功能化合物，在水解、缩聚反应过程中双功能化合物既参与形成介孔材料的骨架，同时双功能化合物的配位基团又可以与稀土离子直接配位而形成光活性的稀土配合物，于是稀土配合物便借助 Si—C 共价键嫁接到作为基质的介孔材料骨架上。

4.3.3.1　双功能化合物

目前研究人员已经采用共价键嫁接法成功地制备了一些稀土配合物介孔杂化发光材料。在这些稀土配合物介孔杂化发光材料的制备过程中，已经成功使用的双功能化合物也比较多，但是应用的双功能化合物主要集中在有机硅氧烷类双功能化合物。按照有机硅氧烷类化合物中含有的有机功能化基团（有机修饰基团或有机改性基团）的不同，这些有机硅氧烷双功能化合物主要可以分为以下几种类型[91]。

1. 含有羧酸基团的有机硅氧烷

这种双功能化合物是利用羧酸类配体对硅氧烷类化合物进行化学修饰得到的，其中所含的羧基是其重要的功能基团。一般是采用 3-(三乙氧硅基)丙基异氰酸酯作为反应物，通过与邻（间或对）-氨基苯甲酸反应即可得到含有邻（间或对）-氨基苯甲酸基团的有机硅氧烷双功能化合物（图 4-14）[92]。

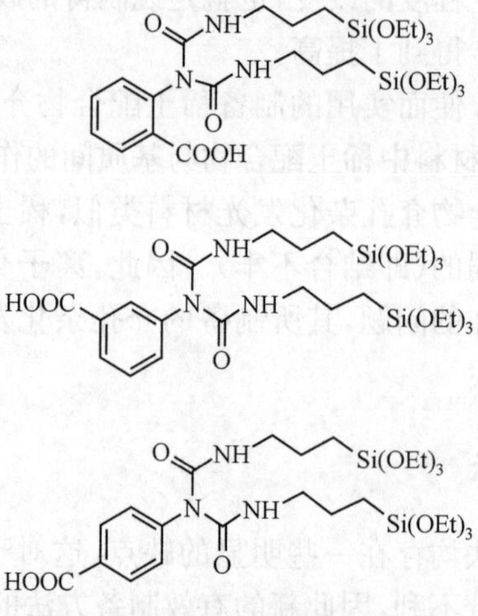

图 4-14　含有羧酸基团的有机硅氧烷

此外，同样利用 3-(三乙氧硅基)丙基异氰酸酯作为反应物，借助与二氨基苯甲酸（如 3,5-二氨基苯甲酸）等一类的羧酸进行反应，也可以制备出相应的含有二氨基苯甲酸等羧酸基团的有机硅氧烷类化合物。

2. 含有吡啶基团的有机硅氧烷

Franville 等[93]在这类有机硅氧烷化合物的合成方面做出了很有成效的工作。例如，他们借助吡啶-2,6-二羧酸成功地合成了吡啶基团功能化的有机硅氧烷类化合物。此类双功能化合物作为前驱体，不仅在稀土配合物介孔杂化发光材料的制备方面具有很重要的应用，而且在稀土配合物凝胶杂化发光材料的制备等方面也有颇为成功的应用。主要的吡啶基团功能化的有机硅氧烷类化合物包括以下四种（图 4-15）。

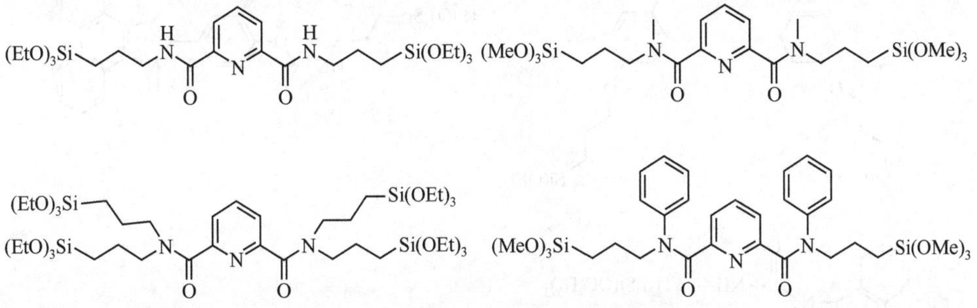

图 4-15　含吡啶基团的有机硅氧烷

（承惠允，引自[91]）

以 2,6-二氨基吡啶为反应物，通过与 3-(三乙氧硅基)丙基异氰酸酯反应也可以制得相应的由二氨基吡啶基功能化的有机硅氧烷。这一有机硅氧烷也已经被实验证明是一种优良的制备稀土配合物介孔杂化发光材料的双功能化合物。

3. 含有邻菲罗啉基团的有机硅氧烷

邻菲罗啉是一种适于同稀土离子配位的常用螯合配体，其二元稀土配合物不仅具有很好的稳定性，而且其发光性质也很好。尤其值得指出的是，邻菲罗啉还是一种颇佳的第二配体（辅助配体），作为第二配体，常与 β-二酮类配体搭配与稀土形成三元配合物。在这类三元配合物中，作为稀土离子的第二配体，邻菲罗啉也可以起到稀土离子的辅助敏化剂的作用，即邻菲罗啉在紫外区具有比较强的吸收，并且还可将其吸收的激发光能有效地传递给稀土离子，从而可以进一步改善稀土配合物的发光性质。因此，利用邻菲罗啉基团功能化的有机硅氧烷类化合物也是一类优良的双功能化合物[94]（图 4-16），它们在稀土配合物介孔杂化发光材料的制备中发挥了十分重要的作用。

用氨基邻菲罗啉，如 5-氨基-1,10-邻菲罗啉、5,6-二氨基-1,10-邻菲罗啉为原料，通过与 3-(三乙氧硅基)丙基异氰酸酯反应也可以制得相应的以氨基邻菲罗啉基团功能化的有机硅氧烷类化合物。

4. 含有氧膦有机基团的有机硅氧烷

含氧膦有机基团的有机硅氧烷类化合物主要有 5 种，如图 4-17 所示。Corriu 等[95]采用氧膦有机基团功能化的有机硅氧烷作为前驱体，成功地合成了嫁接稀土配合物的一类有机-无机杂化材料。

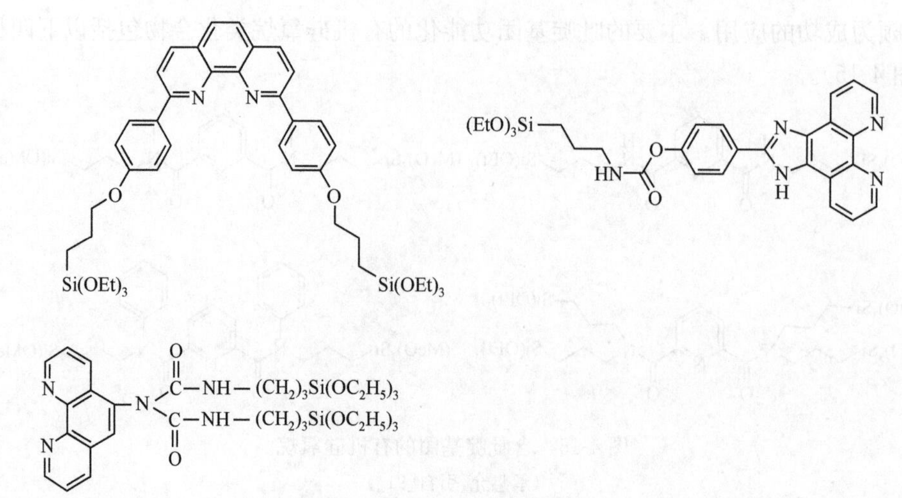

图 4-16　含邻菲罗啉基团的有机硅氧烷
（承惠允，引自[91]）

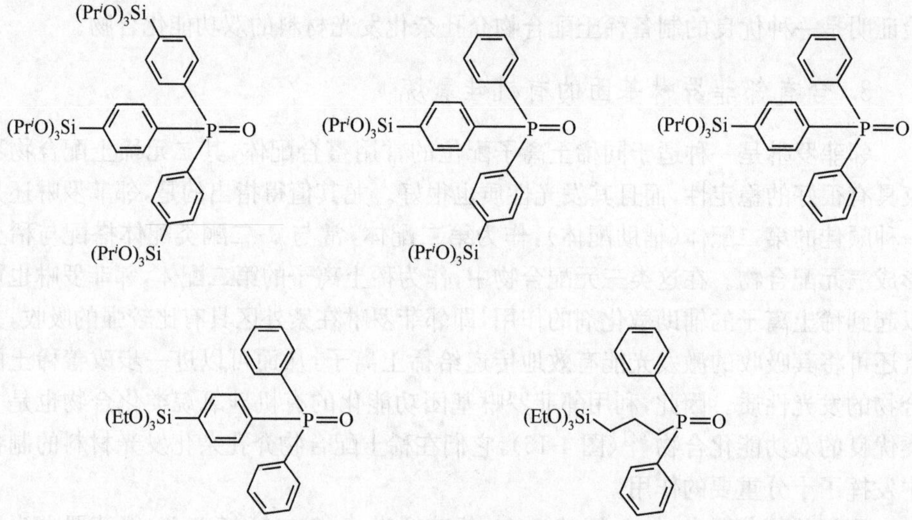

图 4-17　含氧膦基团的有机硅氧烷
（承惠允，引自[91]）

　　除上述几种类型的有机硅氧烷双功能化合物以外，还有采用 8-羟基喹啉基团功能化的有机硅氧烷，它可由 5-甲酰-8-羟基喹啉与 3-氨基丙基三乙氧基硅烷反应制得（在下面的共价键嫁接法制备稀土配合物介孔杂化发光材料的实例中将具体介绍）。

　　经有机基团功能化的有机硅氧烷是一类目前备受关注的制备杂化材料的双功能化合物，以有机硅氧烷双功能化合物作为前驱体合成的杂化材料种类已经很多。而具体到稀土配合物杂化发光材料，通过有机硅氧烷双功能化合物可以合成嫁接稀土配合物的凝胶材料、介孔材料、周期性介孔材料及其他材料。

4.3.3.2　共价键嫁接法制备稀土配合物杂化发光材料的过程

下面以钕与 8-羟基喹啉(以 HQ 表示)的配合物(以 NdQ$_3$ 表示)与介孔材料 SBA-15 的杂化发光材料(以 NdQ$_3$-SBA-15 表示)的合成为例介绍运用共价键嫁接法合成稀土配合物杂化发光材料制备过程。共价键嫁接钕与 8-羟基喹啉配合物的 SBA-15 介孔杂化发光材料的合成路线如图 4-18 所示。

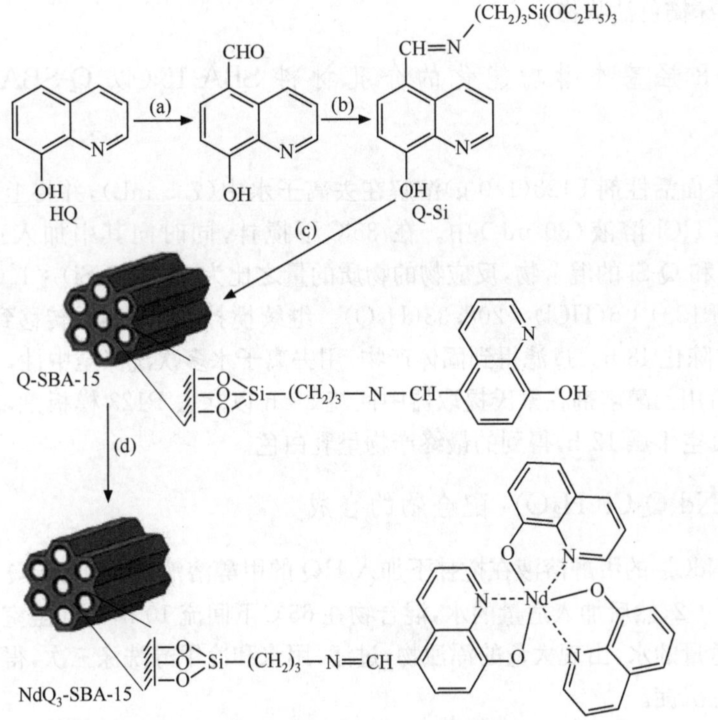

图 4-18　NdQ$_3$-SBA-15 的合成路线

(a) NaOH/CHCl$_3$；(b) APTES,回流；(c) TEOS,P123,H$_2$O,除表面活性剂；(d) Nd Q$_2$Cl(H$_2$O)$_2$,回流

(承惠允,引自[26])

1. 5-甲酰基-8-羟基喹啉的合成

这里采用的合成的主要步骤如下:将 20g HQ 溶解在 80 mL 无水乙醇中,在不断搅拌下加入 NaOH 溶液(40g NaOH 溶于 50 mL 水中),回流反应,同时在 1h 内滴加 18.5 mL 氯仿。反应 12 h 后,蒸馏除去乙醇和过量的氯仿。将所得剩余物溶于 600 mL 水中,并用盐酸酸化,然后过滤、干燥得到棕色固体产物。将此固体产物用沸程为 100~120℃的石油醚在索氏提取器中提取 3 天,得到 5-甲酰基-8-羟

基喹啉,再由无水乙醇中重结晶得到最后产物——针状稻草黄色晶体。

2. 8-羟基喹啉基团功能化的有机硅氧烷双功能化合物(以 Q-Si 表示)的合成

将 5-甲酰基-8-羟基喹啉溶解在适量的无水乙醇中,加入与 5-甲酰基-8-羟基喹啉物质的量之比为 1∶1 的 3-氨基丙基三乙氧基硅烷(APTES),在氮气保护下回流 12 h。然后,减压蒸馏除去溶剂,得到的产物 Q-Si(或称为硅氧烷修饰的 8-羟基喹啉)为深橘色油状物。

3. 8-羟基喹啉功能化的介孔材料 SBA-15(以 Q-SBA-15 表示)的合成

将表面活性剂 P123(1.0 g)溶解在去离子水中(7.5 mL),并将上述溶液加入 2 mol/L HCl 溶液(30 mL)中。在 35℃下搅拌,同时向其中加入正硅酸乙酯(TEOS)和 Q-Si 的混合物,反应物的物质的量之比为 0.04(Q-Si)∶1.0(TEOS)∶0.0172(P123)∶6(HCl)∶208.33(H_2O)。继续搅拌 24 h,然后转移到反应釜中,于 100℃陈化 48 h。过滤得到固体产物,用去离子水多次洗涤至中性,于 60℃下干燥。然后用乙醇溶剂在索氏提取器中回流 24 h 以除去 P123 模板剂,所得产物于 80℃下真空干燥 12 h,得到的最终产物呈乳白色。

4. Nd $Q_2Cl(H_2O)_2$ 配合物的合成

将 $NdCl_3$ 的甲醇溶液在搅拌下加入 HQ 的甲醇溶液,Nd^{3+} 与 HQ 的物质的量之比为 1∶2,然后加入适量的水,混合物在 65℃下回流 10 h,冷却至室温。向溶液中加入适量的水,出现大量的浑浊物,过滤,用水和冷甲醇洗涤三次,得到的最终产物为黄色沉淀。

5. 共价键嫁接钕 8-羟基喹啉配合物的 SBA-15 介孔杂化发光材料(以 NdQ_3-SBA-15 表示)样品的合成

将配合物 $NdQ_2Cl(H_2O)_2$ 用适量的甲醇溶解,在不断搅拌下向该溶液加入 Q-SBA-15,$NdQ_2Cl(H_2O)_2$ 与 Q-SBA-15 的物质的量之比为 4∶1。混合物回流 10 h 以后,过滤并用甲醇洗涤多次。最后用甲醇溶剂在索氏提取器中提取 24 h 以除去 NdQ_3-SBA-15 中过量的未嫁接到介孔材料中的反应物等,所得产物在 80℃下真空干燥 12 h。

8-羟基喹啉基功能化的硅氧烷是通过 5-甲酰基-8-羟基喹啉与 3-氨基丙基三乙氧基硅烷反应缩去一分子水制得的。8-羟基喹啉基团功能化的硅氧烷是一种既含有能与稀土离子配位的 8-羟基喹啉基团又含有具有水解、缩聚反应功能的硅氧烷基团的双功能化合物。以其为前驱体，可以将稀土配合物以共价键嫁接到介孔材料的骨架上。

8-羟基喹啉功能化的介孔材料 SBA-15 样品是借助 8-羟基喹啉基团功能化的硅氧烷和正硅酸乙酯在表面活性剂存在下经水解、缩聚制得的。通过 Si—C 键，8-羟基喹啉基团已被成功地以共价键嫁接于介孔材料 SBA-15 的骨架上。8-羟基喹啉功能化的介孔材料 SBA-15 样品的^{29}Si MAS 核磁共振研究结果可以为此提供充分的佐证。8-羟基喹啉功能化的介孔材料 SBA-15 样品中的 Si（OSi）$_4$、Si（OSi）$_3$OH 和 Si（OSi）$_2$（OH）$_2$ 结构单元的共振峰 Q^4、Q^3 和 Q^2 分别出现在－110 ppm、－102 ppm 和－92 ppm。同时，由谱图也能清楚地观察到归属于有机硅氧烷结构单元 T^n[RSi(OSi)$_n$(OH)$_{3-n}$, $n=1\sim3$] 的核磁共振峰，即 T^2 和 T^3 峰，它们来源于 8-羟基喹啉功能化的介孔材料 SBA-15 样品中不同环境下的硅原子（与碳原子键合的硅原子）。T^n 信号的出现表明该样品中有 Si—C 键的存在，即8-羟基喹啉基已被成功地通过共价键嫁接于介孔材料 SBA-15 骨架上。实际上，8-羟基喹啉功能化的介孔材料 SBA-15 样品的制备也即采用共缩聚的方法对介孔材料 SBA-15 进行化学修饰（改性）。采用共缩聚的方法对介孔材料的化学修饰具有一系列优点，尤其是能够使 8-羟基喹啉基更加均匀而稳定地分布于介孔材料的骨架上。以 8-羟基喹啉功能化的介孔材料 SBA-15 为基质材料，将有可能制备出高性能的稀土配合物介孔杂化发光材料。

在 8-羟基喹啉功能化的介孔材料 SBA-15 样品中，8-羟基喹啉功能基均匀地分布在介孔材料 SBA-15 的骨架上，这样，8-羟基喹啉功能基的引入对基质材料 SBA-15 形貌的影响基本上可以忽略。因此，8-羟基喹啉功能化的介孔材料 SBA-15 样品仍然保留了原介孔材料 SBA-15 的形貌特点（图 4-19）。图 4-19(a)为除表

(a)　　　　　　　　　　　　　(b)

图 4-19　除去表面活性剂的 Q-SBA-15 样品的扫描电镜照片

（承惠允，引自[26]）

面活性剂后的 8-羟基喹啉功能化的介孔材料 SBA-15 样品的扫描电子显微镜照片,照片清楚地显示出该样品的形貌为蠕虫状。更为清晰的形貌还可从图 4-19 (b)更高放大倍数的照片中观察到。蠕虫状粒子的直径为 500~700 nm,其长为 1~2 μm,这是典型的介孔材料 SBA-15 的形貌。

　　8-羟基喹啉功能化的介孔材料 SBA-15 样品仍然保留了介孔材料 SBA-15 的介孔结构,具有高度有序性(图 4-20)。除模板剂之前和除模板剂之后的 8-羟基喹啉功能化的介孔材料 SBA-15 样品的 X 射线粉末衍射图中,在 2θ 为 0.5°~6°范围内均展现出高强度的(100)晶面衍射峰和两个位于高角度的(110)和(200)晶面衍射峰,这是 SBA-15 所具有的典型 $P6mm$ 空间群的二维六方介孔结构的特点。对于除模板剂之前的 8-羟基喹啉功能化的介孔材料 SBA-15 样品,X 射线粉末衍射图中具有最强衍射峰的(100)晶面的 d 值为 11.03 nm,它对应于较大的晶胞参数 (a_0=12.74 nm)。模板剂去除后的样品,虽然其 X 射线粉末衍射图中衍射峰具有稍微大一些的 2θ 值,但是其(100)晶面的 d 值和晶胞参数值分别为 10.90 nm 和 12.59 nm,其变化很小,这表明表面活性剂的除去也不影响 8-羟基喹啉功能化的介孔材料 SBA-15 样品的 $P6mm$ 空间群的二维六方介孔结构。此外,值得注意的是除去模板剂后的样品的衍射强度有一定程度的提高,这主要是硅酸盐发生了进一步的交叉结合的结果。

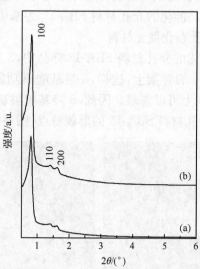

图 4-20　未除表面活性剂 Q-SBA-15(a)和除去表面活性剂 Q-SBA-15(b)的 XRD 图
(承惠允,引自[26])

　　具有典型的二维六方介孔结构(其空间群为 $P6mm$)的 8-羟基喹啉功能化的介孔材料 SBA-15 样品的透射电子显微镜照片(图 4-21)展现了有序的六方排列的介孔(二维孔道)。从透射电子显微镜照片能够估计出两个相邻介孔孔道中心的距离大约为 12 nm，这与相应的 X 射线粉末衍射结果相一致。

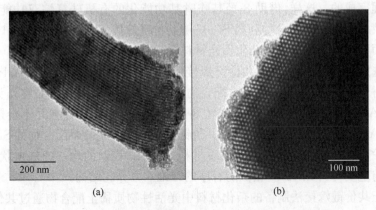

图 4-21　除表面活性剂的 Q-SBA-15 样品的透射电镜照片
(a) 沿[110]轴；(b) 沿[100]轴拍摄
(承惠允,引自[26])

　　8-羟基喹啉功能化的介孔材料 SBA-15 样品的氮气吸附/脱附等温线（图 4-22）为Ⅳ型等温线，并具有明显的 H1 型滞后环，这是典型的介孔材料 SBA-15 的吸附/脱附等温线的特征。通过分析样品的比表面积和孔径数据，可以发现这些数据均比相应报道过的纯介孔材料 SBA-15 的比表面积和孔径要小，这可能是由 8-羟基喹啉功能化的介孔材料 SBA-15 样品的孔道表面共价键嫁接了 8-羟基喹啉基导致的。

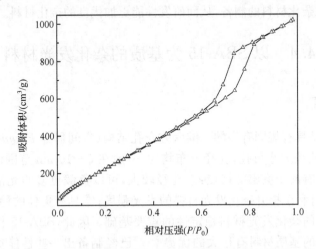

图 4-22　除表面活性剂的 Q-SBA-15 的氮气吸附/脱附等温线
(承惠允,引自[26])

　　共价键嫁接钕 8-羟基喹啉配合物的 SBA-15 介孔杂化发光材料的合成是通过

$NdQ_2Cl(H_2O)_2$ 配合物与 8-羟基喹啉功能化的介孔材料 SBA-15 样品之间的配体交换过程完成的。这样,借助 8-羟基喹啉基功能化的有机硅氧烷双功能化合物,最终将钕 8-羟基喹啉配合物利用 Si—C 键共价键嫁接于介孔材料 SBA-15 介孔孔道的表面而制得了相应介孔杂化发光材料样品。

在选定实验条件下,通过共价键嫁接钕 8-羟基喹啉配合物的 SBA-15 介孔杂化发光材料样品中,钕 8-羟基喹啉配合物在分子水平上均匀地分布在作为基质材料的 SBA-15 的介孔孔道表面,这样钕 8-羟基喹啉配合物的存在并不会影响基质材料 SBA-15 的形貌和结构。因此,共价键嫁接钕 8-羟基喹啉配合物的 SBA-15 介孔杂化发光材料样品仍然保持与基质材料 SBA-15 相似的均一的蠕虫状形貌,同时具有与基质材料 SBA-15 相似的有序的二维六方介孔结构。

由于共价键嫁接法制备的杂化材料中光活性物质稀土配合物通过共价键与作为基质的介孔材料相结合,因此该法成功地克服了浸渍法和离子交换法的缺点,其优势十分明显,主要表现在以下几点:

(1) 光活性稀土配合物与基质之间是通过共价键结合的,这种结合相当牢固,因此稀土配合物不容易从基质材料中脱出。

(2) 稀土配合物的掺杂量大,这有利于制备高性能的杂化材料。

(3) 稀土配合物在基质材料中分布均匀,不易发生团聚,这样可以有效地防止因稀土配合物团聚而引起的荧光自猝灭现象。

(4) 制备的杂化材料中不存在相分离的问题。

由于上述特点,共价键嫁接法将会更广泛地应用于稀土配合物介孔杂化发光材料及其他的杂化材料的制备,从而研发性能更加优良的杂化材料。

4.4　以 SBA-15 为基质的杂化发光材料

4.4.1　引言

SBA-15 是具有规则有序的二维六方介孔结构(空间群为 $P6mm$)的二氧化硅介孔材料,其孔径大小可控,孔径分布均匀,一般在 5~10 nm 范围内。介孔材料中,SBA-15 具有两个突出的特点:①孔径较大,可以负载更多的光活性物质稀土配合物,这将有利于提升杂化发光材料的发光强度;②具有更佳的稳定性,这是提高以其为基质的杂化发光材料稳定性的重要基础。因此,SBA-15 作为光活性物质稀土配合物的基质材料有很大的优势[96]。已经制备出一些性能优良的稀土配合物 SBA-15 杂化发光材料,它们在激光、光纤通信、生物、医学等一些领域具有十分重要的应用前景。下面从发射红光的杂化材料、发射绿光的杂化材料、发射近红外光的杂化材料三个方面介绍重要的以 SBA-15 为基质的稀土配合物杂化发光材料。

4.4.2 发射红光的杂化材料

发射红光的杂化材料均以铕的配合物为光活性物质,代表性的介孔杂化材料有三元稀土配合物 Eu(TTA)₃phen(TTA 代表噻吩甲酰三氟丙酮,phen 代表邻菲罗啉)以共价键嫁接到 SBA-15 骨架上的介孔杂化发光材料[Eu(TTA)₃phen-SBA-15]、掺杂 Eu³⁺ 与 TTA 二元稀土配合物的 SBA-15 介孔杂化发光材料[Eu(TTA)₃/SBA-15]以及掺杂三元稀土配合物 Eu(TTA)₃phen 的 SBA-15 介孔杂化发光材料[Eu(TTA)₃phen/SBA-15]。以下分别介绍它们的制备、结构和性能。

4.4.2.1 杂化材料样品的制备

通过双功能化合物邻菲罗啉功能化的硅氧烷或硅氧烷修饰的邻菲罗啉(phen-Si)(图 4-23)与四乙氧基硅烷或正硅酸乙酯(TEOS)的共缩聚反应,合成了 phen 功能化的介孔材料 SBA-15(用 phen-SBA-15 表示),其中有机杂环化合物邻菲罗啉通过 Si—C 共价键嫁接到介孔杂化材料的骨架上。然后,通过邻菲罗啉与 Eu³⁺ 的 TTA 二元配合物作用形成三元配合物,从而制备了三元稀土配合物以共价键嫁接到 SBA-15 骨架上的介孔杂化发光材料 Eu(TTA)₃phen-SBA-15 样品。采用掺杂法常用的操作过程合成了两种掺杂型介孔杂化发光材料 Eu(TTA)₃/SBA-15、Eu(TTA)₃phen/SBA-15 样品。

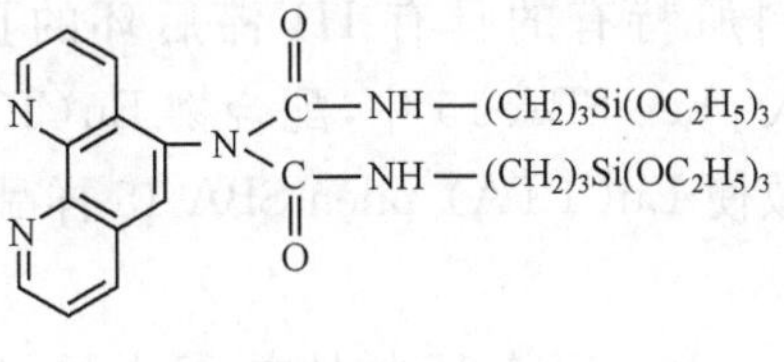

图 4-23 邻菲罗啉功能化的硅氧烷(phen-Si)的分子结构图

4.4.2.2 phen-SBA-15 的结构

借助 phen-Si 与四乙氧基硅烷的共缩聚反应,邻菲罗啉基团可通过 Si—C 键嫁接在基质材料 SBA-15 的骨架上,并且邻菲罗啉基团在基质中的分布很均匀。通过控制 phen-Si/(TEOS＋phen-Si)的比例等反应条件,还可以使 phen-SBA-15 仍然保持基质材料 SBA-15 的 $P6mm$ 六方介孔结构。在 phen-SBA-15 的 X 射线粉末衍射图中 $0.8°<2\theta<2.0°$ 范围内出现了分别对应于(100)、(110)和(210)晶面衍射的三个衍射峰,这是典型的空间群为 $P6mm$ 的六方介孔结构 SBA-15 的衍射峰。在 phen-SBA-15 的红外光谱中,已被嫁接在 SBA-15 骨架上的 phen-Si 的酰胺

基团(—CONH—)的特征峰出现于 1536 cm^{-1} 处。^{29}Si MAS 核磁共振谱图中，phen-SBA-15 中的有机硅氧烷 $T^n[RSi(OSi)_nOH_{3-n}, n=1\sim3]$ 的特征峰 T^n (Si—C 键形成的佐证)清晰可见。

4.4.2.3　Eu(TTA)₃phen-SBA-15 的介孔结构及热稳定性

phen-SBA-15 中邻菲罗啉基团被均匀地嫁接在 SBA-15 的骨架上，制备的 Eu(TTA)₃phen-SBA-15 样品中 Eu(TTA)₃phen 配合物亦是均匀地分布在 SBA-15 的骨架上。因此，Eu(TTA)₃phen-SBA-15 样品也仍然保持 SBA-15 的有序介孔结构。反映在 Eu(TTA)₃phen-SBA-15 样品的 X 射线粉末衍射图上，即是在 2θ 为 0.8°~2.0°范围内出现了典型的 $P6mm$ 空间群的六方介孔结构的 SBA-15 的三个特征衍射峰，它们分别对应于(100)、(110)和(210)晶面的衍射。然而，稀土配合物 Eu(TTA)₃phen 被引入 SBA-15 中后，稀土配合物在介孔孔道中占据了一定的空间，基质的有序结构因稀土配合物的进入而受到一定的影响，这就导致 Eu(TTA)₃phen-SBA-15 样品的 X 射线粉末衍射峰的强度有所降低。

Eu(TTA)₃phen-SBA-15 样品的透射电子显微镜照片也清楚地显示了 Eu(TTA)₃phen-SBA-15 样品的六方介孔结构(空间群为 $P6mm$)。从透射电镜照片还可以看出，相邻介孔孔道中心之间的距离约为 11 nm。

氮气吸附/脱附曲线可以用来研究介孔材料的表面积、孔体积、孔径等参数。Eu(TTA)₃phen-SBA-15 样品的氮气吸附/脱附等温线在较高的相对压力下显示了高度有序的介孔材料所特有的具有 H1 滞后环的 Ⅳ 型等温线。将配合物 Eu(TTA)₃·2H₂O 引入 phen-SBA-15 中，配合物 Eu(TTA)₃phen 在 SBA-15 的孔道中占据一定位置，致使 Eu(TTA)₃phen-SBA-15 样品的比表面积、孔径、孔体积随之减小。

在合成的 Eu(TTA)₃phen-SBA-15 样品中，稀土配合物 Eu(TTA)₃phen 以共价键嫁接到介孔基质中后，其热稳定性明显增强(图 4-24)。由 Eu(TTA)₃phen-SBA-15 样品的热重和微分热重(TGA-DrTGA)曲线可见，曲线上呈现出三个主要的热失重峰。在约 62℃的第一个热失重峰(失重约 5%)可以认为是由样品的物理吸附水的失去而产生的；在约 340℃的热失重峰(失重约 12%)来源于样品的介孔中残留的表面活性剂的热分解反应；而在约 557℃的第三个热失重峰(失重约 14%)来自于配合物 Eu(TTA)₃phen 的热分解反应。而纯配合物 Eu(TTA)₃phen 的热分解反应失重峰约位于 340℃。由此可见，在所制备的 Eu(TTA)₃phen-SBA-15 样品中，共价键嫁接的配合物 Eu(TTA)₃phen 的热稳定性明显提高。这一点对杂化发光材料的实际应用十分重要。

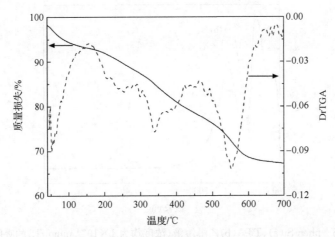

图 4-24　Eu(TTA)₃phen-SBA-15 样品的 TGA(实线)和 DrTGA(虚线)曲线
(承惠允,引自[20])

4.4.2.4　光物理性质

1."天线效应"和荧光

稀土有机配合物的发光原理是依靠紫外光激发有机配体,通过有效的分子内能量传递过程将有机配体激发态的能量传递给稀土离子的发射能级,使稀土离子发射其特征荧光,从而极大地提高稀土离子的特征荧光发射强度,这就是"天线效应"(antenna effect)。这种现象表现在光谱上就是配合物的激发光谱和其相应配体的吸收光谱有明显的重叠现象发生。图 4-25 给出了 Eu(TTA)₃phen-SBA-15 样品的激发光谱以及配体 TTA、硅氧烷修饰的邻菲罗啉 phen-Si 的吸收光谱。从该图中可以清楚地看到,Eu(TTA)₃phen-SBA-15 样品的激发光谱和配体 TTA 及 phen-Si 的吸收光谱之间均有重叠,这说明配体 TTA 及 phen-Si 能有效地敏化中心 Eu^{3+} 的荧光发射。

此外,当能量给体(即有机配体)的发射光谱和能量受体(即稀土离子)的吸收光谱有重叠时,则可以进一步确认为两者之间有能量传递现象发生。图 4-26 给出了 TTA 和 phen-SBA-15 的发射光谱和 $EuCl_3$ 在乙醇溶液中的吸收光谱。由图中可以看出,上述谱图之间有明显的重叠。由此可以进一步证明 TTA 和嫁接到杂化材料骨架上的 phen(或 phen-Si)配体能够敏化中心稀土 Eu^{3+} 的发光。

由图 4-25 还可以明显地看到,配体 TTA 的吸收光谱和 Eu(TTA)₃phen-SBA-15 样品的激发光谱之间的重叠大于 phen-Si 的吸收光谱和 Eu(TTA)₃phen-SBA-15 样品的激发光谱之间的重叠,这表明配体 TTA 能更有效地敏化中心 Eu^{3+} 的发光。因此,在 Eu(TTA)₃phen-SBA-15 样品中,配合物分子内能量传递

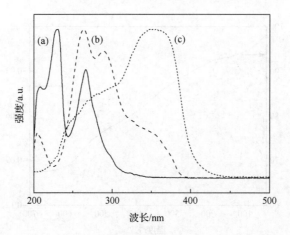

图 4-25　phen-Si(a)、TTA(b)乙醇溶液(浓度均为 1×10^{-4} mmol/L)的吸收光谱
和 Eu(TTA)₃phen-SBA-15(c)的激发光谱,监测波长为 612 nm

(承惠允,引自[20])

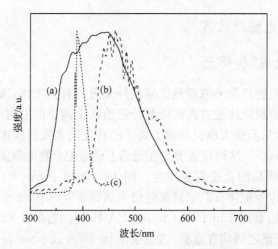

图 4-26　phen-SBA-15(a,激发波长 279 nm)、TTA(b,激发波长 219 nm)的发射光谱
和 EuCl₃ 乙醇溶液(浓度为 1×10^{-4} mmol/L)的吸收光谱(c)

(承惠允,引自[20])

过程主要发生在 TTA 和 Eu³⁺ 之间。

研究配体的三重态能级和中心稀土离子的共振能级(激发态能级)的匹配情况,也能进一步说明在 Eu(TTA)₃phen-SBA-15 样品中存在配体 TTA 和 phen-Si 到中心 Eu³⁺ 的有效能量传递过程[97,98]。分子内的能量传递效率与配体的三重态能级有直接关系。当配体的三重态能级与 Eu³⁺ 的 ⁵D₁ 能级之差 $[\Delta E(\text{Tr-}^5\text{D}_1)]$ 在 $500 \sim 2500$ cm⁻¹ 的范围内时,则配体可以有效地敏化 Eu³⁺ 的发光。通过在液氮温度(77K)下测定钆邻菲罗啉配合物的磷光光谱,可以确定配体邻菲罗啉的三重态能级。图 4-27 为测得的钆邻菲罗啉配合物的磷光光谱(激发波长为 298 nm),该磷光光谱呈现出相当宽的磷光发射带。配体邻菲罗啉三重态能级的确定是根据最短波长(位于 451 nm)处的磷光带(配体的 0-0 跃迁),将该波长换算成波数则为 22 173 cm^{-1},这就是配体邻菲罗啉的三重态能级。根据文献报道,TTA 配体的三重态能级为 20 400 cm^{-1},Eu^{3+} 的共振能级为 19 020 cm^{-1}。因此,TTA 和 phen 配体的三重态能级与 Eu^{3+} 的 $^5D_1$ 能级之差分别为 1380 cm^{-1}、3153 cm^{-1}。根据稀土配合物的发光理论,显然 TTA 配体能更有效地敏化中心 Eu^{3+} 的发光,即发生在 TTA 和 Eu^{3+} 之间的分子内能量传递比 phen 和 Eu^{3+} 之间的能量传递更加有效。在 Eu(TTA)$_3$phen-SBA-15 样品中配体是经硅氧烷改性的 phen,即 phen-Si。经硅氧烷改性可能对三重态能级产生一定影响,但配体 phen-Si 的三重态能级仍会接近自由配体 phen 的。因此,在 Eu(TTA)$_3$phen-SBA-15 样品中配体 TTA 与 Eu^{3+} 之间的能量传递作用仍将强于配体 phen-Si 与 Eu^{3+}。这与光谱测定结果是一致的。

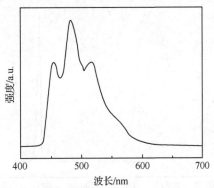

图 4-27　77 K 下钆邻菲罗啉配合物($\lambda_{ex} = 298$ nm)的磷光光谱
(承惠允,引自[20])

图 4-28 为纯配合物 Eu(TTA)$_3$phen 样品、Eu(TTA)$_3$phen-SBA-15 样品、Eu(TTA)$_3$/SBA-15 样品、Eu(TTA)$_3$phen/SBA-15 样品的激发和发射光谱。所有样品激发光谱的监测波长均为 612 nm(Eu^{3+} 的 $^5D_0 \rightarrow {}^7F_2$)。Eu(TTA)$_3$phen 的激发光谱[图 4-28(a)]为一 200~500 nm 的较宽激发带,其激发峰的最大值位于 385 nm,对应于有机杂环 π-π* 跃迁。另外,在 465 nm 处还出现了一个窄带激发峰,它对应于稀土 Eu^{3+} 的 $^7F_0 \rightarrow {}^5D_2$ 跃迁。该激发峰的强度远低于有机配体宽激发带的强度,这说明通过激发有机配体使稀土离子发光要比通过直接激发稀土离子的效率高得多。在 $\lambda = 385$ nm 光的激发下,Eu(TTA)$_3$phen 呈现出 Eu^{3+} 的特征发射,其跃迁为 $^5D_0 \rightarrow {}^7F_J(J=0,1,2,3,4)$,而且没有观察到有机配体的发射,这表明在 Eu(TTA)$_3$phen 中存在着有效的能量传递。发射光谱中 $^5D_0 \rightarrow {}^7F_J(J=0,1,2)$跃迁的斯塔克(Stark)组分的数目分别为 1、3、5,其他跃迁由于强度较低而观察

不到斯塔克劈裂。

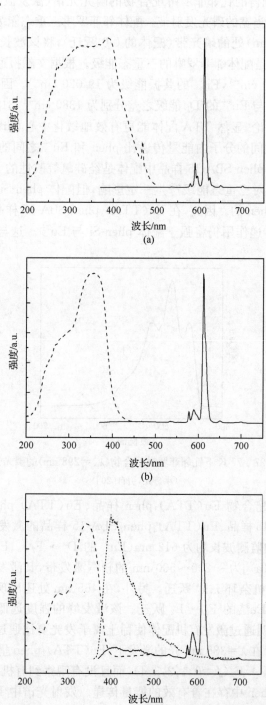

(a)

(b)

(c)

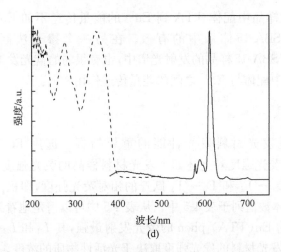

波长/nm

(d)

图 4-28　Eu(TTA)$_3$phen(a,λ_{ex}=385 nm)、Eu(TTA)$_3$phen-SBA-15 (b,λ_{ex}=352 nm)、
Eu(TTA)$_3$/SBA-15 样品(c,λ_{ex}=341 nm;短虚线为 SBA-15 的发射光谱,λ_{ex}=350 nm)、
Eu(TTA)$_3$phen/SBA-15 样品(d,λ_{ex}=350 nm)的激发光谱和发射光谱
（承惠允,引自[20]）

对于 Eu(TTA)$_3$phen-SBA-15 样品[图 4-28(b)],它的激发光谱也是一个宽的
激发带,该激发带的最大值位于 352 nm。与纯配合物 Eu(TTA)$_3$phen 的激发光
谱相比较,Eu(TTA)$_3$phen-SBA-15 样品的激发谱带变窄,激发带的最大值所在波
长发生了蓝移。这可能是由 Eu^{3+} 配合物进入基质二氧化硅介孔孔道中后,其周围
环境的变化所引起的。另外,应归属于 Eu^{3+} 的比较尖锐的激发峰在图中并没有出
现。在 352 nm 波长的激发下,Eu(TTA)$_3$phen-SBA-15 样品显示出 Eu^{3+} 的特征
发射,这些发射峰对应于 Eu^{3+} 的 $^5D_0 \rightarrow {}^7F_J(J=0,1,2,3,4)$ 跃迁,其相应的发射波
长分别为 578 nm、590 nm、611 nm、651 nm、700 nm。与纯配合物 Eu(TTA)$_3$phen
的发射光谱相比较,Eu(TTA)$_3$phen-SBA-15 样品谱线变宽。另外,Eu(TTA)$_3$
phen-SBA-15 样品的发射光谱中没有出现配体 phen-Si 或 TTA 的三重态的发射,
这同样说明在有机配体和 Eu^{3+} 之间存在着有效的能量传递。Eu(TTA)$_3$phen 和
Eu(TTA)$_3$phen-SBA-15 样品的光谱研究结果表明,Eu^{3+} 所处环境的改变在一定
程度上会引起其激发光谱和发射光谱的变化。

Eu(TTA)$_3$/SBA-15 样品[图 4-28(c)]和 Eu(TTA)$_3$phen/SBA-15 样品
[图 4-28(d)]激发峰的最大值分别位于 341 nm 和 350 nm,与纯稀土配合物激发峰
的最大值位置相比较,也有一定程度的蓝移,其原因与 Eu(TTA)$_3$phen-SBA-15 样
品的相同。同时,由图 4-28(c)中(短虚线部分)还可以看到,在 Eu(TTA)$_3$/SBA-
15 样品的发射光谱中,除了 Eu^{3+} 的特征发射外,还出现了宽的蓝色发射带,其最
大值位于 412 nm。这个宽的蓝色发射带可能来自于介孔二氧化硅基质的发射。

这个结果表明该样品中配体 TTA 到 Eu^{3+} 的能量传递不如 $Eu(TTA)_3phen$ 和 $Eu(TTA)_3phen$-SBA-15 体系中的有效。在另一个掺杂法制备的杂化材料 $Eu(TTA)_3phen$/SBA-15 样品的发射光谱中,也有很弱的蓝光发射出现,这也表明该杂化材料样品中配体与 Eu^{3+} 之间的能量传递作用较弱。

2. 荧光强度

荧光强度是发光材料发光性能的重要指标。选用 Eu^{3+} 的$^5D_0 \rightarrow {}^7F_1$ 和 $^5D_0 \rightarrow {}^7F_2$ 跃迁的荧光强度对上述四个发光材料样品的荧光强度进行比较。所有样品的 Eu^{3+} 的$^5D_0 \rightarrow {}^7F_1$ 和$^5D_0 \rightarrow {}^7F_2$ 跃迁的相对荧光强度,即积分强度分别用 I_{01} 和 I_{02} 表示,其具体数值列于表 4-5 中。从表 4-5 中可以清楚地看到,对于所有测试的样品,纯配合物 $Eu(TTA)_3phen$ 的荧光发射最强,其 I_{01} 和 I_{02} 值明显超过其他杂化发光材料。发光材料的发光强度取决于光活性物质的浓度。由于上述几个杂化发光材料样品中的稀土配合物的含量比较低,因此导致几个杂化发光材料样品的荧光强度比较低。然而,杂化发光材料样品中单位量的稀土配合物的荧光强度则应超过纯配合物 $Eu(TTA)_3phen$,尤其是 $Eu(TTA)_3phen$-SBA-15 应更为突出。在 $Eu(TTA)_3phen$-SBA-15 样品中,介孔材料 SBA-15 作为配合物$Eu(TTA)_3phen$ 的基质,配合物 $Eu(TTA)_3phen$ 在分子水平上均匀地以共价键嫁接在基质材料 SBA-15 的骨架上,因此在该杂化材料样品中 Eu^{3+} 的荧光浓度猝灭作用受到了有效抑制,从而应使其单位量的配合物荧光强度明显提高。然而,在$Eu(TTA)_3phen$ 配合物中,浓度猝灭作用对 Eu^{3+} 的荧光会产生了较大影响。表 4-5 的数据还表明,$Eu(TTA)_3phen$/SBA-15 样品的荧光强度劣于 $Eu(TTA)_3phen$-SBA-15 样品。$Eu(TTA)_3phen$/SBA-15 样品是采用浸渍法制备的,掺杂的稀土配合物在其中的分布不够均匀,从而导致该样品的荧光强度减弱。所有样品中 $Eu(TTA)_3$/SBA-15 样品的发光强度最低。在该样品中配体噻吩甲酰三氟丙酮仅能提供 6 个配位数,这样 Eu^{3+} 的高配位数尚未得以满足,因此 Eu^{3+} 周围还会存在一些水分子。水分子的羟基振动能够引起 Eu^{3+} 的荧光猝灭,从而导致 $Eu(TTA)_3$/SBA-15 样品的发光强度减弱。此外,$Eu(TTA)_3$/SBA-15 样品也是用浸渍法制备的,这也会导致其荧光性能变差。因此,正是由于上述两个主要因素的作用,使得 $Eu(TTA)_3$/SBA-15 样品呈现出最弱的荧光强度。

3. 荧光寿命

四种样品的荧光衰减曲线都是单指数衰减,这说明 Eu^{3+} 所处的环境是均一的。对荧光衰减曲线进行拟合得到了 Eu^{3+} 的荧光寿命(表 4-5)。所有样品的荧光寿命均为同一数量级,但是杂化材料样品的荧光寿命均低于纯配合物 $Eu(TTA)_3phen$,这可能是由杂化材料样品中基质 SBA-15 的硅羟基猝灭作用所

表 4-5　Eu(TTA)$_3$phen、Eu(TTA)$_3$phen-SBA-15、Eu(TTA)$_3$/SBA-15
和 Eu(TTA)$_3$phen/SBA-15 样品的荧光光谱参数 *[20]

参数	Eu(TTA)$_3$phen	Eu(TTA)$_3$phen-SBA-15	Eu(TTA)$_3$/SBA-15	Eu(TTA)$_3$phen/SBA-15
ν_{00}/cm^{-1}	17 271	17 301	17 301	17 301
ν_{01}/cm^{-1}	16 978	16 978	16 949	16 978
ν_{02}/cm^{-1}	16 393	16 367	16 340	16 340
ν_{03}/cm^{-1}	15 361	15 361	15 385	15 385
ν_{04}/cm^{-1}	14 245	14 286	14 327	14 265
I_{01}	137.72	22.36	1.72	4.88
I_{02}	1133.25	283.84	9.75	44.61
I_{02}/I_{01}	8.23	13.19	5.67	14.23
Ω_2/($\times 10^{-20}$ cm^2)	13.87	22.38	9.66	17.24
Ω_4/($\times 10^{-20}$ cm^2)	0.33	0.52	0.43	0.57
τ/ms	0.70	0.49	0.30	0.32
τ_{exp}^{-1}/s^{-1}	1429	2041	3333	3125
A_{rad}/s^{-1}	436	768	362	604
A_{nrad}/s^{-1}	993	1273	2971	2521
η/%	30.51	37.61	10.86	19.33

　　* 跃迁的能量中心位置(ν_{0J})、$^5D_0 \rightarrow {}^7F_1$ 跃迁的荧光强度(I_{01})、$^5D_0 \rightarrow {}^7F_2$ 跃迁的荧光强度(I_{02})、
$^5D_0 \rightarrow {}^7F_2$ 和 $^5D_0 \rightarrow {}^7F_1$ 跃迁的荧光强度比值(I_{02}/I_{01})、实验荧光强度参数(Ω_λ)、荧光寿命(τ)、辐射跃迁速率
(A_{rad})、非辐射跃迁速率(A_{nrad})、Eu^{3+} 的 $^5D_0$ 激发态的发射量子效率(η)均是在室温下得到的。

造成的。应该注意的是，Eu(TTA)$_3$/SBA-15 和 Eu(TTA)$_3$phen/SBA-15 样品的
荧光寿命(0.30 ms 和 0.32 ms)比 Eu(TTA)$_3$phen-SBA-15 样品(0.49 ms)低很
多。这一结果主要可以归因于 Eu(TTA)$_3$/SBA-15 和 Eu(TTA)$_3$phen/SBA-15 样
品的制备方法(掺杂法)所存在的缺欠。然而，在 Eu(TTA)$_3$phen-SBA-15 样品中，
由于第二配体 phen-Si 参与配位而形成了三元配合物有效地屏蔽了 Eu^{3+}，消除了
水分子的羟基对荧光的猝灭作用，从而更有效地敏化了 Eu^{3+} 的发光，并且采用共
价键嫁接法制备。上述因素使得 Eu(TTA)$_3$phen-SBA-15 样品显示出更长的荧光
寿命。以上结果表明，以 Eu^{3+} 的三元配合物为光活性物质共价键嫁接法制备的介
孔杂化发光材料样品的发光性能更为优良。

4. 发射量子效率

　　对于 Eu^{3+} 的发光样品，在获得其发射光谱和 $^5D_0$ 能级的寿命之后可以计算发

光体系中 Eu^{3+} 的 $^5D_0$ 激发态的发射量子效率（η），也即 Eu^{3+} 在 $Eu(TTA)_3phen$、$Eu(TTA)_3phen$-SBA-15、$Eu(TTA)_3$/SBA-15、$Eu(TTA)_3phen$/SBA-15 四个样品中的荧光量子效率。首先，发光强度 I，可由 $^5D_0 \rightarrow {}^7F_{0-4}$ 发射谱线积分强度得到。

$$I_{i \cdot j} = \hbar \omega_{i \cdot j} A_{i \cdot j} N_i \approx S_{i \cdot j} \tag{4-1}$$

其中，i 和 j 分别代表初始能级（$^5D_0$）和最终能级（$^7F_{0-4}$），$\hbar\omega_{i \cdot j}$ 为跃迁能量，$A_{i \cdot j}$ 为发射系数，N_i 为 $^5D_0$ 发射能级上的布居数[99]。$^5D_0 \rightarrow {}^7F_{5,6}$ 跃迁发射很弱，因此忽略其对 $^5D_0$ 激发能级跃迁的影响[100]。因为磁偶极跃迁对 Eu^{3+} 周围环境的变化反应不灵敏，所以爱因斯坦发射系数 A_{0J} 用磁偶极跃迁 $^5D_0 \rightarrow {}^7F_1$ 作为标准计算而得。由此爱因斯坦发射系数 A_{0J} 可以根据如下公式计算[101]。

$$A_{0J} = A_{01}(I_{0J}/I_{01})(\nu_{01}/\nu_{0J}) \tag{4-2}$$

其中，I_{01} 和 I_{0J} 分别为 $^5D_0 \rightarrow {}^7F_1$ 和 $^5D_0 \rightarrow {}^7F_J$（$J = 0 \sim 4$）跃迁发射谱峰的积分强度，$\nu_{01}$ 和 ν_{0J} 分别为 $^5D_0 \rightarrow {}^7F_1$ 和 $^5D_0 \rightarrow {}^7F_J$ 跃迁的能量中心位置，A_{01} 为 $^5D_0 \rightarrow {}^7F_1$ 跃迁的爱因斯坦发射系数。在真空中 A_{01} 的值为 14.65 s^{-1}，即（A_{0-1}）$_{vac}$ = 14.65 s^{-1}。由于在空气中需要考虑平均折射率 n（$n = 1.506$）的影响，因此 $A_{0-1} = n^3(A_{0-1})_{vac} \approx 50 \text{ s}^{-1}$[102]。假设 $^5D_0$ 能级布居数的减少仅是由非辐射过程和辐射过程产生的，则荧光寿命、总跃迁速率（A_{tot}）、辐射跃迁速率（A_{rad}）和非辐射跃迁速率（A_{nrad}）有下面的关系[100]。

$$A_{tot} = \frac{1}{\tau} = A_{rad} + A_{nrad} \tag{4-3}$$

A_{rad} 由式（4-2）中每一个 $^5D_0 \rightarrow {}^7F_J$ 跃迁的速率总和计算可得。

$$A_{rad} = A_{01}\frac{\nu_{01}}{I_{01}}\sum_{J=0}^{4}\frac{I_{0J}}{\nu_{0J}} = \sum_J A_{0J} \tag{4-4}$$

$^5D_0$ 发射能级的发射量子效率可以由下式计算而得。

$$\eta = \frac{A_{rad}}{A_{rad} + A_{nrad}} \tag{4-5}$$

表 4-5 给出了所有样品的 A_{rad}、A_{nrad} 和 η。$Eu(TTA)_3phen$（$\eta = 30.51\%$）和 $Eu(TTA)_3phen$-SBA-15（$\eta = 37.61\%$）样品中 Eu^{3+} 的 $^5D_0$ 激发态发射量子效率高于其他两个样品，并且 $Eu(TTA)_3phen$-SBA-15 样品的发射量子效率高于 $Eu(TTA)_3phen$。上述发射量子效率数据表明，当 $Eu(TTA)_3phen$ 以共价键嫁接到基质材料 SBA-15 中后，Eu^{3+} 的化学环境得到了有效的改善，即变得更有利于 Eu^{3+} 的发光。也就是说，对于 $Eu(TTA)_3phen$-SBA-15 样品，在基质材料 SBA-15 介孔孔道中的一些硅羟基被共价键相连的有机基团 phen 所取代，导致由 SBA-15 的硅羟基振动耦合产生的非辐射多质子弛豫和非辐射跃迁速率受到抑制。因此，在 $Eu(TTA)_3phen$-SBA-15 样品中，非辐射跃迁速率较低（$A_{nrad} = 1273 \text{ s}^{-1}$），而 Eu^{3+} 的 $^5D_0$ 激发态的发射量子效率较高。$Eu(TTA)_3$/SBA-15 样品的发射量子效

率($\eta=10.86\%$)最低,这反映了该样品中 Eu^{3+} 的非辐射跃迁速率较高($A_{nrad}=$ 2971 s^{-1}),处于 Eu^{3+} 周围的水分子羟基的荧光猝灭作用是导致其 $^5D_0$ 发射能级的快速猝灭的重要因素之一。$Eu(TTA)_3phen/SBA-15$ 样品中较低的发射量子效率($\eta=19.33\%$)也表明掺杂法难以制得高性能杂化材料。以上结果进一步证实,将稀土有机配合物以共价键嫁接到介孔材料基质骨架上的共价键嫁接法是制备稀土配合物介孔杂化发光材料的一种颇为有效的方法。

5. Judd-Ofelt 荧光强度参数

实验荧光强度参数($\Omega_\lambda,\lambda=2,4$)可以由 $^5D_0 \rightarrow {^7F_2}$ 和 $^5D_0 \rightarrow {^7F_4}$ 跃迁的光谱数据,用磁偶极跃迁 $^5D_0 \rightarrow {^7F_1}$ 作为标准,由下面的公式计算而得[99,101,103,104]。

$$A_{rad}(J) = \frac{4e^2\omega^3}{3\hbar c^3} \frac{1}{2J+1} \chi \sum_\lambda \Omega_\lambda \langle {^5D_0} \| U^{(\lambda)} \| {^7F_J} \rangle^2$$

其中,$A_{rad}(J)$ 为辐射跃迁速率,e 为电荷常数,ω 为跃迁自旋角动量,$\hbar$ 为普朗克常量除以 2π,c 为光速,χ 为折射率因子[可由公式 $\chi=n(n^2+2)^2/9$ 计算得到,反射系数$n=1.5$[26]],$\langle {^5D_0} \| U^{(\lambda)} \| {^7F_J} \rangle^2$ 为简约矩阵元的平方(对于$\lambda=2$ 或 4,其值分别为 0.0032 或 0.0023[105])。由于实验条件所限,尚不能观察到 $^5D_0 \rightarrow {^7F_6}$ 跃迁,故无法得到 Ω_6 值。

四个样品的 Ω_2 和 Ω_4 值列于表 4-5 中。值得注意的是,$Eu(TTA)_3phen-SBA-15$ 有较大的 Ω_2,这可能是 $^5D_0 \rightarrow {^7F_2}$ 跃迁超灵敏行为的结果。在这种情况下,动力学耦合机制起主要作用,从而表明 Eu^{3+} 处在一个相对高极性的环境里。上述数据表明,与纯配合物 $Eu(TTA)_3phen$ 相比,$Eu(TTA)_3phen-SBA-15$ 样品中的 Eu^{3+} 三元配合物的发光性能得到改善[99,104,106],并优于其他杂化材料。

4.4.2.5　小结

借助双功能化合物邻菲罗啉功能化的硅氧烷 phen-Si,制备了 Eu^{3+} 三元配合物 $Eu(TTA)_3phen$ 共价键嫁接到 SBA-15 骨架上的介孔杂化发光材料 $Eu(TTA)_3phen-SBA-15$ 样品。采用浸渍法制备了掺杂 Eu^{3+} 与 TTA 二元配合物的 SBA-15 介孔杂化发光材料 $Eu(TTA)_3/SBA-15$ 样品和掺杂 Eu^{3+} 三元稀土配合物 $Eu(TTA)_3phen$ 的 SBA-15 介孔杂化发光材料 $Eu(TTA)_3phen/SBA-15$ 样品。

共价键嫁接法制备的介孔杂化发光材料 $Eu(TTA)_3phen-SBA-15$ 仍然保持基质材料 SBA-15 的介孔结构。

上述 4 个发光材料样品皆可发射 Eu^{3+} 的特征红色荧光。其中 3 个杂化发光材料样品中共价键嫁接法制备的杂化发光材料 $Eu(TTA)_3phen-SBA-15$ 样品显示了最为优良的荧光性能。同时与纯的 Eu^{3+} 三元配合物 $Eu(TTA)_3phen$ 相比较,杂化发光材料 Eu(TTA)₃phen-SBA-15 样品中的配合物 Eu(TTA)₃phen 的热稳定性明显得以改善。

选择对稀土离子的发光具有优良敏化作用的有机配体与稀土形成三元配合物可以提高配体与稀土离子之间的能量传递效率,同时有效地抑制可能的荧光猝灭作用。经共价键嫁接法将高效发光稀土三元配合物嫁接到介孔材料 SBA-15 的骨架上,能够制得优良的稀土介孔杂化发光材料。

以下两个措施将可能进一步提升稀土配合物介孔杂化发光材料的发光性能:①设计、合成可以向稀土离子高效传递能量的新型有机配体;②进一步改进稀土配合物介孔杂化发光材料的制备方法,以便提高稀土配合物在基质材料中的负载量。

4.4.3　发射绿光的杂化材料

Tb³⁺ 配合物的发光由 Tb³⁺ 的 f-f 电子跃迁产生,这种跃迁受外界环境的影响相对较小,在紫外光的激发下发射出优良的绿色荧光,并且具有窄带发射、荧光寿命较长等特点[107]。以铽与对氨基苯甲酸配合物为光活性物质、介孔材料 SBA-15 为基质制备了杂化发光材料(以 TbPABA-SBA-15 表示)。

4.4.3.1　TbPABA-SBA-15 样品的制备

运用共价键嫁接法制备 TbPABA-SBA-15 样品,其合成步骤如图 4-29 所示。首先,用对氨基苯甲酸(PABA)与 3-(三乙氧硅基)丙基异氰酸酯在四氢呋喃溶液中反应制得 PABA 功能化的硅氧烷(或硅氧烷修饰的 PABA)PABA-Si,其结构如图 4-29 所示。然后,采用 PABA-Si 与四乙氧基硅烷共缩聚制得 PABA 功能化的介孔材料 SBA-15 样品(以 PABA-SBA-15 表示)。最后,在乙醇溶液中借助 PABA-SBA-15 样品中的羧酸基团与 TbCl₃ 中的氯离子的交换,制备了发射绿色荧光的介孔杂化发光材料 TbPABA-SBA-15 样品。在 TbPABA-SBA-15 样品中铽苯甲酸配合物与基质 SBA-15 的共价键嫁接结构的示意图如图 4-29 所示。

4.4.3.2　TbPABA-SBA-15 样品的结构和发光性能

1. PABA-SBA-15 样品的结构特点

通过控制 PABA-Si 与正硅酸乙酯共缩聚的反应条件,可以使对氨基苯甲酸基团均匀地以共价键嫁接在基质 SBA-15 骨架上,同时使 PABA-SBA-15 仍然保持基质 SBA-15 原有的介孔结构。在 PABA-SBA-15 样品的 X 射线粉末衍射谱图中,PABA-SBA-15 样品清晰地显示了对应于(100)、(110)和(210)晶面衍射的三个衍射峰,这是典型的六方介孔结构的基质 SBA-15 的 X 射线衍射峰(其空间群为 *P6mm*)。

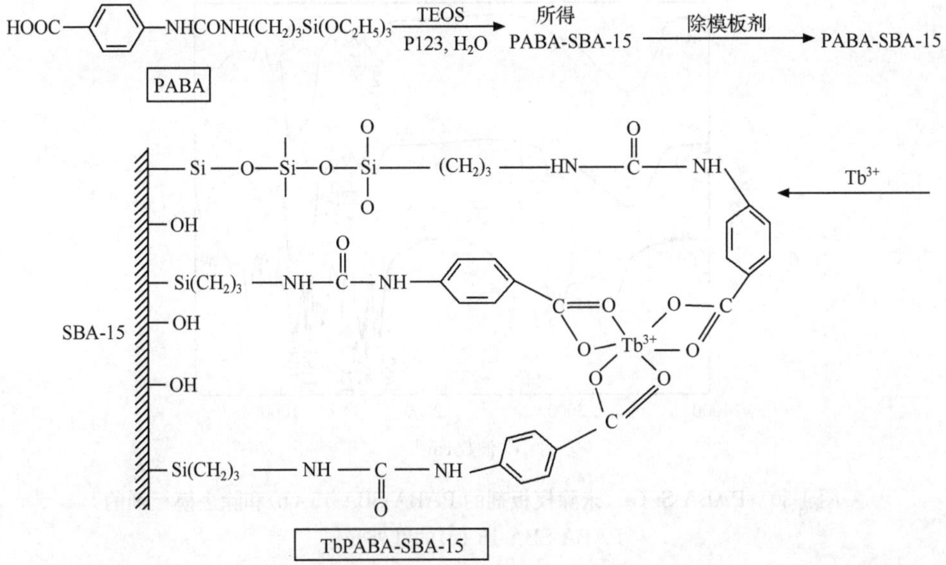

图 4-29　TbPABA-SBA-15 样品的合成过程及结构示意图

　　图 4-30 为 PABA-Si、未除模板剂的 PABA-SBA-15 和除去模板剂的 PABA-SBA-15 三个样品的红外光谱。对 PABA-SBA-15 样品，双功能化合物 PABA-Si 中的对氨基苯甲酸基团已被成功地嫁接到 SBA-15 的骨架上，因此在其红外光谱中[图 4-30(b)和图 4-30(c)]仍然保留了双功能化合物 PABA-Si 中 NH—CO—NH 基团的特征谱带，即 PABA-Si 的红外光谱[图 4-30(a)]中位于 1652 cm^{-1}、1592 cm^{-1} 和 1565 cm^{-1} 的归属于 NH—CO—NH 基团的三个谱带。与未除模板剂的 PABA-SBA-15 样品的红外光谱相比，由于模板剂已基本除去，因此除去模板剂的 PABA-SBA-15 样品的红外光谱中来源于制备时加入的模板剂的位于 2700～3000 cm^{-1} 范围内的—CH$_2$、—CH$_3$ 基团的伸缩振动谱带明显减弱，同时位于 1375 cm^{-1} 处的—CH$_3$ 基团弯曲振动谱带则消失。

　　PABA 功能化的杂化介孔材料 PABA-SBA-15 样品中，有机基团已经借助 Si—C 键嫁接到 SBA-15 的骨架上，该样品的 ^{29}Si MAS 核磁共振谱（图 4-31）清晰地显示出含有 Si—C 键的有机硅氧烷结构单元[RSi(OSi)$_n$(OH)$_{3-n}$，$n=1～3$]的特征核磁共振峰 T^n。同时，该样品中有机硅氧烷结构单元的聚合较完全，这反映在该样品的 ^{29}Si MAS 核磁共振谱中是有机硅氧烷结构单元的特征核磁共振信号 T^3 明显强于其他有机硅氧烷结构单元的。PABA-SBA-15 样品中硅氧烷结构单元 [Si(OSi)$_m$(OH)$_{4-m}$，$m=2～4$]的特征核磁共振信号 Q^m 在谱图中也清晰可见。

　　PABA-SBA-15 样品具有 SBA-15 特有的高度有序的介孔结构。它的氮气吸附/脱附等温线也为此提供了有力的证据，即样品在较高的相对压力下显示了具有

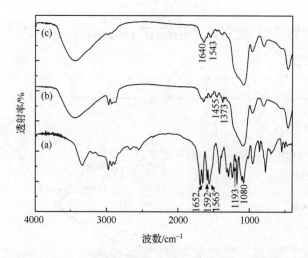

图 4-30 PABA-Si (a)、未除模板剂的 PABA-SBA-15 (b)和除去模板剂的
PABA-SBA-15 (c)的红外光谱

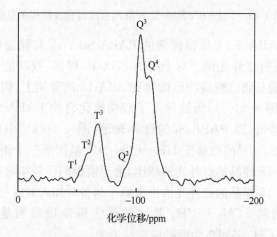

图 4-31 PABA-SBA-15 样品的^{29}Si MAS 核磁共振谱图

H1 滞后环的Ⅳ型等温线(这是空间群为 $P6mm$ 的六方介孔结构所特有的)。

TbPABA-SBA-15 样品仅是通过 PABA-SBA-15 样品与三氯化铽的交换过程制备的。在选定的实验条件下,共价键嫁接的 Tb^{3+} 配合物应该是均匀地分散在基质材料的骨架上,因此 Tb^{3+} 的载入也不会影响 PABA-SBA-15 的有序介孔结构。

2. TbPABA-SBA-15 样品的荧光光谱

图 4-32 为 TbPABA-SBA-15 样品的激发光谱(以 Tb^{3+} 的$^5D_4 \rightarrow {}^7F_5$ 跃迁的 544 nm 发射为监测波长,λ_{em} = 544 nm)和发射光谱(λ_{ex} = 310 nm)。激发光谱表

现出以 310 nm 为最大峰位的强而宽的激发带,这一激发带可以归属于苯甲酸铽配合物的有机配体的吸收。该激发光谱中没有观察到来源于 Tb^{3+} 的激发峰,这表明 TbPABA-SBA-15 样品中存在有效的配体到 Tb^{3+} 的能量传递。以 310 nm 为激发波长,在室温下测得了 Tb^{3+} 的发射光谱。由图 4-32 可以观察到,在紫外光激发下,TbPABA-SBA-15 样品发射出了 Tb^{3+} 的特征荧光,这表明配体吸收了激发能量并且有效地传递给中心 Tb^{3+},该杂化发光材料样品的发射是配体敏化的 Tb^{3+} 发光。TbPABA-SBA-15 样品的荧光发射应该归属于 Tb^{3+} 的$^5D_4$ 能级向^7F_J ($J=6,5,4,3$)能级的跃迁,其发射峰分别位于 489 nm、544 nm、583 nm、620 nm,以544 nm 处的发射为最强发射。

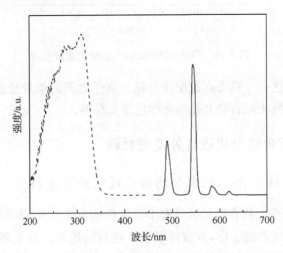

图 4-32　TbPABA-SBA-15 样品的激发光谱(虚线)和发射光谱(实线)

3. TbPABA-SBA-15 样品的荧光寿命

图 4-33 为 TbPABA-SBA-15 样品的荧光衰减曲线。该曲线呈单指数衰减,这表明在 TbPABA-SBA-15 样品中 Tb^{3+} 处于比较均一的化学环境中。经计算可得 TbPABA-SBA-15 样品的荧光寿命为 0.98 ms。

4.4.3.3　小结

利用对氨基苯甲酸功能化的硅氧烷 PABA-Si 与四乙氧基硅烷(正硅酸乙酯,TEOS)的共缩聚反应合成了共价键嫁接对氨基苯甲酸的介孔材料 SBA-15(PABA-SBA-15)样品。PABA-SBA-15 样品具有高度有序的介孔结构,再经交换过程制得共价键嫁接铽配合物的介孔杂化发光材料 TbPABA-SBA-15 样品。该样品的荧光光谱显示出优良的 Tb^{3+} 的特征绿光发射。

发绿光的稀土配合物介孔杂化发光材料的发展空间还很广阔,通过优化有机

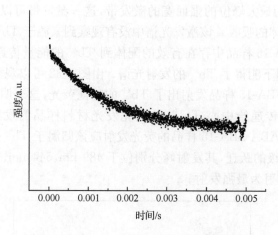

图 4-33   TbPABA-SBA-15 的荧光衰减曲线

配体的结构将会进一步提高有机配体与稀土离子之间的能量传递效率,从而研发性能更为优良的稀土配合物介孔杂化绿色发光材料。

4.4.4   稀土配合物杂化近红外发光材料

4.4.4.1   稀土 β-二酮配合物杂化近红外发光材料

稀土 β-二酮配合物在可见区具有十分优良的发光性质,多年来研究人员已经开展了大量很有成效的工作,并取得了引人注目的进展。稀土离子中,Eu^{3+} 的 β-二酮配合物的可见发光材料的研究尤其受到国内外研究人员的青睐。相比之下,对稀土 β-二酮配合物的近红外发光性质及其应用的研究工作却开展得相对滞后,近红外发光的稀土 β-二酮配合物的杂化发光材料的研究则更是鲜有报道。实际上,稀土 β-二酮配合物不仅在可见区具有优良的发光性质,而且在近红外区同样具有优良的发光性质。稀土中的一些离子,如 Nd^{3+}、Er^{3+}、Yb^{3+} 等的 β-二酮配合物具有更加优良的近红外发光性质,并且这些优良的近红外发光性质使其在光通信、生物、医学及传感器等许多重要领域显示出十分诱人的应用前景。

与可见区发光的稀土 β-二酮配合物类似,近红外发光的稀土 β-二酮配合物的光、热稳定性亦不甚理想,这已经成为制约研发实用的高性能近红外发光稀土 β-二酮配合物材料的瓶颈。发展近红外发光的稀土 β-二酮配合物的杂化材料以便有效地突破这一瓶颈已经成为国内外相关研究人员的共识。

稀土离子的近红外发光对振动钝化作用尤其敏感,稀土配合物的配体中含有的高能振子,例如 C—H 键等能够严重地猝灭稀土离子的激发态,从而导致稀土离子较低的近红外发光强度和较短的激发态寿命。将 β-二酮中 C—H 键以具有低振动能量的 C—F 键取代，能够有效地降低配体的振动能，由此可以降低由于配体振动带来的能量损失，从而有效地提高稀土离子的发光强度。因此，合成具有高效近红外发光性质的稀土配合物时，以 C—F 键取代 β-二酮中的 C—H 键非常重要。

近年来，以 SBA-15 为基质材料的近红外发光稀土 β-二酮配合物的杂化材料研究已经取得了可观的进展。下面主要介绍两种稀土氟化 β-二酮配合物的 SBA-15 介孔杂化近红外发光材料的结构及发光性能。这两种氟化 β-二酮配体是 4，4，5，5，6，6，6-七氟-1-(2-噻吩基)-1,3-己二酮（Hhfth）和 4，4，4-三氟-1-(2-萘基)-1,3-丁二酮（Htfnb）。制备杂化材料应用的稀土三元配合物分别以下式表示：Ln(hfth)$_3$phen（Ln=Er、Nd、Yb、Sm）和 Pr(tfnb)$_3$phen（以上两类三元配合物分别以 Hhfth 和 Htfnb 为第一配体，均以邻菲罗啉 phen 为第二配体）。

1. 稀土与氟化 β-二酮、邻菲罗啉三元配合物的杂化近红外发光材料样品的合成

采用共价键嫁接法，通过双功能化合物邻菲罗啉功能化的硅氧烷 phen-Si（其结构见本章前文）分别制备了 Ln（hfth）$_3$phen（Ln = Er、Nd、Yb、Sm）、Pr(tfnb)$_3$phen 与基质材料 SBA-15 的杂化近红外发光材料样品 Ln(hfth)$_3$phen-SBA-15(Ln=Er、Nd、Yb、Sm) 和 Pr(tfnb)$_3$phen-SBA-15。在这些杂化材料样品中，稀土与 β-二酮、邻菲罗啉三元配合物借助 Si—C 共价键嫁接到基质材料的骨架上。

2. 稀土与氟化 β-二酮、邻菲罗啉三元配合物的杂化近红外发光材料的结构

phen 功能化的介孔材料 SBA-15(以 phen-SBA-15 表示)样品中的邻菲罗啉基团借助 Si—C 共价键嫁接到介孔材料 SBA-15 的骨架上，phen-SBA-15 样品仍然保持着基质 SBA-15 的 $P6mm$ 六方介孔结构。在选定的制备条件下，所制得的 Ln(hfth)$_3$phen-SBA-15 (Ln=Er、Nd、Yb、Sm) 和 Pr(tfnb)$_3$phen-SBA-15 杂化近红外发光材料样品也仍然保持着良好的 SBA-15 介孔结构，它们的 X 射线粉末衍射图为此提供了相当充分的证据。在 $0.8°<2\theta<2.0°$ 范围内，这些样品均出现三个衍射峰，分别对应于样品的(100)、(110)和(210)晶面衍射，这是典型的空间群为 $P6mm$ 的六方介孔结构的 SBA-15 的衍射峰。尤其值得指出的是，与 phen-SBA-15 样品相比，Ln(hfth)$_3$phen-SBA-15 (Ln = Er、Nd、Yb、Sm) 和 Pr(tfnb)$_3$phen-SBA-15 样品特征(100)衍射峰的位置几乎未变。然而，应当注意的是由于在 phen-SBA-15 样品的孔道内已共价键嫁接了配合物 Ln(hfth)$_3$phen(Ln=Er、Nd、Yb、Sm) 和 Pr(tfnb)$_3$phen，而键嫁接的配合物必然要占据一定的空间，因此会导

致 phen-SBA-15 样品的有序结构受到一定程度的影响。这反映在样品的衍射峰强度发生了一定变化，即与 phen-SBA-15 样品的衍射峰强度相比，Ln(hfth)₃phen-SBA-15 (Ln＝Er、Nd、Yb、Sm) 和 Pr(tfnb)₃phen-SBA-15 样品的衍射峰强度皆有所降低。这五个稀土(Er、Nd、Yb、Sm 和 Pr)配合物的杂化近红外发光材料样品具有类似的结构，它们的晶胞参数 a_0 和(100)晶面的面间距都很相近(表 4-6)。

表 4-6　Ln(hfth)₃phen-SBA-15 (Ln＝Er、Nd、Yb、Sm) 和 Pr(tfnb)₃phen-SBA-15 的结构参数*

参数	d_{100}/nm	a_0/nm	S_{BET}/(m²/g)	V/(cm³/g)	D_{BJH}/nm	h_w/nm
phen-SBA-15	11.04	12.75	938.7	1.43	6.46	6.29
Er(hfth)₃phen-SBA-15	11.47	13.24	778.4	1.22	5.74	7.50
Nd(hfth)₃phen-SBA-15	11.45	13.22	732.6	1.17	5.75	7.47
Yb(hfth)₃phen-SBA-15	11.33	13.08	720.5	1.17	5.70	7.38
Sm(hfth)₃phen-SBA-15	11.18	12.91	766.5	1.22	5.74	7.17
Pr(tfnb)₃phen-SBA-15	11.18	12.91	784.7	1.24	5.73	7.18

* d_{100}:(100)晶面间距($2d\sin\theta=k\lambda$; $k=1$, $\lambda=1.5416$Å); a_0:晶胞参数, $a_0=2d_{100}/\sqrt{3}$; S_{BET}: BET 比表面积; V:孔体积; D_{BJH}:孔径; h_w:壁厚, $h_w=a_0-D_{BJH}$。

　　phen-SBA-15 样品和一系列稀土配合物杂化近红外发光材料样品均具有类似的氮气吸附/脱附性能。在较高的相对压力下，所有样品皆显示了具有 H1 滞后环的Ⅳ型等温线，这是高度有序介孔材料特征的氮气吸附/脱附等温线[108]。利用Brunauer-Emmett-Teller (BET)和 Barrett-Joyner-Halenda (BJH)方法，得到了 phen-SBA-15、Ln(hfth)₃phen-SBA-15 (Ln＝Er、Nd、Yb、Sm) 和 Pr(tfnb)₃phen-SBA-15 样品的比表面积、孔体积和孔径大小(表 4-6)。由表 4-6 可见，与 phen-SBA-15 样品相比，Ln(hfth)₃phen-SBA-15 (Ln＝Er、Nd、Yb、Sm) 和 Pr(tfnb)₃phen-SBA-15 样品的比表面积、孔体积、孔径均有所减小。在这些杂化近红外发光材料样品中，基质的孔道内分别嫁接了 Ln(hfth)₃phen(Ln＝Er、Nd、Yb、Sm) 和 Pr(tfnb)₃phen 配合物，嫁接的配合物必然要占据一定的空间，因此这些杂化近红外发光材料样品的上述结构参数的减小是必然的。由于这些杂化近红外发光材料样品的结构比较类似，因此其所具有的比表面积、孔体积及孔径也就比较相近。

　　在选定的制备条件下，介孔材料 SBA-15 的邻菲罗啉基团功能化的反应过程以及负载稀土配合物的交换过程均不影响基质 SBA-15 的介孔结构，Ln(hfth)₃phen-SBA-15 (Ln＝Er、Nd、Yb、Sm) 和 Pr(tfnb)₃phen-SBA-15 样品的透射电子显微镜照片为此提供了更加直观的佐证(图 4-34)。透射电子显微镜照片清晰地显示出，这些杂化近红外发光材料样品仍然保持着基质 SBA-15 的空间群为 P6mm 的六方介孔结构。透射电子显微镜照片也显示，所有这些杂化近红外

发光材料样品的相邻孔道中心之间的距离均为 13 nm 左右。上述结果与样品 X
射线粉末衍射的研究结果吻合。

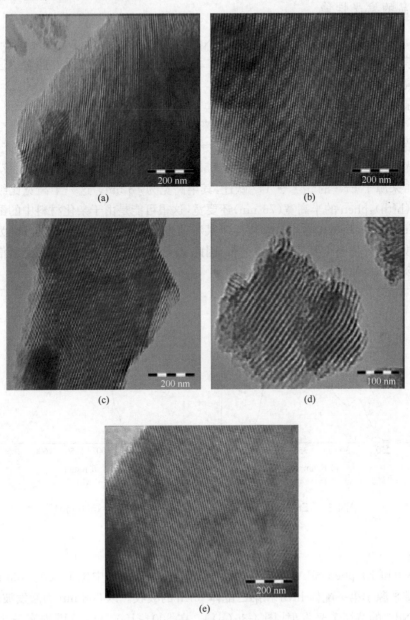

图 4-34　Ln(hfth)₃phen-SBA-15[Ln＝Er(a)、Nd(b)、Yb(c)、Sm(d)]
和 Pr(tfnb)phen-SBA-15(e)的透射电镜照片

（承惠允，引自[25(b)]）

3. 稀土与氟化 β-二酮、邻菲罗啉三元配合物的杂化近红外发光材料样品的发光性能

Ln(hfth)$_3$phen-SBA-15 (Ln＝Er、Nd、Yb、Sm) 和 Pr(tfnb)$_3$phen-SBA-15 样品在紫外光的激发下,主要通过氟化 β-二酮配体与稀土离子之间的能量传递而使稀土离子发射出各自的特征近红外荧光。

杂化近红外发光材料 Er(hfth)$_3$phen-SBA-15 样品的激发光谱[图 4-35(a)]由 250～425 nm 的强宽带组成,它应该是来源于第一配体 β-二酮 hfth 和第二配体 phen 的吸收。通过激发配体的吸收(λ_{ex}＝397 nm),检测到 Er^{3+} 的特征荧光发射。发射光谱[图 4-35(b)]展现出 1450～1650 nm 且中心位于 1540 nm 的宽带,此发射宽带来源于 Er^{3+} 的 $^4I_{13/2} \rightarrow {}^4I_{15/2}$ 跃迁,其半高宽为 78 nm。这一半高宽比纯配合物 Er(hfth)$_3$phen 的半高宽(76 nm)还要宽,这很可能是由于杂化材料中的配合物 Er(hfth)$_3$phen 所处的化学环境发生了某种改变。这样宽的半高宽很可能为掺铒的光放大器提供一个更宽的增益谱带,因此 Er(hfth)$_3$phen-SBA-15 在光通信方面具有令人期待的应用前景。

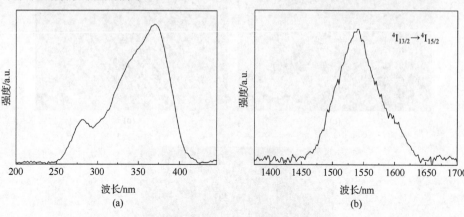

图 4-35　Er(hfth)$_3$phen-SBA-15 样品的激发(λ_{em}＝1540 nm)
光谱(a)和发射(λ_{ex}＝397 nm)光谱(b)
(承惠允,引自[25(b)])

Nd(hfth)$_3$phen-SBA-15 样品的激发光谱[图 4-36(a)]中位于 250～435 nm 的强宽带来源于第一配体 hfth 和第二配体 phen 的吸收。以 368 nm 为激发波长,检测到 Nd^{3+} 的特征荧光发射[图 4-36(b)]。在 800～1500 nm 范围内有三个发射峰,分别位于 874 nm ($^4F_{3/2} \rightarrow {}^4I_{9/2}$)、1065 nm ($^4F_{3/2} \rightarrow {}^4I_{11/2}$) 和 1337 nm ($^4F_{3/2} \rightarrow {}^4I_{13/2}$)处。这是配体敏化的 Nd^{3+} 的特征荧光发射,可见 Nd(hfth)$_3$phen-SBA-15 样品中配体与 Nd^{3+} 之间的能量传递也是相当有效的。

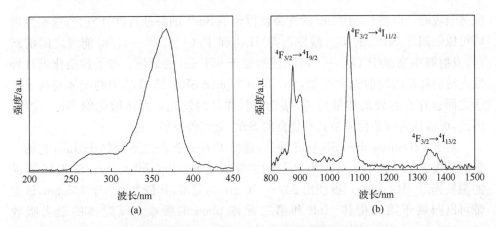

图 4-36　Nd(hfth)₃phen-SBA-15 样品的激发(λ_{em}=1065 nm)光谱(a)和发射(λ_{ex}=368 nm)光谱(b)

(承惠允,引自[25(b)])

　　Yb(hfth)₃phen-SBA-15 样品的激发光谱[图 4-37(a)]也是位于大致相同光谱范围的强宽带,这是来源于第一配体 hfth 和第二配体 phen 的高效吸收。在 397 nm 波长的光的激发下,该样品的发射光谱[图 4-37(b)]呈现出一个位于 980 nm 的主要尖峰和一个位于长波区域的宽带,其光谱范围为 925~1100 nm。上述发射峰归属于 Yb³⁺ 的 $^2F_{5/2} \rightarrow {}^2F_{7/2}$ 跃迁。同样,Yb(hfth)₃phen-SBA-15 样品中的配体与稀土离子之间存在有效的能量传递,杂化材料样品的发光是配体敏化的 Yb³⁺ 发射。

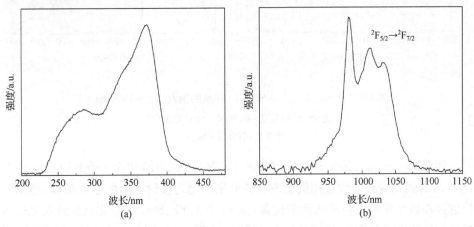

图 4-37　Yb(hfth)₃phen-SBA-15 样品的激发(λ_{em}=980 nm)

光谱(a)和发射(λ_{ex}=397 nm)光谱(b)

(承惠允,引自[25(b)])

　　Sm(hfth)₃phen-SBA-15 样品的激发光谱也呈现位于大致相同的光谱范围的

配体吸收峰。以波长 370 nm 的光激发得到了 Sm^{3+} 的特征近红外发光,这些发射峰可以归属于 Sm^{3+} 的 $^4G_{5/2}$ 激发态与 $^6H_{15/2}$ 和 ^6F_J($J=5/2\sim11/2$)能级之间的跃迁,发射峰中来源于 $^4G_{5/2}\rightarrow{}^6F_{5/2}$ 跃迁的位于 951 nm 的最强。与上述杂化近红外发光材料样品的发射光谱类似,Sm(hfth)$_3$phen-SBA-15 样品中的配体与稀土离子之间也存在有效的能量传递,杂化材料样品的发光是配体敏化的 Sm^{3+} 发射。因此,可以认为该杂化体系具有优良的 Sm^{3+} 近红外发光性能。

对于 Pr(tfnb)$_3$phen-SBA-15 样品,选择了另一个 β-二酮配体 Htfnb(它的三重态能级为 19 700 cm^{-1})作为 Pr^{3+} 的主要敏化剂。Pr(tfnb)$_3$phen-SBA-15 样品的激发光谱[图 4-38(a)]展现出 237～400 nm 的宽带,其最大值位于 365 nm,该宽带可以归属于第一配体 tfnb 和第二配体 phen 的吸收。以配体的最大吸收($\lambda=365$ nm)为激发波长,测得了该样品的发射光谱[图 4-38(b)]。这一发射光谱由三个分别位于 878 nm、1042 nm 和 1503 nm 的谱带组成,它们可分别归属于 Pr^{3+} 的 $^1D_2\rightarrow{}^3F_2$ 跃迁、$^1D_2\rightarrow{}^3F_4$ 跃迁和 $^1D_2\rightarrow{}^1G_4$ 跃迁[109]。

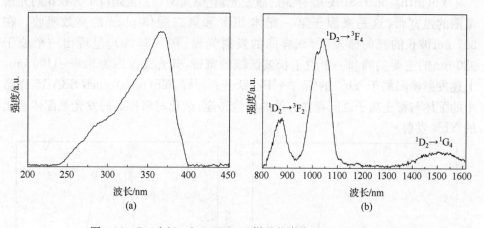

图 4-38 Pr(tfnb)$_3$phen-SBA-15 样品的激发($\lambda_{em}=1038$ nm)
光谱(a)和发射($\lambda_{ex}=365$ nm)光谱(b)
(承惠允,引自[25(b)])

测定 Ln(hfth)$_3$phen-SBA-15 (Ln=Er、Nd、Yb、Sm)和 Pr(tfnb)$_3$phen-SBA-15 样品的荧光衰减曲线选用的激发波长分别为测定发射光谱的激发波长,监测波长选择在各个样品发射峰的最强位置,即 Er、Nd、Yb、Sm、Pr 杂化近红外发光材料样品的监测波长分别选在 1540 nm、1065 nm、980 nm、950 nm、1038 nm。各个样品的荧光衰减曲线均呈现单指数衰减,得到的相应各个杂化近红外发光材料样品的荧光寿命值分别为 1.22 μs、15.6 μs、12.3 μs、20.3 μs、8.4 ns。除了 Pr 配合物的杂化近红外发光材料样品的荧光寿命为纳秒级,其他杂化近红外发光材料样品的荧光寿命均可长达微秒级。

4.4.4.2　稀土与 8-羟基喹啉配合物的杂化近红外发光材料

8-羟基喹啉（HQ）是比较经典的配体，它能与许多种金属离子生成稳定的配合物。一些金属离子的 8-羟基喹啉配合物还具有优良的发光性质。例如，8-羟基喹啉铝具有很强的电致绿色发光，用它作为有机发光二极管中的发光物质，制得的有机发光二极管在可见光区的发光性能相当优良[110,111]。目前对近红外区发光材料的需求日益迫切，在这种背景下稀土配合物近红外发光材料的研究备受关注。由于 8-羟基喹啉配体对稀土离子具有比较强的配位能力，并且该配体具有较低的三重态能级，可以与一些具有近红外发光性质的稀土离子的激发态能级匹配得很好，因此 Nd^{3+}、Er^{3+} 和 Yb^{3+} 的 8-羟基喹啉配合物呈现出令人们很感兴趣的近红外发光性质。众所周知，稀土配合物的光、热和化学稳定性比较差的弱点极大地限制了它们的实际应用。将稀土近红外发光配合物组装到某些适宜的惰性基质中制成有机-无机杂化发光材料是解决上述问题的有效途径。

利用共价键嫁接法已成功地制备了稀土 8-羟基喹啉配合物与 SBA-15 的介孔杂化近红外发光材料（该杂化材料用 LnQ$_3$-SBA-15 表示，其中 Ln＝Er、Nd、Yb）样品。有关具体的制备方法在 4.3 节已经进行了介绍，在此不再重述。下面介绍稀土 8-羟基喹啉配合物与介孔材料 SBA-15 的杂化近红外发光材料样品的近红外发光性能。

1. 稀土与 8-羟基喹啉配合物的杂化近红外发光材料样品的介孔结构

在选定的实验条件下，8-羟基喹啉功能化的介孔材料 SBA-15 即 Q-SBA-15 样品中共价键嫁接的 8-羟基喹啉功能基团均匀地分布在介孔材料 SBA-15 的骨架上，这对基质材料 SBA-15 介孔结构的影响基本上可以忽略。因此，Q-SBA-15 样品仍然保留了原介孔材料 SBA-15 的结构特点。LnQ$_3$-SBA-15（Ln＝Er、Nd、Yb）样品是通过交换的方法将稀土离子组装到 Q-SBA-15 的骨架上而制成的。在这些样品中，借助 Si—C 共价键稀土 8-羟基喹啉配合物被均匀地嫁接到基质材料 SBA-15 的骨架上，从而使介孔杂化近红外发光材料 LnQ$_3$-SBA-15 仍然具有 SBA-15 的介孔结构。

LnQ$_3$-SBA-15（Ln＝Er、Nd、Yb）样品的扫描电镜照片显示这些样品均呈现出蠕虫状的形貌，而这正是 SBA-15 介孔结构的特征形貌。不仅如此，ErQ$_3$-SBA-15、NdQ$_3$-SBA-15 和 YbQ$_3$-SBA-15 三个样品的形貌也比较相似，如扫描电镜照片显示的三个稀土杂化近红外发光材料样品的粒子直径和长度大小非常接近，分别在 500～700 nm 和 1～2 μm 范围内。

图 4-39 为 LnQ$_3$-SBA-15（Ln＝Er、Nd、Yb）样品的透射电镜照片。从图上可

以看出,三个样品仍保持基质材料 SBA-15 的二维六方结构(空间群为 $P6mm$)。所有介孔杂化近红外发光材料样品都具有比较规则的二维六方排列的均匀孔道结构,并且三个样品的孔道结构颇为类似。LnQ_3-SBA-15($Ln=Er$、Nd、Yb)样品中相邻孔道中心距离大约为 13 nm,彼此也比较接近。

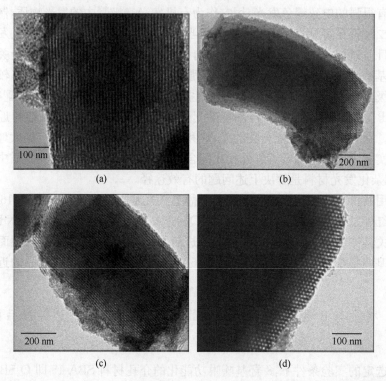

图 4-39 ErQ_3-SBA-15(a)、NdQ_3-SBA-15(b)、YbQ_3-SBA-15(c,d)的透射电镜照片
(承惠允,引自[26])

LnQ_3-SBA-15($Ln=Er$、Nd、Yb)样品和 Q-SBA-15 样品的 X 射线粉末衍射图均展现出它们所具有的典型 $P6mm$ 空间群的二维六方介孔结构(SBA-15 所具有的介孔结构),即都具有一个最强的衍射峰和两个较弱的衍射峰,分别来源于(100)、(110)和(200)晶面的衍射,并且几个样品衍射峰的位置也基本相同。然而,由于在 LnQ_3-SBA-15($Ln=Er$、Nd、Yb)样品的孔道内分别负载了不同的稀土配合物,负载的稀土配合物必然要占据一定的空间,从而势必对基质材料的介孔有序性产生某种程度的干扰。因此,与 Q-SBA-15 样品相比,LnQ_3-SBA-15 样品 X 射线粉末衍射峰强度比较低是必然的。三个介孔杂化近红外发光材料样品的结构比较相似,因此也具有相近的(100)晶面的面间距(d_{100})和晶胞参数(a_0)值(表 4-7)。

表 4-7　Q-SBA-15、LnQ₃-SBA-15 (Ln＝Er、Nd、Yb)的结构参数[26]

样品	d_{100}/nm	a_0/nm	S_{BET}/(m²/g)	V/(cm³/g)	D_{BJH}/nm	h_w/nm
Q-SBA-15	10.90	12.59	948.0	1.57	7.41	5.18
ErQ₃-SBA-15	11.03	12.74	842.0	1.40	6.49	6.25
NdQ₃-SBA-15	11.17	12.90	863.9	1.43	6.50	6.40
YbQ₃-SBA-15	11.03	12.74	857.4	1.40	6.48	6.26

* 表中各物理量的意义与表 4-6 相同。

　　LnQ₃-SBA-15 (Ln＝Er、Nd、Yb)样品和 Q-SBA-15 样品的氮气吸附/脱附等温线皆属于Ⅳ型等温线,并且具有明显的 H1 型滞后环。根据 IUPAC 分类,上述氮气吸附/脱附等温线是典型的介孔结构 SBA-15 特征的氮气吸附/脱附等温线。在 LnQ₃-SBA-15 (Ln＝Er、Nd、Yb)样品的孔道内嫁接的稀土配合物理应占据一定的空间,与 Q-SBA-15 样品相比,三个介孔杂化近红外发光样品的比表面积、孔体积、孔径大小理应减小(表 4-7)。同时,三个介孔杂化近红外发光材料样品的结构相似,它们具有相近的比表面积、孔体积、孔径大小(表 4-7)。

　　2. 稀土与 8-羟基喹啉配合物的杂化近红外发光材料样品的发光性能

　　图 4-40(b)给出了 ErQ₃-SBA-15 样品的激发光谱和发射光谱,作为比较,也给出了纯配合物 ErQ₃ 的激发光谱和发射光谱[图 4-40(a)]。纯配合物 ErQ₃ 和 ErQ₃-SBA-15 样品的激发光谱皆显示出来源于配体 8-羟基喹啉和硅氧烷修饰的 8-羟基喹啉 Q-Si 的强而宽的激发峰。采用配体的最大吸收波长(400 nm 和 417 nm)作为激发光波长,分别得到了 ErQ₃ 和 ErQ₃-SBA-15 样品的发射光谱。纯配合物 ErQ₃ 和 ErQ₃-SBA-15 样品均发生了有效的分别由配体 8-羟基喹啉和 Q-Si 至 Er³⁺ 的能量传递,即配体可以有效地敏化 Er³⁺ 的荧光。在两个发射谱中,发射带中心分别位于 1530 nm 和 1544 nm,并且分别覆盖了 1420～1650 nm 和 1460～1800 nm 相当宽的光谱范围,这归属于 Er³⁺ 的 ⁴I₁₃/₂→⁴I₁₅/₂ 特征发射。尽管来自 Er³⁺ 的众多激发态的发射是可能的,但是仅观察到来自 ⁴I₁₃/₂ 能级的发射,这就意味着从这些激发态能级到 ⁴I₁₃/₂ 能级存在着有效的非辐射衰减机制。长期以来,掺铒的材料一直都受到人们强烈的关注,这是因为它在 1540 nm 的发射带正好位于第三通信窗口的位置。ErQ₃-SBA-15 样品的 ⁴I₁₃/₂→⁴I₁₅/₂ 跃迁的半高宽(FWHM)为 95 nm,与其他掺铒材料相比,如此宽的半高宽能为光放大器提供一个更为理想的增益谱带。

　　图 4-41(b)给出了 NdQ₃-SBA-15 样品的激发光谱和发射光谱,作为比较,也给出了纯配合物 NdQ₃ 的激发光谱和发射光谱[图 4-41(a)]。NdQ₃ 的激发光谱

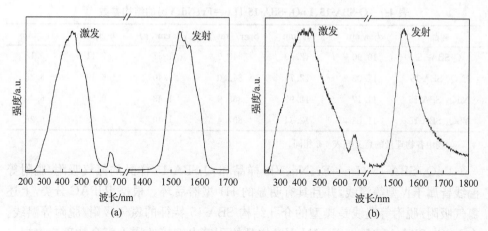

图 4-40 （a）ErQ$_3$ 的激发（λ_{em}＝1530 nm）和发射（λ_{ex}＝400 nm）光谱；（b）ErQ$_3$-SBA-15 样品的激发（λ_{em}＝1544 nm）和发射（λ_{ex}＝417 nm）光谱

（承惠允,引自[26]）

展现出 200～560 nm 的宽峰,这是配体 8-羟基喹啉的吸收。NdQ$_3$-SBA-15 样品的激发光谱亦出现了源于配体 Q-Si 的吸收宽峰,但是与纯配合物 NdQ$_3$ 的激发光谱相比,其激发光谱相对窄一些,这可能是由于 Nd^{3+} 与 8-羟基喹啉配合物被共价键嫁接到介孔材料的骨架上后,其化学环境发生了改变。上述激发光谱特点意味着可以使用波长较长的光,甚至是可见光对 NdQ$_3$-SBA-15 样品和 NdQ$_3$ 进行激发,并且有机配体的高效吸收能够有效地敏化 Nd^{3+} 的发光,这对体系的光致发光是非常有利的[112]。分别以 400 nm 和 390 nm 为激发波长,得到的 NdQ$_3$ 和 NdQ$_3$-SBA-15 样品的发射光谱均展现出 Nd^{3+} 的特征发射,即配体敏化的 Nd^{3+} 荧光。两个发射光谱在 800～1500 nm 范围内均出现了三个谱带,其中发射强度最高的谱带位于 1061 nm 处,归属于 Nd^{3+} 的 $^4F_{3/2} \rightarrow {}^4I_{11/2}$ 跃迁,另两个谱带分别位于 903 nm（$^4F_{3/2} \rightarrow {}^4I_{9/2}$）和 1332 nm（$^4F_{3/2} \rightarrow {}^4I_{13/2}$）。NdQ$_3$-SBA-15 样品发射谱带的外形及发射荧光的相对强度皆与纯配合物 NdQ$_3$ 一致,并且与曾报道过的有机钕配合物的光谱类似[113]。很显然,与 NdQ$_3$ 一样,NdQ$_3$-SBA-15 样品中配体 Q-Si 与 Nd^{3+} 之间的能量传递是相当有效的,该杂化材料样品发射了优良的 Nd^{3+} 的特征荧光。目前在光学领域应用的材料中,含 Nd^{3+} 的固态体系材料被认为是最受欢迎的材料之一,其中 Nd^{3+} 位于 1.06 μm 处的最强发射带对激光发射具有重要的潜在应用价值。此外,含 Nd^{3+} 的材料也可用于发展操作于 1.3 μm（光通信中的一个重要窗口）处的光放大器。Nd^{3+} 与 8-羟基喹啉配合物被共价键嫁接到介孔材料的骨架上后,不仅能够发射优良的 Nd^{3+} 的特征荧光,而且其光、热稳定性无疑会得到明显提升,因此杂化近红外发光材料 NdQ$_3$-SBA-15 有可能成为制造新型光学器件的优良候选材料。

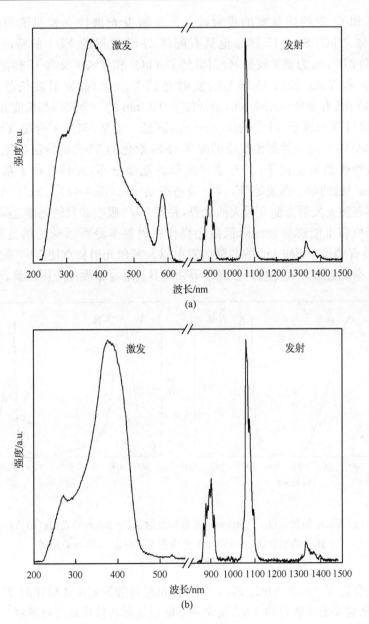

图 4-41　(a) NdQ$_3$ 的激发(λ_{em}＝1061 nm)光谱和发射(λ_{ex}＝400 nm)光谱；
(b) NdQ$_3$-SBA-15 样品的激发(λ_{em}＝1061 nm)光谱和发射(λ_{ex}＝390 nm)光谱
(承惠允,引自[26])

图 4-42(b)给出了 YbQ$_3$-SBA-15 样品的激发光谱和发射光谱,作为比较,也给出了纯配合物 YbQ$_3$ 的激发光谱和发射光谱[图 4-42(a)]。与上述铒、钕离子体系相似,纯配合物 YbQ$_3$ 和 YbQ$_3$-SBA-15 样品的激发光谱均出现了来源于配体 8-

羟基喹啉和 Q-Si 的强且宽的吸收峰。上述激发光谱特点表明了与纯配合物 YbQ$_3$ 一样，YbQ$_3$-SBA-15 样品也具有配体 Q-Si 敏化的 Yb^{3+} 的特征发光。以 395 nm 和 376 nm 为激发波长，分别得到了 YbQ$_3$ 和 YbQ$_3$-SBA-15 样品的发射光谱。YbQ$_3$ 和 YbQ$_3$-SBA-15 样品的发射光谱中，Yb^{3+} 的发射波长范围分别为 910～1140 nm 和 900～1130 nm，包括位于 980 nm 的一个尖峰和长波方向比较宽的谱带，这可以归属于 Yb^{3+} 的 $^2F_{5/2} \rightarrow {}^2F_{7/2}$ 跃迁。显然，与纯配合物 YbQ$_3$ 一样，YbQ$_3$-SBA-15 样品也发射出优良的配体 Q-Si 敏化的 Yb^{3+} 的特征荧光。Yb^{3+} 是一种比较特殊的稀土离子，具有非常简单的能级分布，即只有位于基态上方约 10 200 cm^{-1} 处的单一激发态 $^2F_{5/2}$，它的基态是 $^2F_{7/2}$（图 4-43）。Yb^{3+} 的上述能级特点使其在激光发射方面有很大的优势，并且 Yb^{3+} 吸收和发射光谱之间非常小的斯托克斯位移也能够有效地降低激光操作中材料本身所承受的热负荷。因此，Yb^{3+} 所具有的位于 980 nm 的高强度发射以及其他光谱特点使 Yb^{3+} 配合物功能化的介孔杂化近红外发光材料在光学等领域具有非常重要的应用前景。

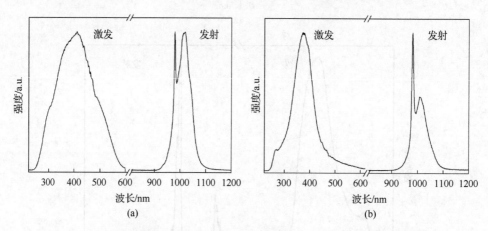

图 4-42　(a) YbQ$_3$ 的激发（λ_{em}＝980 nm）光谱和发射（λ_{ex}＝395 nm）光谱；(b) YbQ$_3$-SBA-15
样品的激发（λ_{em}＝980 nm）光谱和发射（λ_{ex}＝376 nm）光谱
（承惠允，引自[26]）

　　纯配合物 YbQ$_3$ 和 YbQ$_3$-SBA-15 样品虽然皆能发射配体敏化的 Yb^{3+} 的特征荧光，但是对其配体敏化的 Yb^{3+} 发光并不能用能量转移机理进行解释。按照能量转移机理，这种分子内能量传递是通过稀土离子 4f 激发态与配体三重态之间的共振耦合实现的，这就要求配体最低激发三重态（T$_1$）能级必须与稀土离子的 4f 激发态能级相匹配，只有在这种条件下共振作用才能有效，并由此敏化稀土离子的特征发射。对于 Yb^{3+} 的配合物，Yb^{3+} 的激发态 $^2F_{5/2}$ 位于 10 200 cm^{-1} 附近，如此低的激发态理应排除了 Yb^{3+} 与二酮、喹啉和邻菲罗啉等配体的三重态能级匹配的可能性，也就是说能量转移机理不能合理地解释 Yb^{3+} 配合物的配体敏化发光。类似的

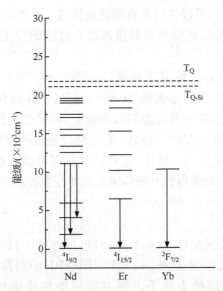

图 4-43 稀土离子(Ln=Er、Nd、Yb)发射能级与 HQ 和 Q-Si 配体的三重态能级示意图
（承惠允,引自[26]）

结果 Khreis 等[114]也曾报道过。为了合理地说明 Yb^{3+} 配合物的配体敏化发光机制,Horrocks 等[115]首先提出了电荷转移机理。利用这一机理可以成功地阐明 Yb^{3+} 与配体 8-羟基喹啉无能态重叠却能得到其配体敏化的特征发射的原因。当然,这一机理也能合理地解释其他稀土离子与配体虽然没有能态重叠,但其发光却受配体敏化而得到强的特征稀土离子荧光发射的一类稀土配合物的发光现象。

研究配合物中从配体到中心稀土离子的能量传递过程,首先需要得到配体三重态能级和稀土离子接受能量的激发态能级信息。在 LnQ$_3$-SBA-15 样品中,配体 8-羟基喹啉通过 Si—C 键共价键嫁接在介孔材料 SBA-15 的骨架上(用 Q-Si 表示),于是配体 8-羟基喹啉所处的化学环境发生了一定程度的改变,这种改变能够引起配体 8-羟基喹啉三重态能级的变化。由于 Gd^{3+} 在 32 000 cm^{-1} 以下没有能级,从而不可能接受来自配体的能量,所以通常采用测定 Gd 配合物的磷光光谱来计算配体的三重态能级位置。磷光光谱通常在室温下利用干燥的氮气将溶液脱气(除去能够猝灭磷光发射的氧气),或者不必进行脱气,而在 77K 温度下直接测定得到。借助上述方法,测得的配体 8-羟基喹啉以及 LnQ$_3$-SBA-15 样品中配体 Q-Si 的三重态能级分别为 21 830 cm^{-1} 和 21 090 cm^{-1},也就是说配体 8-羟基喹啉被共价键嫁接在介孔材料 SBA-15 的骨架上后,其三重态能级降低了。稀土离子 4f 激发态能级与配体的三重态能级示意图(图 4-43)更加直观地显示了介孔杂化近红外发光材料样品中配体 Q-Si 的能级与稀土离子 4f 激发态能级更为接近,这意味着稀土离子(Er、Nd)的 4f 激发态能级与配体 Q-Si 三重态能级之间存在着更有效的共振耦合,即两者之间可以进行高效的能量传递。因此,这种高效的分子内能量传递能够使介孔杂化近红外发光材料呈现出高性能的稀土离子(Er、Nd)的特征发光。

由图 4-43 还可以清晰地看出位于 10 200 cm^{-1} 附近的 Yb^{3+} 的激发态能级 $^2F_{5/2}$ 与 8-羟基喹啉的三重态能级 21 830 cm^{-1}(介孔杂化材料样品中 Q-Si 为 21 090 cm^{-1})相距甚远,鉴于激发态能级如此低,同样也应排除 Yb^{3+} 与邻菲罗啉等其他配体三重态能级匹配的可能性,也就是说能量转移机理不能合理地解释 Yb^{3+} 配合物的配体敏化发光。然而,电荷转移机理可以成功地阐明 Yb^{3+} 与配体 8-羟基喹啉无能态重叠却能得到其配体敏化的特征发射的原因。

4.4.4.3　小结

两种氟化的 β-二酮配体 4,4,5,5,6,6,6-七氟-1-(2-噻吩基)-1,3-己二酮(Hhfth)和 4,4,4-三氟-1-(2-萘基)-1,3-丁二酮(Htfnb)对稀土离子均具有优良的发光敏化作用。配体到稀土离子之间有效的能量传递作用使介孔杂化材料 Ln(hfth)$_3$phen-SBA-15 (Ln=Er、Yb、Nd、Sm) 和 Pr(tfnb)$_3$phen-SBA-15 样品发射出稀土离子特征的近红外荧光,并且 Ln(hfth)$_3$phen-SBA-15 (Ln=Er、Yb、Nd、Sm)样品具有达到微秒级的荧光寿命。采用共价键嫁接法制备了稀土 8-羟基喹啉配合物与 SBA-15 的介孔杂化近红外发光材料样品,这些样品具有优良的近红外发射性能。尤其值得提出的一点是,借助将配体 8-羟基喹啉通过 Si—C 键共价键嫁接在介孔材料 SBA-15 骨架上的方式可以有效地调节配体 8-羟基喹啉的三重态能级,这样可以使稀土离子的 4f 激发态能级与配体 8-羟基喹啉的三重态能级达至更完美的匹配,从而实现两者间高效的能量传递,这将为研发高效稀土配合物杂化发光材料提供一条很有价值的新途径。选择上述几种稀土离子的介孔杂化近红外发光材料,其发射光谱可以完全覆盖对光通信极具应用价值的 1300~1600 nm 近红外区域,加之其他近红外发光特色,如 Yb^{3+} 的吸收光谱和发射光谱之间非常小的斯托克斯位移能够有效地降低激光操作中材料的热负荷,因此这些稀土配合物的介孔杂化近红外发光材料在通信、激光等领域的应用前景是十分诱人的。

然而,稀土配合物的杂化近红外发光材料还有很多课题尚待深入研究,其发展空间还很广阔。为了研发优良稀土配合物的杂化近红外发光材料,高性能的新型配体的设计、合成是关键。配体结构的设计、优化可从以下几个方面考虑:

(1) 为了提高配合物的能量吸收系数,优先选用光吸收系数大的配体以增加杂化体系吸收的总能量。

(2) 选择适当的配体使其三重态能级与稀土离子的 4f 发射能级相匹配,从而使稀土离子容易从配体三重态吸收尽可能多的能量。

(3) 优选协同配体制备稀土的三元配合物。协同配体不仅可以提供配位原子使稀土离子达到配位饱和以防止水分子参与配位,同时还可能向中心稀土离子有效地传递自身所吸收的能量。

4.5　以 MCM-41 为基质的杂化发光材料

4.5.1　引言

介孔材料是材料化学中备受研究人员关注的热门研究课题之一,近年来介孔材料的研究已取得了十分重要的进展。作为介孔材料的先驱者,MCM-41 于 1992 年首次被成功地合成出来,这是介孔材料发展历程中的重大突破。MCM-41 问世以来,其他与之具有类似结构的立方相介孔材料等也相继被合成出来。这样,MCM-41 便与随后诞生的同系列介孔材料 MCM-48 等共同组成了介孔材料中的 M41S 族。

MCM-41 具有六方结构,其空间群为 $P6mm$,孔道结构是二维直孔。作为介孔材料,MCM-41 的孔径在 $1.5 \sim 10$ nm 范围内,并且孔径可调,它的孔容可达 $0.7 \sim 1.2$ cm^3/g。MCM-41 的特点是孔径大、孔径分布范围比较窄、比表面积大、孔道结构规则,并且经过优化合成条件或经过一定的后处理还具有很好的热稳定性。特别是,MCM-41 具有大的孔径且孔表面上含有许多极性的羟基,这为大体积的客体分子的组装以及 MCM-41 的表面修饰提供了较为理想的条件。当然,MCM-41 孔表面上含有许多极性的羟基对其某些应用也会产生一些不利的影响。

由于 MCM-41 在介孔结构上具有上述明显的特点,因此 MCM-41 在催化、吸附、传感器方面得到了广泛的应用。此外,通过对 MCM-41 进行改性,还可以有效地对其组成和性质进行"裁剪",从而大大扩展其应用范围,如在激光、滤光器、太阳能电池、光数据储存等方面也展现出重要应用前景。作为制备杂化材料的基质材料,MCM-41 更是显示出有价值的应用前景。科研人员早已经开展了这方面应用的研究,并且取得了一些有意义的结果。染料的装载不但能够改善 MCM-41 的发光性能和探测其本身内部的微观结构,还为其他活性物质,如金属配合物的组装提供途径。将一些光学活性物质组装到 MCM-41 中后,客体分子由于受到介孔环境的影响,所得到的杂化材料表现出了一些特有的性质。Diaz 等[116]把钴离子的配合物组装到 MCM-41 中,钴离子配合物分子由于受其周围介孔环境的影响而表现出新的光学性质。Kinski[117]等研究了将对硝基苯胺组装进 MCM-41 的杂化材料的非线性光学性质。

MCM-41 所具有的上述特点也使其成为光活性物质稀土配合物的优良基质材料。已经制备了一些性能优良的稀土配合物与 MCM-41 的杂化发光材料,它们在激光、光纤通信、生物、医学等领域显示出重要的应用前景。下面按杂化材料的制备方法,即浸渍法、离子交换法及共价键嫁接法分别介绍已制备的重要稀土配合物与 MCM-41 的杂化发光材料。

4.5.2　浸渍法制备的稀土配合物杂化发光材料

采用浸渍法制备了稀土配合物与基质材料 MCM-41 的杂化发光材料。这些杂化发光材料的制备很方便,制备成本也较低。当然,这些杂化发光材料在发光性能及稳定性等方面仍然存在这样或那样的缺欠。

由于 MCM-41 孔内壁上含有大量的硅羟基[118,119],而硅羟基的存在能够严重地猝灭稀土配合物的荧光,致使所制备的杂化发光材料的发光性能变劣。因此,化学修饰的 MCM-41 作为杂化发光材料的基质是值得期待的。以两种不同的硅烷化试剂 3-缩水甘油丙基醚三甲氧基硅烷(GPTMS)和甲基丙烯酸丙酯基三甲氧基硅烷(TMSPMC)对 MCM-41 进行化学修饰(改性),得到具有不同化学环境的两种 MCM-41 的化学修饰产物(改性产物)GMCM-41 和 TMCM-41。用 MCM-41、GMCM-41、TMCM-41 作为基质材料,以钐与 4,4,5,5,6,6,6-七氟-1-(2-噻吩基)-1,3-己二酮(以 Hhfth 表示)、邻菲罗啉的三元配合物 $Sm(hfth)_3phen$ 为光活性物质,制备了三种杂化发光材料样品。

4.5.2.1　杂化发光材料样品的制备

1. GMCM-41 样品的制备

称取灼烧后的 MCM-41 0.1 g,加入 10 mL 0.1 mol/L 的 GPTMS 的氯仿溶液,在室温下搅拌 24 h,过滤,用氯仿和二氯甲烷反复洗涤,室温下干燥得到目标产物。

2. TMCM-41 样品的制备

称取灼烧后的 MCM-41 0.1 g,加入 10 mL 0.1 mol/L 的 TMSPMC 的氯仿溶液,在室温下搅拌 24 h,过滤,用氯仿和二氯甲烷反复洗涤,室温下干燥得到目标产物。

3. 杂化材料样品的制备

采用浸渍法分别制备了杂化发光材料样品 $Sm(hfth)_3phen/MCM-41$、$Sm(hfth)_3phen/GMCM-41$ 和 $Sm(hfth)_3phen/TMCM-41$。

4.5.2.2　化学修饰的 MCM-41 样品的结构特点

1. GMCM-41 样品的结构特点

在利用硅烷化试剂 GPTMS 对 MCM-41 进行化学修饰的过程中，GPTMS 与 MCM-41 孔道表面上的羟基反应，并共价键嫁接在 MCM-41 孔道表面上。其结果是 MCM-41 孔道表面上的羟基数量明显减少。表 4-8 中列出的 MCM-41 和 GMCM-41 样品的 ^{29}Si MAS 核磁共振研究所得到的数据为此提供了有力的实验根据。表中的 Q^2、Q^3、Q^4 分别代表 $(HO)_2Si(OSi\equiv)_2$、$(HO)Si(OSi\equiv)_3$、$Si(OSi\equiv)_4$ 结构单元的 ^{29}Si MAS 核磁共振特征峰。MCM-41 的 Q^2、Q^3、Q^4 的化学位移分别为 -95.0 ppm、-104.0 ppm、-112.8 ppm，而其强度分别为 9.3%、66.7%、24.0%。由以上数据可以得出，MCM-41 中 $(HO)_2Si(OSi\equiv)_2$、$(HO)Si(OSi\equiv)_3$、$Si(OSi\equiv)_4$ 结构单元含量所占的比例分别为 9.3%、66.7%、24.0%。GMCM-41 的 Q^2、Q^3、Q^4 特征共振峰的化学位移分别为 -94.6 ppm、-104.6 ppm、-111.6 ppm，而其强度（也即相应的三个结构单元含量所占的百分比）变化为 5.4%、54.2%、40.4%。这反映出 MCM-41 经 GPTMS 化学修饰后，结构单元 $(HO)_2Si(OSi\equiv)_2$ 和 $(HO)Si(OSi\equiv)_3$ 的含量减少。由上面各结构单元强度的变化可以计算出有 42.0% 的 $(HO)_2Si(OSi\equiv)_2$ 及 18.7% 的 $(HO)Si(OSi\equiv)_3$ 被 GPTMS 烷基化。同时在 ^{29}Si MAS 核磁共振谱中，GMCM-41 含有的 GPTMS 中的 Si 的特征核磁共振峰也呈现在 -53.5 ppm 和 -61.9 ppm 处。

表 4-8　MCM-41 和 GMCM-41 样品的 ^{29}Si MAS-NMR 数据

样品	化学位移/ppm			强度/%		
	Q^2	Q^3	Q^4	Q^2	Q^3	Q^4
MCM-41	-95.0	-104.0	-112.8	9.3	66.7	24.0
GMCM-41	-94.6	-104.6	-111.6	5.4	54.2	40.4

用 GPTMS 对 MCM-41 进行化学修饰并不影响 MCM-41 所具有的介孔结构，因此所得到的化学修饰产物 GMCM-41 样品仍然保持原 MCM-41 的介孔结构。MCM-41 样品和 GMCM-41 样品的 X 射线粉末衍射测定结果为此提供了可信的佐证。MCM-41 与 GMCM-41 样品均在 $2°<2\theta<6°$ 范围内呈现出 4 个衍射峰，这是典型介孔 MCM-41 的衍射峰。它们分别归属于 (100)、(110)、(200) 和 (210) 晶面的衍射，并且 MCM-41 与 GMCM-41 样品的衍射峰位置和强度均很接近。显然，GMCM-41 样品仍然保持着介孔材料 MCM-41 的典型六方介孔结构（其空间群为 $P6mm$）。

　　MCM-41 经 GPTMS 化学修饰后,连接到 MCM-41 孔道表面上的硅烷化试剂 GPTMS 应该占据一定的空间,这样化学修饰后得到的 GMCM-41 样品孔径的减小应当是合理的。经氮气吸附/脱附实验对样品的孔径进行了测定,得到 GMCM-41 样品的孔径为 27.81 Å,而未改性的 MCM-41 样品的孔径为 32.57 Å(图 4-44)。与此同时,正如未经化学修饰的 MCM-41 样品一样,GMCM-41 样品的孔径分布仍然保持相当窄的范围。

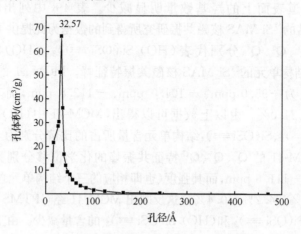

图 4-44　MCM-41 样品的孔径分布图

2. TMCM-41 样品的结构特点

　　TMCM-41 样品的结构与 MCM-41 十分相似,反映在红外光谱上是 TMCM-41 样品具有与 MCM-41 样品类似的红外光谱。TMCM-41 样品的红外光谱中,保留了 MCM-41 样品(已除去表面活性剂)位于 3400 cm^{-1} 的羟基伸缩振动谱带、1656 cm^{-1} 处的羟基弯曲振动谱带,也保留了 MCM-41 样品的 Si—O—Si 网络结构的特征红外振动谱带,例如位于 1080 cm^{-1}、800 cm^{-1} 和 458 cm^{-1} 的红外振动谱带。同时 TMCM-41 样品的红外光谱图也出现了其特有的位于 1705 cm^{-1} 的相应于硅烷化试剂 TMSPMC 中酯基伸缩振动的谱带。

　　利用 TMSPMC 对 MCM-41 进行化学修饰同样也不影响 MCM-41 所具有的介孔结构,所得到的 TMCM-41 样品仍然保持原 MCM-41 的六方介孔结构(其空间群为 $P6mm$)。因此,TMCM-41 样品和 MCM-41 样品的 X 射线粉末衍射图均展示出相似的 4 个衍射峰,并且 TMCM-41 与 MCM-41 样品的衍射峰的位置和强度也很接近。

　　经化学修饰,连接到 MCM-41 孔道表面上的硅烷化试剂 TMSPMC 理应占据一定的空间,这样就导致 TMCM-41 样品孔径随之减小。经氮气吸附/脱附实验对样品的孔径进行了测定,得到 TMCM-41 样品的孔径为 29.9 Å,这一数值小于未改性的 MCM-41 样品的孔径 32.57 Å(图 4-44)。TMCM-41 样品的孔径分布范围仍然较窄。

4.5.2.3　杂化发光材料样品的介孔结构

在杂化发光材料 Sm(hfth)₃phen/GMCM-41 样品中,所掺杂的配合物 Sm(hfth)₃phen 分散到基质材料 GMCM-41 孔道的表面,这样,Sm(hfth)₃phen 的掺杂并不会破坏基质材料 GMCM-41 所具有的介孔结构,Sm(hfth)₃phen/GMCM-41 样品仍然保持着介孔材料 MCM-41 的典型六方介孔结构(其空间群为 *P6mm*)。Sm(hfth)₃phen/GMCM-41 和 GMCM-41 样品均展现出介孔材料 MCM-41 特征的 4 个衍射峰(图 4-45),这两个样品的衍射峰位置和强度均较为接近。配合物 Sm(hfth)₃phen 分散到基质材料 GMCM-41 的孔道中,因此在 Sm(hfth)₃phen/GMCM-41 样品的 X 射线粉末衍射图中没有出现稀土配合物 Sm(hfth)₃phen 本身的衍射峰。与杂化材料 Sm(hfth)₃phen/MCM-41 样品相似,Sm(hfth)₃phen/TMCM-41 样品同样也保持着介孔材料 MCM-41 典型的六方介孔结构。

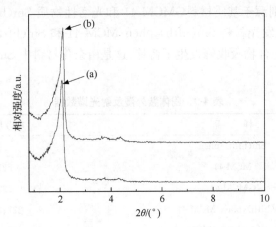

图 4-45　GMCM-41(a)和 Sm(hfth)₃phen/GMCM-41(b)的 XRD 图

4.5.2.4　杂化发光材料样品的光谱

1. 杂化发光材料样品的固体紫外漫反射光谱

表 4-9 列出了杂化材料 Sm(hfth)₃phen/MCM-41 和 Sm(hfth)₃phen/GM-CM-41 样品的固体紫外漫反射光谱数据。为考察它们的光谱特点,表中也列入了纯配合物 Sm(hfth)₃phen,以及基质材料 MCM-41 和 GMCM-41 三个样品的固体紫外漫反射光谱数据。Sm(hfth)₃phen/MCM-41 样品的紫外吸收发生在 227 nm、

270 nm、348 nm,并且位于 227 nm、270 nm 处的紫外吸收比较弱,而位于 348 nm 的吸收峰相当强。$Sm(hfth)_3phen/GMCM-41$ 样品在 225 nm、266 nm、347 nm 处也呈现三个紫外吸收峰,吸收峰的强度与 $Sm(hfth)_3phen/MCM-41$ 样品类似。$Sm(hfth)_3phen$ 在 364 nm 处有吸收,并且该吸收峰很强,该紫外吸收峰应归属于 Sm^{3+} 配合物的第一配体 hfth 和第二配体 phen 的吸收。这正是稀土配合物 $Sm(hfth)_3phen$ 具有强的荧光的必要条件。基质 MCM-41 本身在紫外-可见光区域内吸收较弱,仅在227 nm、252 nm 处有弱吸收峰。基质 GMCM-41 在 225 nm、266 nm 处也是仅有微弱吸收。两者在 300 nm 以上的波长范围内均没有吸收。作为浸渍法制备的杂化材料,$Sm(hfth)_3phen/MCM-41$ 样品中的光活性物质 $Sm(hfth)_3phen$ 与基质材料 MCM-41 之间仅有弱的物理吸附作用,因此 $Sm(hfth)_3phen/MCM-41$ 样品的固体紫外漫反射光谱应是由 MCM-41 和 $Sm(hfth)_3phen$ 两者的固体紫外漫反射光谱组成。这样,$Sm(hfth)_3phen/MCM-41$ 样品的固体紫外漫反射光谱中位于 227 nm、270 nm 处的吸收峰应是源于基质 MCM-41,而位于 348 nm 的吸收峰是光活性物质 $Sm(hfth)_3phen$ 的吸收峰。同样,$Sm(hfth)_3phen/GMCM-41$ 样品在 225 nm、266 nm、347 nm 处呈现的三个紫外吸收峰也是分别源于基质材料GMCM-41 和光活性物质 $Sm(hfth)_3phen$。与纯配合物相比,杂化发光材料 $Sm(hfth)_3phen/MCM-41$ 和 $Sm(hfth)_3phen/GMCM-41$ 样品中 Sm^{3+} 配合物吸收峰发生了蓝移,这是由杂化材料中 Sm^{3+} 配合物的化学环境变化引起的。

表 4-9　固体紫外漫反射光谱数据

样　品	吸收波长/nm
$Sm(hfth)_3phen$	364
MCM-41	227、252
GMCM-41	225、266
$Sm(hfth)_3phen/MCM-41$	227、270、348
$Sm(hfth)_3phen/GMCM-41$	225、266、347

杂化材料 $Sm(hfth)_3phen/TMCM-41$ 样品也呈现出与 $Sm(hfth)_3phen/GMCM-41$ 样品类似的固体紫外漫反射光谱。

2. 激发光谱

1) 纯配合物 $Sm(hfth)_3phen$ 的激发光谱

纯配合物 $Sm(hfth)_3phen$ 具有很强的宽带激发峰,其最大峰位在 388 nm 处,归属于第一配体 hfth 和第二配体 phen 的吸收,这与 $Sm(hfth)_3phen$ 的紫外漫反射光谱结果相一致。因为这两种配体的吸收位置比较相近,所以源于它们的激发峰相互重叠。此外,激发光谱上还出现了位于 422 nm、469 nm 和 486 nm 处的激发峰,这三个激发峰归属于 Sm^{3+} 的 f→f 电子跃迁吸收。虽然 Sm^{3+} 也具有激发峰,但均很弱,因此 $Sm(hfth)_3phen$ 荧光发射所需的能量主要是来自于第一配体 hfth 和第二配体 phen 吸收的激发光能量。

2) 杂化发光材料的激发光谱

$Sm(hfth)_3phen/MCM-41$、$Sm(hfth)_3phen/GMCM-41$ 和 $Sm(hfth)_3phen/TMCM-41$ 样品的激发光谱如图 4-46 所示。由图 4-46 可见,这三个杂化发光材料样品的激发光谱主要呈现出一个宽带激发峰,其中 $Sm(hfth)_3phen/GMCM-41$ 的激发峰有一定程度的劈裂,并且 Sm^{3+} 的 f→f 跃迁吸收由激发光谱中消失。参照杂化发光材料样品的固体紫外漫反射光谱,不难发现这三个杂化发光材料样品的宽带激发峰应该是源于杂化材料样品中掺杂的 Sm^{3+} 配合物的第一配体 hfth 和第二配体 phen 的吸收。然而,相对于 $Sm(hfth)_3phen$,$Sm(hfth)_3phen/MCM-41$、$Sm(hfth)_3phen/GMCM-41$ 和 $Sm(hfth)_3phen/TMCM-41$ 三个样品的最大激发峰均发生了不同程度的蓝移。形成了杂化材料以后,第一配体 hfth 和第二配体 phen 分别处于 MCM-41 以及经化学修饰的 GMCM-41 和 TMCM-41 的不同基质材料中,化学环境的改变可能会导致配体的吸收光谱发生某种程度的变化,这反映到激发光谱就是激发峰的位移。三个杂化发光材料样品激发峰的强度顺序是 $Sm(hfth)_3phen/TMCM-41 > Sm(hfth)_3phen/GMCM-41 > Sm(hfth)_3phen/MCM-41$。这意味着三个杂化发光材料样品的荧光发射强度亦应遵循这一顺序。上述激发峰强度的顺序也可能表明,经硅烷化试剂化学修饰的介孔材料 MCM-41 作为杂化发光材料的基质更具有其特色,这会使制备的相应杂化发光材料的发光性能得以改善。

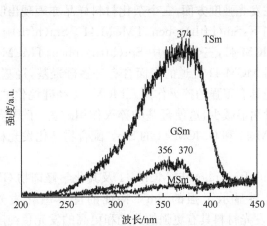

图 4-46 $Sm(hfth)_3phen/MCM-41(MSm)$、$Sm(hfth)_3phen/GMCM-41(GSm)$ 和 $Sm(hfth)_3phen/TMCM-41(TSm)$ 样品的激发光谱

3. 荧光光谱(可见区)

1) 纯配合物 Sm(hfth)$_3$phen 的荧光光谱

纯配合物 Sm(hfth)$_3$phen 的荧光光谱由分别位于 565 nm、605 nm(和 611 nm)、648 nm、712 nm 的 4 个发射峰组成,它们可分别归属于 Sm^{3+} 的 $^4G_{5/2} \rightarrow {}^6H_{5/2}$ 跃迁、$^4G_{5/2} \rightarrow {}^6H_{7/2}$ 跃迁、$^4G_{5/2} \rightarrow {}^6H_{9/2}$ 跃迁和 $^4G_{5/2} \rightarrow {}^6H_{11/2}$ 跃迁,其中 $^4G_{5/2} \rightarrow {}^6H_{7/2}$ 跃迁发射劈裂为 605 nm 和 611 nm 两个峰。各个荧光峰的强度顺序为 $I_{^4G_{5/2} \rightarrow {}^6H_{9/2}} > I_{^4G_{5/2} \rightarrow {}^6H_{7/2}} > I_{^4G_{5/2} \rightarrow {}^6H_{5/2}} > I_{^4G_{5/2} \rightarrow {}^6H_{11/2}}$,4 个峰中 648 nm 处的 $^4G_{5/2} \rightarrow {}^6H_{9/2}$ 跃迁是最强的发射。Sm(hfth)$_3$phen 的荧光是典型的 Sm^{3+} 的发射,结合样品的固体紫外漫反射光谱和激发光谱,可以确认第一配体 hfth 和第二配体 phen 与 Sm^{3+} 之间存在有效的能量传递,Sm(hfth)$_3$phen 发射是配体敏化 Sm^{3+} 特征荧光。

2) 杂化材料的荧光光谱

Sm(hfth)$_3$phen/MCM-41、Sm(hfth)$_3$phen/GMCM-41 和 Sm(hfth)$_3$phen/TMCM-41 样品的荧光光谱仍然呈现 Sm^{3+} 的特征发射(图 4-47)。杂化发光材料中掺杂的光活性物质 Sm(hfth)$_3$phen 的第一配体 hfth 和第二配体 phen 与 Sm^{3+} 之间仍然存在有效的能量传递,故三个杂化材料的荧光仍是配体敏化 Sm^{3+} 发光。虽然三个杂化发光材料样品的发射峰位置与纯钐配合物基本一致,但是各个发射峰的强度顺序则变为 $I_{^4G_{5/2} \rightarrow {}^6H_{7/2}} > I_{^4G_{5/2} \rightarrow {}^6H_{5/2}} > I_{^4G_{5/2} \rightarrow {}^6H_{9/2}} > I_{^4G_{5/2} \rightarrow {}^6H_{11/2}}$,其中 612 nm 处发射峰最强,而 712 nm 处的发射最弱,以至于基本没有出现在谱图中。尤其是在 Sm(hfth)$_3$phen/TMCM-41 样品的谱图中,只有 612 nm 处的发射很强,其他发射峰强度的减弱特别明显,也就是说该杂化材料样品的发光色纯度有了较大的提高。在发光强度方面,三个杂化材料样品亦表现出明显的差异。它们的发光强度顺序如下:Sm(hfth)$_3$phen/TMCM-41 > Sm(hfth)$_3$phen/GMCM-41 > Sm(hfth)$_3$phen/MCM-41,三个样品中 Sm(hfth)$_3$phen/TMCM-41 的荧光强度突出的高。介孔材料 MCM-41 孔道的表面含有许多硅羟基,羟基振动能量很大,对稀土配合物的荧光具有很强的猝灭作用。MCM-41 经硅烷化试剂修饰后,孔道表面含有的羟基数量明显减少,这使羟基的猝灭作用减弱,于是导致 MCM-41 的化学修饰产物 TMCM-41 和 GMCM-41 的 Sm^{3+} 配合物杂化发光材料样品的荧光强度明显提升。

综上所述,Sm(hfth)$_3$phen 与 MCM-41 及其化学修饰物 GMCM-41、TMCM-41 的杂化发光材料显示了强的 Sm^{3+} 特征的配体敏化发光,且 GMCM-41、TMCM-41 的杂化发光材料具有更强的荧光和更高的发光色纯度。特别值得提出的是,TMCM-41 杂化发光材料的发射光谱几乎只出现一个强发射峰,这种高的发光色纯度在迄今的发光材料研究中是比较少见的。

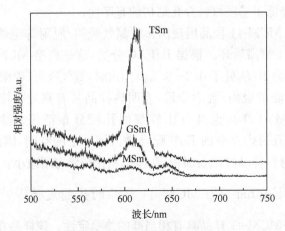

图 4-47　Sm(hfth)₃phen/MCM-41(MSm)、Sm(hfth)₃phen/GMCM-41(GSm)
和 Sm(hfth)₃phen/TMCM-41(TSm)样品的发射光谱

4.5.3　离子交换法制备的稀土配合物杂化发光材料

离子交换法也是一种制备稀土介孔杂化发光材料的比较实用的方法。邻菲罗啉是一种含有两个氮配位原子的螯合配体。它虽然经常作为第二配体(或协同配体)与稀土离子形成三元发光配合物,但也可与稀土离子(如 Eu³⁺)形成二元配合物,而且能发射良好的荧光。采用离子交换法,以 Eu³⁺ 的邻菲罗啉二元配合物(Euphen)为光活性物质,成功地制备了以 MCM-41 为基质的杂化发光材料Euphen/Ph-MCM-41样品(Ph-MCM-41 是采用苯基改性的介孔材料 MCM-41)。有关 Euphen/Ph-MCM-41 样品的具体制备过程已在 4.3 节中进行了介绍,此处不再重述。

4.5.3.1　Euphen/Ph-MCM-41 样品的结构

在 Euphen/Ph-MCM-41 样品中,经离子交换方法掺杂的 Eu³⁺ 与邻菲罗啉配合物主要分散到基质材料 Ph-MCM-41 孔道的内表面,这样掺杂的 Eu³⁺ 与邻菲罗啉配合物并不会破坏基质材料 Ph-MCM-41 所具有的介孔结构,因此 Euphen/Ph-MCM-41 样品仍然保持着介孔材料 MCM-41 的典型六方介孔结构(其空间群为P6mm)。Euphen/Ph-MCM-41 的 X 射线粉末衍射图(4.3 节中图 4-12)展现出三个完好的衍射峰,分别对应于六方介孔结构(100)、(110)和(200)晶面的衍射。然而,与 Ph-MCM-41 相比,当 Eu³⁺ 配合物被引入 Ph-MCM-41 的介孔孔道内表面后,所得到的杂化材料 Euphen/Ph-MCM-41 样品的衍射峰强度出现了一定程度的降低,并且(210)晶面的衍射峰几乎消失,这表明随机分布在介孔孔道内表面的客体 Eu^{3+} 配合物降低了基质材料介孔结构的有序性。

Euphen/Ph-MCM-41 样品展现出 IV 型氮气吸附/脱附等温线,并在相对较低的压力下具有 H1 型滞后环。根据 IUPAC 分类,这是典型 MCM-41 的介孔结构特征。在相对压力 P/P_0 处于 0.2～0.4 范围内时,氮气吸附/脱附等温线的两个分支出现了一个较陡的吸附/脱附阶段,表明该样品具有高度有序的孔排列,同时 Euphen/Ph-MCM-41 样品也具有比较窄的孔径分布范围。然而,Euphen/Ph-MCM-41 样品的孔道内掺杂的 Eu^{3+} 配合物占据一定的空间,因此与基质材料相比,该杂化发光材料样品的比表面积、孔体积和孔径皆有所减小。

4.5.3.2　Euphen/Ph-MCM-41 样品的热稳定性[120,121]

Euphen/Ph-MCM-41 样品具有相当高的热稳定性。该样品在约 175℃ 以下失去表面的吸附水,热失重量约为 4.4%。在 175～430℃,样品表面的有机分子发生热分解,其热失重量约为 11.8%。而在介孔孔道内的 Eu^{3+} 配合物的热分解反应发生在 500～650℃,其最大热失重峰位于 550℃,Eu^{3+} 配合物分解产生的热失重量约为 13.0%。而纯铕配合物热分解反应却发生在 300～520℃,其最大失重峰位于 410℃。因此,与纯 Eu^{3+} 配合物相比,Euphen/Ph-MCM-41 样品中 Eu^{3+} 配合物被掺杂到介孔孔道内后,其热稳定性得以显著提高。

4.5.3.3　Euphen/Ph-MCM-41 样品的光谱

1. 固体紫外-可见漫反射光谱

图 4-48 为纯 Eu^{3+} 配合物和 Euphen/Ph-MCM-41 样品的固体紫外-可见漫反射吸收光谱。在 200～400 nm,两个样品的光谱中均出现一宽吸收带。纯 Eu^{3+} 配合物的最大吸收峰位于 330 nm 处,并且在 268 nm 附近出现一个肩峰,而 Euphen/Ph-MCM-41 样品的最大吸收峰在 304 nm 处,同样也在 268 nm 附近出现一个肩峰。这两个几乎重叠在一起的吸收带归属于配体邻菲罗啉苯环 $n \rightarrow \pi^*$ 和 $\pi \rightarrow \pi^*$ 跃迁。然而,与纯 Eu^{3+} 配合物相比,Euphen/Ph-MCM-41 样品最大吸收带的位置发生蓝移,表明配体邻菲罗啉激发态移向更高的能量态。其原因可能是经过离子交换过程 Eu^{3+} 配合物进入 Ph-MCM-41 的孔道中,Eu^{3+} 配合物所处周围环境发生一定变化,从而导致 Euphen/Ph-MCM-41 样品固体紫外-可见漫反射吸收光谱的蓝移效应。还需要指出的是,在纯 Eu^{3+} 配合物的固体紫外-可见漫反射吸收光谱中,出现了位于 395 nm、465 nm 和 535 nm 的较弱吸收峰,它们归属于 Eu^{3+} 基态到激发态的吸收,分别对应于 Eu^{3+} 的 $^7F_0 \rightarrow {}^5L_6$ 跃迁、$^7F_0 \rightarrow {}^5D_2$ 跃迁和 $^7F_0 \rightarrow {}^5D_1$ 跃迁。

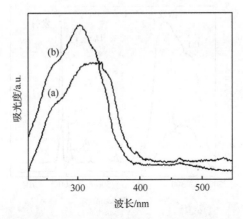

图 4-48　Euphen(a)和 Euphen/Ph-MCM-41(b)的固体紫外-可见漫反射吸收光谱

(承惠允,引自[87(c)])

2. 激发和发射光谱

通过监测 Eu^{3+} 的最强特征发射波长 613 nm,得到了 Euphen/Ph-MCM-41 样品的激发光谱(图 4-49)。它的激发光谱在 200~400 nm 范围内出现一强的宽带,这源于有机配体邻菲罗啉的基态到激发态的跃迁。纯 Eu^{3+} 配合物的激发光谱(图 4-49,监测 Eu^{3+} 在 613 nm 的特征发射)由位于 200~400 nm 范围内的一强宽带和位于 398 nm、418 nm 和 467 nm 处较弱的激发峰组成,这些较弱的激发峰分别归属于 Eu^{3+} 的 $^7F_0 \rightarrow {}^5L_6$ 跃迁、$^7F_0 \rightarrow {}^5D_3$ 跃迁和 $^7F_0 \rightarrow {}^5D_2$ 跃迁。形成杂化材料使激发光谱发生了两个主要的变化。首先是 Euphen/Ph-MCM-41 样品的激发光谱谱带变窄(与纯 Eu^{3+} 配合物相比),而且其最强激发波长由纯 Eu^{3+} 配合物的 334 nm 蓝移到 295 nm。这与上面所讨论的纯 Eu^{3+} 配合物和 Euphen/Ph-MCM-41 样品的固体紫外-可见漫反射光谱的结果可以相互佐证。其次是在纯 Eu^{3+} 配合物的激发光谱中观察到位于 398 nm、418 nm 和 467 nm 处的比较弱的激发峰,但是在 Euphen/Ph-MCM-41 样品的激发光谱中,这些 Eu^{3+} 的特征峰几乎消失。上述激发光谱的特点表明在 Euphen/Ph-MCM-41 样品中,配体 phen 和 Eu^{3+} 之间存在着有效的能量传递,该样品能够发射 Eu^{3+} 的特征荧光。

在配体邻菲罗啉最大激发波长 295 nm 的激发下,得到了 Euphen/Ph-MCM-41 样品的发射光谱(图 4-49)。它展现出 Eu^{3+} 的五个特征发射谱带,其中心分别位于 579 nm、592 nm、613 nm、650 nm 和 698 nm,对应于 Eu^{3+} 的 $^5D_0 \rightarrow {}^7F_J$($J = 0 \sim 4$)的跃迁,并且以 $^5D_0 \rightarrow {}^7F_2$ 的发射为最强谱带。由此可见,Euphen/Ph-MCM-41 样品中配体与 Eu^{3+} 之间发生了有效的能量传递,导致 Eu^{3+} 发出了配体敏化的强特征荧光。纯 Eu^{3+} 配合物的发射光谱(图 4-49,激发波长为 334 nm)同样出现了 Eu^{3+} 的五个特征发射谱带,显然这也是配体敏化的 Eu^{3+} 的特征发射。此外,纯

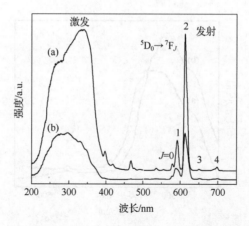

图 4-49　Euphen (a)和 Euphen/Ph-MCM-41 (b)的激发光谱和发射光谱

（承惠允，引自[87(c)]）

Eu^{3+}配合物的发射光谱中还观察到了位于 535 nm 和 555 nm 处的发射峰，它们分别对应于 Eu^{3+}的$^5D_1 \rightarrow {}^7F_1$ 和$^5D_1 \rightarrow {}^7F_2$ 的跃迁。然而，在 Euphen/Ph-MCM-41 样品的发射光谱中，这两个峰几乎消失。这表明通过离子交换法将 Eu^{3+}配合物引入 MCM-41 的孔道表面后，能量由 Eu^{3+}的较高激发态到其$^5D_0$能级的非辐射弛豫可能变得更为有效。

　　在室温下，以纯 Eu^{3+}配合物和 Euphen/Ph-MCM-41 两个样品的最强发射峰位($^5D_0 \rightarrow {}^7F_2$)为监测波长，测得了纯 Eu^{3+}配合物和 Euphen/Ph-MCM-41 样品的$^5D_0$荧光衰减曲线（图 4-50）。两个样品的荧光衰减曲线均是单指数衰减，这说明 Eu^{3+}所处的环境是均一的。从衰减曲线上拟合得到的 Eu^{3+}的$^5D_0$荧光寿命列于表 4-10 中。从拟合的结果可以看到，与纯 Eu^{3+}配合物的荧光寿命（0.38 ms）相

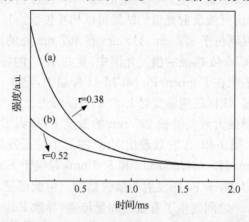

图 4-50　纯配合物(a)和 Euphen/Ph-MCM-41 样品(b)$^5D_0$的荧光衰减曲线

（承惠允，引自[87(c)]）

比,Euphen/Ph-MCM-41 样品中 Eu^{3+} 的荧光寿命(0.52 ms)变得更长。制成杂化发光材料样品后,Ph-MCM-41 基质中掺杂的 Eu^{3+} 之所以具有更长的 $^5D_0$ 荧光寿命主要是由于 Euphen/Ph-MCM-41 样品的 A_{nrad} 值降低了约 38%(表 4-10)。这一事实表明,Euphen/Ph-MCM-41 样品中处于基质材料孔道表面的 Eu^{3+} 所处的化学环境发生了一定的变化。

表 4-10　Euphen 和 Euphen/Ph-MCM-41 样品的荧光光谱参数 *[87c]

样品	τ/ms	A_{tot}/s^{-1}	A_{rad}/s^{-1}	A_{nrad}/s^{-1}	H/%
Euphen	0.38	2630	190	2440	7
Euphen/Ph-MCM-41	0.52	1920	410	1510	21

* A_{tot} 为总跃迁速率,其他物理量的意义与表 4-5 相同。以上参数均在室温下得到。

正如上面光谱研究结果所证明的那样,在 Euphen/Ph-MCM-41 样品中配体邻菲罗啉到 Eu^{3+} 的能量传递是相当有效的。因此,表现在 Eu^{3+} 的发射量子效率上,Euphen/Ph-MCM-41 样品中 Eu^{3+} 的发射量子效率 η 可以达到 21%,明显超过纯 Eu^{3+} 配合物中的 7%(表 4-10)。

由图 4-49 还可以看出,纯 Eu^{3+} 配合物的荧光发射强度明显强于 Euphen/Ph-MCM-41 样品,这是由于在杂化发光材料样品中 Eu^{3+} 配合物的掺杂量比较低。将纯 Eu^{3+} 配合物掺杂到基质材料 MCM-41 的孔道表面,则可以使 Eu^{3+} 的荧光浓度猝灭作用受到有效的抑制,因此杂化发光材料中单位量的 Eu^{3+} 配合物的荧光发射强度能够得以提升。而在纯 Eu^{3+} 配合物中,Eu^{3+} 的荧光浓度猝灭作用比较强,因此单位量的 Eu^{3+} 配合物的荧光发射强度就比较低。

综上所述,与纯 Eu^{3+} 配合物相比,Euphen/Ph-MCM-41 样品中配体邻菲罗啉到 Eu^{3+} 的能量传递更加有效,并且形成杂化材料能够有效地降低 Eu^{3+} 的荧光浓度猝灭作用。因此,杂化材料 Euphen/Ph-MCM-41 样品展现出更优良的 Eu^{3+} 的特征荧光,即具有更高的量子效率、更长的寿命和更好的热稳定性。

4.5.4　共价键嫁接法制备的稀土配合物杂化发光材料

共价键嫁接法属于化学方法,该法克服了浸渍法和离子交换法的缺点,成功地用于稀土配合物杂化发光材料的制备。

近年来,具有近红外发光性质的稀土离子 Er^{3+}、Nd^{3+}、Yb^{3+} 受到了越来越多的关注,但是对于 Tm^{3+} 的研究却比较少。然而,Tm^{3+} 位于 1.4 μm 处的近红外发射在光纤通信中具有令人很感兴趣的特殊用途[122]。

将 β-二酮中的 C—H 键以低能量的 C—F 键取代,能够有效地降低配体的振动能,由此降低由于配体振动带来的能量损失,从而提高稀土离子的发光强度。下面介绍以两种带有三氟烷基链的 β-二酮作为 Tm^{3+} 离子敏化剂的配合物

Tm(TTA)₃phen(TTA 代表噻吩甲酰三氟丙酮)和 Tm(tfnb)₃phen[tfnb 代表 4，4，4-三氟-1-(2-萘基)-1，3-丁二酮]的杂化发光材料 Tm(TTA)₃phen-MCM-41 和 Tm(tfnb)₃phen-MCM-41 样品的结构和近红外发光性能。

4.5.4.1　Tm(TTA)₃phen-MCM-41 和 Tm(tfnb)₃phen-MCM-41 样品的合成[123-125]

通过双功能化合物邻菲罗啉功能化的硅氧烷(phen-Si)与正硅酸乙酯的共缩聚反应，合成了 phen 功能化的介孔材料 MCM-41(以 phen-MCM-41 表示)，其中有机杂环化合物邻菲罗啉已通过 Si—C 共价键嫁接到介孔材料 MCM-41 的骨架上。然后，通过配体交换过程制备了三元铥配合物共价键嫁接到 MCM-41 骨架上的 Tm³⁺ 配合物的介孔杂化发光材料 Tm(TTA)₃phen-MCM-41 和 Tm(tfnb)₃phen-MCM-41 样品。Tm³⁺ 配合物的介孔杂化发光材料样品的合成过程及相关反应物和产物的结构示意图如图 4-51 所示。

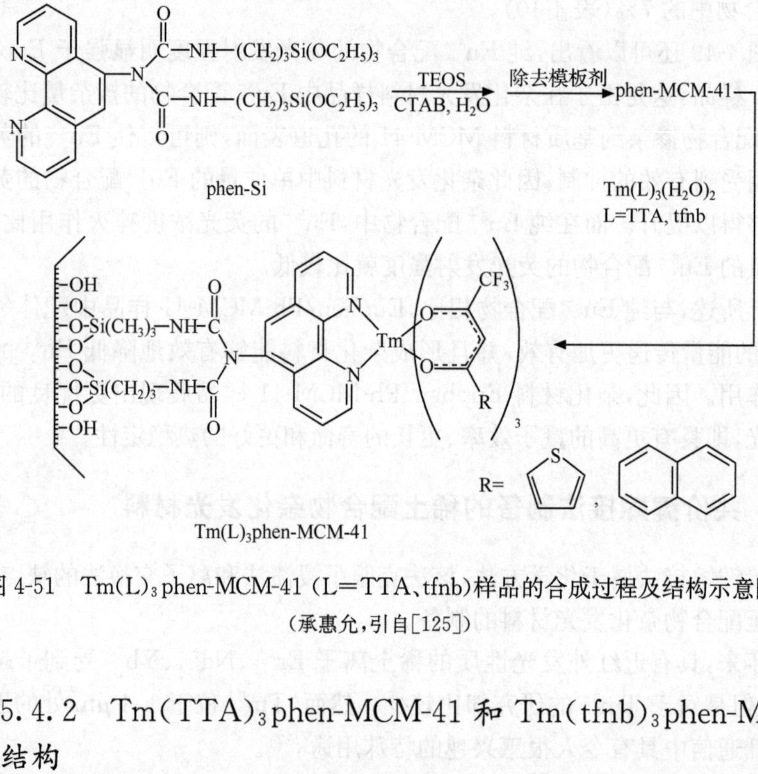

图 4-51　Tm(L)₃phen-MCM-41 (L＝TTA、tfnb)样品的合成过程及结构示意图
(承惠允，引自[125])

4.5.4.2　Tm(TTA)₃phen-MCM-41 和 Tm(tfnb)₃phen-MCM-41 样品的结构

phen 功能化的介孔材料 MCM-41，即 phen-MCM-41 样品是通过共缩聚反应制备的。在选定的实验条件下，通过 Si—C 共价键嫁接到介孔材料 MCM-41 的骨

架上的杂环化合物邻菲罗啉均匀地分布在基质材料中,邻菲罗啉的引入并不会破坏 MCM-41 固有的介孔结构。phen-MCM-41 样品的 X 射线粉末衍射图在 $2° < 2\theta < 6°$ 的范围呈现出了高强度的(100)晶面的衍射峰,同时还有三个高角度的(110)、(200)和(210)晶面衍射峰,这是典型的二维六方介孔材料的衍射峰(其空间群为 $P6mm$)。在选定的实验条件下,Tm^{3+} 配合物经共价键嫁接到基质材料后,也不会影响基质材料的介孔结构。X 射线粉末衍射图同样提供了有力的证据。$Tm(TTA)_3$phen-MCM-41 和 $Tm(tfnb)_3$phen-MCM-41 样品的 X 射线粉末衍射图也具有空间群为 $P6mm$ 的二维六方介孔材料特有的高强度(100)晶面的衍射峰,同时也呈现出三个高角度的(110)、(200)和(210)晶面衍射峰。phen-MCM-41、$Tm(TTA)_3$phen-MCM-41 和 $Tm(tfnb)_3$phen-MCM-41 样品的晶胞参数 a_0($a_0 = 2d_{100}/\sqrt{3}$)分别为 4.74 nm、4.77 nm 和 4.77 nm(表 4-11)。上述基本相同的晶胞参数进一步说明 $Tm(TTA)_3$phen-MCM-41 和 $Tm(tfnb)_3$phen-MCM-41 样品仍然保持着基质材料所固有的晶型和有序度。然而,与 phen-MCM-41 样品衍射峰的强度相比,$Tm(TTA)_3$phen-MCM-41 和 $Tm(tfnb)_3$phen-MCM-41 样品衍射峰的强度均有一定程度的降低,这应该是由于基质材料孔道内掺杂的 Tm^{3+} 配合物占据了一定的空间导致的。

表 4-11　phen-MCM-41 样品、$Tm(TTA)_3$phen-MCM-41 样品和 $Tm(tfnb)_3$phen-MCM-41 样品的结构参数*[125]

样品	d_{100}/nm	a_0/nm	S_{BET}/(m²/g)	V/(cm³/g)	D_{BJH}/nm	h_w/nm
Phen-MCM-41	4.11	4.74	973	1.05	2.79	1.95
$Tm(TTA)_3$phen-MCM-41	4.13	4.77	884	0.89	2.56	2.21
$Tm(tfnb)_3$phen-MCM-41	4.13	4.77	741	0.79	2.55	2.22

* 表中物理量的意义与表 4-6 相同。

　　仍然保持着高度有序的二维六方介孔结构的 $Tm(TTA)_3$phen-MCM-41 和 $Tm(tfnb)_3$phen-MCM-41 样品具有颇为相似的透射电镜照片。透射电镜照片清楚地显示出其所具有的有规则的二维六方排列的均匀孔道结构。

　　phen-MCM-41、$Tm(TTA)_3$phen-MCM-41 和 $Tm(tfnb)_3$phen-MCM-41 样品的氮气吸附/脱附等温线均属于Ⅳ型的,孔径分布均一,表明它们具有典型的介孔 MCM-41 结构。从氮气吸附/脱附等温线的两分支曲线观察到,P/P_0 在 0.2~0.4 的范围内都出现了较陡的吸附/脱附阶段,这是 phen-MCM-41、$Tm(TTA)_3$phen-MCM-41 和 $Tm(tfnb)_3$phen-MCM-41 样品皆具有高度有序的孔排列的结果。

　　利用 Brunauer-Emmett-Teller (BET) 和 Barrett-Joyner-Halenda (BJH) 方法,得到了 phen-MCM-41、$Tm(TTA)_3$phen-MCM-41 和 $Tm(tfnb)_3$phen-MCM-41 样品的比表面积、孔体积和孔径大小(表 4-11)。$Tm(TTA)_3$phen-MCM-41 和

Tm(tfnb)$_3$phen-MCM-41 样品的孔道内以共价键嫁接的 Tm^{3+} 配合物占据了一定的空间,因此杂化发光材料样品的表面积、孔体积和孔径大小都比 phen-MCM-41 有所减小。

4.5.4.3　Tm(TTA)$_3$phen-MCM-41 和 Tm(tfnb)$_3$phen-MCM-41 样品的光致发光

为了深入阐明 Tm(TTA)$_3$phen-MCM-41 和 Tm(tfnb)$_3$phen-MCM-41 样品的光致发光性能,首先介绍纯配合物 Tm(TTA)$_3$phen 和 Tm(tfnb)$_3$phen 的光谱特点。图 4-52 给出了纯配合物 Tm(TTA)$_3$phen 和 Tm(tfnb)$_3$phen 的激发光谱和发射光谱。以两个 Tm^{3+} 配合物的最强近红外发射(803 nm)为监测波长,测得了其激发光谱。在这两个激发光谱[图 4-52(a)]中,位于 250～450 nm 的宽而强的峰归属于 β-二酮和邻菲罗啉配体的吸收,但是其中配体 β-二酮的吸收通常总是远强于配体邻菲罗啉。由于这两个配合物的配体 β-二酮不同,其激发光谱中 250～450 nm 范围的峰的强度和位置表现出差异是合理的。而激发光谱中位于 471 nm 的弱峰应是源于 Tm^{3+} 的特征吸收,可以归属于 Tm^{3+} 的 $^3H_6{\rightarrow}^1G_4$ 跃迁。值得强调的一点是,配体的吸收峰比 Tm^{3+} 的特征吸收峰强很多。这就是说,通过激发配体的吸收而得到的荧光发射应是更强、更有效的。

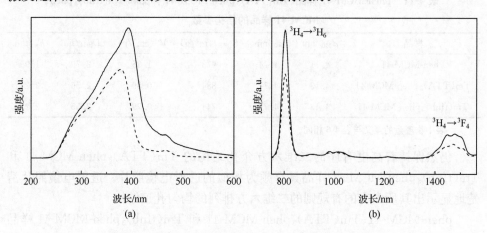

图 4-52　Tm(TTA)$_3$phen (···) 和 Tm(tfnb)$_3$phen (—)
配合物的激发光谱(a)和发射光谱(b)
(承惠允,引自[125])

通过激发配体的吸收[对于 Tm(TTA)$_3$phen,$\lambda_{ex}=379$ nm;对于 Tm(tfnb)$_3$phen,$\lambda_{ex}=393$ nm],得到了 Tm^{3+} 的特征近红外发射[图 4-52(b)]。显然,Tm(TTA)$_3$phen 和 Tm(tfnb)$_3$phen 的荧光是配体敏化的 Tm^{3+} 发射。配合物的发射光谱均由位于 803 nm 和 1474 nm 的两个峰组成,它们可以分别归属于

Tm^{3+} 的 $^3H_4 \rightarrow ^3H_6$ 和 $^3H_4 \rightarrow ^3F_4$ 跃迁。其中位于 1474 nm 的发射峰由三个峰构成，这可能是由 Tm^{3+} 的 4f 能级的斯塔克劈裂所造成的[126]。然而，$Tm(TTA)_3phen$ 和 $Tm(tfnb)_3phen$ 的荧光发射强度差别明显。$I_{Tm(tfnb)_3phen}$ ： $I_{Tm(TTA)_3phen}$ 分别为 1.53（位于 803 nm 的发射）和 1.74（位于 1474 nm 的发射）。一般情况下，第一配体 β-二酮与 Tm^{3+} 之间的能量传递明显比第二配体 phen 与 Tm^{3+} 之间的能量传递有效，也就是说 Tm^{3+} 配合物的荧光发射强度主要取决于第一配体 β-二酮。因此，以上两种 Tm^{3+} 配合物的荧光发射强度的明显差异是主要来源于不同的 β-二酮配体。稀土配合物中配体向稀土离子的能量传递是否有效的关键在于配体的三重态能级与稀土离子激发态能级之间的能级差是否合适。β-二酮配体 HTTA 和 Htfnb 的三重态能级分别为 20 400 cm^{-1} 和 19 700 cm^{-1}（本书前面已介绍过），这样 Tm^{3+} 的 $^3F_2$ 激发态能级与 HTTA 和 Htfnb 的三重态能级之间的能级差分别为 5284 cm^{-1} 和 4584 cm^{-1}（图 4-53）。很显然，Tm^{3+} 的 $^3F_2$ 激发态能级与 HTTA 三重态能级之间能级差比较大。在这种情况下，根据能量传递理论，Tm^{3+} 的 $^3F_2$ 激发态能级与 HTTA 的三重态能级之间能量传递速率常数就比较低。与配体 HTTA 相比，Htfnb 的三重态能级与 Tm^{3+} 的 $^3F_2$ 激发态能级更匹配一些，因此 $Tm(tfnb)_3phen$ 的荧光发射更强些。此外，选用的含氟第一配体 β-二酮 Htfnb 中以具有低振动能的 C—F 键取代了高振动能的 C—H 键，从而有效地降低了 β-二酮配体的振动能，由此也就降低了由于 β-二酮配体振动带来的能量损失，也有利于提高其配合物中 Tm^{3+} 的荧光发射强度。

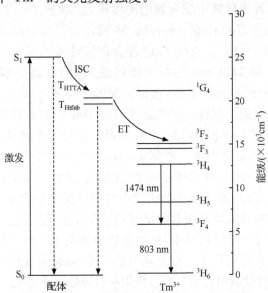

图 4-53　Tm^{3+} 的 4f 能级图及 Tm^{3+} 与配体间能量传递示意图

（承惠允，引自[125]）

　　杂化发光材料 Tm(TTA)₃phen-MCM-41 和 Tm(tfnb)₃phen-MCM-41 样品的激发光谱示于图 4-54(a)。杂化发光材料激发光谱中均展示出了很强的宽带，该宽带归属于第一配体 β-二酮与第二配体 phen 配体的吸收，这与纯 Tm^{3+} 配合物类似。但是，与纯 Tm^{3+} 配合物相比，杂化材料激发光谱中的宽带发生了一定程度的蓝移，这可能是由于在杂化发光材料中 Tm^{3+} 配合物所处的化学环境发生了变化。

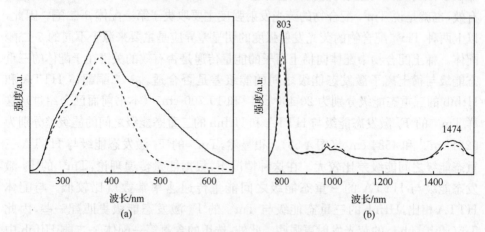

图 4-54　Tm(TTA)₃phen-MCM-41 (---) 和 Tm(tfnb)₃phen-MCM-41(—)
样品的激发光谱(a)和发射光谱(b)
(承惠允，引自[125])

　　通过激发杂化发光材料中配合物的配体吸收[对于 Tm(TTA)₃phen-MCM-41，$\lambda_{ex}=375$ nm；对于 Tm(tfnb)₃phen-MCM-41，$\lambda_{ex}=380$ nm]，得到了 Tm^{3+} 的特征近红外发射[图 4-54(b)]。与纯 Tm^{3+} 配合物相同，杂化发光材料的发射光谱也是由位于 803 nm 和 1474 nm 的两个峰组成，它们可以分别归属于 Tm^{3+} 的 $^3H_4 \rightarrow {}^3H_6$ 和 $^3H_4 \rightarrow {}^3F_4$ 跃迁。显然，这也是配体敏化的 Tm^{3+} 特征发光。两种杂化发光材料的荧光发射强度有一定的差异，Tm(tfnb)₃phen-MCM-41 样品的荧光发射强度高于 Tm(TTA)₃phen-MCM-41 样品。杂化发光材料中 Tm^{3+} 的含量是一个影响荧光强度的重要因素。经测定，Tm^{3+} 在 Tm(TTA)₃phen-MCM-41 和 Tm(tfnb)₃phen-MCM-41 两个样品中的含量分别为 0.201 mmol/g 和 0.199 mmol/g，这就是说 Tm^{3+} 在这两个杂化发光材料样品中的含量基本相同。此外，这两个杂化发光材料样品皆是用共价键嫁接法制备的，这就使光活性物质 Tm^{3+} 配合物更均匀地分布于基质材料中，从而有效地避免了 Tm^{3+} 发光中心的团聚和由浓度效应引起的自猝灭作用。由上述分析可见，杂化发光材料样品中的 Tm^{3+} 浓度以及 Tm^{3+} 浓度效应引起的自猝灭作用不会导致两个杂化发光材料样品发射强度的差异。因此，这两个杂化发光材料样品的荧光发射强度差异也是源于不同的 β-二酮配体。正是由于 Htfnb 的三重态能级与 Tm^{3+} 的 $^3F_2$ 激发态能级匹配更佳,加之该配体的氟化,因此 Tm(tfnb)$_3$phen-MCM-41 样品的荧光发射强度更强些。

Tm(TTA)$_3$phen-MCM-41 和 Tm(tfnb)$_3$phen-MCM-41 样品在 1474 nm 处发射峰的半峰宽分别为 96 nm 和 100 nm,如此宽的半峰宽可以为光放大器提供一个相当宽的增益谱带。与 Tm(TTA)$_3$phen-MCM-41 样品相比,Tm(tfnb)$_3$phen-MCM-41 样品具有比较强的荧光发射强度和比较宽的 1474 nm 处发射峰半峰宽。因此,Tm(tfnb)$_3$phen-MCM-41 作为潜在的制造光放大器用材料更具有其优势。

Tm(TTA)$_3$phen-MCM-41、Tm(tfnb)$_3$phen-MCM-41 样品及纯 Tm^{3+} 配合物 Tm(TTA)$_3$phen、Tm(tfnb)$_3$phen 在室温下的荧光衰减曲线(以 355 nm 为激发波长,监测波长为 803 nm)均呈现单指数衰减,这说明在两个杂化发光材料样品及两种纯 Tm^{3+} 配合物中 Tm^{3+} 周围的环境皆较为均一。它们的荧光寿命分别为 19.5 ns[Tm(TTA)$_3$phen-MCM-41]、21.3 ns[Tm(tfnb)$_3$phen-MCM-41]、28.8 ns[Tm(TTA)$_3$phen]、26.4 ns [Tm(tfnb)$_3$phen]。杂化发光材料样品中 Tm^{3+} 激发态(^{3}H$_4$)的荧光寿命相对较短(与纯配合物相比),这可能是由于在杂化发光材料样品中孔道表面存在大量 Si—OH 基,Si—OH 基振动对 Tm^{3+} 的近红外发光产生了一定的猝灭作用(稀土离子红外发光对振动猝灭尤其敏感)。

综上所述,共价键嫁接法制备的介孔杂化发光材料 Tm(TTA)$_3$phen-MCM-41 和 Tm(tfnb)$_3$phen-MCM-41 样品具有高度有序的介孔结构,并能发射较强的配体敏化的 Tm^{3+} 特征近红外荧光。Tm(TTA)$_3$phen-MCM-41 和 Tm(tfnb)$_3$phen-MCM-41具有较强的荧光发射强度和较宽的 1474 nm 处发射峰半峰宽,因此其作为光放大器制造的候选材料在光纤通信领域具有诱人的应用前景。

4.6　以周期性介孔材料为基质的杂化发光材料

4.6.1　引言

周期性介孔材料(PMO)是 20 世纪末诞生的一种新颖介孔材料,其本身也是一种有机-无机杂化材料,已经成为当今材料领域的研究热点之一。这种材料的有机组分和无机组分在分子水平上均匀地分布在 PMO 的介孔骨架内。PMO 有机基团的修饰量可以达到 100%,而有机基团嫁接于介孔骨架表面上的介孔杂化材料的有机基团修饰量则很小,通常有机基团修饰量达到 25% 即很容易造成其介孔孔道塌陷。PMO 的另一个突出特点尤其值得指出,即由于 PMO 中有机基团是以共价键嫁接于其骨架内的,因此有机基团的修饰量即使很大也不至于堵塞 PMO 的介孔孔道。

通过调节 PMO 中有机基团的性质还可以调节材料的亲水和疏水性能、热稳定性、折射率、光学透明度、介电常数和力学性能等,从而使这些 PMO 产生了以往传统有机-无机杂化介孔材料所不具备的性能。例如,PMO 材料具有更好的水热稳定性、化学稳定性及其他独特的理化性能。由于具有上述特性,PMO 在催化、吸附、生物包囊和基于有机分子的光响应等领域显示出更令人青睐的应用前景。

除了在上述应用领域显示出十分重要的应用前景外,PMO 所具有的一系列周期性介孔材料的特性也使其成为制备稀土配合物杂化发光材料的重要候选基质材料之一。目前以 PMO 为基质的稀土配合物杂化发光材料的研究正日益受到研究人员的重视。采用 Tb^{3+} 与 2,6-二氨基吡啶功能化的硅氧烷(以 DPS 表示)的配合物(以 TbDPS 表示)为光活性物质,利用 PMO 为基质的周期性介孔杂化发光材料样品已被成功制得(以 TbDPS-PMO 表示),并且该样品已经发射出由配体 DPS 敏化的 Tb^{3+} 的特征荧光。

4.6.2　TbDPS-PMO 样品的制备[127,128]

2,6-二氨基吡啶功能化的硅氧烷 DPS 由 2,6-二氨基吡啶与 3-(三乙氧硅基)丙基异氰酸酯在氯仿溶液中反应制得。DPS 就是共价键嫁接法制备杂化发光材料所用的双功能化合物。再以 DPS 与 1,2-二(三乙氧硅基)乙烷(BTESE)为前驱体,通过共缩聚反应制备了共价键嫁接 DPS 的周期性介孔材料 DPS-PMO。最后通过交换过程将 $TbCl_3$ 引入 DPS-PMO 的介孔孔道内。最终,在选定的实验条件下制得了理想的共价键嫁接铽配合物的周期性介孔杂化发光材料 TbDPS-PMO 样品。具体的合成路线如图 4-55 所示。

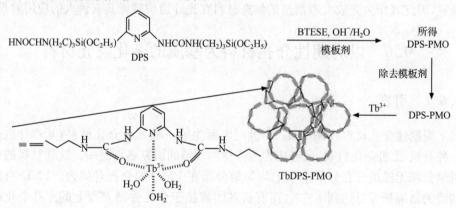

图 4-55　TbDPS-PMO 样品的制备过程

4.6.3　基质材料 DPS-PMO 的结构

4.6.3.1　核磁共振谱

图 4-56 给出了基质材料 DPS-PMO 的 ^{13}C MAS 核磁共振谱图。图中清楚地

显示出在选定的实验条件下制得的 DPS-PMO 中源于 DPS 和 PMO 的主要基团的特征核磁共振峰。在 5 ppm 处的强信号峰归属于周期性介孔材料骨架中的—CH_2CH_2—基团。在 16 ppm 和 58 ppm 处的两个比较弱的信号来源于用 HCl/EtOH 溶液清除制备中所用表面活性剂时在 DPS-PMO 上面形成的表面乙氧基（Si—OCH_2CH_3）[129]。位于 23 ppm 和 42 ppm 的峰归属于烷基链$\leftarrow CH_2 \rightarrow_3$。图 4-56 中还显示了来自芳环的位于 90～120 ppm 范围的共振信号和来自 C=O 基团的位于 130～160 ppm 范围的共振信号，这说明 2,6-二氨基吡啶功能团已经成功地嫁接到周期性介孔材料的骨架上。

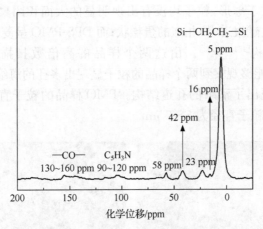

图 4-56　DPS-PMO 的 [13]C 核磁共振谱图

PMO 和 DPS-PMO 两个样品均含有 Si—C 键，在两个样品的 [29]Si MAS 核磁共振谱图中皆显示了与 Si—C 键相关的有机硅氧烷结构单元 T^n [T^n = $RSi(OSi)_n(OH)_{3-n}$，$n=1～3$] 的核磁共振信号 T^n。制备过程中 BTESE 和 DPS 的水解、缩聚都比较完全，在 [29]Si MAS 核磁共振谱图中表现为 T^3 信号峰的强度明显高于 T^1 和 T^2 信号峰的强度。

4.6.3.2　X 射线粉末衍射谱

PMO 样品具有典型的六方介孔结构（空间群为 $P6mm$）。由该样品的 X 射线粉末衍射图可见，在 $1° < 2\theta < 4°$ 范围内呈现三个衍射峰，分别对应于该样品（100）、（110）和（210）的晶面衍射。而在选定的实验条件下制得的 DPS-PMO 样品则具有 P 型立方结构（空间群为 $Pm\bar{3}n$），这一结构类似于介孔材料 SBA-1 的介孔结构[128,130,131]。在该样品的 X 射线粉末衍射图中，在 $1.0° < 2\theta < 2.5°$ 范围内，也清楚地显示出了三个衍射峰，分别对应于样品的（200）、（210）和（211）晶面衍射。PMO 样品的晶面间距（d）和晶胞参数（a_0）分别是 4.50 nm 和 5.20 nm。与 PMO 样品

相比,DPS-PMO的晶面间距(5.02 nm)和晶胞参数(11.23 nm)均有增加。其原因很可能是在功能化的周期性介孔材料 DPS-PMO 的骨架上共价键嫁接的配体 DPS 占据了一定的空间,从而引起 DPS-PMO 样品的晶面间距和晶胞参数随之增大。

4.6.3.3　扫描电子显微镜观察

通过扫描电子显微镜可以观察到 PMO 样品和在选定实验条件下制得的 DPS-PMO 样品的形貌。图 4-57 为样品的扫描电子显微镜照片。由图可见,它们的微观外形都近乎于球形,粒子均没有出现明显的大面积团聚。PMO 样品的粒子形貌显示了与文献报道[128]相似的蛋糕状;而 DPS-PMO 呈菱形十二面体被削去顶端立方体的结构[128,131,132]。由这两个样品的高倍数扫描电子显微镜照片[图 4-57(a)、(c)]能够观察到两个样品的粒子显现出多孔的海绵状表面形态,并且在粒子的表面呈现出了清晰的孔道结构。PMO 样品的粒子直径约为 10 μm,而 DPS-PMO 样品的粒子直径为 5～7 μm。

(a)　　　　　　　　　　　(b)

(c)　　　　　　　　　　　(d)

图 4-57　扫描电子显微镜照片
(a),(b) PMO；(c),(d) DPS-PMO

透射电子显微镜测试结果也有力地证明了 DPS-PMO 样品具有 P 型立方结构（空间群为 $Pm\bar{3}n$）[133]。

4.6.3.4　氮气吸附/脱附等温线

PMO 和 DPS-PMO 样品的氮气吸附/脱附等温线在较低的相对压力下均显示了具有 H1 滞后环的Ⅳ型等温线，这表明两个样品具有高度有序的介孔结构。这与 X 射线粉末衍射测定所得结果是一致的。PMO 样品的比表面积、孔体积和孔径分别为 0.98 m^2/g、1.13 cm^3/g 和 3.03 nm。与 PMO 样品相比，DPS-PMO 样品的比表面积（1.01 m^2/g）与其相近，但是孔体积（0.94 cm^3/g）和孔径（2.79 nm）有所减小。

4.6.4　TbDPS-PMO 样品的荧光光谱

样品的激发光谱是以 Tb^{3+} 的特征发射 546 nm 作为监测波长在室温下测得的。TbDPS-PMO 样品和纯配合物 TbDPS 的激发光谱均呈现出位于 200～400 nm 范围的强宽带，这一宽带归属于配体 DPS 芳香环的吸收。上述激发光谱的特点表明，TbDPS-PMO 样品和纯配合物 TbDPS 中配体与 Tb^{3+} 之间具有良好的能量传递，即配体能敏化 Tb^{3+} 的荧光发射。

以配体的最大吸收作为激发波长，在室温下测得样品的发射光谱。图 4-58 给出了纯配合物 TbDPS、TbDPS-PMO 样品和 DPS-PMO 样品的发射光谱。由图可见，纯配合物 TbDPS 和 TbDPS-PMO 样品的发射光谱均显示了 Tb^{3+} 的特征发射，在约 488 nm、546 nm、582 nm、620 nm 处呈现了窄带发射，它们来自于 Tb^{3+} 的 $^5D_4$ 能级向基态能级 ^7F_J（$J=6,5,4,3$）的跃迁，其中位于 546 nm 的可归属于 $^5D_4 \rightarrow {}^7F_5$ 跃迁的绿色发射峰为最强发射峰。纯配合物 TbDPS 的发射谱带显得比较强，同时发射光谱中没有观察到配体 DPS 的发射，这表明在纯配合物 TbDPS 中存在着更为有效的由配体 DPS 到 Tb^{3+} 的能量传递。然而，在 TbDPS-PMO 样品的发射光谱中 Tb^{3+} 的特征发射强度弱于纯配合物 TbDPS，并且出现了一个位于 384 nm 的强而宽的发射带。对比图 4-58(c)，可以确定该宽带发射来自于 DPS 功能化的周期性介孔材料 DPS-PMO 中共价键嫁接的配体 DPS。显然，在 TbDPS-PMO 样品中的配体 DPS 到 Tb^{3+} 的能量传递不够有效。其原因可能是在 TbDPS-PMO 样品中，周期性介孔材料含有共价键嫁接于其骨架内的有机基团，加之其孔壁的微孔结构等因素影响了 Tb^{3+} 与配体 DPS 之间的能量传递，从而导致配体未能将其吸收的激发光能有效地传递给 Tb^{3+}，配体 DPS 发生了 π^*-π 跃迁以释放其所吸收的激发能，于是配体 DPS 产生了自身的荧光发射。

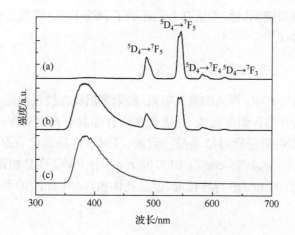

图 4-58　TbDPS(a, λ_{ex}=268 nm)、TbDPS-PMO (b, λ_{ex}=266 nm)
和 DPS-PMO (c, λ_{ex}=266 nm)的发射光谱

图 4-59 给出了纯配合物 TbDPS 和 TbDPS-PMO 样品的荧光衰减曲线。两者均呈单指数下降,这表明 Tb^{3+} 在纯配合物和周期性介孔杂化发光材料中所处的化学环境都是均一的。TbDPS-PMO 样品的荧光寿命为 1.01 ms,与纯配合物 TbDPS(0.97 ms)相近。

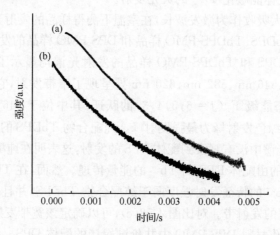

图 4-59　TbDPS-PMO(a)和 TbDPS(b)的荧光衰减曲线

综上所述,经 DPS 功能化的周期性介孔材料 DPS-PMO 具有 P 型立方结构(空间群为 $Pm\overline{3}n$)。通过交换过程将 TbCl$_3$ 引入 DPS-PMO,制得了 Tb^{3+} 配合物共价键嫁接在周期性介孔杂化材料骨架上的杂化发光材料 TbDPS-PMO。TbDPS-PMO 显示了配体 DPS 敏化的 Tb^{3+} 特征发射,同时具有来源于杂化发光材料基质中配体 DPS 的宽带发射。荧光寿命的测试表明,TbDPS-PMO 的荧光衰

减曲线呈单指数下降,寿命为 1.01 ms。TbDPS-PMO 体系中配体与 Tb^{3+} 之间的能量传递尚不够有效,即该周期性介孔杂化发光材料样品的荧光发射性能尚不够理想,这是今后急需改进之处。

参 考 文 献

[1] Bian L J,Xi H A,Qian X F,et al. Synthesis and luminescence property of rare earth complex nanoparticles dispersed within pores of modified mesoporous silica. Mater Res Bull,2002,37:2293-2301.

[2] Xu Q H,Li L S,Li B,et al. Encapsulation and luminescent property of tetrakis [1-(2-thenoyl)-3,3,3-trifluoroacetate] europium N-hexadecyl pyridinium in modified Si-MCM-41. Micropor Mesopor Mater,2000,38:351-358.

[3] Xu Q H,Li L S,Liu X S,et al. Incorporation of rare-earth complex $Eu(TTA)_4C_5H_5NC_{16}H_{33}$ into surface-modified Si-MCM-41 and its photophysical properties. Chem Mater,2002,14:549-555.

[4] Fu L S,Zhang H J. Preparation,characterization and luminescent properties of MCM-41 type materials impregnated with rare earth complex. J Mater Sci Technol,2001,17:293-298.

[5] Li H R,Lin J,Fu L S,et al. Phenanthroline-functionalized MCM-41 doped with europium ions. Micropor Mesopor Mater,2002,55:103-107.

[6] Ogawa M,Nakamura T,Mori J,et al. Luminescence of tris(2,2′-bipyridine)ruthenium(Ⅱ) cations ($[Ru(bpy)_3]^{2+}$) adsorbed in mesoporous silica. J Phys Chem B,2000,104:8554-8556.

[7] Meng Q G,Boutinaud P,Franville A-C,et al. Preparation and characterization of luminescent cubic MCM-48 impregnated with an Eu^{3+} β-diketonate complex. Micropor Mesopor Mater,2003,65:127-136.

[8] Bruno S M,Sá Ferreira R A,Carlos L D,et al. Synthesis,characterisation and luminescence properties of MCM-41 impregnated with an Eu^{3+} β-diketonate complex. Micropor Mesopor Mater,2008,113:453-462.

[9] Xu Q H,Dong W J,Li H W,et al. Encapsulation and luminescent property of $[C_5H_5NC_{16}H_{33}]$ $[Eu(TTA)_4]$ (TTA:tetrakis(1-(2-thenoy)-3,3,3-trifluoroacetate) in chiral Si-MCM-41. Solid State Sci,2003,5:777-782.

[10] Ge S X,He N Y,Yang C,et al. Encapsulation and photoluminescent property of $[Eu(bpy)_2]^{3+}$ in mesoporous material HMS. J Nanosci Nanotechnol,2005,5:1305-1307.

[11] Jim M H,Stein A. Comparative studies of grafting and direct synthesis of inorganic-organic hybrid mesoporous materials. Chem Mater,1999,11:3285-3295.

[12] Li Y,Yan B. Hybrid materials of MCM-41 functionalized by lanthanide (Tb^{3+},Eu^{3+}) complexes of modified meta-methylbenzoic acid:covalently bonded assembly and photoluminescence. J Solid State Chem,2008,181:1032-1039.

[13] Fernandes A,Dexpert-Ghys J,Gleizes A,et al. Grafting luminescent metal-organic species into mesoporous MCM-41 silica from europium(Ⅲ) tetramethylheptanedionate,$Eu(thd)_3$. Micropor Mesopor Mater,2005,83:35-46.

[14] 刘丰祎,符连社,林君,等. 新型无机-有机杂化中孔发光材料(Phen)$_2$Eu/MCM-41 的合成与表征. 应用化学,2001,18:380-383.

[15] Anwander R,Gorlitzer H W,Gerstberger G,et al. Grafting of bulky rare earth metal complexes onto mesoporous silica MCM-41. J Chem Soc,Dalton Trans,1999:3611-3615.

[16] (a) Yan B,Zhou B. Two photoactive lanthanide (Eu^{3+},Tb^{3+}) hybrid materials of modified β-diketone bridge directly covalently bonded mesoporous host (MCM-41). J Photochem Photobiol A Chem,2008,

195:314-322. (b) Yan B,Li Y,Zhou B. Covalently bonding assembly and photophysical properties of luminescent molecular hybrids Eu-TTA-Si and Eu-TTASi-MCM-41 by modified thenoyltrifluoroacetone. Microp Mesop Mater,2009,120:317-324. (c) Li Y,Yan B. Photophysical properties of lanthanide hybrids covalently bonded to functionalized MCM-41 by modified aromatic carboxylic acids. J Fluorescence,2009,19:191-201. (d) Li Y,Yan B. Lanthanide (Tb^{3+},Eu^{3+}) functionalized MCM-41 through modified meta-aminobenzoic acid linkage: covalently bonding assembly, physical characterization and photoluminescence. Microp Mesop Mater,2010,128:62-70. (e) Li Y J,Yan B,Wang L. Rare earth (Eu^{3+},Tb^{3+}) mesoporous hybrids with calix[4]arene derivative covalently linking MCM-41: physical characterization and photoluminescence property. J Solid State Chem,2011,184:2571-2579.

[17] (a) Li Y,Yan B,Yang H. Construction,characterization,and photoluminescence of mesoporous hybrids containing europium(Ⅲ) complexes covalently bonded to SBA-15 directly functionalized by modified β-diketone. J Phys Chem C,2008,112:3959-3968. (b) Yan B,Li Y. Luminescent ternary inorganic-organic mesoporous hybrids Eu(TTASi-SBA-15)phen: covalent linkage in TTA directly functionalized SBA-15. Dalton Trans,2010,39:1480-1487. (c) Li Y J,Yan B,Li Y. Luminescent lanthanide (Eu^{3+},Tb^{3+}) ternary mesoporous hybrids with functionalized β-diketones (TTA,DBM) covalently linking SBA-15 and 2,2'-bipyridine (bpy). Microp Mesop Mater,2010,131:82-88. (d) Li Y Y,Yan B,Guo L,et al. Ternary rare earth sulfoxide-functionalized mesoporous hybrids phen-RE [OBDS(BSAB)]₃-SBA-15 (RE=Eu, Tb): coordination bonding assembly, characterization, and photoluminescence. Microp Mesop Mater, 2012,148:73-79.

[18] (a) Kong L L,Yan B,Li Y J,et al. Photoactive metallic (Al^{3+},Zn^{2+},Eu^{3+},Tb^{3+},Er^{3+},Nd^{3+}) mesoporous hybrid materials by functionalized 8-hydroxyquinolinate linkage covalently bonded SBA-15. Microp Mesop Mater,2010,135:45-50. (b) Kong L L,Yan B,Li Y. Hybrid materials of SBA-15 functionalized by Tb^{3+} complexes of modified acetylacetone: covalently bonded assembly and photoluminescence. J Alloys Compds,2009,481:549-554. (c) Kong L L,Yan B,Li Y. Mesoporous hybrids containing Eu^{3+} complexes covalently bonded to SBA-15 functionalized: assembly, characterization and photoluminescence. J Solid State Chem,2009,182:1631-1637. (d) Li Y J,Yan B,Wang L. Calix[4]arene derivative functionalized lanthanide (Eu,Tb) SBA-15 mesoporous hybrids with covalent bonds: assembly,characterization and photoluminescence. Dalton Trans,2011,40:6722-6731.

[19] Gago S,Fernandes J A,Rainho J P,et al. Highly luminescent tris(β-diketonate)europium(Ⅲ) complexes immobilized in a functionalized mesoporous silica. Chem Mater,2005,17:5077-5084.

[20] Peng C Y,Zhang H J,Yu J B,et al. Synthesis,characterization,and luminescence properties of the ternary europium complex covalently bonded to mesoporous SBA-15. J Phys Chem B, 2005, 109: 15278-15287.

[21] Bartl M H,Scott B J,Huang H C,et al. Synthesis and luminescence properties of mesostructured thin films activated by *in-situ* formed trivalent rare earth ion complexes. Chem Comm,2002:2474-2475.

[22] Li Y J,Yan B. Lanthanide (Eu^{3+},Tb^{3+})/β-diketone modified mesoporous SBA-15/organic polymer hybrids: chemically bonded construction, physical characterization, and photophysical properties. Inorg Chem,2009,48:8276-8285.

[23] Park O-H,Seo S-Y,Jung J-I,et al. Photoluminescence of mesoporous silica films impregnated with an erbium complex. J Mater Res,2003,18:1039-1042.

[24] Sun L N,Zhang H J,Peng C Y,et al. Covalent linking of near-infrared luminescent ternary lanthanide

(Er^{3+}, Nd^{3+}, Yb^{3+}) complexes on functionalized mesoporous MCM-41 and SBA-15. J Phys Chem B, 2006, 110: 7249-7258.

[25] (a) Sun L N, Yu J B, Zhang H J, et al. Near-infrared luminescent mesoporous materials covalently bonded with ternary lanthanide [Er(Ⅲ), Nd(Ⅲ), Yb(Ⅲ), Sm(Ⅲ), Pr(Ⅲ)] complexes. Micropor Mesopor Mater, 2007, 98: 156-165. (b) Sun L N, Zhang Y, Yu J B, et al. Ternary lanthanide (Er^{3+}, Nd^{3+}, Yb^{3+}, Sm^{3+}, Pr^{3+}) complex-functionalized mesoporous SBA-15 materials that emit in the near-infrared range. J Photochem Photobiol A: Chem, 2008, 199: 57-63.

[26] Sun L N, Zhang H J, Yu J B, et al. Near-infrared emission from novel tris(8-hydroxyquinolinate)lanthanide(Ⅲ) complexes-functionalized mesoporous SBA-15. Langmuir, 2008, 24: 5500-5507.

[27] Li Y J, Yan B, Li Y. Hybrid materials of SBA-16 functionalized by rare earth (Eu^{3+}, Tb^{3+}) complexes of modified β-diketone (TTA and DBM): covalently bonding assembly and photophysical properties. J Solid State Chem, 2010, 183: 871-877.

[28] (a) Li Y J, Yan B. Photoactive europium(Ⅲ) centered mesoporous hybrids with 2-thenoyltrifluoroacetone functionalized SBA-16 and organic polymers. Dalton Trans, 2010, 39: 2554-2562. (b) Li Y J, Yan B, Li Y. Lanthanide (Eu^{3+}, Tb^{3+}) centered mesoporous hybrids with 1, 3-diphenyl-1, 3-propanepione covalently linking SBA-15 (SBA-16) and poly(methylacrylic acid). Chem Asi J, 2010, 5: 1642-1651.

[29] Font J, de March P, Busqué F, et al. Periodic mesoporous silica having covalently attached tris(bipyridine) ruthenium complex: synthesis, photovoltaic and electrochemiluminescent properties. J Mater Chem, 2007, 17: 2336-2343.

[30] Besson E, Mehdi A, Reyé C, et al. Functionalisation of the framework of mesoporous organosilicas by rare-earth complexes. J Mater Chem, 2006, 16: 246-248.

[31] (a) Li Y, Yan B, Li Y J. Sulfide functionalized lanthanide (Eu/Tb) periodic mesoporous organosilicas (PMOs) hybrids with covalent bond: physical characterization and photoluminescence. Microp Mesop Mater, 2010, 132: 87-93. (b) Li Y J, Wang L, Yan B. Photoactive lanthanide hybrids covalently bonded to functionalized periodic mesoporous organosilica (PMO) by calix[4]arene derivative. J Mater Chem, 2011, 21: 1130-1138.

[32] Sun L N, Mai W P, Dang S, et al. Near-infrared luminescence of periodic mesoporous organosilicas grafted with lanthanide complexes based on visible-light sensitization. J Mater Chem, 2012, 22: 5121-5127.

[33] Kresge C T, Leonowicz M E, Roth W J, et al. Ordered mesoporous molecular sieves synthesised by a liquid-crystal template mechanism. Nature, 1992, 359: 710-712.

[34] Beck J S, Vartuli J C, Roth W J, et al. A new family of mesoporous molecular sieves prepared with liquid crystal templates. J Am Chem Soc, 1992, 114: 10834-10843.

[35] 徐如人, 庞文琴, 等. 分子筛与多孔材料化学. 北京: 科学出版社, 2004.

[36] Clark J, Macquarrie D. Catalysis of liquid phase organic reactions using chemically modified mesoporous inorganic solids. Chem Commun, 1998: 853-860.

[37] Yang P D, Zhao D Y, Margolese D I, et al. Generalized syntheses of large-pore mesoporous metal oxides with semicrystalline frameworks. Nature, 1998, 396: 152-155.

[38] MacLachlan M J, Coombs N, Ozin G A. Non-aqueous supramolecular assembly of mesostructured metal germanium sulphides from (Ge_4S_{10})$_4$ clusters. Nature, 1999, 397: 681-684.

[39] Esraelachvili J N. Intermolecular & Surface Forces. Salt Lake City: Academic Press, 1991.

[40] Firouzi A, Kumar D, Bull L M. Cooperative organization of inorganic-surfactant and biomimetic assem-

blies. Science,1995,267:1138-1143.

[41] Inagaki S,Fukushima Y,Okada A,et al. Synthesis of highly ordered mesoporous materials from a layered polysilicate. Chem Commun,1993:680-681.

[42] (a)Monnier A,Schuth F,Huo Q,et al. Cooperative formation of inorganic-organic interfaces in the synthesis of silicate mesostructures. Science,1993,261:1299-1303. (b) Hoffmann F, Cornelius M, Morell J,et al. Silica-Based Mesoporous Organic-Inorganic Hybrid Materials. Angew Chem Int Ed, 2006, 45: 3216-3251.

[43] Huo Q,Leon R,Petroff P M,et al. Mesostructure design with gemini surfactants: supercage formation in a three-dimensional hexagonal array. Science,1995,268:1324-1327.

[44] Firouzi A,Atef F,Oertli A G,et al. Alkaline lyotropic silicate-surfactant liquid crystals. J Am Chem Soc, 1997,119:3596-3610.

[45] Huo Q,Maxgolese D I,Clesia U,et al. Generalized synthesis of periodic surfactant/inorganic composite materials. Nature,1994 368:317-321.

[46] Kim J M,Kim S K,Ryoo R. Synthesis of MCM-48 single crystals. Chem Commun,1998:259-260.

[47] Guan S,Inagaki S,Ohsuna T,et al. Cubic hybrid organic-inorganic mesoporous crystal with a decaoctahedral shape. J Am Chem Soc,2000,122:5660-5661.

[48] Yu C Z,Tian B Z,Fan J,et al. Nonionic block copolymer synthesis of large-pore cubic mesoporous single crystals by use of inorganic salts. J Am Chem Soc,2002,124:4556-4557.

[49] Yang H,Kuperman A,Coombs N,et al. Synthesis of oriented films of mesoporous silica on mica. Nature,1996,379:703-705.

[50] Lu Y,Ganguli R,Drewien C A,Anderson M T,et al. Continuous formation of supported cubic and hexagonal mesoporous films by sol-gel dip-coating. Nature,1997,389:364-368.

[51] Tolbert S H,Schaffer T E,Feng J L,et al. A new phase of oriented mesoporous silicate thin films. Chem Mater,1997,9:1962-1967.

[52] Huo Q,Feng J,Schüth F,et al. Preparation of hard mesoporous silica spheres. Chem Mater, 1997,9: 14-17.

[53] Schacht S, Huo Q, VoigtMartin I G, et al. Oil-water interface templating of mesoporous macroscale structures. Science,1996,273:768-771.

[54] Lu Y F,Fan H Y,Stump A,et al. Aerosol-assisted self-assembly of mesostructured spherical nanoparticles. Nature,1999,398:223-226.

[55] Yang H,Coombs N,Ozin G A. Morphogenesis of shapes and surface patterns in mesoporous silica. Nature,1997,386:692-695.

[56] Zhao D Y,Sun J Y,Li Q Z,et al. Morphological control of highly ordered mesoporous silica SBA-15. Chem Mater,2000,12:275-279.

[57] Jaroniec C P,Kruk M,Jaroniec M,et al. Tailoring surface and structural properties of MCM-41 silicas by bonding organosilanes. J Phys Chem B,1998,102:5503-5510.

[58] Stein A,Melde B J,Schroden R C. Hybrid inorganic-organic mesoporous silicates nanoscopic reactors coming of age. Adv Mater,2000,12:1-17.

[59] Liu J,Feng X,Fryxell G E,et al. Hybrid mesoporous materials with functionalized monolayers. Adv Mater,1998,10:161-165.

[60] Yanagisawa T,Schimizu T,Kiroda K,et al. The preparation of alkyltrimethylammonium-kanemite com-

plexes and their conversion to microporous materials. Bull Chem Soc Jpn,1990,63:988-992.

[61] Zhao X S,Lu G Q. Modification of MCM-41 by surface silylation with trimethylchlrosilane. J Phys Chem B,1998,102:1556-1561.

[62] (a) Kickelbick G. Hybrid Materials: Synthesis, Characterization, and Applications. Weinheim:Wiley-VCH Verlag, 2007. (b)Shephard D S,Zhou W,Maschmeyer T,et al. Site-directed surface derivatization of MCM-41: use of high-resolution transmission electron microscopy and molecular recognition for determining the position of functionality within mesoporous materials. Angew Chem Int Ed, 1998, 37: 2719-2723.

[63] Burkett S L,Sims S D,Mann S. Synthesis of hybrid inorganic-organic mesoporous silica by co-condensation of siloxane and organosiloxane precursors. Chem Commun,1996:1367-1368.

[64] Mercier L,Pinnavaia T J. Direct synthesis of hybrid organic-inorganic nanoporous silica by a neutral amine assembly route: structure-function control by stoichiometric incorporation of organosiloxane molecules. Chem Mater,2000,12:188-196.

[65] Inagaki S,Guan S,Fukushima Y,et al. Novel mesoporous materials with a uniform distribution of organic groups and inorganic oxide in their frameworks. J Am Chem Soc,1999,121:9611-9614.

[66] Melde B J,Holland B T,Blanford C F,et al. Mesoporous sieves with unified hybrid inorganic/organic frameworks. Chem Mater,1999,11:3302-3308.

[67] Asefa T,MacLachlan M J,Coombs N,et al. Periodic mesoporous organosilicas with organic groups inside the channel walls. Nature,1999,402:867-871.

[68] Nakajima K,Lu D L,Kondo J N,et al. Synthesis of highly ordered hybrid mesoporous material containing etenylene (—CH=CH—) within the silicate framework. Chem Lett,2003, 32:950-951.

[69] Temtsin G,Asefa T,Bittner S,et al. Aromatic PMOs: tolyl,xylyl and dimethoxyphenyl groups integrated within the channel walls of hexagonal mesoporous silicas. J Mater Chem,2001,11:3202-3206.

[70] Muth O,Schellbach C,Fröba M. Triblock copolymer assisted synthesis of periodic mesoporous organosilicas (PMOs) with large pores. Chem Commun,2001:2032-2033.

[71] Burleigh M C,Markowitz M A,Wong E M,et al. Synthesis of periodic mesoporous organosilicas with block copolymer templates. Chem Mater,2001,13:4411-4412.

[72] Liang Y C,Hanzlik M,Anwander R. Periodic mesoporous organosilicas: mesophase control via binary surfactant mixtures. J Mater Chem,2006,16:1238-1253.

[73] Guo W P,Kim I,Ha C S. Highly ordered three-dimensional large-pore periodic mesoporous organosilica with *Im3m* symmetry. Chem Commun,2003:2692-2693.

[74] Qiao S Z,Yu C Z,Hu Q H,et al. Control of ordered structure and morphology of large-pore periodic mesoporous organosilicas by inorganic salt. Micropor Mesopor Mater,2006,91:59-69.

[75] Yoshina-Ishii C,Asefa T,Coombs N,et al. Periodic mesoporous organosilicas,PMOs: fusion of organic and inorganic chemistry 'inside' the channel walls of hexagonal mesoporous silica. Chem Commun, 1999:2539-2540.

[76] Inagaki S,Guan S,Ohsuna T,et al. An ordered mesoporous organosilica hybrid material with a crystal-like wall structure. Nature,2002,416:304-307.

[77] Bion N,Ferreira P,Valente A,et al. Ordered benzene-silica hybrids with molecular-scale periodicity in the walls and different mesopore sizes. J Mater Chem,2003,13:1910-1913.

[78] Morell J,Güngerich M,Wolter G,et al. Synthesis and characterization of highly ordered bifunctional aro-

matic periodic mesoporous organosilicas with different pore sizes. J Mater Chem,2006,16:2809-2818.

[79] Baleizão C,Gigante B,Das D,et al. Synthesis and catalytic activity of a chiral periodic mesoporous organosilica (ChiMO). Chem Commun,2003:1860-1861.

[80] Álvaro M,Benitez M,Das D,et al. Synthesis of chiral periodic mesoporous silicas (ChiMO) of MCM-41 type with binaphthyl and cyclohexadiyl groups incorporated in the framework and direct measurement of their optical activity. Chem Mater,2004, 16:2222-2228.

[81] Kuroki M,Asefa T,Whitnall W,et al. Synthesis and properties of 1,3,5-benzene periodic mesoporous organosilica (PMO): novel aromatic PMO with three point attachments and unique thermal transformations. J Am Chem Soc,2002,124:13886-13895.

[82] Corriu R,Mehdi A,Reye C,et al. Mesoporous hybrid materials containing functional organic groups inside both the framework and the channel pores. Chem Commun,2002:1382-1383.

[83] Landskron K,Hatton B H,Perovic D D,et al. Periodic mesoporous organosilicas containing [Si(CH$_2$)]$_3$ rings. Science,2003,302:266-269.

[84] Landskron K,Ozin G A. Periodic mesoporous dendrisilicas. Science,2004,306:1529-1532.

[85] Shimojima A,Kuroda K. Direct formation of mesostructured silica-based hybrids from novel siloxane oligomers with long alkyl chains. Angew Chem Int Ed,2003,42:4057-4060.

[86] Meng Q G. Preparation,Characterization and Luminescence Properties of Organic-Inorganic Hybrids Processed by Wet Impregnation of Mesoporous Silica. Clermont-Ferrand:Universite Blaise Pascal,2005.

[87] (a) Dai S,Burleigh M C,Shin Y S,et al. Imprint coating: a novel synthesis of selective functionalized ordered mesoporous sorbents. Angew Chem Int Ed,1999,38:1235-1239. (b) Lang N,Tuel A. A fast and efficient ion-exchange procedure to remove surfactant molecules from MCM-41 materials. Chem Mater, 2004, 16:1961-1966. (c)Guo X M,Fu L S,Zhang H J,et al. Incorporation of luminescent lanthanide complex inside the channels of organically modified mesoporous silica via template-ion exchange method. New J Chem,2005, 29:1351-1358.

[88] Wong T C,Wong N B,Tanner P A. A fourier transform IR study of the phase transitions and molecular order in the hexadecyltrimethylammonium sulfate/water system. J Collod Interface Sci, 1997, 186: 325-331.

[89] Minoofar P N,Hernandez R,Chia S,et al. Placement and characterization of pairs of luminescent molecules in spatially separated regions of nanostructured thin films. J Am Chem Soc, 2002, 124: 14388-14396.

[90] (a) Kolodziejsli W,Corma A,Navarro M T,et al. Solid-state NMR study of ordered mesoporous aluminosilicate MCM-41 synthesized on a liquid-crystal template. Solid State Nucl Magn Reson, 1993, 2:253-259. (b) Luhmer M,d'Espinose J B,Hommel H,et al. High-resolution ^{29}Si solid-state NMR study of silicon functionality distribution on the surface of silicas. Magn Reson Imaging,1996,14:911-913.

[91] Binnemans K. Lanthanide-based luminescent hybrid materials. Chem Rev,2009, 109:4283-4374.

[92] Bünzli J-C G,Yersin J R,Mabillard C. FT IR and fluorometric investigation of rare-earth and metallic ion solvation . 1. Europium perchlorate in anhydrous acetonitrile. Inorg Chem,1982,21:1471-1476.

[93] (a) Franville A C,Zambon D,Mahiou R,et al. Synthesis and optical features of an europium organic-inorganic silicate hybrid. J Alloys Compd,1998,275:831-834. (b) Franville A C,Zambon D,Mahiou R,et al. Luminescence behavior of sol-gel-derived hybrid materials resulting from covalent grafting of a chromophore unit to different organically modified alkoxysilanes. Chem Mater,2000,12:428-435. (c) Fran-

ville A C, Mahiou R, Zambon D, et al. Molecular design of luminescent organic-inorganic hybrid materials activated by europium（Ⅲ）ions. Solid State Sci, 2001, 3: 211-222.

[94] Raehm L, Mehdi A, Wickleder C, et al. Unexpected coordination chemistry of bisphenanthroline complexes within hybrid materials: a mild way to Eu^{2+} containing materials with bright yellow luminescence. J Am Chem Soc, 2007, 129: 12636-12637.

[95] Embert F, Mehdi A, Reye C, et al. Synthesis and luminescence properties of monophasic organic-inorganic hybrid materials incorporating europium（Ⅲ）. Chem Mater, 2001, 13: 4542-4549.

[96] (a) Zhao D Y, Huo Q S, Feng J L, et al. Nonionic triblock and star diblock copolymer and oligomeric surfactant syntheses of highly ordered, hydrothermally stable, mesoporous silica structures. J Am Chem Soc, 1998, 120: 6024-6036. (b) Zhao D Y, Feng J L, Huo Q S, et al. Triblock copolymer syntheses of mesoporous silica with periodic 50 to 300 angstrom pores. Science, 1998, 279: 548-552.

[97] Sato S, Wada M. Relations between intramolecular energy transfer efficiencies and triplet state energies in rare earth β-diketone chelates. Bull Chem Soc Jpn, 1970, 43: 1955-1962.

[98] (a) Crosby G A, Whan R E, Alire R M. Intramolecular energy transfer in rare earth chelates. Role of the triplet state. J Chem Phys, 1961, 34: 743-748. (b) Filipescu N, Sager W F, Serafin F A. Substituent effects on intramolecular energy transfer. Ⅱ. Fluorescence spectra of europium and terbium β-diketone chelates. J Phys Chem, 1964, 68: 3324-3346. (c) Sager W F, Filipescu N, Serafin F A. Substituent effects on intramolecular energy transfer. Ⅰ: absorption and phosphorescence spectra of rare earth β-diketone chelates. J Phys Chem, 1965, 69: 1092-1100.

[99] (a) Malta O L, dos Santos C M A, Thompson L C, et al. Rare-earth ions adsorbed onto porous glass: luminescence as a characterizing tool intensity parameters of 4f-4f transitions in the Eu(dipivaloylmethanate)3 1,10-phenanthroline complex. J Lumin, 1996, 69: 77-84. (b) Malta O L, Brito H F, Menezes J F S, et al. Spectroscopic properties of a new light-converting device Eu(thenoyltrifluoroacetonate)3 2 (dibenzyl Sulfoxide): a theoretical analysis based on structural data obtained from a sparkle model. J Lumin, 1997, 75: 255-268.

[100] (a) Soares-Santos P C R, Nogueira H I S, Félix V, et al. Novel lanthanide luminescent materials based on complexes of 3-hydroxypicolinic acid and silica nanoparticles. Chem Mater, 2003, 15: 100-108. (b) Sá Ferreira R A, Carlos L D, Gonçalves R R, et al. Energy-transfer mechanisms and emission quantum yields in Eu^{3+}-based siloxane-poly(oxyethylene) nanohybrids. Chem Mater, 2001, 13: 2991-2998. (c) Carlos L D, Messaddeq Y, Brito H F, et al. Full-color phosphors from europium（Ⅲ）-based organosilicates. Adv Mater, 2000, 12: 594-598.

[101] Teotonio E E S, Espínola J G P, Brito H F, et al. Influence of the N-[methylpyridyl] acetamide ligands on the photoluminescent properties of Eu（Ⅲ）-perchlorate complexes. Polyhedron, 2002, 21: 1837-1844.

[102] (a) Werts M H V, Jukes R T F, Verhoeven J W. The emission spectrum and the radiative lifetime of Eu^{3+} in luminescent lanthanide complexes. Phys Chem Chem Phys, 2002, 4: 1542-1548. (b) Hazenkamp M F, Blasse G. Rare-earth ions adsorbed onto porous glass: luminescence as a characterizing tool. Chem Mater, 1990, 2: 105-110.

[103] Boyer J C, Vetrone F, Capobianco J A, et al. Variation of fluorescence lifetimes and Judd-Ofelt parameters between Eu^{3+} doped bulk and nanocrystalline cubic Lu_2O_3. J Phys Chem B, 2004, 108: 20137-20143.

[104] (a) de Sá G F, Malta O L, de Mello Donegá C, et al. Spectroscopic properties and design of highly luminescent lanthanide coordination complexes. Coord Chem Rev, 2000, 196: 165-195. (b) Kodaira C A, Claudia A, Brito H F, et al. Luminescence investigation of Eu^{3+} ion in the $RE_2(WO_4)_3$ matrix (RE=La and Gd) produced using the pechini method. J Solid State Chem, 2003, 171: 401-407.

[105] Carnall W T, Crosswhite H, Crosswhite H M. Energy Level Structure and Transition Probabilities of the Trivalent Lanthanides in LaF_3. Illinois: Argonne National Laboratory, 1978.

[106] Judd B R. Ionic transitions hypersensitive to enviroment. J Chem Phys, 1979, 70: 4830-4833.

[107] Zheng Y X, Shi C, Liang Y J, et al. Synthesis and electroluminescent properties of a novel terbium complex. Synth Met, 2000, 114: 321-323.

[108] Everett D H. Manual of symbols and terminology for physicochemical. Quantities and units. Pure Appl Chem, 1972, 31, 577-638.

[109] Yang Y T, Su Q D, Zhao G W. Photoacoustic spectroscopy study on lanthanide ternary complexes with dibenzoylmethide and phenanthroline. Spectrochim Acta Part A, 1999, 55: 1527-1533.

[110] Utz M, Chen C, Morton M, et al. Ligand exchange dynamics in aluminum tris-(quinoline-8-olate): a solution state NMR study. J Am Chem Soc, 2003, 125: 1371-1375.

[111] Friend R H, Gymer R W, Holmes A B, et al. Electroluminescence in conjugated polymers. Nature, 1999, 397: 121-128.

[112] Sui Y L, Yan B. Fabrication and photoluminescence of molecular hybrid films based on the complexes of 8-hydroxyquinoline with different metal ions via sol-gel process. J Photoch Photobio A, 2006, 182: 1-6.

[113] Lenaerts P, Driesen K, van Deun R, et al. Covalent coupling of luminescent tris(2-thenoyltrifluoroacetonato)lanthanide(Ⅲ) complexes on a merrifield resin. Chem Mater, 2005, 17: 2148-2154.

[114] Khreis O M, Gilin W P, Somerton M, et al. 980 nm electroluminescence from ytterbium tris (8-hydroxyquinoline). Org Electron, 2001, 2: 45-51.

[115] Horrocks W D, Bolender Jr J P, Smith W D, et al. Photosensitized near infrared luminescence of ytterbium(Ⅲ) in proteins and complexes occurs via an internal redox process. J Am Chem Soc, 1997, 119: 5972-5973.

[116] Diaz J F, Balkus F J. Synthesis and characterization of cobalt-complexes functionalized MCM-41. Chem Mater, 1997, 9(1): 61-67.

[117] Kinski J, Gies H. Ordered and disordered pAN molecules in mesoporous MCM-41. Zeolites, 1997, 19: 375-381.

[118] Zhang J Y, Luz Z, Goldfarb D. EPR Studies of the formation mechanism of the mesoporous materials MCM-41 and MCM-50. J Phys Chem B, 1997, 101: 7087-7094.

[119] Stein G, Wurzbery E. Energy gap law in the solvent isotope effect on radiationless transitions of rare earth ions. J Chem Phys, 1975, 62: 208-213.

[120] (a) Julián B, Corberán R, Cordoncillo E, et al. Synthesis and optical properties of Eu^{3+}-doped inorganic organic hybrid materials based on siloxane networks. J Mater Chem, 2004, 14: 3337-3343. (b) Zhu H G, Jones D J, Zajac J, et al. Synthesis of periodic large mesoporous organosilicas and functionalization by incorporation of ligands into the framework wall. Chem Mater, 2002, 14: 4886-4894.

[121] Li H R, Fu L S, Liu F Y, et al. Mesostructured thin film with covalently grafted europium complex. New J Chem, 2002, 26: 674-676.

[122] Taylor E R, Ng Li Na, Sessions N P, et al. Spectroscopy of Tm^{3+}-doped tellurite glasses for 1470 nm fi-

ber amplifier. J Appl Phys, 2002, 92：112.

[123] Yu J B, Zhang H J, Fu L S, et al. Synthesis, structure and luminescent properties of a new praseodymi-um(Ⅲ) complex with β-diketone. Inorg Chem Commun, 2003, 6：852-854.

[124] Binnemans K, Lenaerts P, Driesen K, et al. A luminescent tris (2-thenoyltrifluoroacetonato) europium (Ⅲ) complex covalently linked to a 1, 10-phenanthroline-functionalised sol-gel glass. J Mater Chem, 2004, 14：191-195.

[125] Feng J, Song S Y, Fan W Q, et al. Near-infrared luminescent mesoporous MCM-41 materials covalent-ly bonded with ternary thulium complexes. Micropor Mesopor Mater, 2009, 117：278-284.

[126] Zang F X, Hong Z R, Li W L, et al. 1. 4 μm band electroluminescence from organic light-emitting diodes based on thulium complexes. Appl Phys Lett, 2004, 84：2679-2681.

[127] Liu F Y, Fu L S, Wang J, et al. Luminescent film with terbium-complex-bridged polysilsesquioxanes. New J Chem, 2003, 27：233-235.

[128] Sayari A, Hamoudi S, Yang Y, et al. New insights into the synthesis, morphology, and growth of peri-odic mesoporous organosilicas. Chem Mater, 2000, 12：3857-3863.

[129] Guo W P, Park J Y, Oh M O, et al. Triblock copolymer synthesis of highly ordered large-pore periodic mesoporous organosilicas with the aid of inorganic salts. Chem Mater, 2003, 15：2295-2298.

[130] Huo Q S, Margolese D I, Ciesla U, et al. Organization of organic molecules with inorganic molecular species into nanocomposite biphase arrays. Chem Mater, 1994, 6：1176-1191.

[131] Che S N, Sakamoto Y, Terasaki O, et al. Control of crystal morphology of SBA-1 mesoporous silica. Chem Mater, 2001, 13：2237-2239.

[132] Sakamoto Y, Kaneda M, Terasaki O, et al. Direct imaging of the pores and cages of three-dimensional mesoporous materials. Nature, 2000, 408：449-453.

[133] El-Safty S A, Hanaoka T. Microemulsion liquid crystal templates for highly ordered three-dimensional mesoporous silica monoliths with controllable mesopore structures. Chem Mater, 2004, 16：384-400.

第5章 稀土配合物大孔杂化材料

5.1 概　述

大孔材料是多孔材料的一种,一般是指具有大于 50 nm 孔径的多孔材料。大孔材料在结构和性能方面具有一系列特点。首先,大孔材料具有规整的孔道结构,并且孔与孔之间通过小的窗口相互连接[1]。其次,它的孔结构(孔径和堆积方式)可以通过改变制备时的模板条件(大孔材料制备时一般均需加入模板)进行调控。因此,这种具有可控孔结构的特性能够使大孔材料很有希望成为设计新型功能器件的优异候选材料[2,3]。再次,除了孔结构之外,大孔材料的骨架基质本身也能够对大孔材料的性能起到至关重要的调控作用,骨架基质以及骨架表面上化学修饰的功能基团往往会赋予大孔材料一些新颖性能[4],这将会从根本上改变大孔材料的应用范围。最后,具有三维有序结构的大孔材料通常具有光子禁带,而这在光学领域具有重要的研究价值。上述一系列特点使大孔材料在许多领域具有十分重要的潜在应用价值,如可以作为光子晶体[5]、催化材料[6]、磁性材料[7]、吸附材料及发光材料[8]等。近年来,大孔材料的研究受到科学工作者的强烈关注,大孔材料逐渐成为一类新的热点功能材料[9]。

多孔材料广泛应用于制备稀土配合物杂化材料,已经制备了一系列具有可见和近红外发光性能的稀土配合物介孔杂化发光材料(在第 4 章里已进行详细介绍)。微孔材料亦可作为制备稀土配合物杂化材料的基质,如以沸石为基质的稀土配合物杂化材料的研究已有报道[10]。介孔材料是优良杂化材料的基质材料之一,具有规整的孔道结构,稀土配合物可以通过掺杂或嫁接的方式组装到介孔材料里。介孔骨架的保护作用大大提高了稀土配合物的光和热稳定性,同时,制得的稀土配合物介孔杂化发光材料亦具有优良的发光特性。然而,与介孔材料相比,作为基质材料,大孔材料仍具有如下优点[11-14]:①具有比介孔材料更大的孔道,这有利于更大的光活性物质分子以及更大量的光活性物质的引入;②具有三维有序结构的大孔材料(3DOM)存在光子禁带,在光波导、光电路和低阈值激光器等方面具有潜在的应用价值;③大孔材料制备时,通常选用具有特殊功能核壳结构的胶粒作为模板,在去模板的时候,可以原位地在制备的大孔材料的孔结构里将核成分保留下来,从而赋予大孔材料其他特殊功能。上述优势使大孔材料有条件成为光活性物质稀土配合物的重要候选基质材料之一。显然,高性能的稀土配合物大孔杂化材料将是十分值得人们期待的。尤其令人感兴趣的是借助选用具有特殊功能核壳结构的胶粒作为制备大孔材料的模板,原位保留在制备的大孔材料中模板的核成分能够赋予大孔材料其他有趣的特殊功能,这将使制备的稀土配合物大孔杂化材料除了具有发光性能外,还具有其他重要功能,即可以使之成为多功能的稀土配合物大孔杂化材料。

Sigoli 等[15]已开展了稀土配合物大孔杂化发光材料的研究。他们将稀土与 β-二酮配合物组装进大孔材料的孔道中,研究了制备的大孔杂化发光材料的结构和发光性能。所取得的新结果对稀土配合物大孔杂化发光材料研究的进一步拓宽和深入颇具激励作用。张洪杰研究小组[16]采用掺杂法,借助聚苯乙烯(PS)小球和核壳结构 Fe_3O_4@PS 小球作为模板剂,分别制备了具有近红外发光性质的 Er^{3+} 与二苯甲酰甲烷、邻菲罗啉三元配合物的大孔杂化发光材料以及同时具有磁性和近红外发光性能的双功能 Er^{3+} 与二苯甲酰甲烷、邻菲罗啉三元配合物的大孔杂化材料样品。制备的两种杂化材料样品均呈现出 Er^{3+} 的特征近红外发射。除了具有近红外荧光性能之外,双功能杂化材料样品同时具有的磁性也使近红外发光的大孔杂化材料样品具有响应外界磁场的能力。张洪杰研究小组[17]还成功地制备了两种共价键嫁接 Tb^{3+} 和 Eu^{3+} 对氨基苯甲酸配合物的大孔杂化发光材料样品。Tb^{3+} 和 Eu^{3+} 的对氨基苯甲酸配合物的大孔杂化发光材料样品分别发射出对氨基苯甲酸配体敏化的稀土离子特征的绿光和红光,尤其是 Tb^{3+} 的对氨基苯甲酸配合物的杂化发光材料样品具有更加优良的配体敏化 Tb^{3+} 的特征荧光发射。

然而,目前关于组装稀土配合物的大孔杂化材料的研究报道比较少。应该认为稀土配合物大孔杂化材料的研究尚处于起步阶段,许多很有意义的工作有待开展。深入开展稀土配合物大孔杂化材料的研究不仅有助于研发新型稀土功能材料,而且也将进一步拓展大孔材料的应用领域。

本章将首先介绍 Er^{3+} 与二苯甲酰甲烷、邻菲罗啉三元配合物的大孔杂化材料样品的制备及其近红外发光性能和磁性,然后介绍 Tb^{3+} 和 Eu^{3+} 的对氨基苯甲酸配合物的大孔杂化发光材料样品的制备及其发光性能。

5.2　大孔材料

5.2.1　大孔材料的定义

多孔材料的应用领域十分广泛,这方面的研究很受研究人员的重视。依据孔径的大小,多孔材料可以分为三种,即微孔材料、介孔材料(或中孔材料)、大孔材料。经典的沸石分子筛属于微孔材料的范畴。介孔材料(包括其制备、特性、应用等)在第 4 章中已经进行了介绍。按照 IUPAC 的定义,大孔材料(macroporous material)指孔径大于 50 nm 的多孔材料。

5.2.2　大孔材料的合成

目前已成功建立了多种制备大孔材料的方法。采用这些制备方法制备大孔材料时,反应体系通常均需加入模板。选择适宜的制备反应条件,各种反应物在模板作用下,生成具有特定结构的大孔材料。借助于模板可以灵活、方便、高效地制备大孔材料。目前研究人员一般采用胶体晶体作为模板制备大孔材料。这种胶体晶体具有反蛋白石结构,其结构示于图 5-1(图中 δ 代表大孔之间相互连通窗口的直径)。尤其值得指出的是,制备的大孔材料的孔结构可以有效地通过优化作为模板的胶体晶体的尺寸以及排布方式来根据需要加以调控。因此,这对于优化制备的大孔材料的结构以及性能具有十分重要的意义。可以作为制备大孔材料模板的胶体晶体材料多种多样,研究人员经常使用有机乳胶颗粒,如聚苯乙烯、聚甲基丙烯酸甲酯等获得胶体晶体的单分散粒子。此外,一些无机化合物,如 SiO_2 粒子等也可以用于获得比较理想的胶体晶体[18]。

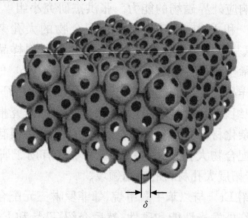

图 5-1　胶体晶体反蛋白石结构的模型
(承惠允,引自[19])

制备大孔材料的方法较多,各种制备方法均有其优点,也有其局限性。因此,在制备大孔材料时,应该根据欲制备的大孔材料的具体情况,有针对性地选择比较合适的制备方法。下面介绍几种重要的制备方法。

5.2.2.1　渗透液态聚合物前驱体法

这种方法主要是通过将液态的聚合物前驱体渗透到模板胶体晶体的空隙里面,然后利用紫外灯照射($\lambda_{max} \approx 365$ nm)或者其他加热办法(一般温度应该低于100℃)使胶体晶体空隙里的聚合物单体受热发生聚合反应。待聚合反应完成后,除去产物中的模板,即可得到聚合物大孔材料。采用这种方法,目前已经制备的大孔材料主要有聚氨酯(polyurethane,PU)以及聚(丙烯酸酯和甲基丙烯酸酯)共聚物[poly(acrylate methacrylate),PAMC]的大孔材料等[20]。制备的聚(丙烯酸酯和甲基丙烯酸酯)共聚物大孔材料规则有序的微观结构示于图 5-2。

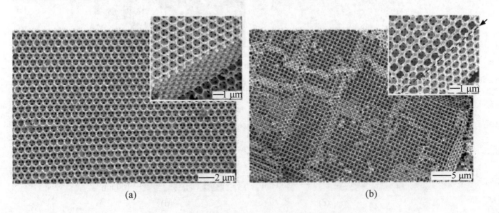

图 5-2　紫外光照射制备的 PAMC 大孔材料
(a) 六方密堆积结构;(b) 四方密堆积结构
(承惠允,引自[18])

5.2.2.2　渗透溶胶-凝胶前驱体法

作为模板的胶体晶体的空隙里面同样可以填充溶胶-凝胶前驱体用以制备各种大孔材料,这种制备大孔材料的方法就是渗透溶胶-凝胶前驱体法。为了方便模板的除去,胶体晶体一般采用高分子材料。该法的具体过程是首先使溶胶-凝胶前驱体通过毛细现象浸入胶体晶体的空隙中。然后,在适宜的反应条件下,使溶胶-凝胶前驱体发生水解、缩聚反应,并进而使之固化,最后除去模板即可得到类陶瓷的凝胶大孔材料。可以用这种方法制备的大孔材料一般为二氧化硅和金属氧化物大孔材料[21]。用这种方法制备的代表性二氧化硅大孔材料的微观结构示于图 5-3[22]。

5.2.2.3　渗透溶液法

渗透溶液法就是将制备大孔材料所需的无机盐溶液直接加到模板中,使这些无机盐溶液渗透进入模板的空隙中,从而制备出大孔材料的方法。采用这种方法制备的大孔材料多为金属氧化物及金属单质的大孔材料。例如,在胶体晶体空隙里面借助填充乙酸镍和乙二酸的混合溶液可以将乙二酸镍沉淀在模板的空隙之中,通过在空气或者氢气中煅烧除去模板,即可以分别制备出氧化镍以及单质镍的大孔材料[23]。Co、Fe、CdSe 量子点及 C_{60} 的大孔材料均可采用渗透溶液法

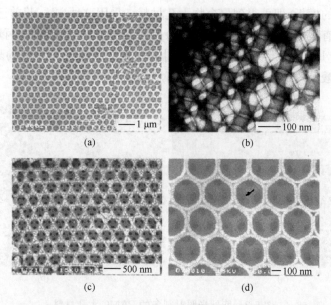

图 5-3　渗透溶胶-凝胶前驱体法制备的 SiO_2 三维有序大孔材料：
扫描电镜照片（a、c 和 d）及透射电镜照片（b）

（承惠允，引自[22]）

制备[24]。

5.2.2.4　电化学沉积法

电化学沉积法主要用于在模板的空隙里沉积金属及半导体材料。Colvin 等采用电化学沉积法制备了镍、铜、银、金和铂的大孔材料[25]。此外，Braun 等通过这种方法还制备了 CdS 和 CdSe 半导体的大孔材料[26]。在这种方法的制备过程中，一般采用二氧化硅纳米球作为模板，并且二氧化硅模板的表面还需要选择性地化学修饰一些功能基团。例如，在制备金的大孔材料时，二氧化硅小球表面需要包覆一层 3-巯基丙基三甲氧基硅（3-mercaptopropyltrimethoxysilane，3-MPTMS），这样金纳米粒子就可以借助与二氧化硅模板表面修饰的巯基的强配位作用附着在二氧化硅的表面上，然后进一步通过电化学沉积法即可制得金的大孔材料。

5.2.2.5　化学气相沉积法

化学气相沉积法（CVD）是一种应用比较广泛的制备方法。最近研究表明，该法也可以应用于大孔材料的制备。运用化学气相沉积法将制备大孔材料所需的固态材料直接沉积到胶体晶体的空隙中，从而制得相应的大孔材料。例如，可以将 CdSe 半导体材料直接沉积到模板的空隙中，这样即可以方便地制备 CdSe 的大孔材料[27]。Blanco 等通过化学气相沉积法制备了硅的大孔材料[28]。研究结果表明,目前"化学气相沉积法开拓了制备各种元素半导体的大孔材料的新途径"的提法已经为研究人员所接受。然而,化学气相沉积法同样也具有其缺点。其中一个比较严重的缺点就是化学气相沉积过程中,在模板的表面比较容易形成固化膜,这会阻碍气体分子继续地向模板内部空隙渗透,因而不利于大块体大孔材料的制备。

5.2.3　大孔材料的分类

根据大孔材料骨架基质材料的不同,可以将其分为以下几种主要类型:①无机氧化物大孔材料[29];②聚合物大孔材料[30];③碳和半导体大孔材料;④金属大孔材料;⑤其他大孔材料。其中前四种大孔材料发展比较早,而第五种(其他大孔材料)属于具有新型特殊结构的大孔材料,它包括多级结构的大孔材料和复合大孔材料。这些具有特殊结构的大孔材料也具有某种特殊的性能,因而其应用领域也将不断扩大。

5.2.3.1　多级结构的大孔材料

大孔材料制备的一个突出特点就是可以借助优化作为模板的胶体晶体的尺寸及排布方式对制备的大孔材料的结构进行调整,从而构建结构丰富的大孔材料。利用不同结构的胶体晶体作为模板可以进一步改进大孔材料的骨架,还可以使其骨架同时具有介孔结构,因此得到的大孔材料同时具有大孔以及介孔的多级孔结构(图5-4)。目前此类多级结构的大孔材料已被大量报道,但主要局限于以二氧化硅及碳作为基质材料的多级结构大孔材料,这是因为这类材料比较容易通过表面活性剂赋予其介孔结构[31]。

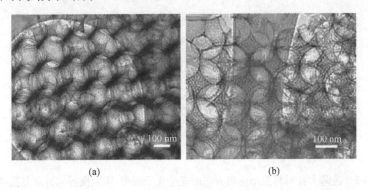

(a)　　　　　　　　　　　(b)

图 5-4　多级结构的大孔材料:介孔/大孔二氧化硅材料透射电镜照片(a)
及其局部放大的透射电镜照片(b)

(承惠允,引自[1])

5.2.3.2　复合大孔材料

采用具有核壳结构的纳米球作为模板可以制备复合大孔材料。例如,采用包裹 Au 纳米粒子的二氧化硅小球作为模板进行大孔材料的制备,在制备的产物中除去二氧化硅模板之后,则 Au 纳米粒子将会成功地保留在大孔材料的空隙中,这样就会原位地赋予大孔材料以功能纳米粒子[32]。

5.2.4　大孔材料的特性

三维有序大孔材料的突出特性是它可以像光子晶体一样有效地控制一定频率光的传播,并且三维有序大孔材料在多个维度上,其周期性结构是不同的,因此可实现多个维度的可调控光子带隙(图 5-5)。

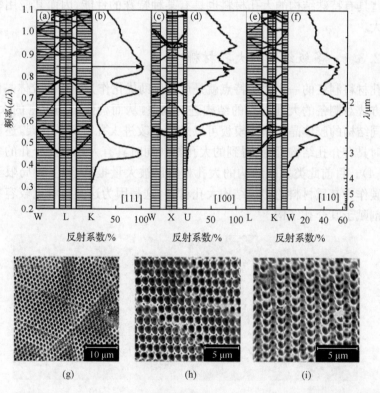

图 5-5　硅基大孔材料三个主要方向的理论光子禁带、实验反射光谱及多孔结构:
[111]方向的理论光子禁带(a)、实验反射光谱(b)及扫描电镜照片(g);[100]方向的理论
光子禁带(c)、实验反射光谱(d)及扫描电镜照片(h);[110]方向的理论光子禁带(e)、
实验反射光谱(f)及扫描电镜照片(i)

(承惠允,引自[37])

1987 年，Yablonovitch 等首次提出了光子晶体的概念[33]。这是一种新的光线控制机制和方法。光子晶体是一种折射率（或介电常数）周期性变化的材料，就像半导体中原子点阵可以控制电子传播一样，它可以控制一定频率光的传播[34]。半导体中，电子在其中扩散时，原子点阵形成了一种周期性的势场。点阵的空间排布导致势场中出现能量禁带（stop band gap），禁带中的电子不能传播。在光子晶体中，两种折射率不同材料的三维有序排布代替了原子点阵，也形成了一种周期性的"势场"。当两种材料的折射率相差足够大时，同样会导致能量禁带的出现，这时光在光子晶体中的传播是完全禁止的，只能从特定的管线或缺陷中通过，从而达到控制光子传播的目的。与此同时，由于光子禁带的存在，光在管线或缺陷中的传播几乎没有能量损失。光子晶体可作为一个有力的工具，用以实现人为地设计、控制以及操纵光子在三维空间的传播，因此光子晶体对光子通信和光子计算机的发展具有重要的意义[35]。显然，三维有序大孔材料所具有的类似于光子晶体的能够控制一定频率光传播的特性将使其具有十分重要的潜在应用价值[36]。

5.2.5　大孔材料的化学修饰

大孔材料在结构和性能方面具有其特点，并且在许多领域已经显示了广阔的应用前景。然而，大孔材料的化学修饰将赋予其重要的新功能，这无疑将进一步拓展其应用领域。近年来，研究人员在大孔材料的化学修饰方面开展了不少有意义的工作。一般情况下，大孔材料的化学修饰基本是借助有机硅氧烷实现的，如 Lebeau 等[38]通过有机硅氧烷将有机染料分子引入大孔材料表面。大孔材料的骨架表面化学修饰的功能基团的不同会在很大程度上影响大孔材料的性能和应用范围，因此大孔材料的化学修饰通常是赋予大孔材料新颖性能的比较有效的途径之一。

5.3　铒与二苯甲酰甲烷、邻菲罗啉三元配合物大孔杂化材料

研究结果表明，如果将一些荧光材料引入具有三维有序结构的大孔材料（3DOM）的孔结构中，则这些材料自身产生的荧光将会与 3DOM 光子禁带发生相互干扰，从而可以通过光子禁带选择性地抑制某一波段荧光发射的强度，实现对光谱精细结构的人为调控[39]。由于在紫外光的激发下可以产生高效的荧光发射，稀土配合物通常可以作为一类很有用的发光体[40]。自从 1987 年掺 Er^{3+} 光纤放大器（EDFA）问世以来，掺 Er^{3+} 材料引起了人们越来越强烈的关注。这是因为 Er^{3+} 的 $^4I_{13/2} \rightarrow ^4I_{15/2}$ 跃迁发射波长为 1.54 μm 的近红外光，该近红外发射位置正好对应于第三标准通信窗口波长，即 SiO_2 光纤的最低损耗传输窗口。因此，在大孔材料

的孔中组装 Er^{3+} 配合物不仅将使大孔杂化材料具有优良的近红外发光性能,而且为以后研究在三维有序结构的大孔材料中发射光谱的精细结构的调控等更加新颖的光学性质提供了可能。

近年来,具有重要潜在应用价值的磁性和发光性能的双功能材料引起了人们日益浓厚的研究兴趣[41]。研究人员利用具有磁性核的功能胶粒作为模板,在制备 Er^{3+} 配合物大孔杂化近红外发光材料样品的同时,原位地将磁性粒子植入大孔材料的孔隙中,从而制成了同时具有磁性和近红外发光性能的双功能 Er^{3+} 配合物大孔杂化材料样品。该双功能杂化材料样品显示了良好的磁性和近红外荧光发射性能。

5.3.1　铒三元配合物大孔杂化材料样品的制备[42-45]

采用渗透溶胶-凝胶前驱体法制备了掺杂 Er^{3+} 三元配合物的大孔杂化材料样品。Er^{3+} 三元配合物掺杂的大孔杂化材料样品包括以下两种:①Er^{3+} 与二苯甲酰甲烷(HDBM)、邻菲罗啉(phen)三元配合物 $Er(DBM)_3phen$ 掺杂的大孔杂化近红外发光材料样品[用 $Er(DBM)_3phen/MM$ 表示];②Er^{3+} 与二苯甲酰甲烷、邻菲罗啉三元配合物掺杂的磁性和近红外发光双功能大孔杂化材料样品[用$Er(DBM)_3$ $phen/MMM$ 表示]。

5.3.1.1　$Er(DBM)_3phen/MM$ 样品的制备

$Er(DBM)_3phen/MM$ 样品的制备过程如图 5-6(a)所示。采用聚苯乙烯(PS)小球作为模板制备 $Er(DBM)_3phen/MM$ 样品。将聚苯乙烯小球分散到乙醇中,然后采用提拉法将聚苯乙烯小球平铺到载玻片上以便制成聚苯乙烯小球组装的膜。为了使制备的膜比较均匀,应该使载玻片在聚苯乙烯小球乙醇悬浮液中匀速而缓慢地提拉,同时为了增加制备的膜的厚度,可以通过反复烘干-再提拉的方法达到。

在预先制备大孔材料溶胶前驱体的过程中,由于稀土 β-二酮配合物一般在二氧化硅溶胶-凝胶体系中溶解度比较低,所以应该采用原位合成法制备掺杂铒三元配合物 $Er(DBM)_3phen$ 的二氧化硅溶胶前驱体,进而将 $Er(DBM)_3phen$ 掺杂进 $Er(DBM)_3phen/MM$ 样品中。$Er(DBM)_3phen$ 掺杂的溶胶可按以下方法制备。起始溶液中正硅酸乙酯(TEOS):乙醇:盐酸酸化的去离子水的物质的量比为 1:4:4,将得到的 pH 约为 2.5 的澄清溶胶在室温下搅拌 2 h。然后,将 HDBM、phen 及 $ErCl_3$ 的乙醇溶液连续地加入此溶胶中,其物质的量比为 $ErCl_3$:HDBM:phen=1:3:1,最终的 Er^{3+} 对 TEOS 的摩尔分数为 1%。将此混合物继续在室温下搅拌 2 h,确保其均匀混合和水解完全。

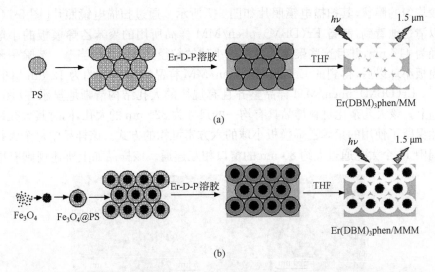

图 5-6　Er(DBM)₃phen/MM(a)和 Er(DBM)₃phen/MMM(b)样品的制备过程

[图中 Er-D-P 溶胶代表掺有配合物 Er(DBM)₃phen 的溶胶前驱体]

(承惠允,引自[16])

将附有聚苯乙烯小球组装膜的载玻片浸入上述掺杂了 Er(DBM)₃phen 的溶胶里,并且保持 4 h。然后,取出载玻片并将模板表面附着的多余溶胶用滤纸吸干,接着在室温下干燥。所得产物中的模板可以用四氢呋喃(THF)完全除去,留下的部分就是所要制备的 Er(DBM)₃phen/MM 样品。

5.3.1.2　Er(DBM)₃phen/MMM 样品的制备

Er(DBM)₃phen/MMM 样品的制备过程如图 5-6(b)所示。用具有核壳结构的小球 Fe₃O₄@PS(PS 代表聚苯乙烯)作为制备 Er(DBM)₃phen/MMM 样品的模板。核壳结构的小球 Fe₃O₄@PS 具有双重功能:①在制备反应过程中诱导大孔材料的形成;②使磁核 Fe₃O₄ 组装进大孔材料中,从而赋予大孔材料以磁性。将 Fe₃O₄@PS 分散到乙醇中,并使其在载玻片上形成均匀的膜以便用于杂化材料样品的制备。

制备 Er(DBM)₃phen/MMM 样品的以下操作与制备 Er(DBM)₃phen/MM 基本相同。所得产物中模板的磁核 Fe₃O₄ 表面上的聚苯乙烯部分同样可以使用四氢呋喃完全除去,而 Fe₃O₄@PS 小球中的磁核 Fe₃O₄ 则得以保留,最终制得含有磁核 Fe₃O₄ 的 Er(DBM)₃phen/MMM 样品。

5.3.2　铒三元配合物大孔杂化材料样品的形态及大孔结构

Er(DBM)₃phen/MM 和 Er(DBM)₃phen/MMM 两种大孔杂化材料样品均呈

比较均匀的膜状,其扫描电镜照片如图 5-7 所示。通过扫描电镜照片[图 5-7(a)]可以清楚地看到,制备 Er(DBM)₃phen/MM 样品所用的聚苯乙烯模板的小球的粒径为 417 nm,并且这些聚苯乙烯模板小球的粒径分布范围相当窄。清除聚苯乙烯模板小球以后,得到的 Er(DBM)₃phen/MM 样品的膜厚大约为 12 μm[图 5-7(b)]。Er(DBM)₃phen/MM 样品整齐且有规律的大孔结构清晰地显示在[图 5-7(c)]上。该大孔杂化材料样品具有均一的尺寸为 320 nm 的大孔,同时其大孔结构仍然保留了使用的聚苯乙烯模板小球的六方密堆积的方式。该样品中每个大孔皆与周围 12 个大孔通过大约 80 nm 的窗口相互连通。该样品如上所述规则有序的

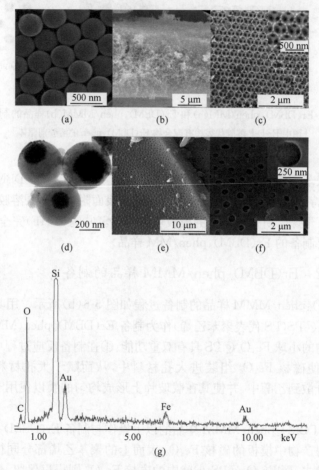

图 5-7　扫描电子显微镜照片:PS 小球(a),Er(DBM)₃phen/MM 样品 (b),高分辨倍数的
Er(DBM)₃phen/MM 样品(c),Er(DBM)₃phen/MMM 样品(e),高分辨倍数的
Er(DBM)₃phen/MMM 样品(f);透射电子显微镜照片:Fe₃O₄@PS 小球(d),
Er(DBM)₃phen/MMM 样品的 EDX 谱(g)

（承惠允,引自[16]）

大孔结构是由于 Er(DBM)₃phen 掺杂的溶胶前驱体通过毛细作用渗透到聚苯乙烯模板小球堆积的空隙中,并进而固化,待用四氢呋喃除去模板后而形成的。

在原位制备法制备 Er^{3+} 配合物溶胶前驱体的过程中,按 Er^{3+} 配合物的化学计量加入的三氯化铒、第一配体二苯甲酰甲烷、第二配体邻菲罗啉生成了 Er^{3+} 三元配合物 Er(DBM)₃phen。在 Er(DBM)₃phen/MM 样品的红外光谱中,大孔基质材料的 Si—O—Si 网状结构的特征红外振动谱带位于 1074 cm⁻¹ 处、450 cm⁻¹ 处。在 Er(DBM)₃phen/MM 样品中,形成的 Er^{3+} 配合物 Er(DBM)₃phen 的 Er—O 键(Er^{3+} 与第一配体二苯甲酰甲烷的氧原子的配位键)的伸缩振动谱带位于 419 cm⁻¹ 处,但是由于杂化材料中 Er(DBM)₃phen 的浓度较低,故此谱带并不强。Er(DBM)₃phen/MM 样品的红外光谱中还发现了属于第二配体邻菲罗啉的 C=N 键的位于 1622 cm⁻¹ 的伸缩振动谱带。作为参比样品,掺杂邻菲罗啉的大孔材料(以 phen/SiO₂ 表示)样品的红外光谱中位于 1640 cm⁻¹ 处的谱带可归属于第二配体邻菲罗啉的 C=N 键的伸缩振动。由于生成了 Er—N 键(Er^{3+} 与第二配体邻菲罗啉的氮原子的配位键),因此与 phen/SiO₂ 样品的红外光谱相比,Er(DBM)₃phen/MM 样品的 C=N 键伸缩振动谱带发生了明显的红移[45,46]。由于采用原位制备法将配合物 Er(DBM)₃phen 掺杂进 Er(DBM)₃phen/MM 样品中,这样不仅能够有效地改善 Er(DBM)₃phen 在溶胶-凝胶中的溶解性,而且可以使 Er(DBM)₃phen 更加均匀地分布于大孔杂化材料样品中。原位制备法掺杂配合物 Er(DBM)₃phen 能够使制备的Er(DBM)₃phen/MM样品更为均匀,其大孔结构也更规则有序。

作为制备 Er(DBM)₃phen/MMM 样品的模板的 Fe₃O₄@PS 小球的核壳结构可以通过其透射电镜照片清楚地观察到[图 5-7(d)]。透射电镜照片可以看到磁性 Fe₃O₄ 纳米粒子组成了 Fe₃O₄@PS 小球的内部磁核,其表面被聚苯乙烯所覆盖。Er(DBM)₃phen/MMM 样品也具有与 Er(DBM)₃phen/MM 样品类似的红外光谱。在该杂化材料样品的制备过程中,原位制备的 Er(DBM)₃phen 也均匀地分布于 Er(DBM)₃phen/MMM 样品中。因此,借助 Fe₃O₄@PS 小球作为模板制备的 Er(DBM)₃phen/MMM 样品的膜也比较均匀,该膜的厚度大约为 3 μm[图 5-7(e)]。清除模板 Fe₃O₄@PS 小球表面的聚苯乙烯壳后,大部分磁性 Fe₃O₄ 粒子核正如所预期的那样依然保留在 Er(DBM)₃phen/MMM 样品的大孔里面[图 5-7(f)]。磁性 Fe₃O₄ 纳米粒子存在于 Er(DBM)₃phen/MMM 样品中这一事实也可以由 EDX 分析[图 5-7(g)]提供进一步的令人信服的佐证。磁性 Fe₃O₄ 纳米粒子的存在成功地赋予了 Er(DBM)₃phen/MMM 样品以磁性能。

5.3.3　铒三元配合物大孔杂化材料样品的发光和磁性

5.3.3.1　样品的固体紫外-可见漫反射光谱

纯配合物 Er(DBM)₃phen 的固体紫外-可见漫反射光谱中,在紫外区(即

200～400 nm)出现了强而宽的吸收带,它来源于 Er(DBM)$_3$phen 中有机配体的 π-π* 电子跃迁。通常,稀土与 β-二酮、邻菲罗啉的三元配合物的固体紫外-可见漫反射光谱中位于紫外区的宽吸收带源于这两种配体的吸收,并且相互重叠,但以 β-二酮配体的吸收为主。此外,该光谱中也能观察到 Er^{3+} 的基态到激发态的跃迁吸收峰,即位于 488 nm、522 nm 和 652 nm 的吸收峰,它们分别归属于 Er^{3+} 的 $^4I_{15/2}$→$^4F_{7/2}$ 跃迁、$^4I_{15/2}$→$^2H_{11/2}$ 跃迁和 $^4I_{15/2}$→$^4F_{9/2}$ 跃迁。然而,这些源自 Er^{3+} 的吸收峰均比较弱。上述光谱特点预示着 Er(DBM)$_3$phen 体系中配体是紫外光能的主要吸收者,且存在配体至 Er^{3+} 的能量传递,从而使该配合物具有配体敏化的 Er^{3+} 特征荧光发射。Er(DBM)$_3$phen/MM 样品的固体紫外-可见漫反射光谱也主要包括位于紫外区的宽而强的吸收带,通过分析 Er(DBM)$_3$phen 的固体紫外-可见漫反射光谱可以认为,该位于紫外区的宽而强的吸收带应是源于杂化材料样品中掺杂的 Er(DBM)$_3$phen 的配体。Er(DBM)$_3$phen/MMM 样品显示了与 Er(DBM)$_3$phen/MM 样品类似的固体紫外-可见漫反射光谱。然而,其位于紫外区的宽吸收带进一步加宽,以致延伸至 500 nm 处。这可能是因为该样品中含有四氧化三铁。与 Er(DBM)$_3$phen 相似,上述固体紫外-可见漫反射光谱特点也预示着 Er(DBM)$_3$phen/MM 样品和 Er(DBM)$_3$phen/MMM 样品中同样存在有效的配体至 Er^{3+} 的能量传递,这两个杂化材料样品亦具有配体敏化的 Er^{3+} 特征荧光发射。

5.3.3.2　样品的激发光谱

Er(DBM)$_3$phen/MM 和 Er(DBM)$_3$phen/MMM 样品的激发光谱如图 5-8 所示。为了深入考察这两个杂化材料样品的激发光谱特点,图 5-8 也给出了二苯甲酰甲烷和邻菲罗啉的紫外-可见吸收光谱。Er(DBM)$_3$phen/MM 样品的激发光谱展现出位于 250～450 nm 的强而宽激发峰,其峰值位于 390 nm。而源于 Er^{3+} 的激发峰则无法观察到。该宽激发峰来自于有机配体。Er(DBM)$_3$phen/MM 样品的激发光谱和配体二苯甲酰甲烷、邻菲罗啉的吸收光谱存在着的明显重叠(图 5-8)为此提供了有力的实验证据,同时这也表明 Er^{3+} 能够被二苯甲酰甲烷、邻菲罗啉配体有效地敏化。其中配体二苯甲酰甲烷应是主要的敏化剂,这在图 5-8 表现为二苯甲酰甲烷的吸收光谱与 Er(DBM)$_3$phen/MM 样品的激发光谱出现了更大程度的重叠。以上样品激发光谱的结果也与前面介绍的固体紫外-可见漫反射光谱的结果相吻合。Er(DBM)$_3$phen/MMM 样品的激发光谱与 Er(DBM)$_3$phen/MM 样品同样比较类似,该激发光谱也主要展示出一个位于 250～450 nm 范围的强而宽的激发峰,但是该激发峰的峰值位于 393 nm。Er(DBM)$_3$phen/MMM 样品的激发光谱同样表明,在该体系中 Er^{3+} 能够被二苯甲酰甲烷和邻菲罗啉配体有效地敏化。

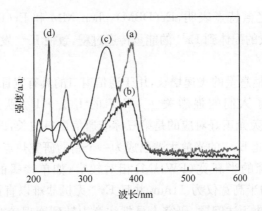

图 5-8　Er(DBM)₃phen/MM(a,λ_{em}＝1530 nm)和 Er(DBM)₃phen/MMM(b,λ_{em}＝1530 nm)
的激发光谱;DBM(c)和 phen(d)的紫外-可见吸收光谱(乙醇溶液中)
(承惠允,引自[16])

5.3.3.3　样品的发射光谱

通过激发配体的吸收得到了 Er(DBM)₃phen/MM(λ_{ex} = 390 nm)和 Er(DBM)₃phen/MMM 样品(λ_{ex} = 393 nm)的发射光谱(图 5-9)。Er(DBM)₃phen/MM 和 Er(DBM)₃phen/MMM 样品均表现出 Er³⁺位于 1530 nm 处的特征近红外荧光发射,并且 Er(DBM)₃phen/MM 和 Er(DBM)₃phen/MMM 样品的近红外发射峰宽分别从 1436 nm 延伸到 1640 nm 以及从 1450 nm 延伸到 1640 nm。位于 1530 nm 的近红外发射峰归属于 Er³⁺的第一激发态⁴I₁₃/₂到基态⁴I₁₅/₂的跃迁。两个杂化材料样品的荧光光谱中均未观察到来自配本身的荧光

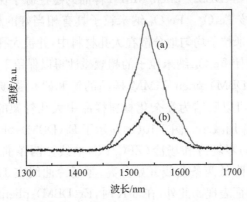

图 5-9　Er(DBM)₃phen/MM 样品(a,λ_{ex}＝390 nm)和 Er(DBM)₃phen/MMM
样品(b,λ_{ex}＝393 nm)的发射光谱
(承惠允,引自[16])

发射。上述荧光光谱特点表明，$Er(DBM)_3phen/MM$ 和 $Er(DBM)_3phen/MMM$ 样品中均存在有效的配体到 Er^{3+} 的能量传递过程，致使 Er^{3+} 发射出配体敏化的优良近红外荧光。

近年来，随着信息量的飞速增长，用于通信窗口的具有宽且平坦增益谱带的光放大器逐步引起了人们的强烈关注。Er^{3+} 的 $^4I_{13/2} \rightarrow {}^4I_{15/2}$ 跃迁，其发射波长为 $1.54~\mu m$ 的近红外荧光正好对应的是第三标准通信窗口波长，即 SiO_2 光纤的最低损耗传输窗口，因此 Er^{3+} 的光放大器已成为一个新的研究热点[47]。然而，掺 Er^{3+} 的无机材料发射峰的半高宽（FWHM）相对较窄，如单掺铒的二氧化硅材料的 $1.54~\mu m$ 发射峰的半高宽仅为 11nm，并且 Er^{3+} 无机盐难以直接分散到有机基质中。因此，为了解决上述问题，研究人员把注意力转到展现较宽半高宽的 Er^{3+} 有机配合物上[45,48]。$Er(DBM)_3phen/MM$ 和 $Er(DBM)_3phen/MMM$ 样品在 1530 nm 处的近红外发射峰的半高宽分别为 72 nm 和 61 nm，与其他掺 Er^{3+} 材料相比，它们的半高宽是相当宽的，这将可能为光放大器提供较宽的增益谱带。因此，$Er(DBM)_3phen/MM$ 和 $Er(DBM)_3phen/MMM$ 样品有可能发展成为工作于 $1.54~\mu m$ 处的宽波段光放大器用的优良候选材料。

5.3.3.4　$Er(DBM)_3phen/MMM$ 样品的磁性能

双功能杂化材料 $Er(DBM)_3phen/MMM$ 样品除了具有荧光性能外，还具有磁性能[49]。$Er(DBM)_3phen/MMM$ 样品的磁滞回线如图 5-10(a)。$Er(DBM)_3phen/MMM$ 样品在 5K 时表现出明显的铁磁性，但是在室温时，其磁滞现象消失，这是磁性纳米粒子典型的超顺磁现象。其原因是室温时强的热波动足以克服各向异性的能量壁垒。显然，$Er(DBM)_3phen/MMM$ 样品的磁性源于保留在作为基质的大孔材料中模板的磁核 Fe_3O_4。Fe_3O_4 纳米粒子具有相当好的超顺磁性，被引入大孔材料后，Fe_3O_4 纳米粒子均匀地分散在大孔材料中，并被大孔骨架很好地隔离开来，这在很大程度上使 Fe_3O_4 纳米粒子的超顺磁性得以保留下来。

在室温下，$Er(DBM)_3phen/MMM$ 样品的饱和磁化强度接近 2.53 emu/g。低的饱和磁化强度可以归结为在杂化材料样品中大孔骨架的隔离作用使 Fe_3O_4 磁核彼此间的相互作用减小。图 5-10(b)显示了 $Er(DBM)_3phen/MMM$ 样品的磁化强度随温度变化的零场冷和场冷（ZFC/FC）曲线。两条曲线在高温时保持一致，但是随着温度的降低两条曲线开始分离，零场冷曲线在 170 K 位置出现最大值，这是超顺磁的特征表现。此外，在 5 K 时，$Er(DBM)_3phen/MMM$ 样品表现出铁磁性行为，其矫顽力 H_c 为 115 Oe，并且出现了剩磁。这种磁性和发光双功能稀土配合物大孔杂化材料样品不但具有近红外发射，而且能感应外界的磁场，因此显示出了重要的应用前景。

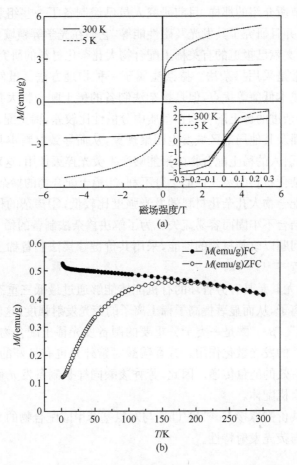

图 5-10　5K 和 300K(H=100 Oe)Er(DBM)$_3$phen/MMM 的磁滞回线(a),零场冷
和场冷(ZFC/FC)曲线(b),图 5-10(a)的插图为磁滞环的放大部分
(承惠允,引自[16])

5.4　共价键嫁接稀土(Eu、Tb)配合物的
大孔杂化发光材料

　　稀土离子的 4f-4f 电子跃迁产生的荧光发射具有一系列特点,是一类十分重要的发光体。发光稀土配合物本身不仅在光学等领域具有重要而广泛的应用,而且也是制备杂化发光材料的重要光活性物质。稀土离子的 4f-4f 电子跃迁可以产生非常丰富的荧光发射,既可以发射可见区的荧光,又能够发射近红外区的荧光。前面已经介绍了大孔杂化材料中的 Er^{3+} 与二苯甲酰甲烷、邻菲罗啉三元配合物的近红外发光性能,而 Eu^{3+}、Tb^{3+} 配合物则可以发射优良的可见区荧光。

　　正如5.3节所介绍的那样,目前研究人员已经制备了一些组装稀土配合物的大孔杂化材料,并且研究了其发光及磁性能等,它们在光学等领域显示出潜在的应用价值。然而,文献已报道的有关稀土配合物大孔杂化材料的研究工作中,稀土配合物的组装通常是采用掺杂法。掺杂法属于一种物理方法。虽然掺杂法具有简单、方便、制备成本低廉等优点,但是掺杂法制备的稀土配合物大孔杂化材料存在一些问题:①掺杂进的稀土配合物在基质中分散性比较差,稀土配合物比较容易在大孔材料外表面及其他局部区域发生团聚现象,从而导致材料本身不能具有均一的荧光发射;②引入的稀土配合物团聚能够产生荧光猝灭作用,这对进一步提升稀土配合物大孔杂化材料的荧光性能十分不利;③稀土配合物的掺杂量较低,从而导致制得的稀土配合物大孔杂化材料的发光强度比较低;④掺杂的稀土配合物与基质大孔材料的结合不牢固而容易流失。为了解决掺杂法制备的稀土配合物大孔杂化材料的上述问题以改善材料的性能,采用共价键嫁接法制备稀土配合物大孔杂化材料势在必行[50-52]。

　　有机配体,尤其是具有芳香环的有机配体能够通过最低三重态将所吸收的能量传递给稀土离子,从而显著提高了稀土离子的荧光发射强度,这就是人们通常所说的"天线效应"。β-二酮是一类十分重要的制备发光稀土配合物的配体,其对稀土离子具有很强的发光敏化作用。芳香羧酸对紫外光也有良好的吸收,并与稀土离子之间存在有效的能量传递。因此,芳香羧酸同样是制备发光稀土配合物的一类比较理想的有机配体。

　　本节介绍共价键嫁接 Eu^{3+} 和 Tb^{3+} 与对氨基苯甲酸配合物的大孔杂化发光材料样品的制备与荧光发射特性。

5.4.1　铕和铽对氨基苯甲酸配合物大孔杂化发光材料样品的制备

　　通过双功能化合物对氨基苯甲酸功能化的硅氧烷(PABA-Si,其制备和结构本书前面已进行介绍)将 Eu^{3+} 和 Tb^{3+} 的对氨基苯甲酸配合物共价键嫁接于作为基质的大孔材料中。首先,借助对氨基苯甲酸功能化的硅氧烷与正硅酸乙酯反应制成对氨基苯甲酸功能化的溶胶。然后,再以该溶胶作为制备对氨基苯甲酸功能化的大孔材料的前驱体,利用聚苯乙烯小球为模板,采用渗透溶胶-凝胶前驱体法制备对氨基苯甲酸功能化的大孔材料。最后,再通过交换过程得到最终的共价键嫁接对氨基苯甲酸 Eu^{3+} 和 Tb^{3+} 配合物的大孔杂化发光材料样品。其具体的制备过程如下。

5.4.1.1　对氨基苯甲酸功能化的溶胶前驱体的制备

　　对氨基苯甲酸功能化的硅氧烷(PABA-Si)按照文献方法制备[53]。在不断地搅拌下,将 PABA-Si 和正硅酸乙酯加入乙醇和去离子水(去离子水的酸度预先使用稀盐酸调节,使其 pH=2)的混合液中,各组分物质的量比为 PABI:TEOS:乙醇:去离子水=0.1:1:4:4,持续搅拌 2h,直至变成透明的溶胶。在该过程中发生了 PABA-Si 与正硅酸乙酯的水解、共缩聚反应,得到了对氨基苯甲酸功能化的溶胶前驱体。在该溶胶前驱体中,对氨基苯甲酸已经通过 Si—C 共价键嫁接于溶胶前驱体。

5.4.1.2　对氨基苯甲酸功能化的大孔材料的制备

将聚苯乙烯小球分散到乙醇中,采用提拉法将聚苯乙烯小球平铺到载玻片上制成一定厚度的均匀的由聚苯乙烯小球构成的膜。接着将该附有聚苯乙烯小球构成的膜的载玻片小心地浸入上面制得的作为制备大孔材料前驱体的对氨基苯甲酸功能化的溶胶里,并保持大约 1 h。然后,取出载玻片,在室温下干燥,并用四氢呋喃溶出产物中的模板聚苯乙烯小球,得到对氨基苯甲酸功能化的大孔材料,即通过 Si—C 共价键嫁接了对氨基苯甲酸的大孔材料。

5.4.1.3　共价键嫁接稀土配合物的大孔杂化发光材料样品的制备

将已经化学修饰了对氨基苯甲酸的大孔材料浸入乙醇里,接着向乙醇溶液中添加一定量的稀土氯化物[按物质的量比 Ln(Ⅲ):PABA=1:3,Ln=Eu 或 Tb],然后升温到 60℃,并缓慢搅拌 2 h。在这一过程中,通过交换过程稀土离子与共价键嫁接于大孔材料中的对氨基苯甲酸配体形成了配合物。过滤,并用乙醇洗涤三次,得到最后的共价键嫁接 Eu^{3+} 和 Tb^{3+} 对氨基苯甲酸配合物的大孔杂化发光材料。这两种杂化发光材料样品分别用 EuPABA-MM 和 TbPABA-MM 表示。

5.4.2　铕和铽对氨基苯甲酸配合物大孔杂化发光材料样品的结构

借助交换过程,Eu^{3+} 和 Tb^{3+} 与共价键嫁接于大孔材料上的对氨基苯甲酸通过羧基配位形成配合物。Eu^{3+} 和 Tb^{3+} 对氨基苯甲酸配合物大孔杂化发光材料样品的红外光谱可以为此提供十分可信的证据[53]。EuPABA-MM 和 TbPABA-MM 样品具有比较类似的红外光谱,它们在约 1556 cm^{-1} 和 1417 cm^{-1} 处均出现了配体羧基的反对称和对称伸缩振动谱带,这是与 Eu^{3+} 和 Tb^{3+} 配位的羧基的特征红外谱带。两个大孔杂化发光材料样品中,Eu^{3+} 和 Tb^{3+} 与对氨基苯甲酸形成的配合物的结构如图 5-11 所示。PABA-Si 和正硅酸乙酯在制备对氨基苯甲酸功能化的溶胶过程中发生了水解、聚合反应,并由此形成了大孔材料的 Si—O—Si 网络结构。在这两个大孔杂化发光材料样品的红外光谱中,可归属于基质大孔材料的

Si—O—Si 网络结构的特征红外振动谱带分别出现在 1074 cm^{-1}和 450 cm^{-1}。

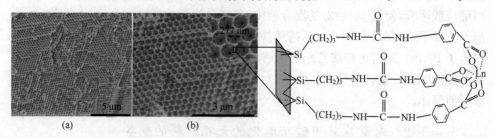

图 5-11　TbPABA-MM(a)和 EuPABA-MM(b)样品的扫描电镜照片
（承惠允,引自[17]）

　　对氨基苯甲酸功能化的大孔材料中,借助共价键嫁接的对氨基苯甲酸的分布是均匀的。经交换过程形成大孔杂化发光材料样品后,Eu^{3+} 和 Tb^{3+} 与对氨基苯甲酸配合物也是均匀地分布于作为基质的大孔材料中。显然,共价键嫁接的 Eu^{3+} 和 Tb^{3+} 配合物并不会影响大孔材料原有的规则有序的结构。图 5-11 给出了两个大孔杂化发光材料样品的扫描电镜照片。该图清晰地显示出这两个样品具有三维有序的六方密堆积孔结构,它们的孔径大小约为 277 nm,孔与孔之间通过小窗口相互连通,同时构筑成大孔骨架的二氧化硅凝胶具有很好的连续性。

　　EuPABA-MM 和 TbPABA-MM 样品的结构类似,图 5-12 给出了 TbPABA-MM 样品的氮气吸附/脱附曲线。由图 5-12 可见,该大孔杂化发光材料样品的氮气吸附/脱附曲线在 $0.8\sim1.0P/P_0$ 区间出现一个吸附迟滞回线。由上述氮气吸附/脱附曲线测得该大孔杂化发光材料样品的比面积为 36 m^2/g。样品较大的比表面积也表明 Tb^{3+} 对氨基苯甲酸配合物大孔杂化发光材料样品具有多孔结构。

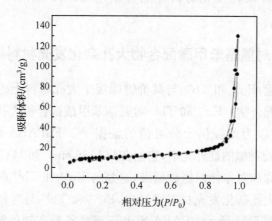

图 5-12　TbPABA-MM 样品的氮气吸附/脱附曲线
（承惠允,引自[17]）

5.4.3　铽和铕对氨基苯甲酸配合物大孔杂化发光材料样品的激发和发射光谱

5.4.3.1　TbPABA-MM 样品的激发光谱和发射光谱

Tb^{3+}的对氨基苯甲酸配合物大孔杂化发光材料样品的激发光谱和荧光光谱如图 5-13(a)所示。TbPABA-MM 样品的激发光谱在 292 nm 处出现一个很强的宽峰,该峰归属于配体对氨基苯甲酸的吸收,同时在该激发光谱中没有观察到来源于 Tb^{3+}的吸收峰。上述激发光谱特点表明在样品中由于 Tb^{3+}与对氨基苯甲酸形成了配合物,致使配体与 Tb^{3+}间存在着相当有效的能量传递,即配体对氨基苯甲酸对 Tb^{3+}的发光敏化作用很强[54,55]。在 TbPABA-MM 样品的发射光谱中,该杂

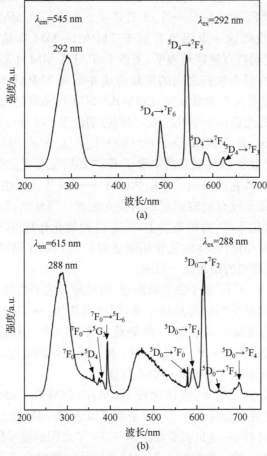

图 5-13　TbPABA-MM(a)和 EuPABA-MM(b)样品的激发光谱和发射光谱

（承惠允,引自[17]）

化材料样品在 292nm 紫外光激发下呈现出 Tb^{3+} 的特征荧光光谱。485 nm、545 nm、584 nm 和 621 nm 处四个发射峰分别归属于 Tb^{3+} 的 $^5D_4 \rightarrow {}^7F_J$（$J=6,5,4$ 和 3）能级的跃迁，其中 545nm 为 Tb^{3+} 的主发射峰。以上 TbPABA-MM 样品荧光光谱特点和报道的 Tb^{3+} 的荧光光谱相一致[56,57]。与此同时，该荧光光谱中没有观察到来自于配体、基质大孔材料等的发射峰。很显然，TbPABA-MM 样品中，配体对氨基苯甲酸与 Tb^{3+} 间存在着有效的能量传递，该大孔杂化材料能够发射很强的配体敏化的 Tb^{3+} 的特征荧光。

5.4.3.2　EuPABA-MM 样品的激发光谱和发射光谱

在 EuPABA-MM 样品的激发光谱[图 5-13(b)]中，同样可以观察到一个位于 288 nm 的比较强的宽峰，该宽峰也是源于配体对氨基苯甲酸的吸收。此外，还可以看到归属于 Eu^{3+} 的吸收峰，它们分别位于 361 nm、380 nm、393 nm，分别由 Eu^{3+} 的 $^7F_0 \rightarrow {}^5D_4$、$^7F_0 \rightarrow {}^5G_3$、$^7F_0 \rightarrow {}^5L_6$ 跃迁产生。EuPABA-MM 样品的激发光谱中出现 Eu^{3+} 的吸收峰这一点明显有别于 TbPABA-MM 样品。上述 EuPABA-MM 样品的激发光谱特点清楚地表明，虽然 EuPABA-MM 样品中配体与 Eu^{3+} 间存在能量传递作用，但是它们之间的能量传递并不像 TbPABA-MM 样品那样有效。利用 288nm 紫外光作为激发光，EuPABA-MM 样品发射出起源于 Eu^{3+} 的特征荧光光谱，其荧光光谱由 5 个峰组成，它们分别位于 580 nm、590 nm、615 nm、651 nm 和 700 nm，并分别由 Eu^{3+} 的 $^5D_0 \rightarrow {}^7F_0$，$^5D_0 \rightarrow {}^7F_1$，$^5D_0 \rightarrow {}^7F_2$，$^5D_0 \rightarrow {}^7F_3$ 和 $^5D_0 \rightarrow {}^7F_4$ 跃迁产生。该发射光谱中除了 Eu^{3+} 的特征荧光发射外，还在 472 nm 出现了一个宽峰发射，它可以归属于配体的 $\pi^* \rightarrow \pi$ 跃迁。而在 TbPABA-MM 样品的荧光光谱中，完全没有观察到配体的荧光发射。很显然，EuPABA-MM 样品中配体虽然能够敏化 Eu^{3+} 的荧光发射，但是这种敏化作用并不是十分有效，与 TbPABA-MM 样品相比，这种敏化作用明显弱。EuPABA-MM 样品的荧光光谱特点与其激发光谱所得的结果是一致的。

通常 Eu^{3+} 的 $^5D_0 \rightarrow {}^7F_1$ 属于磁偶极跃迁，对外界环境不敏感，而 $^5D_0 \rightarrow {}^7F_2$ 属于电偶极跃迁，比较容易受到外界环境干扰，因此利用 $^5D_0 \rightarrow {}^7F_2$ 与 $^5D_0 \rightarrow {}^7F_1$ 跃迁的强度比可以定性地判断样品中 Eu^{3+} 所处化学环境的中心对称程度。通过考察 EuPABA-MM 样品的 $^5D_0 \rightarrow {}^7F_2$ 和 $^5D_0 \rightarrow {}^7F_1$ 两个荧光峰的强度，可知在 EuPABA-MM 样品中 Eu^{3+} 应该处于较低对称中心位置[58]。

此外，在紫外灯的照射下，直接比较 EuPABA-MM 和 TbPABA-MM 两个样品的荧光发射强度的实验结果更进一步证明 TbPABA-MM 样品的荧光强度明显强于 EuPABA-MM 样品，这也就是说配体与 Tb^{3+} 之间的能量传递效果明显要比配体与 Eu^{3+} 之间好。这一实验结果与这两个样品的激发光谱和发射光谱的研究所得结果互为佐证。

通常认为,配合物中具有敏化作用的配体与稀土离子间的能量传递效果主要取决于配体的三重态能级与稀土激发态能级的匹配程度。当两者之间的能量差为 $2000\sim4500\ cm^{-1}$ 时,比较有利于配体与 Tb^{3+} 之间的能量传递作用有效地发生[59]。根据文献报道,苯甲酸的三重态能级能量为 $24\ 450\ cm^{-1}$[53],Tb^{3+} 的激发态能级能量为 $20\ 500\ cm^{-1}$ ($^5D_4$)。根据上述数据推算的 TbPABA-MM 样品中配体三重态能级与稀土离子激发态能级能量之差 $\Delta E(Tr\text{-}{}^5D_4)$ 大约等于 $3950\ cm^{-1}$。由此可见,TbPABA-MM 样品的 $\Delta E(Tr\text{-}{}^5D_4)$ 值恰好在理想值范围内。因此,Tb-PABA-MM 样品中配体与 Tb^{3+} 之间的能量传递效果显然比较好,即配体能够更加有效地敏化 Tb^{3+} 的荧光发射。而 Eu^{3+} 的激发态能级能量为 $19\ 020\ cm^{-1}$ ($^5D_1$),根据上述数据推算的 EuPABA-MM 样品中配体三重态能级与 Eu^{3+} 激发态能级之间能量之差 $\Delta E(Tr\text{-}{}^5D_1)$ 约为 $5430\ cm^{-1}$(其理想范围为 $500\sim2500\ cm^{-1}$)。由此可见,EuPABA-MM 样品的 $\Delta E(Tr\text{-}{}^5D_1)$ 值太大,因此 EuPABA-MM 样品中配体对 Eu^{3+} 的敏化作用比较差。

5.4.3.3　TbPABA-MM 和 EuPABA-MM 样品的荧光衰减曲线

图 5-14 给出了 TbPABA-MM 和 EuPABA-MM 样品的荧光衰减曲线。两个样品的荧光衰减曲线都呈单指数衰减,表明 Tb^{3+} 和 Eu^{3+} 在大孔杂化材料样品里所处的化学环境是均一的[60]。样品中 Tb^{3+} ($^5D_4\rightarrow{}^7F_5$) 和 Eu^{3+} ($^5D_0\rightarrow{}^7F_2$) 的荧光寿命(τ)分别为 $0.76\ ms$ 和 $0.28\ ms$(表 5-1)。

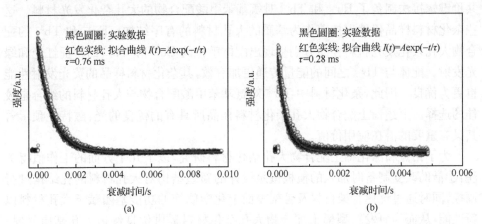

图 5-14　TbPABA-MM(a)和 EuPABA-MM(b)样品的荧光衰减曲线(另见彩图)
(承惠允,引自[17])

此外,基于 EuPABA-MM 样品的发射光谱和 $^5D_0$ 能级的寿命,进一步计算了该体系中 Eu^{3+} 的 $^5D_0$ 激发态的发射量子效率(η),即 EuPABA-MM 样品的发射量子效率。所得到的 EuPABA-MM 和 TbPABA-MM 样品的相关荧光光谱参数均列于表 5-1。由表 5-1 可以清楚地看到，EuPABA-MM 样品中的 Eu^{3+} 发射量子效率仅有 14.29%，这进一步说明在该大孔杂化发光样品中配体对 Eu^{3+} 的能量传递效果不佳，配体吸收的激发能量的大部分通过其他形式消耗掉了。

表 5-1　EuPABA-MM 和 TbPABA-MM 样品的荧光光谱参数*[17]

样品	τ/ms	$(1/\tau)/ms^{-1}$	A_{tot}/ms^{-1}	A_{rad}/ms^{-1}	A_{nrad}/ms^{-1}	$\eta/\%$
EuPABA-MM	0.28	3.57	3.57	0.51	3.06	14.29
TbPABA-MM	0.76	1.32				

* A_{tot} 为总跃迁速率，其他物理量的意义与表 4-5 相同。以上参数均在室温下得到。

5.5　小　　结

稀土配合物大孔杂化材料研究已取得了一定进展。用掺杂法制备了 Er^{3+} 与二苯甲酰甲烷、邻菲罗啉三元配合物掺杂的大孔杂化近红外发光材料和 Er^{3+} 与二苯甲酰甲烷、邻菲罗啉三元配合物掺杂的磁性和近红外发光双功能大孔杂化材料样品。这两个大孔杂化材料样品均呈现 Er^{3+} 的 $^4I_{13/2} \rightarrow {}^4I_{15/2}$ 跃迁的 1540 nm 近红外发射，此发射位置刚好是第三标准通信窗口波长。在上述杂化体系中配体二苯甲酰甲烷、邻菲罗啉和 Er^{3+} 之间存在有效的能量传递。除近红外荧光性质之外，磁性和近红外发光双功能大孔杂化材料样品同时具有响应外界磁场的能力。采用共价键嫁接法制备了 Eu^{3+} 和 Tb^{3+} 对氨基苯甲酸配合物的大孔杂化发光材料。这些杂化材料样品仍然保持着作为基质的大孔材料的有序结构。Eu^{3+} 和 Tb^{3+} 的配合物大孔杂化发光材料样品分别呈现出配体敏化的 Eu^{3+} 和 Tb^{3+} 的特征红光和绿光发射。配体与 Tb^{3+} 之间的能量传递更加有效，其杂化材料样品的荧光发射性能也更为优良。因此，杂化材料中 Tb^{3+} 对氨基苯甲酸配合物与大孔材料的组合是较佳的选择。上述稀土配合物大孔杂化材料样品所具有的优良的光、磁特性预示着其具有重要的潜在应用价值。

为了拓宽和深化稀土配合物大孔杂化材料研究，以下几个方面的工作值得关注：①借助改变制备时加入的模板按照设计的新型结构对大孔材料的孔结构进行调控，同时通过优化骨架材料及骨架表面上化学修饰的功能基团赋予大孔材料以新性能，从而为研发新型稀土配合物大孔杂化材料提供优良候选大孔基质材料；②通过选用具有特殊功能的核壳结构的胶粒作为模板，使制备的大孔材料具有其他有趣的特殊功能，并以稀土发光配合物作为光活性物质研制多功能的稀土配合物大孔杂化材料；③深入研究以三维有序大孔材料为基质的稀土配合物杂化材料中稀土离子荧光与三维有序的大孔材料光子禁带的作用等特殊光学性质，以实现对光谱精细结构的人为调控等[15]，进而探索具有特殊功能的新型稀土配合物大孔杂化材料。

参 考 文 献

[1] Yang P, Deng T, Zhao D, et al. Hierarchically ordered oxides. Science, 1998, 282: 2244-2246.

[2] Braun P V, Rinne S A, García-Santamaría F. Introducing defects in 3D photonic crystals: state of the art. Adv Mater, 2006, 18: 2665-2678.

[3] Brozell A M, Muha M A, Abed-Amoli A, et al. Patterned when wet: environment-dependent multifunctional patterns within amphiphilic colloidal crystals. Nano Lett, 2007, 7: 3822-3826.

[4] Ryu J H, Chang D S, Choi B G, et al. Fabrication of Ag nanoparticles-coated macroporous SiO_2 structure by using polystyrene spheres. Mater Chem Phys, 2007, 101: 486-491.

[5] (a)Soten I, Miguez H, Yang S M, et al. Barium titanate inverted opals: synthesis, characterization, and optical properties. Adv Funct Mater, 2002, 12: 71-77. (b) Yang P D, Rizvi A H, Messer B, et al. Patterning porous oxides within microchannel networks. Adv Mater, 2001, 13: 427-431. (c) Vlasov Y A, Yao N, Norris D J. Synthesis of photonic crystals for optical wavelengths from semiconductor quantum dots. Adv Mater, 1999, 11: 165-169.

[6] Wang C, Geng A, Guo Y, et al. Three-dimensionally ordered macroporous $Ti_{1-x}Ta_xO_{2+x/2}$ ($x=0.025$, 0.05, and 0.075) nanoparticles: preparation and enhanced. Mater Lett, 2006, 60: 2711-2714.

[7] (a)Kim Y N, Kim S J, Lee E K, et al. Large Magnetoresistance in three dimensionally ordered macroporous perovskite manganites prepared by a colloidal templating method. J Mater Chem, 2004, 14: 1774-1777. (b) Gallery J, Ginzburg M, Miguez H, et al. Replicating the structure of a crosslinked polyferrocenylsilane inverse opal in the form of a magnetic ceramic. Adv Funct Mater, 2002, 12: 382-388.

[8] (a)Liu Y, Wang S. 3D inverted opal hydrogel scaffolds with oxygen sensing capability. Colloids Surf B, 2007, 58: 8-13. (b)Withnall R, Ireland T G, Martinez-Rubio M I, et al. Rare-earth element anti-Stokes emission from three inverse photonic lattices. J Mod Optic, 2002; 49, 965-976. (c)Ghadimi A, Cademartiri L, Kamp U, et al. Plasma within templates: molding flexible nanocrystal solids into multifunctional architectures. Nano Lett, 2007, 7: 3864-3868.

[9] Arsenault A C, Clark T J, von Freymann G, et al. From colour fingerprinting to the control of photoluminescence in elastic photonic crystals. Nat Mater, 2006, 5: 179-184.

[10] (a)Wang Y G, Li H R, Gu L J, et al. Thermally stable luminescent lanthanide complexes in zeolite L. Microp Mesop Mater, 2009, 121: 1-6. (b)Li H R, Cheng W J, Wang Y, et al. Surface modification and functionalization of microporous hybrid material for luminescence sensing. Chem Eur J, 2010, 16: 2125-2130. (c)Wang Y, Li H R, Feng Y, et al. Orienting zeolite L microcrystals with a functional linker. Angew Chem Int Ed, 2010, 49: 1434-1438. (d) Cao P P, Wang Y G, Li H R, et al. Transparent, luminescent, and highly organized monolayers of zeolite L. J Mater Chem, 2011, 21: 2709-2714. (e) Wang Y, Wang Y G, Cao P P, et al. Rectangular-plate like organosilica microcrystals based on sylilated β-diketone and lanthanide ions. CrystEngComm, 2011, 13: 177-181.

[11] Schroden R C, Stein A. 3D ordered macroporous materials//Caruso F. Colloids and Colloid Assemblies. Weinheim: Wiley-VCH, 2004.

[12] Yablonovitch E. Photonic band-gap structures. J Opt Sco Am B, 1993, 10: 283-295.

[13] Joannopoulos J D, Villeneuve P R, Fan S. Photonic crystals: putting a new twist on light. Nature, 1997, 386: 143-149.

[14] Lin S Y, Chow E, Hietala V, Villeneuve P R, et al. Experimental demonstration of guiding and bending of electromagnetic waves in a photonic crystal. Science, 1998, 282: 274-276.

[15] Sigoli F A, Brito H F, Jafelicci Jr M, et al. Luminescence of Eu(Ⅲ) β-diketone complex supported on functionalized macroporous silica matrix. Int J Inorg Mater, 2001, 3: 755-762.

[16] Fan W Q, Feng J, Song S Y, et al. Erbium-complex-doped near-infrared luminescent and magnetic macroporous Materials. Eur J Inorg Chem, 2008: 5513-5518.

[17] Fan W Q, Feng J, Song S Y, et al. Synthesis and luminescent properties of organic-inorganic hybrid macroporous materials doped with lanthanide (Eu/Tb) complexes. Optic Mater, 2011, 33: 582.

[18] Xia Y N, Lu Y, Kamata K, et al. Macroporous materials containing three-dimensionally periodic structures//Yang P D. The Chemistry of Nanostructured Materials. Singapore: World Scientific, 2003.

[19] Zakhidov A A, Baughman R H, Iqbal Z, et al. Carbon structures with three-dimensional periodicity at optical wavelengths. Science, 1998, 282: 897-901.

[20] (a)Park S H, Xia Y N. Fabrication of three-dimensional macroporous membranes with assemblies of microspheres as templates. Chem Mater, 1998, 10: 1745-1747. (b) Park S H, Xia Y. Macroporous membranes with highly ordered and three-dimensionally interconnected spherical pores. Adv Mater, 1998, 10: 1045-1048.

[21] Holland B T, Blanford C F, Stein A. Synthesis of macroporous minerals with highly ordered three-dimensional arrays of spheroidal voids. Science, 1998, 281: 538-540.

[22] Gates B, Yin Y, Xia Y. Fabrication and characterization of porous membranes with highly ordered three-dimensional periodic structures. Chem Mater, 1999, 11: 2827-2836.

[23] Yan H, Blanford C F, Hollord B T, et al. A chemical synthesis of periodic macroporous NiO and metallic Ni. Adv Mater, 1999, 11: 1003-1006.

[24] Yan H, Blanford C F, Lytle J C, et al. Influence of processing conditions on structures of 3D ordered macroporous metals prepared by colloidal crystal templating. Chem Mater, 2001, 13: 4314-4321.

[25] Jiang P, Cizeron J, Bertone J F, et al. Preparation of macroporous metal films from colloidal crystals. J Am Chem Soc, 1999, 121: 7957-7958.

[26] (a)Braun P V, Wiltzius P. Microporous materials: electrochemically grown photonic crystals. Nature, 1999, 402: 603-604. (b)Braun P V, Wiltzius P. Electrochemical fabrication of 3D microperiodic porous maters. Adv Mater, 2001, 13: 482-485.

[27] (a)Astratov V N, Vlasov Y A, Karimov O Z, et al. Photonic band gaps in 3D ordered fcc silica matrices. Phys Lett A, 1996, 222: 349-353. (b)Romanov S G, Fokin A V, Tretijakov V V, et al. Optical properties of ordered three-dimensional arrays of structurally confined semiconductors. J Crystal Growth, 1996, 159: 857-860.

[28] Blanco A, Chomski E, Grabtchak S, et al. Large-scale synthesis of a silicon photonic crystal with a complete three-dimensional bandgap near 1.5 micrometers. Nature, 2000, 405: 437-440.

[29] (a)Yan H W, Blanford C F, Holland B T, et al. General synthesis of periodic macroporous solids by templated salt precipitation and chemical conversion. Chem Mater, 2000, 12: 1134-1141. (b)Holland B T, Abrams L, Stein A. Dual templating of macroporous silicates with zeolitic microporous frameworks. J Am Chem Soc, 1999, 121: 4308-4309. (c)Velev O D, Jede T A, Lobo R F, et al. Porous silica via colloidal crystallization. Nature, 1997, 389: 447-448.

[30] Jiang P, Hwang K S, Mittleman D M, et al. Template-directed preparation of macroporous polymers with oriented and crystalline arrays of voids. J Am Chem Soc, 1999, 121: 11630-11637.

[31] Yuan Z Y, Su B L. Insights into hierarchically meso-macroporous structured materials. J Mater Chem, 2006, 16: 663-677.

[32] Lu Y, Yin Y, Xia Y. Synthesis and self-assembly of Au@SiO₂ core-shell colloids. Nano Lett, 2002, 2: 785-788.

[33] (a)Yablonovitch E. Inhibited spontaneous emission in solid-state physics and electronics. Phys Rev Lett, 1987, 58: 2059-2062. (b)John S. Strong localization of photons in certain disordered dielectric superlattices. Phy Rev Lett, 1987, 58: 2486-2489.

[34] Joannopoulos J D, Meade R D, Winn J N. Photonic Crystals: Molding the Flow of Light. Princeton: Princeton University Press, 1995.

[35] Yablonovitch E. Liquid versus photonic crystals. Nature, 1999, 401: 539-541.

[36] Lin S Y, Fleming J G, Hetherington D L, et al. A three-dimensional photonic crystal operating at infrared wavelengths. Nature, 1998, 394: 251-253.

[37] Palacios-Lidón E, Blanco A, Ibisate M, et al. Optical study of the full photonic band gap in silicon inverse opals. Appl Phys Lett, 2002, 81: 4925-4927.

[38] Lebeau B, Fowler C E, Mann S, et al. Synthesis of hierarchically ordered dye-functionalised mesoporous silica with macroporous architecture by dual templating. J Mater Chem, 2000, 10: 2105-2108.

[39] (a)Stein A, Schroden R C. Colloidal crystal templating of three-dimensionally ordered macroporous solids: materials for photonics and beyond. Curr Opin Solid State Mater Sci, 2001, 5: 553-564. (b)Schriemer H P, van Driel H M, Koenderink A F, et al. Modified spontaneous emission spectra of laser dye in inverse opal photonic crystals. Phys Rev A, 2000, 63:011801-1-011801-4.

[40] (a)Guo X M, Fu L S, Zhang H J, et al. Incorporation of luminescent lanthanide complex inside the channels of organically modified mesoporous silica via template-ion exchange method. New J Chem, 2005, 29: 1351-1358. (b)Gago S, Fernandes J A, Rainho J P, et al. Highly luminescent tris(β-diketonate)europium(Ⅲ) complexes immobilized in a functionalized mesoporous silica. Chem Mater, 2005, 17: 5077-5084. (c)Soares-Santos P C R, Nogueira H I S, Felix V, et al. Novel lanthanide luminescent materials based on complexes of 3-hydroxypicolinic acid and silica nanoparticles. Chem Mater, 2003, 15: 100-108. (d)SáFerreira R A, Carlos L D, Gonçalves R R, et al. Energy-transfer mechanisms and emission quantum yields in Eu^{3+}-based siloxane-poly(oxyethylene) nanohybrids. Chem Mater, 2001, 13: 2991-2998.

[41] (a)Harbuzaru B V, Corma A, Rey F, et al. Metal-organic nanoporous structures with anisotropic photoluminescence and magnetic properties and their use as sensors. Angew Chem Int Ed, 2008, 120: 1096-1099. (b)Yu S Y, Zhang H J, Yu J B, et al. Bifunctional magnetic-optical nanocomposites: grafting lanthanide complex onto core-shell magnetic silica nanoarchitecture. Langmuir, 2007, 23: 7836-7840.

[42] Sen T, Tiddy G J T, Casci J L, et al. One-pot synthesis of hierarchically ordered porous-silica materials with three orders of length scale. Angew Chem Int Ed, 2003, 42: 4649-4653.

[43] Holland B T, Blanford C F, Do T, et al. Synthesis of highly ordered, three-dimensional, macroporous structures of amorphous or crystalline inorganic oxides, phosphates, and hybrid composites. Chem Mater, 1999, 11: 795-805.

[44] Xu H, Cui L, Tong N, et al. Development of high magnetization Fe_3O_4/polystyrene/silica nanospheres via combined miniemulsion/emulsion polymerization. J Am Chem Soc, 2006, 128: 15582-15583.

[45] Sun L N, Zhang H J, Fu L S, et al. A new sol-gel material doped with an erbium complex and its potential optical-amplification application. Adv Funct Mater, 2005, 15: 1041-1048.

[46] (a)Dang S, Sun L N, Zhang H J, et al. Near-infrared luminescence from sol-gel materials doped with holmium(Ⅲ) and thulium(Ⅲ) complexes. J Phys Chem C, 2008, 112: 13240-13247. (b)Bian L J, Xi H A, Qian X F, et al. Synthesis and luminescence property of rare earth complex nanoparticles dispersed within pores of modified mesoporous silica. Mater Res Bull, 2002, 37: 2293-2301. (c)Li H R, Zhang H J, Lin J, et al. Preparation and luminescence properties of ormosil material doped with Eu(TTA)$_3$ phen complex. J Non-Cryst Solids, 2000, 278: 218-222.

[47] (a)Sun J T, Zhang J H, Luo Y S, et al. Spectral components and their contributions to the 1. 5 μm Emission bandwidth of erbium-doped oxide glass. J Appl Phys, 2003, 94: 1325-1328. (b)Jha A, Shen S, Naftaly M. Structural origin of spectral broadening of 1. 5-μm emission in Er^{3+}-doped tellurite glasses. Phys Rev B, 2000, 62: 6215-6227.

[48] (a)Park O H, Seo S Y, Bae B S, et al. Indirect excitation of Er^{3+} in sol-gel hybrid films doped with an erbium complex. Appl Phys Lett, 2003, 82: 2787-2789. (b)Park O H, Seo S Y, Jung J I, et al. Photoluminescence of mesoporous silica films impregnated with an erbium complex. J Mater Res, 2003, 18: 1039-1042.

[49] (a)Zhang L H, Liu B F, Dong S J. Bifunctional nanostructure of magnetic core luminescent shell and its application as solid-state electrochemiluminescence sensor material. J Phys Chem B, 2007, 111: 10448-10452. (b) Morup S, Bodker F, Hendriksen P V, et al. Spin-glass-like ordering of the magnetic moments of interacting nanosized maghemite particles. Phys Rev B, 1995, 52: 287-294.

[50] Fan W Q, Feng J, Song S Y, et al. Synthesis and optical properties of europium-complex-doped inorganic/organic hybrid materials built from oxo-hydroxo organotin nano building blocks. Chem Eur J, 2010, 16: 1903-1910.

[51] Yan B, Sui Y L. Fabrication and characterization of molecular hybrid materials with lanthanides covalently bonded in silica via sol-gel process. Mater Lett, 2007, 61: 3715-3718.

[52] Carlos L D, Ferreira R A S, de Zea Bermudez V, et al. Lanthanide-containing light-emitting organic-inorganic hybrids: a bet on the future. Adv Mater, 2009, 21: 509-534.

[53] Liu F Y, Fu L S, Wang J, et al. Luminescent hybrid films obtained by covalent grafting of terbium complex to silica network. Thin Solid Films, 2002, 419:178-182.

[54] Sabbatini N, Guardigli M, Lehn J M. Luminescent lanthanide complexes as photochemical supramolecular devices. Coord Chem Rev, 1993, 123: 201-228.

[55] Driesen K, Deun R V, Görller-Walrand C, et al. Near-infrared luminescence of lanthanide calcein and lanthanide dipicolinate complexes doped into a silica-PEG hybrid material. Chem Mater, 2004, 16: 1531-1535.

[56] Liu F Y, Fu L S, Wang J, et al. Luminescent film with terbium-complex-bridged polysilsesquioxanes. New J Chem, 2003, 27: 233-235.

[57] Yan B, Wang Q M. Molecular fabrication and photoluminescence of novel terbium co-polymer using 4-vinyl pyridine as the efficient second ligand. Opt Mater, 2007, 30: 617-621.

[58] Fernandes M, de Zea Bermudez V, SáFerreira R A, et al. Highly photostable luminescent poly(ε-caprolactone)siloxane biohybrids doped with europium complexes. Chem Mater, 2007, 19: 3892-3901.

[59] Crosby G A, Whan R E, Alire R M. Intramolecular energy transfer in rare earth chelates. Role of the triplet state. J Chem Phys, 1961,34: 743-753.

[60] Feng J, Yu J B, Song S Y, et al. Near-infrared luminescent xerogel materials covalently bonded with ternary lanthanide [Er(Ⅲ), Nd(Ⅲ), Yb(Ⅲ), Sm(Ⅲ)] complexes. Dalton Trans, 2009: 2406-2414.

第6章 稀土配合物高分子杂化材料

6.1 概　述

前面介绍了以无机材料作为基质(介孔材料、大孔材料)的稀土配合物杂化材料。高分子材料也是稀土配合物杂化材料的重要候选基质材料之一[1-4]。作为稀土配合物杂化材料的基质材料,高分子材料具有以下优势:①可以根据需要,通过分子设计使高分子材料具有作为基质材料应具备的理想结构、性能;②采用掺杂、化学修饰等手段能够调控高分子材料的物理性能、化学性能以及结构;③具有良好的加工性、机械性能以及光、热、化学稳定性;④柔性的高分子链赋予了高分子材料优良的柔性和形状可塑性;⑤高分子材料的光学透明性尤其好,这一特性对以高分子材料作为基质的稀土配合物杂化发光材料在光学等领域的应用具有特殊的意义。

近年来,一类新型高分子材料——无机簇改性高分子材料问世了。利用不同的无机簇作为构筑单元,通过适宜的化学反应将其以共价键嫁接于高分子材料的高分子链上等方式从而制得无机簇改性高分子材料。该类改性的高分子材料可以将有机组分和无机成分的多种性能融为一体,具有多种特性,这无疑将大大拓展其潜在应用领域[5]。迄今,无机簇改性高分子材料在催化[6]、发光[7]以及磁性[8]等领域已经显示出重要的应用前景。因此,无机簇改性高分子材料的研究备受关注,目前已有不少相关工作发表。

无机簇改性高分子材料不仅在许多领域具有重要的应用前景,而且是稀土配合物杂化材料的理想候选基质材料之一。其理由如下:①无机簇改性高分子材料具有柔性的骨架结构,十分有利于光活性物质稀土配合物的嫁接;②其内部无机簇的桥连作用在高分子材料基质里形成了丰富的微观空隙结构,因此该类高分子材料同样有利于稀土配合物的物理掺杂。

尽管无机簇改性高分子材料有条件成为稀土配合物杂化材料的优良基质材料,但是目前有关以无机簇改性高分子材料为基质的稀土配合物杂化材料的研究工作开展甚少。然而,无机簇改性高分子材料作为稀土配合物杂化材料的基质具有突出的特点,组装稀土配合物的无机簇改性高分子杂化材料的探索应该会日益引起人们的强烈兴趣。

6.2　无机簇改性高分子材料

高分子材料的种类繁多,性能多种多样,应用非常广泛,在现代社会中发挥了十分重要的作用。然而,高分子材料的改性(化学修饰)仍然是改进其性能和结构并进而扩大其应用领域的有效措施之一。

人们采用具有规整形貌和纳米以下尺寸的无机簇作为构筑单元(无机成分),对高分子材料进行化学修饰,得到了无机簇改性高分子材料[9-11]。在这类高分子材料中,无机簇主要通过共价键嫁接或静电相互作用结合在高分子链上。无机簇通常主要采用四种构筑形式,即悬挂式、双臂式、三支式以及多支式。

这些无机簇作为一种刚性成分,可以赋予无机簇改性高分子材料优良的机械性能等。另外,无机簇的引入也对高分子材料的结构产生了一定的影响,如桥连于高分子链之间的无机簇在高分子材料里形成了丰富的微观空隙结构。这些微观空隙结构能够容纳更大量的稀土配合物一类客体分子,因此无机簇改性高分子材料应该适合作为掺杂法制备具有较高荧光发射强度的稀土配合物杂化材料的基质。与此同时,无机簇改性高分子材料仍然具有柔性的骨架结构,这将非常有利于光活性物质稀土配合物的共价键嫁接,即这类改性高分子材料也是共价键嫁接法制备稀土配合物杂化材料的优良候选基质。

目前已经报道了不少种类的无机簇改性高分子材料,按照改性时使用无机簇构筑单元的种类,无机簇改性高分子材料主要可以分为以下四类。

6.2.1　以硅氧簇为构筑单元的无机簇改性高分子材料

硅氧簇是研究最为广泛的一类无机簇构筑单元[12,13],这是因为硅氧簇中的Si—C键具有很好的化学稳定性,并且其表面可以修饰各种功能基团使之具有多种功能。作为无机簇构筑单元,主要选用具有笼状结构的一类硅氧簇(POSS),其分子通式为$[XSiO_{1.5}]_n$。其中,应用最为广泛的硅氧簇为八聚体类型(通式中 $n=8$),它的八个硅原子形成一个近似的立方体构型,并且每个硅原子位于立方体的八个角上。这种低聚物的尺寸大约为 10Å,被认为是氧化硅最小尺寸的存在形式[14]。一般情况下,当 X 代表 H 原子时,这类低聚物被称为 polyhedral oligo-hydridosilsesquioxanes (POHSS);而当 X 代表有机基团时(通过 Si—C 键连接)被称为 polyhedral oligosilsesquioxanes(POSS)。此外,不完整的 POSS 含有不饱和的 Si—O—Si 骨架,如$(c\text{-}C_6H_{11}Si)_8O_{11}(OH)_2$[15]和$(RSi)_7O_9(OH)_3$($R=c\text{-}C_5H_9$,$c\text{-}C_6H_{11}$,$i\text{-}Bu$)[16],这使得这类硅氧簇既可以直接作为无机簇构筑单元应用,也可以进一步进行功能化后再用于无机簇改性高分子材料的制备。这类硅氧簇功能化的化学反应如图 6-1[17]所示。

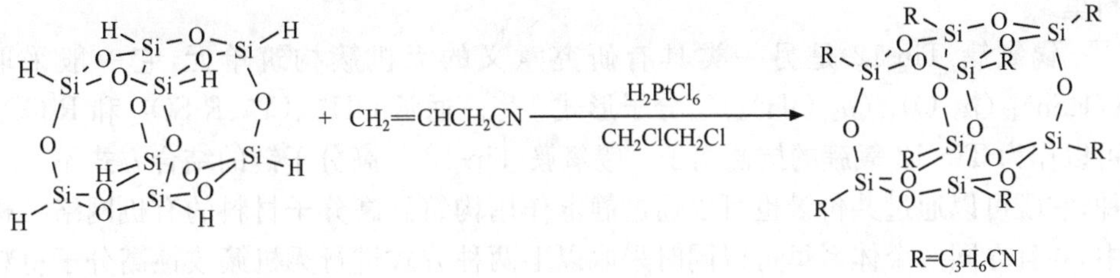

$$+ \text{CH}_2=\text{CHCH}_2\text{CN} \xrightarrow[\text{CH}_2\text{ClCH}_2\text{Cl}]{\text{H}_2\text{PtCl}_6}$$

$$R=\text{C}_3\text{H}_6\text{CN}$$

图 6-1　POSS 的表面功能化
（承惠允，引自[17(b)]）

　　POHSS、POSS 和不完整 POSS 的合成主要是基于通式为 $RSiX_3$（R＝有机基团，X＝Cl、OMe 或 OEt）的化合物的水解、缩聚反应[18,19]。采用硅氧簇作为构筑单元制备无机簇改性高分子材料的过程中，如 $RSi(c\text{-}C_6H_{11}Si)_7O_{12}$（R＝苯乙烯基、3-丙基甲基丙烯酸根或其他基团），一般可以通过共价键嫁接的方法将硅氧簇垂饰到高分子的链上[20,21]。这种构筑模式能够使纳米级的硅氧簇很好地分散到被改性的高分子材料里，从而有利于改善高分子材料的理化性能，如玻璃转化温度和机械弹性。然而，具有双键的有机基团修饰的硅氧簇（由于簇与簇之间存在空间位阻）在单独存在时很难发生聚合反应，通常需要与其他聚合单体，如乙烯或者丙烯通过共聚的方法将其引入高分子材料里面，进而提高其稳定性[22]。

　　在硅氧簇构筑单元中，POSS 构筑单元的应用比较广泛[23,24]。采用不完整的POSS 可以合成多种无机簇改性高分子材料。通过将这类构筑单元引入一些介孔功能材料里，可以成功地用于制备具有大比表面积的高分子复合材料。除此之外，表面修饰磺酸基团的 POSS 构筑单元能够应用于制备质子交换膜。由此可见，POSS 构筑单元在制备无机簇改性高分子材料方面具有独特的优势。

6.2.2　以锡氧簇为构筑单元的无机簇改性高分子材料

　　Sn(Tin,锡)原子和 Si 原子较为相似，Sn 原子也可与 sp^3 杂化的 C 原子生成相对稳定的 M—C 键，借助这种化学键，功能有机基团能够与 Sn—O 中的 Sn 原子键合。这种化学键的形成会导致锡的无机功能性明显降低，使锡原子趋于形成氧簇的构型，而这正是利用锡氧簇作为构筑单元设计、制备新型无机簇改性高分子材料的必要前提条件[25,26]。Tin-6 一般指的是锡羧酸氧簇，如 $\{RSnO(O_2\text{-}CR')\}_6$[27]。在这类构筑单元里，羧酸基团仅提供组装功能[28,29]。在 Tin-6 分子结构中，所有 Sn 原子都是六配位的，并且展示出扭曲的八面体构型（即鼓状），如具有 Tin-6 簇构型的$\{BuSnO(O_2CC_6H_4NH_2)\}_6$。该锡氧簇可以通过对氨基苯甲酸与单丁基锡酸反应制得，同时该锡簇能够与 $OCN(CH_2)_3Si(OEt)_3$ 进行缩合反应形成一类新颖的有机硅氧烷,进而将锡氧簇通过共价键构筑到一些二氧化硅材料里。

锡氧簇 Tin-12 是另一类具有研究意义的无机簇构筑单元,它一般采取 $\{(RSn)_{12}(\mu_3\text{-}O)_{14}(\mu_2\text{-}OH)_6\}^{2+}$ 分子形式[30-32]。通常 OH^-、Cl^-、$R'SO_3^-$ 和 $R'CO_2^-$ 可以作为 Tin-12 氧簇的抗衡离子。锡氧簇 Tin-12 与高分子链的结合方式不止一种,它既可以通过共价键也可以通过静电作用构筑到高分子材料的有机网络结构中,并且在同一个体系里可以同时采取以上两种方式进行无机簇改性高分子材料的构筑。锡氧簇 Tin-12 的表面还可以修饰有机基团,因而它可以具有多功能性。因此,Tin-12 作为构筑单元在无机簇改性高分子材料制备方面显示出很大的优势,以其为构筑单元可以制备多种具有不同结构与功能的无机簇改性高分子材料。图 6-2 给出了以 $\{(RSn)_{12}O_{14}(OH)_6\}(OH)_2$ 为构筑单元制备的无机簇改性材料的结构示意图(图中 R=—Bu)。

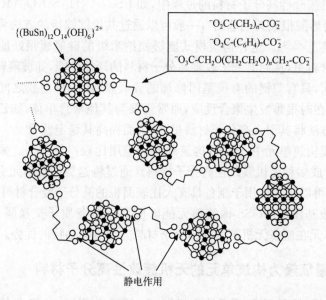

图 6-2　以 $\{(RSn)_{12}O_{14}(OH)_6\}(OH)_2$ 为构筑单元的无机簇改性材料
(承惠允,引自[30])

6.2.3　以过渡金属氧簇为构筑单元的无机簇改性高分子材料

目前对采用金属氧簇作为构筑单元制备无机簇改性高分子材料的研究关注得比较少,其原因主要是金属氧簇中金属-碳键具有很强的极性,在制备反应的水解过程中金属氧簇不太稳定,因而在无机簇改性高分子材料的制备上具有一定难度。鉴于上述情况,研究人员提出首先对金属氧簇表面进行化学修饰,然后通过共价键嫁接的方法将其引入高分子材料中,这样便使金属氧簇成功地应用于无机簇改性高分子材料的制备。目前报道的过渡金属氧簇主要是集中在 Ti^{4+}、Zr^{4+}、Ce^{4+} 和 Nb^{5+} 及双金属氧簇(表 6-1)[33-36]。过渡金属氧簇一般是通过低化学计量比地水解过渡金属前驱体 $M(OR)_n$ 等进行制备的。

表 6-1　过渡金属氧簇 *[11]

前驱体	簇
	可聚合簇
$HOMc \backslash [Nb(OPr^i)_5]_2 = 12$	$[Nb_4O_4(OPr^i)_8(OMc)_4]$
$HOMc \backslash Zr(OPr^i)_4 = 12$	$[Zr_4O_2(OMc)_{12}]$
$MeOMc \backslash Zr(OPr^n)_4 = 4$	$[Zr_6O_4(OH)_4(OMc)_{12}(HOPr^n)]$
$aaa \backslash Zr(OPr^n)_4 = 0.6$	$[Zr_{10}O_6(OH)_4(OPr^n)_{18}(aaa)_6]$
丙酮 $\backslash Ti(OPr^i)_4 = 2$	$[Ti_3O_2(OPr^i)_5(OC(CH_3)=CH_2)_3(HOPr^i)]$
	$[Ti_4O_2(OPr^i)_6(OAcr)_6]$
$HOMc \backslash Ti(OPr^i)_4 = 2$	$[Ti_6O_4(OEt)_8(OMc)_8]$
$HOMc \backslash Ti(OPr^n)_4 = 4$	$[Ti_9O_8(OPr^n)_4(OMc)_{16}]$
	不可聚合簇
$Hacac \backslash Zr(OPr^n)_4 = 1$	$[Zr_4O(OPr^n)_{10}(acac)_4]$
$Zr(OMe)_4$	$[Zr_{13}O_8(OMe)_{36}]$
$Ti(OPr^i)_4$	$[Ti_3O(OPr^i)_9(OMe)]$
$Ti(OPr^i)_4$	$[Ti_3O(OPr^i)_7(O_3C_9H_{15})]$
$[Ti(u\text{-}ONep)(ONep)_3]_2$	$Ti_3(u_3\text{-}O)(ORc)_2(ONep)_8$
	$(Rc=Ac,Fc)$
$HOAc \backslash Ti(OPr^i)_4 = 1$	$[Ti_6O_4(OPr^i)_{12}(OAc)_4]$
$HOAc \backslash Ti(OR)_4 = 2$	$[Ti_6O_4(OR')_8(O_2CR)_8]$
	$(R=CH_3, R'=Et, Pr^i, Bu^n)$
$HORc \backslash [Ti(u\text{-}ONep)(ONep)_3]_2$	$Ti_6(u_3\text{-}O)_6(O_2CCHMe_2)_6(ONep)_6$
$Ti(OEt)_4$	$[Ti_7O_4(OEt)_{20}]$
$Ti(O\text{—}CH_2\text{—}C_6H_5)_4$	$[Ti_8O_4(O\text{—}CH_2\text{—}C_6H_5)_{20}]$
$Ti(OEt)_4$	$[Ti_{10}O_8(OEt)_{24}]$
$Ti(OPr^i)_4$	$[Ti_{11}O_{13}(OPr^i)_{13}(OEt)_5]$
$Ti(OPr^i)_4$	$[Ti_{12}O_{16}(OPr^i)_{16}]$
$Ti(OEt)_4$	$[Ti_{16}O_{16}(OEt)_{32}]$
$Ti(OBu^t)_4$	$[Ti_{18}O_{27}(OBu^t)_{17}(OH)]$
$Hacac \backslash Ti(OBu^n)_4 = 0.1$	$[Ti_{18}O_{22}(OBu^n)_{26}(acac)_2]$

　* OMc=甲基丙烯酸根,OAcr=丙烯酸根,Haaa=烯丙基乙酰乙酸, Hacac=乙酰基丙酮, OAc=乙酸根, OFc=甲酸根。

6.2.4　以多酸为构筑单元的无机簇改性高分子材料

基于 Mo、W 和 V 的多酸是一类结构和种类十分丰富的无机簇构筑单元,并且多酸在催化、医疗、磁学、电学和光化学等许多方面具有十分诱人的潜在应用价值。近年来,研究人员逐渐开始关注利用多酸改性的高分子等有机材料,这是因为将多酸构筑到高分子等有机材料之后,不仅可以使无机簇改性高分子等有机材料具有各种优异的性能,而且可以提高多酸的稳定性和可塑性。

为了将多酸构筑到高分子材料等有机材料中,多酸应该先经过表面修饰。Judeinstein 首次将含有不饱和键的有机基团引入杂多酸表面,得到了多酸衍生物 $[SiW_{11}O_{39}(RSi)_{20}]^{4-}$(R=乙烯基、烯丙基、甲基丙烯酸根或苯乙烯基)[37]。经过表面修饰的多酸作为构筑单元已成功地用于制备多种无机簇改性高分子等有机材料[38,39]。例如,通过对多酸表面的氨基修饰,制备了含有不饱和有机功能团的多酸衍生物 $[NBu_4]_2[Mo_6O_{18}(NC_6H_4CH=CH_2)]$,经与苯乙烯聚合后,可将该多酸衍生物垂饰在高分子链上。又如将修饰不饱和有机功能团的多酸衍生物 $[SiW_{11}O_{39}(RSi)_{20}]^{4-}[R=H_2C=C(Me)C(O)OPr\text{—}]$ 构筑到具有水溶性的聚丙烯酰胺中。

6.3　铕配合物高分子杂化发光材料

6.3.1　引言

自锡氧簇 $\{(BuSn)_{12}O_{14}(OH)_6\}(OH)_2$ 被报道以来[40],以有机锡作为构筑单元制备无机簇改性高分子材料已经成为这方面研究工作的一个新亮点,而尝试采用阴离子聚合物单体或多聚体进一步修饰 $\{(BuSn)_{12}O_{14}(OH)_6\}(OH)_2$ 这条途径,还可以制备一类新型无机簇改性高分子材料[41,42]。这类新型无机簇改性高分子材料能够被赋予新性能,如该材料具有优异的形状可塑性。作为基质材料,这类新型无机簇改性高分子材料具有一系列特点,如既可以利用掺杂法也可以采用共价键嫁接法方便地将功能性客体化合物组装于其中。然而,目前关于这类无机簇改性高分子材料的进一步功能化的研究工作,尤其在光学方面报道还很少[43]。

在 Eu^{3+} 发光有机配体配合物中,有机配体不但能够起到对 Eu^{3+} 的能量传递作用,即"天线效应",而且能够通过与 Eu^{3+} 配位进而阻止外界环境对中心 Eu^{3+} 的荧光猝灭作用,这样 Eu^{3+} 配合物在紫外光激发下能够产生稳定且高效的来自于 Eu^{3+} 的 4f 轨道跃迁的荧光发射。另外,通过制成无机-有机杂化材料能够有效地使 Eu^{3+} 配合物的光、热不稳定性得以明显改善。基于上述事实,Eu^{3+} 配合物已经成为制备多种有机-无机杂化材料的十分重要的光活性物质[44-46]。

本节将介绍采用锡氧簇{(BuSn)$_{12}$O$_{14}$(OH)$_6$}$_2^{2+}$（用 Sn$_{12}$Cluster 表示）改性的聚甲基丙烯酸甲酯（用 PMMA-co-Sn$_{12}$Cluster 表示）为基质材料的 Eu^{3+} 配合物的杂化发光材料样品的合成、结构与性能。杂化发光材料样品包括两个：①通过物理掺杂的方法，将配合物 Eu(TTA)$_3$phen（TTA 代表噻吩甲酰三氟丙酮，phen 代表邻菲罗啉）组装到上述基质材料中，合成 Eu(TTA)$_3$phen/PMMA-co-Sn$_{12}$Cluster 杂化发光材料样品；②通过共缩聚反应将配合物 EuAA(TTA)$_2$phen（AA 代表丙烯酸根）以共价键嫁接到上述同一基质材料中，制备了 EuAA(TTA)$_2$phen-PMMA-co-Sn$_{12}$Cluster 杂化发光材料样品。

6.3.2　杂化材料样品的制备

Eu(TTA)$_3$phen/PMMA-co-Sn$_{12}$Cluster 和 EuAA(TTA)$_2$phen-PMMA-co-Sn$_{12}$Cluster 两个杂化发光材料样品的制备过程如图 6-3 所示。

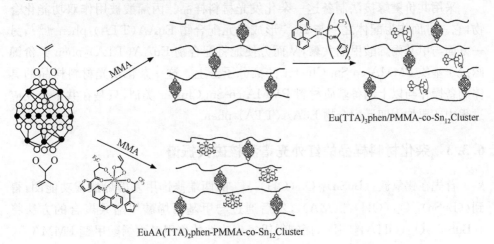

Eu(TTA)$_3$phen/PMMA-co-Sn$_{12}$Cluster

EuAA(TTA)$_2$phen-PMMA-co-Sn$_{12}$Cluster

图 6-3　Eu(TTA)$_3$phen/PMMA-co-Sn$_{12}$Cluster 和 EuAA(TTA)$_2$phen-
PMMA-co-Sn$_{12}$Cluster 样品的制备过程图

（承惠允，引自[43(c)]）

6.3.2.1　基质材料 PMMA-co-Sn$_{12}$Cluster 的制备

以{(BuSn)$_{12}$O$_{14}$(OH)$_6$}(MA)$_2$（MA 代表甲基丙烯酸根）[47,41]和甲基丙烯酸甲酯（MMA）为反应物，借助其共聚合反应制备基质材料 PMMA-co-Sn$_{12}$Cluster。其具体聚合反应操作如下：向 10%（质量分数）的{(BuSn)$_{12}$O$_{14}$(OH)$_6$}(MA)$_2$ 的四氢呋喃溶液中加入甲基丙烯酸甲酯，采用的物质的量比 MMA:{(BuSn)$_{12}$O$_{14}$(OH)$_6$}(MA)$_2$

＝30：1。该反应采用偶氮二异丁腈（AIBN）作为引发剂［引发剂的量为加入的甲基丙烯酸甲酯的 5％（摩尔分数）］，在氮气保护下于 70℃ 下反应 60 h。反应结束后，加入大量乙醚即可得到 PMMA-co-Sn$_{12}$Cluster。

6.3.2.2　Eu(TTA)$_3$phen/PMMA-co-Sn$_{12}$Cluster 杂化发光材料样品的制备

采用掺杂法制备如标题所述的杂化发光材料样品。将已制备好的配合物 Eu(TTA)$_3$phen[48]的四氢呋喃溶液滴加入基质材料 PMMA-co-Sn$_{12}$Cluster 的四氢呋喃溶液。将该混合溶液搅拌 30 min，然后在空气中干燥两天即可得到杂化发光材料样品。

6.3.2.3　EuAA(TTA)$_3$phen-PMMA-co-Sn$_{12}$Cluster 杂化发光材料样品的制备

采用共价键嫁接法制备这一杂化发光材料样品。丙烯酸被用作双功能化合物，它一方面作为配体之一与 Eu^{3+} 形成四元配合物 EuAA(TTA)$_2$phen[49,50]，另一方面与甲基丙烯酸甲酯共聚，从而方便地将配合物 EuAA(TTA)$_2$phen 共价键嫁接于基质 PMMA-co-Sn$_{12}$Cluster 的高分子链上。这一杂化发光材料样品的具体制备操作与以上制备基质材料 PMMA-co-Sn$_{12}$Cluster 类似，只是在共聚合反应过程中还要加入四元配合物 EuAA(TTA)$_2$phen。

6.3.3　杂化材料样品的红外光谱和核磁共振谱

首先在锡氧簇{(BuSn)$_{12}$O$_{14}$(OH)$_6$}$_2^{2+}$ 的两端修饰甲基丙烯酸根功能团，得到{(BuSn)$_{12}$O$_{14}$(OH)$_6$}(MA)$_2$，然后通过与甲基丙烯酸甲酯共聚合的方法将{(BuSn)$_{12}$O$_{14}$(OH)$_6$}$_2^{2+}$ 引入而制得锡氧簇改性的聚甲基丙烯酸甲酯 PMMA-co-Sn$_{12}$Cluster。PMMA-co-Sn$_{12}$Cluster 样品红外光谱的特点是仍然保留了{(BuSn)$_{12}$O$_{14}$(OH)$_6$}(MA)$_2$ 中 Sn—O—Sn 骨架振动特征谱带，即位于 672 cm^{-1}、623 cm^{-1}、536 cm^{-1} 和 430 cm^{-1} 的四个尖锐的谱带。与此同时，{(BuSn)$_{12}$O$_{14}$(OH)$_6$}(MA)$_2$ 样品中甲基丙烯酸根的位于 1647 cm^{-1} 的归属于 C＝C 的特征振动谱带消失，这是在 PMMA-co-Sn$_{12}$Cluster 样品的制备过程中甲基丙烯酸根的 C＝C 参与共聚合的结果。与 PMMA-co-Sn$_{12}$Cluster 的红外光谱类似，Eu(TTA)$_3$phen/PMMA-co-Sn$_{12}$Cluster 和 EuAA(TTA)$_2$phen-PMMA-co-Sn$_{12}$Cluster 两个材料样品的红外光谱也同样出现了{(BuSn)$_{12}$O$_{14}$(OH)$_6$}(MA)$_2$ 中 Sn—O—Sn 骨架特征振动谱带，而其 C＝C 的特征振动谱带却消失了。

在 PMMA-co-Sn$_{12}$Cluster 样品中，锡氧簇 Sn$_{12}$Cluster 稳定地结合在聚丙烯酸

甲酯的高分子链上,并均匀地分布其中,形成了相当稳定的结构。利用掺杂法制备的杂化材料 Eu(TTA)$_3$phen/PMMA-co-Sn$_{12}$Cluster 样品中,Eu(TTA)$_3$phen 被组装进基质 PMMA-co-Sn$_{12}$Cluster 的微观空隙结构中,Eu(TTA)$_3$phen 的组装不会影响其中 Sn$_{12}$Cluster 的稳定性。对于 EuAA(TTA)$_2$phen-PMMA-co-Sn$_{12}$Cluster 样品,EuAA(TTA)$_2$phen 借助共价键嫁接于基质的高分子链上,同样不会影响基质中 Sn$_{12}$Cluster 的稳定性。样品的^{119}Sn 核磁共振研究为此提供了很有说服力的实验证据。图 6-4 给出了上述三个样品的^{119}Sn 核磁共振谱,可以清楚地观察到 PMMA-co-Sn$_{12}$Cluster 样品以及 Eu(TTA)$_3$phen/PMMA-co-Sn$_{12}$Cluster 样品以及 EuAA(TTA)$_2$phen-PMMA-co-Sn$_{12}$Cluster 样品均在-282 ppm 和-455 ppm 处出现了两个核磁共振峰,并且这三个样品的两个核磁共振峰的积分面积比皆基本上保持为 1∶1,这两个峰分别归属于 Sn$_{12}$Cluster 中五配位以及六配位的 Sn 原子[43(a),51]。以上^{119}Sn 核磁共振研究结果正是 Sn$_{12}$Cluster 在改性高分子基质以及掺杂法和共价键嫁接法制备的 Eu^{3+}配合物杂化发光材料中均保持结构稳定的有力证据。

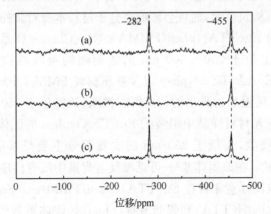

图 6-4　PMMA-co-Sn$_{12}$Cluster 样品(a)、Eu(TTA)$_3$phen/PMMA-co-Sn$_{12}$Cluster 样品(b)、
EuAA(TTA)$_2$phen-PMMA-co-Sn$_{12}$Cluster 样品(c)的^{119}Sn 核磁共振谱
(承惠允,引自[43(c)])

6.3.4　杂化材料样品的固体紫外-可见漫反射光谱

Eu^{3+}配合物的发光是配体将其吸收的激发能通过三重态传递给 Eu^{3+},然后 Eu^{3+}通过 f-f 跃迁产生其特征的荧光发射,因此配体以及基质的吸收能够显著影响 Eu^{3+}的荧光发射。固体漫反射光谱是考察配体以及基质光吸收的一个有效手段[52],为深入考察样品的荧光发射性能,首先介绍样品固体紫外-可见漫反射光谱。

纯配合物 Eu(TTA)$_3$phen 的固体紫外-可见漫反射光谱在 250～400 nm 区呈现出一个宽而强的吸收峰,它归属于配体噻吩甲酰三氟丙酮和邻菲罗啉的吸收。此外,在可见区还出现了源于 Eu^{3+} 的相当弱的吸收峰。上述光谱特点表明配体噻吩甲酰三氟丙酮和邻菲罗啉能够有效地吸收紫外光,是该体系的主要能量吸收者。EuAA(TTA)$_2$phen 也显示出了与 Eu(TTA)$_3$phen 类似的固体紫外-可见漫反射光谱。该配合物实际是四元配合物,其光谱特点意味着配体丙烯酸根对该配合物的固体紫外-可见漫反射光谱的影响很小,该配合物对光的吸收仍然主要取决于配体噻吩甲酰三氟丙酮和邻菲罗啉。

PMMA 和 PMMA-co-Sn$_{12}$Cluster 两种基质材料的固体紫外-可见漫反射光谱在可见区比较相似,均未观察到明显的吸收峰。而在紫外区,这两种基质材料皆出现吸收峰。PMMA 和 PMMA-co-Sn$_{12}$Cluster 的固体紫外-可见漫反射光谱的主要不同之处表现在低波长区域,PMMA 的吸收仅到 220 nm,而 PMMA-co-Sn$_{12}$Cluster 对紫外光的吸收则可以延伸到 200 nm。上述差异归咎于引入的 Sn$_{12}$Cluster 所起的作用。由此可见,在锡氧簇改性高分子材料中,Sn$_{12}$Cluster 不但可作为改性高分子材料的无机构筑单元,而且会影响高分子材料本身对紫外光的吸收。

杂化发光材料 Eu(TTA)$_3$phen/PMMA-co-Sn$_{12}$Cluster 样品的固体紫外-可见漫反射光谱主要由位于 200～400 nm 的宽而强的吸收峰构成。由纯配合物 Eu(TTA)$_3$phen、EuAA(TTA)$_2$phen 以及基质材料 PMMA、PMMA-co-Sn$_{12}$Cluster 的固体紫外-可见漫反射光谱的特点可以推断,该峰位于 250～400 nm 的主要部分来源于杂化发光材料样品中组装的 Eu(TTA)$_3$phen 的配体噻吩甲酰三氟丙酮和邻菲罗啉的吸收,而低于 250 nm 的次要部分主要是基质 PMMA-co-Sn$_{12}$Cluster 吸收的贡献。在该固体紫外-可见漫反射光谱中没有出现源于 Eu^{3+} 的吸收峰。上述光谱特点同样意味着在 Eu(TTA)$_3$phen/PMMA-co-Sn$_{12}$Cluster 样品中,配体噻吩甲酰三氟丙酮(TTA)和邻菲罗啉(phen)是该体系紫外光能的主要吸收者。EuAA(TTA)$_2$phen-PMMA-co-Sn$_{12}$Cluster 样品的固体紫外-可见漫反射光谱与 Eu(TTA)$_3$phen/PMMA-co-Sn$_{12}$Cluster 样品较为相似,因此同样可以认为 Eu-AA(TTA)$_2$phen-PMMA-co-Sn$_{12}$Cluster 样品中配体噻吩甲酰三氟丙酮和邻菲罗啉是该体系紫外光能的主要吸收者。

6.3.5　杂化材料样品的激发光谱[53]

几个样品的激发光谱如图 6-5(A)所示。纯配合物 Eu(TTA)$_3$phen 的激发光谱主要由位于 250～400 nm 的宽而强的激发峰组成,该激发峰来源于该配合物的配体噻吩甲酰三氟丙酮和邻菲罗啉的吸收。这意味着在该配合物中 Eu^{3+} 与配体之间存在有效的能量传递,配体可以敏化 Eu^{3+} 发光。这一结果与该配合物的紫外-可见漫反射光谱研究结果一致。纯配合物 EuAA(TTA)$_2$phen 的激发光谱与 Eu(TTA)$_3$phen 类似,EuAA(TTA)$_2$phen 中有效的能量传递也是主要发生于 Eu^{3+} 与配体噻吩甲酰三氟丙酮、邻菲罗啉之间。

Eu(TTA)$_3$phen/PMMA-co-Sn$_{12}$Cluster 样品的激发光谱呈现出位于 250~ 400 nm 的宽而强的激发峰,这与纯配合物 Eu(TTA)$_3$phen 的激发光谱相似。该杂化发光材料样品宽而强的激发峰也应该是主要源于配体噻吩甲酰三氟丙酮和邻菲罗啉的吸收,即该杂化发光材料样品中配合物的配体噻吩甲酰三氟丙酮和邻菲罗啉与 Eu^{3+} 之间的能量传递仍是有效的。这一结果与该样品的固体紫外-可见漫反射光谱研究所得结果相吻合。EuAA(TTA)$_2$phen-PMMA-co-Sn$_{12}$Cluster 样品的激发光谱与 Eu(TTA)$_3$phen/PMMA-co-Sn$_{12}$Cluster 样品较为类似。该杂化发光材料样品中,能量传递也主要是发生于配体噻吩甲酰三氟丙酮、邻菲罗啉与 Eu^{3+} 之间,并且这种能量传递也是有效的。

6.3.6　杂化材料样品的发射光谱

采用样品激发光谱的最强峰位作为激发波长,得到了样品的发射光谱。图 6-5 (A)也给出了 Eu(TTA)$_3$phen/PMMA-co-Sn$_{12}$Cluster 和 EuAA(TTA)$_2$phen-PMMA-co-Sn$_{12}$Cluster 样品的发射光谱。作为参照,该图也给出了 Eu(TTA)$_3$phen、EuAA(TTA)$_2$phen、Eu(TTA)$_3$phen/PMMA(掺杂法制备的以 PMMA 为基质的杂化材料)及 EuAA(TTA)$_2$phen-PMMA(共价键嫁接法制备的以聚甲基丙烯酸甲酯为基质的杂化材料)样品的发射光谱。与纯配合物 Eu(TTA)$_3$phen 的发射光谱相似,Eu(TTA)$_3$phen/PMMA-co-Sn$_{12}$Cluster 样品也呈现 Eu^{3+} 的特征发射,发射光谱呈现出位于 580 nm、590 nm、612 nm、650 nm 和 702 nm 的五个荧光发射峰,它们可以分别归属于 Eu^{3+} 的 $^5D_0 \rightarrow {}^7F_0$ 跃迁、$^5D_0 \rightarrow {}^7F_1$ 跃迁、$^5D_0 \rightarrow {}^7F_2$ 跃迁、$^5D_0 \rightarrow {}^7F_3$ 跃迁、$^5D_0 \rightarrow {}^7F_4$ 跃迁。Eu^{3+} 的配合物被组装到 PMMA-co-Sn$_{12}$Cluster 基质中后,配体噻吩甲酰三氟丙酮和邻菲罗啉与 Eu^{3+} 间仍然保持着有效的能量传递,致使该杂化发光材料样品仍然能够发射配体敏化的 Eu^{3+} 的特征荧光。EuAA(TTA)$_2$phen-PMMA-co-Sn$_{12}$Cluster 样品的发射光谱与 Eu(TTA)$_3$phen/PMMA-co-Sn$_{12}$Cluster 样品的发射光谱类似。EuAA(TTA)$_2$phen-PMMA-co-Sn$_{12}$Cluster 样品中配体与 Eu^{3+} 也存在有效的能量传递,从而出现配体敏化的 Eu^{3+} 的特征荧光发射。

图 6-5(B)给出了上述样品发射光谱的局部放大图以便详细介绍 Eu^{3+} 的 $^5D_0 \rightarrow {}^7F_{0\sim2}$ 跃迁特点。图 6-5(B)显示样品中 Eu^{3+} 的 $^5D_0 \rightarrow {}^7F_{0-2}$ 跃迁具有以下特点:①由于晶体场对 Eu^{3+} 能级的劈裂作用,导致 $^5D_0 \rightarrow {}^7F_1$ 跃迁和 $^5D_0 \rightarrow {}^7F_2$ 跃迁分别出现了 2-3 和 3-4 斯塔克劈裂;②$^5D_0 \rightarrow {}^7F_2$ 跃迁发射明显强于 $^5D_0 \rightarrow {}^7F_1$ 跃迁发射;

③所有样品的$^5D_0 \to {}^7F_0$跃迁发射均为单峰。上述样品中 Eu^{3+} 处于低对称中心位置，并且其周围化学环境均一[54]，从而导致样品中 Eu^{3+} 的 $^5D_0 \to {}^7F_{0\sim2}$ 跃迁具有以上特点。

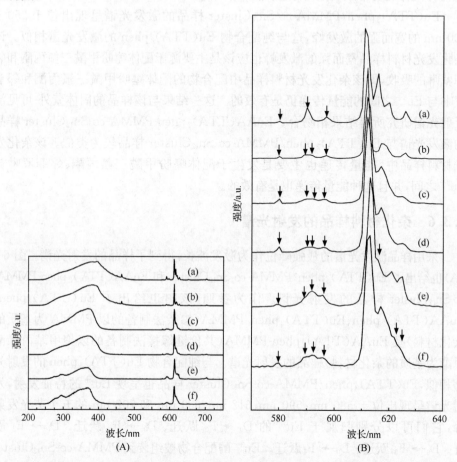

图 6-5　(A) EuAA(TTA)$_2$phen (a)、Eu(TTA)$_3$phen (b)、EuAA(TTA)$_2$phen-PMMA (c)、
Eu(TTA)$_3$phen/PMMA (d)、EuAA(TTA)$_2$phen-PMMA-co-Sn$_{12}$Cluster (e)
和 Eu(TTA)$_3$phen/PMMA-co-Sn$_{12}$Cluster (f) 的激发光谱和发射光谱；
(B) $^5D_0 \to {}^7F_{0\sim2}$ 发射光谱区域的局部放大图
(承惠允，引自[43(c)])

图 6-6 给出了两个以 PMMA-co-Sn$_{12}$Cluster 为基质的杂化发光材料样品的 Eu^{3+} 的 $^5D_0 \to {}^7F_2$ 跃迁衰减曲线。作为参比，也给出了纯稀土配合物和以 PMMA 为基质的杂化发光材料样品的 Eu^{3+} 的 $^5D_0 \to {}^7F_2$ 跃迁衰减曲线。与纯配合物一样，Eu^{3+} 配合物的高分子杂化发光材料样品中 Eu^{3+} 也是处于均一的化学环境，其 Eu^{3+} 的 $^5D_0 \to {}^7F_2$ 跃迁衰减曲线皆符合单指数衰减过程。得到的样品的 $^5D_0 \to {}^7F_2$

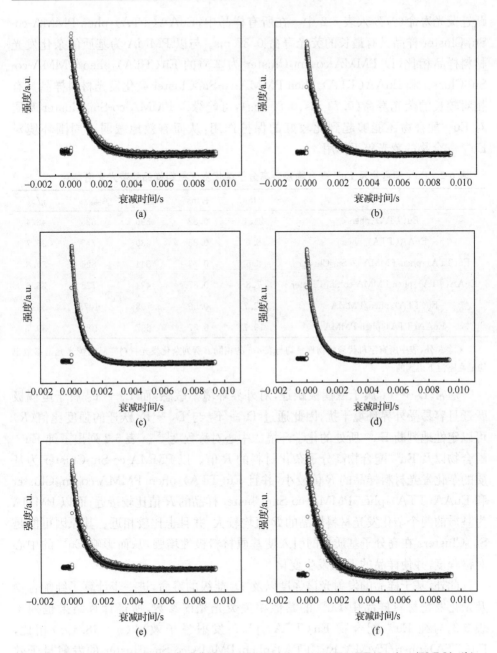

图 6-6 Eu^{3+} 的 $^5D_0 \rightarrow ^7F_2$ 跃迁衰减曲线：Eu(TTA)$_3$phen (a)、Eu(TTA)$_3$phen/PMMA (b)、
Eu(TTA)$_3$phen/PMMA-co-Sn$_{12}$Cluster (c)、EuAA(TTA)$_2$phen (d)、EuAA(TTA)$_2$phen-
PMMA (e) 和 EuAA(TTA)$_2$phen-PMMA-co-Sn$_{12}$Cluster (f)

(承惠允,引自[43(c)])

跃迁荧光寿命(τ)列入表 6-2 中。在所有样品中,EuAA(TTA)$_2$phen-PMMA-co-Sn$_{12}$Cluster 样品具有最长的荧光寿命 0.87 ms。与以 PMMA 为基质的杂化发光材料样品相比,以 PMMA-co-Sn$_{12}$Cluster 为基质的 Eu(TTA)$_3$phen/PMMA-co-Sn$_{12}$Cluster 和 EuAA(TTA)$_2$phen-PMMA-co-Sn$_{12}$Cluster 杂化发光材料样品具有相对较长的荧光寿命(0.73 ms、0.87 ms),可能缘于 PMMA-co-Sn$_{12}$Cluster 基质对 Eu^{3+} 配合物还能够起到比较好的保护作用,从而有效地减弱了周围环境对 Eu^{3+} 配合物的荧光猝灭作用。

表 6-2 Eu^{3+} 配合物及 Eu^{3+} 配合物掺杂高分子杂化发光材料样品的荧光光谱参数 *[43(c)]

	R	τ/ms	A_{rad}/s^{-1}	A_{nrad}/s^{-1}	η/%
Eu(TTA)$_3$phen	24.1	0.82	596	625	48.4
EuAA(TTA)$_2$phen	6.0	0.83	430	775	35.7
Eu(TTA)$_3$phen/PMMA-co-Sn$_{12}$Cluster	8.5	0.73	544	826	39.8
EuAA(TTA)$_2$phen-PMMA-co-Sn$_{12}$Cluster	7.8	0.87	421	728	36.6
Eu(TTA)$_3$phen/PMMA	22.7	0.56	708	1078	39.6
EuAA(TTA)$_2$phen-PMMA	19.7	0.57	697	1057	39.7

*除 R 外,表中所有字母代表的物理量均与表 4-5 的相同。所列杂化发光材料样品的荧光光谱参数也均是在室温下得到的。

通常 $^5D_0 \rightarrow {}^7F_1$ 属于磁偶极跃迁,对外界环境不敏感,而 $^5D_0 \rightarrow {}^7F_2$ 属于电偶极跃迁且容易受外界环境干扰,因此通过 $^5D_0 \rightarrow {}^7F_2$ 与 $^5D_0 \rightarrow {}^7F_1$ 跃迁的强度比值(R)可以定性地判断 Eu^{3+} 所处的化学环境的中心对称程度[55]。表 6-2 列出了纯 Eu^{3+} 配合物以及 Eu^{3+} 配合物高分子杂化材料的 R 值。以 PMMA-co-Sn$_{12}$Cluster 为基质的杂化发光材料样品的 R 值较小,并且 Eu(TTA)$_3$phen/PMMA-co-Sn$_{12}$Cluster 和 EuAA(TTA)$_2$phen-PMMA-co-Sn$_{12}$Cluster 样品的 R 值比较接近;而以 PMMA 为基质的两个杂化发光材料样品的 R 值均较大,并且也比较相近。其原因可能是 Sn$_{12}$Clusters 在高分子基质里的引入使基质材料极性增强,从而影响 Eu^{3+} 的中心对称程度,并使样品的 R 值发生变化[43(a)]。

此外,基于样品的发射光谱强度以及 $^5D_0$ 能级的寿命,进一步计算了纯配合物及杂化发光材料样品中 Eu^{3+} 的其他相关荧光光谱参数,所得计算结果也列于表 6-2。与纯 Eu^{3+} 配合物 Eu(TTA)$_3$phen 发射量子效率(η = 48.4%)相比,Eu(TTA)$_3$phen/PMMA、Eu(TTA)$_3$phen/PMMA-co-Sn$_{12}$Cluster 的发射量子效率降低到约 39%。这主要是由于高分子基质材料里的柔性高分子链的分子高能振动对非辐射跃迁产生了一定的影响,这种影响导致非辐射跃迁 A_{nrad} 值的升高,因此上述两个掺杂法制备的杂化发光材料样品的发射量子效率随之下降。这与以前文献报道的情况较为类似[56]。然而,EuAA(TTA)$_2$phen-PMMA 和

EuAA(TTA)$_2$phen-PMMA-co-Sn$_{12}$Cluster 两个杂化材料样品的发射量子效率相对于纯 Eu^{3+} 配合物 EuAA(TTA)$_2$phen 反而增大了。虽然高分子柔性骨架不利于发射量子效率的提高,但还应考虑通过聚合反应将 EuAA(TTA)$_2$phen 共价键嫁接并固定在 PMMA 分子链上,这样不仅会使 EuAA(TTA)$_2$phen 具有很好的分散效果,而且高分子骨架还能够抑制 Eu^{3+} 配合物的单分子振动,从而有利于提高发射量子效率。综合以上两种因素的影响,最终导致 EuAA(TTA)$_2$phen-PMMA 和 EuAA(TTA)$_2$phen-PMMA-co-Sn$_{12}$Cluster 两个共价键嫁接法制备的杂化发光材料样品的发射量子效率提高。

6.4　稀土配合物高分子杂化近红外发光材料

Er^{3+}、Sm^{3+}、Yb^{3+} 及 Nd^{3+} 的配合物具有优良的近红外荧光发射,在生物标记[57]、光电通信[58]以及激光材料[59]等领域具有重要的应用前景。形成杂化材料是解决稀土配合物稳定性和机械强度差等缺点的有效途径。以锡氧簇为构筑单元的高分子材料由于具有柔性的骨架结构很适合于稀土配合物的嫁接。同时由于锡氧簇桥连作用,进而在高分子材料里形成了丰富的微观空隙结构,因此这类高分子材料也很适于容纳物理掺杂的稀土配合物。此外,这类高分子材料在有机溶剂里具有很好的溶解性,从而够赋予其优异的形状可塑性。因此,以锡氧簇为构筑单元的高分子材料为基质的稀土配合物杂化近红外发光材料研究工作的深入开展势在必行。

本节主要介绍锡氧簇 $\{(BuSn)_{12}O_{14}(OH)_6\}^{2+}$ 改性的聚甲基丙烯酸甲酯(PMMA-co-Sn$_{12}$Cluster)作为基质材料的稀土配合物 Ln(TTA)$_3$phen 和 LnAA(TTA)$_2$phen (Ln=Er、Sm、Yb、Nd)的杂化近红外发光材料样品的合成、结构与性能。杂化发光材料样品包括两种:掺杂样品 Ln(TTA)$_3$phen/PMMA-co-Sn$_{12}$Cluster (Ln=Er、Sm、Yb、Nd)和共价键嫁接样品 LnAA(TTA)$_2$phen-PMMA-co-Sn$_{12}$Cluster(Ln=Er、Sm、Yb、Nd)。

6.4.1　杂化材料样品的制备

Ln(TTA)$_3$phen/PMMA-co-Sn$_{12}$Cluster 和 LnAA(TTA)$_2$phen-PMMA-co-Sn$_{12}$Cluster(Ln=Er、Sm、Yb、Nd)杂化发光材料样品的制备过程图可参见 6.3 节中的图 6-3。

1. 基质材料 PMMA-co-Sn$_{12}$Cluster 的制备

参见 6.3 节。

2. Ln (TTA)$_3$phen/PMMA-co-Sn$_{12}$Cluster 杂化发光材料样品的制备

采用掺杂法制备标题所述杂化发光材料样品。具体操作过程参见 6.3 节。

3. LnAA (TTA)$_2$phen-PMMA-co-Sn$_{12}$Cluster 杂化发光材料样品的制备

采用共价键嫁接法制备标题杂化发光材料样品。通过双功能化合物丙烯酸将配合物 LnAA(TTA)$_2$phen 方便地共价键嫁接于基质 PMMA-co-Sn$_{12}$Cluster的高分子链上。其具体操作过程参见 6.3 节。

6.4.2　杂化材料样品的结构特点

基质材料 PMMA-co-Sn$_{12}$Cluster 是利用锡氧簇 Sn$_{12}$Cluster 与甲基丙烯酸甲酯的共聚合反应制备的,PMMA-co-Sn$_{12}$Cluster 中的 Sn$_{12}$Cluster 稳定地结合在聚甲基丙烯酸甲酯的高分子链上。将稀土配合物组装进基质材料 PMMA-co-Sn$_{12}$Cluster后,无论是在掺杂法制备的 Ln (TTA)$_3$phen/PMMA-co-Sn$_{12}$Cluster 样品中,还是在共价键嫁接法制备的 LnAA(TTA)$_2$phen-PMMA-co-Sn$_{12}$Cluster 样品中,锡氧簇 Sn$_{12}$Cluster 都保持稳定结合状态。这些样品的红外光谱能够为此提供令人信服的实验依据。在 PMMA-co-Sn$_{12}$Cluster 样品、Er (TTA)$_3$phen/PMMA-co-Sn$_{12}$Cluster 样品和 ErAA(TTA)$_2$phen-PMMA-co-Sn$_{12}$Cluster 样品的红外光谱中均出现 Sn$_{12}$Cluster 的特征红外振动谱带,即可归属于 Sn$_{12}$Cluster 的—OH(Sn—OH)基团的伸缩振动的谱带位于 3650 cm^{-1} 处,可归属于 Sn$_{12}$Cluster 的 Sn—O—Sn 骨架振动的谱带位于 672 cm^{-1}、623 cm^{-1}、536 cm^{-1} 和 430 cm^{-1}处。此外,在 ErAA(TTA)$_2$phen-PMMA-co-Sn$_{12}$Cluster 样品的红外光谱中还出现了位于 1581 cm^{-1} 和 1417 cm^{-1} 的振动谱带,它们应归属于丙烯酸中羧基的反对称和对称伸缩振动,上述谱带的出现表明丙烯酸已经与 Er^{3+} 配位。Er^{3+} 配合物中的丙烯酸配体还通过共聚合反应将具有近红外发光性质的 Er^{3+} 配合物嫁接到 PMMA-co-Sn$_{12}$Cluster 高分子链上。Sm^{3+}、Yb^{3+} 及 Nd^{3+} 配合物的杂化发光材料样品的红外光谱与 Er^{3+} 配合物的杂化发光材料样品的比较相似,显然,在 Sm^{3+}、Yb^{3+} 及 Nd^{3+} 配合物的杂化发光材料样品中 Sn$_{12}$Cluster 也同样保持其稳定结合状态。

^{119}Sn 核磁共振是表征锡氧簇存在形式的一个有效手段。样品的^{119}Sn 核磁共振谱进一步提供了通过物理掺杂或者共价键嫁接的方法将稀土配合物引入基质 PMMA-co-Sn$_{12}$Cluster 后,对 PMMA-co-Sn$_{12}$Cluster 中锡氧簇的结构没有破坏作用的佐证。在 PMMA-co-Sn$_{12}$Cluster 样品、Er (TTA)$_3$phen/PMMA-co-Sn$_{12}$Cluster 样品和 ErAA(TTA)$_2$phen-PMMA-co-Sn$_{12}$Cluster 样品的^{119}Sn 核磁共振谱(以

Er³⁺ 配合物的杂化发光材料样品为例)中,均出现了位于 282 ppm 和 454 ppm 的核磁共振峰,且其积分峰面积基本相等。这两个峰分别相应于 Sn₁₂Cluster 中有两种配位模式的 Sn 原子,即五配位的 Sn 原子和六配位的 Sn 原子(与上节含 Eu³⁺ 样品的类似)。

6.4.3　杂化材料样品的固体紫外-可见漫反射光谱

固体紫外-可见漫反射光谱是考察材料光吸收的有效手段。图 6-7 给出了 Ln(TTA)₃phen/PMMA-co-Sn₁₂Cluster 样品和 LnAA(TTA)₂phen-PMMA-co-Sn₁₂Cluster 样品的固体紫外-可见漫反射光谱,为了方便比较,也给出了纯配合物 Ln(TTA)₃phen 和 LnAA(TTA)₂phen 的固体紫外-可见漫反射光谱。Er(TTA)₃phen/PMMA-co-Sn₁₂Cluster 和 ErAA(TTA)₂phen-PMMA-co-Sn₁₂Cluster 样品的固体紫外-可见漫反射光谱主要是在 400 nm 以下区域呈现一宽吸收峰,而 Er(TTA)₃phen 和 ErAA(TTA)₂phen 的固体紫外-可见漫反射光谱则出现了位于 400 nm 以下的主要可归属于配体噻吩甲酰三氟丙酮和邻菲罗啉的宽吸收峰以

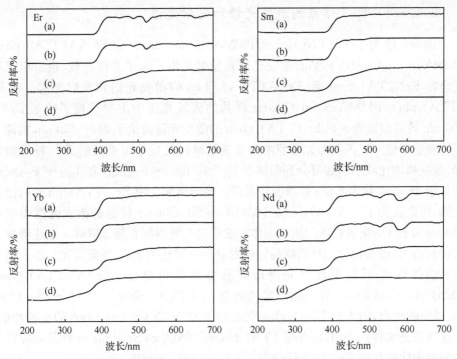

图 6-7　Ln(TTA)₃phen 样品(a)、LnAA(TTA)₂phen 样品(b)、Ln(TTA)₃phen/PMMA-
co-Sn₁₂Cluster 样品(c)和 LnAA(TTA)₂phen-PMMA-co-Sn₁₂Cluster 样品(d) 的
固体紫外-可见漫反射光谱
(承惠允,引自[43(d)])

及 Er^{3+} 自身的比较弱的吸收峰,即位于 488 nm（$^4I_{15/2} \rightarrow ^4F_{7/2}$）、522 nm（$^4I_{15/2} \rightarrow ^2H_{11/2}$）和 652 nm（$^4I_{15/2} \rightarrow ^4F_{9/2}$）的 Er^{3+} 的吸收峰[60]。参照纯配合物的固体紫外-可见漫反射光谱,显然两个 Er^{3+} 杂化发光材料样品的固体紫外-可见漫反射光谱中的宽吸收峰亦是源于噻吩甲酰三氟丙酮和邻菲罗啉。上述两个 Er^{3+} 杂化发光材料样品的固体紫外-可见漫反射光谱预示着在杂化体系中配体噻吩甲酰三氟丙酮、邻菲罗啉是紫外光能的主要吸收者。Sm^{3+}、Yb^{3+} 及 Nd^{3+} 三个体系也具有类似的固体紫外-可见漫反射光谱,但是应该指出的是,纯配合物Nd(TTA)$_3$phen和 NdAA(TTA)$_2$phen 的 $^4I_{9/2} \rightarrow ^2K_{13/2} + ^4G_{7/2}$ 跃迁、$^4I_{9/2} \rightarrow ^2G_{7/2}$ 跃迁和 $^4I_{9/2} \rightarrow ^4F_{9/2}$ 跃迁吸收分别出现在 527 nm、580 nm 和 683 nm 处[61],虽然这些吸收比较弱。上述 Sm^{3+}、Yb^{3+} 及 Nd^{3+} 杂化发光材料样品的固体紫外-可见漫反射光谱同样预示着在这些杂化体系中配体噻吩甲酰三氟丙酮、邻菲罗啉是紫外光能的主要吸收者。

6.4.4　杂化材料样品的激发光谱和发射光谱

6.4.4.1　Er^{3+} 体系的激发光谱和发射光谱

图 6-8 给出了 Er(TTA)$_3$phen/PMMA-co-Sn$_{12}$Cluster 和 Er AA(TTA)$_2$phen-PMMA-co-Sn$_{12}$Cluster 样品的激发光谱和发射光谱。为了方便比较,也给出了纯配合物 Er(TTA)$_3$phen 和 ErAA(TTA)$_2$phen 的激发光谱和发射光谱。在 Er(TTA)$_3$phen/PMMA-co-Sn$_{12}$Cluster 样品的激发光谱中主要呈现了位于 250～400 nm 的宽激发峰。而 Er(TTA)$_3$phen 的激发光谱由位于 250～450 nm 的源于配体噻吩甲酰三氟丙酮和邻菲罗啉的宽激发峰以及位于可见区的 Er^{3+} 特征激发峰（这些峰均比较弱）,如可分别归属于 Er^{3+} 的 $^4I_{15/2} \rightarrow ^4F_{5/2}$ 跃迁和 $^4I_{15/2} \rightarrow ^4F_{7/2}$ 跃迁的位于 450 nm 和 486 nm 的激发峰组成。参照纯配合物 Er(TTA)$_3$phen 的激发光谱,可以认为 Er(TTA)$_3$phen/PMMA-co-Sn$_{12}$Cluster 样品的激发光谱中位于 250～400 nm 的宽吸收峰归属于配体噻吩甲酰三氟丙酮和邻菲罗啉。上述激发光谱特点表明,该杂化发光材料样品能够发射配体敏化的 Er^{3+} 特征荧光。以上结果与其固体紫外-可见漫反射光谱研究所得结果相吻合。ErAA(TTA)$_2$phen-PMMA-co-Sn$_{12}$Cluster 样品的激发光谱与 Er(TTA)$_3$phen/PMMA-co-Sn$_{12}$Cluster 样品的相似,ErAA(TTA)$_2$phen 的激发光谱与 Er(TTA)$_3$phen 的也很相似。上述激发光谱特点表明,ErAA(TTA)$_2$phen-PMMA-co-Sn$_{12}$Cluster 样品同样也可以发射配体敏化的 Er^{3+} 的特征荧光。

通过激发配体吸收,得到了 Er(TTA)$_3$phen/PMMA-co-Sn$_{12}$Cluster 样品、ErAA(TTA)$_2$phen-PMMA-co-Sn$_{12}$Cluster 以及 Er(TTA)$_3$phen、ErAA(TTA)$_2$phen 样品的荧光光谱（图 6-8）。与纯配合物的荧光光谱相似,Er(TTA)$_3$phen/PMMA-

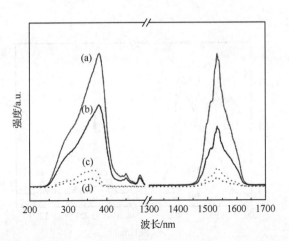

图 6-8 激发光谱($\lambda_{em}=1535$ nm)和发射光谱，Er(TTA)$_3$phen (a, $\lambda_{ex}=381$ nm)、
ErAA(TTA)$_2$phen (b, $\lambda_{ex}=381$ nm)，Er (TTA)$_3$phen/PMMA-co-Sn$_{12}$Cluster (c, $\lambda_{ex}=365$nm)
和 ErAA(TTA)$_2$phen-PMMA-co-Sn$_{12}$Cluster(d, $\lambda_{ex}=361$ nm)

(承惠允，引自[43(d)])

co-Sn$_{12}$Cluster、ErAA(TTA)$_2$phen-PMMA-co-Sn$_{12}$Cluster 样品的荧光光谱出现了
位于 1535 nm 处的近红外发射峰，该近红外发射峰覆盖了 1445～1640 nm 的光谱
范围。这一发射峰归属于 Er^{3+} 的^{4}I$_{13/2}$→^{4}I$_{15/2}$跃迁发射。上述荧光光谱的特点显
示，Er(TTA)$_3$phen/PMMA-co-Sn$_{12}$Cluster 和 ErAA(TTA)$_2$phen-PMMA-co-Sn$_{12}$
Cluster 样品中存在有效的配体噻吩甲酰三氟丙酮和邻菲罗啉至 Er^{3+} 的能量传递，
两个杂化发光材料样品能够发射配体敏化的 Er^{3+} 的特征荧光。Er^{3+} 的^{4}I$_{13/2}$
→^{4}I$_{15/2}$能级跃迁的发射峰位置刚好处于第三光通信窗口，因此 Er^{3+} 配合物高分子
杂化发光材料在光放大器等方面具有潜在的应用价值[62]。

6.4.4.2 Sm^{3+}、Yb^{3+} 及 Nd^{3+} 体系的激发光谱和发射光谱

1. Sm^{3+} 体系的激发光谱和发射光谱

图 6-9 为 Sm(TTA)$_3$phen/PMMA-co-Sn$_{12}$Cluster 和 SmAA(TTA)$_2$phen-PM-
MA-co-Sn$_{12}$Cluster 样品的激发光谱和发射光谱。为便于比较也给出了纯配合物
Sm(TTA)$_3$phen 和 SmAA(TTA)$_2$phen 的激发和发射光谱。如图 6-9，Sm^{3+} 的两
种杂化发光材料样品具有与 Er^{3+} 的杂化发光材料样品类似的激发光谱。以配体
的最大吸收波长为激发波长得到了样品的发射光谱(图 6-9)。Sm(TTA)$_3$phen/
PMMA-co-Sn$_{12}$ Cluster 和 SmAA(TTA)$_2$phen-PMMA-co-Sn$_{12}$Cluster 样品在
955 nm波长处出现了 Sm^{3+} 的^{4}G$_{5/2}$→^{6}F$_{5/2}$跃迁发射，而另外两个比较弱的位于
1034 nm 和 1185 nm 的发射峰可分别归属于 Sm^{3+} 的^{4}G$_{5/2}$→^{6}F$_{7/2}$跃迁和^{4}G$_{5/2}$
→^{6}F$_{9/2}$跃迁发射。Sm^{3+} 的两个杂化发光材料样品也能够发射配体敏化的 Sm^{3+} 的

特征近红外荧光。

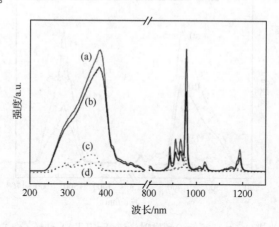

图 6-9 激发光谱($\lambda_{em}=955$ nm)和发射光谱,Sm(TTA)$_3$phen(a, $\lambda_{ex}=381$ nm)、SmAA(TTA)$_2$phen(b, $\lambda_{ex}=381$ nm)、Sm(TTA)$_3$phen/PMMA-co-Sn$_{12}$Cluster(c, $\lambda_{ex}=365$ nm)和 SmAA(TTA)$_2$phen-PMMA-co-Sn$_{12}$Cluster(d, $\lambda_{ex}=361$ nm)

(承惠允,引自[43(d)])

2. Yb^{3+} 体系的激发光谱和发射光谱

图 6-10 为 Yb(TTA)$_3$phen/PMMA-co-Sn$_{12}$Cluster 和 YbAA(TTA)$_2$phen-PMMA-co-Sn$_{12}$Cluster 样品的激发光谱和发射光谱。为便于比较,也给出了纯配合物 Yb(TTA)$_3$phen 和 YbAA(TTA)$_2$phen 的激发和发射光谱。由图 6-10 可见,Yb^{3+} 体系也具有与 Er^{3+} 和 Sm^{3+} 体系类似的激发光谱。Yb(TTA)$_3$phen/PMMA-co-Sn$_{12}$Cluster 和 YbAA(TTA)$_2$phen-PMMA-co-Sn$_{12}$Cluster 样品也发射了配体敏化的 Yb^{3+} 的特征近红外荧光。

Yb^{3+} 体系发射的配体敏化的 Yb^{3+} 特征荧光特点是 Yb^{3+} 的 $^2F_{5/2}\rightarrow{}^2F_{7/2}$ 跃迁发射峰发生劈裂,这是由晶体场作用引起的。对于 Yb(TTA)$_3$phen 和 YbAA(TTA)$_2$phen,该峰劈裂为位于 978 nm、1009 nm 和 1038 nm 的三重峰[52(a),63];而对于 Yb(TTA)$_3$phen/PMMA-co-Sn$_{12}$Cluster 和 YbAA(TTA)$_2$phen-PMMA-co-Sn$_{12}$Cluster 样品,发射光谱中最后两个劈裂峰合为一个宽峰,这可能是由该类锡氧簇改性高分子基质材料的极性所引起的。Yb(TTA)$_3$phen/PMMA-co-Sn$_{12}$Cluster 和 YbAA(TTA)$_2$phen-PMMA-co-Sn$_{12}$Cluster 两个样品中 Yb^{3+} 的 $^2F_{5/2}\rightarrow{}^2F_{7/2}$ 特征发射具有以下明显的特点:①不具有可以降低有效激光横截面的激发态吸收;②既无上转换和浓度猝灭,在可见区也没有吸收;③其吸收光谱和发射光谱之间非常小的斯托克斯位移能够有效地降低激光操作中材料的热负荷;④人体组织对 Yb^{3+} 在 1000 nm 左右的近红外荧光具有相对透明度。上述 Yb^{3+} 的特征荧光发射使 Yb(TTA)$_3$phen/PMMA-co-Sn$_{12}$Cluster 和 YbAA(TTA)$_2$phen-PMMA-co-

Sn₁₂Cluster 杂化体系在激光、医疗诊断等领域具有重要的潜在应用价值[64]。

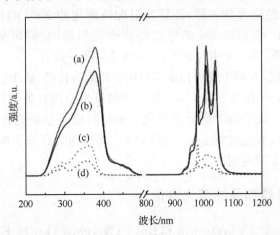

图 6-10 激发光谱(λ_{em} = 980 nm)和发射光谱，Yb(TTA)₃phen (a，λ_{ex} = 381 nm)、YbAA(TTA)₂phen (b，λ_{ex} = 380 nm)、Yb(TTA)₃phen/PMMA-co-Sn₁₂Cluster(c，λ_{ex} = 364 nm)、YbAA(TTA)₂phen-PMMA-co-Sn₁₂Cluster (d，λ_{ex} = 358 nm)

（承惠允，引自[43(d)]）

3. Nd³⁺ 体系的激发光谱和发射光谱

图 6-11 示出了 Nd³⁺ 体系的激发光谱和发射光谱。由图 6-11 可见，

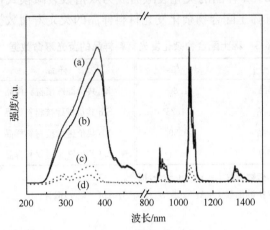

图 6-11 激发光谱(λ_{em} = 1061 nm)和发射光谱，Nd(TTA)₃phen (a，λ_{ex} = 382 nm)、NdAA(TTA)₂phen (b，λ_{ex} = 382 nm)、Nd(TTA)₃phen/PMMA-co-Sn₁₂Cluster (c，λ_{ex} = 365 nm)和 NdAA(TTA)₂phen-PMMA-co-Sn₁₂Cluster (d，λ_{ex} = 360 nm)

（承惠允，引自[43(d)]）

Nd(TTA)$_3$phen/PMMA-co-Sn$_{12}$Cluster 和 NdAA(TTA)$_2$phen-PMMA-co-Sn$_{12}$
Cluster 样品也与纯配合物一样,能够发射配体敏化的 Nd^{3+} 的特征荧光,即位于
885 nm、1065 nm 和 1336 nm 的近红外荧光发射峰,它们可分别归属于 Nd^{3+}
的 $^4F_{3/2} \rightarrow {}^4I_{9/2}$ 跃迁、$^4F_{3/2} \rightarrow {}^4I_{11/2}$ 跃迁、$^4F_{3/2} \rightarrow {}^4I_{13/2}$ 跃迁发射。

在光通信领域,有两个光通信窗口可用于长距离传送,适于这两个窗口的工作
波长分别为 1.5 μm 和 1.3 μm,Nd^{3+} 的一个特征发射刚好处于其中 1.3 μm 波长
处[65]。因此,Nd^{3+} 配合物的高分子杂化发光材料应是制备光通信领域不可缺少
的光放大器的优良候选材料之一。此外,Nd^{3+} 配合物的高分子杂化发光材料在激
光领域也具有重要的应用前景。

6.4.5　杂化材料样品的荧光寿命

纯配合物 LnAA(TTA)$_2$phen 和 Ln(TTA)$_3$phen(Ln = Er、Sm、Yb、Nd)的
荧光衰减曲线(使用的光源为 355 nm,采用相应稀土离子的特征发射为检测波长)
符合单指数衰减模式,并且它们的荧光寿命数值与文献报道值相符[52(a),44(b)]。掺
杂样品 Ln(TTA)$_3$phen/PMMA-co-Sn$_{12}$Cluster 和共价键嫁接样品 LnAA(TTA)$_2$phen-
PMMA-co-Sn$_{12}$Cluster(Ln=Er、Sm、Yb、Nd)的荧光衰减曲线(实验条件同纯配合
物)中多数符合单指数衰减模式。部分杂化发光材料,如 SmAA(TTA)$_2$phen-
PMMA-co-Sn$_{12}$Cluster、Yb(TTA)$_3$phen/PMMA-co-Sn$_{12}$Cluster 及 Yb AA(TTA)$_2$phen-
PMMA-co-Sn$_{12}$Cluster 样品的荧光衰减曲线为双指数衰减模式,其荧光寿命(τ)按
平均值计算。所有稀土配合物杂化发光材料样品的荧光寿命数据列于表 6-3 中。

表 6-3　稀土配合物杂化发光材料样品的荧光寿命数据[43(d)]

样品	τ/μs	样品	τ/μs
Er 掺杂材料样品	1.80[a]	Er 共价键嫁接材料样品	1.81[a]
Sm 掺杂材料样品	54.25[a]	Sm 共价键嫁接材料样品	74.22[b]
Yb 掺杂材料样品	9.80[b]	Yb 共价键嫁接材料样品	10.89[b]
Nd 掺杂材料样品	1.11[a]	Nd 共价键嫁接材料样品	0.65[a]

a. 荧光寿命采用单指数函数 $I = A\exp(-t/\tau)$ 拟合。

b. 荧光寿命采用双指数函数 $I = A_1\exp(-t/\tau_1) + A_2\exp(-t/\tau_2)$ 拟合。

6.5　小　　结

通过掺杂法和共价键嫁接法分别制备了 Eu(TTA)$_3$phen/PMMA-co-
Sn$_{12}$Cluster 和 EuAA(TTA)$_2$phen-PMMA-co-Sn$_{12}$Cluster 杂化发光材料样品,杂
化发光材料样品可发射配体敏化的 Eu^{3+} 的特征荧光。采用掺杂法和共价键嫁接

法还成功地制备了具有配体敏化的稀土离子特征近红外荧光发射的 LnAA(TTA)₂ phen/PMMA-co-Sn₁₂ Cluster 和 LnAA(TTA)₂phen-PMMA-co-Sn₁₂Cluster (Ln ＝ Er、Sm、Nd、Yb)杂化发光材料样品。此外,上述杂化发光材料样品能够溶于一些有机溶剂,因而具有很好的形状可塑性。

　　锡氧簇改性的高分子基质材料具有独特的微观结构,其构筑骨架是柔性高分子链,并且在其高分子链之间桥连了作为构筑单元的锡氧簇。这种结构使锡氧簇改性的高分子基质材料既具有柔性的骨架又具有锡氧簇支撑的纳米空隙,这对稀土配合物的物理掺杂和共价键嫁接都是非常有利的。因此,以锡氧簇为构筑单元的高分子基质材料有可能成为稀土配合物杂化发光材料的优良基质材料。

　　基质材料与杂化材料的性能有密切的关系。为了得到高性能的杂化发光材料,改善基质材料的结构和性能很有必要。如果希望得到更加优良的无机簇改性高分子材料可从以下两方面开展工作:①高分子材料的种类很多,结构和性能各异,应对高分子材料进行优化,筛选出更适于作为杂化材料基质的高分子材料;②开展作为构筑单元的无机簇的科学设计和合成,以便得到结构和性能均更理想的无机簇构筑单元。

参 考 文 献

[1] Huang X G, Wang Q, Yan X H, et al. Encapsulating a ternary europium complex in a silica/polymer hybrid matrix for high performance luminescence application. J Phys Chem C, 2011, 115: 2332-2340.

[2] Yan B, Qian K, Wang X L. Photofunctional Eu^{3+}/Tb^{3+} hybrid material with inorganic silica covalently linking polymer chain through their double functionalization. Inorg Chim Acta, 2011, 376: 302-309.

[3] Guo M, Yan B, Guo L, et al. Cooperative sol-gel assembly, characterization and photoluminescence of rare earth hybrids with novel dihydroxyl linkages and 1,10-phenanthroline. Coll Surf A, 2011, 380: 53-59.

[4] (a)Wang X L, Yan B. Ternary luminescent lanthanide-centered hybrids with organically modified titania and polymer units. Coll Polym Sci, 2011, 289: 423-431. (b)Wang X L, Yan B, Liu J L. Photophysical properties of ternary rare earth (Sm^{3+}, Eu^{3+}) centered hybrids with N-heterocyclic modified Si—O bridge and terminal ligands. Photochem Photobiol Sci, 2011, 10: 580-586. (c)Yan B, Wang X L, Liu J L. Photophysical properties of ternary hybrid system of lanthanide center linking organically modified silica and polymeric chain. Photochem Photobiol, 2011, 87: 602-610. (d)Yan B, Guo M, Qiao X F. Luminescent lanthanide (Eu^{3+}, Tb^{3+}) hybrids with 4-vinylbenzeneboronic acid functionalized Si—O bridges and beta-diketones. Photochem Photobiol, 2011, 87: 786-794. (e)Yan B, Zhao L M, Wang X L, et al. Sol-gel preparation, microstructure and luminescence of rare earth/silica/polyacrylamide hybrids through double functionalized covalent Si—O linkage. RSC Adv, 2011, 1: 1064-1071.

[5] Kickelbick G, Schubert U. Inorganic clusters in organic polymers and the use of polyfunctional inorganic compounds as polymerization initiators. Monatshefte für Chemie, 2001, 132: 13-30.

[6] (a)Zhang L, Abbenhuis H C L, Yang Q H, et al. Mesoporous organic-inorganic hybrid materials built using polyhedral oligomeric silsesquioxane blocks. Angew Chem Int Ed, 2007, 46: 5003-5006. (b)Shimo-

jima A, Goto R, Atsumi N, et al. Self-assembly of alkyl-substituted cubic siloxane cages into ordered hybrid materials. Chem Eur J, 2008, 14: 8500-8506.

[7] (a)Li H L, Qi W, Li W, et al. A highly transparent and luminescent hybrid based on the copolymerization of surfactant-encapsulated polyoxometalate and methyl methacrylate. Adv Mater, 2005, 17: 2688-2692. (b)Qi W, Li H L, Wu L X. A novel, luminescent, silica-sol-gel hybrid based on surfactant-encapsulated polyoxometalates. Adv Mater, 2007, 19: 1983-1987.

[8] Palacio F, Oliete P, Schubert U, et al. Magnetic behaviour of a hybrid polymer obtained from ethyl acrylate and the magnetic cluster $Mn_{12}O_{12}$(acrylate)$_{16}$. J Mater Chem, 2004, 14: 1873-1878.

[9] Lichtenhan J D, Noel C J, Bolf A G, et al. Thermosplatic hybrid materials: polyhedral oligomeric silsesquioxane(POSS) reagents, linear polymers, and blends. Mater Res Sot Symp Proc,1996, 435: 3-11.

[10] Lichtenhan J D. Polyhedral oligomeric silsesquioxanes: building blocks for silesquioxane-based polymers and hybrid materials. Comments Inorg Chem, 1995,17: 115-130.

[11] Sanchez C, Soler-Illia G J de A A, Ribot F, et al. Designed hybrid organic-inorganic nanocomposites from functional nanobuilding blocks. Chem Mater, 2001, 13: 3061-3083.

[12] Ribot F, Sanchez C. Organically functionalized metallic oxo-clusters: structurally well-defined nanobuilding blocks for the design of hybrid organic-inorganic materials. Comments Inorg Chem, 1999, 20: 327-371.

[13] Zhang C, Babonneau F, Bonhomme C, et al. Highly porous polyhedral silsesquioxane polymers. Synthesis and characterization. J Am Chem Soc,1998, 120: 8380-8391.

[14] Sellinger A, Laine R. Silsesquioxanes as synthetic platforms Ⅲ: Photocurable, liquid epoxides as inorganic/organic hybrid precursors. Chem Mater,1996, 8: 1592-1593.

[15] Feher F J, Newman D A, Walzer J F. Silsesquioxanes as models for silica surfaces. J Am Chem Soc, 1989, 111: 1741-1748.

[16] Brown J F, Vogt L H. The polycondensation of cyclohexylsilanetriol. J Am Chem Soc,1965, 87: 4313-4317.

[17] (a) Schwab J J, Lichtenhan J D. Polyhedral oligomeric silsesquioxane(POSS)-based polymers. Appl Organomet Chem,1998, 12: 707-713. (b) Adachi K, Tamaki R, Chujo Y. Synthesis of Organic-Inorganic Polymer Hybrids from Ammoniumpropyl-Functionalized Polyhedral Oligomeric Silsesquioxane. Bull Chem Soc Jpn, 2004, 77: 2115-2119.

[18] Agaskar P A. New synthetic route to the hydridospherosiloxanes O_h-$H_8Si_8O_{12}$ and D_{5h}-$H_{10}Si_{10}O_{15}$. Inorg Chem, 1991, 30: 2707-2708.

[19] (a) Martynova T N, Chupakhina T I. Heterofunctional oligoorganyl-silsesquioxanes. J Organomet Chem,1988, 345: 10-18. (b)Feher F J, Budzichowski T A. New polyhedral oligosilsesquioxanes via the catalytic hydrogenation of aryl-containing silsesquioxanes. J Organomet Chem, 1989, 373: 153-163. (c)Feher F J, Budzichowski T A. Syntheses of Highly-functionalized polyhedral oligosilsesquioxanes. J Organomet Chem, 1989, 379: 33-40.

[20] Haddad T S, Lichtenhan J D. Hybrid organic-inorganic thermoplastics: styryl-based polyhedral oligomeric silsesquioxane polymers. Macromolecules, 1996, 29: 7302-7304.

[21] Mather P T, Jeon H G, Romo-Uribe A, et al. Mechanical relaxation and microstructure of poly(norbornyl-POSS) copolymers. Macromolecules,1999, 32: 1194-1203.

[22] Tsuchida A, Bolln C, Sernetz F G, et al. Ethene and propene copolymers containing silsesquioxane side

groups. Macromolecules, 1997, 30: 2818-2824.

[23] Goto R, Shimojima A, Kuge H, et al. A hybrid mesoporous material with uniform distribution of carboxy groups assembled from a cubic siloxane-based precursor. Chem Commun, 2008: 6152-6154.

[24] Decker B, Hartmann-Thompson C, Carver P I, et al. Multilayer sulfonated polyhedral oligosilsesquioxane (S-POSS)-sulfonated polyphenylsulfone (S-PPSU) composite proton exchange membranes. Chem Mater, 2010, 22: 942-948.

[25] Ribot F, Eychenne-Baron C, Sanchez C. Monoorganotin oxo-clusters: versatile nanobuilding blocks for hybrid organic-inorganic materials. Phosphorus Sulfur Silicon Relat Elem, 1999, 150-151: 41-58.

[26] Banse F, Ribot F, Tolédano P, et al. Hydrolysis of monobutyltin trialkoxides: synthesis and characterizations of {(BuSn)$_{12}$O$_{14}$(OH)$_6$}(OH)$_2$. Inorg Chem, 1995, 34: 6371-6379.

[27] Holmes R R. Organotin cluster chemistry. Acc Chem Res, 1989, 22: 190-197.

[28] Schubert U, Arpac E, Glaubitt W, et al. Organotin cluster chemistry primary hydrolysis products of methacrylate-modified titanium and zirconium alkoxides. Chem Mater, 1992, 4: 291-295.

[29] Ribot F, Minoux D, Sanchez C. An organotin oxo-carboxylate cluster functionalized by triethoxysilyl groups. Mater Res Soc Symp Proc, 2000, 628: CC2. 2.

[30] Ribot F, Banse F, Diter F, et al. Hybrid Organic-inorganic supra-molecular assemblies made from butyltin oxo-hydroxo nanobuilding blocks and dicarboxylates. New J Chem, 1995, 19: 1145-1153.

[31] Beckmann J, Jurkshat K, Kaltenbrunner U, et al. Cohydrolysis of organotin chlorides with trimethylchlorosilane. Okawara's pioneering work revisited and extended. Organometallics, 2000, 19: 4887-4898.

[32] Ribot F, Eychenne-Baron C, Sanchez C. Hybrid materials made by polymerization of the nanobuilding blocks {(BuSn)$_{12}$O$_{14}$(OH)$_6$}$^{2+}$(AAMPS$^-$)$_2$(AAMPS=2-Acrylamido-2-methyl-1-propanesulfonate). Mater Res Soc Symp Proc, 1998, 519: 29-40.

[33] Barglik-Chory C, Schubert U. Organically substituted titanium alkoxides with unsaturated organic groups. J Sol Gel Sci Technol, 1995, 5: 135-142.

[34] Hubert-Pfalzgraf L, Abada V, Halut S, et al. Metal alkoxides with polymerizable ligands: synthesis and molecular structure of [Nb$_4$(μ-O)$_4$(μ, η^2-O$_2$CMe-CH$_2$)$_4$(OPr^i)$_8$]. Polyhedron, 1997, 16: 581-585.

[35] (a)Schmid R, Mosset A, Galy J. New compounds in the chemistry of group 4 transition-metal alkoxides. Part 4. Synthesis and molecular structures of two polymorphs of [Ti$_{16}$O$_{16}$(OEt)$_{32}$] and refinement of the structure of [Ti$_7$O$_4$(OEt)$_{20}$]. J Chem Soc, Dalton Trans, 1991: 1999-2005. (b)Gautier-Luneau I, Mosset A, Galy J. Structural characterization of a hexanuclear titanium acetate complex, Ti$_6$(μ_3-O)$_2$(μ_2-O)$_2$(μ_2-OC$_2$H$_5$)$_2$-μ-CH$_3$COO)$_8$(OC$_2$H$_5$)$_6$, built up of two trinuclear, oxo-centered, units. Kristallogr Z, 1987, 180: 83-95.

[36] Caulton K G, Hubert-Pfalzgraf L G. Synthesis, structural principles and reactivity of heterometallic alkoxides. Chem Rev, 1990, 90: 969-995.

[37] (a)Judeinstein P. Synthesis and properties of polyoxometalates based inorganic-organic polymers. Chem Mater, 1992, 4: 4-7. (b)Judeinstein P. Polyoxometallates based macromolecules. J Sol Gel Sci Technol, 1994, 2: 147-151.

[38] Mayer C R, Thouvenot R, Lalot T. New hybrid covalent networks based on polyoxometalates: Part 1. Hybrid networks based on poly(ethyl methacrylate) chains covalently cross-linked by heteropolyanions:

synthesis and swelling properties. Chem Mater, 2000, 12: 257-260.

[39] Mayer C R, Thouvenot R, Lalot T. Hybrid hydrogels obtained by the copolymerization of acrylamide with aggregates of methacryloyl derivatives of polyoxotungstates. A comparison with polyacrylamide hydrogels with trapped aggregates. Macromolecules, 2000,33: 4433-4437.

[40] Eychenne-Baron C, Ribot F, Steunou N, et al. Reaction of butyltin hydroxide oxide with p-toluenesulfonic acid: synthesis, X-ray crystal analysis, and multinuclear NMR characterization of $\{(BuSn)_{12}O_{14}(OH)_6\}$ $(4\text{-}CH_3C_6H_4SO_3)_2$. Organometallics, 2000, 19: 1940-1949.

[41] Ribot F, Banse F, Sanchez C, et al. Hybrid organic-inorganic copolymers based on oxo-hydroxo organotin nanobuilding blocks. J Sol-Gel Sci Tech, 1997, 8: 529-533.

[42] Angiolini L, Caretti D, De Vito R, et al. Hybrid organic-inorganic copolymers from oxohydroxoorganotin dimethacrylate and methyl methacrylate. J Inorganic and Organometallic Polymer, 1997, 7: 151-162.

[43] (a)Ribot F, Lafuma A, Eychenne-Baron C, et al. New photochromic hybrid organic-inorganic materials built from well-defined nano-building blocks. Adv Mater, 2002, 14: 1496-1499. (b)Sanchez C, Lebeau B, Chaput F, et al. Optical properties of functional hybrid organic-inorganic nanocomposites. Adv Mater, 2003, 15: 1969-1994. (c) Fan W Q, Feng J, Song S Y, et al. Synthesis and Optical Properties of Europium-Complex-Doped Inorganic/Organic Hybrid Materials Built from Oxo-Hydroxo Organotin Nano Building Blocks, Chem Euro J, 2010, 16: 1903-1910. (d)Fan W Q, Feng J, Song S Y, et al. Near-Infrared Luminescent Copolymerized Hybrid Materials Built from Tin-Nanoclusters and PMMA. Nanoscale, 2010, 2: 2096-2103.

[44] (a)Guo X M, Fu L S, Zhang H J, et al. Incorporation of luminescent lanthanide complex inside the channels of organically modified mesoporous silica via template-ion exchange method. New J Chem, 2005, 29: 1351-1358. (b)Gago S,Fernandes J A, Rainho J P, et al. Highly luminescent tris(β-diketonate)- europium(Ⅲ) complexes immobilized in a functionalized mesoporous silica. Chem Mater, 2005, 17: 5077-5084. (c)Soares-Santos P C R, Nogueira H I S, Felix V, et al. Novel lanthanide luminescent materials based on complexes of 3-hydroxypicolinic acid and silica nanoparticles. Chem Mater, 2003, 15: 100-108.

[45] Carlos L D, Ferreira R A S, Bermudez V de Z, et al. Lanthanide-containing light-emitting organic-inorganic hybrids: a bet on the future. Adv Mater, 2009, 21: 509-534.

[46] (a)SáFerreira R A, Carlos L D, Gonçalves R R, et al. Energy-transfer mechanisms and emission quantum yields in Eu^{3+}-based siloxane-poly(oxyethylene) nanohybrids. Chem Mater, 2001, 13: 2991-2998. (b)Li H R, Liu P, Wang Y G, et al. Preparation and luminescence properties of hybrid titania immobilized with lanthanide complexes. J Phys Chem C, 2009, 113:3945-3949. (c)Wang L H, Wang W, Zhang W G, et al. Synthesis and luminescence properties of novel Eu-containing copolymers consisting of Eu(Ⅲ)-acrylate-beta-diketonate complex monomers and methyl methacrylate. Chem Mater, 2000, 12: 2212-2218. (d)Okamoto Y, Ueba Y, Dzhanibekov N F, et al. Rare earth metal containing polymers. 3. Characterization of ion-containing polymer structures using rare earth metal fluorescence probes. Macromolecules, 1981, 14: 17-22. (e)Franville A C, Zambon D, Mahiou R, et al. Luminescence behavior of sol-gel-derived hybrid materials resulting from covalent grafting of a chromophore unit to different organically modified alkoxysilanes. Chem Mater, 2000, 12: 428-435.

[47] Eychenne-Baron C, Ribot F, Sanchez C. New synthesis of the nanobuilding block $\{(BuSn)_{12}O_{14}(OH)_6\}^{2+}$

and exchange properties of {(BuSn)$_{12}$O$_{14}$(OH)$_6$} (O$_3$SC$_6$H$_4$CH$_3$)$_2$. J Organomet Chem, 1998, 567: 137-142.

[48] Melby L R, Rose N J, Abramson E, et al. Synthesis and fluorescence of some trivalent lanthanide complexes. J Am Chem Soc, 1964, 86: 5117-5125.

[49] Liu L, Lu Y L, Lei H, et al. Novel europium-complex/nitrile-butadiene rubber composites. Adv Funct Mater, 2005, 15: 309-314.

[50] Lee C I, Lim J S, Kim S H, et al. Synthesis and luminescent properties of a novel Eu-containing nanoparticle. Polymer, 2006, 47: 5253-5258.

[51] Ribot F, Veautier D, Guillaudeu S, et al. Hybrid organic-inorganic materials based on nanobuilding blocks assembled through electrostatic interactions. J Sol-Gel Sci Tech, 2004, 32: 37-41.

[52] (a)Feng J, Yu J B, Song S Y, et al. Near-infrared luminescent xerogel materials covalently bonded with ternary lanthanide [Er(Ⅲ), Nd(Ⅲ), Yb(Ⅲ), Sm(Ⅲ)] complexes. Dalton Trans, 2009: 2406-2414. (b)Feng J, Song S Y, Xing Y, et al. Synthesis, characterization, and near-infrared luminescent properties of the ternary thulium complex covalently bonded to mesoporous MCM-41. J Solid State Chem, 2009, 182: 435-441.

[53] Peng C Y, Zhang H J, Yu J B, et al. Synthesis, characterization, and luminescence properties of the ternary europium complex covalently bonded to mesoporous SBA-15. J Phys Chem B,2005, 109: 15278-15287.

[54] Fernandes M, Bermudez V de Z, SáFerreira R A, et al. Highly photostable luminescent poly(ε-caprolactone)siloxane biohybrids doped with europium complexes. Chem Mater,2007, 19: 3892-3901.

[55] (a)Liu Y S, Luo W Q, Li R F, et al. Optical spectroscopy of Eu^{3+} doped ZnO nanocrystals. J Phys Chem C,2008, 112: 686-694. (b)Yang P P, Quan Z W, Li C X, et al. Fabrication, characterization of spherical CaWO$_4$: Ln @MCM-41 (Ln=Eu^{3+}, Dy^{3+}, Sm^{3+}, Er^{3+}) composites and their applications as drug release systems. Microporous Mesoporous Mater,2008, 116: 524-531. (c)Mai H X, Zhang Y W, Sun L D, et al. Orderly aligned and highly luminescent monodisperse rare earth orthophosphate nanocrystals synthesized by a limited anion-exchange reaction. Chem Mater, 2007, 19: 4514-4522. (d)Guillet E, Imbert D, Scopelliti R, et al. Tuning the emission color of europium-containing ionic liquid-crystalline phases. Chem Mater, 2004, 16: 4063-4070. (e)Renand F, Piguet C, Bernardinelli G, et al. In search for mononuclear helical lanthanide building blocks with predetermined properties: lanthanide complexes with diethyl pyridine-2, 6-dicarboxylate. Chem Eur J, 1997, 3: 1660-1667.

[56] Guo X M, Guo H D, Fu L S, et al. Synthesis, spectroscopic properties, and stabilities of ternary europium complex in SBA-15 and periodic mesoporous organosilica: a comparative study. J Phys Chem C, 2009, 113: 2603-2610.

[57] (a)Nyk M, Kumar R, Ohulchanskyy T Y, et al. High contrast *in vitro* and *in vivo* photoluminescence bioimaging using near infrared to near infrared up-conversion in Tm^{3+} and Yb^{3+} doped fluoride nanophosphors. Nano Lett, 2008, 8: 3834-3838. (b)Comby S, Imbert D, Vandevyver C, et al. A novel strategy for the design of 8-hydroxyquinolinate-based lanthanide bioprobes that emit in the near infrared range. Chem-Eur J, 2007, 13: 936-944.

[58] (a)Kou L, Hall D C, Wu H. Room-temperature 1. 5 μm photoluminescence of Er^{3+}-doped Al$_x$Ga$_{1-x}$As native oxides. Appl Phys Lett, 1998, 72: 3411-3413. (b)Sun R G, Wang Y Z, Zheng Q B, et al. 1. 54 mm infrared photoluminescence and electroluminescence from an erbium organic compound. J Appl

Phys, 2000, 87: 7589-7591.

[59] (a)Wang H X, Yang X Q, Zhao S, et al. 2 ns-pulse, compact and reliable microchip lasers by Nd: YAG/Cr^{4+} YAG composite crystal. Laser Physics, 2009, 19: 1824-1827. (b)Jia Z T, Arcangeli A, Tao X T, et al. Efficient Nd^{3+} → Yb^{3+} energy transfer in Nd^{3+}, Yb^{3+}: Gd$_3$Ga$_5$O$_{12}$ multicenter garnet crystal. J Appl Phys, 2009, 105: 083113-1-083113-6.

[60] (a)Capobianco J A, Vetrone F, Boyer J C, et al. Enhancement of red emission ($^4F_{9/2}$ → $^4I_{15/2}$) via upconversion in bulk and nanocrystalline cubic Y$_2$O$_3$: Er^{3+}. J Phys Chem B, 2002, 106: 1181-1187. (b)Benatsou M, Capoen B, Bouazaoui M, et al. Preparation and characterization of sol-gel derived Er^{3+}: Al$_2$O$_3$-SiO$_2$ planar waveguides. Appl Phys Lett, 1997, 71: 428-430.

[61] (a)Vicinelli V, Ceroni P, Maestri M, et al. Luminescent lanthanide ions hosted in a fluorescent polylysin dendrimer. Antenna-like sensitization of visible and near-infrared emission. J Am Chem Soc, 2002, 124: 6461-6468. (b)Hasegawa Y, Kimura Y, Murakoshi K, et al. Enhanced emission of deuterated tris (hexafluoroacetylacetonato)neodymium(Ⅲ) complex in solution by suppression of radiationless transition via vibrational excitation. J Phys Chem, 1996, 100: 10201-10205.

[62] (a)Sun J T, Zhang J H, Luo Y S, et al. Spectral components and their contributions to the 1.5 μm emission bandwidth of erbium-doped oxide glass. J Appl Phys, 2003, 94: 1325-1328. (b)Jha A, Shen S, Naftaly M. Structural origin of spectral broadening of 1.5-μm emission in Er^{3+}-doped tellurite glasses. Phys Rev B, 2000, 62: 6215-6227.

[63] Wolbers M P O, van Veggel F C J M, Snellink-Ruel B H M, et al. Photophysical studies of m-terphenyl-sensitized visible and near-infrared emission from organic 11 lanthanide ion complexes in methanol solutions. J Chem Soc, Perkin Trans, 1998: 2141-2150.

[64] (a)Boulon G, Collombet A, Brenier A, et al. Structural and spectroscopic characterization of nominal Yb^{3+}: Ca$_8$La$_2$(PO$_4$)$_6$O$_2$ oxyapatite single crystal fibers grown by the micro-pulling-down method. Adv Funct Mater, 2001, 11: 263-270. (b)Davies G M, Aarons R J, Motson G R, et al. Structural and near-IR photophysical studies on ternary lanthanide complexes containing poly(pyrazolyl)borate and 1, 3-diketonate ligands. J Chem Soc, Dalton Trans, 2004: 1136-1144.

[65] (a)Sloof L H, van Blaaderen A, Polman A, et al. Rare-earth doped polymers for planar optical amplifiers. J Appl Phys, 2002, 91: 3955-3980. (b)Sun L N, Yu J B, Zheng G L, et al. Syntheses, structures and near-IR luminescent studies on ternary lanthanide (Er^{3+}, Ho^{3+}, Yb^{3+}, Nd^{3+}) complexes containing 4,4,5,5,6,6,6-heptafluoro-1-(2-thienyl)hexane-1,3-dionatenyl)hexane-1,3-dionate. Eur J Inorg Chem, 2006, 19: 3962-3973. (c)Slooff L H, Polman A, Cacilli F, et al. Near-infrared electroluminescence of polymer light-emitting diodes doped with a Lissamine-sensitized Nd^{3+} complex. Appl Phys Lett, 2001, 78: 2122-2124.

第7章 稀土配合物多功能杂化材料

7.1 概 述

近些年来随着纳米科技的高速发展,越来越多的纳米功能材料被合成出来,这些材料具有优异的性能,如磁性、发光和电学性能等。磁性材料和光学材料在化学、生物、药学以及生物技术等领域中都有着极其重要的应用价值。例如,磁性纳米粒子已经被应用于核磁共振成像、磁固定以及靶向药物传输等方面,而具有高度光学稳定性的荧光纳米材料在生物标记方面也受到了高度重视。将不同材料的磁性和光学性能通过有效的技术手段整合在同一个纳米体系中制成多功能纳米材料则显示出更加诱人的应用前景[1(a)]。目前,多功能纳米材料正在成为材料领域的研究热点之一。

由于在外加磁场去除后没有剩磁出现,对于磁传输和磁分离等生物领域应用,超顺磁性材料比铁磁性材料更值得期待。一般来讲,小尺寸的四氧化三铁 (Fe_3O_4) 都是超顺磁性的。四氧化三铁这样的磁性纳米材料可通过在碱性条件下共沉淀 Fe^{2+} 与 Fe^{3+} 的混合溶液制得。该方法简便易行,不需要复杂的仪器及设备,是目前研究最多、应用最广的一种方法。共沉淀法制备的 Fe_3O_4 纳米粒子的平均粒径多在 10 nm 左右,具有粒径小且均一的特点,饱和磁化强度经熟化处理后可达 70 emu/g 以上。

在磁性纳米材料表面进一步修饰金属催化剂、酶、抗体或者无机、有机壳层等则可以制成多功能的核壳结构复合材料。由于无定形二氧化硅具有良好的生物相容性且无毒性,加上其表面易修饰,因而成为研究人员优先选择的研究对象。例如,用二氧化硅包覆四氧化三铁纳米粒子所得的核壳结构产物用于靶向抗肿瘤药物传输的研究引起了人们的极大兴趣。又如先将磁性纳米材料包埋在硅球内,之后在硅球表面再引入辣根过氧化物酶修饰层,这种核壳结构的设计能够同时使之具有生物催化和磁性分离功能,可成功地用于免疫分析[2]。

结合具有独特结构、性质的介孔材料、超顺磁性的四氧化三铁纳米粒子和发光材料的优点而构筑新型多功能纳米复合材料更是备受青睐。例如,Hyeon 小组[3]合成了包覆四氧化三铁纳米粒子的介孔球以及包覆四氧化三铁纳米粒子和 CdSe/ZnS 量子点的介孔球,所得产物具有超顺磁性、发光性能以及介孔结构。

多功能纳米复合材料的研究尚处于起步阶段,如何将两种或者两种以上具有优异性能的单一材料整合为新型多功能纳米复合材料仍然是众多材料研究人员所面临的巨大挑战之一[4-8]。然而,随着新制备方法的不断建立以及表征手段的完善,多功能纳米复合材料的研究和开发一定能取得长足的进步。

目前,有机荧光化合物和半导体纳米晶(量子点),如 CdSe 等是常用的荧光物质。然而,这两种荧光物质都有其各自的缺陷,如有机发光物质具有光致褪色、化学不稳定等缺点[9],而量子点也具有潜在的毒性等缺陷[10-12]。这些缺陷极大地阻碍了它们在复合材料中的广泛应用。稀土配合物(通常为有机配体的配合物)的发光取决于具有独特发光性质的稀土离子。稀土配合物发光具有如下显著特点:①稀土配合物的发光是由中心稀土离子的 f-f 跃迁引起的,发射光谱呈窄带,其发光的色纯度高;②在稀土配合物中,稀土离子被激发时,它能够利用配体的三重激发态能量,这样稀土配合物的发光效率从理论上讲应该是很高的;③配体不影响稀土配合物的发光颜色。介孔材料也具有比表面积大、孔体积大、孔径均一、孔结构可调节、形貌可控及稳定性高等独特性能。由发光稀土配合物、具有优良超顺磁性的四氧化三铁纳米粒子以及介孔材料构筑的多功能杂化材料具有令人欣喜的磁性、发光性能以及介孔结构,其在许多领域具有十分重要的应用前景。

本章将分别介绍以磁性二氧化硅纳米球[该纳米球具有核(Fe_3O_4)壳(SiO_2)结构]和磁性介孔纳米球[该纳米球具有核(Fe_3O_4)壳(介孔材料)结构]为基质的稀土配合物杂化多功能材料的合成以及磁性、发光性能。

7.2　以磁性二氧化硅纳米球为基质的稀土配合物杂化磁光双功能材料

本节内容包括两方面:①以磁性二氧化硅核壳结构的纳米球为基质的可见荧光发射的 Tb^{3+} 配合物的杂化磁光双功能材料的制备、磁性以及可见荧光发射性能;②以磁性二氧化硅核壳结构的纳米球为基质的近红外荧光发射稀土配合物杂化磁光双功能材料的制备、形貌、结构、磁性以及近红外荧光发射性能。

7.2.1　可见荧光发射的稀土配合物杂化磁光双功能材料

充分利用小尺寸四氧化三铁纳米粒子的超顺磁性和 Tb^{3+} 对氨基苯甲酸(PABA)配合物(以 TbPABA 表示)的优良可见发光性质,将它们构筑成具有磁光双功能的杂化材料。

这样形成的杂化体系既具有四氧化三铁纳米粒子的超顺磁性,又具有 Tb^{3+} 的特征可见荧光发射。Tb^{3+} 配合物这种光活性物质具有不会发生光致褪色、无毒、生物兼容性好、单色性好、高亮度等优点。更为重要的是对于活体的生物分析,

Tb^{3+}具有特殊的超灵敏性。由于上述特点,以磁性二氧化硅核壳结构的纳米球为基质的 Tb^{3+}对氨基苯甲酸配合物的杂化磁光双功能材料(用 TbPABA-Fe$_3$O$_4$@SiO$_2$ 表示)在生物、医药等领域具有重要的应用前景。

7.2.1.1　TbPABA-Fe$_3$O$_4$@SiO$_2$ 样品的制备

铽对氨基苯甲酸配合物的杂化磁光双功能材料样品是采用层层组装技术制得的。第一步是控制正硅酸乙酯(四乙氧基硅烷,TEOS)在高度分散的四氧化三铁纳米粒子表面进行水解、缩聚,继而包覆在四氧化三铁纳米粒子表面而形成具有核(Fe$_3$O$_4$)壳(SiO$_2$)结构的磁性二氧化硅纳米球,或用 Fe$_3$O$_4$@SiO$_2$ 表示这种核壳结构。第二步是利用双功能化合物 PABA 功能化的硅氧烷(用 PABA-Si 表示,共价键嫁接稀土配合物常用的双功能化合物)在磁性二氧化硅核壳结构的纳米球表面嫁接配合物 TbPABA。第三步是在已经形成的磁光双功能纳米粒子外面再包覆二氧化硅层。这样做的目的是增加铽对氨基苯甲酸配合物的杂化磁光双功能材料样品整体的化学稳定性和生物兼容性,同时也为进一步表面功能化打下良好的基础。TbPABA-Fe$_3$O$_4$@SiO$_2$ 样品的总体制备过程如图 7-1 所示(该图也给出了TbPABA-Fe$_3$O$_4$@SiO$_2$ 样品中共价键嫁接的 TbPABA 配合物的结构)。现将该杂化材料样品的具体制备方法介绍如下。

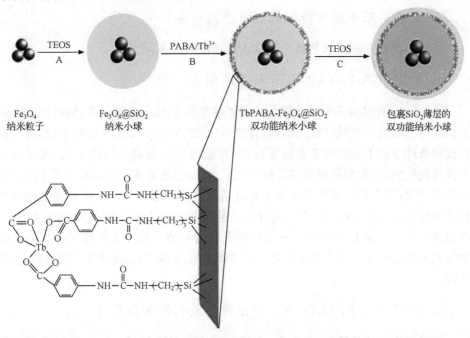

图 7-1　TbPABA-Fe$_3$O$_4$@SiO$_2$ 样品的制备过程

(承惠允,引自[1(b)])

1. 四氧化三铁纳米粒子的制备

单分散的四氧化三铁纳米粒子是采用物质的量比为 1:2 的亚铁离子和铁离子由共沉淀的方法得到的。其制备的化学反应可表示为

$$Fe^{2+} + 2Fe^{3+} + 8OH^- \longrightarrow Fe_3O_4 + 4H_2O$$

具体实验步骤如下:在快速机械搅拌的条件下,将 10 mL 1 mol/L 的 $FeCl_3$ 溶液和 2.5 mL 2 mol/L 的 $FeSO_4 \cdot 7H_2O$ 盐酸溶液混合均匀,并将其加入 125 mL 0.7 mol/L 的氨水溶液中。这时,黑色的四氧化三铁沉淀迅速产生,继续搅拌 30 min 以使沉淀反应完全。利用离心分离的方法得到四氧化三铁纳米粒子产物,用去离子水洗涤三次后,将其分散到 100 mL 去离子水中以备使用。

2. 磁性二氧化硅核壳结构纳米粒子($Fe_3O_4@SiO_2$)的制备

在机械搅拌的条件下,把由 1 mL 正硅酸乙酯和 30 mL 乙醇配成的溶液加到含有 3 mL 氨水、38 mL 去离子水和 10 mL 上步合成中已制得的四氧化三铁纳米粒子悬液的混合液中。使正硅酸乙酯在四氧化三铁纳米粒子表面发生水解、缩聚反应,以得到包覆四氧化三铁纳米粒子的二氧化硅壳。反应进行约 4 h 后,通过离心分离得到产物,用水和乙醇分别洗三次,最后分散到 250 mL 乙醇中备用。

3. 对氨基苯甲酸功能化的硅氧烷的制备

其具体制备方法见本书第 4 章,其结构如图 7-1 所示。

4. TbPABA-$Fe_3O_4@SiO_2$ 样品的制备

将 50 mg 对氨基苯甲酸功能化的硅氧烷溶解在 10 mL 氯仿中,同时把 25 mL 上面制得的磁性二氧化硅核壳结构的纳米粒子加入 75 mL 无水乙醇中,然后在机械搅拌条件下把上述两者于室温下混合,升温到 80℃ 后持续加热 2 h。通过离心分离得到的沉淀,分别用氯仿和乙醇洗涤三次,以便除去多余的对氨基苯甲酸功能化的硅氧烷,洗涤后的共价键嫁接了对氨基苯甲酸的磁性二氧化硅核壳结构纳米粒子被分散到 100 mL 乙醇中。接着将过量的 $TbCl_3$ 乙醇液加入其中,控温 80℃ 并搅拌 6 h,使 $TbCl_3$ 与磁性二氧化硅核壳结构的纳米粒子上共价键嫁接的配体对氨基苯甲酸的配位反应充分进行。再次离心分离,并用乙醇洗涤三次,得到标题产物。

5. TbPABA-$Fe_3O_4@SiO_2$ 样品的二氧化硅薄层包覆

在机械搅拌的条件下,把 0.3 mL 正硅酸乙酯溶解在 30 mL 乙醇中,并滴加到含有 2 mL 氨水（28%）、10 mL 去离子水、10 mL 乙醇和 10 mL 上面已制得的

Tb^{3+} 对氨基苯甲酸配合物的杂化磁光双功能材料样品的反应混合物中。室温搅拌 4 h 后,通过离心分离得到沉淀,再分别用氯仿和乙醇洗涤三次,得到的已包覆二氧化硅薄层的最后产物 $TbPABA-Fe_3O_4@SiO_2$ 被分散到 100 mL 乙醇中。

7.2.1.2　$TbPABA-Fe_3O_4@SiO_2$ 样品的形貌和结构

通过共沉淀的方法制得的四氧化三铁磁性纳米粒子的尺寸均一,并且磁性纳米粒子可以被很好地分散到去离子水和乙醇的混合液中。这种混合溶剂有利于进一步对四氧化三铁进行磁核包覆。利用正硅酸乙酯在磁核表面发生水解、缩聚反应的溶胶-凝胶法得到磁性二氧化硅核壳结构纳米球,其粒径均匀。二氧化硅壳使磁性二氧化硅核壳结构纳米球具有生物兼容性、功能性和在不同条件下的化学稳定性[13]。另外,二氧化硅壳表面的硅羟基也可以很容易地与双功能化合物 PABA-Si 发生反应,从而通过共价键将 TbPABA 配合物嫁接到核壳结构的磁性二氧化硅纳米球上,得到具有磁光双功能的以磁性二氧化硅核壳结构的纳米球为基质的 Tb^{3+} 配合物杂化材料样品。

为了进一步改善材料的性能,还要在得到的磁光双功能杂化材料纳米球外面再包覆一层二氧化硅,最后得到具有双二氧化硅层核壳结构的磁性二氧化硅纳米球作为基质的 Tb^{3+} 配合物的杂化材料 $TbPABA-Fe_3O_4@SiO_2$ 样品。$TbPABA-Fe_3O_4@SiO_2$ 再包覆一层二氧化硅的作用是:①增加 $TbPABA-Fe_3O_4@SiO_2$ 样品的生物兼容性和稳定性[14-16];②这一薄层二氧化硅能够通过其表面功能化与一些生物小分子相连接,这将有助于拓宽 $TbPABA-Fe_3O_4@SiO_2$ 样品的潜在应用领域。

图 7-2(其右图放大倍数高)和图 7-3(其右图放大倍数高)分别显示了 $TbPABA-Fe_3O_4@SiO_2$ 样品的扫描电镜和透射电镜照片。$TbPABA-Fe_3O_4@SiO_2$ 样品粒子的直径尺寸为 120~160 nm,其粒径分布均匀,而且具有较好的分散性。图 7-3 的透射电镜照片显示,$TbPABA-Fe_3O_4@SiO_2$ 样品中心核与周边环境的对比度较强,由此清楚地观察到磁性二氧化硅纳米球的核壳结构。处于核心位置的四氧化三铁纳米粒子的粒径大约为 3~5 nm,而二氧化硅的壳层包覆在四氧化三铁纳米粒子核的周围。由于在包覆之前或者在包覆过程中四氧化三铁纳米粒子的团聚,有不止一个四氧化三铁纳米粒子被包覆在同一个核壳结构中。显然,同一个核壳结构纳米球中包有不止一个四氧化三铁纳米粒子能够增强外磁场对 $TbPABA-Fe_3O_4@SiO_2$ 样品的磁可控性。

$TbPABA-Fe_3O_4@SiO_2$ 样品的二氧化硅壳的表面借助双功能化合物 PABA-Si 共价键嫁接了 Tb^{3+} 的配合物,其红外光谱为此提供了可信的佐证。$TbPABA-Fe_3O_4@SiO_2$ 样品的红外光谱中出现了应该归属于双功能化合物 PABA-Si 中的 NH—CO—NH 基团的特征红外振动谱带,即位于 1654 cm^{-1} 和 1593 cm^{-1} 附近的

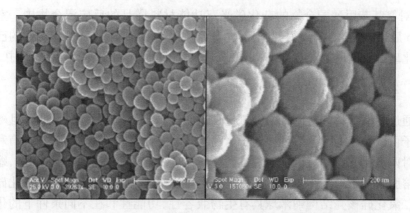

图 7-2　TbPABA-Fe$_3$O$_4$@SiO$_2$ 样品的扫描电镜照片
(承惠允,引自[1(b)])

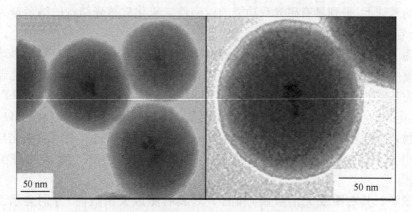

图 7-3　TbPABA-Fe$_3$O$_4$@SiO$_2$ 样品的透射电镜照片
(承惠允,引自[1(b)])

强峰,同时与 Tb^{3+} 配位的配体对氨基苯甲酸的羧基的反对称伸缩振动和对称伸缩
振动谱带也显示在 1553 cm^{-1} 和 1417 cm^{-1} 处[17,18]。

　　TbPABA-Fe$_3$O$_4$@SiO$_2$ 样品中共价键嫁接的 TbPABA 配合物的结构如
图 7-1所示。共价键嫁接到 Fe$_3$O$_4$@SiO$_2$ 的配体对氨基苯甲酸通过其羧基与
Tb^{3+} 配位,形成了稳定的配合物。

7.2.1.3　TbPABA-Fe$_3$O$_4$@SiO$_2$ 样品的磁性

　　图 7-4 给出了制得的 TbPABA-Fe$_3$O$_4$@SiO$_2$ 样品分别在 5 K 和 300 K 时测
得的磁滞回线。TbPABA-Fe$_3$O$_4$@SiO$_2$ 样品在 300 K(室温条件下)时表现为超顺
磁性。该样品的超顺磁性反映在其磁滞回线图上,即几乎观察不到磁滞环(图 7-4
的插图)。TbPABA-Fe$_3$O$_4$@SiO$_2$ 样品在室温条件下表现出的超顺磁行为来源于

其基质中被二氧化硅层包覆的分散性较好的小尺寸四氧化三铁纳米粒子。在室温下，TbPABA-Fe$_3$O$_4$@SiO$_2$ 样品的饱和磁化强度接近于 7.44 emu/g。该样品的低饱和磁化强度可以归结为由于二氧化硅壳层的包覆而使四氧化三铁纳米粒子磁核之间的相互作用减弱[19]。在 5 K 时，TbPABA-Fe$_3$O$_4$@SiO$_2$ 样品表现出铁磁性行为，其矫顽力 H_c 为 250 Oe(1 Oe=1000/4π A/m)，并出现了剩磁。

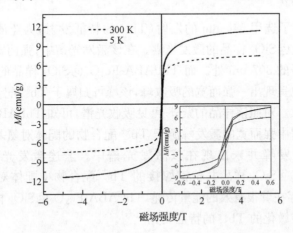

图 7-4 5 K 和 300 K 下 TbPABA-Fe$_3$O$_4$@SiO$_2$ 样品的磁滞回线

（承惠允，引自[1(b)]）

图 7-5 为 TbPABA-Fe$_3$O$_4$@SiO$_2$ 样品的磁化强度随温度变化的零场冷和场冷(ZFC/FC)曲线。两条曲线在高温时保持一致，但是随着温度的降低两条曲线逐渐开始分离。在零场冷曲线中，于 120 K 出现了最大值，这是该样品超顺磁性的特征表现[20]。由于在外加磁场下能够产生足够强的磁化强度，而当去掉外加磁场

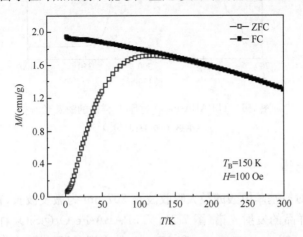

图 7-5 TbPABA-Fe$_3$O$_4$@SiO$_2$ 样品的零场冷和场冷(ZFC/FC)曲线

（承惠允，引自[1(b)]）

时又可以消除磁性,因此这种性质足以使 TbPABA-Fe$_3$O$_4$@SiO$_2$ 样品应用到生物、医药等方面。

7.2.1.4　TbPABA-Fe$_3$O$_4$@SiO$_2$ 样品的光谱

1. 激发光谱

图 7-6 显示了选用 544 nm 的发射(Tb^{3+} 的特征发射)为监测波长而得到的 TbPABA-Fe$_3$O$_4$@SiO$_2$ 样品的激发光谱。在该激发光谱中,强而宽的激发峰最高峰出现在紫外区的 307 nm 处。而 TbPABA-Fe$_3$O$_4$@SiO$_2$ 样品的紫外-可见吸收光谱在紫外区也呈现出一强而宽的吸收峰,该峰可归属于 Tb^{3+} 配合物的配体对氨基苯甲酸的吸收。对照该样品的紫外-可见吸收光谱,可知 TbPABA-Fe$_3$O$_4$@SiO$_2$ 样品的激发光谱中强而宽的激发峰源于 Tb^{3+} 配合物的配体对氨基苯甲酸。而来源于 Tb^{3+} 的激发峰并未出现在该激发光谱中。上述激发光谱的特点表明 TbPABA-Fe$_3$O$_4$@SiO$_2$ 样品共价键嫁接的 Tb^{3+} 配合物中配体对氨基苯甲酸与 Tb^{3+} 之间仍然存在着很有效的能量传递,TbPABA-Fe$_3$O$_4$@SiO$_2$ 样品能够发射配体对氨基苯甲酸敏化的 Tb^{3+} 的特征荧光[21-23]。

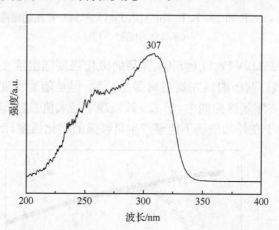

图 7-6　TbPABA-Fe$_3$O$_4$@SiO$_2$ 样品的激发光谱
(承惠允,引自[1(b)])

2. 发射光谱

采用配体对氨基苯甲酸的最大吸收波长 307 nm 为激发波长,得到 TbPABA-Fe$_3$O$_4$@SiO$_2$ 样品的发射光谱(图 7-7)。TbPABA-Fe$_3$O$_4$@SiO$_2$ 样品的发射光谱分别在 490 nm、544 nm、584 nm 和 620 nm 处出现了发射峰,它们可以分别归属于 Tb^{3+} 的 $^5D_4 \rightarrow {}^7F_J(J=6,5,4,3)$ 跃迁的发射,其中 $^5D_4 \rightarrow {}^7F_5$ 跃迁的发射最强。

上述发射光谱是 Tb^{3+} 的特征发射光谱。在该样品的发射光谱中除了 Tb^{3+} 的特征
发射外,并未观察到源于其他成分的荧光发射,如配体对氨基苯甲酸的荧光、基质
的荧光。显然,在 TbPABA-Fe_3O_4@SiO_2 样品中共价键嫁接在磁性二氧化硅纳米
球上的 Tb^{3+} 配合物仍然存在有效的配体至 Tb^{3+} 的能量传递,该杂化材料样品能
够发射配体敏化的 Tb^{3+} 特征荧光。TbPABA-Fe_3O_4@SiO_2 样品荧光发射的显著
特点是 Tb^{3+} 荧光最强峰的半峰宽低于 10 nm,即该样品具有很高的色纯度。此
外,Tb^{3+} 配合物被共价键嫁接在核壳结构的磁性二氧化硅纳米球后,其光热稳定
性能够明显得以改善。上述两点使 TbPABA-Fe_3O_4@SiO_2 的应用更值得人们
期待。

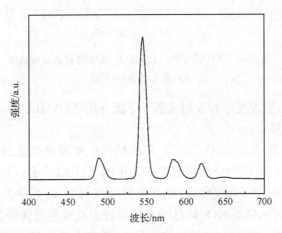

图 7-7　TbPABA-Fe_3O_4@SiO_2 样品的发射光谱

(承惠允,引自[1(b)])

3. 荧光光谱参数

图 7-8 为 TbPABA-Fe_3O_4@SiO_2 样品的荧光衰减曲线。TbPABA-Fe_3O_4@
SiO_2 样品中 Tb^{3+} 处于均一的化学环境中,因此该样品的荧光衰减曲线呈现单指
数衰减。经计算得该样品 Tb^{3+} 的$^5D_4$ 能级荧光寿命为 0.9 ms,其荧光寿命是比较
长的。与已经报道的 Tb^{3+} 配合物[24-26] 的发射量子效率相比,得到的 TbPABA-
Fe_3O_4@SiO_2 样品具有相对比较高的发射量子效率。较高的发射量子效率对以磁
性二氧化硅核壳结构的纳米球为基质的稀土配合物杂化磁光双功能材料的实际应
用具有十分重要意义。

7.2.1.5　TbPABA-Fe_3O_4@SiO_2 样品的磁性和发光性能的直观显示

TbPABA-Fe_3O_4@SiO_2 样品具有磁性和发光性能,前面已介绍了该杂化材料

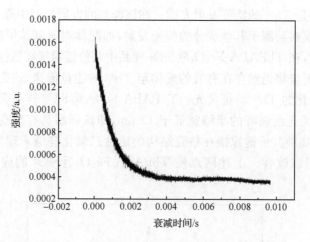

图 7-8　　TbPABA-Fe$_3$O$_4$@SiO$_2$ 样品的荧光衰减曲线

(承惠允,引自[1(b)])

样品的磁滞回线、激发光谱和发射光谱。下面介绍 TbPABA-Fe$_3$O$_4$@SiO$_2$ 样品的磁光双功能直观显示。

图 7-9 为 TbPABA-Fe$_3$O$_4$@SiO$_2$ 样品的磁性和发光性能的直观显示实验装置。图 7-9(a)为石英槽中分散到去离子水中的 TbPABA-Fe$_3$O$_4$@SiO$_2$ 样品的纳米球。由图 7-9(b)中可以观察到,在紫外灯的照射下,较好分散在去离子水中的双功能 TbPABA-Fe$_3$O$_4$@SiO$_2$ 样品纳米球发射出亮绿色很强的荧光,这来自于嫁接到磁性二氧化硅核壳结构纳米球表面的 Tb^{3+} 配合物的 Tb^{3+} 特征荧光发射。当用手动控制的磁体靠近石英槽时,双功能 TbPABA-Fe$_3$O$_4$@SiO$_2$ 样品的纳米球立刻被快速吸引到石英槽的底部[图 7-9(c)]。这时如果用紫外灯进行照射,则仍可以看到沉积于石英槽底部的双功能 TbPABA-Fe$_3$O$_4$@SiO$_2$ 样品的纳米球发射出明亮的绿色荧光[图 7-9(d)]。当从下向上移动外加磁体时,可以观察到双功能 TbPABA-Fe$_3$O$_4$@SiO$_2$ 样品的纳米球也会立即随之向上移动[图 7-9(e)]。如果在移动外加磁体的同时,用紫外灯进行照射,同样可以观察到 TbPABA-Fe$_3$O$_4$@SiO$_2$ 样品纳米球发射的绿色荧光随着外加磁场的移动而向上移动[图 7-9(f)]。由上述显示实验清楚地观察到了双功能 TbPABA-Fe$_3$O$_4$@SiO$_2$ 样品优良的磁性和荧光发射性能。

双功能 TbPABA-Fe$_3$O$_4$@SiO$_2$ 样品的磁性能还可以通过测量该杂化材料样品的紫外-可见吸收光谱进行直接观察。当不加外磁场时,TbPABA-Fe$_3$O$_4$@SiO$_2$ 样品显示了其正常的紫外-可见吸收光谱,即在紫外区呈现出一强而宽的吸收峰,该吸收峰源于该样品中共价键嫁接的 Tb^{3+} 配合物的配体对氨基苯甲酸。该紫外-可见吸收光谱与自由 Tb^{3+} 配合物很相似。当把磁体放在液槽的底部时,则

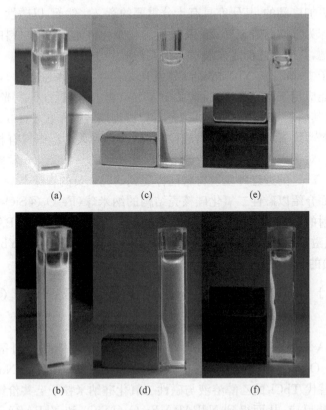

图 7-9　TbPABA-Fe$_3$O$_4$@SiO$_2$ 样品磁光性能的实验显示照片（另见彩图）

（承惠允，引自[1(b)]）

TbPABA-Fe$_3$O$_4$@SiO$_2$ 样品的纳米球立刻全部被吸引至液槽的底部，上层清液中无 TbPABA-Fe$_3$O$_4$@SiO$_2$ 样品的纳米球，这时在整个紫外-可见光谱测量范围内样品的吸收变为零。上述样品紫外-可见吸收光谱实验也清楚地显示了双功能的 TbPABA-Fe$_3$O$_4$@SiO$_2$ 样品所具有的磁分离特性。

7.2.2　近红外荧光发射的稀土配合物杂化磁光双功能材料

稀土离子具有优良的近红外荧光发射特性，这使其在光通信、医药、生物学以及传感器方面显示出重要潜在的应用价值。尤其值得指出的是，与紫外和可见光相比，近红外光的散射明显弱，其对人体组织具有更为有效的穿透能力，因此利用稀土离子的近红外荧光就有可能得到人体深层组织的清晰高分辨照片。由此可见，稀土离子具有的优良的近红外荧光特性对于其在医药、生物学等领域的应用更是具有特殊重要的意义。因此，这方面研究备受关注[27-29]。

集稀土离子的近红外荧光和磁性于一体的多功能稀土配合物杂化材料的应用

领域将会是更加广阔的,其研究具有十分重要的意义。然而,以磁性二氧化硅核壳结构的纳米球为基质的近红外荧光稀土配合物杂化磁光双功能材料的研究还是很新的研究课题,其研究的深入发展潜力很大。

　　稀土离子中 Nd^{3+} 和 Yb^{3+} 的近红外发光尤其令人感兴趣。含 Nd^{3+} 的材料被认为是最可能应用于激光系统(通常的 1060 nm 激光)的近红外发光材料,同时含钕材料(利用其位于 1340 nm 的发射)还有望成为制造操作在 1.3 μm 处的光放大器的候选材料[30-32]。为了实现体内成像,必须选择对人体组织具有相对透明性的近红外荧光。对于人体组织和血液,Yb^{3+} 近红外区的 ～1000 nm 发射的透明性最好,因此含有 Yb^{3+} 的近红外发射材料同样受到研究人员的青睐[33]。

　　本节下面介绍以磁性二氧化硅核壳结构的纳米球($Fe_3O_4@SiO_2$)为基质的近红外荧光发射的 Nd^{3+} 和 Yb^{3+} 对氨基苯甲酸配合物(分别用 NdPABA 和 YbPABA 表示)的杂化磁光双功能材料(分别用 $NdPABA\text{-}Fe_3O_4@SiO_2$ 和 $YbPABA\text{-}Fe_3O_4@SiO_2$ 表示)的制备、磁性以及近红外荧光性能。

7.2.2.1　$NdPABA\text{-}Fe_3O_4@SiO_2$ 和 $YbPABA\text{-}Fe_3O_4@SiO_2$ 样品的制备

　　$NdPABA\text{-}Fe_3O_4@SiO_2$ 和 $YbPABA\text{-}Fe_3O_4@SiO_2$ 样品的制备方法与制备 $TbPABA\text{-}Fe_3O_4@SiO_2$ 样品的方法相似,只是在制备过程中使用 $NdCl_3$ 和 $YbCl_3$ 的乙醇溶液替代 $TbCl_3$ 的乙醇溶液与磁性二氧化硅纳米粒子上共价键嫁接的配体对氨基苯甲酸反应,从而得到 $NdPABA\text{-}Fe_3O_4@SiO_2$ 和 $YbPABA\text{-}Fe_3O_4@SiO_2$ 样品。

7.2.2.2　$NdPABA\text{-}Fe_3O_4@SiO_2$ 和 $YbPABA\text{-}Fe_3O_4@SiO_2$ 样品的形貌

　　图 7-10 显示出了 $NdPABA\text{-}Fe_3O_4@SiO_2$ 和 $YbPABA\text{-}Fe_3O_4@SiO_2$ 样品的透射电镜照片。四氧化三铁磁性纳米粒子的尺寸均一,并且在去离子水和乙醇的混合液中具有很好的分散性。通过正硅酸乙酯在四氧化三铁磁性纳米粒子表面进行的水解、缩聚反应成功地得到均匀的磁性二氧化硅核壳结构的纳米球。作为壳的二氧化硅表面的硅羟基可以很容易地与双功能化合物 PABA-Si 发生反应,从而借助 PABA-Si 将 Nd^{3+} 和 Yb^{3+} 配合物共价键嫁接到磁性二氧化硅核壳结构的纳米球表面上,得到 $NdPABA\text{-}Fe_3O_4@SiO_2$ 和 $YbPABA\text{-}Fe_3O_4@SiO_2$ 样品。杂化材料中共价键嫁接的 Nd^{3+} 和 Yb^{3+} 对氨基苯甲酸配合物与基质磁性二氧化硅核壳结构的纳米球的结合是稳定的,同时 Nd^{3+} 和 Yb^{3+} 对氨基苯甲酸配合物在杂化材料中的分布也是均匀的。

　　图 7-10(a)的透射电镜照片清楚地显示出,$NdPABA\text{-}Fe_3O_4@SiO_2$ 样品粒子

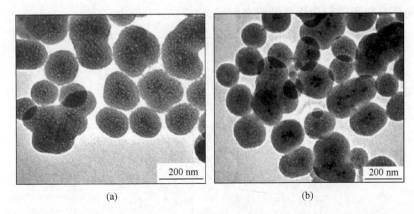

(a)　　　　　　　　　　　　　　　　(b)

图 7-10　NdPABA-Fe$_3$O$_4$@SiO$_2$(a)和 YbPABA-Fe$_3$O$_4$@SiO$_2$(b)样品的透射电镜照片

的粒径为 150~250 nm。虽然样品中有部分粒子在制备过程中团聚在一起,但是样品的多数粒子仍然保持接近于球形的形貌。透射电镜照片[图 7-10(b)]清晰地呈现出 YbPABA-Fe$_3$O$_4$@SiO$_2$ 样品粒子的粒径为 100~200 nm。NdPABA-Fe$_3$O$_4$@SiO$_2$ 和 YbPABA-Fe$_3$O$_4$@SiO$_2$ 样品的粒子具有核(Fe$_3$O$_4$)壳(SiO$_2$)结构,这也清楚地反映在透射电镜照片上,即图 7-10(a)和图 7-10(b)中均可以观察到样品粒子位于中心的核与周边环境之间具有比较强的对比度。上述两个样品中,多数情况也有若干个四氧化三铁纳米粒子被包覆在同一个核壳结构中(这是四氧化三铁纳米粒子团聚的结果)。当然,同一个核壳结构纳米球中包有不止一个四氧化三铁纳米粒子无疑能够增强外磁场对 NdPABA-Fe$_3$O$_4$@SiO$_2$ 和 YbPABA-Fe$_3$O$_4$@SiO$_2$ 样品的磁可控性。

共价键嫁接的配体对氨基苯甲酸通过其羧基与 Nd^{3+} 和 Yb^{3+} 配位,形成了稳定的配合物。Nd^{3+} 和 Yb^{3+} 的对氨基苯甲酸配合物的结构与 Tb^{3+} 的对氨基苯甲酸配合物相似,因此 NdPABA-Fe$_3$O$_4$@SiO$_2$ 和 YbPABA-Fe$_3$O$_4$@SiO$_2$ 样品中稀土配合物的结构也可以参见含 Tb 样品(图 7-1)。

7.2.2.3　NdPABA-Fe$_3$O$_4$@SiO$_2$ 和 YbPABA-Fe$_3$O$_4$@SiO$_2$ 样品的磁性

用场强为 1T 的振动样品磁强计(vibrating sample magnetometer,VSM)的磁性测量揭示了杂化材料 NdPABA-Fe$_3$O$_4$@SiO$_2$ 和 YbPABA-Fe$_3$O$_4$@SiO$_2$ 样品的磁性能。图 7-11 和图 7-12 分别给出了 NdPABA-Fe$_3$O$_4$@SiO$_2$ 和 YbPABA-Fe$_3$O$_4$@SiO$_2$ 样品在室温下的磁滞回线。两个杂化材料样品的基质是磁性二氧化硅核壳结构纳米球,分散性较好的小尺寸的四氧化三铁纳米粒子磁核赋予了两个杂化材料样品以超顺磁性。在室温时,它们的磁滞回线均没有磁滞环的出现,这是典型的具有超顺磁行为样品的磁滞回线。

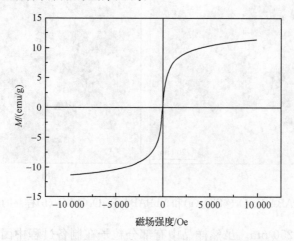

图 7-11　NdPABA-Fe₃O₄@SiO₂ 样品室温下的磁滞回线

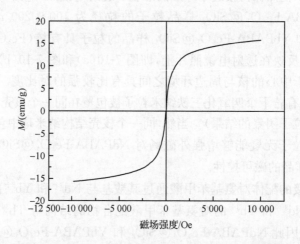

图 7-12　YbPABA-Fe₃O₄@SiO₂ 样品室温下的磁滞回线

7.2.2.4　NdPABA-Fe₃O₄@SiO₂ 和 YbPABA-Fe₃O₄@SiO₂ 样品的光谱

1. 样品的激发光谱

NdPABA-Fe₃O₄@SiO₂ 和 YbPABA-Fe₃O₄@SiO₂ 样品的激发光谱均主要由位于紫外区的强而宽的激发峰组成,该峰源于两个杂化材料样品中共价键嫁接的 Nd^{3+} 和 Yb^{3+} 配合物的配体对氨基苯甲酸的吸收。上述激发光谱的特点表明了 NdPABA-Fe₃O₄@SiO₂ 和 YbPABA-Fe₃O₄@SiO₂ 样品中共价键嫁接的配合物中配体对氨基苯甲酸与 Nd^{3+} 和 Yb^{3+} 之间仍然存在着有效的能量传递，这样两个杂化材料样品能够发射配体对氨基苯甲酸敏化的 Nd^{3+} 和 Yb^{3+} 的特征荧光。

2. 样品的发射光谱

通过激发配体对氨基苯甲酸的吸收得到了 $NdPABA-Fe_3O_4@SiO_2$ 样品的发射光谱。该样品的发射光谱如图 7-13 所示。该杂化材料样品的荧光光谱在 ～880 nm、～1060 nm 和 ～1334 nm 处出现了三个荧光发射峰，它们可以归属于 Nd^{3+} 的 $^4F_{3/2} \rightarrow {}^4I_{9/2}$ 跃迁、$^4F_{3/2} \rightarrow {}^4I_{11/2}$ 跃迁和 $^4F_{3/2} \rightarrow {}^4I_{13/2}$ 跃迁发射，这是典型的 Nd^{3+} 的荧光光谱。在该波长范围内除了 Nd^{3+} 的发射谱峰以外，没有出现基质材料等的荧光发射峰。上述发射光谱特点正是 $NdPABA-Fe_3O_4@SiO_2$ 样品中共价键嫁接的 Nd^{3+} 配合物的配体对氨基苯甲酸与 Nd^{3+} 之间存在有效能量传递的反映。

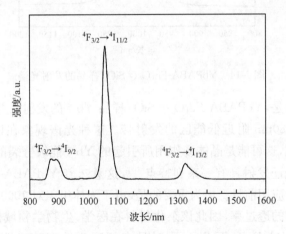

图 7-13　$NdPABA-Fe_3O_4@SiO_2$ 样品的发射光谱

$NdPABA-Fe_3O_4@SiO_2$ 样品三个发射峰的相对强度顺序是 $^4F_{3/2} \rightarrow {}^4I_{11/2}$ 发射 $> {}^4F_{3/2} \rightarrow {}^4I_{9/2}$ 发射 $> {}^4F_{3/2} \rightarrow {}^4I_{13/2}$ 发射。在这三个发射峰中，以 ～1060 nm 处的发射强度最大，该发射峰对于激光领域中的应用最具意义。而其在 ～1334 nm 处的发射峰在光通信方面最具潜在应用价值[34,35]。$NdPABA-Fe_3O_4@SiO_2$ 样品不仅具有 Nd^{3+} 的特征荧光发射，而且具有超顺磁性，因此其应用领域必将进一步扩大。

通过激发配体对氨基苯甲酸的吸收得到了 $YbPABA-Fe_3O_4@SiO_2$ 样品的发射光谱（图 7-14）。$YbPABA-Fe_3O_4@SiO_2$ 样品的发射光谱中可以观察到在 980nm 处有一最强发射峰，该发射峰归属于 Yb^{3+} 的 $^2F_{5/2} \rightarrow {}^2F_{7/2}$ 跃迁发射，这是 Yb^{3+} 的特征荧光。在该波长范围内，除了 Yb^{3+} 的特征发射峰外亦未观察到来源于基质等的发射峰。在纯 Yb^{3+} 对氨基苯甲酸配合物中存在着有效的配体对氨基

苯甲酸与 Yb^{3+} 之间的能量传递,而在 $YbPABA\text{-}Fe_3O_4@SiO_2$ 样品中,共价键嫁接的 Yb^{3+} 对氨基苯甲酸配合物体系中仍然保持着由对氨基苯甲酸至 Yb^{3+} 的有效能量传递,从而使 $YbPABA\text{-}Fe_3O_4@SiO_2$ 样品发射出对氨基苯甲酸敏化的 Yb^{3+} 的特征荧光。

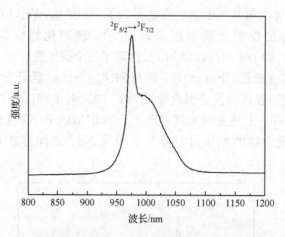

图 7-14　$YbPABA\text{-}Fe_3O_4@SiO_2$ 样品的发射光谱

值得注意的是,$YbPABA\text{-}Fe_3O_4@SiO_2$ 样品 Yb^{3+} 的发射峰并不是尖峰,而是包括了一部分 980nm 附近低能区的发射带。这种光谱现象在以前的文献报道中[36-38]也曾出现,这可能是晶体场作用所引起的 Yb^{3+} 能级劈裂的结果[39]。Yb^{3+} 的 $^2F_{5/2} \rightarrow {}^2F_{7/2}$ 跃迁发射具有一系列特点[40],这意味着 $YbPABA\text{-}Fe_3O_4@SiO_2$ 在光学领域有重要应用前景。更为重要的是,由于人体组织对 1000 nm 左右的近红外光具有比较高的透过率,因此该杂化材料在医学、生物学领域极具潜在应用价值。由于 $YbPABA\text{-}Fe_3O_4@SiO_2$ 同时具有超顺磁性和荧光性能,与一般的含 Yb^{3+} 材料相比,其应用领域必将进一步扩大,如可用于药物传输等方面。

7.3　以磁性介孔纳米球为基质的铕配合物杂化 磁光双功能材料

由于有序介孔材料具有许多独特的性能(如大的比表面积、大的孔体积、可控的孔结构、高度均一的孔径分布、良好的生物相容性以及易于修饰的表面),因而在很多领域具有潜在的应用价值。近年来,将介孔材料进一步功能化以赋予其磁性及发光性能的研究引起了研究者浓厚的兴趣。集磁性、发光性能以及介孔材料特性于一体的多功能介孔纳米复合材料具有磁响应、发光性能、细胞毒性小、良好的生物相容性以及介孔结构等特性,这使其在核磁共振成像、药物传输、细胞分选、生物标记、诊断分析、酶的固定和生物分离等方面显示出广阔的应用前景[41-44]。

磁性纳米粒子中,具有超顺磁特性的 Fe_3O_4 纳米粒子性能优越,在纳米生物技术领域中有广泛应用,如可以用于分离、传感、成像及抗癌治疗等[45-47]。稀土配合物是具有许多独特性质的优良光活性物质,而 Eu^{3+} 是荧光发射最强的稀土离子之一。由具有优良超顺磁性的四氧化三铁纳米粒子、发光性能优越的 Eu^{3+} 配合物以及结构有序的介孔材料构筑的多功能杂化材料的性能及应用价值是很值得期待的[48]。

本节介绍以磁性介孔纳米球为基质[该纳米球具有核(Fe_3O_4)壳(介孔材料)结构,用 Fe_3O_4@MM 表示]的 Eu^{3+} 配合物[$Eu(TTA)_3$phen,式中的 TTA 代表噻吩甲酰三氟丙酮,phen 代表邻菲罗啉]的杂化磁光双功能材料[用$Eu(TTA)_3$phen-Fe_3O_4@MM 表示]样品的合成、介孔结构、磁性以及发光性能。

7.3.1　$Eu(TTA)_3$phen-Fe_3O_4@MM 样品的制备

基于下述原理制备了 $Eu(TTA)_3$phen-Fe_3O_4@MM 样品。在表面活性剂的存在下,使正硅酸乙酯和双功能化合物邻菲罗啉功能化的硅氧烷(phen-Si)在 Fe_3O_4 纳米粒子的表面发生水解、缩聚反应,将 Fe_3O_4 纳米粒子包覆于介孔纳米材料之中,形成磁性介孔核壳结构的纳米球。在该反应过程中,邻菲罗啉改性的硅氧烷亦同时被共价键嫁接于磁性介孔核壳结构的纳米球上,得到邻菲罗啉功能化的磁性介孔核壳结构的纳米球(用 phen-Fe_3O_4@MM 表示)。再通过简单的交换过程将配合物 $Eu(TTA)_3(H_2O)_2$ 组装到邻菲罗啉功能化的磁性介孔核壳结构的纳米球上,就得到了以磁性介孔核壳结构的纳米球为基质的共价键嫁接 Eu^{3+} 配合物的杂化磁光双功能材料样品[用 $Eu(TTA)_3$phen-Fe_3O_4@MM 表示]。$Eu(TTA)_3$phen-Fe_3O_4@MM 样品制备的具体操作过程如下。

7.3.1.1　phen-Fe_3O_4@MM 的制备

将 3.0 mL Fe_3O_4 纳米粒子(用油酸包覆)的 $CHCl_3$ 分散液(10 mg/mL)加入含有 0.2 g 表面活性剂十六烷基三甲基溴化铵(CTAB)的 10 mL 水溶液中,强烈搅拌下得到均一的油-水微乳液,然后在 65℃下挥发 $CHCl_3$,20 min 后得到黑色的 Fe_3O_4/CTAB 溶液。搅拌下将 0.05 g CTAB 和 0.7 mL NaOH 水溶液(2 mol/L)溶于 86 mL 去离子水中,并将上述得到的 10 mL Fe_3O_4/CTAB 溶液加入其中,混合物加热至 80℃,再向其中加入 1.35 mL 正硅酸乙酯和 0.085 g phen-Si(其合成方法本书前面已作介绍,其结构如图 7-15 所示),强烈搅拌 2h。过滤收集产物,用去离子水洗涤数次,干燥。将产物分散于含有 80 μL HCl 的 40 mL 乙醇中(pH～1.4),60℃下搅拌 3h 以除去 CTAB。这里使用的 CTAB 不仅作为一种表面活性剂,而且作为合成介孔材料的模板剂。

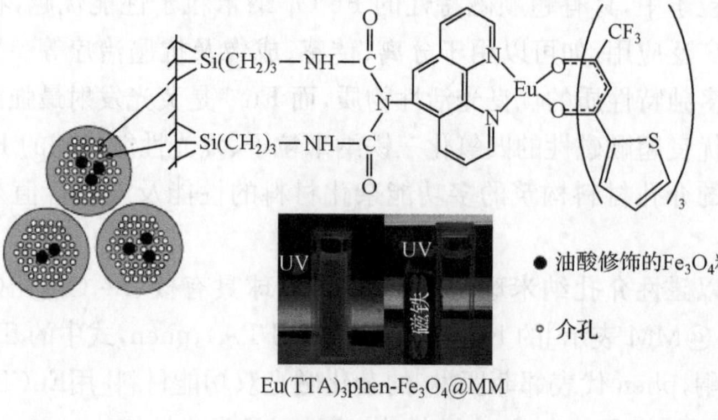

$$Eu(TTA)_3phen-Fe_3O_4@MM$$

图 7-15　Eu(TTA)$_3$phen-Fe$_3$O$_4$@MM 样品的组装结构及磁光性能显示

(承惠允,引自[1(c)])

7.3.1.2　配合物 Eu(TTA)$_3$phen 的组装

将 phen-Fe$_3$O$_4$@MM 分散于一定体积的含有过量配合物 Eu(TTA)$_3$(H$_2$O)$_2$ 的乙醇溶液中,将混合物回流 6h。过滤以后用乙醇和丙酮洗涤数次以除去过量 Eu(TTA)$_3$(H$_2$O)$_2$,室温下真空干燥 12h 后得到最终的产物 Eu(TTA)$_3$phen-Fe$_3$O$_4$@MM 样品。已经借助共价键嫁接到 Fe$_3$O$_4$@MM 上的双功能化合物 phen-Si 的 phen 取代了纯配合物 Eu(TTA)$_3$(H$_2$O)$_2$ 中的水分子,并形成了配合物 Eu(TTA)$_3$phen,亦即将 Eu(TTA)$_3$phen 共价键嫁接到基质 Fe$_3$O$_4$@MM 的介孔壳层。

7.3.2　Eu(TTA)$_3$phen-Fe$_3$O$_4$@MM 样品的形貌以及结构

图 7-15 给出了 Eu(TTA)$_3$phen-Fe$_3$O$_4$@MM 样品的组装结构示意图。该杂化材料样品的基质是具有核壳结构的磁性介孔纳米球,其核是四氧化三铁纳米粒子,而壳是有序的介孔材料。配体邻菲罗啉借助共价键嫁接在核壳结构的磁性介孔纳米球上,配体邻菲罗啉再与 Eu^{3+} 配位,并与配体噻吩甲酰三氟丙酮一起与 Eu^{3+} 形成稳定的三元配合物,从而将配合物 Eu(TTA)$_3$phen 共价键嫁接到基质 Fe$_3$O$_4$@MM 上。

图 7-16 给出了 phen-Fe$_3$O$_4$@MM 以及 Eu(TTA)$_3$phen-Fe$_3$O$_4$@MM 样品的扫描电镜照片和透射电镜照片。phen-Fe$_3$O$_4$@MM 以及 Eu(TTA)$_3$phen-Fe$_3$O$_4$@MM 样品的形貌类似,均为球形[图 7-16(a),(b),(c)]。纳米球的直径尺寸在 80～140 nm 的范围,且大小比较均一,这一粒径尺寸正好处在适于生物领域应用的范围内[49,50]。Eu(TTA)$_3$phen-Fe$_3$O$_4$@MM 样品的透射电镜照片[图 7-16(d)]

清楚地显示出磁性介孔纳米球的核壳结构，作为核的四氧化三铁纳米粒子被完好地包覆于有序的介孔材料构成的壳内。同时，其 SiO_2 壳也呈现出有序的介孔材料所具有的二维六方结构。

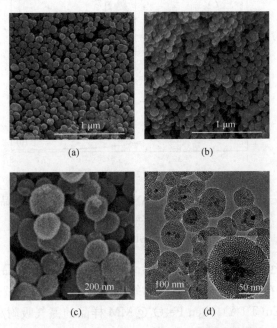

图 7-16　phen-Fe_3O_4@MM(a)和 Eu(TTA)$_3$phen-Fe_3O_4@MM 样品(b,c)的扫描电镜照片；
Eu(TTA)$_3$phen-Fe_3O_4@MM 样品(d)的透射电镜照片
（承惠允，引自[1(c)]）

在邻菲罗啉功能化的磁性介孔核壳结构的纳米球的制备过程中，在表面活性剂 CTAB 的存在下，正硅酸乙酯和双功能化合物邻菲罗啉改性的硅氧烷在四氧化三铁纳米粒子的表面发生水解、缩聚反应，形成了包覆四氧化三铁纳米粒子的有序介孔材料壳层。介孔材料壳层有序的介孔结构也清楚地反映在 phen-Fe_3O_4@MM 的 X 射线粉末衍射图中[图 7-17(a)]。在小角范围内，于 $2\theta \approx 2.0°$ 处呈现出一个比较强的衍射峰，该衍射峰属于具有 $P6mm$ 空间群的二维六方介孔结构 (100)晶面的衍射峰。将配合物 Eu(TTA)$_3$phen 组装到磁性介孔核壳结构的纳米球后，得到的杂化材料 Eu(TTA)$_3$phen-Fe_3O_4@MM 样品的介孔壳层仍然保持其有序的介孔结构。Eu(TTA)$_3$phen-Fe_3O_4@MM 样品的 X 射线粉末衍射图同样是在小角范围内($2\theta \approx 2.0$处)呈现一个比较强的衍射峰[图 7-17(b)]，该衍射峰属于具有 $P6mm$ 空间群的二维六方介孔结构(100)晶面的衍射峰[51,52]。X 射线粉末衍射也为 phen-Fe_3O_4@MM 中四氧化三铁磁核的存在提供了佐证，即 phen-Fe_3O_4@MM 的广角 X 射线粉末衍射图（图 7-17 的插图）呈现出典型的四氧化三铁

（$Fd3m$）的衍射峰。

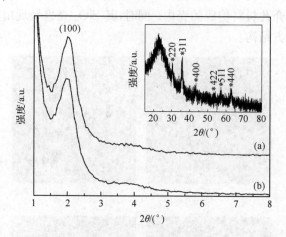

图 7-17　phen-Fe₃O₄@MM（a）和 Eu(TTA)₃phen-Fe₃O₄@MM(b)样品的小角 XRD 图，

插图为 phen-Fe₃O₄@MM 的广角 XRD 图

（承惠允，引自[1(c)]）

phen-Fe₃O₄@MM 以及 Eu(TTA)₃phen-Fe₃O₄@MM 样品介孔壳层的介孔结构特点也反映在其氮气吸附/脱附曲线的表征结果上。图 7-18 给出了 phen-Fe₃O₄@MM 及 Eu(TTA)₃phen-Fe₃O₄@MM 样品的氮气吸附/脱附等温线以及相应的孔径分布图（插图）。根据 IUPAC 的标准，phen-Fe₃O₄ @ MM 及 Eu(TTA)₃phen-Fe₃O₄ @ MM 样品均显示出 Ⅳ 型等温线，具有典型的介孔结构[53,54-56]。

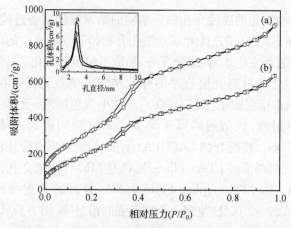

图 7-18　phen-Fe₃O₄@MM（a）和 Eu(TTA)₃phen-Fe₃O₄@MM(b)样品的

氮气吸附/脱附等温线，插图为相应的孔径分布

（承惠允，引自[1(c)]）

相关的介孔结构参数列于表 7-1 中。由表可见，Eu(TTA)$_3$phen-Fe$_3$O$_4$@MM 样品的比表面积、孔体积及孔径都比 phen-Fe$_3$O$_4$@MM 有所减小。在引入 Eu^{3+} 配合物后，phen-Fe$_3$O$_4$@MM 的孔道内出现了 Eu(TTA)$_3$phen 配合物，Eu(TTA)$_3$phen 配合物分散于孔道中增加了内表面的粗糙度，从而导致样品 Eu(TTA)$_3$phen-Fe$_3$O$_4$@MM 的比表面积、孔体积及孔径都比 phen-Fe$_3$O$_4$@MM 有所减小。

表 7-1　phen-Fe$_3$O$_4$@MM 和 Eu(TTA)$_3$phen-Fe$_3$O$_4$@MM 样品的结构参数[1(c)]

样品	d_{100}/nm	a_0/nm	S_{BET}/(m^2/g)	V/(cm^3/g)	D_{BJH}/nm	h_w/nm
phen-Fe$_3$O$_4$@MM	4.42	5.10	1270	1.42	2.90	2.20
Eu(TTA)$_3$phen-Fe$_3$O$_4$@MM	4.49	5.18	850	0.99	2.79	2.39

* 表中所有物理量的意义均与表 4-6 相同。

7.3.3　Eu(TTA)$_3$phen-Fe$_3$O$_4$@MM 样品的磁性

杂化材料 Eu(TTA)$_3$phen-Fe$_3$O$_4$@MM 样品基质中四氧化三铁磁核赋予了该杂化材料以超顺磁性。图 7-19 给出 300 K 下测得的四氧化三铁纳米粒子(用油酸包覆)和 Eu(TTA)$_3$phen-Fe$_3$O$_4$@MM 样品的磁滞回线。与具有优良超顺磁性的四氧化三铁纳米粒子的典型磁滞回线类似，Eu(TTA)$_3$phen-Fe$_3$O$_4$@MM 样品的磁滞回线也没有显示出磁滞环。四氧化三铁纳米粒子和 Eu(TTA)$_3$phen-Fe$_3$O$_4$@MM 样品的饱和磁化强度分别为 66.83 emu/g 和 5.27 emu/g，两者差异十分明显。Eu(TTA)$_3$phen-Fe$_3$O$_4$@MM 样品中的四氧化三铁纳米粒子作为磁核被无磁

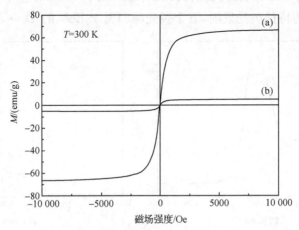

图 7-19　300 K 下 Fe$_3$O$_4$ 纳米粒子(a)和 Eu(TTA)$_3$phen-Fe$_3$O$_4$@MM 样品(b)的磁滞回线

(承惠允，引自[1(c)])

性的介孔二氧化硅包覆,它的饱和磁化强度远低于四氧化三铁纳米粒子是合理的[57]。从另一方面看,也可以认为作为基质的磁性介孔纳米球的核壳结构比较完好,即磁核四氧化三铁纳米粒子被介孔二氧化硅壳层完全包覆。然而,与文献报道的结果相比较,$Eu(TTA)_3phen-Fe_3O_4@MM$ 样品的饱和磁化强度还是相对比较高的[58,59],这对于其实际应用是很有价值的。

7.3.4　$Eu(TTA)_3phen-Fe_3O_4@MM$ 样品的发光

7.3.4.1　$Eu(TTA)_3phen-Fe_3O_4@MM$ 样品的激发光谱

图 7-20(a)给出了 $Eu(TTA)_3phen-Fe_3O_4@MM$ 样品的激发光谱(以 Eu^{3+} 的 612 nm 发射作为监测波长)。该激发光谱中,在紫外区(250~400 nm)出现了强而宽的激发峰。参照纯配合物 $Eu(TTA)_3phen$ 的激发光谱,上述紫外区中强而宽的激发峰归属于有机配体的 $\pi \rightarrow \pi^*$ 电子跃迁。在该激发光谱中并未出现源于 Eu^{3+} 的吸收。$Eu(TTA)_3phen-Fe_3O_4@MM$ 样品激发光谱的特点表明了共价键嫁接的 Eu^{3+} 配合物的配体可以有效地传能给 Eu^{3+},该杂化材料样品可以发射配体敏化的 Eu^{3+} 的特征荧光。

7.3.4.2　$Eu(TTA)_3phen-Fe_3O_4@MM$ 样品的发射光谱

图 7-20(b)给出了 $Eu(TTA)_3phen-Fe_3O_4@MM$ 样品的发射光谱。通过激发配体的吸收(355 nm),得到了 $Eu(TTA)_3phen-Fe_3O_4@MM$ 样品的发射光谱。该发射光谱由位于 579 nm、590 nm、612 nm、652 nm 和 702 nm 的五个荧光发射峰组成,这是 Eu^{3+} 的特征荧光发射,五个荧光峰归属于 Eu^{3+} 的 $^5D_0 \rightarrow {}^7F_J(J=0,1,2,$

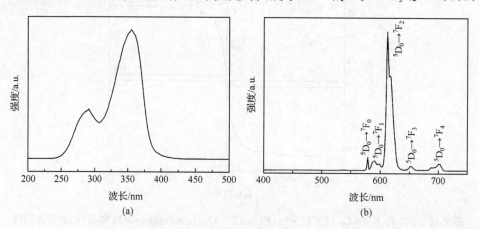

图 7-20　$Eu(TTA)_3phen-Fe_3O_4@MM$ 样品的激发光谱(a)和发射光谱(b)

3,4)跃迁发射。在该发射光谱中没有观察到源于配体以及基质等的发射。共价键嫁接到磁性介孔核壳结构纳米球上的配合物 $Eu(TTA)_3phen$ 中,配体仍然能够将吸收的能量有效地传递给 Eu^{3+},致使 $Eu(TTA)_3phen-Fe_3O_4@MM$ 样品发射 Eu^{3+} 的特征荧光。

$Eu(TTA)_3phen-Fe_3O_4@MM$ 的荧光衰减曲线呈双指数衰减,荧光寿命为 0.43 ms (88.16%)和 0.11 ms (11.84%)。根据 $\langle\tau\rangle=(A_1\tau_1^2+A_2\tau_2^2)/(A_1\tau_1+A_2\tau_2)$($\tau_1$ 和 τ_2 分别代表荧光寿命的快过程和慢过程,A_1 和 A_2 代表拟合曲线的指前因子)[60,61]计算出平均寿命$\langle\tau\rangle$为 0.39 ms。此外,根据 $Eu(TTA)_3phen-Fe_3O_4$ @MM 样品的发射光谱和 Eu^{3+} 的 $^5D_0$ 能级的荧光寿命计算的 Eu^{3+} 的 $^5D_0$ 能级的发射量子效率(η)、辐射跃迁速率(A_{rad})和非辐射跃迁速率(A_{nrad})分别为 41.7%、1066 s^{-1} 和 1485 s^{-1}。η 值与文献报道的相当[62],这是具有配体敏化的 Eu^{3+} 的特征荧光发射的发光材料所应具有的荧光光谱参数值。

7.3.5　$Eu(TTA)_3phen-Fe_3O_4@MM$ 样品磁光性能的直观显示

图 7-15(下面的数码照片)也给出了可以直观显示 $Eu(TTA)_3phen-Fe_3O_4$ @MM 样品的磁性和荧光性能的实验装置。在紫外光(365 nm)激发下,石英比色皿中的 $Eu(TTA)_3phen-Fe_3O_4@MM$ 样品的悬浮液发射明亮的红色荧光。当磁铁靠近石英比色皿时,$Eu(TTA)_3phen-Fe_3O_4@MM$ 样品的粒子迅速地被磁铁吸过去,而移走磁铁并摇晃时,聚集的样品粒子可以重新分散开来,即可以利用外加磁场使具有超顺磁性的 $Eu(TTA)_3phen-Fe_3O_4@MM$ 样品的粒子到达预定位置,这对其在靶向药物传输、核磁共振成像以及生物分离等方面的应用具有十分重要的意义。

7.4　小　　结

本章用二氧化硅包覆四氧化三铁纳米粒子得到具有核壳结构的磁性二氧化硅纳米球,然后通过共价键把稀土对氨基苯甲酸配合物嫁接到磁性二氧化硅核壳结构的纳米球表面,制得了 Tb^{3+}、Nd^{3+} 和 Yb^{3+} 配合物的以磁性二氧化硅核壳结构的纳米球为基质的磁光双功能杂化材料样品。其中,含 Tb^{3+} 配合物的双功能杂化材料样品具有磁性和 Tb^{3+} 的特征可见荧光发射性能,而含 Nd^{3+} 和 Yb^{3+} 配合物的双功能杂化材料样品除具有磁性外,还分别具有 Nd^{3+} 和 Yb^{3+} 的特征近红外荧光性能。还介绍了一种新型的磁光双功能的具有介孔结构的杂化材料——$Eu(TTA)_3phen-Fe_3O_4@MM$,其中磁性 Fe_3O_4 纳米粒子被包覆于介孔球中,$Eu(TTA)_3phen$ 共价键嫁接于介孔球的网络中。所得 $Eu(TTA)_3phen-Fe_3O_4@$

MM样品同时具有超顺磁性、高色纯度的红色荧光性能及介孔结构。

稀土配合物多功能杂化材料极具潜在应用价值,这方面研究还有很多工作亟待开展。主要包括以下方面:①除了介孔材料外,大孔材料、高分子材料、周期性介孔材料等均可作为光活性物质稀土配合物的基质材料,如果将这些材料功能化以赋予其磁性、发光等性能,则有可能得到更多新型的多功能杂化材料;②选用除四氧化三铁以外的其他磁性纳米粒子开展具有磁性和发光性能的双功能杂化材料的研究;③研究其他新型多功能材料。

参 考 文 献

[1] (a) Kim H, Achermann M, Balet L P, et al. Synthesis and characterization of Co/CdSe core/shell nano-composites: Bifunctional magnetic-optical nanocrystals. J Am Chem Soc, 2005, 127: 544-545. (b) Yu S Y, Zhang H J, Yu J B, et al. Bifunctional magnetic-optical nanocomposites: Grafting lanthanide complex onto core-shell magnetic silica nanoarchitecture. Langmuir, 2007, 23: 7836-7840. (c) Feng J, Fan W Q, Song S Y, et al. Fabrication and characterization of magnetic mesoporous silica nano-spheres covalently bonded with europium complex. Dalton Trans, 2010, 39: 5166-5171.

[2] Yang H H, Zhang S Q, Chen X L, et al. Magnetite-containing spherical silica nanoparticles for biocatalysis and bioseparations. Anal Chem, 2004, 76: 1316-1321.

[3] Kim J, Lee J E, Lee J, et al. Magnetic fluorescent delivery vehicle using uniform mesoporous silica spheres embedded with monodisperse magnetic and semiconductor nanocrystals. J Am Chem Soc, 2006, 128: 688-689.

[4] Wang G P, Song E Q, Xie H Y, et al. Biofunctionalization of fluorescent-magnetic-bifunctional nano-spheres and their applications. Chem Commun, 2005, 34: 4276-4278.

[5] Hsieh J M, Ho M L, Wu P W, et al. Iridium-complex modified CdSe/ZnS quantum dots, a conceptual design for bifunctionality toward imaging and photosensitization. Chem Commun, 2006, 6: 615-617.

[6] Du G H, Liu Z L, Lu Q H, et al. Fe_3O_4/CdSe/ZnS magnetic fluorescent bifunctional nanocomposites. Nanotechnology, 2006, 17: 2850-2854.

[7] Lu C W, Hung Y, Hsiao J K, et al. Bifunctional magnetic silica nanoparticles for highly efficient human stem cell labeling. Nano Lett, 2007, 7: 149-154.

[8] Yu H, Chen M, Rice P M, et al. Dumbbell-like bifunctional Au-Fe_3O_4 nanoparticles. Nano Lett, 2005, 5: 379-382.

[9] Schrum K F, Lancaster J M, Johnston S E, et al. Monitoring electroosmotic flow by periodic photo-bleaching of a dilute, neutral fluorophore. Anal Chem, 2000, 72: 4317-4322.

[10] Brokmann X, Hermier J P, Desbiolles P, et al. Statistical aging and nonergodicity in the fluorescence of single nanocrystals. Phys Rev Lett, 2003, 90: 120601-120604.

[11] Hohng S, Ha T. Near-complete suppression of quantum dot blinking in ambient conditions. J Am Chem Soc, 2004, 126: 1324-1325.

[12] Fischer H C, Liu L C, Pang K S, et al. Pharmacokinetics of nanoscale quantum dots: *in vivo* distribution, sequestration, and clearance in the rat. Adv Funct Mater, 2006, 16: 1299-1304.

[13] Yoon T J, Kim J S, Kim B G, et al. Multifunctional nanoparticles possessing a magnetic motor effect for drug or gene delivery. Angew Chem Int Ed, 2005, 44: 1068-1073.

［14］ Fu W Y, Yang H B, Hari B, et al. Preparation and characteristics of core-shell structure cobalt/silica nanoparticles. Mater Chem Phys, 2006, 100: 246-250.

［15］ Huo Q S, Liu J, Wang L Q, et al. A new class of silica cross-linked micellar core-shell nanoparticles. J Am Chem Soc, 2006, 128: 6447-6453.

［16］ Jovanovic A V, Flint J A, Varshney M, et al. Surface modification of silica core-shell nanocapsules: biomedical implications. Biomacromolecules, 2006, 7: 945-949.

［17］ Liu F Y, Fu L S, Wang J, et al. Luminescent hybrid films obtained by covalent grafting of terbium complex to silica network. Thin Solid Films, 2002, 419: 178-183.

［18］ Lu L H, Liu F Y, Sun G Y, et al. *In situ* synthesis of monodisperse luminescent terbium complex-silica nanocomposites. J Mater Chem, 2004, 14: 2760-2765.

［19］ Salgueiriño-Maceira V, Correa-Duarte M A, Spasova M, et al. Composite silica spheres with magnetic and luminescent functionalities. Adv Funct Mater, 2006, 16: 509-516.

［20］ Morup S, Bodker F, Hendriksen P V, et al. Spin-glass-like ordering of the magnetic moments of interacting nanosized maghemite particles. Phys Rev B, 1995, 51(1): 287-294.

［21］ Bekiari V, Lianos P. Strongly luminescent poly(ethylene glycol)-2,2-bipyridine lanthanide ion complexes. Adv Mater, 1998, 10: 1455-1461.

［22］ Sabbatini N, Mecati A, Guardigli M, et al. Luminescent lanthanide complexes as photochemical supramolecular devices. Coord Chem Rev, 1993, 123: 201-219.

［23］ Salgueiriño-Maceira V, Spasova M, Farle M. Water-stable, magnetic silica-cobalt/cobalt oxide-silica multishell submicrometer spheres. Adv Func Mater, 2005, 15: 1036-1042.

［24］ Ferreira R, Pires A P, Castro B D, et al. Zirconium organophosphonates as photoactive and hydrophobic host materials for sensitized luminescence of Eu(Ⅲ), Tb(Ⅲ), Sm(Ⅲ) and Dy(Ⅲ). New J Chem, 2004, 28: 1506-1511.

［25］ Bettencourt-Dias A D, Viswanathan S. Nitro-functionalization and luminescence quantum yield of Eu(Ⅲ) and Tb(Ⅲ) benzoic acid complexes. J Chem Soc, Dalton Trans, 2006: 4093-4097.

［26］ Bettencourt-Dias A D, Viswanathan S. Eu(Ⅲ) and Tb(Ⅲ) luminescence sensitized by thiophenyl-derivatized nitrobenzoato antennas. Inorg Chem, 2006, 45: 10138-10142.

［27］ Hebbink G A, Stouwdam J W, Reinhoudt D N, et al. Lanthanide(Ⅲ)-doped nanoparticles that emit in the near-infrared. Adv Mater, 2002, 14: 1147-1150.

［28］ Ananias D, Ferreira A, Carlos L D, et al. Multifunctional sodium lanthanide silicates: from blue emitters and infrared S-band amplifiers to Xray phosphors. Adv Mater, 2003, 15: 980-985.

［29］ Foley T J, Harrison B S, Knefely A S, et al. Facile preparation and photophysics of near-infrared luminescent lanthanide(Ⅲ) monoporphyrinate complexes. Inorg Chem, 2003, 42: 5023-5032.

［30］ Sun L N, Zhang L N, Fu L S, et al. A new sol-gel material doped with an erbium complex and its potential optical-amplification application. Adv Funct Mater, 2005, 15: 1041-1048.

［31］ Yanagida S, Hasegawa Y, Murakoshi K, et al. Strategies for enhancing photoluminescence of Nd^{3+} in liquid media. Coord Chem Rev, 1998, 171: 461-476.

［32］ Park O H, Seo S Y, Bae B S, et al. Indirect excitation of Er^{3+} in sol-gel hybrid films doped with an erbium complex. Appl Phys Lett, 2003, 82: 2787-2789.

［33］ Davies G M, Aarons R J, Motson G R, et al. Structural and near-IR photophysical studies on ternary lanthanide complexes containing poly(pyrazolyl)borate and 1,3-diketonate ligands. Dalton Trans, 2004:

1136-1144.

[34] Klink S I, Alink S I, Grave L, et al. Fluorescent dyes as efficient photosensitizers for near-infrared Nd³⁺ emission. J Chem Soc, Perkin Trans, 2001,2: 363-372.

[35] Lai W P-W, Wong W T. Trinitrato [N,N′,N″-tris(2,3-dimethoxybenzamido) triethylamine]-neody-mium(Ⅲ). Synthesis, crystal structure and luminescence of a Nd complex containing tripodal amide ligands. New J Chem, 2000, 24: 943-944.

[36] Lenaerts P, Driesen K, Van Deun R, et al. Covalent coupling of luminescent tris(2-thenoyltrifluoroace-tonato)lanthanide(Ⅲ) complexes on a Merrifield resin. Chem Mater, 2005, 17: 2148-2154.

[37] Van Deun R, Moors D, De Fré D, et al. Near infrared photoluminescence of lanthanide-doped liquid crystals. J Mater Chem, 2003,13: 1520-1522.

[38] Tsvirko M P, Stelmakh G F, Pyatosin V E, et al. Fluorescence from upper $\pi\pi^*$ electronic states of lan-thanide-porphyrin complexes. Chem Phys Lett, 1980, 73: 80-83.

[39] Wolbers M P O, van Veggel F C J M, Snellink-Ruël B H M, et al. Photophysical studies of m-terphe-nyl-sensitized visible and near-infrared emission from organic 1∶1 lanthanide ion complexes in methanol solutions. J Chem Soc, Perkin Trans 2, 1998,10: 2141-2146.

[40] Boulon G, Collombet A, Brenier A, et al. Structural and spectroscopic characterization of nominal Yb³⁺:Ca₈La₂(PO₄)₆O₂ oxyapatite single crystal fibers grown by the micro-pulling-down method. Adv Funct Mater, 2001, 11: 263-270.

[41] Huh Y M, Jun Y W, Song H T, et al. *In vivo* magnetic resonance detection of cancer by using multi-functional magnetic nanocrystals. J Am Chem Soc, 2005, 127: 12387-12391.

[42] Giri S, Trewyn B G, Stellmarker M P, et al. Stimuli-responsive controlled-release delivery system based on mesoporous silica nanorods capped with magnetic nanoparticles. Angew Chem, Int Ed, 2005, 44: 5038-5044.

[43] Kim J, Lee J E, Lee J, et al. Generalized fabrication of multifunctional nanoparticle assemblies on silica spheres. Angew Chem, Int Ed, 2006, 45: 4789-4793.

[44] Sen T, Sebastianeili A, Bruce I J. Mesoporous silica-magnetite nanocomposite: fabrication and applica-tions in magnetic bioseparations. J Am Chem Soc,2006, 128: 7130-7131.

[45] Perez J M, Loughlin T O, Simeone F J, et al. DNA-based magnetic nanoparticle assembly acts as a magnetic relaxation nanoswitch allowing screening of DNA-cleaving agents. J Am Chem Soc, 2002, 124: 2856-2857.

[46] Perez J M, Simeone F J, Tsourkas A, et al. Peroxidase substrate nanosensors for MR imaging. Nano Lett, 2004, 4: 119-122.

[47] Louie A Y, Huber M M, Ahrens E T, et al. *In vivo* visualization of gene expression using magnetic res-onance imaging. Nat Biotechnol, 2000, 18: 321-325.

[48] Liong M, Angelos S, Choi E, et al. Mesostructured multifunctional nanoparticles for imaging and drug delivery. J Mater Chem, 2009, 19: 6251-6257.

[49] Lai C-Y, Trewyn B G, Jeftinija D M, et al. A mesoporous silica nanosphere-based carrier system with chemically removable CdS nanoparticle caps for stimuli-responsive controlled release of neurotransmit-ters and drug molecules. J Am Chem Soc, 2003, 125: 4451-4459.

[50] Radu D R, Lai C-Y, Jeftinija K, et al. A polyamidoamine dendrimer-capped mesoporous silica nano-sphere-based gene transfection reagent. J Am Chem Soc,2004, 126: 13216-13217.

[51] Kresge C T, Leonowicz M E, Roth W J, et al. Ordered mesoporous molecular sieves synthesized by a liquid-crystal template mechanism. Nature, 1992, 359: 710-712.

[52] Beck J S, Vartuli J C, Roth W J, et al. A new family of mesoporous molecular sieves prepared with liquid crystal templates. J Am Chem Soc,1992, 114: 10834-10843.

[53] Everett D H. Manual of symbols and terminology for physicochemical. Quantities and units. Pure Appl Chem,1972, 31: 577-638.

[54] Sing K S W, Everett D H, Haul R A W, et al. Reporting physisorption data for gas/solid systems with special reference to the determination of surface area and porosity (recommendations 1984). Pure Appl Chem,1985, 57: 603-619.

[55] Gregg S J, Sing K S W. Adsorption, Surface Area and Porosity. London: Academic Press, 1982.

[56] Kruk M, Jaroniec M. Gas adsorption characterization of ordered organic-inorganic nanocomposite materials. Chem Mater,2001, 13: 3169-3183.

[57] Zhang L H, Liu B F, Dong S J. Bifunctional nanostructure of magnetic core luminescent shell and its application as solid-state electrochemiluminescence sensor material. J Phys Chem B, 2007, 111: 10448-10452.

[58] Lin Y S, Wu S H, Hung Y, et al. Multifunctional composite nanoparticles: magnetic, luminescent, and mesoporous. Chem Mater, 2006, 18: 5170-5172.

[59] Zhang L, Qiao S Z, Jin Y G, et al. Fabrication and size-selective bioseparation of magnetic silica nanospheres with highly ordered periodic mesostructure. Adv Funct Mater, 2008, 18: 3203-3212.

[60] Fujii T, Kodaira K, Kawauchi O, et al. Photochromic behavior in the fluorescence spectra of 9-anthrol encapsulated in Si-Al glasses prepared by the sol-gel method. J Phys Chem B,1997, 101: 10631-10637.

[61] Murakami S, Herren M, Rau D, et al. Photoluminescence and decay profiles of undoped and Fe^{3+}, Eu^{3+}-doped PLZT ceramics at low temperatures down to 10 K. Inorg Chim Acta, 2000, 300-302: 1014-1021.

[62] Peng C Y, Zhang H J, Yu J B, et al. Synthesis, characterization, and luminescence properties of the ternary europium complex covalently bonded to mesoporous SBA-15. J Phys Chem B, 2005,109: 15278-15287.

第8章 稀土配合物凝胶杂化发光材料

8.1 概　　述

稀土配合物具有优良的发光特性,但是其光、热及化学稳定性较差,这严重限制了其实际应用。凝胶材料具有良好的光、热和化学稳定性,同时具有非晶态特性。凝胶材料作为稀土配合物的基质材料可以有效地改善稀土配合物的光、热和化学稳定性,所形成的稀土配合物凝胶杂化发光材料兼具稀土配合物的发光特性及凝胶材料的特性。此外,溶胶-凝胶技术具有反应条件温和、制备过程简单以及操作比较灵活等特点,尤其是可以通过控制反应条件实现对反应产物微观结构的调控,因而为制备稀土配合物凝胶杂化发光材料提供了非常实用的方法。鉴于上述事实,可以认为稀土配合物凝胶杂化发光材料的研究是发展新型高性能稀土发光材料重要而有效的新途径。

以凝胶为基质的杂化发光材料的研究早已引起研究人员的兴趣,近年来有关稀土配合物凝胶杂化发光材料的制备及性能的研究也正在不断取得很有意义的进展,主要体现在以下几个方面。

8.1.1　有机染料的凝胶杂化发光材料

自1984年Avnir等[1]首次将有机染料罗丹明6G(rhodamine-6G,Rh6G)掺杂于无机SiO$_2$基质以来,各种荧光染料、激光染料、非线性光学染料及光致变色染料等相继被引入凝胶基质中。1996年Prasad小组[2]分别在溶液和SiO$_2$基质中同时掺杂Rh6G和反式-4-[对-N-乙基-N-(羟乙基氨基)苯乙烯基]-N-(羟乙基)碘化吡啶(ASPI)两种激光染料(图8-1),并研究了掺杂的两种染料分子之间能量转移的结果。研究表明,在溶液状态下Rh6G的荧光被猝灭,而掺杂在SiO$_2$基质中则没有产生荧光猝灭现象。这主要是因为在溶液状态下,两种染料分子之间发生了福斯特(Förster)能量转移,而在SiO$_2$基质中,由于两种染料分子之间距离大大增加,导致其难以发生能量转移。另外,还发现在脉冲泵浦的条件下,激光染料ASPI具有较高的激光效率。

Kang小组[3]将光致变色染料螺噁嗪(图8-2)掺杂到分别由四种不同硅氧烷——苯基三乙氧基硅烷(PhiTEOS)、乙烯基三乙氧基硅烷(VTEOS)、甲基三乙氧基硅烷(MTEOS)和四乙氧基硅烷(TEOS)——水解和缩聚所得的凝胶基质中,

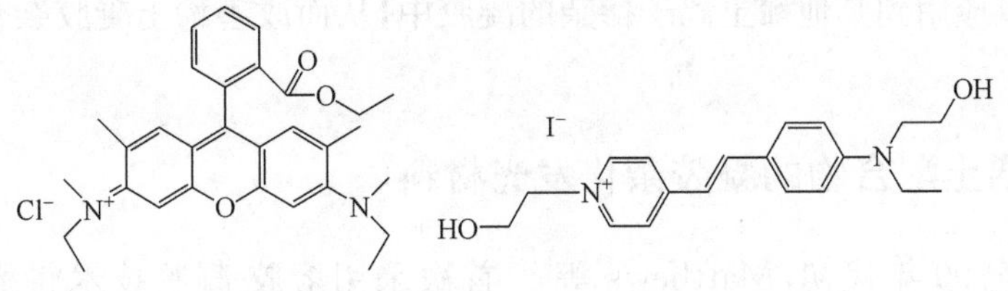

图 8-1　染料 Rh6G 和 ASPI 的分子结构式

并详细研究了体系的微环境(如极性和孔径)对染料正向和反向光致变色的影响。结果表明 PhiTEOS、VTEOS 和 MTEOS 显示了正向光致变色,而 TEOS 则显示了反向光致变色。他们认为,由于所得凝胶基质的极性顺序依次为 PhiTEOS<VTEOS<MTEOS<TEOS,TEOS 凝胶基质较高的极性能够稳定螺噁嗪的开环结构,从而导致了染料的反向光致变色。他们还测定了各种凝胶的动力学参数,进一步证明了螺噁嗪的开环结构在极性凝胶中更加稳定。

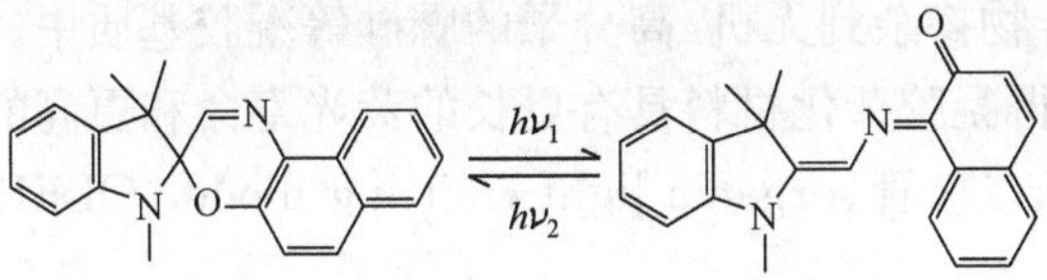

图 8-2　染料螺噁嗪光致变色过程分子结构的变化

尽管各种有机染料已经被相继掺入凝胶基质中,但是要使制备出的功能性凝胶杂化材料应用于实际,仍需进行大量的研究工作。其存在的问题主要有:①凝胶基质大多比较容易开裂;②难以在纳米水平上控制有机染料的掺杂浓度;③有机分子与无机基质之间的相容性较差、界面结合强度低等。

8.1.2　稀土离子的凝胶杂化发光材料

稀土离子具有丰富的电子能级,在荧光探针、激光和光学通信等方面具有特殊的应用价值,因此将稀土离子引入凝胶基质中也引起了研究人员很大的兴趣。到目前为止,很多稀土离子已经被成功地掺入凝胶基质中,如 Eu^{3+}、Tb^{3+}、Sm^{3+}、Nd^{3+}、Er^{3+} 和 Dy^{3+} 等[4-8],所得凝胶杂化发光材料都显示了良好的发光性能,尤其是掺杂 Nd^{3+} 的玻璃具有低热膨胀系数和高热稳定性,已广泛应用于高功率激光系统中。此外,在含有 Eu^{3+} 的凝胶基质中共掺 Al_2O_3 能显著地提高 Eu^{3+} 的荧光性能[9,10]。这主要是因为 Al^{3+} 的引入抑制了 Eu^{3+} 的聚集,从而使 Eu^{3+} 更加均匀地分布在凝胶基质中,于是被 Al^{3+} 分隔、孤立的 Eu^{3+} 之间不再能进行有效的能量传递,因此导致 Eu^{3+} 荧光谱线窄化(fluorescence line-narrowing, FLN)效应。这一原理也可以应用到其他稀土离子掺杂的凝胶中,从而改善稀土凝胶杂化材料的光学性能。

8.1.3　稀土配合物的凝胶杂化发光材料

20 世纪 90 年代初,Matthews 等[11]首次采用溶胶-凝胶技术将稀土配合物 Eu(TTA)$_3$(H$_2$O)$_2$(TTA 代表噻吩甲酰三氟丙酮)引入 SiO$_2$ 凝胶基质中。研究结果表明,掺杂 Eu(TTA)$_3$(H$_2$O)$_2$ 的凝胶杂化材料的发光强度比掺杂相同浓度 EuCl$_3$ 的凝胶杂化材料提高了一个数量级。此后,许多研究人员都开始重视稀土配合物凝胶杂化发光材料的制备和研究。迄今,已建立了几种实用的制备方法并得到了多种稀土配合物凝胶杂化发光材料。

Adachi 小组[12]采用预掺杂法分别将稀土配合物 Eu(phen)$_2$(H$_2$O)$_4$Cl$_3$(phen 代表邻菲罗啉)和 Tb(bipy)$_2$(H$_2$O)$_4$Cl$_3$(bipy 代表联吡啶)引入凝胶中,并详细研究了稀土配合物的热稳定性、发光性能以及掺杂浓度等。Carlos 等[13,14]也主要采用该法将稀土配合物掺杂到无机/高分子的脲硅等凝胶基质中。研究结果表明,与纯配合物相比,所得凝胶杂化材料具有更长的荧光寿命和更高的光学稳定性,有望成为制造有机发光二极管(organic light-emitting diode,OLED)等器件的优良候选材料。

在利用后掺杂法制备稀土配合物凝胶杂化发光材料的研究中,Serra 小组[15]进行了开创性的工作。他们将普通的硅胶和功能化的硅胶连续浸渍于 Eu^{3+} 和含有机配体的 Eu^{3+} 溶液中,制备了掺杂铕与邻菲罗啉、铕与联吡啶、铕与苯甲酰三氟丙酮及铕与乙酰丙酮配合物的凝胶杂化发光材料,并着重研究了各种杂化材料的发光强度。

浙江大学钱国栋小组[16]与中国科学院长春应用化学研究所张洪杰小组[17]在稀土配合物凝胶杂化发光材料的原位合成法制备中做出了开创性的工作,他们分别开发出两种工艺不同的原位合成法。钱国栋等应用原位合成法合成了一系列掺杂稀土配合物的凝胶杂化发光材料,并发现该法可大大提高组装到凝胶中的稀土配合物的稳定性。为保证稀土配合物的原位合成、稳定性及在基质中的均匀分散,他们还详细研究了运用这一方法制备凝胶杂化发光材料的关键实验条件。与钱国栋等的工作相比,张洪杰小组开发的原位合成法(两步法)更具其特点。该法既考虑了溶胶-凝胶过程中正硅酸乙酯的水解及缩聚特点,又兼顾了稀土配合物的形成条件,故采用两步溶胶-凝胶法。该法首先使正硅酸乙酯在酸性条件下进行水解,然后加入六次甲基四胺,在水的作用下六次甲基四胺可缓慢释放出羟基,使溶液的酸度下降,并与溶胶中少量的盐酸组成缓冲溶液,将溶液的 pH 维持在 6 左右。这一酸度不仅可加速缩聚反应的进行,同时也适合于稀土配合物的形成,因此可在短时间内制备出透明的含原位合成的稀土配合物的凝胶,而传统的溶胶-凝胶法一般需一周到数月才能制备出凝胶。该法不仅可以显著地缩短溶胶-凝胶技术的制备周期,而且能改善所制备的稀土配合物凝胶杂化发光材料的性能,因而更具有实际应用价值。

共价键嫁接法的出现进一步改善了稀土配合物凝胶杂化发光材料的性能。Dong 等[18]基于小分子模型配合物的研究,设计合成了一种含有新型芳香羧酸的溶胶-凝胶前驱体,进而合成了共价键嫁接稀土配合物的凝胶杂化发光材料。对其荧光性能的研究发现该材料具有较窄的发光谱带,较高的色纯度。Franville 等[19]对吡啶羧酸类配体进行有机硅烷化,并借助其将稀土配合物通过 Si—C 键嫁接于凝胶基质,所得杂化发光材料的性能得以明显改善。张洪杰小组[20]在联吡啶、邻菲罗啉类配体中引入可以水解和聚合形成 SiO_2 网络的有机硅氧烷基团,然后通过共价键将稀土配合物嫁接到凝胶基质材料的网络骨架上,合成了稀土配合物凝胶杂化发光材料。这种共价键嫁接法制备的稀土配合物凝胶杂化发光材料能显著地提高光活性物质稀土配合物的掺杂量和稳定性,特别是能够极大地提升杂化发光材料的性能。闫冰小组[21]将能够敏化稀土离子发光的芳香羧酸类配体进行化学修饰以形成有机前驱体,借助这一前驱体制得一系列稀土配合物凝胶杂化发光材料,并对其发光性能等进行了研究。总之,共价键嫁接法制备稀土配合物凝胶杂化发光材料的关键是合成适当的有机前驱体,即双功能化合物。目前应用的双功能化合物主要是能够敏化稀土离子荧光发射的有机配体功能化的硅氧烷(或硅氧烷修饰的有机配体)。合成双功能化合物使用的有机配体主要有杂环配体、芳香羧酸、β-二酮、巯基化物等,合成反应主要涉及氨基氢转移亲电加成修饰、亚甲基修饰、巯基氢转移亲电加成修饰等。随着双功能化合物种类的不断扩展,共价键嫁接法制备稀土配合物凝胶杂化发光材料的种类亦不断增加[22-25]。

虽然对可见区发光的稀土配合物凝胶杂化材料的研究开展较早,但是近红外发光的稀土配合物凝胶杂化材料的研究相对较晚。然而,稀土配合物凝胶杂化近红外发光材料在诸多领域的潜在应用前景却引起了研究人员的强烈兴趣,因此近年来这方面工作也不断取得进展。Bae 等[26]利用传统的溶胶-凝胶法将 Er^{3+} 的 8-羟基喹啉配合物掺杂到溶胶-凝胶中制备成薄膜,通过激发配体吸收得到了特征的 Er^{3+} 发射,其 1.53 μm 发射峰的半高宽为 73 nm,这将可能为光放大提供比较宽的增益谱带。de Zea Bermudez 等[27]采用溶胶-凝胶技术将 Nd^{3+} 的化合物 $Nd(CF_3SO_3)_3$ 掺杂于交联的聚氧乙烯/硅氧烷衍生的杂化材料基质中。该材料中形成的氢键在杂化纳米结构及发光性能上起到非常重要的作用,所得杂化材料在室温下展现出非常有趣的 Nd^{3+} 的特征发光,该材料有望在一些方面得到应用。Binnemans 等[28]将近红外发光的稀土离子,如 Pr^{3+}、Sm^{3+}、Er^{3+}、Ho^{3+}、Nd^{3+}、Yb^{3+}、Dy^{3+} 与钙黄绿素或嘧啶-2,6-二羧酸的配合物掺杂于凝胶基质中,这些配合物在凝胶基质中很稳定,并分别检测到了掺杂 Er^{3+}、Nd^{3+}、Yb^{3+}、Dy^{3+} 配合物的凝胶杂化材料相应稀土离子的特征近红外发射。Binnemans 小组[29,30]在共价键嫁接法制备稀土配合物凝胶杂化近红外发光材料方面也做出了颇具开拓性的工作。他们合成了由 3-(三乙氧硅基)丙基异氰酸酯改性的羟苯基咪唑基邻菲罗啉配体,并以该化合物为前驱体,通过溶胶-凝胶法制备了 Pr^{3+}、Nd^{3+}、Sm^{3+}、Dy^{3+}、Ho^{3+}、Er^{3+}、Tm^{3+}、Yb^{3+} 的噻吩甲酰三氟丙酮配合物共价键嫁接的凝胶杂化材料,所得的稀土配合物凝胶杂化材料可以发射出稀土离子的特征近红外荧光。他们还用氨基化的邻菲罗啉与氯甲基化的聚苯乙烯反应,将邻菲罗啉嫁接到聚合物上,最终得到的共价键嫁接稀土配合物的杂化材料也能够发射稀土离子的特征近红外荧光。

8.2　溶胶和凝胶的简介[31a]

8.2.1　溶胶

溶胶是一种分散体系。分散体系是指一种或几种物质以一定的分散度分散到另一种物质中而构成的体系。以颗粒分散状态存在的不连续相称为分散相,而这种分散的颗粒就是分散质;分散质所处的介质为连续相,又被称为分散介质。当分散质在某个方向上的线度介于 $1 \sim 100$ nm 时,这种分散体系就称为胶体分散体系,简称胶体。胶体可以按照分散相和分散介质的聚集状态不同进行分类。如果分散介质为液态,则这种胶体称为液溶胶,而其分散质可以是气态、固态或另一种与分散介质不相容的液态物质。液溶胶通常简称为溶胶,是胶体的典型的代表。

溶胶的种类主要有分子溶胶、缔合溶胶、憎溶胶。分子溶胶又称为亲液溶胶,即分散质是聚合物一类的物质所构成的溶胶,是热力学稳定体系;缔合溶胶是指表面活性剂分子在溶液中形成胶束,进而构成微乳液或液晶,也是热力学稳定体系;憎溶胶的分散质与分散介质之间存在明显的界面,由微小的固体颗粒悬浮分散在液相中构成,属于多相热力学不稳定体系。

溶胶的制备方法有分散法和凝聚法。分散法就是将分散质的微粒在强力机械或超声波等的作用下,使其在适当的分散介质中形成溶胶。凝聚法则可通过体系中各组分间的化学变化而形成具有一定粒子大小的分散质的溶胶体系。例如,将有机硅烷溶解于适当的有机溶剂中,可容易地形成稳定的溶液,如有矿物酸存在,则有机硅烷被催化水解形成稳定的有机硅溶胶。

由于界面原子的吉布斯自由能比内部原子高,因此憎溶胶属于热力学不稳定体系。如无其他条件限制,溶胶倾向于自发凝聚。若上述过程可逆,称为絮凝;若不可逆,则称为凝胶。对热力学不稳定的溶胶,增加其粒子间结合所需要克服的能垒,可使之在动力学上稳定。增加粒子间能垒的方法有三个:增加胶粒表面电荷、增强空间位阻效应、利用溶剂化效应。

8.2.2　凝胶

凝胶是一种介于固体和液体之间的形态，是由溶胶转化得到的。随着溶胶向凝胶的转化，失去了流动性，并显示出固体的一些性质，如具有一定的几何形状、强度、屈服值等。然而，从其内部结构看，它与通常的固体有着根本的差异，其中存在固-液或气-液两相。它属于胶体分散体系，仍具有液体的某些性质，如在水凝胶中的扩散速率与在水溶液中非常接近。

按分散相的质点性质（刚性或柔性）可以将凝胶分为弹性凝胶和刚性凝胶。柔性的线型大分子形成的凝胶，如聚乙烯醇、合成或天然橡胶、琼脂等形成的凝胶皆是弹性凝胶。这类凝胶的溶质分子彼此依靠分子间的范德华力、氢键等作用力形成网状结构。因此，这类凝胶具有良好的弹性，当受到外力作用时，能产生一定的形变，而外力消失后又能恢复原状。温度、外力作用等因素还可以使弹性凝胶重新转化为溶胶。弹性凝胶的介质含量减少时体积缩小，以至转为干凝胶。大多数无机凝胶属于刚性凝胶，如二氧化硅、三氧化二铁、二氧化钛等形成的凝胶，通常以水为介质构成分散体系。刚性凝胶的刚性源于刚性粒子构成的网状结构。刚性凝胶失去介质亦转变为干凝胶。

凝胶中的溶质分子以物理或化学作用形成三维网状结构。依据质点的形状和性质的不同，主要形成四种类型的结构：①由球形质点相互连接成串珠状网架，如二氧化硅、二氧化钛凝胶；②由板状或棒状质点搭成网架，如五氧化二钒凝胶；③线型大分子构成的凝胶，骨架中部分分子链排列成束，构成局部有序的微晶区，如一些蛋白质类、聚合物类凝胶；④线型大分子以化学键相连而形成体型结构，如硫化橡胶。

形成凝胶有两种途径，一种是干凝胶吸收亲和性液体膨胀成凝胶，该法只限于高分子物质；另一种是由溶胶或溶液在适当的条件下转化为凝胶，这一过程也称为胶凝。胶凝的条件主要有两个：①分散相以"胶体分散状态"析出，可以采用使介质挥发等办法；②析出的微粒不沉降，也不能自由运动，而是构成遍布整个体系的连续网架结构。胶凝的影响因素比较多，原料的配比、溶剂的用量以及 pH 等对胶凝有很大的影响，这些反应条件均需要优化以便调控胶凝过程。催化剂对胶凝也有重要的影响。例如，催化剂盐酸能促进硅氧烷 $Si(OC_4H_9)_4$ 水解，但使用量过多也可以导致水解过快，甚至出现沉淀。温度是影响溶胶向凝胶转化过程的另一个因素，反应温度升高可以加快溶胶向凝胶转化。此外，尚有一些其他因素影响胶凝，如反应物的极性、超声波等。

8.3　溶胶-凝胶技术

溶胶-凝胶技术是指烷氧基化合物或金属盐等前驱体经过溶液、溶胶、凝胶固化，再经热处理而得到氧化物或其他化合物的固体的方法。该法可以追溯到19世纪中叶，20世纪30～70年代研究人员将该法成功地用于许多领域中的化合物制备。正是在这一阶段利用无机物的溶液、溶胶、凝胶的转变过程制备了原来只有通过传统的烧结、熔融等物理方法才能制备的无机陶瓷，Roy和Iler等[32-34]在这方面做出了出色的工作，并由此将这种方法称为陶瓷的化学合成法或溶胶-凝胶法。20世纪80年代是该法发展的高峰时期，不仅对方法的本身进行了许多创新，而且制备出大量新材料，如薄膜材料、纤维材料等。尤其是以Schmidt和Wilkes[35,36]为代表的科学家开创了利用溶胶-凝胶技术制备兼具无机物和有机物优点的有机-无机杂化材料的先河。溶胶-凝胶技术经多年发展融合了配位化学、金属有机化学、胶体化学、物理学、聚合物科学等学科的基本知识和基本理论而发展成一门独立的溶胶-凝胶科学与技术，已成为新材料的重要制备技术。

8.3.1　溶胶-凝胶技术的基本原理

溶胶-凝胶技术的基本原理是将烷氧基化合物或金属盐等前驱体在低温下经水解和缩合反应形成溶胶，再经胶凝化和热处理除去溶剂，最后成为网状结构的氧化物凝胶。该方法通常可以分为以下几个步骤：形成溶液、溶胶、凝胶、老化、干燥和密实化。这一技术的化学基础为分子前驱体的水解和缩聚反应，以硅化合物为例，其反应方程式如下。

水解过程：$Si(OR)_4 + H_2O \longrightarrow (HO)Si(OR)_3 + ROH$

$(HO)Si(OR)_3 + H_2O \longrightarrow (HO)_2Si(OR)_2 + ROH$

$(HO)_2Si(OR)_2 + H_2O \longrightarrow (HO)_3Si(OR) + ROH$

$(HO)_3Si(OR) + H_2O \longrightarrow (HO)_4Si + ROH$

缩聚过程：$\equiv Si-OR + HO-Si \equiv \longrightarrow \equiv Si-O-Si \equiv + ROH$　（缩醇反应）

$\equiv Si-OH + HO-Si \equiv \longrightarrow \equiv Si-O-Si \equiv + HOH$　（缩水反应）

在溶胶-凝胶制备过程中，烷氧基化合物等前驱体首先要通过水解和缩聚反应形成溶胶，而前驱体的水解反应需要在催化剂的存在下进行。催化剂可以使用酸或碱，但用酸或碱时分别具有不同的反应机理（图8-3）。

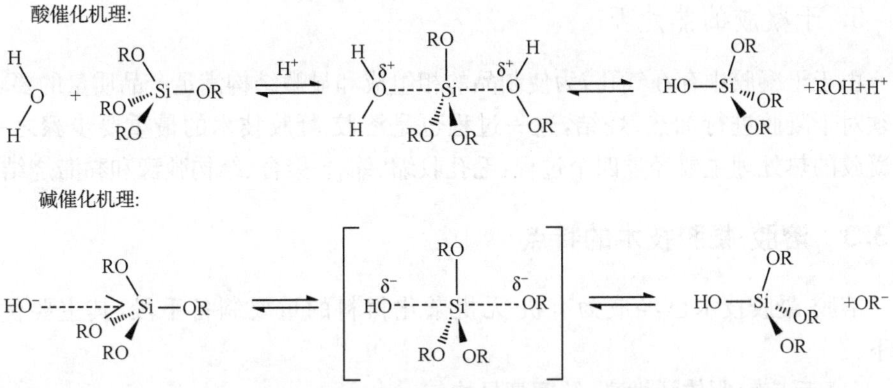

酸催化机理：

碱催化机理：

图 8-3　溶胶-凝胶过程中的反应机理

(承惠允，引自[31(b)])

8.3.2　溶胶-凝胶技术的工艺流程

1. 均相溶液的制备

这一步是制备含烷氧基化合物和水的均相溶液，以确保烷氧基化合物的水解反应能够在分子水平上进行。为保持起始溶液的均匀性，一般用醇作互溶剂并加以搅拌。

2. 溶胶的制备

这一过程主要是经过烷氧基化合物的水解和缩聚反应而使前驱体的均相溶液转变为溶胶。影响溶胶质量的因素主要有加水量、催化剂种类、溶液的 pH、水解温度、溶剂效应、烷氧基化合物品种及其在溶液中的浓度等。

3. 溶胶向凝胶的转化

这一过程是聚合反应形成的聚合物或粒子聚集体长大为小粒子簇，并且相互之间逐渐连接成三维网络结构，最后形成不流动的凝胶。

4. 凝胶的干燥

由于湿凝胶中包裹着大量水分、有机溶剂或有机基团，因此在热处理之前必须进行干燥。这一过程主要表现为收缩、硬化以及可能因内部应力导致的凝胶开裂现象。

5. 干凝胶的热处理

由于干凝胶中存在气孔,为使制品的相组成和显微结构满足产品质量的要求,必须对干凝胶进行加热、烧结,这一过程也是溶胶-凝胶技术的最重要步骤之一。干凝胶的热处理主要经过四个过程:毛孔收缩、缩合-聚合、结构弛豫和黏滞烧结。

8.3.3 溶胶-凝胶技术的特点

溶胶-凝胶技术已经成为有机-无机杂化材料的重要制备手段,其主要优点如下:

(1) 反应前驱体活性高、纯度高且均匀。

(2) 可以通过控制各种反应条件(如水和溶剂的含量、反应温度、反应压力、催化剂以及溶剂的类型)调控反应产物的微观结构。

(3) 凝胶的硅胶骨架结构提供良好的热稳定性、机械稳定性以及非晶态特性。

(4) 低的反应温度使有机活性物质的引入成为可能,从而可以通过选择反应前驱体以及有机单体来制备具有不同功能的杂化材料。

(5) 方法简单、操作灵活,可以根据不同的需要制备膜材料、体材料、粉末材料以及纤维材料等。

然而,溶胶-凝胶技术也存在一些亟待克服的缺点。

(1) 反应前驱物常为硅醇盐,其成本高、毒性大。

(2) 反应周期长,一般为十几日、几十日甚至数月。

(3) 干燥蒸发过程中产物易于开裂,不易制成透明大块凝胶材料。

针对上述缺点,人们提出了不同的解决方案:①用成本较低的水玻璃代替硅醇盐;②采用两步水解法代替一步水解法以加快其成胶速率,从而缩短制备周期;③运用在溶胶中加入干燥控制剂(如乙二醇、二甲基甲酰胺、乙二酸等)等手段。但采取以上多种措施仍未从根本上解决溶胶-凝胶技术所存在的问题,这将成为今后研究的重要课题。

8.4 稀土配合物凝胶杂化发光材料的制备方法

制备方法的选择对于制备高性能的材料十分重要。迄今,将发光稀土配合物组装到凝胶基质中的方法主要有以下四种。

8.4.1 预掺杂法

这种方法是将醇溶性或水溶性的光学活性物质的溶液直接加入溶胶前驱体溶

液中,与前驱体混合均匀,并最终掺杂在凝胶基质中。该法简单、使用方便,已成功应用于制备稀土配合物凝胶杂化发光材料。然而该法存在一些弊端:①对于一些具有优良发光功能的稀土配合物,在传统的溶胶-凝胶工艺条件下容易发生化学分解或因溶解度低而析出,因此不利于稀土配合物的掺杂;②掺杂的稀土配合物分布不均匀,并且其掺杂量也有限。

8.4.2　后掺杂法

该法就是利用浸渍工艺,直接将制备好的多孔凝胶基质浸入含有稀土配合物的溶液中,使稀土配合物渗入凝胶基质中。该法仍然具有简单而方便的特点,但是用该法制得的稀土配合物凝胶杂化发光材料实质上是一种复相材料,材料中存在明显的界面,因此材料的光学均匀性等受到严重影响。

8.4.3　原位合成法

由于预掺杂法和后掺杂法皆存在这样或那样的缺点,致使制备的稀土配合物凝胶杂化发光材料的性能不理想。因此,研究人员又建立了原位合成法。该法是在凝胶基质形成的过程中,同步实现稀土配合物的化学合成过程,即稀土配合物是在凝胶基质的形成过程中原位合成的,不涉及反应物和生成物的长距离迁移,因此称为原位合成法。这种方法克服了预掺杂法和后掺杂法所存在的在溶胶-凝胶过程中发光稀土配合物易分解、溶解度低以及制备的杂化发光材料的均匀性差等缺点,能够较为成功地将稀土配合物比较均匀地掺杂到凝胶基质中,所制得的杂化材料的发光性能也有改善。

对于原位合成法合成的稀土配合物可用光谱等手段进行表征,以证明其在凝胶形成过程中已经成功地被合成了[37]。所用的光谱法包括红外光谱、固体漫反射光谱以及发射光谱等。下面以稀土配合物凝胶杂化发光材料 $Er(DBM)_3phen/GEL$(DBM 代表二苯甲酰甲烷、GEL 代表凝胶)样品中原位合成的配合物 $Er(DBM)_3phen$ 的固体漫反射光谱表征为例进行介绍。该样品以及纯配合物 $Er(DBM)_3phen$ 的固体漫反射光谱如图 8-4 所示。由曲线(a)和(b)都能观察到来源于 Er^{3+} 的特征吸收峰,即位于 488 nm、521 nm、652 nm 和 978 nm 的特征峰,它们分别归属于 Er^{3+} 的 $^4I_{15/2} \rightarrow ^4F_{7/2}$, $^4I_{15/2} \rightarrow ^2H_{11/2}$, $^4I_{15/2} \rightarrow ^4F_{9/2}$ 和 $^4I_{15/2} \rightarrow ^4I_{11/2}$ 跃迁,并且 $Er(DBM)_3phen$ 与 $Er(DBM)_3phen/GEL$ 样品的这些峰的峰形、峰位也很相似。在两曲线的紫外区域都出现了宽的吸收带,这来源于有机配体从 S_0 基态能级(π)到 S_1 激发态能级(π^*)的电子跃迁。以上固体漫反射光谱特点表明,在 $Er(DBM)_3phen/GEL$ 样品中原位合成了配合物 $Er(DBM)_3phen$。

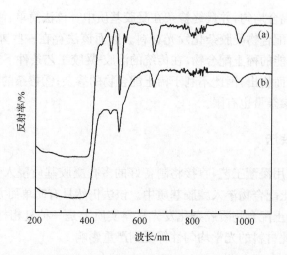

图 8-4　Er(DBM)₃phen 样品(a)和 Er(DBM)₃phen/GEL 样品(b)的固体漫反射光谱

(承惠允,引自[37(a)])

8.4.4　共价键嫁接法

　　原位合成法克服了预掺杂法和后掺杂法的一些缺点,使制备的稀土配合物凝胶杂化发光材料的发光性能得以提升。然而,以上三种方法均属于物理掺杂方法。用这些方法制备的稀土配合物凝胶杂化发光材料中,稀土配合物与凝胶基质之间只存在较弱的相互作用(主要是氢键和分子间作用力),这样就不可避免地导致杂化材料中两相间的相分离和稀土配合物的漏析现象的发生。为了进一步解决上述问题,研究人员在以上工作的基础上发展了共价键嫁接法。

　　共价键嫁接法就是将稀土配合物通过强的共价键嫁接到凝胶基质骨架上,从而实现分子水平上的掺杂,成功地克服了以上三种物理掺杂法的缺点。将稀土配合物借助共价键嫁接到凝胶基质材料的关键就是合成双功能化合物。双功能化合物既能与稀土离子配位,又能作为溶胶-凝胶反应的前驱体。在稀土离子存在下使双功能化合物与前驱体,如正硅酸乙酯等,一起进行水解和缩聚反应,这样稀土配合物通过 Si—C 键被嫁接到凝胶基质骨架上,最终制得共价键嫁接稀土配合物的凝胶杂化发光材料[作为例子,图 8-5 给出了 Ln(DBM)₃phen/GEL(Ln=Nd、Yb)样品的结构示意图][38]。双功能化合物主要是配体功能化的硅氧烷(也可称为硅氧烷修饰的配体)一类化合物。其中应用比较多的双功能化合物主要有邻菲罗啉、联吡啶等含氮中性配体以及羧酸类配体功能化的硅氧烷(作为例子,图 8-5 也给出了双功能化合物邻菲罗啉功能化的硅氧烷 phen-Si 的结构)。β-二酮类配体功能化的硅氧烷也已合成并成功地用于共价键嫁接稀土配合物的凝胶杂化发光材料的制备。共价键嫁接法的应用使稀土配合物凝胶杂化发光材料中稀土配合物的分布更为均匀,并且其掺杂浓度也有了很大程度的提高,与此同时还有效地避免了杂化材料中稀土配合物漏析现象的发生。尤其值得指出是,共价键嫁接法的应用明显地提升了所制备的杂化材料的热稳定性和荧光发射性能。

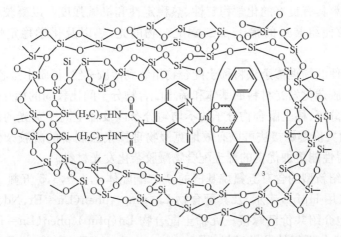

图 8-5　phen-Si 和 Ln(DBM)₃phen/GEL 样品(Ln=Nd、Yb)的结构示意图
(承惠允,引自[38(a)])

8.5　稀土配合物凝胶杂化近红外发光材料

8.5.1　共价键嫁接稀土(Ln=Er、Nd、Yb、Sm)配合物凝胶杂化近红外发光材料

近年来,具有近红外发光性质的稀土离子,如 Er^{3+}、Nd^{3+}、Yb^{3+}、Sm^{3+},由于它们在生物荧光探针、光纤通信和激光领域的诱人应用前景引起了研究人员越来越广泛的关注。例如,人体组织对 1000 nm 的近红外光具有相对高的透明度,这使得操作在这一波长(基于 Yb^{3+} 的发射)的荧光探针在活的有机体内具有诊断价值。Er^{3+} 的近红外发射在光通信领域作为光放大器材料具有很好的应用前景。而含 Nd^{3+} 的体系在激光领域被认为是最具应用潜力的近红外发光材料。此外,其他的近红外发光稀土离子,如 Sm^{3+} 来源于 $^4G_{5/2}$ 能级至其下能级跃迁的多重近红外发射,作为以上三种离子的近红外发射波长的补充也有重要的潜在应用价值。

配体 β-二酮(1,3-二酮)在很宽的波长范围内具有很强的吸收激发光的能力,配体吸收的能量通过有效的配合物分子内能量传递从配体的激发态转移到稀土离子的发射能级,从而可以敏化稀土离子的荧光发射。对 β-二酮类配体进行化学修饰可以进一步改善稀土 β-二酮配合物的荧光发射性能,如将 β-二酮中 C—H 键以低振动能量的 C—F 键取代,能够有效地降低配体 β-二酮的振动能,由此降低由于配体振动带来的能量损失,进而提高稀土离子的发光强度。因此,氟代 β-二酮配体能够更加有效地敏化稀土离子的荧光发射。

凝胶材料具有良好的化学稳定性、热稳定性和机械强度。以凝胶材料作为基质材料,能够使组装进的稀土 β-二酮配合物的光、热以及化学稳定性得以明显改善。

采用方便的物理掺杂法将稀土配合物组装到溶胶-凝胶基质中很容易做到,但是制得的凝胶杂化发光材料的基体和稀土配合物分子间比较弱的相互作用容易使材料产生相分离、稀土配合物分子的不均匀分布以及稀土离子荧光的浓度猝灭现象等[15]。而共价键嫁接法可以有效地克服物理掺杂法制备的凝胶杂化发光材料的缺点,制得性能更加优良的稀土配合物凝胶杂化发光材料。

下面介绍新型的含有五氟烷基链的 β-二酮配体 4,4,5,5,5-五氟-1-(2-萘基)-1,3-丁二酮(用 Hpfnp 表示)及其配合物 Ln(pfnp)₃phen(Ln＝Er、Nd、Yb、Sm)的合成,同时也介绍共价键嫁接三元稀土配合物 Ln(pfnp)₃phen(Ln＝Er、Nd、Yb、Sm)的凝胶杂化近红外发光材料[用 Ln(pfnp)₃phen-GEL 表示]样品的合成以及近红外发光性能等。

8.5.1.1　Ln(pfnp)₃phen-GEL 样品的制备

Ln(pfnp)₃phen-GEL(Ln＝Er、Nd、Yb、Sm)样品的制备过程及结构示意图如图 8-6 所示。首先合成含氟配体 Hpfnp,然后使双功能化合物邻菲罗啉功能化的硅氧烷 phen-Si 与正硅酸乙酯(TEOS)进行水解缩聚反应,并同时加入配体 Hpfnp和稀土氯化物,经一步反应制得 Ln(pfnp)₃phen-GEL(Ln＝Er、Nd、Yb、Sm)样品。在该样品中,中心稀土离子与每个 Hpfnp 分子(共三个分子)的两个氧原子采用螯合方式配位,另有 phen 的两个氮原子参与配位,从而形成八配位的稀土配合物。通过 Si—C 键,稀土配合物被共价键嫁接于凝胶基质中。

1. 配体 4,4,5,5,5-五氟-1-(2-萘基)-1,3-丁二酮的制备

配体 Hpfnp 的制备主要是基于克林森缩合反应原理,由相应的酮和氟代羧酸酯两种原料的缩合反应得到。具体过程介绍如下。

将拭去表面所附煤油的钠丝(2.76 g, 0.12 mmol)加到装有 150 mL 无水乙醇的圆底烧瓶中,室温下搅拌 30 min,再将反应物 2′-萘乙酮(1.702 g, 0.1 mol)和五氟丙酸乙酯(18 mL, 0.12 mol)加入上述混合溶液中,所得反应混合物在室温下搅拌 48 h。在搅拌下,向得到的混合物中滴加 2 mol/L HCl 以便酸化到 pH＝2～3,然后将溶剂于 70℃减压蒸出。接着向得到的混合物中加入干燥的 CH₂Cl₂ 并搅拌10 min。过滤,用 CH₂Cl₂ 洗涤数次,将溶剂蒸干,得到粗产物褐红色油状浑浊

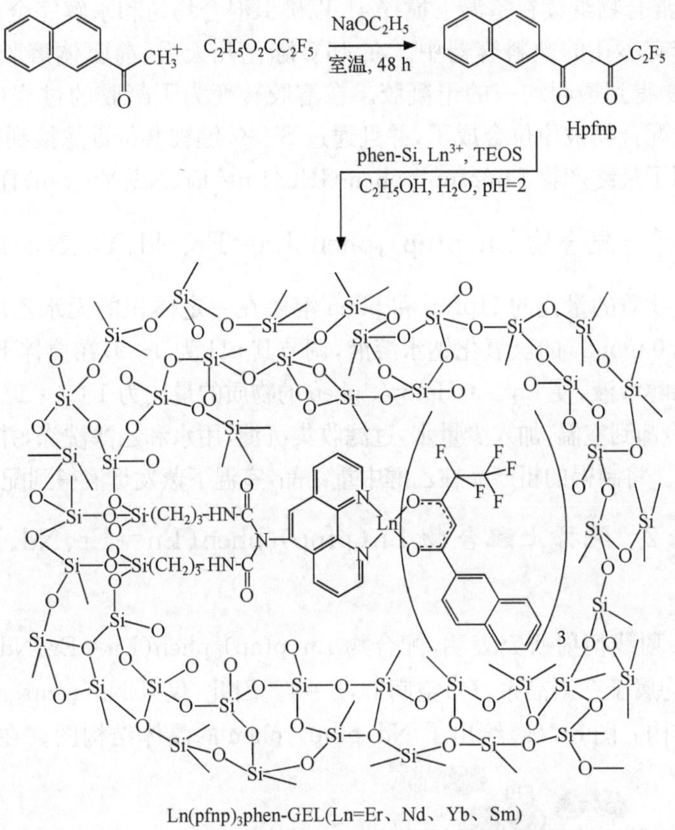

Ln(pfnp)₃phen-GEL(Ln=Er、Nd、Yb、Sm)

图 8-6　Ln(pfnp)₃phen-GEL 样品的制备过程及结构示意图

(承惠允,引自[38(b)])

液体。

粗产物的提纯(因含有原料萘乙酮)采用硅胶柱色谱进行分离,利用己烷作为洗脱剂。得到的最终产物为褐红色油状液体(经提纯的产物为 25.91 g,0.082 mol,以 2′-萘乙酮的量为标准计算产率为 82%)。

2. 共价键嫁接稀土配合物的凝胶近红外发光材料样品的一步法制备

将稀土配合物共价键嫁接到凝胶基质需通过双功能化合物邻菲罗啉功能化的硅氧烷 phen-Si[可由 phen-NH₂ 与 3-(三乙氧硅基)丙基异氰酸酯在干燥的氯仿中反应得到,本书前面已进行介绍]。

将 phen-Si 溶解在无水乙醇中,之后在搅拌下陆续加入 TEOS、酸化的去离子水(pH=2)、适量的 Hpfnp 和 LnCl₃(Ln=Er、Nd、Yb、Sm)的乙醇溶液,反应物的物质的量比为 0.01(phen-Si)∶1.0(TEOS)∶4.0(H₂O)∶0.01(Ln³⁺)∶0.03

(Hpfnp)。混合物继续在室温下搅拌 4h 以确保混合均匀和水解完全,然后将此溶胶转移至带有小孔的塑料容器中。在 45℃陈化几天后,前驱体溶胶转化成湿凝胶,继续干燥得到透明均一的干凝胶。在溶胶转变为干凝胶的过程中,随着 HCl 的挥发稀土配合物被原位合成了,并且通过 Si—C 键被共价键嫁接到凝胶基质,由此一步得到了最终产物 Ln(pfnp)₃phen-GEL(Ln=Er、Nd、Yb、Sm)样品。

3. 纯稀土配合物 Ln(pfnp)₃phen(Ln=Er、Nd、Yb、Sm)的制备

将一定物质的量比的 Hpfnp 和 phen 溶解在一定体积的无水乙醇中,向其中滴加适量 1.0 mol/L 的氢氧化钠水溶液,调节其 pH 为 8~9,在搅拌下再加入适量的 LnCl₃ 乙醇溶液,使 Ln³⁺∶Hpfnp∶phen 的物质的量比为 1∶3∶1。将该反应物回流 6h 后冷却到室温,加入少量水,过滤收集沉淀,用水和乙醇洗涤,并于 70℃下真空干燥过夜。将制得的粗产品在乙醇中重结晶,室温下蒸发母液得到配合物单晶。

8.5.1.2　纯稀土配合物 Ln(pfnp)₃phen(Ln=Er、Nd、Yb、Sm)的晶体结构

单晶 X 射线衍射研究表明,配合物 Ln(pfnp)₃phen(Ln=Er、Nd、Yb、Sm)是同构晶体,均属于三斜晶系,$P\bar{1}$空间群,$Z=4$。因此,仅以 Nd(pfnp)₃phen 为例介绍其晶体结构。图 8-7(a)给出了 Nd(pfnp)₃phen 的晶体结构图。在该配合物晶

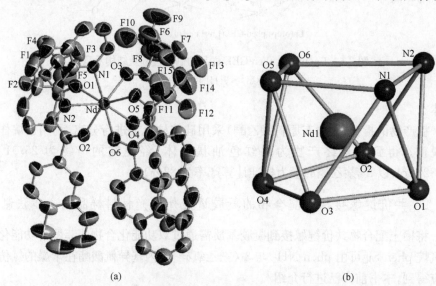

图 8-7　(a)Nd(pfnp)₃phen 配合物的晶体结构图(用 30%的热椭球体表示原子,为了简化,氢原子被省略);(b) 中心 Nd³⁺ 的配位多面体图

(承惠允,引自[38(b)])

体中，中心 Nd^{3+} 为八配位，其中 6 个氧原子来自 3 个 Hpfnp 配体，2 个氮原子来自
phen 配体。中心 Nd^{3+} 的配位多面体可描述为四方反棱柱[图 8-7(b)]。在 β-二酮
环中，C—C 键和 C—O 键的平均键长均介于相应的单键键长和双键键长之间，这
应该是由于萘环和配位的 β-二酮环之间形成了共轭结构，从而导致配位的 β-二酮
螯合环上电子云密度离域化。加之，β-二酮螯合环本身也是一个共轭结构。单晶
的 Ln—O 和 Ln—N 的平均键长列于表 8-1 中。表中数据表明，$Ln(pfnp)_3phen$
(Ln＝Er、Nd、Yb、Sm)配合物随着稀土原子半径的减小(从 Nd 到 Yb)，其 Ln—O
和 Ln—N 的平均键长依次减小，这是"镧系收缩"现象的反映。

表 8-1　$Ln(pfnp)_3phen$ 配合物中 Ln—O 和 Ln—N 的平均键长[38(b)]

项目	$Nd(pfnp)_3phen$	$Sm(pfnp)_3phen$	$Er(pfnp)_3phen$	$Yb(pfnp)_3phen$
Ln—O 键长/Å	2.397	2.361	2.299	2.277
Ln—N 键长/Å	2.642	2.606	2.520	2.498

由上述晶体结构可知，中心 Ln^{3+} 与 β-二酮配体 Hpfnp 和协同配体 phen 配
位，并完全被配体所围绕。这种结构有利于配体将其吸收的激发光能传递给配合
物分子内的中心 Ln^{3+}，从而得到稀土离子的近红外特征荧光发射。

8.5.1.3　$Ln(pfnp)_3phen$-GEL 样品的形貌和结构

1. $Ln(pfnp)_3phen$-GEL 样品的形貌特点

采用一步法制备了共价键嫁接稀土配合物的凝胶杂化近红外发光材料
$Ln(pfnp)_3phen$-GEL(Ln＝Er、Nd、Yb、Sm)样品。在制备过程中，双功能化合物
邻菲罗啉功能化的硅氧烷与正硅酸乙酯借助水解、聚合反应形成均一的凝胶，双功
能化合物邻菲罗啉功能化的硅氧烷中邻菲罗啉配体通过共价键被嫁接于凝胶，并
且在分子水平上均匀地分布于所形成的凝胶中。在该一步法制备中，配合物
$Ln(pfnp)_3phen$(Ln＝Er、Nd、Yb、Sm)也被原位合成，同时也被共价键嫁接于凝胶
并均匀地分布在凝胶基质中。也就是说，在该杂化材料中有机相和无机相之间存
在着强的共价键作用力。$Ln(pfnp)_3phen$-GEL(Ln＝Er、Nd、Yb、Sm)样品具有均
匀的相分布是理所当然的。

用上述合成方法得到的杂化材料样品是均匀、透明无裂痕、形状与反应器形状
一样的块状的干凝胶(图 8-8 的插图)。$Ln(pfnp)_3phen$-GEL(Ln＝Er、Nd、Yb、
Sm)样品的形貌均很相似，因此以 $Nd(pfnp)_3phen$-GEL 样品的形貌为例进行介
绍。电子显微镜照片为 $Nd(pfnp)_3phen$-GEL 样品的均匀形貌提供了更为直观的
证据。由图 8-8 给出的 $Nd(pfnp)_3phen$-GEL 样品的扫描电子显微镜照片可以清
楚地看出，该杂化材料样品的相分布颇为均匀，即使放大倍数达到 80 000 仍然没

有观察到相分离现象。

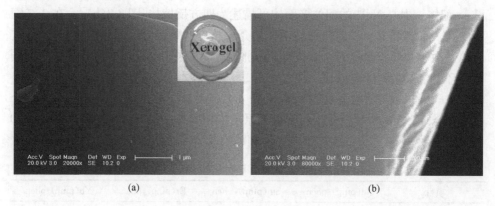

图 8-8　Nd(pfnp)₃phen-GEL 放大 20 000 倍(a)和 80 000 倍(b)的扫描电镜照片
(承惠允,引自[38(b)])

2. Ln(pfnp)₃phen-GEL 样品的红外光谱

对于 Nd(pfnp)₃phen-GEL 样品,其共价键嫁接的配合物 Nd(pfnp)₃phen 的配位模式以及凝胶基质的 Si—O—Si 网络结构反映在其红外光谱上即是呈现出与其相应的特征红外振动谱带。Nd^{3+} 与 β-二酮配体 4,4,5,5,5-五氟-1-(2-萘基)-1,3-丁二酮的氧原子配位,形成了 Nd—O 键,其红外振动谱带出现在 416 cm^{-1} 处。然而,与纯配合物 Nd(pfnp)₃phen 的 Nd—O 键振动谱带相比,该振动谱带明显减弱,其主要原因是杂化材料 Nd(pfnp)₃phen-GEL 样品中 Nd(pfnp)₃phen 的浓度比较低。Nd(pfnp)₃phen-GEL 样品中,Nd^{3+} 还同时与配体邻菲罗啉的氮原子配位,形成 Nd—N 键,但其特征振动谱带很弱而被邻近的强峰所掩盖,故无法观察到。这也是由于杂化材料中 Nd(pfnp)₃phen 的浓度比较低。然而,Nd(pfnp)₃phen-GEL 样品中 Nd—N 键的形成却引起了配体邻菲罗啉中 C═N 键的伸缩振动谱带产生红移[与纯配合物 Nd(pfnp)₃phen 相比较][37]。Nd(pfnp)₃phen-GEL 样品凝胶基质网络结构的特征红外振动谱带分别出现在 1073 cm^{-1} 和 450 cm^{-1} 处[38]。被成功地嫁接到凝胶网络结构中的配体邻菲罗啉的酰胺基团(—CONH)的振动谱带呈现在 1526 cm^{-1} 处。

Ln(pfnp)₃phen-GEL(Ln=Er、Yb、Sm)三个样品也具有与 Nd(pfnp)₃phen-GEL 样品类似的配合物的配位模式以及凝胶基质的网络结构,因此这三个杂化材料样品也具有与 Nd(pfnp)₃phen-GEL 样品类似的红外光谱,在其红外光谱图中呈现出相应于配合物的配位模式以及凝胶基质网络结构的红外振动谱带。

8.5.1.4　Ln(pfnp)₃phen-GEL 样品的电子光谱

1. Ln(pfnp)₃phen-GEL 样品的固体漫反射光谱

图 8-9 给出了纯配合物 Ln(pfnp)₃phen 以及 Ln(pfnp)₃phen-GEL(Ln＝Er、Nd、Yb、Sm)样品的固体漫反射光谱。Er(pfnp)₃phen-GEL 样品的固体漫反射光谱[图 8-9(a)]在紫外区呈现出强的宽峰,在可见和近红外区呈现出比较尖而弱的吸收峰。纯配合物 Er(pfnp)₃phen 的固体漫反射光谱[图 8-9(a)]由位于紫外区的强的宽峰以及可见和近红外区的比较尖而弱的吸收峰组成。位于紫外区的强的宽峰归属于有机配体[4,4,5,5,5-五氟-1-(2-萘基)-1,3-丁二酮和邻菲罗啉]从基态

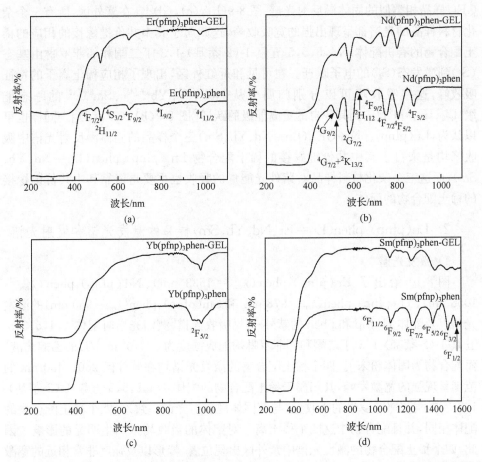

图 8-9　纯配合物 Ln(pfnp)₃phen 和 Ln(pfnp)₃phen-GEL[Ln＝Er(a)、Nd(b)、Yb(c)、Sm(d)]

样品的固体漫反射光谱

(承惠允,引自[38(b)])

（S_0）到激发态（S_1）的电子跃迁，而位于可见和近红外区的比较尖而弱的吸收峰归属于 Er^{3+} 的特征吸收跃迁，即 $Er^{3+[39]}$ 的基态能级 $^4I_{15/2}$ 到其更高能级的跃迁。由上述 $Er(pfnp)_3phen$ 固体漫反射光谱的特点可以判定该配合物对紫外光能量的吸收主要是依靠其配体，而 Er^{3+} 本身的吸收相当弱。参照 $Er(pfnp)_3phen$ 的固体漫反射光谱，$Er(pfnp)_3phen$-GEL 样品的固体漫反射光谱与其颇为类似，即它们的峰形、峰位很相近。当然，峰强度有所不同，这是由于 $Er(pfnp)_3phen$-GEL 样品中配合物的浓度比较低。因此，可以认为 $Er(pfnp)_3phen$-GEL 样品的固体漫反射光谱中吸收峰均来自其中共价键嫁接的配合物 $Er(pfnp)_3phen$，该杂化材料样品对紫外光能量的吸收也主要是依靠其中共价键嫁接的 Er 配合物的配体。

$Ln(pfnp)_3phen$-GEL（Ln＝Nd、Yb、Sm）三个样品也具有与 $Er(pfnp)_3phen$-GEL 样品相类似的固体漫反射光谱［图 8-9(b)，(c)，(d)］。在紫外区，所有三个杂化材料样品的光谱都呈现出强的宽吸收峰，这归属于其中共价键嫁接的相应的稀土配合物的有机配体 4,4,5,5,5-五氟-1-(2-萘基)-1,3-丁二酮和邻菲罗啉由基态（S_0）到激发态（S_1）的电子跃迁。在可见和近红外区，出现了相应稀土离子的特征吸收峰，这些吸收峰可以分别归属于从 $Nd^{3+[40]}$、$Yb^{3+[41]}$、$Sm^{3+[42]}$ 的基态能级 $^4I_{9/2}$、$^2F_{7/2}$ 和 $^6H_{5/2}$ 到其各自的更高能级的跃迁［图 8-9(b)，(c)，(d)］。同样也可以认为，$Ln(pfnp)_3phen$-GEL（Ln＝Nd、Yb、Sm）三个样品的固体漫反射光谱中吸收峰均是来自于其中共价键嫁接的稀土配合物 $Ln(pfnp)_3phen$（Ln＝Nd、Yb、Sm），而这三个杂化材料样品对紫外光能量的吸收也主要是依靠其中共价键嫁接的稀土配合物的配体。

2. $Ln(pfnp)_3phen$（Ln＝Er、Nd、Yb、Sm）样品的激发光谱和发射光谱

1）激发光谱

图 8-10 给出了 $Er(pfnp)_3phen$（$\lambda_{em}=1533$ nm）、$Nd(pfnp)_3phen$（$\lambda_{em}=1058$ nm）、$Yb(pfnp)_3phen$（$\lambda_{em}=978$ nm）和 $Sm(pfnp)_3phen$（$\lambda_{em}=950$ nm）的激发光谱以及配体 Hpfnp 和 phen 的紫外-可见吸收光谱［测定光谱时配体 4,4,5,5,5-五氟-1-(2-萘基)-1,3-丁二酮和邻菲罗啉均配成浓度为 5×10^4 mol/L 的乙醇溶液，而配合物为固体粉末］。四个稀土配合物的激发光谱均在紫外区 250～450 nm 的范围呈现强的宽激发峰，其归属于稀土配合物的配体 4,4,5,5,5-五氟-1-(2-萘基)-1,3-丁二酮和邻菲罗啉的吸收（这与其固体漫反射光谱一致）。四个稀土配合物的配体相同，并且配合物中这四个稀土离子对配体的吸收均未产生明显的影响。因此，四个稀土配合物的激发光谱中紫外区出现位置、峰形以及强度非常相近的宽激发峰应是必然的。除了上述位于紫外区的宽峰外，四个稀土配合物的激发光谱还在可见区出现一些比较尖锐的激发峰，这些激发峰来自于稀土离子各自的基态至相应激发态的吸收。这些峰的共同特点是其强度远小于相应的紫外区的宽峰（这

与其固体漫反射光谱也是一致的）。上述激发光谱的特点意味着四个稀土配合物中配体与稀土离子之间均存在有效的能量传递（在介绍这些配合物的晶体结构时已经指出配合物的结构有利于这种能量传递），配合物应该发射配体敏化的稀土离子特征荧光。

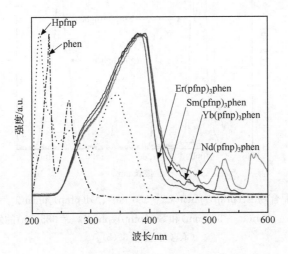

图 8-10　Ln(pfnp)₃phen(Ln＝Er、Nd、Yb、Sm)激发光谱及 Hpfnp
和 phen 的紫外-可见吸收光谱

（承惠允，引自[38(b)]）

四个稀土配合物的激发光谱的谱峰与配体 4,4,5,5,5-五氟-1-(2-萘基)-1,3-丁二酮和邻菲罗啉的吸收光谱皆有明显的重叠，这可以作为两个配体都能有效地敏化中心稀土离子的荧光发射的进一步证据。还值得指出的是，配体 4,4,5,5,5-五氟-1-(2-萘基)-1,3-丁二酮吸收光谱中吸收峰与配合物激发光谱的激发峰的重叠程度远大于配体邻菲罗啉吸收光谱中吸收峰与配合物激发光谱的激发峰的重叠程度，由此可以认为 4,4,5,5,5-五氟-1-(2-萘基)-1,3-丁二酮是稀土离子的主要敏化剂，即分子内能量传递主要发生在该配体和中心稀土离子之间。由此可见，合成的新型配体 4,4,5,5,5-五氟-1-(2-萘基)-1,3-丁二酮的结构设计是合理的，它能够强烈地吸收紫外光，并且其三重态能级与稀土离子的激发态能级匹配得很好。

2）发射光谱

以配体的最大吸收波长为激发波长，得到了配合物 Ln(pfnp)₃phen(Ln＝Er、Nd、Yb、Sm)的发射光谱（图 8-11）。配合物 Ln(pfnp)₃phen(Ln＝Er、Nd、Yb、Sm)皆发射出各自稀土离子的特征荧光，各个发射峰分别归属于各稀土离子由激发态至基态的跃迁（其具体情况可参见后面陆续给出的这些稀土配合物凝胶杂化近红外发光材料样品的发射光谱）。正如由四个配合物的固体漫反射光谱和激发光谱所预期的那样，这些稀土配合物均发射了以配体 4,4,5,5,5-五氟-1-(2-萘基)-1,3-

丁二酮为主要敏化剂的稀土离子特征荧光。

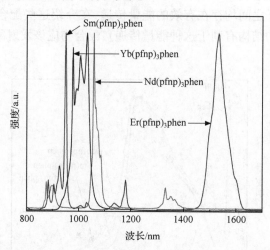

图 8-11　配合物 Er(pfnp)₃phen(λ_{ex}＝380 nm)、Nd(pfnp)₃phen(λ_{ex}＝390 nm)、Yb(pfnp)₃phen(λ_{ex}＝380 nm)和 Sm(pfnp)₃phen(λ_{ex}＝385 nm)的发射光谱

(承惠允,引自[38(b)])

3. Ln(pfnp)₃phen-GEL 样品的激发光谱和发射光谱

1) Er(pfnp)₃phen-GEL 样品的激发光谱和发射光谱

图 8-12 给出了 Er(pfnp)₃phen-GEL 样品的激发光谱和发射光谱。Er(pfnp)₃phen-GEL 样品的激发光谱以位于紫外区的 250～470 nm 的强宽带为主峰。参照该样品的固体漫反射光谱以及配合物 Er(pfnp)₃phen 的激发光谱,可以认为该激发宽峰归属于 Er(pfnp)₃phen-GEL 样品中共价键嫁接的配合物的有机配体 4,4,5,5,5-五氟-1-(2-萘基)-1,3-丁二酮和邻菲罗啉的吸收。此外,该激发光谱在可见区还出现一些肩峰,这些肩峰来自于 Er³⁺ 的基态至相应激发态的吸收。然而,其强度相当弱。与纯配合物 Er(pfnp)₃phen 位于紫外区的强宽带相比(250～450 nm),Er(pfnp)₃phen-GEL 样品的有所加宽,这可能与纯配合物 Er(pfnp)₃phen 被组装到凝胶基质中以后,其所处的化学环境发生改变有一定的关系。

通过激发配体的吸收,得到了 Er(pfnp)₃phen-GEL 样品的发射光谱(图 8-12)。Er(pfnp)₃phen-GEL 样品的发射光谱为宽带发射,其中心位于 1533 nm。参照纯配合物 Er(pfnp)₃phen 的发射光谱,将该发射峰归属于 Er³⁺ 的 $^4I_{13/2} \rightarrow {}^4I_{15/2}$ 跃迁发射是合理的。这也就是说,配合物 Er(pfnp)₃phen 被共价键嫁接至基质材料凝胶后仍能够发射配体敏化的 Er³⁺ 的特征近红外荧光。

由于 1540 nm 左右的发射波长正好位于第三通信窗口,因此多年以来掺 Er³⁺

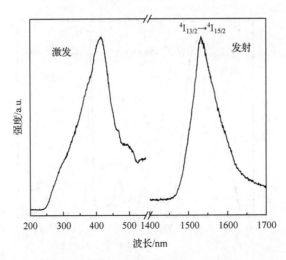

图 8-12　Er(pfnp)$_3$phen-GEL 样品的激发(λ_{em}＝1533 nm)光谱和发射(λ_{ex}＝413 nm)光谱

(承惠允,引自[38(b)])

的光放大器材料一直受到强烈关注。为了使光放大器能够产生一个比较宽的增益谱带,制作光放大器的材料必须要有比较宽的发射谱带。Er(pfnp)$_3$phen-GEL 样品位于 1533 nm 的发射峰的半峰宽为 72 nm,与纯配合物 Er(pfnp)$_3$phen 以及其他掺 Er^{3+} 的材料[43]发射峰的半峰宽相比,这一发射峰的半峰宽是比较宽的。因此,Er(pfnp)$_3$phen-GEL 样品作为优良的制备光放大器的材料显示了较为乐观的应用前景。

2) Nd(pfnp)$_3$phen-GEL 样品的激发光谱和发射光谱

图 8-13 给出了 Nd(pfnp)$_3$phen-GEL 样品的激发光谱和发射光谱。与 Er(pfnp)$_3$phen-GEL样品的激发光谱相似,在紫外区 250～470 nm 呈现了强的宽带,该激发宽峰来源于 Nd(pfnp)$_3$phen-GEL 样品中共价键嫁接的配合物的有机配体 4,4,5,5,5-五氟-1-(2-萘基)-1,3-丁二酮和邻菲罗啉的吸收。在该激发光谱的可见区也出现一些肩峰,这些肩峰来自于 Nd^{3+} 的基态至相应激发态的吸收。然而,其强度与位于紫外区配体的激发宽峰相差甚远。

通过激发配体的吸收,得到了 Nd(pfnp)$_3$phen-GEL 样品的发射光谱(图 8-13)。由图 8-13 可见,该样品的发射光谱是 Nd^{3+} 的特征荧光发射,各荧光发射峰可归属于 Nd^{3+} 的激发态至其基态的跃迁。这就是说,共价键嫁接配合物Nd(pfnp)$_3$phen 的凝胶杂化材料样品能够发射配体敏化的 Nd^{3+} 的特征近红外荧光。Nd^{3+} 的最强近红外发射峰位于 1059 nm($^4F_{3/2} \rightarrow {}^4I_{11/2}$),其在激光体系具有潜在的应用价值。另外,其位于 1332 nm 处的发射($^4F_{3/2} \rightarrow {}^4I_{13/2}$)意味着以后这方面研究也可能为制造操作在 1.3 μm 通信窗口的光放大器提供候选新材料。

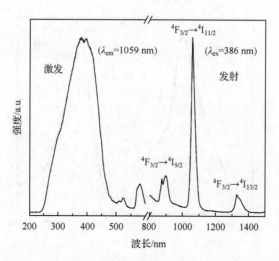

图 8-13　Nd(pfnp)₃phen-GEL 样品的激发($\lambda_{em}=1059$ nm)光谱和发射($\lambda_{ex}=386$ nm)光谱

(承惠允,引自[38(b)])

3) Yb(pfnp)₃phen-GEL 样品的激发光谱和发射光谱

图 8-14 给出了 Yb(pfnp)₃phen-GEL 样品的激发光谱和发射光谱。与 Er(pfnp)₃phen-GEL 和 Nd(pfnp)₃phen-GEL 样品相似,Yb(pfnp)₃phen-GEL 样品也显示出了比较相似的激发光谱,即以源于配体的位于紫外区的强宽峰为其激发光谱的主峰。

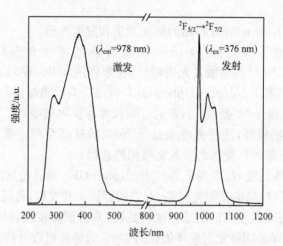

图 8-14　Yb(pfnp)₃phen-GEL 样品的激发($\lambda_{em}=978$ nm)光谱和发射($\lambda_{ex}=376$ nm)光谱

(承惠允,引自[38(b)])

Yb(pfnp)₃phen-GEL 样品也发射了配体敏化的 Yb³⁺ 的特征荧光。由图 8-14

可以观察到位于 900~1150 nm 且其中心在 978 nm 的近红外发射峰,该发射峰归属于 Yb^{3+} 的 $^2F_{5/2} \rightarrow {}^2F_{7/2}$ 跃迁。该 Yb^{3+} 的发射带不是一个单独的肩峰,而是包括了一部分 978 nm 附近低能区且有劈裂的宽带,这在文献中也有过报道[44,45]。导致 Yb^{3+} 发射光谱劈裂的原因可能是晶体场分裂作用[46]。

Yb^{3+} 具有非常简单的 f-f 能级结构,并且其吸收光谱和发射光谱之间的斯托克斯位移非常小。Yb^{3+} 的上述特性以及 Yb(pfnp)$_3$phen-GEL 样品位于 978 nm 的高强度发射使该杂化材料在许多领域的应用均显示出诱人的前景。此外,人体组织对 1000 nm 左右的近红外光具有相对良好的透明度,这将使工作于该波长处(基于 Yb^{3+} 的发射)的荧光探针在活的有机体内具有重要的潜在诊断价值。

4) Sm(pfnp)$_3$phen-GEL 样品的激发光谱和发射光谱

图 8-15 给出了 Sm(pfnp)$_3$phen-GEL 样品的激发光谱和发射光谱。与上面介绍的三个稀土配合物凝胶杂化发光材料样品相似,Sm(pfnp)$_3$phen-GEL 样品的激发光谱也在紫外区呈现了源于共价键嫁接的 Sm(pfnp)$_3$phen 的配体的强激发峰。

以配体的最大吸收波长为激发波长,得到了 Sm(pfnp)$_3$phen-GEL 样品的发射光谱(图 8-15)。Sm(pfnp)$_3$phen-GEL 样品也发射了配体敏化的 Sm^{3+} 的特征近红外荧光。该发射光谱由几个比较尖锐的发射峰构成,这些发射峰源于 Sm^{3+} 的激发态至其基态的跃迁。发射峰中,位于 950 nm 的发射峰最强,应归属于 Sm^{3+} 的 $^4G_{5/2} \rightarrow {}^6F_{5/2}$ 跃迁。含 Sm^{3+} 发光材料的近红外荧光发射的发现,使含有稀土离子的近红外发射材料的荧光能够覆盖更加宽广的红外发射范围。

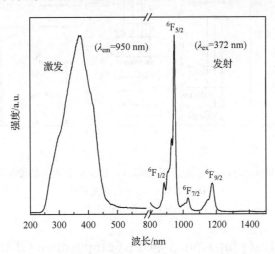

图 8-15　Sm(pfnp)$_3$phen-GEL 样品的激发(λ_{em}=950 nm)光谱和发射(λ_{ex}=372 nm)光谱
(承惠允,引自[38(b)])

8.5.1.5 配体与稀土离子之间的能量传递

采用测定 $Gd(pfnp)_3(H_2O)_2$ 配合物的 DMF 溶液的磷光光谱（77 K）的方法确定了配体 4,4,5,5,5-五氟-1-(2-萘基)-1,3-丁二酮的三重态能级。该配体的三重态能级为 19 685 $cm^{-1[47]}$。在上述工作的基础上画出了配体（Hpfnp、phen）与稀土（Er、Nd、Yb、Sm）离子之间的能量传递过程示意图（图 8-16）。由图 8-16 可见，配体 Hpfnp、phen 的三重态能级高于稀土（Er、Nd、Yb、Sm）离子的激发态能级，并且配体 Hpfnp、phen 的三重态能级与稀土（Er、Nd、Yb、Sm）离子激发态能级的能量差在合理的范围内。因此，可以认为配体 Hpfnp、phen 与稀土离子（Ln=Er、Nd、Yb、Sm）之间存在有效的能量传递，由此得到相应稀土离子的高效近红外发射。

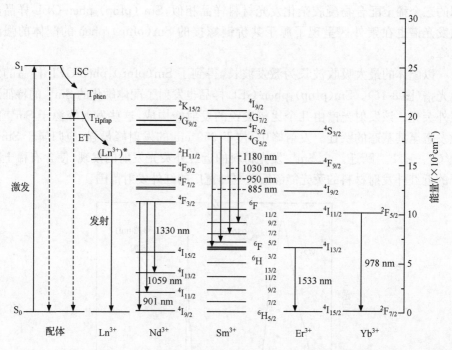

图 8-16　配体（Hpfnp、phen）与稀土（Er、Nd、Yb、Sm）离子之间的能量传递过程示意图

ISC：系间穿越；ET：能量传递

（承惠允，引自[38(b)]）

8.5.1.6 $Ln(pfnp)_3$phen 和 $Ln(pfnp)_3$phen-GEL（Ln=Er、Nd、Yb、Sm）样品的荧光寿命

测定了纯配合物 $Ln(pfnp)_3$phen 和 $Ln(pfnp)_3$phen-GEL（Ln=Er、Nd、Yb、

Sm)样品的荧光衰减曲线。配合物 Ln(pfnp)$_3$phen(Ln＝Er、Nd、Yb、Sm)的荧光衰减曲线(测定时激发波长为 355 nm,监测波长选在各个配合物最强发射峰的位置)呈单指数衰减,这反映了 Ln^{3+} 所处的环境均一。相应的荧光寿命为 1.78 μs [Er(pfnp)$_3$phen]、0.99 μs[Nd(pfnp)$_3$phen]、11.01 μs[Yb(pfnp)$_3$phen]和 51.84 μs[Sm(pfnp)$_3$phen]。测定 Ln(pfnp)$_3$phen-GEL(Ln＝Er、Nd、Yb、Sm)的荧光衰减曲线选用的测试条件同纯配合物。Er(pfnp)$_3$phen-GEL 样品的荧光衰减曲线也呈单指数衰减,其荧光寿命为 1.24 μs。Ln(pfnp)$_3$phen-GEL(Ln＝Nd、Yb、Sm)样品的荧光衰减曲线则呈双指数衰减,它们的荧光寿命依次为 0.34 μs (48.02%)和 85 ns (51.98%),0.85 μs (32.07%)和 4.87 μs (67.93%),4.59 μs (36.96%)和 20 μs (63.04%)。

8.5.2　钬配合物凝胶杂化近红外发光材料

　　稀土离子不仅在可见区具有优良的荧光发射性质,而且在近红外区域也表现出独特的发光性能。具有近红外发光性质的稀土离子已经在生物荧光探针、医学成像、光纤通信和激光等领域显示了十分重要的应用前景。近年来,越来越多的研究人员开始重视这一领域的研究工作。

　　目前,已经有不少的工作涉及有关近红外发光的稀土离子,如 Er^{3+}、Nd^{3+}、Yb^{3+} 等,但是其他一些稀土离子,如 Ho^{3+} 和 Tm^{3+} 的近红外发光研究则相对开展比较晚[48,49]。值得指出的是,Ho^{3+} 的近红外发光也有其特色,因此开展 Ho^{3+} 的近红外发光材料的研究对于进一步拓展稀土的应用领域具有重要的意义。

　　凝胶是一种重要的基质材料,作为基质材料凝胶可以有效地改善稀土配合物的光、热不稳定性等缺点。因此,由稀土配合物和凝胶基质构筑的杂化材料是一种发展实用高性能稀土配合物发光材料的重要途径。

　　下面介绍 Ho^{3+} 与第一配体噻吩甲酰三氟丙酮(HTTA)、第二配体 2,2′-联吡啶(bipy)或三苯基氧膦(TPPO)的三元配合物的凝胶杂化近红外发光材料[用 Ho(TTA)$_3$bipy/GEL 和 Ho(TTA)$_3$(TPPO)$_2$/GEL 表示]样品的原位合成法制备以及近红外发光性能。

8.5.2.1　Ho(TTA)$_3$bipy/GEL 和 Ho(TTA)$_3$(TPPO)$_2$/GEL 样品的制备

1. 纯配合物 Ho(TTA)$_3$bipy 和 Ho(TTA)$_3$(TPPO)$_2$ 的制备

　　对于 Ho(TTA)$_3$bipy,第一配体噻吩甲酰三氟丙酮的两个氧原子与 Ho^{3+} 以螯合的形式配位,第二配体 2,2′-联吡啶的两个氮原子(也是双齿螯合配体)与 Ho^{3+} 配位。配体噻吩甲酰三氟丙酮为 Ho^{3+} 提供 6 个配位点,而配体 2,2′-联吡啶则提供两个配位点，Ho^{3+} 的配位数为 8。配合物 $Ho(TTA)_3(TPPO)_2$ 的配位模式与 $Ho(TTA)_3bipy$ 类似，其差异仅在于第二配体。三苯基氧膦仅以单一的氧原子与 Ho^{3+} 配位，为单齿配体，因此该配合物中有两个三苯基氧膦分子参与配位。

上述两个纯配合物均可采用通常的稀土 β-二酮配合物的合成方法制备，其不同之处仅在于制备时反应物的物质的量比不同（这是因为这两个配合物的组成不同）。制备 $Ho(TTA)_3bipy$ 时，反应物物质的量比为 Ho^{3+} ∶ HTTA ∶ bipy＝1∶3∶1，而制备 $Ho(TTA)_3(TPPO)_2$ 的反应物物质的量比为 Ho^{3+} ∶ HTTA ∶ TPPO＝1∶3∶2。

2. $Ho(TTA)_3bipy/GEL$ 和 $Ho(TTA)_3(TPPO)_2/GEL$ 样品的原位合成法制备

采用原位合成法，在单一的反应过程中同时合成 Ho^{3+} 的配合物并制成其凝胶杂化近红外发光材料。

以 $Ho(TTA)_3bipy/GEL$ 样品的制备为例介绍具体操作过程。在反应容器中加入正硅酸乙酯、乙醇以及用盐酸酸化的去离子水，这三者的物质的量比为 1∶4∶4，得到了 pH 约为 2.5 的溶液。搅拌 3 h 后，向溶胶中连续加入噻吩甲酰三氟丙酮、2,2′-联吡啶和三氯化钬乙醇溶液，它们的物质的量比为 Ho^{3+} ∶ HTTA ∶ bipy＝1∶3∶1，$Ho^{3+}/Si＝1\%$（摩尔分数）。混合物继续在室温搅拌 4 h 以确保反应物均匀混合和完全水解，然后将此溶胶转移到一个密封的塑料容器中，将密封的塑料容器扎几个针眼以利于溶剂等的挥发，在 45℃陈化，直到前驱体溶胶全部转变为透明的块状凝胶。随着盐酸的挥发，在溶胶向凝胶的转变过程中原位合成了配合物 $Ho(TTA)_3bipy$，并且分布于凝胶基质中。

$Ho(TTA)_3(TPPO)_2/GEL$ 样品的制备操作与 $Ho(TTA)_3bipy/GEL$ 样品类似，只是在制备时反应物物质的量比改用 Ln^{3+} ∶ HTTA ∶ TPPO＝1∶3∶2。

8.5.2.2　$Ho(TTA)_3bipy/GEL$ 和 $Ho(TTA)_3(TPPO)_2/GEL$ 样品的形貌与结构

1. $Ho(TTA)_3bipy/GEL$ 和 $Ho(TTA)_3(TPPO)_2/GEL$ 样品的形貌

利用原位法制备 $Ho(TTA)_3bipy/GEL$ 样品的过程中，正硅酸乙酯、噻吩甲酰三氟丙酮、2,2′-联吡啶和三氯化钬等所有反应物均在分子水平上混合均匀，并最终原位地形成了 Ho^{3+} 的配合物且均匀地分布于凝胶基质材料中。在选定的制备条件下，能够制得透明且无裂痕的块状凝胶杂化发光材料样品。图 8-17 给出了 $Ho(TTA)_3bipy/GEL$ 样品的扫描电镜照片。从电镜照片中可以看出，制得的 $Ho(TTA)_3bipy/GEL$ 样品的形貌相当均匀，即使放大 120 000 倍，也仍然未观察到相分离现象。

(a)　　　　　　　　　　　　　　　(b)

图 8-17　Ho(TTA)₃bipy/GEL 样品的扫描电镜照片

(a) 放大 40 000 倍；(b) 放大 120 000 倍

(承惠允，引自[37(b)])

利用相同方法制备的 Ho(TTA)₃(TPPO)₂/GEL 样品与 Ho(TTA)₃bipy/GEL 样品的形貌十分类似，其扫描电子显微镜照片也显示出相当均匀的形貌，即使在放大倍数很高的条件下仍未观察到相分离现象。

2. Ho(TTA)₃bipy/GEL 和 Ho(TTA)₃(TPPO)₂/GEL 样品的红外光谱

红外光谱可以为 Ho(TTA)₃bipy/GEL 样品凝胶基质的 Si—O—Si 网络结构以及掺杂的配合物 Ho(TTA)₃bipy 的配位模式提供重要的实验依据[50-53]。凝胶基质 Si—O—Si 网络结构的特征红外振动谱带出现在 $1083\ cm^{-1}$、$452\ cm^{-1}$。在 Ho(TTA)₃bipy/GEL 样品中，掺杂的配合物的 Ho^{3+} 与 β-二酮配体噻吩甲酰三氟丙酮的氧原子配位，形成了 Ho—O 键，其红外伸缩振动谱带出现在 $418\ cm^{-1}$ 处。而与出现在同一波数范围的纯配合物 Ho(TTA)₃bipy 的 Ho—O 键的伸缩振动谱带相比，该谱带的强度明显减弱，其主要原因是 Ho(TTA)₃bipy/GEL 样品中配合物 Ho(TTA)₃bipy 的掺杂量比较低（$Ho^{3+}/Si = 1\%$，摩尔分数）。Ho(TTA)₃bipy/GEL 样品中，Ho^{3+} 还同时与配体 2,2'-联吡啶的氮原子配位，形成 Nd—N 键，但是其特征振动谱带（Ho(TTA)₃bipy 的 Ho—N 键伸缩振动谱带位于 $515\ cm^{-1}$）很弱而被邻近的强谱带掩盖，因而无法观察到。这也是由于该杂化材料样品中配合物 Ho(TTA)₃bipy 的掺杂量较低。然而，Ho(TTA)₃bipy/GEL 样品中 Ho—N 键的形成却引起配体 2,2'-联吡啶中 C=N 键的弯曲振动谱带产生红移。

Ho(TTA)₃(TPPO)₂/GEL 样品的红外光谱中同样呈现出来源于其凝胶基质的 Si—O—Si 网络结构的特征红外振动谱带以及反映其中掺杂配合物 Ho(TTA)₃(TPPO)₂ 配位模式的特征红外振动谱带。

8.5.2.3　Ho(TTA)₃bipy/GEL 和 Ho(TTA)₃(TPPO)₂/GEL 样品的光谱

1. 固体漫反射光谱[41,54,55]

图 8-18 给出了 Ho(TTA)₃bipy/GEL 样品以及作为参比的纯配合物 Ho(TTA)₃bipy的固体漫反射光谱。Ho(TTA)₃bipy/GEL 样品的固体漫反射光谱[图 8-18(b)]在紫外区(即 200～400 nm)呈现出强的宽吸收峰,而在可见及近红外区(400 nm 以上光谱区域内)出现了比较尖的吸收峰,但其强度相对较弱。Ho(TTA)₃bipy的固体漫反射光谱[图 8-18(a)] 中,在紫外区(200～400 nm)的范围也出现了强的宽吸收峰,该吸收峰归属于配体噻吩甲酰三氟丙酮和2,2′-联吡啶从 S_0 基态能级(π)到 S_1 激发态能级(π^*)的电子跃迁(稍后介绍的配体噻吩甲酰

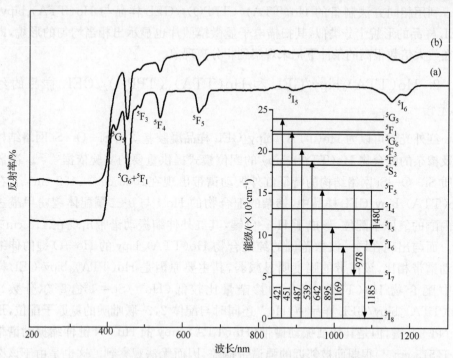

图 8-18　Ho(TTA)₃bipy(a)和 Ho(TTA)₃bipy/GEL 样品(b)的固体漫反射光谱,
插图为 Ho³⁺ 离子的能级图(跃迁以箭头表示)

(承惠允,引自[37(b)])

三氟丙酮和2,2′-联吡啶的吸收光谱可为此提供有力的佐证）。而在可见以及近红外区也出现了比较尖的弱吸收峰，这些弱吸收峰是 Ho^{3+} 的 f-f 跃迁产生的吸收，分别对应于 Ho^{3+} 的基态能级 $^5I_8$ 到其更高能级的跃迁。参照 $Ho(TTA)_3bipy$ 的固体漫反射光谱，$Ho(TTA)_3bipy/GEL$ 样品的固体漫反射光谱与之相当类似（其峰形、峰位无明显差异），可以认为 $Ho(TTA)_3bipy/GEL$ 样品的固体漫反射光谱是源于其中掺杂的 $Ho(TTA)_3bipy$，也就是说 $Ho(TTA)_3bipy/GEL$ 样品具有纯配合物 $Ho(TTA)_3bipy$ 的固体漫反射光谱。

图 8-19 给出了 $Ho(TTA)_3(TPPO)_2/GEL$ 样品的固体漫反射光谱以及作为参比的纯配合物 $Ho(TTA)_3(TPPO)_2$ 的固体漫反射光谱。该图清楚地显示出，$Ho(TTA)_3(TPPO)_2/GEL$ 样品的固体漫反射光谱的吸收峰峰形以及峰位均与纯配合物 $Ho(TTA)_3(TPPO)_2$ 相似，即在 $Ho(TTA)_3(TPPO)_2/GEL$ 样品的固体漫反射光谱紫外区（200～400 nm）出现了来源于配体的从 S_0 基态能级（π）到 S_1 激发态能级（π*）电子跃迁的强而宽的吸收峰，而在400 nm以上光谱区域内出现了可以分别归属于 Ho^{3+} 的基态能级 $^5I_8$ 到其更高能级的跃迁的弱而尖的吸收峰。因此，有理由认为 $Ho(TTA)_3(TPPO)_2/GEL$ 样品的固体漫反射光谱也是来源于其中掺杂的 $Ho(TTA)_3(TPPO)_2$。

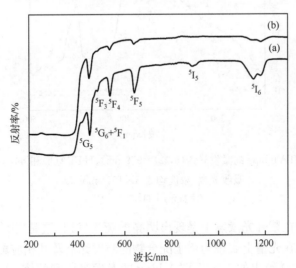

图 8-19　$Ho(TTA)_3(TPPO)_2$ (a)和 $Ho(TTA)_3(TPPO)_2/GEL$ 样品(b)的固体漫反射光谱

（承惠允,引自[37(b)]）

2. 激发光谱

1) Ho(TTA)₃bipy 的激发光谱

图 8-20 给出了 Ho(TTA)₃bipy 的激发光谱以及配体噻吩甲酰三氟丙酮和 2,2′-联吡啶的丙酮溶液的吸收光谱。Ho(TTA)₃bipy 的激发光谱[图 8-20(a)]中于紫外区呈现出强的宽激发峰,该激发峰源于配合物中的配体噻吩甲酰三氟丙酮以及 2,2′-联吡啶的吸收。此外,在该强的宽激发峰边缘上还能够观察到比较尖的激发峰,但是比较弱,可归属于 Ho³⁺ 的特征吸收,分别对应于 Ho³⁺ 的 $^5I_8 \rightarrow {}^5G_5$(422 nm)和 $^5I_8 \rightarrow {}^5F_1 + {}^5G_6$(452 nm)跃迁。这与上面介绍的该样品的固体漫反射光谱一致(图 8-18)。Ho(TTA)₃bipy 激发光谱的上述特点意味着配合物中配体噻吩甲酰三氟丙酮和 2,2′-联吡啶与 Ho³⁺ 之间存在有效的能量传递,该配合物能够发射配体敏化的 Ho³⁺ 的特征近红外荧光。

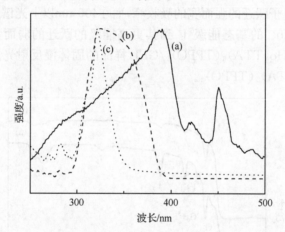

图 8-20　Ho(TTA)₃bipy 的激发光谱(a,λ_{em}＝979 nm)、HTTA(b)和 bipy(c)丙酮溶液的
吸收光谱(浓度均为 5×10^{-4} mol/L)

(承惠允,引自[37(b)])

稀土配合物在紫外光激发下呈现出明亮的荧光发射,这是"天线效应"现象的结果。这种现象在光谱上表现为稀土配合物的激发光谱及其相应配体的吸收光谱发生重叠。图 8-20 给出的 Ho(TTA)₃bipy 的激发光谱和配体(噻吩甲酰三氟丙酮以及 2,2′-联吡啶)的吸收光谱[图 8-20(b),(c)]之间有一定程度的重叠,表明这两个配体均能敏化 Ho³⁺ 的荧光发射。还应该指出的是,配体噻吩甲酰三氟丙酮的吸收光谱和配合物的激发光谱之间的重叠部分要明显大于配体 2,2′-联吡啶的吸收光谱和配合物激发光谱之间的重叠。很显然,配体噻吩甲酰三氟丙酮能更加有效地敏化中心 Ho³⁺,也就是说在 Ho(TTA)₃bipy 配合物中,分子内的能量传递主要发生在配体噻吩甲酰三氟丙酮和中心 Ho³⁺ 之间[56]。

在稀土配合物中能量给体（即配体）的发射光谱和能量受体（即稀土离子）的吸收光谱之间是否存在重叠也是两者之间能否发生能量传递的重要判据。图 8-21 给出了配体 2,2′-联吡啶和噻吩甲酰三氟丙酮的发射光谱,同时还有 $HoCl_3$ 的吸收光谱（所有测试样品均为乙醇溶液,浓度皆为 5×10^{-4} mol/L）。图 8-21 清楚地显示出 $HoCl_3$ 的吸收光谱和配体（噻吩甲酰三氟丙酮和 2,2′-联吡啶）的发射光谱之间有明显的重叠,这是 $Ho(TTA)_3bipy$ 中 Ho^{3+} 可以直接接收配体噻吩甲酰三氟丙酮和 2,2′-联吡啶传递其所吸收的激发能的进一步令人信服的实验依据[57]。

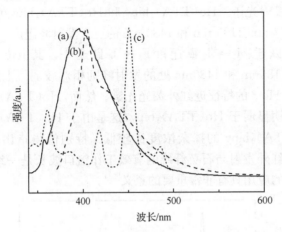

图 8-21　bipy (a, $\lambda_{ex} = 322$ nm) 和 HTTA (b, $\lambda_{ex} = 360$ nm) 的发射光谱;
$HoCl_3$ 的吸收光谱(c)

（承惠允,引自[37(b)]）

2) $Ho(TTA)_3bipy/GEL$ 样品的激发光谱

$Ho(TTA)_3bipy/GEL$ 样品的激发光谱与纯配合物 $Ho(TTA)_3bipy$ 的激发光谱颇为相似。在紫外区出现了来源于配体的强的宽激发峰,而在可见区呈现出归属于 Ho^{3+} 的 f-f 跃迁的比较尖锐的特征激发峰,但是其强度比源于配体的宽激发峰弱得多。上述 $Ho(TTA)_3bipy/GEL$ 样品激发光谱的特点表明,纯配合物被掺杂到凝胶基质后仍保持其激发光谱的特点,$Ho(TTA)_3bipy/GEL$ 样品能够发射配体敏化的 Ho^{3+} 的特征近红外荧光。

3) $Ho(TTA)_3(TPPO)_2$ 和 $Ho(TTA)_3(TPPO)_2/GEL$ 样品的激发光谱

$Ho(TTA)_3(TPPO)_2$ 具有与纯配合物 $Ho(TTA)_3bipy$ 相似的激发光谱。在 $Ho(TTA)_3(TPPO)_2$ 中配体也是激发能的主要吸收者,并且配体与 Ho^{3+} 能够产生有效的能量传递。

$Ho(TTA)_3(TPPO)_2/GEL$ 样品的激发光谱与纯配合物 $Ho(TTA)_3(TPPO)_2$ 的十分相似,事实上,$Ho(TTA)_3(TPPO)_2/GEL$ 样品的激发光谱源于其中掺杂的纯配合物 $Ho(TTA)_3(TPPO)_2$。上述光谱特点意味着 $Ho(TTA)_3(TPPO)_2/GEL$

样品中配体与 Ho^{3+} 仍能够产生有效的能量传递，也可以说，该凝胶杂化发光材料样品也能够发射配体敏化的 Ho^{3+} 的特征近红外荧光。

3. 发射光谱

1) Ho(TTA)$_3$bipy 和 Ho(TTA)$_3$bipy/GEL 样品的发射光谱

通过激发配体的最大吸收，分别得到了 Ho(TTA)$_3$bipy 和 Ho(TTA)$_3$bipy/GEL 样品的近红外发射光谱。图 8-22 给出了 Ho(TTA)$_3$bipy 和 Ho(TTA)$_3$bipy/GEL 样品的发射光谱。Ho(TTA)$_3$bipy 和 Ho(TTA)$_3$bipy/GEL 样品的发射光谱均由位于 978 nm、1185 nm 和 1480 nm 的三个发射峰组成，它们分别归属于 Ho^{3+} 的 $^5F_5 \rightarrow {}^5I_7$ 跃迁、$^5I_6 \rightarrow {}^5I_8$ 跃迁和 $^5F_5 \rightarrow {}^5I_6$ 跃迁[48]。其中位于 978nm 处的发射峰最强，位于 1185nm 和 1480nm 处的发射峰则相对较弱。上述两个发射光谱皆是配体敏化的 Ho^{3+} 的特征近红外荧光光谱。然而，Ho(TTA)$_3$bipy/GEL 样品发射光谱的强度明显弱于 Ho(TTA)$_3$bipy，这是由于 Ho(TTA)$_3$bipy/GEL 样品中配合物 Ho(TTA)$_3$bipy 的掺杂浓度比较低。特别值得指出的是，Ho^{3+} 位于 1500 nm 处的近红外发射与石英纤维的有效工作窗口波长是一致的，因此该发射对于其在这方面的应用具有非常重要的意义[58]。

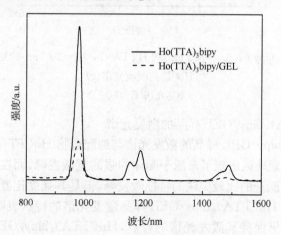

图 8-22　Ho(TTA)$_3$bipy(λ_{ex}＝386 nm)和 Ho(TTA)$_3$bipy/GEL
样品(λ_{ex}＝362 nm)的发射光谱
（承惠允，引自[37(b)]）

只有稀土离子的共振能级（激发态能级）和配体的三重态能级之间的能量差适宜，才能实现配合物分子内的有效能量传递。如果能量差太大，能量给体（即配体）和能量受体（即稀土离子）的光谱重叠部分就会减小，这将会导致能量传递的效率大大降低；相反，如果能量差过小，则有可能发生从稀土离子到相应配体三重态能级的能量反传递,也会明显减弱有效的能量传递。配体噻吩甲酰三氟丙酮的三重态能级为 20 400 cm^{-1},它能与稀土 Ho^{3+} 的 4f 能级匹配得很好,因此它们之间可以发生有效的能量传递过程,从而得到 Ho^{3+} 的特征近红外荧光发射。配体的电子吸收能量从其基态 S$_0$ 激发到激发态 S$_1$,能量通过系间窜越从配体激发态 S$_1$ 传递到配体的三重态,这是个无辐射跃迁过程。接着能量从配体的三重态能级经无辐射跃迁的分子内能量传递过程传至 Ho^{3+} 的 4f 激发态能级,继而弛豫到 Ho^{3+} 的^{5}F$_5$ 和^{5}I$_6$ 能级,最后分别发生向^{5}I$_7$、^{5}I$_8$ 和^{5}I$_6$ 能级的辐射跃迁,并且表现出分别位于 978 nm、1185 nm 和 1480 nm 的 Ho^{3+} 的特征荧光发射。

2) Ho(TTA)$_3$(TPPO)$_2$ 和 Ho(TTA)$_3$(TPPO)$_2$/GEL 样品的发射光谱

通过激发配体的最大吸收波长,分别得到了 Ho(TTA)$_3$(TPPO)$_2$ 和 Ho(TTA)$_3$(TPPO)$_2$/GEL 样品的近红外荧光光谱(图 8-23)。由图可见,Ho(TTA)$_3$(TPPO)$_2$ 和 Ho(TTA)$_3$(TPPO)$_2$/GEL 样品均可以发射配体敏化的 Ho^{3+} 的特征近红外荧光。由于 Ho(TTA)$_3$(TPPO)$_2$ 和 Ho(TTA)$_3$(TPPO)$_2$/GEL 样品的近红外荧光光谱与 Ho(TTA)$_3$bipy 和 Ho(TTA)$_3$bipy/GEL 样品十分相似,因此在这里不再过多介绍。

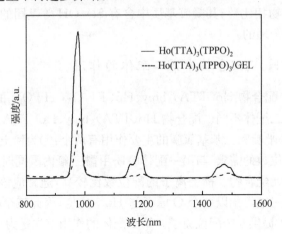

图 8-23　Ho(TTA)$_3$(TPPO)$_2$(λ_{ex}＝382 nm)和 Ho(TTA)$_3$(TPPO)$_2$/GEL 样品(λ_{ex}＝360 nm)的发射光谱

(承惠允,引自[37(b)])

Ho(TTA)$_3$(TPPO)$_2$ 和 Ho(TTA)$_3$(TPPO)$_2$/GEL 样品中的分子内能量传递过程与 Ho(TTA)$_3$bipy 和 Ho(TTA)$_3$bipy/GEL 样品相同,在此亦不再重述。

8.5.2.4　荧光寿命

荧光寿命是荧光材料的重要性能指标。纯配合物 Ho(TTA)$_3$bipy、

Ho(TTA)$_3$(TPPO)$_2$ 以及 Ho(TTA)$_3$bipy/GEL、Ho(TTA)$_3$(TPPO)$_2$/GEL 样品的荧光衰减曲线均呈单指数衰减(测定荧光衰减曲线采用的激发波长为 355 nm,监测波长选在各个样品发射峰的最强位置)。这种类型的荧光衰减曲线意味着无论在纯配合物还是凝胶杂化近红外发光材料样品中,Ho^{3+} 都处于均一的化学环境。

Ho(TTA)$_3$bipy、Ho(TTA)$_3$(TPPO)$_2$、Ho(TTA)$_3$bipy/GEL 以及 Ho(TTA)$_3$(TPPO)$_2$/GEL 样品的荧光寿命分别测定为(由其荧光衰减曲线测得的)14.8 ns、24.26 ns、9.72 ns、18.26 ns。荧光寿命数据表明,无论纯配合物还是凝胶杂化近红外发光材料样品的荧光寿命均比较短,但相对而言,两个纯配合物荧光寿命还是大于其相应的凝胶杂化近红外发光材料样品。通常 O—H 基团具有很大的振动能,会对其周围稀土离子的荧光发射产生比较强的猝灭作用,从而导致稀土离子荧光效率降低,荧光寿命缩短,并且 O—H 基团对稀土离子的近红外荧光发射的猝灭作用表现得尤其严重[57]。Ho^{3+} 配合物凝胶杂化近红外发光材料的凝胶基质中存在大量的 Si—OH 基团(同样具有强荧光猝灭作用),因此 Ho(TTA)$_3$bipy/GEL 以及 Ho(TTA)$_3$(TPPO)$_2$/GEL 样品较短的荧光寿命(与其相应的纯配合物相比)与其凝胶基质中含有 Si—OH 等基团的猝灭作用有密切关系的看法应是合理的。

8.5.2.5　Ho^{3+} 配合物中第二配体的作用

Ho^{3+} 的两个配合物 Ho(TTA)$_3$bipy、Ho(TTA)$_3$(TPPO)$_2$ 的第一配体相同,其差异仅在于第二配体不同。配合物 Ho(TTA)$_3$bipy、Ho(TTA)$_3$(TPPO)$_2$ 中的第二配体 2,2′-联吡啶和三苯基氧膦的主要作用有两个:①为稀土离子提供配位原子以满足其高配位数的需求,与第一配体噻吩甲酰三氟丙酮同时配位于稀土离子以形成稳定的三元配合物。稀土离子的配位数比较高,通常应该达到 8 或 9。第一配体噻吩甲酰三氟丙酮以两个 O 原子与 Ho^{3+} 配位,因此三个噻吩甲酰三氟丙酮分子仅为 Ho^{3+} 提供 6 个配位原子。第二配体的作用首先是为 Ho^{3+} 再提供 2 个配位原子,从而形成配位数为 8 的比较稳定的 Ho^{3+} 三元配合物。第二配体 2,2′-联吡啶和三苯基氧膦的配位原子不同(2,2′-联吡啶的配位原子是 N 原子,为双齿螯合配体;而三苯基氧膦的配位原子是 O 原子,为单齿配体),其配位方式也就不同(2,2′-联吡啶是双齿螯合方式配位,而三苯基氧膦是单齿方式配位),因而所形成的三元配合物亦具有不同的组成:1∶3∶1[Ho(TTA)$_3$bipy]和 1∶3∶2 [Ho(TTA)$_3$(TPPO)$_2$]。②排除水分子参与同 Ho^{3+} 配位,有效地抑制水分子对 Ho^{3+} 荧光发射的猝灭作用,从而有助于提高配合物的荧光性能。对于 Ho^{3+},如果没有第二配体参与配位,Ho^{3+} 尚有容纳其他配体的空间,则水分子往往会乘虚而入,与 Ho^{3+} 形成配合物。如前面所述,配位的水分子对稀土离子的荧光发射会产生相当强烈的猝灭作用,尤其是对稀土离子的近红外荧光发射。由此可见,第二配体 2,2'-联吡啶和三苯基氧膦与 Ho^{3+} 的配位可以有效地抑制水分子对 Ho^{3+} 荧光发射的猝灭作用,从而明显地改善 Ho^{3+} 配合物的荧光发射性能。Ho(TTA)$_3$bipy/GEL 以及 Ho(TTA)$_3$(TPPO)$_2$/GEL 样品中掺杂的配合物 Ho(TTA)$_3$bipy 和 Ho(TTA)$_3$(TPPO)$_2$ 中第二配体的作用与纯配合物 Ho(TTA)$_3$bipy 和 Ho(TTA)$_3$(TPPO)$_2$ 中的完全相同。

β-二酮类配体与稀土离子的配位作用远强于一般的中性配体,因此这类三元配合物的结构及性质主要取决于第一配体 β-二酮。而这类 β-二酮类、中性配体的发光三元稀土配合物,人们最关心的是其发光性能。第一配体噻吩甲酰三氟丙酮配体对紫外光具有相当强的吸收(远强于一般的中性配体),而且其三重态能级与稀土离子的激发态能级匹配得相当好,它们之间的能量传递非常有效。因此,上述三元配合物中第二配体 2,2'-联吡啶和三苯基氧膦对 Ho^{3+} 的能量传递作用与第一配体噻吩甲酰三氟丙酮相比相形见绌。也就是说,上述体系中配体与 Ho^{3+} 的能量传递主要发生在第一配体噻吩甲酰三氟丙酮与 Ho^{3+} 之间(或者说配体噻吩甲酰三氟丙酮是 Ho^{3+} 的主要敏化剂)。

正是由于 Ho^{3+} 与第一配体噻吩甲酰三氟丙酮作用强,并且第一配体是体系中紫外光能的主要吸收者和 Ho^{3+} 能量的主要给予体(第二配体 2,2'-联吡啶和三苯基氧膦的作用甚小),因此纯配合物 Ho(TTA)$_3$bipy 与 Ho(TTA)$_3$(TPPO)$_2$[以及相应杂化材料 Ho(TTA)$_3$bipy/GEL 与 Ho(TTA)$_3$(TPPO)$_2$/GEL 样品]的光谱应该很相似。例如,纯配合物 Ho(TTA)$_3$bipy 和 Ho(TTA)$_3$(TPPO)$_2$ 的固体漫反射光谱(图 8-18 和图 8-19)均在紫外区(即 200~400 nm)呈现了源于配体的强的宽吸收带,并且位于紫外区的强的宽吸收峰的位置、峰形与强度也很相似。与此同时,在可见以及近红外区均呈现了对应于 Ho^{3+} 的由基态能级 $^5I_8$ 到其更高能级跃迁的比较尖的弱吸收峰。Ho(TTA)$_3$bipy/GEL 和 Ho(TTA)$_3$(TPPO)$_2$/GEL 样品也同样呈现出彼此相似的固体漫反射光谱。

与纯配合物 Ho(TTA)$_3$bipy 和 Ho(TTA)$_3$(TPPO)$_2$ 的激发光谱类似,Ho(TTA)$_3$bipy/GEL 以及 Ho(TTA)$_3$(TPPO)$_2$/GEL 样品也具有十分相似的激发光谱。虽然两个样品掺杂的配合物具有不同的第二配体,但对其激发光谱无明显影响。无论紫外区呈现出的源于配体的强的宽激发峰,还是归属于 Ho^{3+} 特征吸收的较弱的尖峰的位置、峰形与强度皆很相似。Ho(TTA)$_3$bipy/GEL 以及 Ho(TTA)$_3$(TPPO)$_2$/GEL 样品的激发光谱均表明掺杂于其中的配合物的配体与 Ho^{3+} 之间存在有效的能量传递,这两个杂化材料样品能够发射配体敏化的 Ho^{3+} 的特征近红外荧光。

Ho(TTA)$_3$bipy/GEL 以及 Ho(TTA)$_3$(TPPO)$_2$/GEL 样品同样具有十分相似的发射光谱[纯配合物 Ho(TTA)$_3$bipy 和 Ho(TTA)$_3$(TPPO)$_2$ 也具有很相似

的发射光谱]。这两个杂化材料样品均展现出配体敏化的 Ho^{3+} 的特征近红外荧光光谱,两个荧光光谱中各个发射峰的位置、峰形与强度皆不因第二配体的不同而显现出差异。

此外,$Ho(TTA)_3bipy/GEL$ 以及 $Ho(TTA)_3(TPPO)_2/GEL$ 样品的形貌十分类似。在选定的制备条件下,均得到透明无裂痕的块状凝胶杂化材料,即使放大到相当高的倍数也没有出现相分离现象。尽管 $Ho(TTA)_3bipy/GEL$ 以及 $Ho(TTA)_3(TPPO)_2/GEL$ 样品中配合物的第二配体不同,但其对凝胶杂化近红外发光材料形貌的影响却几乎可以忽略。

综上所述,Ho^{3+} 的两个配合物 $Ho(TTA)_3bipy$、$Ho(TTA)_3(TPPO)_2$ 的第二配体不同,其相应的三元配合物的配位模式也就不同。第二配体的主要作用是满足 Ho^{3+} 的高配位数的需求,同时抑制水分子对荧光的猝灭作用。而第二配体无论是对纯配合物 $Ho(TTA)_3bipy$ 和 $Ho(TTA)_3(TPPO)_2$ 还是对 $Ho(TTA)_3bipy/GEL$ 和 $Ho(TTA)_3(TPPO)_2/GEL$ 样品的固体漫反射光谱以及荧光发射性能等均无明显影响。

8.6　铕配合物凝胶杂化发光材料

8.6.1　引言

Eu^{3+} 是具有优良发光性能的稀土离子之一,其红色荧光发射具有诸多特色,含有 Eu^{3+} 的红色发光材料也就具有十分重要的应用价值。因此,长期以来 Eu^{3+} 的红色发光材料的研究一直备受青睐。

凝胶具有良好的热稳定性、机械稳定性以及非晶态特性等优点。作为杂化材料的基质材料,凝胶可以有效地改善 Eu^{3+} 配合物的光、热稳定性差等弱点。此外,溶胶-凝胶技术还具有反应条件温和、反应温度较低、制备路线简单等优点。因此,凝胶基质也是 Eu^{3+} 配合物杂化发光材料的重要基质之一。

与物理掺杂方法制备的 Eu^{3+} 凝胶杂化发光材料相比,通过 Si—C 键将 Eu^{3+} 配合物嫁接到凝胶骨架上不仅可以提高所得到的杂化发光材料的热稳定性和掺杂浓度,还能有效地避免漏析现象的发生。目前,稀土离子 β-二酮配合物共价键嫁接于凝胶基质或其他基质中一般是通过含氮配体功能化的硅氧烷(双功能化合物)实现的,如采用邻菲罗啉等功能化的硅氧烷[59]。在杂化材料制备过程中,邻菲罗啉等功能化的硅氧烷与正硅酸乙酯进行水解、缩聚反应以形成凝胶或介孔材料基质,同时邻菲罗啉与稀土 β-二酮二元配合物作用,形成稀土 β-二酮、邻菲罗啉三元配合物而将稀土 β-二酮配合物共价键嫁接于基质中。显而易见,由于含氮的邻菲罗啉配体与稀土离子的配位作用比较弱,部分稀土 β-二酮二元配合物仍有机会通过物理掺杂引入体系中,这就难以保证稀土 β-二酮二元配合物能够被定量地共价键嫁接于凝胶或介孔材料基质中,由此导致稀土配合物在基质中的相对不均匀的分布。如果直接以第一配体 β-二酮功能化的硅氧烷作为双功能化合物,由于配体 β-二酮与稀土离子的配位作用很强,有利于将更为稳定的稀土 β-二酮配合物定量地共价键嫁接到凝胶或介孔材料基质中,从而克服以含氮配体邻菲罗啉功能化的硅氧烷为双功能化合物制备共价键嫁接稀土配合物杂化发光材料的缺点。因此,直接以第一配体 β-二酮功能化的硅氧烷作为双功能化合物是共价键嫁接稀土配合物到基质材料中具有创意的有效的新途径。

二苯甲酰甲烷(DBM)是一种重要的 β-二酮类配体,它具有优良的共轭结构,不仅可以有效地吸收紫外光,而且能够通过与其匹配的稀土离子的共振能级将所吸收的紫外光能传递给稀土离子,从而敏化稀土离子的荧光发射。利用邻羟基二苯甲酰甲烷(DBM-OH)可以得到二苯甲酰甲烷功能化的硅氧烷(用 DBM-Si 表示,其结构如图 8-24 所示),这是一个有效地将 Eu^{3+} 配合物共价键嫁接到凝胶基质中的新型双功能化合物。

本节拟介绍共价键嫁接 Eu^{3+} 二苯甲酰甲烷配合物 $Eu(DBM-Si)_3(H_2O)_2$ 的凝胶杂化发光材料[用 $Eu(DBM-Si)_3(H_2O)_2$-GEL 表示]以及物理掺杂 Eu^{3+} 二苯甲酰甲烷配合物 $Eu(DBM-OH)_3(H_2O)_2$ 的凝胶杂化发光材料[用 $Eu(DBM-OH)_3(H_2O)_2$/GEL 表示]的合成以及光谱性质。

8.6.2　$Eu(DBM-Si)_3(H_2O)_2$-GEL 和 $Eu(DBM-OH)_3(H_2O)_2$/GEL 样品的制备

样品的制备过程如图 8-24 所示。首先通过邻羟基二苯甲酰甲烷与 3-(三乙氧硅基)丙基异氰酸酯(ICPTES)反应制得二苯甲酰甲烷功能化的硅氧烷(用 DBM-Si 表示)。然后,在乙醇溶液中使该双功能化合物与正硅酸乙酯发生水解、缩聚反应,得到共价键嫁接配体二苯甲酰甲烷的凝胶。如果在上述水解、缩聚反应过程中同时加入三氯化铕,则可得到共价键嫁接 Eu^{3+} 二苯甲酰甲烷配合物的凝胶杂化发光材料,即凝胶基质的形成与配合物 Eu^{3+} 二苯甲酰甲烷的共价键嫁接在一步反应中同时完成,最终得到 $Eu(DBM-Si)_3(H_2O)_2$-GEL 样品。$Eu(DBM-OH)_3(H_2O)_2$/GEL 样品则采用通常的掺杂法制备。制备 $Eu(DBM-Si)_3(H_2O)_2$-GEL 和 $Eu(DBM-OH)_3(H_2O)_2$/GEL 样品的具体操作介绍如下。

8.6.2.1　DBM-Si 的制备

首先制备原料 DBM-OH(依据文献报道的方法)。DBM-Si 的合成过程如下:在氮气氛围下,将 10 mmol 三乙基胺和 15 mmol ICPTES 加入 10 mL 含 10 mmol

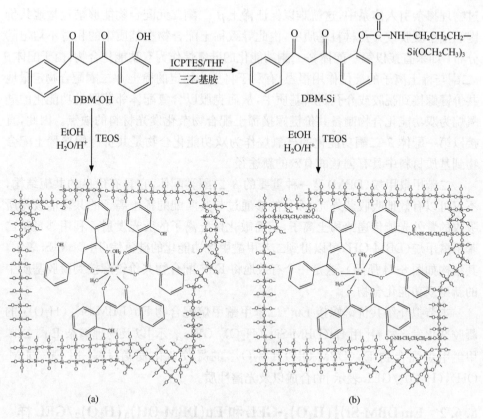

图 8-24　Eu(DBM-OH)$_3$(H$_2$O)$_2$/GEL（a）和 Eu(DBM-Si)$_3$(H$_2$O)$_2$-GEL（b）
样品的合成示意图及可能的结构
（承惠允，引自[38(c)]）

DBM-OH 的无水四氢呋喃中，混合液在 70℃加热回流 24 h。待冷却后，将得到的
溶液逐滴加入无水石油醚中，并不断地搅拌，得到白色絮状沉淀。过滤后，用大量
石油醚冲洗，所得沉淀于 50℃真空干燥 10 h 后得到最终产物。

8.6.2.2　Eu(DBM-Si)$_3$(H$_2$O)$_2$-GEL 样品的制备

起始反应溶液中 TEOS：EtOH：H$_2$O(0.01 mol/L HCl)的物质的量比控制
为 1：4：4，随后将适量的 DBM-Si 加入，搅拌直至得到澄清的溶胶后再加入
EuCl$_3$ 的乙醇溶液，其物质的量比为 Eu^{3+}：DBM-Si＝1：3，继续在室温下搅拌数
小时以确保获得单相溶胶。然后，将此溶胶转移至顶上有小孔的密封塑料容器中，
在 40℃陈化几天后得到透明的单体干凝胶。依据加入的 Eu^{3+} 和 DBM-Si 物质的
量的不同，可以得到 Eu^{3+} 配合物含量不同的一系列透明的凝胶杂化发光材料
样品。

8.6.2.3　Eu(DBM-OH)$_3$(H$_2$O)$_2$/GEL 样品的制备

以 DBM-OH 取代 Eu(DBM-Si)$_3$(H$_2$O)$_2$-GEL 样品制备过程中加入的 DBM-Si,采用与上述 Eu(DBM-Si)$_3$(H$_2$O)$_2$-GEL 样品制备相同的方法即可制备 Eu(DBM-OH)$_3$(H$_2$O)$_2$/GEL 样品。在该样品中,配体 DBM-OH 并未通过共价键嫁接于凝胶基质中,Eu(DBM-OH)$_3$(H$_2$O)$_2$ 仅是掺杂于凝胶基质中。

8.6.3　Eu(DBM-Si)$_3$(H$_2$O)$_2$-GEL 和 Eu(DBM-OH)$_3$(H$_2$O)$_2$/GEL 样品的形貌

在 Eu(DBM-Si)$_3$(H$_2$O)$_2$-GEL 样品的制备过程中,双功能化合物 DBM-Si、TEOS 及 EuCl$_3$ 在乙醇溶液充分混合,DBM-Si 和 TEOS 发生水解、聚合反应,DBM-Si 通过 Si—O 共价键在分子水平上被均匀地嫁接到凝胶基质中,与此同时 Eu^{3+} 也与配体 DBM-Si 形成配合物,这样共价键嫁接的 Eu(DBM-Si)$_3$(H$_2$O)$_2$ 在基质中的分布也应该是均匀的。因此,得到的 Eu(DBM-Si)$_3$(H$_2$O)$_2$-GEL 样品是均匀的并具有良好透明度的凝胶杂化发光材料样品。图 8-25 给出了 Eu(DBM-Si)$_3$(H$_2$O)$_2$-GEL 样品在无紫外光和紫外光照射下的照片。该照片为 Eu(DBM-Si)$_3$(H$_2$O)$_2$-GEL 样品的良好外貌提供了直观的实验依据。

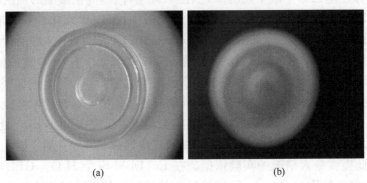

(a)　　　　　　　　　　　　(b)

图 8-25　Eu(DBM-Si)$_3$(H$_2$O)$_2$-GEL 样品的在无紫外光(a)和紫外光照射下(b)的照片
(承惠允,引自[38(c)])

在 Eu(DBM-OH)$_3$(H$_2$O)$_2$/GEL 样品制备中,配体 DBM-OH 也与凝胶的前驱体 TEOS 等反应物在搅拌下混合均匀,并最终均匀地分布于形成的凝胶基质中。在溶胶向凝胶转化的过程中,伴随着盐酸和乙醇的挥发,通过配体 DBM-OH 与 Eu^{3+} 的作用,原位形成了配合物 Eu(DBM-OH)$_3$(H$_2$O)$_2$,这样原位形成的配合物也是均匀分布于凝胶基质中。因此,所得最终产物 Eu(DBM-OH)$_3$(H$_2$O)$_2$/GEL 同样是均匀的并具有良好透明度的凝胶杂化材料样品。该样品在无紫外光和紫外光照射下的照片与 Eu(DBM-Si)₃(H₂O)₂-GEL 样品的类似。

8.6.4 Eu(DBM-Si)₃(H₂O)₂-GEL 和 Eu(DBM-OH)₃(H₂O)₂/GEL 样品的结构

在 Eu(DBM-Si)₃(H₂O)₂-GEL 样品中,Eu³⁺与配体 DBM-Si 的两个氧原子以螯合的方式配位,三个 DBM-Si 配体为 Eu³⁺提供 6 个配位数。此外,另有两个水分子同 Eu³⁺配位,使 Eu³⁺的配位数达到 8。三个 DBM-Si 配体分别通过 Si—C 共价键与凝胶基质键合。Eu(DBM-Si)₃(H₂O)₂-GEL 样品的结构如图 8-24 所示。

Eu(DBM-OH)₃(H₂O)₂/GEL 样品中,配体 DBM-OH 也是双齿螯合配体,Eu³⁺与其两个氧原子配位,三个 DBM-OH 配体为 Eu³⁺提供 6 个配位数。此外,另有两个水分子也参与同 Eu³⁺的配位,从而使 Eu³⁺的配位数亦达到 8。然而,与 Eu(DBM-Si)₃(H₂O)₂-GEL 样品明显不同的是配合物 Eu(DBM-OH)₃(H₂O)₂ 仅是掺杂于凝胶基质中。Eu(DBM-OH)₃(H₂O)₂/GEL 样品的结构也示于图 8-24。

8.6.5 Eu(DBM-Si)₃(H₂O)₂-GEL 和 Eu(DBM-OH)₃(H₂O)₂/GEL 样品的红外光谱[60,61]

通过邻羟基二苯甲酰甲烷与 3-(三乙氧硅基)丙基异氰酸酯的加成嫁接反应制得了双功能化合物 DBM-Si。在其红外光谱中,呈现出该化合物的特征基团(图 8-24)的红外振动谱带,如位于 1397 cm⁻¹、1571 cm⁻¹(C—N 键的弯曲振动),1535 cm⁻¹、3266 cm⁻¹(N—H 键的伸缩振动)和 1632 cm⁻¹(C=O 键的伸缩振动)的红外振动谱带以及二苯甲酰甲烷的特征红外振动谱带。除了上述红外振动谱带以外,作为典型的有机硅酸酯,在 DBM-Si 的红外谱图中 C—Si 键伸缩振动红外谱带出现在 1191 cm⁻¹处,而 Si—OEt 键伸缩振动谱带出现在 1070 cm⁻¹处。

在样品制备过程中,前驱体经水解、缩聚反应形成了凝胶基质。样品的红外光谱可以为此提供令人信服的实验依据。在 Eu(DBM-Si)₃(H₂O)₂-GEL 样品的红外光谱中,源于基质的 Si—O—Si 网络结构的特征红外振动谱带清楚地出现在其谱图中,例如位于 1075 cm⁻¹、795 cm⁻¹、455 cm⁻¹处的红外振动谱带。此外,该样品呈现出双功能化合物 DBM-Si 的特征红外振动谱带。

Eu(DBM-OH)₃(H₂O)₂/GEL 样品的红外光谱与 Eu(DBM-Si)₃(H₂O)₂-GEL 样品相似。然而,由于该样品并不含有二苯甲酰甲烷功能化的硅氧烷 DBM-Si,因此与其所含有的代表性基团相对应的红外振动谱带并未出现在该样品的红外光谱中。

8.6.6　Eu(DBM-Si)₃(H₂O)₂-GEL 和 Eu(DBM-OH)₃(H₂O)₂/GEL 样品中的天线效应

图 8-26 给出了 Eu(DBM-Si)₃(H₂O)₂-GEL 样品的激发光谱。该光谱在紫外区(200~400 nm)呈现出强的宽激发峰,该激发峰归属于 Eu(DBM-Si)₃(H₂O)₂-GEL 样品中的配体 DBM-Si。而来源于 Eu^{3+} 的激发峰没有出现在该激发光谱中。上述激发光谱特点意味着该样品对激发光的吸收主要取决于配体 DBM-Si,并且该配体与 Eu^{3+} 之间具有良好的能量传递。

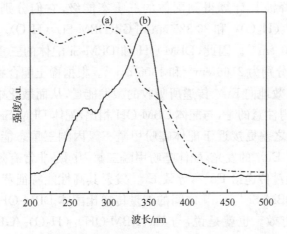

图 8-26　DBM-Si 的固体漫反射吸收光谱(a)和 Eu(DBM-Si)₃(H₂O)₂-GEL
样品的激发光谱(b,λ_{em}=612 nm)

(承惠允,引自[38(c)])

图 8-26 也给出配体 DBM-Si 的固体漫反射吸收光谱。配体 DBM-Si 的固体漫反射吸收光谱的特点是在紫外区(200~400 nm)呈现出强的宽吸收峰,这是 β-二酮类配体的共同特点。由该图还可以清楚地看到,Eu(DBM-Si)₃(H₂O)₂-GEL 样品的激发光谱和配体 DBM-Si 的吸收峰之间有很大的重叠。这一光谱特点进一步说明在 Eu(DBM-Si)₃(H₂O)₂-GEL 样品中,配体 DBM-Si 能够有效地向 Eu^{3+} 传递能量,从而有效敏化中心 Eu^{3+} 的荧光发射,即"天线效应"。

Eu(DBM-OH)₃(H₂O)₂/GEL 样品的激发光谱与 Eu(DBM-Si)₃(H₂O)₂-GEL 样品相似,即该样品在紫外区(200~400 nm)也呈现出强的宽激发峰,这一激发峰同样归属于 Eu(DBM-OH)₃(H₂O)₂/GEL 样品中掺杂配合物的配体 DBM-OH 的吸收。上述激发光谱特点意味着该样品对激发光的吸收也取决于配体 DBM-OH,并且这一配体与 Eu^{3+} 之间存在有效的能量传递。

配合物中能量传递的重要条件是配体的三重态能级和中心稀土离子的共振能

级(激发态)的能级差(ΔE)在适宜的范围内,能级差过大或过小都不利于配体到稀土离子的有效能量传递。对于 Eu^{3+} 配合物,当配体的三重态能级与 Eu^{3+} 的 $^5D_1$ 能级之差[$\Delta E(Tr\text{-}^5D_1)$]在 $500 \sim 2500\ cm^{-1}$ 的范围内时,配体可以有效地向 Eu^{3+} 传递所吸收的激发光能量,从而敏化 Eu^{3+} 的荧光发射。

由于 Gd^{3+} 在 $32\ 000\ cm^{-1}$ 以下没有能级,不能接受来自配体的能量,所以一般通过测定 Gd^{3+} 配合物的磷光光谱研究相应配体的三重态能级。在液氮温度(77 K)下,分别在 305 nm 和 310 nm 激发下,测得 $Gd(DBM\text{-}OH)_3(H_2O)_2$ 和 $Gd(DBM\text{-}Si)_3(H_2O)_2$ 配合物的低温磷光光谱,如图 8-27 所示。从相应磷光谱带的第一个发射峰波长计算得到配体的三重态能级,它们分别为 $21\ 186\ cm^{-1}$ [$Gd(DBM\text{-}OH)_3(H_2O)_2$]和 $20\ 325\ cm^{-1}$ [$Gd(DBM\text{-}Si)_3(H_2O)_2$]。$Eu^{3+}$ 的 $^5D_1$ 共振能级为 $19\ 020\ cm^{-1}$。因此,DBM-OH 和 DBM-Si 配体的三重态能级与 Eu^{3+} 的 $^5D_1$ 能级之差分别为 $2166\ cm^{-1}$ 和 $1305\ cm^{-1}$。根据稀土配合物的发光理论,这两个配体皆能有效地向 Eu^{3+} 传递所吸收的激发能量,从而敏化中心 Eu^{3+} 的荧光发射。然而,值得注意的是,与配体 DBM-OH 相比,配体 DBM-Si 的三重态能级与 Eu^{3+} 的 $^5D_1$ 能级之差更接近于配体噻吩甲酰三氟丙酮三重态能级与 Eu^{3+} 的 $^5D_1$ 能级之差。对于 Eu^{3+} 的发光,配体噻吩甲酰三氟丙酮是非常有效的敏化剂,它能更加有效地将能量传递给 Eu^{3+},导致 Eu^{3+} 发射其高性能特征荧光。由上述数据可以认为配体 DBM-Si 与 Eu^{3+} 之间的能量传递比配体 DBM-OH 与 Eu^{3+} 之间的能量传递更加有效。也就是说,与 $Eu(DBM\text{-}OH)_3(H_2O)_2$/GEL 样品相比较,$Eu(DBM\text{-}Si)_3(H_2O)_2$-GEL 样品中配体与 Eu^{3+} 之间的能量传递更有效,即对 Eu^{3+} 的荧光发射的敏化作用更强。这与下面介绍的 $Eu(DBM\text{-}Si)_3(H_2O)_2$-GEL

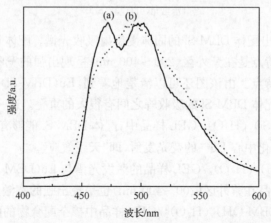

图 8-27　$Gd(DBM\text{-}OH)_3(H_2O)_2(a, \lambda_{ex} = 305\ nm)$ 和 $Gd(DBM\text{-}Si)_3(H_2O)_2$
$(b, \lambda_{ex} = 310\ nm)$ 的磷光光谱

(承惠允,引自[38(c)])

和 Eu(DBM-OH)$_3$(H$_2$O)$_2$/GEL 样品的荧光发射性能相一致。

8.6.7　Eu(DBM-Si)$_3$(H$_2$O)$_2$-GEL 和 Eu(DBM-OH)$_3$(H$_2$O)$_2$/GEL 样品的发射光谱

图 8-28 给出了 Eu(DBM-OH)$_3$(H$_2$O)$_2$/GEL 样品和 Eu(DBM-Si)$_3$(H$_2$O)$_2$-GEL 样品的发射光谱。作为参照,该图也给出了 DBM-Si-GEL(共价键嫁接配体二苯甲酰甲烷的凝胶基质,无 Eu^{3+})的发射光谱。Eu(DBM-Si)$_3$(H$_2$O)$_2$-GEL 样品显示出 Eu^{3+} 的特征荧光发射峰,这些荧光峰可以归属于 Eu^{3+} 的 $^5D_0 \rightarrow {}^7F_J$($J =$ 0, 1, 2, 3, 4)跃迁发射。与此同时,在 535 nm 和 553 nm 处还观察到来源于 Eu^{3+} 的 $^5D_1 \rightarrow {}^7F_1$ 和 $^5D_1 \rightarrow {}^7F_2$ 跃迁的发射峰。上述荧光光谱是配体 DBM-Si 敏化的 Eu^{3+} 的特征荧光发射。在该发射光谱中,除了 Eu^{3+} 的荧光发射以外,并没有观察到源于配体 DBM-Si 或者是源于 Eu(DBM-OH)$_3$(H$_2$O)$_2$/GEL 样品的基质的荧光,这也进一步说明 Eu(DBM-Si)$_3$(H$_2$O)$_2$-GEL 样品中配体 DBM-Si 与 Eu^{3+} 之间的能量传递颇为有效,即配体 DBM-Si 的荧光敏化作用很好。

在图 8-28 给出的 Eu(DBM-OH)$_3$(H$_2$O)$_2$/GEL 样品的荧光光谱中也呈现出 Eu^{3+} 的特征荧光发射峰,这些荧光峰也属于 Eu^{3+} 的 $^5D_0 \rightarrow {}^7F_{0\sim4}$ 和 $^5D_1 \rightarrow {}^7F_{1,2}$ 跃迁发射。除此之外,该发射光谱还在蓝光区域出现了一个较宽的发射谱带。图 8-28 给出的 DBM-Si-GEL 的发射光谱也在蓝光区出现了一个较宽的发射谱带。显然,这一较宽的发射谱带归属于凝胶基质中的配体 DBM-Si 的 π^*-π 跃迁。参照 DBM-Si-GEL 的发射光谱,可以认为 Eu(DBM-OH)$_3$(H$_2$O)$_2$/GEL 样品的荧光光

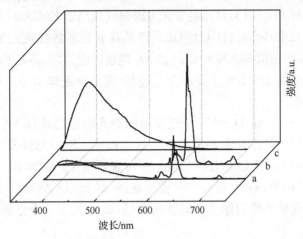

图 8-28　Eu(DBM-OH)$_3$(H$_2$O)$_2$/GEL 样品(a, $\lambda_{ex} =$ 350 nm)、Eu(DBM-Si)$_3$(H$_2$O)$_2$-GEL 样品(b, $\lambda_{ex} =$ 350 nm)和 DBM-Si-GEL(c, $\lambda_{ex} =$ 330 nm)的荧光发射光谱

(承惠允,引自[38(c)])

谱中在蓝光区域出现的较宽的发射谱带源于其中掺杂的配体 DBM-OH 的 π^*-π 跃迁。这就是说，DBM-OH 未能将其吸收的激发光能有效地传递给 Eu^{3+}，而是将这部分能量以其自身发射荧光的形式释放。上述发射光谱特点意味着 $Eu(DBM-OH)_3(H_2O)_2$/GEL 样品中掺杂配合物的配体 DBM-OH 与 Eu^{3+} 之间的能量传递不够有效，即配体 DBM-OH 对 Eu^{3+} 的荧光敏化作用较差。

掺杂的配体 DBM-OH 对 Eu^{3+} 离子的荧光敏化作用较差虽然是导致 $Eu(DBM-OH)_3(H_2O)_2$/GEL 样品的荧光发射性能差的一个主要原因，但是羟基对 Eu^{3+} 荧光的猝灭作用不可忽视。尤其是配体 DBM-OH 含有羟基，羟基具有很强的振动能量，其对 Eu^{3+} 荧光发射的猝灭作用比较强，因而成为导致该样品荧光发射性能较差的另一个比较重要的原因。

前面已介绍的图 8-25 也直观地显示出 $Eu(DBM-Si)_3(H_2O)_2$-GEL 样品的荧光发射性能。在紫外光照射下，该样品发射出较强的 Eu^{3+} 的红色荧光。同样，也能够直观地显示出 $Eu(DBM-OH)_3(H_2O)_2$/GEL 样品的红色荧光。

8.6.8　$Eu(DBM-Si)_3(H_2O)_2$-GEL 和 $Eu(DBM-OH)_3(H_2O)_2$/GEL 样品的荧光光谱参数

表 8-2 列出了得到的 $Eu(DBM-Si)_3(H_2O)_2$-GEL 和 $Eu(DBM-OH)_3(H_2O)_2$/GEL 样品的荧光光谱参数。以 $^5D_0 \rightarrow {}^7F_2$ 跃迁的荧光强度 I_{02} 作为代表来考察凝胶杂化发光材料的荧光强度。$Eu(DBM-Si)_3(H_2O)_2$-GEL 样品的 I_{02} 值相当高，它几乎是 $Eu(DBM-OH)_3(H_2O)_2$/GEL 样品的 4 倍（表 8-2）。因此，I_{02} 值进一步表明 $Eu(DBM-Si)_3(H_2O)_2$-GEL 样品的荧光发射强度远高于 $Eu(DBM-OH)_3(H_2O)_2$/GEL 样品。$Eu(DBM-Si)_3(H_2O)_2$-GEL 样品具有显著的强荧光的原因主要是：①配体 DBM-Si 的三重态能级与 Eu^{3+} 的 $^5D_1$ 能级匹配得好，其与 Eu^{3+} 之间的能量传递效率高；②配体 DBM-Si 本身不含有羟基，因此该配体本身不会对 Eu^{3+} 的荧光产生猝灭作用。

Eu^{3+} 的 $^5D_0 \rightarrow {}^7F_2$ 和 $^5D_0 \rightarrow {}^7F_1$ 跃迁发射的荧光强度之比（R）可以用来定性地判断样品中 Eu^{3+} 所处的化学环境的中心对称程度。$Eu(DBM-Si)_3(H_2O)_2$-GEL 和 $Eu(DBM-OH)_3(H_2O)_2$/GEL 样品的 R 值分别为 8.22 和 6.40（表 8-2）。$Eu(DBM-Si)_3(H_2O)_2$-GEL 样品的 R 值明显高，即 $Eu(DBM-Si)_3(H_2O)_2$-GEL 样品中 Eu^{3+} 配合物被共价键嫁接到凝胶基质后，Eu^{3+} 处于一个更加不对称的极性环境中。

荧光寿命（τ）是发光材料的重要参数之一。由于 Eu^{3+} 在两个凝胶杂化发光材料样品中所处的环境是均一的，因此 $Eu(DBM-Si)_3(H_2O)_2$-GEL 和 $Eu(DBM-OH)_3(H_2O)_2$/GEL 样品的荧光衰减曲线均呈单指数形式衰减。通过拟合得到两

样品中 Eu^{3+} 的 τ 分别为 0.32 ms 和 0.17 ms(表 8-2)。$Eu(DBM-OH)_3(H_2O)_2/$ GEL 样品的荧光寿命(τ)比 $Eu(DBM-Si)_3(H_2O)_2$-GEL 样品短得多,这主要由于 $Eu(DBM-OH)_3(H_2O)_2/$GEL 样品中 Eu^{3+} 的配体 DBM-OH 所含羟基对 Eu^{3+} 荧光的猝灭作用较强。

表 8-2　$Eu(DBM-Si)_3(H_2O)_2$-GEL 和 $Eu(DBM-OH)_3(H_2O)_2/$GEL 样品的荧光光谱参数[*][38(c)]

参数	$Eu(DBM-OH)_3(H_2O)_2/$GEL	$Eu(DBM-Si)_3(H_2O)_2$-GEL
I_{02}	531 848	1 941 439
R	6.40	8.22
$\Omega_2/(\times 10^{-20}\ cm^2)$	10.97	14.11
$\Omega_4/(\times 10^{-20}\ cm^2)$	1.47	2.17
τ/ms	0.17	0.32
A_{tot}/s^{-1}	5882	3125
A_{rad}/s^{-1}	425	536
A_{nrad}/s^{-1}	5457	2589
$\eta/\%$	7.2	17.2

* A_{tot} 为总跃迁速率,表中其他物理量的意义与表 4-5 相同。所有参数均是室温下得到的。

发射量子效率(η)也是发光材料的重要参数之一。从所得的凝胶杂化发光材料的发射光谱和 Eu^{3+} 的 $^5D_0$ 能级的荧光寿命计算得到了 $Eu(DBM-Si)_3(H_2O)_2$-GEL 和 $Eu(DBM-OH)_3(H_2O)_2/$GEL 样品的 η 值。$Eu(DBM-Si)_3(H_2O)_2$-GEL 样品的 η 值明显高于 $Eu(DBM-OH)_3(H_2O)_2/$GEL 样品(表 8-2)。

此外,通过采用 Judd-Ofelt 理论分析了 Eu^{3+} 的 f-f 电子跃迁,从而得到了 $Eu(DBM-Si)_3(H_2O)_2$-GEL 和 $Eu(DBM-OH)_3(H_2O)_2/$GEL 样品的实验荧光强度参数 Ω_2 和 Ω_4 值(表 8-2)。值得注意的是,$Eu(DBM-Si)_3(H_2O)_2$-GEL 样品的 Ω_2 值比 $Eu(DBM-OH)_3(H_2O)_2/$GEL 样品的高得多,这可能是 Eu^{3+} 的 $^5D_0 \rightarrow {}^7F_2$ 超灵敏跃迁的结果。在这种情况下动力学耦合机制发挥主要作用,从而表明在 $Eu(DBM-Si)_3(H_2O)_2$-GEL 样品中,Eu^{3+} 处在一个极性相对较高的环境中,这与上面介绍的也是一致的。

综上所述,$Eu(DBM-Si)_3(H_2O)_2$-GEL 和 $Eu(DBM-OH)_3(H_2O)_2/$GEL 样品具有相同的配位模式,即 Eu^{3+} 皆与 β-二酮配体的氧原子和另外两个水分子配位,配位数为 8。然而,它们分别采用共价键嫁接和掺杂的方法形成了凝胶杂化发光材料。$Eu(DBM-Si)_3(H_2O)_2$-GEL 和 $Eu(DBM-OH)_3(H_2O)_2/$GEL 样品皆具有均匀且透明度良好的形貌,同时具有类似的激发光谱,并且均能够发射配体敏化的 Eu^{3+} 的特征荧光。然而,$Eu(DBM-Si)_3(H_2O)_2$-GEL 具有明显优于 $Eu(DBM-OH)_3(H_2O)_2/$GEL 样品的荧光发射性能,表现在 $Eu(DBM-Si)_3(H_2O)_2$-GEL 样品具有的一系列优良荧光光谱参数,如荧光强度、荧光寿命、发射量子效率等。其原因主要有两个:①Eu(DBM-Si)$_3$(H$_2$O)$_2$-GEL 样品中的配体 DBM-Si 对 Eu^{3+} 荧光发射有比较强的敏化作用;②配体 DBM-Si 本身不含有羟基,因而对 Eu^{3+} 的荧光不会产生猝灭作用。

对于 Eu(DBM-Si)$_3$(H$_2$O)$_2$-GEL 和 Eu(DBM-OH)$_3$(H$_2$O)$_2$/GEL 样品,无论配体 DBM-Si 还是配体 DBM-OH 均仅能够为中心 Eu^{3+} 提供 6 个配位数,于是这两个样品都还有另外两个水分子参与同中心 Eu^{3+} 的配位。配位水分子对中心 Eu^{3+} 的荧光具有比较强的猝灭作用,这显然会使 Eu(DBM-Si)$_3$(H$_2$O)$_2$-GEL 和 Eu(DBM-OH)$_3$(H$_2$O)$_2$/GEL 样品的荧光发射性能明显变劣。因此,为了改进荧光发射性能,这两个凝胶杂化发光材料样品中配位水分子均有待去除。

8.7 铽配合物凝胶杂化发光材料

8.7.1 引言

Tb^{3+} 也是具有优良发光性能的稀土离子之一,其在 545 nm 处的发射具有一系列特点,已被广泛用作绿色发光材料,在显示、照明以及分析等领域具有重要的应用。虽然 Tb^{3+} 的绿色发光材料已得到了广泛应用,但是长期以来研发新型高性能含有 Tb^{3+} 的发光材料仍然备受关注。

Tb^{3+} 与 β-二酮、羧酸类配体的配合物中,配体 β-二酮、羧酸对紫外光的吸收很强,并且可以通过"天线效应"将能量传递给 Tb^{3+},从而发出 Tb^{3+} 的特征荧光。凝胶是一类制备稀土配合物杂化材料的重要基质材料,它可以有效地改善稀土配合物的光、热稳定性差的弱点。因此,从发展高性能的 Tb^{3+} 发光材料的角度看,研究新型 Tb^{3+} 凝胶杂化发光材料很有必要。

凝胶虽然是稀土配合物杂化发光材料的重要基质材料,但是其作为基质材料尚存在某些缺点,如凝胶中含有大量硅羟基,而硅羟基对稀土离子的荧光会产生严重的猝灭作用。因此,有必要对其进行改性处理。以各种硅烷化试剂,如 3-缩水甘油丙基醚三甲氧基硅烷(GPTMS)作为改性剂,借助其与凝胶中的硅羟基反应,利用溶胶-凝胶法可以制备有机改性的凝胶材料。通过改性不仅可以减少凝胶中硅羟基的含量,而且能够赋予凝胶多样化的光学性能和机械性能等,从而使其组成和性能最佳化[62]。

β-二酮是制备发光 Tb^{3+} 配合物的优良配体,尤其是含氟的 β-二酮配体,它不仅可以有效地向 Tb^{3+} 传递所吸收的激发光能,而且由于它的氟化还可以抑制由 C—H 键振动而引起的对 Tb^{3+} 荧光的猝灭作用。

本节介绍三氟乙酰丙酮(第一配体,用 Tfacac 表示)和邻菲罗啉(第二配体,用

phen 表示)的 Tb^{3+} 的三元配合物[用 $Tb(Tfacac)_3phen$ 表示]掺杂的改性凝胶杂化发光材料[用 $Tb(Tfacac)_3phen/GGET$ 表示]和未改性凝胶杂化发光材料[用 $Tb(Tfacac)_3phen/GET$ 表示]样品的合成以及性能[63]。

8.7.2　$Tb(Tfacac)_3phen/GGET$ 和 $Tb(Tfacac)_3phen/GET$ 样品的制备

8.7.2.1　$Tb(Tfacac)_3phen$ 三元配合物的制备

采用通常的方法在乙醇溶液中制备 Tb^{3+} 的配合物 $Tb(Tfacac)_3phen$。得到的配合物 $Tb(Tfacac)_3phen$ 的结构如图 8-29 所示。该配合物中 Tb^{3+} 与每个三氟乙酰丙酮配体的两个氧原子配位,另有一个邻菲罗啉中性配体以两个氮原子与 Tb^{3+} 配位,Tb^{3+} 的配位数达到 8。这是一个相当稳定的配合物。

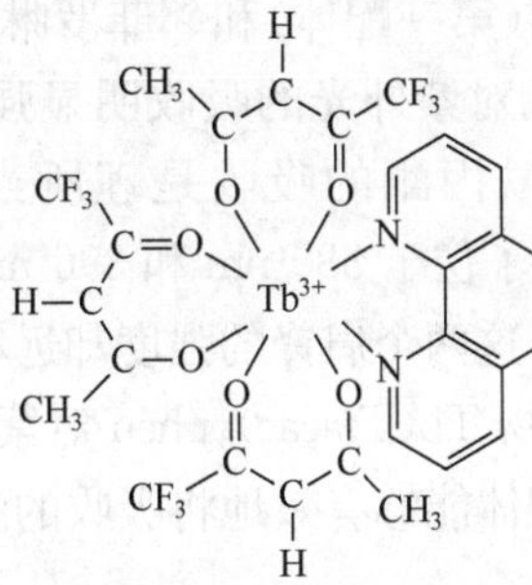

图 8-29　$Tb(Tfacac)_3phen$ 的结构

8.7.2.2　$Tb(Tfacac)_3phen/GGET$ 样品的制备

以 3-缩水甘油丙基醚三甲氧基硅烷作为改性剂(与硅羟基进行反应),利用溶胶-凝胶技术制备改性的凝胶基质材料(用 GGET 表示)。在改性的凝胶基质材料的制备过程中,同时加入 $Tb(Tfacac)_3phen$ 溶液,这样在制备改性凝胶基质材料的同时也将配合物 $Tb(Tfacac)_3phen$ 掺杂进改性凝胶基质材料中,即通过一步反应制得 $Tb(Tfacac)_3phen/GGET$ 样品。其具体操作过程如下。

以正硅酸乙酯作为硅源,3-缩水甘油丙基醚三甲氧基硅烷作为改性剂,将二者混合,然后加入 pH=2 的盐酸(盐酸的作用是催化反应物的水解),其物质的量比为 $TEOS:GPTMS:H_2O=1:0.2:4$。取适量的纯配合物 $Tb(Tfacac)_3phen$,用 N,N-二甲基甲酰胺(DMF)溶解,然后加入上述混合物中,充分搅拌以形成均匀的溶胶。接着,将溶胶倒入胶盒中,盖上事先扎好小孔的盖子,放入 40℃ 的烘箱中。经过几天陈化后前驱体溶胶转化为湿凝胶,继续干燥得到透明的干凝胶。

8.7.2.3　Tb(Tfacac)₃phen/GET 样品的制备

Tb(Tfacac)₃phen/GET 样品的制备过程与 Tb(Tfacac)₃phen/GGET 样品相同,只是在制备过程中不必加入改性剂 3-缩水甘油丙基醚三甲氧基硅烷。

8.7.3　Tb(Tfacac)₃phen/GGET 和 Tb(Tfacac)₃phen/GET 样品的光谱

8.7.3.1　Tb(Tfacac)₃phen 的激发光谱和荧光光谱

图 8-30 给出了纯配合物 Tb(Tfacac)₃phen 的激发光谱和荧光光谱。Tb(Tfacac)₃phen 的激发光谱[图 8-30(a)]在紫外区呈现出强的宽激发峰,其最大峰位是 346 nm。与其他稀土 β-二酮、邻菲罗啉三元配合物的激发光谱一样,该强的宽激发峰归属于配体三氟乙酰丙酮(第一配体)和邻菲罗啉(第二配体)的吸收。但是由于 β-二酮类配体三氟乙酰丙酮对紫外光的吸收明显强于中性配体邻菲罗啉,因此该激发峰主要取决于三氟乙酰丙酮的吸收是理所当然的。除此之外,Tb(Tfacac)₃phen 的激发光谱中还出现了位于 380 nm 和 396 nm 处的肩峰,这两个肩峰来源于 Tb³⁺ 的 f-f 电子跃迁。然而,这两个肩锋的强度却远小于位于紫外区的宽激发峰。上述激发光谱特点反映纯配合物 Tb(Tfacac)₃phen 对紫外激发光能量的吸收主要依靠其配体,而不是 Tb³⁺,并且配体能够有效地将吸收的激发光能量传递给 Tb³⁺。

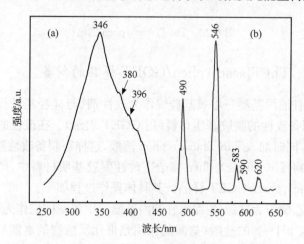

图 8-30　Tb(Tfacac)₃phen 的激发光谱和发射光谱

(a) 激发光谱,λ_{em}=546 nm;(b) 发射光谱,λ_{ex}=346 nm

(承惠允,引自[63])

以配体的最大吸收为激发波长,得到了 Tb(Tfacac)₃phen 的荧光光谱[图 8-30(b)]。该荧光光谱显示了 Tb³⁺ 的特征荧光发射,即:⁵D₄→⁷F₆ (490 nm),⁵D₄

$\rightarrow^7F_5$(546 nm)，$^5D_4\rightarrow^7F_4$(劈裂为 583 nm 和 590 nm)，$^5D_4\rightarrow^7F_3$(620 nm)，其中$^5D_4\rightarrow^7F_5$(546 nm)的跃迁是最强的发射，其次为$^5D_4\rightarrow^7F_6$(490 nm)跃迁发射。显然，Tb(Tfacac)$_3$phen 的发光是典型的配体敏化的 Tb^{3+} 的特征荧光发射。对于 Tb^{3+} 配合物，当配体的激发三重态能级与 Tb^{3+} 的$^5D_4$ 激发态能级之差值 ΔE(Tr-$^5D_4$)在 2000~4500 cm^{-1} 时，配体能够较有效地向 Tb^{3+} 传递所吸收的激发光能量，这个差值过大或过小均不利于能量向 Tb^{3+} 的$^5D_4$ 激发态能级传递，于是配合物的发光减弱。配体三氟乙酰丙酮的最低三重态能级为 22 720 cm^{-1}[64]，其与 Tb^{3+} 的$^5D_4$ 激发态能级(20 500 cm^{-1})之差为 2220 cm^{-1}，该能级之差恰在适宜的范围。因此，配体三氟乙酰丙酮能够非常有效地向 Tb^{3+} 传递能量，进而敏化其荧光发射。Tb(Tfacac)$_3$phen 的荧光光谱中除了 Tb^{3+} 的特征发射峰外，并没有观察到源于配体或基质的荧光发射峰，这也是配合物 Tb(Tfacac)$_3$phen 中分子内能量传递很有效的佐证。

8.7.3.2　Tb(Tfacac)$_3$phen/GGET 样品的激发光谱和荧光光谱

图 8-31 为 Tb(Tfacac)$_3$phen/GGET 样品的激发光谱和发射光谱。Tb(Tfacac)$_3$phen/GGET 样品的激发光谱与 Tb(Tfacac)$_3$phen 相似，即在紫外区出现了源于配体的强而宽的激发峰以及源于 Tb^{3+} 的 f-f 跃迁的肩峰。换言之，Tb(Tfacac)$_3$phen/GGET 样品的激发光谱源于其中掺杂的 Tb(Tfacac)$_3$phen。毕竟 Tb(Tfacac)$_3$phen/GGET 样品中掺杂的 Tb(Tfacac)$_3$phen 的环境发生了一定的改变，Tb(Tfacac)$_3$phen/GGET 样品的激发光谱理应产生一定的变化。正如

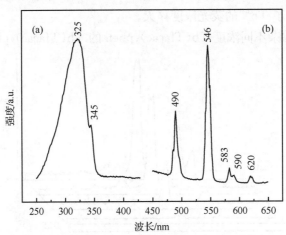

图 8-31　Tb(Tfacac)$_3$phen/GGET 的激发光谱和发射光谱

(a) 激发光谱；(b) 发射光谱

(承惠允，引自[63])

图 8-31所示出的那样,Tb(Tfacac)₃phen/GGET 样品位于紫外区的强的宽激发峰的最大激发峰位置在 325 nm,相对于 Tb(Tfacac)₃phen 的发生了蓝移[65],而且激发谱峰变窄。

Tb(Tfacac)₃phen/GGET 样品同样呈现出与 Tb(Tfacac)₃phen 相似的 Tb³⁺ 的特征荧光光谱,这是来源于 Tb(Tfacac)₃phen/GGET 样品中掺杂的 Tb(Tfacac)₃phen 的发光,也可以说 Tb(Tfacac)₃phen 在凝胶基质中仍然可以发射配体敏化的 Tb³⁺ 的特征荧光。

8.7.3.3　Tb(Tfacac)₃phen/GET 样品的激发光谱和发射光谱

Tb(Tfacac)₃phen/GET 样品的激发光谱和发射光谱与 Tb(Tfacac)₃phen/GGET 样品相似,也可以发射配体敏化的 Tb³⁺ 的特征荧光。

8.7.4　改性凝胶基质对杂化材料中配合物浓度猝灭的抑制作用

用掺杂法制备的凝胶杂化发光材料样品中掺杂的稀土配合物在一定条件下分布不够均匀,这就可能导致稀土配合物浓度局部较高,因而出现稀土配合物荧光的浓度猝灭现象。

对于 Tb(Tfacac)₃phen/GET 样品,在一定的浓度范围内该样品的 Tb³⁺ 特征荧光发射强度随着 Tb(Tfacac)₃phen 在基质中掺杂浓度的提高而增强。当掺杂浓度达到 0.75%(摩尔分数)时,其强度达到最大值。此后,当掺杂浓度为 1.00%(摩尔分数)时,其发光强度即减弱。即当 Tb(Tfacac)₃phen 掺杂浓度超过 0.75%(摩尔分数)时,发生了 Tb³⁺ 的荧光浓度猝灭。

图 8-32 为掺杂不同浓度 Tb(Tfacac)₃phen 的 Tb(Tfacac)₃phen/GGET 样品

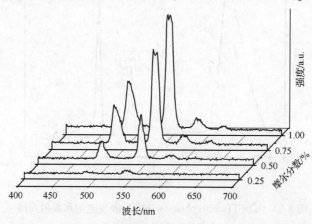

图 8-32　掺杂不同浓度配合物的 Tb(Tfacac)₃phen/GGET 样品的发射光谱

（承惠允,引自[63]）

的发射光谱。从图中可以清楚地看出，Tb^{3+} 的特征发射强度随 $Tb(Tfacac)_3phen$ 在改性凝胶基质中掺杂浓度的提高而增强，即使在掺杂浓度达到 1.00%（摩尔分数）时也没有发生 Tb^{3+} 的荧光浓度猝灭。参照以未改性凝胶为基质的杂化材料 $Tb(Tfacac)_3phen/GET$ 样品的情况，改性凝胶基质对杂化材料中 Tb^{3+} 配合物荧光的浓度猝灭现象的抑制作用就显而易见了。

8.7.5　样品的荧光寿命

$Tb(Tfacac)_3phen$、$Tb(Tfacac)_3phen/GET$ 和 $Tb(Tfacac)_3phen/GGET$ 样品的荧光衰减曲线如图 8-33 所示。该图显示 $Tb(Tfacac)_3phen$ 的荧光衰减曲线下降最快，其次为 $Tb(Tfacac)_3phen/GET$ 样品，而 $Tb(Tfacac)_3phen/GGET$ 样品下降最慢。由荧光衰减曲线计算得到了样品中 Tb^{3+} 的 $^5D_4$ 激发态的荧光寿命为 1.16 ms[$Tb(Tfacac)_3phen$]、1.62 ms[$Tb(Tfacac)_3phen/GET$ 样品]、1.72 ms [$Tb(Tfacac)_3phen/GGET$ 样品]。

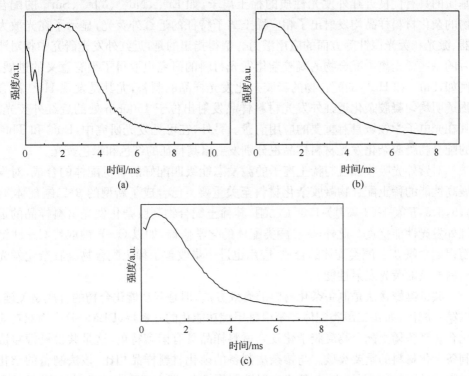

图 8-33　$Tb(Tfacac)_3phen$ 样品(a)、$Tb(Tfacac)_3phen/GET$ 样品(b)
和 $Tb(Tfacac)_3phen/GGET$ 样品(c)的荧光衰减曲线
（承惠允，引自[63]）

　　在所研究的上述体系中很多因素都可能影响 Tb^{3+} 的荧光发射,其中配合物中配体的振动对 Tb^{3+} 的 $^5D_4$ 激发态的荧光寿命会产生影响。$Tb(Tfacac)_3phen$ 被掺杂进凝胶基质后,具有较强刚性的凝胶基质硅网络结构对掺杂的配合物的配体振动有一定的限制作用,于是减少了配体的振动所引起的非辐射跃迁。这样一来,就导致 $Tb(Tfacac)_3phen/GET$ 样品的荧光衰减过程发生变化,Tb^{3+} 的 $^5D_4$ 激发态的荧光寿命也得以延长。与未改性的凝胶基质相比,有机改性的凝胶基质中上述作用更加明显。除此之外,有机改性的凝胶基质中硅羟基减少,从而使硅羟基的荧光猝灭作用减弱。上述两个因素导致以有机改性的凝胶为基质的 $Tb(Tfacac)_3$ phen/GGET 样品的荧光寿命又超过 $Tb(Tfacac)_3phen/GET$ 样品。

8.8　小　　结

　　发光性能各具特色的稀土配合物凝胶杂化发光材料已经相继问世。以凝胶为基质的具有优良近红外发光性质的稀土离子,如 Er^{3+}、Nd^{3+}、Yb^{3+}、Sm^{3+} 的配合物的杂化材料样品均发射出了相应稀土离子特征的近红外荧光,显示了在光放大器、激光和荧光探针等方面的应用潜力。值得指出的是,近红外发光研究中相对滞后的一些稀土离子配合物的凝胶杂化发光材料的研究也取得了很有意义的进展。例如,Sm^{3+} 和 Ho^{3+} 的配合物的凝胶杂化发光样品的制备,尤其是发现 Ho^{3+} 配合物透明均匀凝胶杂化近红外发光材料样品发射出位于 1500nm 处的近红外荧光,其在光电子学领域具有重要的应用前景。另外,在可见发光研究中,Eu^{3+} 和 Tb^{3+} 的配合物凝胶杂化发光材料样品也分别发射出其特征的红色和绿色荧光。

　　对紫外光吸收强且与稀土离子的激发态能级匹配好的有机配体的合成,对发展高性能的稀土配合物凝胶杂化材料至关重要。已合成了新型的 β-二酮配体 4,4,5,5,5-五氟-1-(2-萘基)-1,3-丁二酮,其稀土配合物凝胶杂化发光材料样品的近红外发光性能优良。此外,β-二酮类配体的化学修饰,如以 C—F 键取代 C—H 键而得到含氟 β-二酮类配体的合成、应用也进一步改善了稀土配合物凝胶杂化发光材料样品的荧光发射性能。

　　共价键嫁接法是制备杂化材料的有效方法,但是双功能化合物的合成是关键。以第一配体,如 β-二酮类配体二苯甲酰甲烷功能化的硅氧烷(DBM-Si)作为双功能化合物制备稀土配合物凝胶杂化发光材料样品具有诸多特色,这是共价键嫁接法制备杂化材料的重要突破。与掺杂法制备的杂化材料样品相比,该法制备的杂化材料样品更均匀、更稳定、其荧光发射性能更优良,即表现为高的发射强度、长的荧光寿命以及高的发射量子效率等。

　　稀土配合物凝胶杂化发光材料研究已取得了很有意义的进展,但未来仍很有必要开展以下研究工作。

　　(1) 新型优良的双功能化合物研究对共价键嫁接稀土配合物的凝胶杂化发光材料的制备及发光性能的改善具有重要的意义。应该特别注重与稀土离子配位作用强、对稀土离子的荧光发射的敏化作用强的双功能化合物的筛选。

　　(2) 采用溶胶-凝胶技术制备的经典凝胶的结构和性能均比较单一,难以满足作为制备性能优良稀土配合物凝胶杂化发光材料的基质的要求,因此凝胶基质材料的有机改性变得日益重要。凝胶有机改性的空间尚很宽广,引入不同种类的有机基团将有效地改进凝胶的结构,并赋予凝胶以新性能。

　　(3) 稀土配合物凝胶杂化发光材料的荧光发射强度与组装的稀土配合物浓度密切相关。因此,应该开展提高组装的稀土配合物浓度的工作,以进一步改进稀土配合物凝胶杂化发光材料的荧光发射性能。

参 考 文 献

[1] Avnir D, Levy D, Reisfeld R. The nature of silica cage as reflected by spectral changes and enhanced photostability of trapped rhodamine 6G. J Phys Chem,1984, 88: 5956-5959.

[2] Ruland G, Gvishi R, Prasad P N. Multiphasic nanostructured composite: multi-dye tunable solid state laser. J Am Chem Soc,1996, 118: 2985-2991.

[3] Kim C W, Oh S W, Kim Y H, et al. Characterization of the spironaphthooxazine doped photochromic glass: the effect of matrix polarity and pore size. J Phys Chem C,2008, 112: 1140-1145.

[4] Koslova N I, Viana B, Sanchez C. Rare-earth-doped hybrid siloxane oxide coatings with luminescent properties. J Mater Chem,1993, 3: 111-112.

[5] Campostrini R, Carturan G, Ferrari M, et al. Luminescence of Eu^{3+} ions during thermal densification of SiO_2 gel. J Mater Res,1992, 7: 745-753.

[6] Reisfeld R, Zelner M, Patra A. Fluorescence study of zirconia films doped by Eu^{3+}, Tb^{3+} and Sm^{3+} and their comparison with silica films. J Alloys Compds,2000, 300: 147-151.

[7] Langlet M, Coutier C, Meffre W, et al. Microstructural and spectroscopic study of sol-gel derived Nd-doped silica glasses. J Lumin,2002, 96: 295-309.

[8] Wang Q, Dutta N K, Ahrens R. Spectroscopic properties of Er doped silica glasses. J Appl Phys,2004, 95: 4025-4028.

[9] Nogami M, Abe Y. Properties of sol-gel-derived Al_2O_3-SiO_2 glasses using Eu^{3+} ion fluorescence spectra. J Non-Cryst Solids,1996, 197: 73-78.

[10] Seok S I, Lim M A. Optical properties of Er-doped Al_2O_3-SiO_2 films prepared by a modified sol-gel process. J Am Ceram Soc, 2005, 88: 2380-2384.

[11] Matthews L R, Knobbe E T. Luminescence behavior of europium complexes in sol-gel derived host materials. Chem Mater,1993, 5: 1697-1700.

[12] Jin T, Tsutsumi S, Deguchi Y, et al. Preparation and luminescence characteristics of the europium and terbium complexes incorporated into a silica matrix using a sol-gel method. J Alloy Compds,1997, 252: 59-66.

[13] (a)Carlos L D, Sá Ferreira R A, Rainho J P, et al. Fine-tuning of the chromaticity of the emission color of organic-inorganic hybrids Co-doped with Eu^{III}, Tb^{III}, and Tm^{III}. Adv Funct Mater,2002, 12: 819-

823. (b)Soares-Santos P C R, Nogueira H I S, Félix V, et al. Novel lanthanide luminescent materials based on complexes of 3-hydroxypicolinic acid and silica nanoparticles. Chem Mater,2003, 15: 100-108.

[14] Lima P P, Sá Ferreira R A, Freire R O, et al. Spectroscopic study of a UV-photostable organic-inorganic hybrids incorporating an Eu^{3+} β-diketonate complex. Chem Phys Chem,2006, 7: 735-746.

[15] Serra O A, Nassar E J, Zapparoll G, et al. Organic complexes of europium(Ⅲ) supported in functionalized silica gel: highly luminescent material. J Alloys Compds,1994, 207-208: 454-456.

[16] Qian G D, Wang M Q. Preparation and fluorescence properties of nanocomposite of amorphous silica glasses doped with lanthanide(Ⅲ) benzoates. J Phys Chem Solids, 1997, 58: 375-378.

[17] (a)Fu L S, Zhang H J, Wang S B, et al. *In-situ* synthesis of terbium complex with salicylic acid in silica matrix by a two-step sol-gel process. Chin Chem Lett,1998, 9: 1129-1132. (b)Fu L S, Zhang H J, Wang S B, et al. Preparation and luminescence properties of terbium-sal synthesized in silica matrix by a two-step sol-gel process. J Mater Sci Technol,1999, 15: 187-189.

[18] Dong D W, Jiang S C, Men Y F, et al. Nanostructured hybrid organic-inorganic lanthanide complex films produced *in situ* via a sol-gel approach. Adv Mater,2000, 12: 646-649.

[19] Franville A C, Zambon D, Mahiou R. Luminescence behavior of sol-gel-derived hybrid materials resulting from covalent grafting of a chromophore unit to different organically modified alkoxysilanes. Chem Mater,2000, 12: 428-435.

[20] (a)Li H R, Lin J, Zhang H J, et al. Preparation and luminescence properties of hybrid materials containing Eu(Ⅲ) complexes covalently bonded to a silica matrix. Chem Mater,2002, 14: 3651-3655. (b)Li H R, Lin J, Zhang H J, et al. Novel, covalently bonded hybrid materials of Eu(Tb) complexes with silica. Chem Commun,2001: 1212-1213. (c)Liu F Y, Fu L S, Zhang H J, et al. Luminescent hybrid films obtained by covalent grafting of Tb complex to silica network. Thin Solid Films,2002, 419: 178-182.

[21] (a)Wang Q M, Yan B. Novel luminescent molecular-based hybridorganic-inorganic terbium complex covalently bonded materials via sol-gel process. Inorg Chem Commun,2004, 7: 747-750. (b)Wang Q M, Yan B. Novel luminescent terbium molecular-based hybrids with modified meta-aminobenzoic acid covalently bonded with silica. J Mater Chem,2004, 14: 2450-2454.

[22] (a)Yan B, Lu H F. Lanthanide-centered inorganic/organic hybrids from functionalized 2-pyrrolidinone-5-carboxylic acid bridge: covalently bonded assembly and luminescence. J Organomet Chem, 2009, 694: 2597-2603. (b)Yan B, Lu H F. Novel leaf-shaped hybrid micro-particles: chemically bonded self-assembly, microstructure and photoluminescence. J Photochem Photobiol A Chem, 2009, 205: 122-128. (c)Liu J L, Yan B. Rare-earth (Eu^{3+}, Tb^{3+}) hybrids through amide bridge: chemically bonded self-assembly and photophysical properties. J Organometallic Chem, 2010, 695: 580-587. (d)Guo L, Yan B. Chemical-bonding assembly, physical characterization, and photophysical properties of lanthanide hybrids from a functional thiazole bridge. Eur J Inorg Chem, 2010: 1267-1274. (e)Liu J L, Yan B. Lanthanide-centered organic-inorganic hybrids through a functionalized aza-crown ether bridge: coordination bonding assembly, microstructure and multicolor luminescence. Dalton Trans, 2011, 40: 1961-1968. (f)Yan B, Sui Y L, Liu J L. Photoluminescent hybrid thin films fabricated with lanthanide ions covalently bonded silica. J Alloys Compds, 2009, 476: 826-829.

[23] (a)Yan B, Qian K. Novel chemically bonded Tb/Zn hybrid sphere particles: molecular assembly, microstructure and photoluminescence. J Photochem Photobiol A Chem, 2009, 207: 217-223. (b)Yan B, Qian K. Chemically bonded hybrid systems from functionalized hydroxypyridine molecular bridge: char-

acterization and photophysical properties. Photochem Photobiol, 2009, 85: 1278-1285. (c)Liu J L, Yan B, Guo L. Photoactive ternary lanthanide-centered hybrids with Schiff-base functionalized polysilsesquioxane bridges and N-heterocyclic ligands. Eur J Inorg Chem, 2010: 2290-2296. (d)Chen Y, Chen Q, Song L, et al. Synthesis and fluorescent properties of lanthanide complex covalently bonded to porous silica monoliths. J Alloys Compds, 2010, 490: 264-269.

[24] Yan B, Wang X L, Qian K, et al. Coordination bonding assembly, characterization and photophysical properties of lanthanide (Eu, Tb)/zinc centered hybrid materials through sulfide bridge. J Photochem Photobiol A Chem, 2010, 212: 75-80.

[25] (a)Guo L, Yan B. New luminescent lanthanide centered Si—O—Ti organic-inorganic hybrid material using sulfoxide linkage. Inorg Chem Commun, 2010, 13: 358-360. (b)Guo L, Yan B, Liu J L. Photofunctional Eu^{3+}/Tb^{3+} hybrids through sulfoxide linkages: coordination bonds construction, characterization and luminescence. Dalton Trans, 2011, 40: 4933-4940. (c)Yan B, Li Y Y, Guo L. Photofunctional ternary rare earth (Eu^{3+}, Tb^{3+}, and Sm^{3+}) hybrid xerogels with hexafluoroacetylacetonate derived building block and bis(2-methoxyethyl)ether through coordination bonds. Inorg Chem Commun, 2011, 14: 910-912.

[26] Park O H, Seo S Y, Bae B S, et al. Indirect excitation of Er^{3+} in sol-gel hybrid films doped with an erbium complex. Appl Phys Lett, 2003, 82: 2787-2789.

[27] Goncüalves M C, Silva N J O, de Zea Bermudez V, et al. Local structure and near-infrared emission features of neodymium-based amine functionalized organic/inorganic hybrids. J Phys Chem B, 2005, 109: 20093-20104.

[28] Driesen K, van Deun R, Görller-Walrand C, et al. Near-infrared luminescence of lanthanide calcein and lanthanide dipicolinate complexes doped into a silica-PEG hybrid material. Chem Mater, 2004, 16: 1531-1535.

[29] Lenaerts P, Driesen K, van Deun R, et al. Covalent coupling of luminescent tris(2-thenoyltrifluoroacetonato)lanthanide(Ⅲ) complexes on a merrifield resin. Chem Mater, 2005, 17: 2148-2154.

[30] Lenaerts P, Storms A, Mullens J, et al. Thin films of highly luminescent lanthanide complexes covalently linked to an organic-inorganic hybrid material via 2-substituted imidazo[4,5-f]-1,10-phenanthroline groups. Chem Mater, 2005, 17: 5194-5201.

[31] (a) 徐国财, 张立德. 纳米复合材料. 北京:化学工业出版社, 2002. (b) Kickelbick G. Hybrid Materials: Synthesis, Characterization, and Applications. Weinheim:Wiley-VCH, 2007.

[32] Roy D M, Roy R. Experimental study of formation and properties of synthetic serpentines and related layer silicate mineral. Am Mineral, 1954, 39: 957-975.

[33] Roy R. Aids in hydrothermal experimentation Ⅱ. Methods of making mixtures for both "dry" and "wet" phase equilibrium studies. J Am Ceram Soc, 1956, 39: 145-146.

[34] Iler R K. The Chemistry of Silica: Solubility, Polymerization, Colloid and Surface Properties and Biochemistry of Silica. New York:Wiley, 1955.

[35] Schmidt H. New type of non-crystalline solids between inorganic and organic materials. J Non-Cryst Solids, 1985, 73: 681-691.

[36] Wilkes G L, Orler B, Huang H H. "Ceramers": hybrid materials incorporating polymeric/oligomeric species into inorganic glasses utilizing a sol-gel approach. Polym Prepr, 1985, 26: 300-302.

[37] (a) Sun L N, Zhang H J, Fu L S, et al. A new sol-gel material doped with an erbium complex and its

potential optical-amplification application. Adv Funct Mater, 2005, 15: 1041-1048. (b) Dang S, Sun L N, Zhang H J. Near-infrared luminescence from Sol-gel materials doped with holmium(Ⅲ) and thulium (Ⅲ) complexes. J Phy Chem C, 2008, 112: 13240-13247.

[38] (a) Sun L N, Zhang H J, Yu J B, et al. Performance of near-IR luminescent xerogel materials covalently bonded with ternary lanthanide (Er^{Ⅲ}, Nd^{Ⅲ}, Yb^{Ⅲ}) complexes. J Photochem Photobio A, 2008, 193: 153-160. (b) Feng J, Yu J B, Song S Y, et al. Near-infrared luminescent xerogel materials covalently bonded with ternary lanthanide [Er(Ⅲ), Nd(Ⅲ), Yb(Ⅲ), Sm(Ⅲ)] complexes. Dalton Trans,2009, 13: 2406-2414. (c) Guo X M, Guo H D, Fu L S, et al. Synthesis and photophysical properties of novel organic-inorganic hybrid materials covalently linked to a europium complex. J Photochem Photobiol A, 2008, 200: 318-324.

[39] (a) Benatsou M, Capoen B, Bouazaoui M, et al. Preparation and characterization of sol-gel derived Er^{3+}: Al$_2$O$_3$-SiO$_2$ planar waveguides. Appl Phys Lett,1997, 71: 428-430. (b) Filippov V V, Pershuke-vich P P, Kuznetsova V V, et al. Photoluminescence excitation properties of porous silicon with and without Er^{3+}-Yb^{3+}-containing complex. J Lumin, 2002, 99: 185-195. (c) Capobianco J A, Vetrone F, Boyer J C, et al. Enhancement of red emission ($^4F_{9/2} \to {}^4I_{15/2}$) via upconversion in bulk and nanocrystal-line cubic Y$_2$O$_3$:Er^{3+}. J Phys Chem B, 2002, 106: 1181-1187.

[40] Hasegawa Y, Kimura Y, Murakoshi K, et al. Enhanced emission of deuterated tris(hexafluoroacetylac-etonato)neodymium(Ⅲ) complex in solution by suppression of radiationless transition via vibrational excitation. J Phys Chem, 1996, 100: 10201-10205.

[41] Sun L N, Yu J B, Zheng G L, et al. Syntheses, structures and near-IR luminescent studies on ternary lanthanide (Er^{Ⅲ}, Ho^{Ⅲ}, Yb^{Ⅲ}, Nd^{Ⅲ}) complexes containing 4,4,5,5,6,6,6-heptafluoro-1-(2-thienyl) hexane-1,3-dionate. Eur J Inorg Chem, 2006, 19: 3962-3973.

[42] Carnall W T, Fields P R, Rajnal K. Electronic energy levels in the trivalent lanthanide aquo ions Ⅰ. Pr^{3+}, Nd^{3+}, Pm^{3+}, Sm^{3+}, Dy^{3+}, Ho^{3+}, Er^{3+}, and Tm^{3+}. J Chem Phys, 1968, 49: 4424-4442.

[43] (a) Park O H, Seo S Y, Jung J I, et al. Photoluminescence of mesoporous silica films impregnated with an erbium complex. J Mater Res, 2003, 18: 1039-1042. (b) Polman A, Jacobson D C, Eaglesham D J, et al. Optical doping of waveguide materials by MeV Er implantation. J Appl Phys, 1991, 70: 3778-3784. (c) Miniscalco W J. Erbium-doped glasses for fiber amplifiers at 1500 nm. J Lightwave Technol, 1991, 9: 234-250. (d) Ainslie B J. A review of the fabrication and properties of erbium-doped fibers for optical amplifiers. J Lightwave Technol,1991, 9: 220-227.

[44] Comby S, Imbert D, Vandevyver C, et al. A Novel strategy for the design of 8-hydroxyquinolinate-based lanthanide bioprobes that emit in the near infrared range. Chem-Eur J, 2007, 13: 936-944.

[45] Van Deun R, Moors D, De Fré B, et al. Near-infrared photoluminescence of lanthanide-doped liquid crystals. J Mater Chem, 2003, 13: 1520-1522.

[46] Wolbers M P O, van Veggel F C J M, Snellink-Ruël B H M, et al. Photophysical studies of m-terphe-nyl-sensitized visible and near-infrared emission from organic 1:1 lanthanide ion complexes in methanol solutions. J Chem Soc, Perkin Trans. 2, 1998: 2141-2150.

[47] (a) Crosby G, Whan R. Intramolecular energy transfer in rare earth chelates. Role of the triplet state. J Chem Phys,1961, 34: 743-748. (b) Sager W, Filipescu N. Substituent effects on intramolecular energy transfer Ⅰ. Absorption and phosphorescence spectra of rare earth β-diketone chelates. J Phys Chem, 1965, 69: 1092-1100.

[48] Zang F X, Li W L, Hong Z R, et al. Observation of 1. 5 mm photoluminescence and electroluminescence from a holmium organic complex. Appl Phys Lett, 2004, 84: 5115-5117.

[49] Zang F X, Hong Z R, Li W L, et al. 1. 4 μm band electroluminescence from organic light-emitting diodes based on thulium complexes. Appl Phys Lett, 2004, 84: 2679-2681.

[50] Bian L J, Xi H A, Qian X F, et al. Synthesis and luminescence property of rare earth complex nanoparticles dispersed within pores of modified mesoporous silica. Mater Res Bull, 2002, 37: 2293-2301.

[51] Li Y Y, He Y, Gong M L, et al. Fluorescence of the complexes of Eu(Ⅲ) with β-diketones and bases in methyl alcohol and resins. J Lumin, 1998, 40-41: 235-236.

[52] Li H R, Zhang H J, Lin J, et al. Preparation and luminescence properties of ormosil material doped with Eu(TTA)$_3$phen complex. J Non-Cryst Solids, 2000, 278: 218-222.

[53] Holtzclaw H F, Collman J P. Infrared absorption of metal chelate compounds of 1, 3-diketone. J Am Chem Soc, 1957, 79: 3318-3322.

[54] Malinowski M, Frukacz Z, Szuflińska M, et al. Optical transitions of Ho^{3+} in YAG. J Alloys Compd, 2000, 300-301: 389-394.

[55] Liu F S, Liu Q L, Liang J K, et al. Optical spectra of Ln^{3+}(Nd^{3+}, Sm^{3+}, Dy^{3+}, Ho^{3+}, Er^{3+})-doped Y$_3$GaO$_6$. J Lumin, 2005, 111: 61-68.

[56] Yu J B, Zhang H J, Fu L S, et al. Synthesis, structure and luminescent properties of a new praseodymium(Ⅲ) complex with β-diketone. Inorg Chem Commun, 2003, 6: 852-854.

[57] Peng C Y, Zhang H J, Yu J B, et al. Synthesis, characterization, and luminescence properties of the ternary europium complex covalently bonded to mesoporous SBA-15. J Phys Chem B, 2005, 109: 15278-15287.

[58] Stouwdam J W, Raudsepp M, van Veggel F C J M. Colloidal nanoparticles of Ln^{3+}-doped LaVO$_4$: energy transfer to visible- and near-infrared-emitting lanthanide ions. Langmuir, 2005, 21: 7003-7008.

[59] Binnemans K, Lenaerts P, Driesen K, et al. A luminescent tris(2-thenoyltrifluoroacetonato)europium (Ⅲ) complex covalently linked to a 1, 10-phenanthroline-functionalised sol-gel glass. J Mater Chem, 2004, 14: 191-195.

[60] Liu F Y, Fu L S, Wang J, et al. Luminescent film with terbium-complex-bridged polysilsesquioxanes. New J Chem, 2003, 27: 233-235.

[61] Meng Q G, Boutinaud P, Franville A C, et al. Preparation and characterization of luminescent cubic MCM-48 impregnated with an Eu^{3+} β-diketonate complex. Micropor Mesopor Mater, 2003, 65: 127-136.

[62] Lintner B, Arfsten N, Dislich H, et al. A first look at the optical properties of ormosils. J Non-Cryst Solids, 1988, 100: 378-382.

[63] Guo J F, Fu L S, Li H R, et al. Preparation and luminescence properties of ormosil hybrid materials doped with Tb(Tfacac)$_3$phen complex via a sol-gel process. Mater Lett, 2003, 57: 3899-3903.

[64] 郑佑轩. 稀土配合物光致发光和电致发光性能的研究. 长春: 中国科学院长春应用化学研究所博士学位论文, 2002.

[65] Li H R, Fu L S, Liu F Y, et al. Mesostructured thin film with covalently grafted europium complex. New J Chem, 2002, 26: 674-676.

第9章 稀土配合物凝胶薄膜

9.1 概　述

工农业、高技术等的迅速发展不仅要求材料具有优良的性能，而且要求材料具有满足一些特殊需要的特定形貌。块体、粉末等材料已经得到了广泛的应用，而薄膜材料因其特殊的结构和功能在许多领域显示出了广阔的应用前景，已经引起了研究人员日益浓厚的兴趣。

溶胶-凝胶技术不仅可用于块材、粉末等形貌稀土配合物的凝胶杂化发光材料的制备，而且是制备稀土配合物的凝胶薄膜发光材料的比较理想的方法。运用溶胶-凝胶技术能够制备出具有各种各样结构和功能的凝胶薄膜，如多孔膜、多层膜、荧光膜等，溶胶-凝胶技术在制备凝胶薄膜方面的重要应用价值十分受人青睐。

通过浸渍法或旋涂法使已制备好的溶胶在适宜的基片上形成薄膜，并在凝胶形成后适时地进行适当的热处理即可以形成无定形或多晶态凝胶薄膜。通过控制溶胶中聚合物的结构、黏度、水量以及在成膜过程中提升或旋转的速率、时间等因素还可以调控制得的稀土配合物的凝胶薄膜的厚度等，从而制得具有更为理想性能的凝胶薄膜。

采用溶胶-凝胶技术制备稀土配合物的凝胶薄膜具有以下主要特点：①该法的工艺设备简单，无需比较昂贵的真空设备等，并且操作方便，反应过程易于控制；②它的后处理温度低，这对于在热稳定性比较差的基底上制薄膜或者将热稳定性较差的薄膜沉积在基底上具有特别重要的意义，该法使在玻璃、半导体、集成光学以及电子器件上制薄膜成为可能；③对基底的形状及大小无严格要求，既可以在大面积、不同形状、不同材料的基底上制薄膜，也可以在粉末颗粒的表面上制备包覆膜；④容易制得均匀的多组分氧化物膜，容易进行定量掺杂且操作灵活，同时还可以有效地控制薄膜成分及结构，从而可以按照使用的要求对制备的薄膜材料的性能进行剪切。

早期的溶胶-凝胶技术制备无机发光薄膜的报道出现于 1987 年，研究人员将比较经典的阴极射线发光粉 Y_2SiO_5：Tb 通过溶胶-凝胶技术直接沉积在石英片上而制成了发光薄膜[1]。到目前为止，一些较重要的商业化发光材料，如 Y_2O_3：$Eu^{[2]}$、Zn_2SiO_4：$Mn^{[3]}$、ZnS：$Mn^{[4]}$ 等均已采用溶胶-凝胶技术被制成发光薄膜，并且有的已在器件上成功地获得应用。

已成功地将有机染料分子组装进无机基质中制成了杂化发光薄膜。有机染料具有很好的荧光和激光性能,利用溶胶-凝胶技术可以很容易地将其掺杂到 SiO_2、Al_2O_3 等基质中制成发光和激光薄膜。研究表明,化学性质比较活泼的有机分子被掺杂在上述无机基质中有利于提高其光稳定性和热稳定性。这方面成功的例子包括罗丹明 B(rhodamine B)、罗丹明 6G(rhodamine 6G)等染料分子掺杂的 SiO_2 和 Al_2O_3 发光薄膜[5,6],它们均已显示出比较优良的发光性能等。

关于具有发光性能的过渡金属配合物的杂化发光薄膜也已开展了研究。例如,钌与联吡啶的配合物 $[Ru(bipy)_3]^{2+}$ 是一种具有独特光物理性质的配合物,将其掺杂在 SiO_2 凝胶及薄膜中的报道很多[7]。该杂化薄膜材料的吸收带和发射带的最大峰值分别位于 450 nm 和 600 nm,呈现高效红光发射,是一种很有前途的杂化薄膜发光材料。

稀土配合物,尤其是 Eu^{3+} 和 Tb^{3+} 的 β-二酮、羧酸类配体的配合物,由于配体 β-二酮和羧酸向稀土离子的有效能量传递而显示出十分优良的发光性能。1989年,Lessard 等[8]首次报道了采用 Eu^{3+} 和 Tb^{3+} 的穴状配体配合物掺杂的透明 SiO_2 块状及薄膜材料,它们都显示了 Eu^{3+} 的特征红光($^5D_0 \rightarrow {}^7F_2$)和 Tb^{3+} 的特征绿光($^5D_4 \rightarrow {}^7F_5$)发射。此后,有关稀土配合物掺杂的 SiO_2 及有机改性 SiO_2 块状凝胶材料的报道[9,10]逐渐增多。然而,SiO_2 块状材料易开裂且加工周期长,而薄膜很容易通过溶胶-凝胶技术制备、加工周期短、不易开裂。鉴于上述特点,人们逐渐开始重视该类薄膜材料的制备和性能研究。Hao 等[11]报道了配合物 $Eu(TTA)_3$ 掺杂的有机改性 SiO_2 薄膜的溶胶-凝胶技术制备,并研究了薄膜厚度、层数和后处理温度对薄膜发光性能的影响。一般认为,掺杂的稀土配合物分子存在于凝胶基质的孔洞之中,并且配合物分子与凝胶基质之间是通过分子间作用力(如氢键)结合在一起的。因此,配合物分子分散的均匀性无疑会受到一定程度的限制,稀土配合物分子团聚现象在所难免。稀土配合物分子团聚将会引起稀土离子荧光的浓度猝灭,这对于提高薄膜材料的发光性能是极为不利的。因此,为了进一步提升稀土配合物凝胶薄膜的发光性能,人们又设计出共价键嫁接稀土配合物的凝胶薄膜的发光材料。共价键嫁接稀土配合物的凝胶薄膜就是利用同时具有水解、缩聚功能以及同稀土离子配位功能的双功能化合物将稀土配合物共价键嫁接在凝胶基质中,并制成发光薄膜,这与共价键嫁接法制备的稀土配合物介孔杂化发光材料类似。

本章拟重点介绍稀土杂多化合物的聚酯凝胶薄膜、共价键嫁接 Tb^{3+} 配合物的凝胶薄膜以及掺杂 Eu^{3+} 配合物的改性凝胶薄膜的制备和发光性能。

9.2　稀土杂多化合物的聚酯凝胶薄膜

溶胶-凝胶技术不仅是制备凝胶杂化材料广泛应用的重要手段,而且是进行分子组装的一种非常理想的方法。通过对分子体系的科学设计,并采用溶胶-凝胶技术对具有特殊结构和性质的稀土杂多化合物(用 POM 表示)进行分子组装对于探索高性能的新型稀土功能材料具有非常重要的意义。

多酸化合物是一种含有金属氧键的多金属配合物,因其化学性质、结构的多样性而在催化、生物、药物及材料领域显示出广阔的应用前景,因而早已受到研究人员的密切关注。特别应该指出的是,由于多酸化合物结构的多样性和可以在分子水平上通过分子裁剪与组装而得到不同结构多酸化合物,多酸化合物成为组装杂化功能材料的重要无机构筑块。稀土杂多化合物是一类重要的多酸化合物,其种类较多,结构新颖,并且性质各异,在杂化材料的研究与开发中也具有巨大发展潜力。Yamase 和 Blasse 等[12-14]详细地研究了稀土杂钨化合物的荧光性质及其分子内能量转移过程。研究结果表明,含稀土的杂多化合物在制备杂化光学功能材料方面有其独特的优势。

本节中拟介绍 LnW_{10} 型(1:10 型,Ln = Sm、Dy)和 $Ln(XW_{11})_2$ 型(1:11 型,Ln = Eu;X = Si、Ge、B)稀土杂多化合物掺杂的聚酯(PE)凝胶薄膜样品的组装、荧光性能以及相关杂多阴离子与稀土离子之间的能量传递等。

9.2.1　稀土杂多化合物的聚酯凝胶薄膜样品的制备

稀土杂多化合物的聚酯凝胶薄膜样品的制备过程示于图 9-1。首先将柠檬酸、聚乙二醇和稀土杂多化合物充分混合,柠檬酸与聚乙二醇发生聚酯化反应而形成溶胶,稀土杂多化合物均匀地分散在其中,再经浸涂法成膜即可得到稀土杂多化合物的聚酯凝胶薄膜样品。制膜的具体操作介绍如下。

采用通常使用的杂多化合物的合成方法[15,16]合成以下几种 LnW_{10} 和 $Ln(XW_{11})_2$ 型稀土杂多化合物:$K_{13}Eu(SiW_{11}O_{39})_2 \cdot 28H_2O$($EuSiW_{11}$)、$K_{13}Eu(GeW_{11}O_{39})_2 \cdot 25H_2O$($EuGeW_{11}$)、$K_{15}Eu(BW_{11}O_{39})_2 \cdot 22H_2O$($EuBW_{11}$)、$Na_9SmW_{10}O_{36} \cdot 18H_2O$($SmW_{10}$)及 $Na_9DyW_{10}O_{36} \cdot 22H_2O$($DyW_{10}$)。将上面合成的稀土杂多化合物溶于柠檬酸与聚乙二醇(相对分子质量为 10 000)的水溶液中,使稀土杂多化合物、柠檬酸、聚乙二醇的物质的量比为 1:2:0.5。将得到的溶液在室温下剧烈搅拌 3 h 后,用浸涂法将溶胶涂覆于石英基片上(石英基片使用前需要经过酸、碱、有机溶剂和蒸馏水的充分洗涤),并在 150 ℃的条件下烘 3 h,最终得到稀土杂多化合物的聚酯凝胶薄膜样品。制备的稀土杂多化合物的聚酯凝胶薄膜样品分别用 LnW_{10}/聚酯凝胶薄膜(Ln = Sm、Dy)和 $LnXW_{11}$/聚酯凝胶薄膜(Ln = Eu;X = Si、Ge、B)表示。

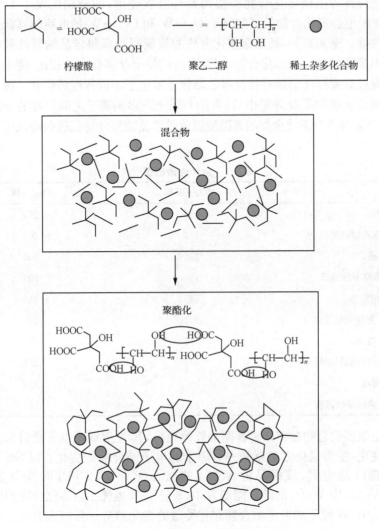

图 9-1　稀土杂多化合物的聚酯凝胶薄膜样品的制备过程

9.2.2　稀土杂多化合物的聚酯凝胶薄膜样品的紫外光谱

　　表 9-1 列出了稀土杂多化合物的聚酯凝胶薄膜样品的紫外吸收光谱数据,作为对比也列出了相应纯稀土杂多化合物的紫外吸收光谱数据。1∶10 型和 1∶11 型稀土杂多化合物的紫外吸收光谱中均在 200 nm 左右和 250～260 nm 的光谱范围分别呈现出稀土杂多化合物的特征紫外吸收峰,这些吸收峰可以分别归属于稀土杂多化合物的 $O_d \rightarrow W$ 和 $O_{b,c} \rightarrow W$ 的电荷转移跃迁。LnW_{10}/聚酯凝胶薄膜($Ln = Sm$、Dy)和 $Ln(XW_{11})_2$/聚酯凝胶薄膜($Ln = Eu$;$X = Si$、Ge、B)样品均展

示出与相应纯稀土杂多化合物类似的紫外吸收光谱,即分别出现了 1∶10 型或 1∶11 型稀土杂多化合物的可归属于 $O_d{\rightarrow}W$ 和 $O_{b,c}{\rightarrow}W$ 的电荷转移跃迁的特征紫外吸收峰。毫无疑问,稀土杂多化合物的聚酯凝胶薄膜样品的紫外吸收光谱来源于其中掺杂的稀土杂多化合物。然而,与纯稀土杂多化合物相比,稀土杂多化合物聚酯凝胶薄膜样品的紫外特征吸收峰位置发生了不同程度的位移。稀土杂多化合物被组装进聚酯凝胶薄膜中后,聚酯与稀土杂多阴离子之间存在的一定相互作用,从而导致稀土杂多化合物的聚酯凝胶薄膜样品的紫外特征吸收峰发生一定程度的位移。

表 9-1　紫外光谱数据[12(b)]　　　　　　　　　　　　　　（单位:nm）

	$O_d{\rightarrow}W$	$O_{b,c}{\rightarrow}W$
SmW_{10}溶液	195	260
SmW_{10}/聚酯凝胶薄膜	194	263
DyW_{10}溶液	196	258
DyW_{10}/聚酯凝胶薄膜	197	269
$EuSiW_{11}$溶液	199	250
$EuSiW_{11}$/聚酯凝胶薄膜	202	255
$EuGeW_{11}$溶液	198	252
$EuGeW_{11}$/聚酯凝胶薄膜	203	255
$EuBW_{11}$溶液	197	250
$EuBW_{11}$/聚酯凝胶薄膜	202	254

　　稀土杂多化合物被掺杂进聚酯凝胶薄膜后,其 X 射线光电子能谱也会随之发生一些变化,主要变化之一就是一些原子的电子结合能的变化。以 SmW_{10}/聚酯凝胶薄膜样品为例,该样品的 $W4f_{7/2}$ 的结合能为 35.2 eV,而纯杂多化合物 $Na_9SmW_{10}O_{36}$ 中 $W4f_{7/2}$ 的结合能却为 34.8 eV。其他稀土杂多化合物的聚酯凝胶薄膜样品中,W 原子的电子结合能亦有类似的变化趋势。可以认为稀土杂多化合物的聚酯凝胶薄膜样品中 W 原子的电子结合能变化也正是掺杂的稀土杂多化合物与聚酯凝胶之间存在一定相互作用的反映。由此可见,上述稀土杂多化合物的聚酯凝胶薄膜样品的 X 射线光电子能谱结果与其紫外吸收光谱的结果可以互为佐证。

9.2.3　稀土杂多化合物的聚酯凝胶薄膜样品的激发光谱和发射光谱

9.2.3.1　SmW_{10}/聚酯凝胶薄膜样品的激发光谱和发射光谱

1. 激发光谱

图 9-2 给出了 SmW_{10}/聚酯凝胶薄膜样品的激发光谱(虚线),作为参照也给出

了纯杂多化合物 SmW_{10} 的激发光谱(实线)。纯杂多化合物 SmW_{10} 的激发光谱由一个位于紫外区的宽激发带(其激发带的峰位于 310 nm 左右)以及一些比较尖的激发峰(位于波长较长的光谱区域)组成。其中的宽激发带可以归属于 Sm^{3+} 杂多化合物的 O→W 电荷转移跃迁,这与纯杂多化合物 SmW_{10} 的紫外吸收光谱结果相一致。该激发光谱中其余的激发峰应是 Sm^{3+} 的特征激发峰,它们可以分别归属于 Sm^{3+} 的 $^6H_{5/2}→(^4K,^4L)_{17/2}$(345 nm),$^6H_{5/2}→(^4D,^6P)_{15/2}$(365 nm),$^6H_{5/2}→$ $^4L_{17/2}$(377 nm),$^6H_{5/2}→^4K_{11/2}$(406 nm),$^6H_{5/2}→^4M_{19/2}$(421 nm),$^6H_{5/2}→^4I_{13/2}$(470 nm)跃迁。

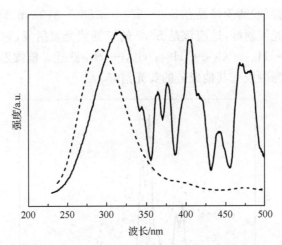

图 9-2　纯杂多化合物 SmW_{10}(实线)与 SmW_{10}/聚酯凝胶薄膜样品(虚线)的激发光谱

SmW_{10}/聚酯凝胶薄膜样品的激发光谱也是由一个来源于 Sm^{3+} 杂多化合物的 O→W 电荷转移跃迁的宽激发带和源于 Sm^{3+} 的特征激发峰组成,但是从图 9-2 可以看出 SmW_{10}/聚酯凝胶薄膜样品的激发光谱与纯杂多化合物 SmW_{10} 的激发光谱之间有明显的不同。首先,SmW_{10}/聚酯凝胶薄膜样品激发光谱中激发带的强度发生了显著的改变,其宽激发带的强度仍然很强,但是 Sm^{3+} 的特征激发峰变得相当弱,以致沦为肩峰,这就是说源于 Sm^{3+} 杂多化合物电荷转移跃迁的宽激发带与 Sm^{3+} 的特征激发峰的强度比远高于纯杂多化合物 SmW_{10}。其次,SmW_{10}/聚酯凝胶薄膜样品的宽激发带出现了约为 17 nm 的蓝移,其激发带的峰位于 293 nm 左右。这可能是由于在 SmW_{10}/聚酯凝胶薄膜样品中聚酯分子与 Sm^{3+} 杂多化合物的阴离子之间存在一定的相互作用,从而使 Sm^{3+} 杂多化合物与电荷转移跃迁相关的能级发生改变所导致的。

O→W 的电荷转移跃迁在上述 SmW_{10}/聚酯凝胶薄膜样品以及纯杂多化合物 SmW_{10} 的发光中发挥着重要作用。Sm^{3+} 杂多化合物的阴离子正是借助这种电荷转移跃迁吸收激发光能,并将其吸收的激发能传递给 Sm^{3+},从而敏化 Sm^{3+} 的荧光发射[17,18]。然而，SmW$_{10}$/聚酯凝胶薄膜样品以及纯杂多化合物 SmW$_{10}$ 中对 Sm^{3+}荧光敏化作用的强弱却有明显的差异。SmW$_{10}$/聚酯凝胶薄膜样品的激发光谱中宽激发带与 Sm^{3+} 的特征激发峰的强度比显著高这一特点意味着与纯杂多化合物 SmW$_{10}$ 相比，SmW$_{10}$/聚酯凝胶薄膜样品中 Sm^{3+} 杂多化合物的阴离子对 Sm^{3+} 的荧光敏化作用更强。

2. 发射光谱

图 9-3 给出了纯杂多化合物 SmW$_{10}$ 与 SmW$_{10}$/聚酯凝胶薄膜样品的发射光谱。SmW$_{10}$/聚酯凝胶薄膜样品在 550～570 nm、580～610 nm、630～660 nm 几个光谱区域呈现荧光发射峰，这应该是 Sm^{3+} 的特征荧光发射峰，它们可以分别归属于 Sm^{3+} 的 $^4G_{5/2} \rightarrow {}^6H_{5/2}$，$^4G_{5/2} \rightarrow {}^6H_{7/2}$，$^4G_{5/2} \rightarrow {}^6H_{9/2}$ 跃迁。该发射光谱中没有观察到来自于基质聚酯凝胶或其他成分的荧光谱峰。

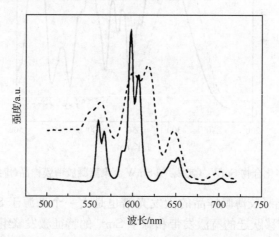

图 9-3　纯杂多化合物 SmW$_{10}$（实线）与 SmW$_{10}$/聚酯凝胶薄膜样品（虚线）的发射光谱

纯杂多化合物 SmW$_{10}$ 同样在上述光谱区域展现出 Sm^{3+} 的特征荧光发射峰。然而，纯杂多化合物 SmW$_{10}$ 的荧光光谱呈现出比较明显的劈裂，对应于 $^4G_{5/2} \rightarrow {}^6H_{5/2}$ 跃迁的发射峰劈裂为 560 nm 和 567 nm 两个峰，对应于 $^4G_{5/2} \rightarrow {}^6H_{7/2}$ 跃迁的发射峰劈裂为 588 nm、598 nm 和 607 nm 三个峰；而在 SmW$_{10}$/聚酯凝胶薄膜样品的发射光谱中，对应于 $^4G_{5/2} \rightarrow {}^6H_{5/2}$（562 nm）跃迁的发射峰没有出现明显的劈裂，源于 $^4G_{5/2} \rightarrow {}^6H_{7/2}$ 跃迁的发射峰仅劈裂为两个峰。

纯杂多化合物 SmW$_{10}$ 被掺杂进聚酯凝胶薄膜后，聚酯分子与杂多阴离子之间发生了相互作用，并引起了 Sm^{3+} 发射峰的劈裂程度产生变化。然而，引起 Sm^{3+} 发射峰的劈裂程度产生变化的原因尚待深入研究。

9.2.3.2　DyW_{10}/聚酯凝胶薄膜样品的激发光谱和发射光谱

1. 激发光谱

图 9-4 给出了纯杂多化合物 DyW_{10} 以及 DyW_{10}/聚酯凝胶薄膜样品的激发光谱。由该图清楚可见，DyW_{10}/聚酯凝胶薄膜样品的激发光谱在 $250 \sim 320$ nm 的紫外区出现了一个比较强的宽激发带，其最大激发峰位于 283 nm 左右，该宽激发带归属于 Dy^{3+} 杂多化合物的 O→W 电荷转移跃迁。此外，该激发光谱还出现了一些比较弱的激发峰，这些激发峰归属于 Dy^{3+} 的 f-f 跃迁。从强度上看，归属于 Dy^{3+} 杂多化合物的 O→W 电荷转移跃迁的宽激发带明显强于 Dy^{3+} 的激发峰，由此可以认为 DyW_{10}/聚酯凝胶薄膜样品的杂多阴离子是激发光能的主要吸收者，并且将其吸收的激发能传递给 Dy^{3+}，即能敏化 Dy^{3+} 的荧光发射。

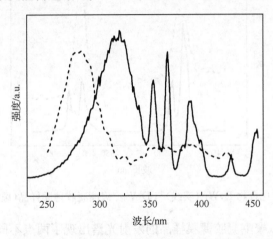

图 9-4　纯杂多化合物 DyW_{10}（实线）与 DyW_{10}/聚酯凝胶薄膜样品（虚线）的激发光谱

在 DyW_{10}/聚酯凝胶薄膜样品中掺杂的 Dy^{3+} 杂多化合物的杂多阴离子与聚酯分子之间产生了一定的相互作用，从而使 Dy^{3+} 杂多化合物的杂多阴离子与其电荷转移跃迁相关的能级发生了改变，因此引起了 DyW_{10}/聚酯凝胶薄膜样品中源于电荷转移跃迁的宽激发带出现了约 35 nm 的蓝移（对于纯杂多化合物 DyW_{10}，正如图 9-4 所示，其激发带的最大激发峰位于 318 nm 左右）。DyW_{10}/聚酯凝胶薄膜样品激发光谱的另一个突出特点是源于 Dy^{3+} 的 f-f 跃迁激发峰明显减弱以致衰减成为肩峰（而对于纯杂多化合物 DyW_{10}，也正如图 9-4 所示，这些激发峰是相当强的）。激发光谱的这一特点意味着与纯杂多化合物 DyW_{10} 相比，DyW_{10}/聚酯凝胶薄膜样品中 Dy^{3+} 杂多化合物的杂多阴离子与 Dy^{3+} 间能量传递作用变得更为有效。也就是说，Dy^{3+} 杂多化合物的阴离子被掺杂进聚酯凝胶薄膜后，其对 Dy^{3+} 的荧光敏化作用得以改善。

2. 发射光谱

图 9-5 给出了纯杂多化合物 DyW_{10} 与 DyW_{10}/聚酯凝胶薄膜样品的发射光谱。DyW_{10}/聚酯凝胶薄膜样品发射光谱中出现了两个 Dy^{3+} 的特征荧光发射峰,即蓝光发射和黄光发射,这两个峰分别对应于 Dy^{3+} 的 $^4F_{9/2} \rightarrow {}^6H_{15/2}$ 和 $^4F_{9/2} \rightarrow {}^6H_{13/2}$ 跃迁[19]。除此之外,该发射光谱中未观察到来自于基质等的发射。纯杂多化合物 DyW_{10} 也呈现出归属于 Dy^{3+} 的 $^4F_{9/2} \rightarrow {}^6H_{15/2}$ 和 $^4F_{9/2} \rightarrow {}^6H_{13/2}$ 跃迁的荧光发射光谱。也就是说,DyW_{10}/聚酯凝胶薄膜样品和纯杂多化合物 DyW_{10} 皆可发射 Dy^{3+} 的特征荧光。

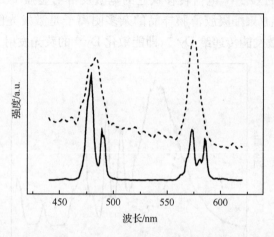

图 9-5　纯杂多化合物 DyW_{10}(实线)与 DyW_{10}/聚酯凝胶薄膜样品(虚线)的发射光谱

然而,DyW_{10}/聚酯凝胶薄膜样品的发射光谱出现了两点不同纯杂多化合物 DyW_{10} 发射光谱的明显变化。①Dy^{3+} 的荧光发射峰的劈裂程度产生变化。对于纯杂多化合物 DyW_{10} 的发射光谱,其对应于 Dy^{3+} 的 $^4F_{9/2} \rightarrow {}^6H_{15/2}$ 跃迁的发射峰劈裂为两个峰,它们分别位于 479 nm 和 489 nm 处。对应于 Dy^{3+} 的 $^4F_{9/2} \rightarrow {}^6H_{13/2}$ 跃迁的发射峰则劈裂为三个峰,它们分别位于 573 nm、580 nm 和 585 nm 处。而 DyW_{10}/聚酯凝胶薄膜样品的发射光谱中对应于 Dy^{3+} 的 $^4F_{9/2} \rightarrow {}^6H_{15/2}$ 和 $^4F_{9/2} \rightarrow {}^6H_{13/2}$ 跃迁的发射峰没有出现明显的劈裂现象。与纯杂多化合物 DyW_{10} 的发射光谱相比,DyW_{10}/聚酯凝胶薄膜样品的发射光谱呈现出较小劈裂的具体原因仍值得进一步研究。②DyW_{10}/聚酯凝胶薄膜样品的黄光发射明显增强。位于 575 nm 的黄光发射源于 Dy^{3+} 的 $^4F_{9/2} \rightarrow {}^6H_{13/2}$ 跃迁,该跃迁属于超灵敏跃迁,对 Dy^{3+} 的格位对称性的变化非常敏感。纯杂多化合物 DyW_{10} 被掺杂进聚酯凝胶薄膜后,Dy^{3+} 杂多化合物的杂多阴离子与聚酯分子之间发生了相互作用,这种作用扭曲了杂多阴离子的分子对称性,致使 Dy^{3+} 的格位对称性降低,从而使 Dy^{3+} 的 $^4F_{9/2} \rightarrow {}^6H_{13/2}$ 跃迁的黄光发射增强。由发射光谱计算可得到纯杂多化合物 DyW_{10} 与 DyW_{10}/聚酯凝胶薄膜样品的黄、蓝发射强度比值分别为 0.577 和 0.918。由此可见,通过形成杂化发光材料可以有效地调整稀土杂多化合物发光的颜色,甚至可以得到发白光的稀土化合物杂化发光材料。

9.2.3.3　$EuSiW_{11}$/聚酯凝胶薄膜样品的激发光谱和发射光谱

1. 激发光谱

图 9-6 给出了纯杂多化合物 $EuSiW_{11}$ 与 $EuSiW_{11}$/聚酯凝胶薄膜样品的激发光谱。$EuSiW_{11}$/聚酯凝胶薄膜样品的激发光谱中出现了位于 $210 \sim 270$ nm 的强激发宽带,其最大激发峰位于 250 nm,该激发带归属于 Eu^{3+} 杂多化合物的 $O \rightarrow W$ 电荷转移跃迁。此外,在波长较长的光谱范围还出现了比较弱的激发峰,这是 Eu^{3+} 的 f-f 跃迁产生的特征激发峰。依据激发光谱的特点可以认为 $EuSiW_{11}$/聚酯凝胶薄膜样品中掺杂的 Eu^{3+} 杂多化合物的杂多阴离子是激发能的主要吸收者,并且能将吸收的激发能传递给 Eu^{3+},即可以敏化 Eu^{3+} 的荧光发射。而纯杂多化合物 $EuSiW_{11}$ 具有截然不同的激发光谱。它的激发光谱中源于 Eu^{3+} 杂多化合物电荷转移跃迁的强激发宽带没有出现,而仅展现出清晰的 Eu^{3+} 的特征峰,这些峰可分别归属于 Eu^{3+} 的 $^7F_0 \rightarrow {}^5D_4$(362 nm),$^7F_0 \rightarrow {}^5G_4$(376 nm),$^7F_0 \rightarrow {}^5G_3$(381 nm),$^7F_0 \rightarrow {}^5G_2$(385 nm),$^7F_0 \rightarrow {}^5L_6$(395 nm),$^7F_0 \rightarrow {}^5D_3$(417 nm),$^7F_0 \rightarrow {}^5D_2$ 跃迁(465 nm)。由此可见,纯杂多化合物 $EuSiW_{11}$ 中杂多阴离子与 Eu^{3+} 之间不存在有效的能量传递,其荧光发射主要是依靠 Eu^{3+} 本身吸收激发能而实现的。

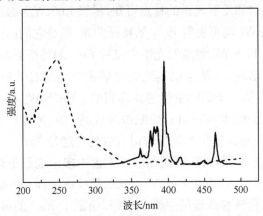

图 9-6　纯杂多化合物 $EuSiW_{11}$(实线)与 $EuSiW_{11}$/聚酯凝胶薄膜样品(虚线)的激发光谱
(承惠允,引自[12(b)])

2. 发射光谱

图 9-7 给出了纯杂多化合物 $EuSiW_{11}$ 与 $EuSiW_{11}$/聚酯凝胶薄膜样品的发射光谱。由图可见，与纯杂多化合物 $EuSiW_{11}$ 类似，$EuSiW_{11}$/聚酯凝胶薄膜样品的发射光谱也呈现了 Eu^{3+} 的五个特征荧光发射峰，它们分别对应于 Eu^{3+} 的 $^5D_0 \rightarrow {}^7F_j$ $(j = 0,1,2,3,4)$ 跃迁。

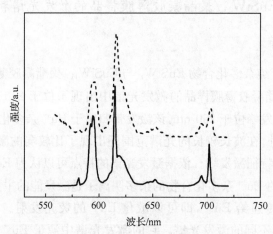

图 9-7　纯杂多化合物 $EuSiW_{11}$（实线）与 $EuSiW_{11}$/聚酯凝胶薄膜样品（虚线）的发射光谱
（承惠允，引自[12(b)]）

虽然纯杂多化合物 $EuSiW_{11}$ 与 $EuSiW_{11}$/聚酯凝胶薄膜样品的发射光谱比较相似，但是它们的发射光谱中谱峰的劈裂程度存在差异。$EuSiW_{11}$/聚酯凝胶薄膜样品发射光谱的劈裂程度比较小，正如图 9-7 所示，其原因有待深入研究。

由上述激发光谱和发射光谱的特点可知，尽管 $EuSiW_{11}$/聚酯凝胶薄膜样品与纯杂多化合物 $EuSiW_{11}$ 均可发射 Eu^{3+} 的特征荧光，但是它们的激发机制却迥然不同。纯杂多化合物 $EuSiW_{11}$ 的激发光谱中仅有 Eu^{3+} 的特征激发峰，无源于杂多阴离子的强激发宽带出现，这就是说其荧光发射主要是通过直接激发 Eu^{3+} 而实现的，而不是通过杂多阴离子的能量传递而得到的。$Eu(SiW_{11}O_{39})_2{}^{13-}$ 是由 Eu^{3+} 与两个四齿杂多阴离子配体 $SiW_{11}O_{39}{}^{8-}$ 配位构成的。在室温下，SiW_{11} 中的 d^1 电子的离域程度较大，因而其吸收的能量难以有效地传递给 Eu^{3+}，其所吸收的激发能量主要通过非辐射方式消耗掉，因而在激发光谱中未出现源于杂多阴离子电荷转移跃迁的强激发宽带[20]。而在 $EuSiW_{11}$/聚酯凝胶薄膜样品的激发光谱中出现了源于杂多阴离子电荷转移跃迁的强激发宽带，而源于 Eu^{3+} 的激发峰却明显变弱，这就是说在 $EuSiW_{11}$/聚酯凝胶薄膜样品中杂多阴离子能将其吸收的能量有效地传递给 Eu^{3+}，即可以有效地敏化 Eu^{3+} 的荧光发射。在 $EuSiW_{11}$/聚酯凝胶薄膜样品中,掺杂的 Eu^{3+} 杂多化合物的杂多阴离子与基质聚酯凝胶的相互作用影响了杂多阴离子与电荷转移跃迁相关的能级,减少了 d^1 电子的离域,使其能与 Eu^{3+} 能级相互匹配,因此杂多阴离子吸收的激发能量能够有效地传递给 Eu^{3+}。

作为同一系列 $LnXW_{11}$/聚酯凝胶薄膜(Ln = Eu;X = Si、Ge、B)样品的另外两个成员,$EuGeW_{11}$/聚酯凝胶薄膜和 $EuBW_{11}$/聚酯凝胶薄膜样品也具有与 $EuSiW_{11}$/聚酯凝胶薄膜样品颇为类似的激发光谱以及 Eu^{3+} 的特征荧光发射光谱。尤其值得指出的是,纯杂多化合物 $EuGeW_{11}$ 和 $EuBW_{11}$ 被引入基质聚酯凝胶薄膜后,这两个杂多化合物的杂多阴离子与 Eu^{3+} 之间的能量传递也得以明显改善,即 $EuGeW_{11}$/聚酯凝胶薄膜和 $EuBW_{11}$/聚酯凝胶薄膜样品中杂多阴离子对 Eu^{3+} 发挥了更强的敏化作用。

9.2.4　稀土杂多化合物的聚酯凝胶薄膜样品的荧光寿命

由荧光衰减曲线得到了样品的荧光寿命,并发现稀土杂多化合物的聚酯凝胶薄膜样品荧光寿命比相应纯杂多化合物的短。例如,纯杂多化合物 DyW_{10} 和 DyW_{10}/聚酯凝胶薄膜样品的荧光寿命分别为 0.107 ms 和 0.0174 ms,而纯杂多化合物 $EuSiW_{11}$ 和 $EuSiW_{11}$/聚酯凝胶薄膜样品的荧光寿命分别为 2.43 ms 和 0.76 ms。稀土杂多化合物的聚酯凝胶薄膜样品的荧光寿命比较短,可能是由于稀土杂多化合物的杂多阴离子和基质聚酯凝胶之间存在一定相互作用,从而引起了稀土离子所处的环境发生了变化所导致的。此外,材料的尺寸效应也可能影响样品的荧光寿命。

9.3　共价键嫁接铽配合物的凝胶薄膜

上节介绍的稀土杂多化合物的聚酯凝胶薄膜发光材料是采用比较传统的掺杂法制得的。该法虽然简单,但是存在一些弊端:①由于利用该法制备的凝胶薄膜中光活性组分稀土配合物和基质凝胶之间只存在比较弱的相互作用力(如氢键、范德华力),因此光活性组分稀土配合物比较容易产生漏析现象;②稀土配合物在基质中的分布不均匀,难免出现稀土配合物在局部区域的聚集现象,这会引起稀土离子荧光的浓度猝灭;③稀土配合物的掺杂浓度也很受限制。由于杂化材料的发光强度与其所含有的光活性组分浓度密切相关,因此掺杂浓度低对于提升材料的荧光性能很不利。

共价键嫁接法是将光活性组分稀土配合物借助共价键(如 Si—C 键)嫁接于基质凝胶薄膜[21-26]。用该法制备的杂化材料的一个显著特点是稀土配合物与基质之间存在强的共价键作用,因此共价键嫁接法可以成功地克服掺杂法所具有的弊端而更适用于制备稀土配合物凝胶薄膜发光材料。

采用共价键嫁接法制备稀土配合物凝胶薄膜的关键是制备双功能化合物。这种双功能化合物既含有能够与稀土离子配位的基团,又含有可以发生水解、缩聚反应的硅氧烷基团,桥连倍半硅氧烷(一种桥连倍半硅氧烷的结构如图 9-8 所示)就是一种双功能化合物。桥连倍半硅氧烷结构上具有显著的特点,即它是由有机桥连基团(可与稀土离子配位的基团)作为桥,该基团和两个(或多个)硅氧烷(可发生水解、缩聚反应)桥式相连,并且它们之间是通过 Si—C 键以共价键相连,这种双功能化合物可以在分子水平上把有机组分和无机组分结合在一起。作为桥连基团的有机组分在长度、刚性、取代位置以及功能性等方面可以根据实际要求进行改变,因此通过改变有机基团可以对杂化材料的整体结构和性能(如孔径、热稳定性、折射率、介电常数等)进行精细调控,这就为研究和发展高性能稀土配合物凝胶薄膜提供了有效的新途径。

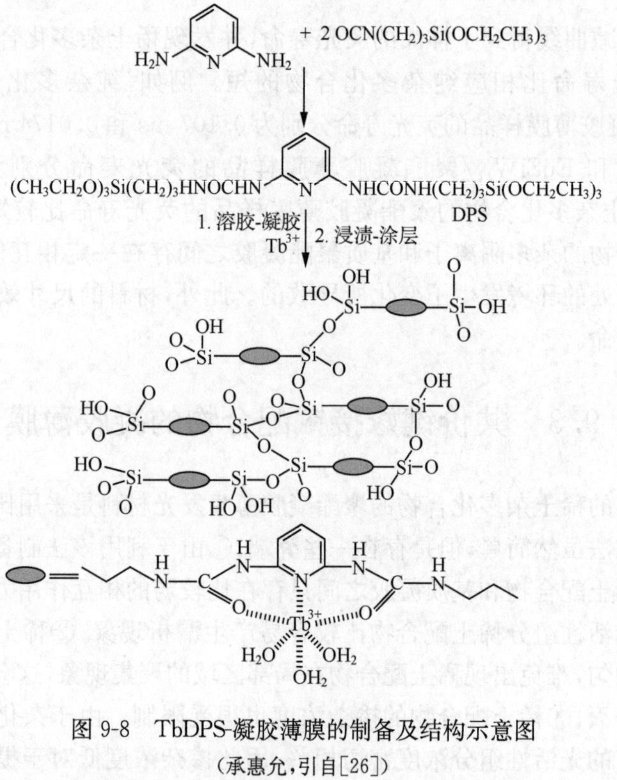

图 9-8　TbDPS-凝胶薄膜的制备及结构示意图

(承惠允,引自[26])

含有 Tb^{3+} 的荧光粉等是优良的绿色发光材料,具有非常重要的应用价值,Tb^{3+} 的薄膜发光材料也是研究人员很感兴趣的课题。

本节内容包括新型桥连倍半硅氧烷的合成,以及以该桥连倍半硅氧烷为双功能化合物的共价键嫁接 Tb³⁺ 配合物的凝胶薄膜样品的制备、结构、紫外吸收光谱和荧光发射特点等。

9.3.1　铽配合物凝胶薄膜样品的制备

9.3.1.1　新型桥连倍半硅氧烷的合成

利用 2,6-二氨基吡啶(结构如图 9-8 所示)与 3-(三乙氧硅基)丙基异氰酸酯(结构如图 9-8 所示)反应合成了新型桥连倍半硅氧烷(结构如图 9-8 所示,用 DPS 表示),合成反应式如图 9-8 所示。具体合成操作如下。

先将 5 mmol 2,6-二氨基吡啶溶解在 10 mL 干燥氯仿中,再将 10 mmol 3-(三乙氧硅基)丙基异氰酸酯滴加到上述溶液中。回流反应 5 h 后,冷却反应液至室温。在搅拌条件下把该反应液滴加到 60 mL 石油醚中,此时立即产生白色沉淀。过滤收集沉淀,并用石油醚洗涤,最后在真空干燥箱中干燥得到目标产物 DPS。

9.3.1.2　凝胶薄膜样品的制备

以双功能化合物 DPS 直接作为制备凝胶薄膜样品的前驱体。在 DPS 的水解、缩聚反应形成溶胶的过程中,将适量的 TbCl₃ 溶液加入其中,通过水解、缩聚反应即可以得到借助 Si—C 键嫁接 Tb³⁺ 与 DPS 配合物的均匀溶胶,再经过成膜过程就可以得到最终的产物 Tb³⁺ 配合物的凝胶薄膜样品(用 TbDPS-凝胶薄膜表示)。制备过程如图 9-8 所示,具体实验操作如下。

将 TbCl₃ 加入 4 mL DMF 中,再加入酸化的去离子水 0.5 mL,然后将凝胶前驱体 DPS 加入,Tb³⁺ 与 DPS 的物质的量比控制为 1∶1。得到的溶液在室温搅拌 8 h 后,再陈化 4 天以便能够形成均匀的溶胶。采用浸渍法在干净的石英基片(经酸、碱、有机溶剂和蒸馏水洗涤)上制备凝胶薄膜,控制提拉速率为 10 cm/min。制得的薄膜在 55 ℃ 下干燥一周,最终得到透明的 TbDPS-凝胶薄膜样品。

9.3.2　TbDPS-凝胶薄膜样品的结构特点

图 9-8 也给出了 TbDPS-凝胶薄膜样品的结构。在该样品中 Tb³⁺ 与 DPS 吡啶环上的氮原子配位,同时还与两个 NH—CO—NH 基团的氧原子配位。由于 Tb³⁺ 具有较高的配位数,Tb³⁺ 尚未达到配位饱和,因此三个水分子就有机会参与同 Tb³⁺ 的配位,从而使 Tb³⁺ 的配位数达到 6。按上述配位模式形成的 Tb³⁺ 配合物同时还借助于 Si—C 共价键嫁接在凝胶薄膜中,这种 Tb³⁺ 配合物与基质凝胶的结合是相当牢固的。由于是通过双功能化合物 DPS 将 Tb³⁺ 配合物共价键嫁接于凝胶中,因此尽管被嫁接的 Tb³⁺ 配合物量比较大,但是 Tb³⁺ 配合物在凝胶薄膜中

的分布仍是相当均匀的,不会出现 Tb³⁺ 配合物在薄膜局部区域的聚集等现象。这样一来,所制备的 TbDPS-凝胶薄膜样品自然呈现出均匀性和透明性。

TbDPS-凝胶薄膜样品所含有的各特征基团在薄膜样品的红外光谱中展示出源于它们的特征红外振动谱带。作为一种桥连倍半硅氧烷,自由 DPS 的 Si—C 键和 Si—OEt 键的伸缩振动谱带分别位于 1194 cm⁻¹、1080 cm⁻¹ 处,而其 NH—CO—NH 基团的特征红外谱带出现在 1682 cm⁻¹、1652 cm⁻¹、1562 cm⁻¹ 处。TbDPS-凝胶薄膜样品中,DPS 与 Tb³⁺ 配位后,与自由配体 DPS 的红外光谱相比,其 NH—CO—NH 基团的特征红外振动谱带呈现出不同程度的位移。形成 Tb³⁺ 配合物以后,TbDPS-凝胶薄膜样品的红外光谱中理应呈现出 Tb—O 和 Tb—N 键的红外振动谱带,但是这两个键的红外振动谱带相当弱,以至于为相邻的其他红外振动谱带所掩盖,因而难以被观察到。

9.3.3　TbDPS-凝胶薄膜样品的紫外-可见吸收光谱

图 9-9 给出了 TbDPS-凝胶薄膜样品的紫外-可见吸收光谱,作为参照也给出了自由 DPS 的紫外-可见吸收光谱。TbDPS-凝胶薄膜样品的紫外-可见吸收光谱在紫外区呈现出两个宽吸收带。自由 DPS 在 265 nm、310 nm 处也出现了两个宽吸收带,其中位于 265 nm 的宽吸收带归属于 DPS 的吡啶环共轭双键的 π-π* 跃迁,而位于 310 nm 的宽吸收带源于 DPS 的吡啶环与 NH—CO—NH 基团的共轭体系的吸收。参照自由 DPS 的紫外-可见吸收光谱,可以认为 TbDPS-凝胶薄膜样品的紫外-可见吸收光谱中位于紫外区的两个宽吸收带也是源于该凝胶薄膜样品中 DPS 的吸收。与自由 DPS 的紫外-可见吸收光谱相比,虽然 TbDPS-凝胶薄膜样品展示出类似的紫外-可见吸收光谱,但是其两个吸收带却发生了比较明显的红

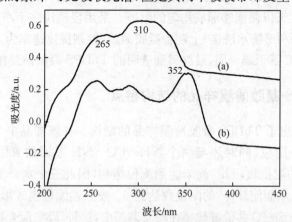

图 9-9　DPS(a)和 TbDPS-凝胶薄膜样品(b)的紫外-可见吸收光谱

(承惠允,引自[26])

移,这可能与 Tb³⁺ 同 DPS 配位引起了 DPS 的相关能级发生变化有一定关系。此外,在 TbDPS-凝胶薄膜样品中由于基质氧化硅网络的作用也可能使该样品的紫外-可见吸收光谱的吸收带发生变化。除了位于紫外区的两个宽吸收带外,TbDPS-凝胶薄膜样品的紫外-可见吸收光谱中在可见区没有观察到源于 Tb³⁺ 的比较尖锐的吸收峰或其他吸收峰。上述紫外-可见吸收光谱的特点反映出 TbDPS-凝胶薄膜样品对紫外光的吸收取决于样品中的 DPS,而与 Tb³⁺ 的吸收几乎无关。

9.3.4　TbDPS-凝胶薄膜样品的激发光谱

图 9-10 给出了 TbDPS-凝胶薄膜样品和纯配合物 TbDPS 的激发光谱(监测波长为 545nm)。TbDPS-凝胶薄膜样品的激发光谱在紫外区展现出两个宽激发带,分别位于 269 nm 和 324 nm,它们归属于凝胶薄膜中配体 DPS 的吸收。而来源于 Tb³⁺ 的 f-f 跃迁的比较尖锐的激发峰并没有出现在该激发光谱中。这一激发光谱特点与该样品的紫外-可见吸收光谱的特点是一致的。由上述 TbDPS-凝胶薄膜样品的激发光谱特点可以合理地认为 Tb³⁺ 的荧光发射并不是通过直接激发 Tb³⁺ 实现的,而是通过激发配体 DPS,再经过由配体 DPS 向 Tb³⁺ 激发态的能量传递实现的。纯配合物 TbDPS 的激发光谱也同样是仅由两个宽激发带构成,并分别以 282 nm 和 340 nm 为中心,它们也归属于配体 DPS 的吸收。该激发光谱同样也是纯配合物 TbDPS 中配体 DPS 与 Tb³⁺ 之间存在有效能量传递的有力证据。尽管 TbDPS-凝胶薄膜样品和纯配合物 TbDPS 的激发光谱均展示出了源于配体 DPS 的宽激发带,并且它们的峰形亦很相似,但是由于 TbDPS-凝胶薄膜样品中基质氧化硅网络的作用,两者的激发光谱还是呈现出一定差异。例如,TbDPS-凝胶薄膜

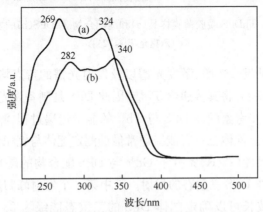

图 9-10　TbDPS-凝胶薄膜样品(a)和纯配合物 TbDPS(b)的激发光谱
(承惠允,引自[26])

样品的两个宽激发带表现出一定程度的蓝移。然而,TbDPS-凝胶薄膜样品中配体DPS能够有效地敏化 Tb^{3+} 的荧光发射是确定无疑的。

9.3.5　TbDPS-凝胶薄膜样品的发射光谱

图 9-11 给出了 TbDPS-凝胶薄膜样品和纯配合物 TbDPS 的发射光谱。TbDPS-凝胶薄膜样品能够发射 Tb^{3+} 的特征荧光,在其发射光谱中呈现出位于486 nm、545 nm、584 nm、621 nm 的窄带荧光发射,它们可以分别归属于 Tb^{3+} 的 $^5D_4$ 能级向 $^7F_J(J=6,5,4,3)$ 能级的跃迁。显然,TbDPS-凝胶薄膜样品的荧光光谱是配体 DPS 敏化的 Tb^{3+} 的特征荧光发射。在该发射光谱中没有出现来自于配体等的荧光发射,这进一步说明 TbDPS-凝胶薄膜样品中配体 DPS 与 Tb^{3+} 间的能量传递比较有效。纯配合物 TbDPS 展示出颇为相似的 Tb^{3+} 的特征发射光谱,这说明配合物中配体 DPS 与 Tb^{3+} 间的能量传递同样比较有效。

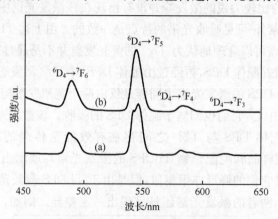

图 9-11　TbDPS-凝胶薄膜样品(a)和纯配合物 TbDPS(b)的发射光谱

(承惠允,引自[26])

以上紫外-可见吸收光谱、激发光谱以及发射光谱的特点均表明配体 DPS 能有效地吸收激发光能并将其传递给 Tb^{3+},因此 DPS 是制备发光 Tb^{3+} 配合物的优良配体。为了进一步考察配体 DPS 与 Tb^{3+} 的能量传递过程,测得配体 DPS 的三重态能级很有必要。配体三重态能级通常借助测定配体与钆配合物的磷光光谱而得到[27]。在液氮温度(77 K)条件下 Gd^{3+} 与 DPS 配合物的磷光光谱为一个宽带发射,它是源于配体 DPS 三重态的发射。其中第一个发射峰归属于配体的 0-0 跃迁,从 0-0 跃迁的波长可以确定配体 DPS 的三重态能级为 23 474 cm^{-1}。因此,Tb^{3+} 的 $^5D_4$ 能级与配体 DPS 的三重态能级之差$[\Delta E(Tr-\,^5D_4)]$ 为 2974 cm^{-1}。依据稀土配合物的发光理论,当 $\Delta E(Tr-^5D_4)$ 在 2000~4500 cm^{-1} 范围内时,配体可以有效地把吸收的能量传给 Tb^{3+}，使其敏化发光[28-30]。由以上数据可见，配体 DPS 是能够敏化 Tb^{3+} 的优良配体。Zambon 等[22]的研究结果也表明，经过硅烷化修饰的吡啶类配体是稀土离子的一种良好敏化剂。

9.3.6　TbDPS-凝胶薄膜样品的荧光寿命

图 9-12 给出了 TbDPS-凝胶薄膜样品的荧光衰减曲线。该荧光衰减曲线呈单指数形式衰减，说明 Tb^{3+} 在凝胶薄膜样品中所处的化学微环境是均一的，其荧光寿命经过计算为 1.39 ms。纯配合物 TbDPS 也具有类似的荧光衰减曲线，计算得到其荧光寿命为 1.81 ms。TbDPS-凝胶薄膜样品的荧光寿命短于纯配合物 TbDPS 的，这可能是由在凝胶薄膜样品中 Tb^{3+} 所处的环境发生改变导致的。

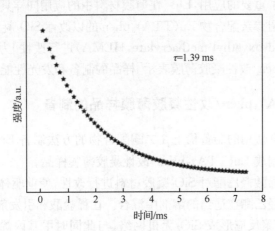

图 9-12　TbDPS-凝胶薄膜样品的荧光衰减曲线
（承惠允，引自[26]）

9.4　掺杂铽配合物的改性凝胶薄膜

无机 SiO_2 凝胶以其结构和性能方面的优势成为稀土配合物杂化材料的重要基质材料之一。溶胶-凝胶技术属于软化学合成方法之一，因其比较低的反应温度和灵活多样的操作方式等特点而成为杂化功能材料制备的重要而实用的方法。利用该技术可以在溶胶-凝胶过程的不同阶段制备具有特定组成、形貌、结构和物性的材料。当然，利用该技术制备凝胶薄膜也很方便。正是基于上述事实，采用溶胶-凝胶技术制备稀土配合物的凝胶薄膜的研究已取得了有意义的进展。

然而，纯无机 SiO_2 凝胶材料是一种多孔材料，其强度和机械加工性能均比较差，并且因其富含的微孔可能成为俘获热量的陷阱而造成严重的光散射现象，这样就难以满足作为光功能材料基质须具备高导热性、高透光性和良好机械加工性能的要求。因此,对无机 SiO_2 凝胶材料的改性势在必行。聚合物材料具有较好的韧性和光学透明性,但其光、热以及化学稳定性较差。如果利用聚合物材料对无机 SiO_2 凝胶材料进行改性,则得到的改性 SiO_2 凝胶材料将兼具两者的优点,会成为稀土配合物薄膜发光材料的优良基质材料。丙烯酸类聚合物具有良好的机械加工性能,而且具有光学透明性,尤其是其折射率与 SiO_2 非常接近(丙烯酸类聚合物与 SiO_2 的折射率分别为 1.49 和 1.46),因此利用丙烯酸类聚合物对无机 SiO_2 凝胶材料进行改性不仅可以赋予改性 SiO_2 凝胶材料良好的机械加工性能,而且可以使其具有很好的透明性。

Eu^{3+} 具有优良的红色荧光发射,含有 Eu^{3+} 的粉末等形貌的红色发光材料在许多领域已取得了重要的应用,Eu^{3+} 在薄膜材料中的应用同样具有诱人的前景。

本节简单介绍掺杂配合物 $Eu(TTA)_3phen$ 的以改性 SiO_2 凝胶材料[用甲基丙烯酸羟乙酯(2-hydroxyethyl methacrylate, HEMA)进行改性]为基质的薄膜材料[用 $Eu(TTA)_3phen$/改性凝胶薄膜表示]样品的制备和发光性能。

9.4.1　$Eu(TTA)_3phen$/改性凝胶薄膜样品的制备

首先利用通常使用的制备稀土 β-二酮配合物的方法制备 $Eu(TTA)_3phen$,然后借助预掺杂法制成 $Eu(TTA)_3phen$/改性凝胶薄膜样品。

采用甲基丙烯酸羟乙酯对 SiO_2 凝胶材料进行改性,使前驱体化合物正硅酸乙酯与甲基丙烯酸羟乙酯在适当的溶剂中混合。在稀盐酸和引发剂的存在下正硅酸乙酯发生水解、缩聚反应形成 SiO_2 无机网络,与此同时甲基丙烯酸羟乙酯在适当的引发剂存在下进行聚合反应形成了高聚物,并且 SiO_2 无机网络与高聚物网络组成了无机-有机互穿网络,即得到甲基丙烯酸羟乙酯改性的 SiO_2 凝胶材料。聚合反应的产物聚甲基丙烯酸羟乙酯存在于 SiO_2 凝胶基质的孔隙中,SiO_2 凝胶基质的孔隙表面常含有一定数量未聚合的硅羟基($Si—OH$),这样聚甲基丙烯酸羟乙酯的有机网络能够通过其羰基与硅羟基形成氢键而与 SiO_2 无机网络相互连接。

在制备改性 SiO_2 凝胶材料的反应过程中加入已经制备好的配合物 $Eu(TTA)_3phen$,即可通过一步反应过程得到最终的产物 $Eu(TTA)_3phen$/改性凝胶薄膜样品。具体操作介绍如下。

将适量的配合物 $Eu(TTA)_3phen$ 溶于 N,N-二甲基甲酰胺中,再按 12:1:1 的物质的量比加入水、正硅酸乙酯和甲基丙烯酸羟乙酯。加入 $pH=2$ 的盐酸作为正硅酸乙酯进行水解、缩聚反应的促进剂,同时加入过氧化苯甲酰作为甲基丙烯酸羟乙酯聚合反应的引发剂。将所得溶液搅拌 48 h 以得到均匀的改性溶胶,然后采用旋涂法在基片(基片采用二氧化硅玻璃,并预先经过酸、碱、丙酮和蒸馏水在超声波下充分洗涤)上成膜,即得到最终产物 Eu(TTA)$_3$phen/改性凝胶薄膜样品。

Eu(TTA)$_3$phen/改性凝胶薄膜样品中配合物 Eu(TTA)$_3$phen 均匀地分散于其中,该样品呈现为均匀和透明的薄膜,并具有良好的机械加工性能。

9.4.2　Eu(TTA)$_3$phen/改性凝胶薄膜样品的激发光谱

以 Eu^{3+} 的最强发射峰值波长为监测波长,测得了 Eu(TTA)$_3$phen/改性凝胶薄膜样品的激发光谱。在该样品激发光谱紫外区的 200~450nm 光谱范围出现了强的宽激发带,这一宽激发带归属于配体的基态到激发态跃迁产生的吸收。通常,三元稀土 β-二酮、邻菲罗啉配合物的激发光谱中位于紫外区的宽激发带既有配体 β-二酮的贡献,也有配体邻菲罗啉的贡献,但是以配体 β-二酮的贡献为主。除此之外,该激发光谱中并未呈现出来源于 Eu^{3+} 基态至激发态跃迁的比较尖锐的激发峰。该激发光谱的特点显示,Eu(TTA)$_3$phen/改性凝胶薄膜样品的 Eu^{3+} 的荧光发射不是通过直接激发 Eu^{3+} 实现的,而是借助激发配体,然后配体再将其吸收的能量传递给 Eu^{3+} 的激发态而使其发射荧光。配合物 Eu(TTA)$_3$phen 的两个配体虽然均可以敏化 Eu^{3+} 的荧光发射,但是噻吩甲酰三氟丙酮发挥主要的敏化作用。

9.4.3　Eu(TTA)$_3$phen/改性凝胶薄膜样品的发射光谱

以配体的最大吸收波长为激发波长,得到了 Eu(TTA)$_3$phen/改性凝胶薄膜样品的发射光谱。该发射光谱为 Eu^{3+} 的特征发射,在 578 nm、590 nm、612 nm、653 nm、702 nm 出现了发射峰,它们可分别归属于 Eu^{3+} 的 $^5D_0 \rightarrow {}^7F_J(J=0,1,2,3,4)$ 跃迁,这是配体敏化的 Eu^{3+} 荧光。在该发射光谱中除了 Eu^{3+} 的荧光发射以外,既没有观察到源于配体的荧光,也没有观察到来自基质等的荧光。由此可以认为,Eu(TTA)$_3$phen/改性凝胶薄膜样品中配体至 Eu^{3+} 的能量传递是相当有效的。

9.5　小　　结

几种稀土配合物凝胶薄膜发光材料样品已被成功地制得,有关这方面研究取得的重要进展主要体现在以下几个方面。

(1) 在稀土杂多化合物中,虽然杂多阴离子与稀土离子之间也存在一定程度的能量传递作用,但是这种能量传递作用不甚理想,尤其是对于 Ln(XW$_{11}$)$_2$(Ln = Eu;X = Si、Ge、B)型稀土杂多化合物更不理想。通过将稀土杂多化合物组装成聚酯凝胶薄膜能够改善稀土杂多化合物中杂多阴离子与稀土离子之间的能量传递作用,从而使杂多阴离子对稀土离子的发射产生更强的敏化作用。也就是说,稀土杂多化合物的聚酯凝胶薄膜能发射更强的杂多阴离子敏化的稀土离子特征荧光。

（2）含有可与稀土离子配位的有机基团的桥连倍半硅氧烷是一种优良的双功能化合物。在稀土离子存在下，使这种桥连倍半硅氧烷发生水解、缩聚反应可以直接制备共价键嫁接稀土配合物的凝胶薄膜。这种制备方法简单、实用，同时稀土配合物又是通过共价键与凝胶基质结合，这就可以消除掺杂法的诸多弊病。尤其值得指出的是，用这种方法制得的凝胶薄膜中组装的稀土配合物的量比较大，由于稀土配合物的凝胶薄膜的发光强度直接与膜中稀土配合物的含量相关，因此该法制得的凝胶薄膜发射的荧光比较强。有理由认为利用含有可与稀土离子配位的有机基团的桥连倍半硅氧烷制备稀土配合物的凝胶薄膜较有新意。

（3）采用丙烯酸类聚合物对无机 SiO_2 凝胶材料进行改性是成功的，这不仅使改性的 SiO_2 凝胶材料具有良好的机械加工性能，同时制备的稀土配合物的改性 SiO_2 凝胶薄膜也具有良好的透明性，这对于其在光学等领域的实际应用具有特殊重要的意义。

虽然有关稀土配合物凝胶薄膜的研究已取得了可观的进展，但是这方面研究仍然存在较大发展空间，以下的研究工作很有考虑的必要。

（1）稀土杂多化合物的结构丰富、性质多样、种类较多，并且有的稀土杂多化合物还具有比较好的发光性能，因此应该对稀土杂多化合物的凝胶薄膜开展更广泛的研究以便研发新型发光薄膜材料。此外，稀土杂多化合物的凝胶薄膜虽然已经能够发射稀土离子的特征荧光，但是进一步提升其发光性能仍是亟待开展的工作。

（2）对于含有 Tb^{3+} 配合物的凝胶薄膜，由于二元配合物中 Tb^{3+} 的配位数尚未得以饱和，因此其周围常有水分子参与配位。配位水分子对稀土离子荧光的猝灭作用是比较严重的，因此制备无配位水分子或者含有较少配位水的 Tb^{3+} 配合物的凝胶薄膜的工作也很有意义。例如，利用 Tb^{3+} 三元配合物制备凝胶薄膜，第二配体的配位能够有效地排除 Tb^{3+} 周围的配位水分子。

（3）含有可与稀土离子配位的有机基团的桥连倍半硅氧烷是一种优良的双功能化合物，可以很方便地用于共价键嫁接稀土配合物的凝胶薄膜的制备。优选可与稀土离子配位的有机基团，则可以合成性能更为优良的桥连倍半硅氧烷，这将为制备高性能稀土配合物的凝胶薄膜发光材料创造机会。因此，开展这方面工作也很有必要。

（4）加强稀土配合物凝胶薄膜形貌和结构的观察和研究。稀土配合物凝胶薄膜的发光性能与其形貌、结构有密切关系。因此，从稀土配合物凝胶薄膜形貌、结构的观察和研究入手开展工作也很有必要，这将有助于探索提升稀土配合物凝胶薄膜发光性能的新途径。

（5）已经成功地制备了稀土配合物凝胶薄膜，并且得到的凝胶薄膜也能够发射稀土离子的特征荧光,但是离实际应用尚有一定距离,今后更应注重相应后续工作的进行以便缩短其实用化进程。

参 考 文 献

[1] Rabinovich E M, Shmulovich J, Fratello V J, et al. Sol-gel deposition of Tb^{3+} : Y_2SiO_5 cathodoluminescent layers. Am, Ceram, Soc, Bull, 1987, 66, 1505-1509.

[2] Rao R P. Growth and characterization of Y_2O_3 : Eu^{3+} phosphor films by sol-gel process. Solid State Commun, 1996, 99: 439-443.

[3] Lin J, Sanger D U, Mennig M, et al. Sol-gel deposition and characterization of Mn^{2+} doped silicate phosphor films. Thin Solid Films, 2000, 360,39-45.

[4] Tang W, Cameron D C. Electroluminescent zinc sulphide devices produced by sol-gel processing. Thin Solid Films, 1996, 280:221-226.

[5] Fujii T, Nishikiori H, Tamura T. Absorption-spectra of rhodamine-B dimers in dip-coated thin-films prepared by the sol-gel method. Chem Phys Lett, 1995, 233: 424-429.

[6] Gvishi R, Reisfeld R. Spectroscopy of laser-dye oxazine-170 in sol-gel glasses. J Non-Cryst Solids, 1991, 128:69-76.

[7] Reisfeld R, Jorgensen C K. Optical-properties of colorants or luminescent species in sol-gel glasses. Structure and Bonding, 1992, 77:207-265.

[8] Lessard R B, Berglundl K A, Nocera D G. Highly emissive lanthanide compounds in sol-gel derived materials. Mater Res Soc Symp Proc, 1989,155:119-125.

[9] Lin J, Li B, Zhang H J. Luminescence properties of sol-gel derived silica gels doped and undoped with RE-complexes (RE=Eu, Tb). Chinese J Chem, 1997, 15:327-335.

[10] Li H H, Inoue S, Machida K, et al. Preparation and luminescence properties of organically modified silicate composite phosphors doped with an europium(Ⅲ) beta-diketonate complex. Chem Mater, 1999, 11:3171-3176.

[11] Hao X P, Fan X P, Wang M Q. Luminescence behavior of Eu(TTFA)$_3$ doped sol-gel films. Thin Solid Films, 1999, 353:223-226.

[12] (a) Yamase T. Photo- and electrochromism of polyoxometalates and related materials. Chem Rev, 1998, 98: 307-325. (b) Wang Z, Wang J, Zhang H J. Luminescent sol-gel thin films based on europium-substituted heteropolytungstates. Mater Chem Phys, 2004, 87: 44-48.

[13] Blasse G, Dirksen G J. The luminescence of some lanthanide decatungstates. Chem Phys Lett, 1981, 83: 449-451.

[14] Yamase T, Sugeta M. Charge-transfer photoluminescence of polyoxo-tungstates and -molybdates. J Chem Soc Dalton Trans, 1993: 759-765.

[15] Peacock R D, Weakley T J R. Heteropolytungstate complexes of the lanthanide elements. Part I. Preparation and reactions. J Chem Soc A, 1971:1836-1839.

[16] Zubairi S A, Ifzal S M, Malik A, et al, Heteropoly complexes of lanthanum with unsaturated heteropolytungstate ligands. Inorganica Chimica Acta, 1977, 22: L29-L30.

[17] Yamase T, Naruke H. Intramolecular energy transfer in polyoxometaloeuropate lattices and their application to a. c. electroluminescence. Coord Chem Rev, 1991,111: 83-90.

[18] Ballardini P, Mulazzani Q G, Venturi M, et al. Photophysical characterization of the decatungstoeu-

ropate(9—) anion. Inorg Chem, 1984, 23: 300-305.

[19] Su Q, Pei Z, Chi L, et al, The yellow-to-blue intensity ratio (Y/B) of Dy^{3+} emission. Journal of Alloys and Compounds, 1993, 192: 25-27.

[20] Blasse G, Dirksen G J. The luminescence of some lanthanide decatungstates and other polytungstates. J Inorg Nucl Chem, 1981, 43: 2847-2853.

[21] Franville C, Zambon D, Mahiou R. Luminescence behavior of sol-gel-derived hybrid materials resulting from covalent grafting of a chromophore unit to different organically modified alkoxysilanes. Chem Mater, 2000, 12: 428-435.

[22] Franville C, Zambon D, Mahiou R, et al. Synthesis and optical features of an europium organic-inorganic silicate hybrid. Journal of Alloys and Compounds, 1998, 275-277: 831-844.

[23] Dong D, Jiang S, Men Y, et al. Nanostructured hybrid organic-inorganic lanthanide complex films produced *in situ* via a sol-gel approach. Adv Mater, 2000, 12: 646-649.

[24] Li H R, Lin J, Zhang H J, et al. Novel, covalently bonded hybrid materials of europium (terbium) complexes with silica. Chem Commun, 2001: 1212-1213.

[25] Li H R, Lin J, Zhang H J, et al. Preparation and luminescence properties of hybrid materials containing europium(Ⅲ) complexes covalently bonded to a silica matrix. Chem Mater, 2002, 14: 3651-3655.

[26] Liu F Y, Fu L S, Wang J, et al. Luminescent film with terbium-complex-bridged polysilsesquioxanes. New J Chem, 2003, 27: 233-235.

[27] Sager F, Filipescu N, Serafin F A. Substituent effects on intramolecular energy transfer. Ⅰ. Absorption and phosphorescence spectra of rare earth β-diketone chelates. J Phys Chem, 1965, 69: 1092-1100.

[28] Crosby G A, Whan R E, Alire R M. Intramolecular energy transfer in Rare earth chelates. Role of the triplet state. J Chem Phys, 1961, 34: 743-748.

[29] Latva M, Takalo H, Mukkala V M, et al. Correlation between the lowest triplet state energy level of the ligand and lanthanide(Ⅲ) luminescence quantum yield. J Lumin, 1997, 75: 149-169.

[30] Sato S, Wado M. Relations between intramolecular energy transfer efficiencies and triplet state energies in rare earth β-diketone chelates. Bull Chem Soc Jp, 1973, 43: 1955-1962.

第10章 稀土配合物自组装膜

10.1 概　述

自组装技术是使化合物通过化学键相互作用自发吸附在固-液或气-液界面上而形成热力学稳定和能量最低的有序膜的技术。无论基底形状如何,吸附分子与基底皆可形成均匀一致的、排列有序的、高密集度和低缺陷的覆盖层。自组装膜就是在平衡条件下,分子间通过共价键或离子键相互作用自发组合而形成的一类结构明确、稳定、具有某种特定功能或性能的分子聚集体或超分子结构。这种自组装膜材料具有新奇的光、电、催化等功能,在分子器件、分子调控等方面具有潜在应用价值。因此,分子自组装体系的设计与研究引起了研究人员的很大兴趣。

10.1.1 自组装技术[1]

自组装技术是分子组装技术的一种,它主要包括以下几种具体的成膜方法,这些成膜方法已经成功地用于聚合物自组装膜的制备。

1. 化学吸附法

利用含硫聚合物分子在金、银等金属上的化学吸附作用是一种形成聚合物自组装单分子膜的十分有效的方法。基于金与硫的相互作用在金表面上形成自组装单分子膜体系也是目前研究最为深入的自组装体系之一。由于金属与硫之间形成的是化学键,因此这种自组装膜的牢固度与热稳定性一般都很好。McCarthy 等[2]首先利用这种方法得到了聚合物自组装单分子膜。1993 年,Grainger 等[3]将接枝含硫侧链的甲氧基乙基丙烯酸酯和羟乙基丙烯酸酯共聚物配制成氯仿溶液,在表面镀金的底物上也得到自组装单分子膜。

2. 分子沉积法

分子沉积法的原理是将带正电荷的固体表面与溶液中阴离子聚电解质接触、吸附,然后用水洗净,这样可使基片表面带负电荷,再将其浸入阳离子聚电解质溶液中,取出后表面即带正电荷,如此往复进行,则可形成多层自组装膜。这种有序膜的沉积是一种平衡态过程,层间以离子键结合,可以在分子水平控制膜厚度及多层膜的结构。Rubner[4]利用聚盐酸丙烯胺、聚丙烯酸以及聚苯乙烯磺酸盐制备了多层自组装膜,并研究了它们的电性质。McCarthy 等[5]也采用分子沉积技术对聚对苯二甲酸乙二醇酯进行了自组装表面改性方面的研究,并取得了良好结果。

3. 旋涂法

旋涂法是指将配制好的聚合物溶液滴加到高速旋转的底物表面上以形成自组装膜。其自组装膜的超分子结构形成是基于聚合物分子内或分子间的相互作用,自组装膜的厚度可通过改变聚合物浓度以及底物的旋转速率加以控制。Kim 等[6]用旋涂法在玻璃底物上得到了不对称聚二乙炔的自组装膜,并用傅里叶变换红外光谱和介电光谱确证了自组装膜的氢键网络结构。张榕本等[7]也利用旋涂法在玻璃底物上得到具有二阶非线性光学性能的自组装膜,该膜具有良好的性能。

4. 慢蒸发溶剂法

Kunitake 等[8]首次通过缓慢蒸发水(溶剂)获得了两亲分子自组装膜,此后他们又通过蒸发非质子性有机溶剂制备了两亲性分子的自组装膜。沈家骢研究小组[9]将长脂链单胺、乙二胺、环氧氯丙烷熔融聚合而得到一种两亲性的聚合物,然后将这一两亲性聚合物溶于氯仿与乙醇的混合溶剂中,在固定的蒸气压和室温条件下蒸发有机溶剂,也成功地得到了自组装膜。

5. 接枝成膜法

接枝成膜法就是将一端固定在基片表面上的聚合物浸入溶剂中,通过憎溶剂相互作用而使高分子链自组装成为有序的膜。Balazs 等[10]利用这种方法得到了共聚物的自组装膜。这种制备自组装膜方法的优点是自组装膜的尺寸能够通过改变聚合物链长、溶剂以及接枝密度等加以合理地调控。

10.1.2　自组装膜的应用研究

自组装技术将各自独立的分子通过人为设计组装成具有理想结构的二维、三维超分子体系,并且赋予它们以有序性、均匀性和周期性,从而使其获得不同于本体材料的多种奇异的功能。显然,自组装膜具有重要的科学价值和潜在的应用前景。

近年来,大分子自组装作为一种分子设计手段被引入液晶聚合物体系。其原理是介晶基元和大分子链通过分子间非共价键,如氢键、离子间相互作用等自组装成有序聚集体,这类液晶聚合物有较高的热稳定性和有序性。其中形成氢键是最重要的分子间相互作用方式,侧链液晶聚合物和主链液晶聚合物都可以通过分子间氢键相互作用自组装而得到。Ujille 等[11]首先采用离子键连接聚乙烯磺酸盐和具有液晶性的叔胺小分子,从而成功地得到了自组装液晶聚合物。

　　共轭聚合物发光二极管在大屏幕显示等方面显示出广阔的应用前景,其发光层聚合物膜可以通过在导电底物上用电化学聚合的方法得到,但膜的厚度、纯度等都不易控制。如果将单体聚合物溶于溶剂,用旋涂或分子沉积等自组装技术制成自组装膜就可以成功地解决上述问题。Mitsuyoshi 等[12]制备了可作为发光二极管发光层的聚苯撑乙烯/磺化聚苯胺的自组装膜,并且发现以单层聚苯撑乙烯/磺化聚苯胺的自组装膜作为发光层,发光二极管发射黄绿光,而多层聚苯撑乙烯/磺化聚苯胺的自组装膜发蓝绿光。

　　非线性光学材料必须具有规则排列的非中心对称的发色团,而分子热运动却使其趋向于无规则随机排列。研究人员提出了不少办法力图阻止或减慢发色团这种自发的解取向作用,但是均未取得令人满意的效果。近年来,自组装膜的非线性光学材料的研究不断取得进展。将对二烯丙氧苯硅进行氢加成后,再通过“极化/溶胶-凝胶化”处理过程,设计并制备了一种高性能的自组装交联二阶非线性光学膜。利用旋涂方法也制备了不对称聚联乙炔的自组装膜,该自组装膜显示出二阶非线性光学材料性能。

　　磁性记录材料的表面上需要涂一层非常薄的全氟代烷基醚系润滑剂,但用一般方法很难得到非常薄的膜。然而,自组装膜在材料的表面修饰与改性方面具有其优势。已经利用分子沉积这一自组装技术对聚对苯二甲酸乙二醇酯进行了磁性记录材料的表面改性研究。Grainger 等[13]用化学吸附法(一种自组装技术)研究了聚硅氧烷类表面改性剂,同时还对丙烯酸酯共聚物进行了自组装表面改性研究。林贤福等[14]也对聚丙烯进行了自组装表面改性研究,并考察了自组装界面层的链段结构与分子的相互作用。

　　随着自组装技术的日臻成熟以及对自组装膜的组成-结构-功能关系认识的不断深入,可以预期,自组装膜的应用研究将会受到研究人员更加广泛的关注。

10.1.3　稀土配合物自组装膜的研究进展

　　作为探索新型高性能稀土功能材料的一个新途径,稀土配合物的自组装膜研究在一个阶段曾经引起了研究人员的密切关注。有关稀土配合物的自组装膜研究主要取得了以下几方面的进展。

1. 稀土 β-二酮配合物/聚合物自组装膜

　　黄春辉研究组[15]利用 Eu^{3+} 与二苯甲酰甲烷(一种 β-二酮配体)的二元配合物与聚乙烯基吡啶(PVP)中部分吡啶环的配位反应得到了有高分子参与配位的 Eu^{3+} 配合物 PVP-Eu(DBM)$_3$,并在此基础上进一步借助聚乙烯基吡啶中尚未参与配位的吡啶环与聚苯乙烯苯磺酸之间的氢键作用层层组装成多层膜。紫外-可见吸收光谱的研究结果表明,当该多层膜的层数在五层以内时,多层膜的层数与吸光度之间呈现良好的线性关系。小角X射线衍射结果能够清楚地揭示出该多层膜的层状结构。而傅里叶变换红外光谱研究证实了多层膜的组装主要是通过氢键实现的。更有意义的是在紫外光激发下,该组装的多层膜能够发射出Eu^{3+}的特征荧光。

2. 稀土羧酸配合物/聚合物自组装膜

研究人员还成功地将带有可与稀土离子配位的功能团的共轭高分子聚噻吩乙酸与Tb^{3+}组装成有序的多层薄膜,并对影响膜组装的因素进行了研究[16]。研究发现,每层膜的厚度随配体浓度的增加略有增长,但是几乎不随Tb^{3+}浓度的变化而改变。还发现每层膜的吸光度随配体溶液酸度的增加而增加,但是随Tb^{3+}的酸度增加反而减小。该自组装膜的荧光光谱清晰地显示出Tb^{3+}的特征荧光发射峰。

3. 多酸化合物/聚合物自组装膜

Ichinose等[17]将自组装技术运用到多酸领域,使带正电荷的线型聚阳离子化合物聚盐酸丙烯胺(PAH)和带负电荷的多钼酸盐阴离子通过静电作用组成了Mo_8O_{26}/PAH自组装固体薄膜。随后Volkmer等[18]也采用该技术制备了Mo_{57}高聚多酸化合物与PAH构成的多层膜。在上述思想的启发下,王恩波等[19]将聚盐酸丙烯胺与稀土杂多化合物在水溶液中进行了分子自组装而得到了自组装膜。借助紫外光谱研究了该自组装膜的层状结构,用原子力显微镜和扫描电镜研究了该膜的表面形貌,并用荧光光谱研究了该膜的荧光发射性能。

10.2　1∶10型稀土杂多化合物自组装膜的制备及发光性能

多酸化合物在许多领域具有诱人的应用前景,特别应该指出的是多酸化合物由于具有新奇结构和特殊性质而成为十分优良的有机-无机杂化材料的构筑单元[20]。自组装技术是一种广泛应用的分子组装技术。采用自组装技术并借助分子自组装体系的科学设计,对多酸化合物进行分子组装能够进一步优化多酸化合物的结构和性质,这对于将多酸化合物转变为高性能实用的功能材料具有非常重要意义。

稀土杂多化合物是一类重要的多酸化合物,具有有趣的结构和性质,如发光性质等。稀土杂多化合物自组装膜的组装及其性能研究是研究和发展新型稀土功能材料很有意义的探索。

第9章已经介绍了稀土杂多化合物的凝胶薄膜,本节将介绍LnW_{10}($Ln=Eu$、

Dy)型稀土杂多化合物自组装膜的制备和发光性能[21]。

10.2.1　1：10 型稀土杂多化合物自组装膜样品的制备

使用的 1：10 型稀土杂多化合物为 $Na_9EuW_{10}O_{36}$（EuW_{10}）和 $Na_9DyW_{10}O_{36}$（DyW_{10}）两种。采用通常的杂多化合物合成方法合成了上述两种 1：10 型稀土杂多化合物。1：10 型稀土杂多化合物自组装膜制备的具体操作如下。

将石英片（充分清洗后）在 70% 浓硫酸与 30% 双氧水的溶液中煮沸 30 min 以得到亲水的表面。将经亲水处理后的石英基片浸入 3-氨丙基三乙氧基硅烷（APS）的苯溶液中并保持 3 h 后，即得到功能化的单层。取出后将其浸入 0.1 mol/L HCl 溶液中，然后再将其浸入含 1×10^{-4} mol/L 的 $Na_9LnW_{10}O_{36}$（Ln＝Eu、Dy）水溶液中，1 h 后取出并用纯水洗涤数次，N_2 吹干即可得到最终产物。$Na_9EuW_{10}O_{36}$ 和 $Na_9DyW_{10}O_{36}$ 的自组装膜分别用 EuW_{10}/APS 自组装膜和 DyW_{10}/APS 自组装膜表示。

10.2.2　EuW_{10}/APS 自组装膜样品的光谱

10.2.2.1　紫外吸收光谱

图 10-1 给出了 EuW_{10}/APS 自组装膜样品与 EuW_{10} 水溶液的紫外吸收光谱。由图 10-1 可见，EuW_{10}/APS 自组装膜样品的紫外吸收光谱在 195nm 和 260nm 附近呈现出两个吸收峰，EuW_{10} 水溶液的紫外吸收光谱同样在相近的光谱区域出现两个吸收峰。这是稀土杂多化合物的特征紫外吸收峰，这些吸收峰可以分别归属于稀土杂多化合物的 $O_d \rightarrow W$ 和 $O_{b,c} \rightarrow W$ 的电荷转移跃迁。参照 EuW_{10} 水溶液的

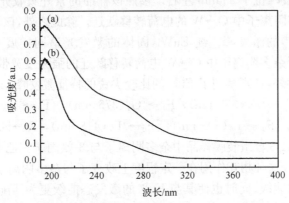

图 10-1　EuW_{10}/APS 自组装膜样品（a）与 EuW_{10} 水溶液（b）的紫外吸收光谱

（承惠允，引自[21]）

紫外吸收光谱,有充分的理由认为 EuW_{10}/APS 自组装膜样品的紫外吸收光谱源于该自组装膜中组装的稀土杂多化合物 EuW_{10}。然而,与 EuW_{10} 水溶液相比,EuW_{10}/APS 自组装膜样品紫外吸收光谱的吸收峰位置发生了一定程度的位移,吸收峰形亦显示出一定差别。当 EuW_{10} 被自组装成膜以后,杂多阴离子与 3-氨丙基三乙氧基硅烷之间产生了一定相互作用,这种作用力影响了与杂多阴离子中 O→W 电荷转移跃迁相关的能级,因此上述相互作用可能导致 EuW_{10}/APS 自组装膜样品紫外吸收光谱的吸收峰位置和峰形发生一定的变化。由上述紫外吸收光谱特点可知,EuW_{10}/APS 自组装膜样品对紫外光的吸收主要依靠杂多阴离子中 O→W 的电荷转移跃迁,纯杂多化合物 EuW_{10} 也应该是如此。

　　X 射线光电子能谱可以用于考察 EuW_{10}/APS 自组装膜样品中杂多阴离子与 3-氨丙基三乙氧基硅烷之间的相互作用,这种相互作用能够反映在杂多阴离子中一些原子电子结合能的变化上。由 EuW_{10}/APS 自组装膜样品的 X 射线光电子能谱可得到它的 C1s、N1s、Si2p、$Eu3d_{5/2}$、$W4f_{7/2}$、Na1s 的电子结合能分别为 284.6 eV、399.9 eV、102.2 eV、1134.8 eV、35.3 eV、1071.1eV,而纯 EuW_{10} 中 $W4f_{7/2}$ 的电子结合能为 34.85 eV,小于 EuW_{10}/APS 自组装膜样品中 $W4f_{7/2}$ 的电子结合能(35.3 eV)。除了钨原子以外,EuW_{10}/APS 自组装膜样品中其他原子的电子结合能也发生了不同程度的变化。上述 EuW_{10}/APS 自组装膜样品的 X 射线光电子能谱结果与其紫外吸收光谱结果是一致的。

10.2.2.2　激发光谱

　　图 10-2 给出了 EuW_{10}/APS 自组装膜样品与 EuW_{10} 固体的激发光谱。由图 10-2 可见,EuW_{10}/APS 自组装膜样品的激发光谱表现为 210～300 nm 的强激发宽带,其最大激发峰位于 255nm 左右。参照该样品的紫外吸收光谱,这一强激发宽带归属于杂多阴离子中 O→W 的电荷转移跃迁。除此之外,该激发光谱中没有观察到源于 Eu^{3+} 的激发峰。纯 EuW_{10} 固体的激发光谱同样展示出位于 250～340nm 的归属于杂多阴离子中 O→W 电荷转移跃迁的强激发宽带,其最大峰位于 320nm 左右。此外,还观察到了 Eu^{3+} 的比较尖锐的特征激发峰,Eu^{3+} 的特征激发峰分别归属于 $^7F_0 \to ^5D_4$(362 nm),$^7F_0 \to ^5G_4$(375 nm),$^7F_0 \to ^5G_3$(381 nm),$^7F_0 \to ^5G_2$(385 nm),$^7F_0 \to ^5L_6$(395 nm),$^7F_0 \to ^5D_3$(418 nm),$^7F_0 \to ^5D_2$(464 nm)跃迁吸收。EuW_{10}/APS 自组装膜样品中杂多阴离子与 3-氨丙基三乙氧基硅烷之间存在一定相互作用,这种相互作用在一定程度上改变了与杂多阴离子中 O→W 电荷转移跃迁相关的能级,同时也使其与 Eu^{3+} 的激发态能级更为匹配,即杂多阴离子通过 O→W 电荷转移跃迁吸收的激发光能量能够更有效地传递给 Eu^{3+}。这反映在 EuW_{10}/APS 自组装膜样品的激发光谱上出现了两个明显的变化:①源于杂多阴离子中 O→W 电荷转移跃迁的强激发宽带产生位移(最大激发峰位于 255nm 左

右,而 EuW$_{10}$固体位于 320nm 左右);②激发光谱中激发峰的强度发生了变化,其中最显著的变化是出现在 EuW$_{10}$固体激发光谱中比较强的 Eu^{3+}的尖锐特征激发峰消失。由 EuW$_{10}$/APS 自组装膜样品的激发光谱特点可知,Eu^{3+}的荧光发射是通过间接激发杂多阴离子实现的,即杂多阴离子可以有效地吸收激发光能量,再将其吸收的激发光能量成功地传递给 Eu^{3+},最终由 Eu^{3+}发射其特征荧光。而 EuW$_{10}$固体的激发光谱特点表明,Eu^{3+}的荧光发射有不同的激发机制,即通过间接激发杂多阴离子和直接激发 Eu^{3+}两种途径实现。

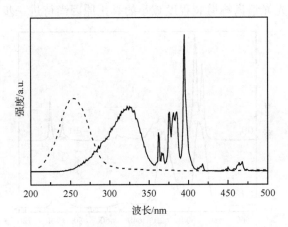

图 10-2　EuW$_{10}$/APS 自组装膜样品(虚线)与 EuW$_{10}$固体(实线)的激发光谱
(承惠允,引自[21])

10.2.2.3　发射光谱

图 10-3 给出了 EuW$_{10}$/APS 自组装膜样品与 EuW$_{10}$固体的发射光谱。由图 10-3 可见,EuW$_{10}$/APS 自组装膜样品的荧光光谱为 Eu^{3+}的特征发射光谱,其 5 个发射峰可分别归属于 Eu^{3+}的 $^5D_0 \rightarrow {}^7F_J$($J=0,1,2,3,4$)跃迁发射,这是杂多阴离子敏化的 Eu^{3+}的特征荧光。EuW$_{10}$固体的发射光谱中,$^5D_0 \rightarrow {}^7F_1$跃迁发射劈裂为位于 592 nm、594 nm 的两个峰,$^5D_0 \rightarrow {}^7F_2$跃迁发射在 615~621nm 的光谱范围呈现出多条劈裂线,$^5D_0 \rightarrow {}^7F_3$跃迁发射峰位于 653 nm,$^5D_0 \rightarrow {}^7F_4$跃迁发射劈裂为 695 nm、702 nm 两个峰,而 $^5D_0 \rightarrow {}^7F_0$跃迁发射没有出现。在这些荧光发射中 $^5D_0 \rightarrow {}^7F_1$为最强发射,$^5D_0 \rightarrow {}^7F_2$次之。该荧光光谱是通过间接激发和直接激发两种途径实现的 Eu^{3+}的荧光发射。Eu^{3+}杂多化合物被组装成自组装膜后,荧光光谱发生了十分明显的变化。①在 EuW$_{10}$固体荧光光谱中未观察到的 $^5D_0 \rightarrow {}^7F_0$跃迁发射出现在 EuW$_{10}$/APS 自组装膜样品荧光光谱的 578 nm 处。Eu^{3+}的 $^5D_0 \rightarrow {}^7F_0$跃迁为对称禁戒跃迁,$^5D_0 \rightarrow {}^7F_0$跃迁的出现表明在 EuW$_{10}$/APS 自组装膜样品中

Eu^{3+} 所处的格位对称性低于 EuW_{10} 固体。②EuW_{10}/APS 自组装膜样品荧光光谱的 $^5D_0 \rightarrow ^7F_2$ 跃迁(电偶极跃迁)发射强度与 $^5D_0 \rightarrow ^7F_1$ 跃迁(磁偶极跃迁)发射强度比明显增加。超灵敏跃迁 $^5D_0 \rightarrow ^7F_2$ 对 Eu^{3+} 周围的环境十分敏感,它的发射强度敏感于 Eu^{3+} 所处的格位对称性,Eu^{3+} 的格位对称性低,则其强度增强;而 $^5D_0 \rightarrow ^7F_1$ 跃迁发射的强度不随 Eu^{3+} 对称性的改变而改变。因此,$^5D_0 \rightarrow ^7F_2$ 和 $^5D_0 \rightarrow ^7F_1$ 发射强度比增加意味着 EuW_{10}/APS 自组装膜样品中 Eu^{3+} 占据的格位对称性比较低。③EuW_{10}/APS自组装膜样品的荧光光谱谱峰的劈裂程度明显减小。EuW_{10}/APS 自组装膜样品荧光光谱谱峰劈裂程度减小的真正原因尚待进一步探索。

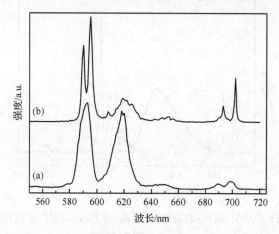

图 10-3 EuW_{10}/APS 自组装膜样品(a)与 EuW_{10} 固体(b)的发射光谱

10.2.3 DyW_{10}/APS 自组装膜样品的激发光谱和发射光谱

DyW_{10}/APS 自组装膜样品的紫外吸收光谱呈现出两个稀土杂多化合物的特征吸收峰,它们可以分别归属于杂多阴离子中 O→W 的电荷转移跃迁。由此可见,该样品对紫外光的吸收主要取决于杂多阴离子。

10.2.3.1 激发光谱

图 10-4 给出了 DyW_{10}/APS 自组装膜样品的激发光谱,为了方便介绍 DyW_{10}/APS 自组装膜样品的激发光谱特点,该图也顺便给出了 DyW_{10} 固体的激发光谱。DyW_{10}/APS 自组装膜样品的激发光谱中仅出现一个强激发宽带,其范围在 210~300 nm,最大激发峰位于 255 nm,该强激发宽带也应归属于杂多阴离子中 O→W 的电荷转移跃迁。然而,DyW_{10} 固体的激发光谱中除了源于杂多阴离子中 O→W 电荷转移跃迁的激发宽带外,还呈现出来源于 Dy^{3+} 的 f-f 跃迁的比较尖锐的激发峰。两个样品激发光谱的明显差异就在于 DyW_{10} 固体的激发光谱中

来源于 Dy^{3+} 的 f-f 跃迁的比较尖锐的激发峰在 DyW_{10}/APS 自组装膜样品的激发光谱中没有观察到。

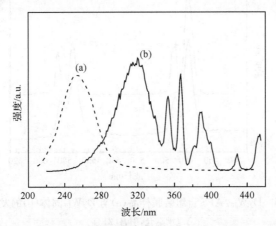

图 10-4　DyW_{10}/APS 自组装膜样品(a)与 DyW_{10} 固体(b)的激发光谱
（承惠允，引自[21]）

上述两个样品的激发光谱特点揭示了两个样品的荧光发射具有不同的激发机制。DyW_{10}/APS 自组装膜样品的 Dy^{3+} 的荧光发射依靠激发杂多阴离子，杂多阴离子将吸收的激发能有效地传递给 Dy^{3+}，再由 Dy^{3+} 发射其特征的荧光。然而，DyW_{10} 固体的荧光发射既有间接激发杂多阴离子的贡献，又有直接激发 Dy^{3+} 的贡献。由此可见，纯杂多化合物 DyW_{10} 被自组装成膜后，杂多阴离子与 Dy^{3+} 之间的能量传递变得更有效了，以至于 Dy^{3+} 可以发射其杂多阴离子敏化的特征荧光。

10.2.3.2　发射光谱

图 10-5 给出了 DyW_{10}/APS 自组装膜样品的发射光谱，为了更清楚地介绍 DyW_{10}/APS 自组装膜样品发射光谱的特点，也附上了 DyW_{10} 固体的发射光谱。DyW_{10}/APS 自组装膜样品的发射光谱中 Dy^{3+} 的 $^4F_{9/2} \rightarrow {}^6H_{15/2}$ 跃迁发射位于 478 nm、489 nm 处，而 $^4F_{9/2} \rightarrow {}^6H_{13/2}$ 跃迁发射劈裂为 572 nm、583 nm 两峰，这是杂多阴离子敏化的 Dy^{3+} 的特征荧光。DyW_{10} 固体发射光谱也表现为 Dy^{3+} 的两个特征发射峰，分别是 $^4F_{9/2} \rightarrow {}^6H_{15/2}$ 跃迁的蓝光发射（位于 479 nm 和 489 nm）与 $^4F_{9/2} \rightarrow {}^6H_{13/2}$ 跃迁的黄光发射（位于 573 nm、580nm 和 585 nm）。

两个样品的荧光光谱重要的差别之一是 $^4F_{9/2} \rightarrow {}^6H_{13/2}$ 跃迁的黄光发射与 $^4F_{9/2} \rightarrow {}^6H_{15/2}$ 跃迁的蓝光发射的强度比发生了变化。DyW_{10}/APS 自组装膜样品和 DyW_{10} 固体的黄蓝发射强度比分别为 0.747 和 0.577，即 DyW_{10}/APS 自组装膜样品的大。上述两个样品的黄蓝发射强度比的变化可能是由以下原因引起的：

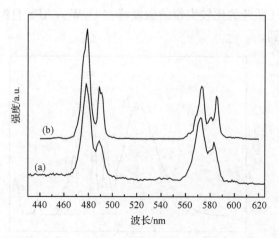

图 10-5   DyW₁₀/APS 自组装膜样品(a)与 DyW₁₀ 固体(b)的发射光谱

(承惠允,引自[21])

$^4F_{9/2} \rightarrow ^6H_{13/2}$ 跃迁的黄光发射为超敏感跃迁,其发射强度容易受到 Dy^{3+} 的外部环境的影响而发生改变[22-24]。杂多阴离子与 3-氨丙基三乙氧基硅烷之间存在相互作用,这种相互作用在一定程度上改变了杂多阴离子分子的对称性,影响了 Dy^{3+} 周围的配位环境,使 Dy^{3+} 处于对称性较低的格位。两个样品的荧光光谱的另一差别是荧光光谱谱峰的劈裂程度不同,DyW₁₀/APS 自组装膜样品表现出较小的劈裂程度。与上面介绍的 EuW₁₀/APS 自组装膜样品类似,DyW₁₀/APS 自组装膜样品荧光光谱劈裂程度较小的真正原因也有待进一步研究。

10.2.4   1∶10 型稀土杂多化合物自组装膜样品的荧光寿命

测定了 EuW₁₀/APS 和 DyW₁₀/APS 自组装膜样品的荧光衰减曲线,它们均呈单指数下降。由样品的荧光衰减曲线得到了 EuW₁₀/APS 和 DyW₁₀/APS 自组装膜样品的荧光寿命分别为 3.2 ms 和 0.067 ms,同 EuW₁₀ 固体(4.71 ms)和 Dy W₁₀ 固体(0.107 ms)的荧光寿命相比,两种自组装膜样品的荧光寿命均变短。样品的荧光寿命通常与多种因素有关,如分子的尺寸效应、稀土离子的配位环境以及所占据的格位对称性等对样品的荧光寿命皆有一定影响。然而,EuW₁₀/APS 和 DyW₁₀/APS 自组装膜样品的荧光寿命较短的真正原因还有待于今后深入研究。

10.3   铕杂多化合物/聚合物自组装多层膜的制备及发光性能

多酸化合物由于具有丰富的结构和一些特殊的理化性质,因此在构筑新型分子基功能材料中展示出优势。多酸化合物与聚合物形成的自组装多层膜在结构和性能上更有其特色,很值得研究人员进行探索,这方面研究已经取得了一些有意义的进展。本节拟介绍以 3-氨丙基三乙氧基硅烷为基底的 Eu^{3+} 杂多化合物与聚丙烯酰胺(PAA)多层自组装膜的制备和发光性能等。

10.3.1　铕杂多化合物/聚合物自组装多层膜样品的制备[25]

使用的 Eu^{3+} 杂多化合物为 $K_{13}Eu(SiW_{11}O_{39})_2 \cdot 15H_2O(EuSiW_{11})$(利用杂多化合物常用的合成方法进行合成)。采用分子沉积法制备 Eu^{3+} 杂多化合物与聚丙烯酰胺自组装多层膜,其具体操作如下。

首先将石英片(经充分清洗的)在 70% 浓硫酸与 30% 的双氧水溶液中煮沸 30 min,经这一亲水处理可以在石英片上得到亲水的表面。将亲水处理过的石英基片浸入 3-氨丙基三乙氧基硅烷的苯溶液中,保持 3 h 后可得到功能化的单层。再将其放入 0.1 mol/L HCl 溶液中,取出后接着放入含 1×10^{-4} mol/L $EuSiW_{11}$ 的水溶液中,1 h 后取出并用纯水洗涤,氮气吹干,经过上述处理过程即在石英基片上获得了 $EuSiW_{11}$/APS 前驱膜。将载有 $EuSiW_{11}$/APS 前驱膜的石英基片浸入 0.1 mg/mL 聚丙烯酰胺水溶液中(盐酸调节其酸度至 pH=3.0),半小时后取出并用纯水洗涤,氮气吹干。然后,再将其浸入 $EuSiW_{11}$ 水溶液中。重复后两步操作,可制得 Eu^{3+} 杂多化合物与聚丙烯酰胺自组装多层膜样品,用 $EuSiW_{11}$/PAA/APS 自组装多层膜表示。

10.3.2　$EuSiW_{11}$/PAA/APS 自组装多层膜样品的紫外吸收光谱

与 $EuSiW_{11}$ 类似,$EuSiW_{11}$/APS 前驱膜、$EuSiW_{11}$/PAA/APS 自组装多层膜样品的紫外吸收光谱均呈现出稀土杂多化合物的特征吸收峰。$EuSiW_{11}$/PAA/APS 自组装多层膜样品的两个吸收峰分别位于 196 nm 和 255 nm 处,这两个吸收峰来自于稀土杂多化合物的 $O_d \rightarrow W$ 和 $O_{b,c} \rightarrow W$ 电荷转移跃迁。然而,当 $EuSiW_{11}$ 被组装成自组装膜以后,与 $EuSiW_{11}$(两个吸收峰分别位于 199 nm 和 250 nm 处,见第 10 章)相比,其特征的紫外吸收峰却发生了一定程度的位移。由于在 $EuSiW_{11}$/PAA/APS 自组装多层膜样品中,$EuSiW_{11}$ 与 3-氨丙基三乙氧基硅烷、聚丙烯酰胺之间会产生相互作用,因此这种相互作用有可能导致其中组装 $EuSiW_{11}$ 的紫外吸收峰出现一定程度的位移。

X 射线光电子能谱可以进一步揭示 $EuSiW_{11}$/PAA/APS 自组装多层膜样品中 $EuSiW_{11}$ 与 3-氨丙基三乙氧基硅烷、聚丙烯酰胺之间的相互作用。这种相互作用反映在 X 射线光电子能谱上就是 $EuSiW_{11}$ 中一些原子的电子结合能发生一定改变。图 10-6 给出了 $EuSiW_{11}/PAA/APS$ 自组装多层膜样品的 X 射线光电子能谱(以钨原子为例)。由图可见,$EuSiW_{11}/PAA/APS$ 自组装多层膜样品中 $W4f_{7/2}$ 的电子结合能为 35.2 eV,而 $EuSiW_{11}$ 中 $W4f_{7/2}$ 的仅为 34.9 eV(因篇幅所限,其谱图未能给出)。

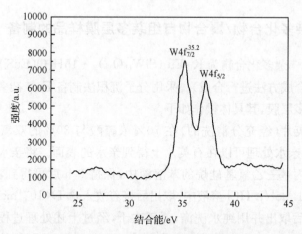

图 10-6　$EuSiW_{11}/PAA/APS$ 自组装多层膜样品中钨原子的 X 射线光电子能谱

(承惠允,引自[25])

10.3.3　$EuSiW_{11}/PAA/APS$ 自组装多层膜样品的形貌

图 10-7 给出了 $EuSiW_{11}/PAA/APS$ 自组装多层膜样品的吸光度与层数的相互关系。所制备的 $EuSiW_{11}/PAA/APS$ 自组装多层膜样品具有比较好的纵向均匀性,这样随着该自组装多层膜样品层数的增加其吸光度呈线性增加。正如图 10-7 所示,$EuSiW_{11}/PAA/APS$ 自组装多层膜样品在 196 nm 和 255 nm 处的吸收

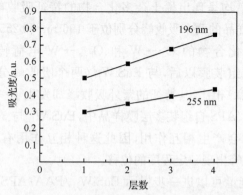

图 10-7　$EuSiW_{11}/PAA/APS$ 自组装多层膜样品吸光度与层数的关系

(承惠允,引自[25])

光度与层数(分别为 1、2、3、4 层)的依存关系具有良好的线性。

电子显微镜(SEM)和原子力显微镜(AFM)可以直接观察样品的形貌。图 10-8 给出了 EuSiW$_{11}$/PAA/APS 自组装多层膜样品的扫描电镜照片。图中显示的粒子为组装进膜中的 EuSiW$_{11}$纳米粒子,这些纳米粒子比较均匀地分布于该自组装多层膜样品中。图 10-9 给出了 EuSiW$_{11}$/PAA/APS 自组装多层膜样品的原子力显微镜照片。在该样品中 EuSiW$_{11}$纳米粒子大小为 70～90 nm,并且其分布范围比较窄。

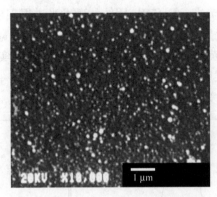

图 10-8　EuSiW$_{11}$/PAA/APS 自组装多层膜样品的 SEM 照片

(承惠允,引自[25])

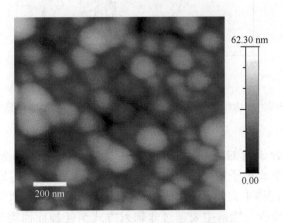

图 10-9　EuSiW$_{11}$/PAA/APS 自组装多层膜样品的 AFM 照片

(承惠允,引自[25])

10.3.4　EuSiW$_{11}$/PAA/APS 自组装多层膜样品的激发光谱

图 10-10 给出了 EuSiW$_{11}$/PAA/APS 自组装多层膜样品的激发光谱,为了方

便介绍自组装多层膜样品激发光谱的特点,也给出了 EuSiW$_{11}$ 固体的激发光谱。EuSiW$_{11}$/PAA/APS 自组装膜样品的激发光谱展现出一个位于 200～350 nm 范围的强激发宽带,其最大激发峰位于 255 nm,这一激发宽带源于杂多化合物的 O→W 电荷转移跃迁。这与 EuSiW$_{11}$/PAA/APS 自组装膜样品的紫外光谱结果一致。除了这一激发宽带,该激发光谱中未能观察到源于 Eu^{3+} 的 f-f 跃迁的比较尖锐的激发峰。由激发光谱的特点可知,EuSiW$_{11}$/PAA/APS 自组装多层膜样品中杂多阴离子吸收的激发光能量可以有效地传递给 Eu^{3+},该样品能够发射杂多阴离子敏化的 Eu^{3+} 的特征荧光。EuSiW$_{11}$ 固体的激发光谱展现出源于 Eu^{3+} 的 f-f 跃迁的比较尖锐的特征激发峰,而源于杂多阴离子的激发宽峰没有出现。因此,EuSiW$_{11}$ 固体的 Eu^{3+} 荧光发射仅是通过直接激发 Eu^{3+} 实现的,这与 EuSiW$_{11}$/PAA/APS 自组装多层膜样品荧光的激发机制截然不同。由此可见,自组装膜的形成改变了 Eu^{3+} 荧光发射的激发机制。

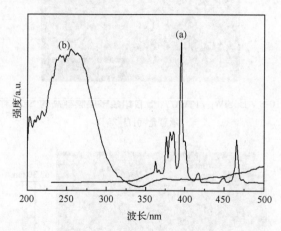

图 10-10　EuSiW$_{11}$ 固体(a)与 EuSiW$_{11}$/PAA/APS 自组装多层膜样品(b)的激发光谱
(承惠允,引自[25])

　　杂多化合物分子内的能量传递与 W—O—W、W—O—Eu 键关系十分密切。SiW$_{11}$O$_{39}$$^{8-}$ 配体中 d^1 电子的离域程度与温度有关,在室温下 K$_{13}$Eu(SiW$_{11}$O$_{39}$)$_2$ 固体中 SiW$_{11}$O$_{39}$$^{8-}$ 配体中大量 d^1 电子处于离域状态,这使其吸收的激发光能量难以传递给 Eu^{3+},其吸收的能量主要通过非辐射方式消耗掉而回到基态。因此,在室温下 K$_{13}$Eu(SiW$_{11}$O$_{39}$)$_2$ 的激发光谱中没有源于杂多阴离子的 O→W 电荷转移跃迁的激发宽带出现[26,27],其 Eu^{3+} 荧光发射只能依靠直接激发 Eu^{3+}。而形成自组装膜后,EuSiW$_{11}$ 与 3-氨丙基三乙氧基硅烷、聚丙烯酰胺之间的相互作用改变了与杂多阴离子的 O→W 电荷转移跃迁相关的能级,从而改善了杂多阴离子的这些能级与 Eu^{3+} 的激发态能级的匹配程度,同时自组装多层膜中杂多阴离子的 d^1 电子的离域程度也受到抑制。因此,EuSiW$_{11}$/PAA/APS 自组装多层膜样品中杂多阴离子吸收的激发光能量可以有效地传递给 Eu^{3+},使 Eu^{3+} 发射杂多阴离子敏化的特征荧光。

10.3.5　EuSiW₁₁/PAA/APS 自组装多层膜样品的发射光谱

图 10-11 给出了 EuSiW₁₁/PAA/APS 自组装多层膜样品的发射光谱,为了更清楚地介绍 EuSiW₁₁/ PAA/APS 自组装多层膜样品发射光谱特点,也附上了 EuSiW₁₁ 固体的发射光谱。EuSiW₁₁/PAA/APS 自组装多层膜样品的荧光光谱为 Eu^{3+} 的特征发射,五个发射峰分别源于 Eu^{3+} 的 $^5D_0 \rightarrow {}^7F_J$ ($J=0,1,2,3,4$)跃迁发射,其中源于 $^5D_0 \rightarrow {}^7F_2$ 和 $^5D_0 \rightarrow {}^7F_1$ 跃迁的两个荧光峰最强,这是杂多阴离子敏化的 Eu^{3+} 的特征荧光光谱。EuSiW₁₁ 固体的发射光谱同样也是 Eu^{3+} 的特征荧光光谱,但是由激发光谱可知其荧光的发射是通过直接激发 Eu^{3+} 得到的。

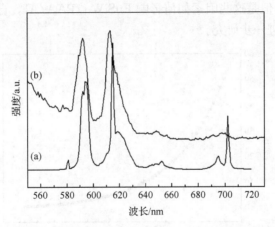

图 10-11　EuSiW₁₁ 固体(a)与 EuSiW₁₁/PAA/APS 自组装多层膜样品(b)的发射光谱
(承惠允,引自[25])

EuSiW₁₁ 被组装成自组装多层膜后,Eu^{3+} 发射的荧光具有明显特点。首先是 EuSiW₁₁/PAA/APS 自组装多层膜样品的发射峰劈裂程度减小。例如,EuSiW₁₁ 固体的发射光谱中 $^5D_0 \rightarrow {}^7F_1$ 跃迁发射劈裂为 592 nm 和 594 nm 两个峰,$^5D_0 \rightarrow {}^7F_2$ 跃迁发射劈裂为 615 nm 和 619 nm 两个峰;而 EuSiW₁₁/PAA/APS 自组装多层膜样品的这两个发射峰的劈裂程度却比较小。上述发射峰劈裂程度变化的原因比较复杂,有待进一步研究。其次是 EuSiW₁₁/PAA/APS 自组装多层膜样品的 $^5D_0 \rightarrow {}^7F_2$ 跃迁发射强度与 $^5D_0 \rightarrow {}^7F_1$ 跃迁发射强度之比增大,对于 EuSiW₁₁ 固体和 EuSiW₁₁/PAA/APS 自组装多层膜样品,这一强度比分别为 1.12 和 1.50。$^5D_0 \rightarrow {}^7F_2$ 跃迁(电偶极跃迁)属于超灵敏跃迁,它对其所处的环境很敏感,而 $^5D_0 \rightarrow {}^7F_1$ 跃迁(磁偶极跃迁)却难以受到环境的影响。EuSiW₁₁/PAA/APS 自组装多层膜样品

中 $EuSiW_{11}$ 与 3-氨丙基三乙氧基硅烷、聚丙烯酰胺之间的相互作用扭曲了杂多化合物分子的对称性,改变了 Eu^{3+} 的配位环境,从而使 Eu^{3+} 在自组装多层膜样品中占据的格位对称性相对较低。因此,处于具有较低对称性格位的 Eu^{3+} 的 $^5D_0 \rightarrow {}^7F_2$ 跃迁发射强度会增强,这样 $EuSiW_{11}$/PAA/APS 自组装多层膜样品的 $^5D_0 \rightarrow {}^7F_2$ 跃迁发射强度与 $^5D_0 \rightarrow {}^7F_1$ 跃迁发射强度比随之增大。

10.3.6　$EuSiW_{11}$/PAA/APS 自组装多层膜样品的荧光寿命

图 10-12 为 $EuSiW_{11}$/PAA/APS 自组装多层膜样品的荧光衰减曲线。该样品的荧光衰减曲线为单指数曲线。由荧光衰减曲线得到的 $EuSiW_{11}$/PAA/APS 自组装多层膜样品的荧光寿命为 1.47 ms,同 $EuSiW_{10}$ 固体的寿命(2.43 ms)相比,荧光寿命变短。荧光寿命减小可能与分子尺寸效应、Eu^{3+} 的配位环境及所处格位对称性的变化等有关,但是这些因素如何影响 $EuSiW_{11}$/PAA/APS 自组装多层膜样品的荧光寿命尚待进一步研究。

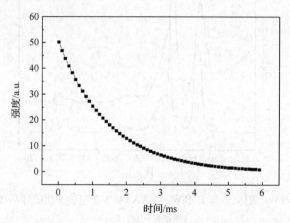

图 10-12　$EuSiW_{11}$/PAA/APS 自组装多层膜样品的荧光衰减曲线

10.4　小　　结

利用自组装技术将稀土杂多化合物 $Na_9LnW_{10}O_{36}$(Ln=Eu、Dy)进行分子组装,得到了 EuW_{10}/APS 和 DyW_{10}/APS 自组装膜样品。采用同样的技术将稀土杂多化合物 $K_{13}Eu(SiW_{11}O_{39})_2$ 组装进聚合物分子,制备了 $EuSiW_{11}$/PAA/APS 自组装多层膜样品。上述自组装膜样品皆可发射稀土离子的特征荧光。有关自组装膜研究的主要成功之处有以下两点:①通过将稀土杂多化合物组装成自组装膜可以有效地改善杂多阴离子与稀土离子之间的能量传递效果,致使稀土杂多化合物自组装膜能够借助杂多阴离子的敏化作用而发射稀土离子的特征荧光。②在自组装膜中稀土离子占据的格位对称性与纯稀土杂多化合物中明显不同,格位对称性的变化导致 DyW_{10}/APS 自组装膜样品荧光发射的黄蓝强度比发生了变化。黄蓝强度比的变化可以用于调控 Dy^{3+} 发光材料的发光色度,甚至有可能得到令人感兴趣的白光发射。以上两点对于研究和发展新型稀土发光材料具有参考价值。

虽然稀土配合物自组装膜的研究已取得了一定进展,但是稀土配合物自组装膜的发光性能不够理想,如其荧光寿命比纯稀土杂多化合物还要短。因此,为了达到实际应用的目标,稀土配合物自组装膜研究尚有很长的路要走。由于鲜有重要成果出现,近年来稀土配合物自组装膜研究趋于平静。通常,平静可能孕育着新的突破,但这对于稀土配合物自组装膜研究也许仅是人们的良好愿望。

参 考 文 献

[1] 林贤福,陈志春,吕德水,等. 大分子自组装及其应用的研究与进展. 高分子材料科学与工程,2000,16(4):5-12.

[2] Stouffer J M, McCarthy T J. Polymer monolayers prepared by the spontaneous adsorption of sulfur-functionalized polystyrene on gold surfaces. Macromolecules, 1986, 21: 1204-1208.

[3] Sun F, Grainger D W, Castner D G. Ultrathin self-assembled polymeric film on solid surface 2 formation of 11-(n-pentyldithio) undecanoate-bearing polyacrylate monolayers on gold. Langmuir, 1993, 9: 3200-3207.

[4] Durstock M F, Rubner M F. Dielectric properties of polyelectrolyte multilayers. Langmuir, 2001, 17: 7865-7872.

[5] Chen W, McCarthy T J. Layer-by-layer deposition: a tool for polymer surface modification. Macromolecules, 1997, 30: 78-86.

[6] Kim W H, Bihari B, Moody R, et al. Self-assembled spin-coated and bulk films of a novel poly(diacetylene) as second-order nonlinear optical polymers. Macromolecules, 1995, 28: 642-647.

[7] 刘冬生,唐永欣,戴道荣,等. 新型自组装二阶非线性光学(NLO)高分子膜的制备. 中国科学 B 辑,1997,27:314-318.

[8] Ishikawa Y, Kuwahara H, Kunitake T. Self-assembly of bilayers from double-chain fluorocarbon amphiphiles in aprotic organic solvents: thermodynamic origin and generalization of the bilayer assembly. J Am Chem Soc, 1994, 116: 5579-5591.

[9] Zhang X, Li H, Zhao B, et al. Ordered self-organizing films of an amphiphilic polymer by slow evaporation of organic solvents. Macromolecules, 1997, 30:1633-1636.

[10] Zhulina E, Balazs A C. Designing patterned surfaces by grafting Y-shaped copolymers. Macromolecules, 1996, 29: 2667-2673.

[11] Ujille S, Iimura K. Thermal properties and orientational behavior of a liquid-crystalline ion complex polymer. Macromolecules, 1992, 25: 3174-3178.

[12] Mitsuyoshi O, Katsumi Y. Fabrication of self-assembled multilayer heterostructure of poly (p-phenylene vinylene) and its use for an electroluminescent diode. J Appl Phys, 1995, 78: 4456-4462.

[13] Sun F, Grainger D W, Castner D G, et al. Adsorption of ultrathin films of sulfer-containing siloxane oli-

gomers on gold surfaces and their *in situ* modification. Macromolecules, 1994, 27: 3053-3062.

[14] 林贤福,陈志春,吴忆南. 聚丙烯自组装复合的界面层分子相互作用研究. 高分子材料科学与工程, 1999,15(5): 105-106.

[15] 辛颢,黄岩谊,李富友,等. 铕的高分子配合物 PVP-Eu(DBM)₃ 的合成及其与 PSS 的自组装//第四届全国稀土发光材料学术研讨会,银川,2002.

[16] 辛颢,黄岩谊,李富友,等. 聚 β-噻吩乙酸与 Tb³⁺ 离子的配位组装及其发光性质//第四届全国配位化学会议,桂林,2001.

[17] Ichinose I, Tagawa H, Mizuki S, et al. Formation process of ultrathin multilayer films of molybdenum oxide by alternate adsorption of octamolybdate and linear polycations. Langmuir, 1998, 14: 187-192.

[18] Caruso F, Kurth D G, Volkmer D, et al. Ultrathin molybdenum polyoxometalate-polyelectrolyte multilayer films. Langmuir, 1998, 14: 3462-3465.

[19] Xu L, Zhang H, Wang E, et al. Photoluminescent multilayer films based on polyoxometalates. J Mater Chem, 2002, 12: 654-657.

[20] Yamase T. Photo- and electrochromism of polyoxometalates and related materials. Chem Rev, 1998, 98: 307-325.

[21] Wang J, Wang H S, Liu F Y, et al. Luminescent Self-assembled thin films based on rare earth-heteropolytungstate. Mater Lett, 2003, 57: 1210-1214.

[22] Lin J, Su Q. Comparative study of $Ga_4Y_6(SiO_4)_6O:a$ phosphors prepared by sol-gel and dry methods ($A=Pb^{2+}$, Eu^{3+}, Tb^{3+}, Dy^{3+}). J Mater Chem, 1995, 5(4): 603-606.

[23] Su Q, Pei Z, Chi L. et al. The yellow-to-blue intensity ratio (Y/B) of Dy^{3+} emission. J Alloys Compds, 1993,192: 25-27.

[24] Su Q, Lin J, Li B. A study on the luminescence properties of Eu^{3+} and Dy^{3+} in $M_2RE_8(SiO_4)_6O_2$ (M= Mg,Ca; RE=Y, Gd, La). J Alloys Compds,1995, 225: 120-123.

[25] Wang J, Wang Z, Wang H S, et al. Self-assembled Multilayer films of europium-substituted polyoxometalate and their luminescence properties. J Alloys Compds, 2004, 376: 68-72.

[26] Blasse G, Dirksen G J. The luminescence of some lanthanide decatungstates. Chem Phys Lett, 1981, 83: 449-451.

[27] Yamase T, Sugeta M. Charge-transfer photoluminescence of polyoxo-tungstates and -molybdates. Dalton Trans, 1993: 759-765.

第 11 章　稀土配合物 LB 膜

11.1　概　　述

11.1.1　LB 膜技术

Langmuir-Blodgett (LB)膜技术是一种重要的分子组装技术。早在 20 世纪 20 年代,Langmuir[1]就首次研究了一些脂肪酸在水-空气界面上的单分子行为,测定了许多化合物的分子面积与膜厚,证实了膜厚相当于一个分子的长度。随后,他的学生 Blodgett[2]巧妙地将这种单分子膜从气-液界面逐层转移到固体基片上,制得了具有层状结构的多层膜,实现了分子超薄有序组装,从此开创了 LB 膜研究。目前多数 LB 膜的制备仍然采用 Langmuir 和 Blodgett 创立的方法。

LB 膜以其超薄、均匀、厚度可控、结构可任意设计以及在分子水平上可以任意组装等特点在分子电子学、集成光学、信息科学、化学与生物传感器等许多领域具有重要的应用前景[3]。例如,LB 膜可以被用作润滑层、导电膜、绝缘膜、光电转换材料、非线性光学材料、磁性材料、LB 膜传感器、分子电子器件、气相体系分离器件、仿生 LB 膜等

11.1.1.1　LB 膜的制备方法

LB 膜的制备方法有垂直挂膜法和水平挂膜法。垂直挂膜法的特点为挂膜时固体载片与水面始终呈垂直状态,按膜沉积方式的不同又可以分为 X 型、Y 型、Z 型三种挂法。图 11-1 为垂直挂膜法的三种方式示意图。X 型挂膜法的特点是疏水基片在下降时挂膜,而在上升时不挂膜,每层膜的疏水面与另一层的亲水面接触,制备 X 型膜的载片表面疏水。Y 型挂膜法不论亲水还是疏水基片,下降或上升时均挂膜。其特点为层与层之间是疏水面与疏水面接触,亲水面与亲水面接触。Z 型挂膜法是亲水基片上升时挂膜,下降时不挂膜,特性与 X 型相似。水平挂膜法为 Fukuda[4]于 1976 年首次创立的挂膜方法。水平挂膜法是将基片水平放置,由水面沾出 LB 膜,或由水下托出 LB 膜,还可以采用掠过水面的方式进行,通过改变基片的入水角度可以有效地控制成膜条件,保证膜的质量。

能形成 LB 膜的材料大都是表面活性剂分子,即两亲性分子。最典型和最简单的成膜物质是脂肪酸和脂肪胺,其亲水头基为—COOH 或—NH$_2$,尾链为

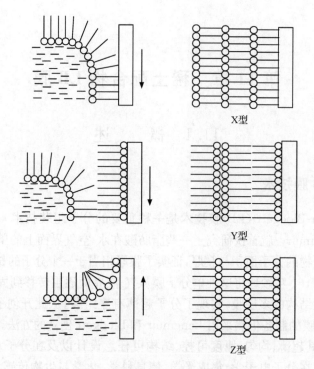

图 11-1　垂直挂膜法的三种方式

$(CH_2)_{16}CH_3$。一种好的成膜材料，其亲/疏水比要适中。当亲水性太强时，材料可能会溶于亚相水溶液中，而疏水性太强则导致其在水面上扩展不开，形成油珠悬浮于水面上。成膜材料主要有功能两亲配合物、两亲卟啉和酞菁、富勒烯、两亲导电化合物、两亲聚合物。

11.1.1.2　LB膜的表征方法

LB膜的表征方法中常用的是表面压力-表面积(π-A)曲线法、表面势和表面黏度等测定方法。表面压力是指由于单分子层的存在而降低的亚相(subphase)的表面张力，可用Langmuir膜天平或Wilhelmy吊片法测定。从π-A曲线可以看到，随着压缩的进行，单分子膜经历了不同相态的变化。π-A曲线的形状与温度、溶质的性质以及亚相的pH、纯度等有密切的关系。

定量地评价在固体基底上沉积单分子层质量的一个重要参数是转移比。其定义为转移过程中每个周期内水表面上单分子层减少的面积与转移到固体基底上的膜面积之比，最好的沉积膜转移比为1。该值可以从膜面积随时间的变化曲线求得，用它可以对LB膜的累积进行定量描述。

近年来，各种表面分析技术被广泛用来观察和表征LB膜的微观结构[5-9]，如扫描电镜、透射电镜、扫描隧道显微镜(STM)、原子力显微镜(AFM)、X 射线光电子能谱等。红外光谱、顺磁共振(ESR)被用来对 LB 膜的结构等进行分析,而紫外-可见吸收光谱、荧光光谱等用于 LB 膜的性质研究。应该指出的是,研究 LB 膜的技术正随着 LB 膜研究的不断深入而不断地发展。

11.1.2　稀土配合物 LB 膜的研究进展

11.1.2.1　稀土 β-二酮配合物 LB 膜

1974 年,Kuhn 等[10]首次报道了稀土配合物 LB 膜的研究。其设计思想是先通过 Eu^{3+} 和过量的配体 β-二酮生成带负电荷的配位内界,然后以带正电荷及长脂肪链的抗衡阳离子去平衡电荷,从而巧妙地把疏水长链引入配合物中而形成双亲性稀土配合物。然而,此后相当长的一段时间内,这方面研究一直处于中断状态。

稀土配合物 LB 膜可以在分子水平上任意组装,并具有高发光效率、高亮度、高色纯度等优点,因此进入 90 年代以来,随着光学、微电子学及纳米科学的发展,发光稀土配合物 LB 膜的研究再次受到研究人员关注。Serra 等[11]制备了以磷脂为模板的 Eu^{3+} 与 β-二酮配合物 LB 膜,并研究了其荧光性质。北京大学黄春辉小组制备了多种噻吩甲酰三氟丙酮、二苯甲酰甲烷和氨三乙酸(NTA)等有机配体的稀土配合物 LB 膜,并研究了其荧光性质[12-20]。除常规长脂肪链抗衡阳离子外,还以偶氮苯类、半菁类为抗衡阳离子,制备了许多具有较好非线性光学性能的稀土配合物 LB 膜[21,22]。山东大学杨孔章小组也几乎在同时开展了发光稀土配合物 LB 膜方面的研究[23-33]。针对稀土配合物成膜性能低、在水中的溶解度大等不利于成膜的弱点,采用交替成膜、加入辅助成膜材料并将亚相制成配合物的饱和溶液等手段,也制备了稀土配合物的 LB 膜。激发光谱和发射光谱的研究结果表明,制备的稀土配合物 LB 膜具有较好的纵向均匀性和发光性能。应用透射电子显微镜观察到在 LB 膜中稀土配合物形成了微晶结构,并认为这是稀土配合物 LB 膜具有良好发光性能的重要因素。为进一步提高稀土配合物 LB 膜的发光性能,他们还将一些协同离子如 La^{3+} 等引入 LB 膜。La^{3+} 的激发态能级高于配体的三重态能级,与配体的三重态能级很难进行分子内能量传递,但其配合物却能够增强相应的 Eu^{3+} 配合物的发光。他们研究了 $La(TTA)_3phen$ 对 $Eu(TTA)_3phen$ 中 Eu^{3+} 的敏化机制,其原理是 $La(TTA)_3phen$ 的配体 TTA 吸收能量后处于激发三重态,然后由其三重态向 $Eu(TTA)_3phen$ 中 Eu^{3+} 的共振能级传递能量。实验结果表明,同仅加入单一的 $Eu(TTA)_3phen$ 相比,加入 $La(TTA)_3phen$ 后 LB 膜的荧光强度增强了65 倍。

11.1.2.2　稀土羧酸配合物 LB 膜

1993 年 Johnson 等[34]以 YCl₃ 为亚相制备了 Y³⁺ 离子-花生酸 LB 膜,并研究了亚相离子浓度与 pH 对成膜的影响。随后,Fink 等[35]制备了多种稀土-花生酸 LB 膜,并用 X 射线光电子能谱、原子力显微镜等对 LB 膜进行了表征。Voit 等[36]制备了稀土-花生酸 LB 膜,通过将 LB 前驱膜加热到 350℃和紫外辐射两种方法得到超薄稀土氧化物的薄膜,并且薄膜的厚度可通过 LB 膜的层数加以控制。

由于苯环具有很强的紫外光吸收能力,并且其能级与稀土离子(特别是 Tb³⁺)匹配得较好,所以稀土芳香羧酸配合物具有很好的发光性能。然而,普通稀土芳香羧酸配合物溶解性比较差,并且不具有两亲性,因此其成膜性能比较差。中国科学院长春应用化学研究所张洪杰小组[37, 38]针对上述情况,通过将长碳链引入芳香羧酸中得到了一系列两亲性稀土芳香羧酸配合物。研究表明,该系列稀土芳香羧酸配合物具有很好的成膜性能,制备的多层 LB 膜具有较好的片层结构及发光性能。

11.1.2.3　稀土酞菁和半菁配合物 LB 膜

酞菁及其金属配合物因具有良好的半导体性能、光导性能、光伏性能、气敏性以及化学稳定性而受到研究人员重视。中国科学院长春应用化学研究所陈文启合成了多种稀土与双酞菁衍生物的配合物,并研究了配合物的成膜性能和气敏特性。研究结果表明,Z 型 LB 膜对氨气有响应,特别是八-4-(四氢糠氧基)双酞菁钕(Ⅲ)的 LB 膜对氨气很敏感,可与酞菁铜 LB 膜的气敏性相比[39]。随后,他们又制备了 Eu³⁺、Tb³⁺ 的双酞菁配合物 LB 膜,测定了配合物在溶液中与 LB 膜状态下的荧光特性,并对邻菲罗啉掺杂形成的 LB 膜进行了研究[40]。Vertsimakha 等[41]制备了多种双酞菁稀土配合物 LB 膜,研究了配合物的 LB 膜与真空沉积膜的光学性质。Liang 等[42]将 Eu³⁺ 双酞菁配合物 LB 膜沉积于电极上,研究了 LB 膜的气体吸收与气体传感性能。还将稀土配合物引入半菁体系,研究了配合物的组成和结构对成膜性和二阶非线性光学性质的影响。半菁分子具有大的二阶分子极化率,制成 LB 膜后分子的有序排列能够进一步提高二阶非线性系数。然而,许多半菁溴化物由于亲水性较强而不能成膜,而生成配合物后,由于降低了分子的亲水性,使材料的成膜成为可能。在不加辅助成膜材料的情况下,已经成功地制备了其 LB 膜。

11.1.2.4　稀土杯芳烃配合物 LB 膜

Philip 等[43]将功能化的杯芳化合物 [(n-C₁₁H₂₃)₄—C[4]R—(OCH₂COX)₈,X=OMe、NEt₂] 与 Tb³⁺ 配位,用 LB 膜技术对其进行了分子组装。研究结果表明,功能化的杯芳化合物在 LB 膜中可以将吸收的能量有效地传递给 Tb³⁺,制备的 LB 膜具有较好的绿色荧光性能。

11.1.2.5 稀土 8-羟基喹啉配合物 LB 膜

欧阳健明等[44]制备了 N-十六烷基-8-羟基-2-喹啉甲酰胺的稀土配合物,并制成其 LB 膜。研究结果表明,在 LB 膜内分子排列是二维有序的超晶格结构,并且 LB 膜的高荧光性能使其可以用作电致发光器件的发光材料。以该配合物的 LB 膜为发光层的单层电致发光器件发射黄绿色光,使用的驱动电压为 9 V,发光亮度可达 330 cd/m^2。

11.1.2.6 稀土磷酸酯和膦酸配合物 LB 膜

Zaniquelli 等[45]制备了 Eu^{3+} 与磷酸双十六(烷)醇酯配合物 LB 膜,LB 膜的荧光性能研究结果表明,Eu^{3+} 在 LB 膜中占据多种格位。李新民等[46]制备了 Eu^{3+} 与磷脂酰胆碱(人红细胞膜中主要磷脂,而磷脂是生物膜中膜脂的组成部分)的单分子 LB 膜,用原子力显微镜观察到亚相 Eu^{3+} 能够诱导磷脂酰胆碱单分子 LB 膜出现有规则的周期性条纹结构。Talham 等[47]成功地将 La^{3+}、Sm^{3+}、Gd^{3+} 等稀土离子组装入十八烷基膦酸 LB 膜中,研究了亚相 pH 和离子强度对稀土与十八烷基膦酸配合物 LB 膜成膜性能的影响。光谱研究表明,得到的 LB 膜具有二维超晶格结构,并且 pH 对 LB 膜的转移起关键作用。

11.1.2.7 冠醚稀土配合物 LB 膜

冠醚分子对金属离子具有选择性配位能力,并且具有两亲性,比较适合于制备稀土配合物 LB 膜。例如,朱家理等[48]制备了具有复杂结构的冠醚与 Eu^{3+} 配合物的 LB 膜,并研究了该 LB 膜的稳定性。研究结果证实,加入苯甲酸可以改善配合物分子在 LB 膜中的有序排列,荧光强度也增为无苯甲酸时的 2 倍。

11.2 铽苯甲酸衍生物配合物 LB 膜

配体芳香羧酸与 Tb^{3+} 具有比较好的能级匹配,其间有效的能量传递使配合物具有良好的绿色荧光发射性质,并且配合物具有较好的热稳定性。因此,Tb^{3+} 与芳香羧酸的配合物很有希望用于制备发绿光的 LB 膜[38,49]。然而,普通的稀土芳香羧酸配合物的溶解性比较差,并且不具有两亲性,这对于制备 LB 膜是相当不利的。通过将长碳链取代基引入芳香羧酸中,可以得到一系列两亲性芳香羧酸配体。稀土与这些两亲性芳香羧酸配体的配合物具有很好的成膜性能,并可以使制备的 LB 膜具有较好的片层结构以及发光性能[34-36]。

本节将介绍 Tb^{3+} 与对十六烷氧基苯甲酸(HXBA)、Tb^{3+} 与邻十七酰基苯甲酸(HPBA)以及 Tb^{3+} 与邻十八酰胺基苯甲酸(SAA)的配合物的 LB 膜(分别以

Tb-HXBA LB 膜、Tb-HPBA LB 膜、Tb-SAA LB 膜表示)的制备及性能。

11.2.1 铽苯甲酸衍生物配合物 LB 膜样品的制备

采用垂直挂膜法制备 Tb-HXBA LB 膜、Tb-HPBA LB 膜、Tb-SAA LB 膜。这三种 LB 膜的制备操作很类似,下面仅以 Tb-HXBA LB 膜的制备为例介绍具体操作过程。

准确移取 $100\,\mu\mathrm{L}$ 对十六烷氧基苯甲酸的氯仿溶液($1\,\mathrm{mg/mL}$),并缓慢滴于纯水或 $\mathrm{TbCl_3}$ 亚相上($10^{-5}\,\mathrm{mol/L}$,pH=6.0)。待溶剂挥发后,障板以 $10\,\mathrm{mm/min}$ 的速率进行压缩,同时记录在不同亚相上的表面压-面积(π-A)等温线。在表面压为 $30\,\mathrm{mN/m}$ 时进行 LB 膜的沉积,沉积速率为 $5\,\mathrm{mm/min}$,沉积方式为 Z 型。

11.2.2 铽苯甲酸衍生物配合物 LB 膜样品的表面压-面积等温线

作为代表,图 11-2 给出了 HXBA 在纯水相(a)和 $\mathrm{TbCl_3}$ 亚相(b)上的表面压-面积等温线。由图 11-2 可见,在纯水相上对十六烷氧基苯甲酸的 π-A 曲线显现明显较陡的固相段,将曲线外延至 $\pi=0$ 时可得单分子占有面积约为 $0.23\,\mathrm{nm^2}$,崩溃压约为 $20\,\mathrm{mN/m}$。然而,在 $\mathrm{TbCl_3}$ 亚相上,曲线向单分子占有面积更大的方向移动,单分子占有面积约为 $0.40\,\mathrm{nm^2}$,同时崩溃压变为 $45\,\mathrm{mN/m}$,这一值远大于在纯水相上的崩溃压。在纯水相上,对十六烷氧基苯甲酸单分子占有面积接近于硬脂酸的单分子占有面积,这表明在纯水相上对十六烷氧基苯甲酸中苯环是垂直于水面排列的。而在 $\mathrm{TbCl_3}$ 亚相上,对十六烷氧基苯甲酸分子中的苯环并不是垂直于

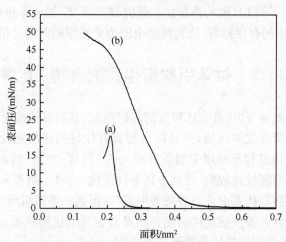

图 11-2　HXBA 在纯水相(a)和 $\mathrm{TbCl_3}$ 亚相(b)上的 π-A 等温线

(承惠允,引自[37(b)])

水面排列的,而是以一定的角度平躺在水面。由对十六烷氧基苯甲酸在不同亚相上的单分子占有面积和崩溃压的变化推断,亚相中的稀土离子与对十六烷氧基苯甲酸的羧酸基头发生了配位作用。

表 11-1 列出了 Tb^{3+} 苯甲酸衍生物配合物 LB 膜的性能参数。该表中的数据显示,Tb^{3+} 苯甲酸衍生物配合物 LB 膜具有良好的稳定性。Tb^{3+} 与配体苯甲酸衍生物(HXBA、HPBA、SAA)的羧基发生了配位作用,减小了羧基之间的相互排斥力,致使两亲性的配体苯甲酸衍生物呈现具有一定规则的排列而形成固态凝聚膜。

表 11-1　Tb^{3+} 苯甲酸衍生物配合物 LB 膜的性能参数

LB 膜	单分子面积/nm²	崩溃压/(mN/m)	稳定性
Tb-HXBA LB 膜	0.40	45	良好
Tb-HPBA LB 膜	0.36	50	良好
Tb-SAA LB 膜	0.85	45	良好

11.2.3　铽苯甲酸衍生物配合物 LB 膜样品的形貌与结构

在 Tb-HXBA LB 膜、Tb-HPBA LB 膜和 Tb-SAA LB 膜中,Tb^{3+} 通过与配体苯甲酸衍生物的羧基配位而形成配合物,因此在其红外光谱中展现出—COO^- 的反对称与对称伸缩振动谱带,而自由配体苯甲酸衍生物羧基的—$C=O$ 特征振动谱带和—OH 特征振动谱带均消失[6,45]。

Tb-HXBA LB 膜、Tb-HPBA LB 膜、Tb-SAA LB 膜具有一定的层状有序结构,这可以用其小角 X 射线衍射图加以证明。作为代表,图 11-3 给出了 15 层 Tb-

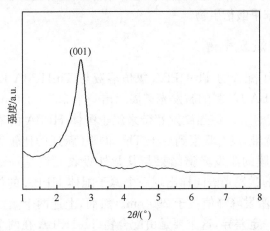

图 11-3　15 层 Tb-HPBA LB 膜的小角 X 射线衍射图

(承惠允,引自[37(c)])

HPBA LB 膜的小角 X 射线衍射图。由图可见,在 2.72°处有一较强的衍射峰,其为(001)晶面的衍射峰,该峰的出现表明 Tb-HPBA LB 膜具有一定的层状有序结构。由小角 X 射线衍射图计算出 Tb-HPBA LB 膜的结构周期为 3.2 nm。考虑到 Y 型 LB 膜的结构特点(一个结构周期由两个单层构成),可以得到 Tb-HPBA LB 膜单层膜厚为 1.6 nm。该值略小于分子模型计算值,这是由于 LB 膜中的长烷基链与基底有一定的倾斜角。Tb-HXBA LB 膜和 Tb-SAA LB 膜也具有类似的小角 X 射线衍射图,从而为其所具有的一定的层状有序结构提供了有力的实验根据。

制备的 Tb^{3+} 苯甲酸衍生物配合物 LB 膜具有良好的纵向均匀性。以不同层数的 LB 膜紫外光谱的吸光度与层数作图则得到一条直线,即 LB 膜的吸光度与层数之间具有良好的线性关系。

透射电镜的观察更清晰地显示出制备的 Tb^{3+} 苯甲酸衍生物配合物 LB 膜的分子排列得比较均匀且致密。

11.2.4 铽苯甲酸衍生物配合物 LB 膜样品的光谱

11.2.4.1 紫外吸收光谱

Tb-HXBA LB 膜、Tb-HPBA LB 膜、Tb-SAA LB 膜展示出比较相似的紫外吸收光谱。在 200~300 nm 的光谱区域出现了强吸收宽带,这是配体苯甲酸衍生物由其基态到激发态跃迁产生的吸收。除了配体的吸收外,源于 Tb^{3+} 的 f-f 跃迁的比较尖锐的吸收峰均未出现在 Tb-HXBA LB 膜、Tb-HPBA LB 膜、Tb-SAA LB 膜的吸收光谱中。由上述紫外吸收光谱特点可以认为,三种 LB 膜对紫外光的吸收皆依靠配体苯甲酸衍生物。

11.2.4.2 激发光谱

图 11-4 给出了配合物 Tb-HPBA 氯仿溶液与 Tb-HPBA LB 膜的激发光谱。由图可见,Tb-HPBA LB 膜的激发光谱展示出一个 225~350 nm 的强激发宽带,激发峰峰值位于 284 nm,该强激发宽带来源于配体 HPBA 由基态到激发态的跃迁。除了该激发宽带,没有观察到源于 Tb^{3+} 的 f-f 跃迁的比较尖锐的激发峰。上述 Tb-HPBA LB 膜的激发光谱结果与其紫外吸收光谱是一致的。配合物 Tb-HPBA 氯仿溶液的激发光谱同样出现一个源于配体 HPBA 的位于 250~330 nm 的强激发宽带,其激发峰峰值位于 290 nm。然而,上述两个激发光谱的激发峰位置和峰形却存在一定差异,这主要是由配合物 Tb-HPBA 在两个样品中所处的状态不同导致的。Tb-HXBA LB 膜和 Tb-SAA LB 膜的激发光谱与 Tb-HPBA LB 膜的比较相似。

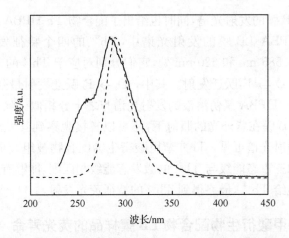

图 11-4 配合物 Tb-HPBA 氯仿溶液（虚线）与 Tb-HPBA LB 膜（实线）的激发光谱
（承惠允,引自[37(c)]）

综合考虑紫外吸收光谱和激发光谱的特点,可以认为 Tb-HXBA LB 膜、Tb-HPBA LB 膜、Tb-SAA LB 膜中配体苯甲酸衍生物对紫外光的吸收很强,同时能够有效地将其吸收的激发光能传递给 Tb^{3+},即这三种膜能够发射配体敏化的 Tb^{3+} 的特征荧光。

11.2.4.3 荧光光谱

以配体苯甲酸衍生物的最大吸收波长为激发波长得到了 Tb-HXBA LB 膜、Tb-HPBA LB 膜、Tb-SAA LB 膜的发射光谱。三种 LB 膜的发射光谱均为 Tb^{3+} 的特征荧光光谱,这是配体苯甲酸衍生物敏化的 Tb^{3+} 的特征发射。作为代表,图 11-5 给出

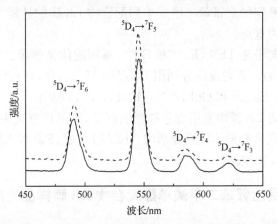

图 11-5 配合物 Tb-HPBA 氯仿溶液（虚线）与 Tb-HPBA LB 膜（实线）的发射光谱
（承惠允,引自[37(c)]）

了 Tb-HPBA LB 膜的发射光谱,同时也给出了配合物 Tb-HPBA 氯仿溶液的发射光谱。在 Tb-HPBA LB 膜的发射光谱中,Tb^{3+} 的四个特征发射峰分别位于 490 nm、545 nm、585 nm 和 620 nm 处,它们分别对应于 Tb^{3+} 的 $^5D_4 \rightarrow {}^7F_6$, $^5D_4 \rightarrow {}^7F_5$, $^5D_4 \rightarrow {}^7F_4$, $^5D_4 \rightarrow {}^7F_3$ 跃迁发射。其中,$^5D_4 \rightarrow {}^7F_5$ 跃迁发射最强,而 $^5D_4 \rightarrow {}^7F_6$ 跃迁发射次之。Tb-HPBA 氯仿溶液的发射光谱与之十分相似。除了考察发射光谱外,Tb-HPBA LB 膜在紫外光的照射下,还可以直接观察到其发射出明亮的绿色荧光。由上述发射光谱可见,Tb^{3+} 苯甲酸衍生物配合物被组装成 LB 膜后,配体苯甲酸衍生物的三重态能级与 Tb^{3+} 的激发态能级相匹配,能够有效地将其吸收的激发光能量传递给 Tb^{3+},最终得到 Tb^{3+} 的特征荧光发射。

11.2.5 铽苯甲酸衍生物配合物 LB 膜样品的荧光寿命

测定了 Tb-HXBA LB 膜、Tb-HPBA LB 膜、Tb-SAA LB 膜的荧光衰减曲线,并由此得到其荧光寿命,结果见表 11-2。

表 11-2 Tb^{3+} 苯甲酸衍生物配合物 LB 膜的荧光寿命

LB 膜	荧光寿命 τ_1/ms	荧光寿命 τ_2/ms	荧光衰减曲线特点
Tb-HXBA LB 膜	0.279	0.117	双指数衰减
Tb-HPBA LB 膜	0.211	1.124	双指数衰减
Tb-SAA LB 膜	0.58		单指数衰减

11.3 系列稀土邻苯二甲酸单酯配合物 LB 膜

本节将介绍系列稀土邻苯二甲酸单酯配合物 LB 膜的性能,并以总结 LB 膜的性能变化规律为重点。

选用的稀土离子是 Tb^{3+}、Eu^{3+} 和 Gd^{3+},系列配体是邻苯二甲酸正 N 醇单酯($N = 12, 14, 16, 18$)。系列配体分别用 LN($N = 12, 14, 16, 18$)表示;其形成的配合物分别用 $TbLN$、$EuLN$ 和 $GdLN$($N = 12, 14, 16, 18$)表示。

上述配合物的 LB 膜均采用垂直挂膜法制备,膜沉积方式为 Z 型。系列稀土邻苯二甲酸单酯配合物的 LB 膜分别用 $TbLN$ LB 膜、$EuLN$ LB 膜和 $GdLN$ LB 膜($N = 12, 14, 16, 18$)表示。

11.3.1 系列稀土邻苯二甲酸单酯配合物 LB 膜样品的成膜性能

表 11-3 列出了系列 Tb^{3+} 邻苯二甲酸单酯配合物 LB 膜的成膜和转移性能参数。对于该系列 LB 膜,随着配体烷基链长度的增加,崩溃压逐渐升高,表面压-面

积等温线中固相段的斜率逐渐增大。这意味着配体烷基链长度的增加导致配合物分子的排列趋于致密,配合物的成膜性能变得更好。上述结论与稀土 β-二酮配合物成膜性能的结论不同。这可能说明对于不同类型的稀土配合物,配体的烷基链长度对其成膜性能的影响是比较复杂的。为了得到良好的单分子膜,对分子的基本要求是应具有两亲性,即分子一方面应具有疏水的长脂肪链,使分子能在水面上铺展而不溶解,另一方面分子还应同时具有亲水基团。此外,分子的疏水基团与亲水基团还应保持适当的比例[50]。系列 Tb^{3+} 邻苯二甲酸单酯配合物含有酯基、羧基以及 Tb^{3+} 三种亲水基团,具有强亲水性,因此其疏水基团疏水性的增强有利于成膜性能的提高。配合物 TbL18 的疏水基团与亲水基团的比例比较适当,因此表现出比较突出的成膜性能。

表 11-3　系列 Tb^{3+} 邻苯二甲酸单酯配合物的成膜及其 LB 膜转移性能参数

配合物	崩溃压 /(mN/m)	固相段斜率 /(mN/mÅ²)	单分子面积 /Å²	沉积压力 /(mN/m)	转移比
TbL12	30.32	0.4492	133.9	20	1.28~0.53
TbL14	36.65	0.5846	146.1	25	1.45~0.62
TbL16	49.55	0.7019	141.4	25	1.13~0.96
TbL18	62.26	3.3830	57.96	25	1.08~0.97

随着配体烷基链长度的增加,Tb^{3+} 邻苯二甲酸单酯配合物 LB 膜的转移性能也同样得以提高(表 11-3)。对于配合物 TbL10,当达到恒定压力 20 mN/m 后,保持弛豫状态,则表面压迅速衰减而不能进行膜的转移。配合物 TbL12 和 TbL14 等的转移比也明显偏离理想值。然而,随着配体烷基链长度的增加,转移比随之下降,并逐渐趋近于理想值 1。

Tb^{3+} 邻苯二甲酸单酯配合物 LB 膜的稳定性也与配体烷基链的长度密切相关。配体的烷基链较短时,相应 LB 膜的稳定性比较差;而配体的烷基链变长时,相应 LB 膜的稳定性明显得以改善。TbL18 LB 膜已经具有相当好的稳定性,恒定相应的表面压,弛豫 10 min 后可以发现障板的移动很小,即膜的稳定性很好。

与配体烷基链长度的作用相比,稀土离子对相应配合物成膜性能的影响则基本可以忽略。配合物 EuL18、GdL18 和 TbL18 显示出相近的表面压-面积等温线。配合物 TbL18 的崩溃压、固相段斜率、单分子面积分别为 62.26 mN/m、3.3830 mN/mÅ²、57.96 Å²,而配合物 EuL18、GdL18 具有相近值。因此,可以认为稀土离子对其配合物成膜特性的影响基本可以忽略。

11.3.2　系列稀土邻苯二甲酸单酯配合物 LB 膜样品的结构

系列稀土邻苯二甲酸单酯配合物 LB 膜的结构以及一些结构参数列于表

11-4。正如小角 X 射线衍射图所显示的那样,稀土与邻苯二甲酸单酯配合物 LB 膜具有一定的层状有序结构。配体含有的烷基链较短时,其小角 X 射线衍射峰比较宽,而当烷基链增长时,其峰形变得越发尖锐。上述变化反映了其 LB 膜的层状结构越来越好,而缺陷越来越少。

依据小角 X 射线衍射数据,利用布拉格方程求得了系列稀土邻苯二甲酸单酯配合物 LB 膜的层间距(表 11-4)。该系列配合物 LB 膜的层间距随着配体烷基链长度的增加而增大。尤其是 TbL18 LB 膜的层间距增加的幅度最大,远超过烷基链本身增加的幅度(每两个—CH_2—的长度约为 2.525Å)。TbL18 LB 膜的层间距明显增大可能与配合物 TbL18 的优良成膜性能有关系。EuL18 LB 膜的层间距也很大,且与 TbL18 LB 膜接近,这也反映了该系列 LB 膜的层间距主要取决于配合物中配体的烷基链长度。

表 11-4　系列稀土邻苯二甲酸单酯配合物 LB 膜的结构及结构参数

项目	TbL12 LB 膜	TbL14 LB 膜	TbL16 LB 膜	TbL18 LB 膜	EuL18 LB 膜
结构	一定的层状有序结构	一定的层状有序结构	一定的层状有序结构	一定的层状有序结构	一定的层状有序结构
取向角/(°)	41	37	35	30	32
层间距/Å	32.39	35.88	36.86	44.58	45.63

LB 膜中配体烷基链的取向角为烷基链与 LB 膜的法线方向的夹角。采用衰减全反射法测定 LB 膜的红外光谱,并由此得到取向角[51]。随着配体烷基链长度的增加,该值依次减小(表 11-4),在几个 Tb^{3+} 配合物中,TbL18 的最小,即它的成膜性能最好。配合物 EuL18 的取向角略高于 TbL18 的,可见配合物 EuL18 也具有很好的成膜性能。由 EuL18 的取向角接近 TbL18 的事实也可以进一步说明取向角与配体烷基链的长度有比较密切的关系。

11.3.3　系列稀土邻苯二甲酸单酯配合物 LB 膜样品的红外光谱及紫外吸收光谱

表 11-5 列出了系列稀土邻苯二甲酸单酯配合物 LB 膜的红外光谱和紫外吸收光谱数据,作为参照,也列出了系列稀土邻苯二甲酸单酯配合物的相应光谱数据。稀土通过与系列邻苯二甲酸单酯配体的羧基配位而形成配合物,并被组装成 LB 膜。稀土与邻苯二甲酸单酯配合物 LB 膜的红外光谱最显著的特点就是源于自由配体羧基的—C=O 和—OH 基团的特征红外振动谱带消失,同时出现了新的红外振动谱带,即—COO^- 反对称伸缩振动谱带(ν^{as}—COO^-)和—COO^- 对称伸缩振动谱带(ν^s—COO^-)[52]。TbL12 LB 膜、TbL14 LB 膜和 TbL16 LB 膜的 ν^{as}—

COO⁻ 和 ν^s—COO⁻ 的位置比较接近,但是 TbL18 LB 膜的 ν^{as}—COO⁻ 和 ν^s—COO⁻ 的位置则位于相当高的波数区。EuL16 LB 膜和 EuL18 LB 膜的 ν^{as}—COO⁻ 和 ν^s—COO⁻ 的位置变化也有类似的倾向,并且 EuL18 LB 膜的 ν^{as}—COO⁻ 和 ν^s—COO⁻ 的位置几乎与 TbL18 LB 膜相同。TbL18 LB 膜和 EuL18 LB 膜的红外特征振动谱带明显向高波数位移的现象可能与配体 L18 烷基链的链长与结构有关。稀土与邻苯二甲酸单酯配合物的红外特征振动谱带位置变化情况与相应的 LB 膜相似。然而,与配合物相比,LB 膜的各特征红外振动谱带展示出不同程度的位移,这可能是由 LB 膜中稀土配合物处于一定的有序状态导致的。

表 11-5　红外光谱(cm⁻¹)和紫外吸收光谱数据* 　　　　　　(单位:nm)

配合物	红外光谱(LB 膜)		红外光谱(配合物)		紫外吸收光谱	
	ν^{as}—COO⁻	ν^s—COO⁻	ν^{as}—COO⁻	ν^s—COO⁻	LB 膜	配合物甲醇溶液
TbL12	1568.3	1413.6	1560.7	1413.9	200	214
TbL14	1557.9	1422.5	1548.4	1411.4	200	214
TbL16	1571.0	1422.1	1567.2	1417.7	200	214
TbL18	1617.6	1567.8	1609.0	1570.5	200	214
EuL16	1564.7	1418.4	1560.3	1410.5		
EuL18	1619.4	1568.1	1608.5	1570.3		

* ν^{as}—COO⁻ 代表羧基(—COO⁻)的反对称伸缩振动谱带,ν^s—COO⁻ 代表羧基(—COO⁻)的对称伸缩振动谱带。

Tb³⁺ 邻苯二甲酸单酯配合物 LB 膜展示出相似的紫外吸收光谱。它们紫外吸收光谱中出现了强吸收宽带,吸收带峰值位于 200 nm(表 11-5),这来源于配体邻苯二甲酸单酯由基态到激发态的跃迁。尽管配体含有的烷基链长度不同,但是并未影响其紫外吸收宽带的位置。除了配体的吸收外,源于 Tb³⁺ 的 f-f 跃迁的比较尖锐的吸收峰均未出现在该紫外吸收光谱中。上述紫外吸收光谱特点反映出 Tb³⁺ 与邻苯二甲酸单酯配合物 LB 膜对紫外光的吸收皆是依靠配体邻苯二甲酸单酯进行的。Tb³⁺ 邻苯二甲酸单酯配合物的紫外吸收光谱彼此也很相似,其吸收宽带的峰值位于 214 nm,这就是说配体含有的烷基链长度的不同也没有引起其吸收宽带的位移。与 Tb³⁺ 邻苯二甲酸单酯配合物相比,Tb³⁺ 邻苯二甲酸单酯配合物 LB 膜的紫外吸收宽带出现了蓝移。制成 LB 膜以后,稀土配合物分子在其中所处的状态发生了一定的改变,从而导致 Tb³⁺ 邻苯二甲酸单酯配合物 LB 膜的紫外吸收宽带出现了一定蓝移[53,54]。

11.3.4　系列稀土邻苯二甲酸单酯配合物 LB 膜样品的发光

11.3.4.1　激发光谱

系列稀土邻苯二甲酸单酯配合物 LB 膜的激发光谱展示出一个强激发宽带,

其激发带范围以及激发带峰值位置列于表 11-6。该强激发宽带来源于配体邻苯二甲酸单酯由基态到激发态的跃迁。除了该激发宽带外,源于 Tb^{3+} 和 Eu^{3+} 的 f-f 跃迁的比较尖锐的激发峰均未出现。综合考虑紫外吸收光谱和激发光谱的特点,可以认为稀土邻苯二甲酸单酯配合物 LB 膜中配体邻苯二甲酸单酯对紫外光的吸收很强,同时能够将其吸收的激发光能传递给 Tb^{3+} 和 Eu^{3+},即稀土邻苯二甲酸单酯配合物 LB 膜能够发射配体敏化的稀土离子特征荧光。

表 11-6　激发光谱数据 （单位:nm）

配合物	LB 膜		粉末		溶液	
	激发带范围	峰位	激发带范围	峰位	激发带范围	峰位
TbL12	217～322	283	242～332	301	245～315	284
TbL14	216～322	284	242～332	317	248～318	284
TbL16	217～322	281	242～332	308	248～318	284
TbL18	217～322	282	242～332	302	242～322	284
EuL18	217～322	282	242～332	302	242～322	292

系列 Tb^{3+} 邻苯二甲酸单酯配合物 LB 膜的激发光谱彼此比较相似,其激发宽带范围以及峰位基本保持不变。换言之,配体邻苯二甲酸单酯含有的烷基链的不同对 Tb^{3+} 邻苯二甲酸单酯配合物 LB 膜的激发光谱基本没有影响。此外,EuL18 LB 膜的激发光谱也与 TbL18 LB 膜相似。

系列稀土邻苯二甲酸单酯配合物粉末的激发光谱彼此也比较相似,其激发宽带范围相同,除个别的峰位变化较大外,其余的变化不大。系列稀土邻苯二甲酸单酯配合物溶液的激发光谱彼此之间差异也不大。

虽然系列稀土邻苯二甲酸单酯配合物的 LB 膜、粉末和溶液三类样品的激发光谱均展现出源于配体邻苯二甲酸单酯的激发宽带,但是三类样品激发宽带的光谱范围以及峰位却是不同的。这可能主要是由稀土邻苯二甲酸单酯配合物在 LB 膜、粉末和溶液中所处的状态不同导致的[55]。

11.3.4.2　发射光谱

通过激发配体邻苯二甲酸单酯最大吸收波长得到了系列 Tb^{3+} 邻苯二甲酸单酯配合物 LB 膜的发射光谱。TbL12 LB 膜、TbL14 LB 膜、TbL16 LB 膜和 TbL18 LB 膜的发射光谱均为 Tb^{3+} 的特征荧光光谱,这是配体邻苯二甲酸单酯敏化的 Tb^{3+} 的特征发射。其发射光谱皆呈现出 Tb^{3+} 的四个特征荧光发射峰,这些荧光峰可以归属于 Tb^{3+} 的 ${}^5D_4 \rightarrow {}^7F_6$,${}^5D_4 \rightarrow {}^7F_5$,${}^5D_4 \rightarrow {}^7F_4$,${}^5D_4 \rightarrow {}^7F_3$ 跃迁发射。由上述发射光谱可见，Tb^{3+} 邻苯二甲酸单酯配合物被组装成 LB 膜后，配体邻苯二甲酸单酯仍能够有效地将其吸收的激发光能量传递给 Tb^{3+}，最终得到配体邻苯二甲酸单酯敏化的 Tb^{3+} 的特征荧光（Tb^{3+} 邻苯二甲酸单酯配合物粉末和溶液同样也能够发射配体邻苯二甲酸单酯敏化的 Tb^{3+} 的特征荧光）。

配体与 Gd^{3+} 的配合物通常被用于配体三重态能级的测定。通过测定系列 Gd^{3+} 邻苯二甲酸单酯配合物的磷光光谱得到了系列邻苯二甲酸单酯配体的三重态能级。表 11-7 给出了系列 Tb^{3+} 邻苯二甲酸单酯配合物的配体邻苯二甲酸单酯三重态能级及其与 Tb^{3+} 激发态能级 $^5D_4$ 的能量（$20\ 500cm^{-1}$，本书前文已进行介绍）差。由于系列配体邻苯二甲酸单酯的三重态能级位置彼此间比较相近，因此 Tb^{3+} 邻苯二甲酸单酯配合物的 ΔE 值也比较相近，同时 ΔE 值也处于比较理想的范围。由此可见，系列 Tb^{3+} 邻苯二甲酸单酯配合物的 LB 膜、粉末以及溶液应该发射配体邻苯二甲酸单酯敏化的 Tb^{3+} 的特征荧光。

表 11-7　Tb^{3+} 配合物的配体三重态能级、能级差（ΔE）* 及荧光寿命

配合物	三重态能级 /cm^{-1}	ΔE /cm^{-1}	荧光寿命/ms	
			LB 膜	配合物氯仿溶液
TbL12	23 031	2531	0.75	1.76
TbL14	22 872	2372	0.53	2.13
TbL16	22 952	2452	0.93	1.94
TbL18	22 831	2331	0.66	1.95

* 配体三重态能级与 Tb^{3+} 激发态能级（$^5D_4$）能量之差。

Eu^{3+} 邻苯二甲酸单酯配合物被组装成 LB 膜后，也能够发射配体邻苯二甲酸单酯敏化的 Eu^{3+} 的特征荧光。发射光谱中的荧光峰可归属于 Eu^{3+} 的 $^5D_0 \rightarrow {}^7F_J$（$J=0,1,2,3,4$）跃迁。然而，由于 Eu^{3+} 的激发态能级低于 Tb^{3+} 的（本书前文已进行介绍），因此配体邻苯二甲酸单酯的三重态能级与 Eu^{3+} 的激发态能级之间能量差变得较大，二者之间的能量传递效率随之变差。因此，尽管配体邻苯二甲酸单酯能够敏化 Eu^{3+} 的荧光发射，但 Eu^{3+} 的荧光发射强度还不够理想。

11.3.5　Tb^{3+} 邻苯二甲酸单酯配合物 LB 膜样品的荧光寿命

表 11-7 列出了系列 Tb^{3+} 邻苯二甲酸单酯配合物 LB 膜的荧光寿命，作为比较，也给出了相应 Tb^{3+} 邻苯二甲酸单酯配合物氯仿溶液的荧光寿命。Tb^{3+} 邻苯二甲酸单酯配合物 LB 膜的荧光寿命均不超过 1ms。与配合物氯仿溶液相比，Tb^{3+} 邻苯二甲酸单酯配合物 LB 膜的荧光寿命皆变短。稀土邻苯二甲酸单酯配合

物在 LB 膜中处于不同于氯仿溶液中的状态,这可能使 LB 膜中的非辐射跃迁过程加强,从而导致 LB 膜的荧光寿命变短。

11.3.6　组合 LB 膜的发光

LB 膜可以在分子水平上任意组装,同时稀土配合物 LB 膜的纵向均匀性好,随着 LB 膜层数的增加,LB 膜的发射强度线性增加,因此将具有不同发光颜色的 LB 膜合理组装起来就可以得到理想发光颜色的组合 LB 膜。

采用交替成膜的方法,以配合物 EuL18 构筑组合 LB 膜的奇数层,以配合物 TbL18 构筑组合 LB 膜的偶数层可以得到质地良好的组合 LB 膜。用配体 L18 的最大吸收波长为激发波长,则可以同时得到配体 L18 敏化的 Eu^{3+} 和 Tb^{3+} 的红色和绿色荧光发射,而该组合 LB 膜发射出橙黄色的荧光。

白光发光材料在许多领域具有重要的应用价值,长期以来一直备受研究人员的青睐。目前已经提出了多种方法以制备发射白光的发光材料,然而这些方法各有其局限性。红色、绿色和蓝色为三基色,其他颜色的光可以由这三种颜色组合而成[56,57]。LB 膜具有一系列特点,通过发射红色、绿色和蓝色 LB 膜的合理组合应能得到白光发射的组合 LB 膜。因此,LB 膜是研究和发展白光发光材料的一条重要途径。

发射蓝光的稀土配合物的成膜性能和稳定性均比较差,因此选用发射蓝光的有机染料 LB 膜制备组合 LB 膜,而发射红光和绿光的 LB 膜选用 Eu^{3+} 和 Tb^{3+} 配合物的 LB 膜。经合理的设计和组装得到了形貌和结构良好的组合 LB 膜,并且可以发射白光。

11.4　系列稀土杂多化合物杂化 LB 膜

具有特殊 4f 电子结构的稀土离子在光、电、磁以及催化等方面表现出许多独特的性质,并且稀土离子具有比较大的离子半径,它们能够参与形成多种结构的稀土杂多化合物[58,59]。这些稀土杂多化合物具有优异的光学活性、催化活性以及抗病毒活性等[60-62]。聚喹啉是一类具有共轭 π 电子结构的 n 型半导体聚合物。如果将稀土杂多化合物掺杂到聚喹啉中,则可以得到新型的杂化功能材料,尤其是该类杂化材料具有良好的导电性[63-65]。

LB 膜技术是一种可以在分子尺度进行设计、控制的成膜技术。由于稀土杂多化合物能被漂浮在气-液界面的两亲性分子吸附而有序排列,因此可以采用 LB 膜技术在两亲性辅助成膜剂的参与下将稀土杂多化合物与聚喹啉组装成杂化 LB 膜。

本节介绍七种 1：11 型的稀土杂多化合物 $K_{11}Ln(PM_{11}O_{39})_2 \cdot nH_2O$（Ln = Ce、Sm、Eu、Gd；M = W、Mo）在辅助成膜剂十八胺（ODA）参与下与聚喹啉（PQ）组装的杂化 LB 膜的制备、结构以及性能，这些性能包括 LB 膜的成膜性能及电学性能[66,67]。

11.4.1　稀土杂多化合物杂化 LB 膜样品的制备

稀土杂多磷钨酸钾盐 $K_{11}Ce(PW_{11}O_{39})_2 \cdot 22H_2O(CePW_{11})$、$K_{11}Eu(PW_{11}O_{39})_2 \cdot 25H_2O(EuPW_{11})$、$K_{11}Gd(PW_{11}O_{39})_2 \cdot 24H_2O(GdPW_{11})$，以及稀土杂多磷钼酸钾盐 $K_{11}Ce(PMo_{11}O_{39})_2 \cdot 23H_2O(CePMo_{11})$、$K_{11}Sm(PMo_{11}O_{39})_2 \cdot 19H_2O(SmPMo_{11})$、$K_{11}Eu(PMo_{11}O_{39})_2 \cdot 22H_2O(EuPMo_{11})$、$K_{11}Gd(PMo_{11}O_{39})_2 \cdot 20H_2O(GdPMo_{11})$采用常用方法合成。

以十八胺与聚喹啉（其聚合度为 6～8）的氯仿溶液为混合铺展液，采用通常的方法制备稀土杂多化合物杂化 LB 膜。设定膜压 35 mN/m，待混合铺展液的溶剂氯仿挥发后，使障板以 10 cm/min 的速率推进。当达到设定的膜压值后，分别采用水平挂膜法以及垂直挂膜法在适宜的基片上沉积稀土杂多化合物杂化 LB 膜。水平挂膜法沉积速率控制在 2 mm/min，垂直挂膜法的沉积速率控制在 4 mm/min，制膜温度控制在（18±1）℃。

在辅助成膜剂十八胺的存在下，制得的 7 种稀土杂多化合物的聚喹啉杂化 LB 膜分别用 $CePW_{11}$/ODA/PQ LB 膜、$EuPW_{11}$/ODA/PQ LB 膜、$GdPW_{11}$/ODA/PQ LB 膜、$CePMo_{11}$/ODA/PQ LB 膜、$SmPMo_{11}$/ODA/PQ LB 膜、$EuPMo_{11}$/ODA/PQ LB 膜以及 $GdPMo_{11}$/ODA/PQ LB 膜表示。而聚喹啉 LB 膜和十八胺/聚喹啉 LB 膜分别用 PQ LB 膜和 ODA/PQ LB 膜表示。

11.4.2　稀土杂多化合物杂化 LB 膜样品的形貌

利用原子力显微镜观察到了稀土杂多化合物杂化 LB 膜的形貌结构。图 11-6 和图 11-7 分别给出了聚喹啉单层 LB 膜和十八胺/聚喹啉单层 LB 膜的原子力显微镜图像。纯聚喹啉单分子 LB 膜的表面比较粗糙，起伏比较大，能够观察到存在着比较清晰的孔洞缺陷（图 11-6）。而加入辅助成膜剂十八胺后，十八胺/聚喹啉单层 LB 膜则变成均匀、致密的单分子膜（图 11-7）。图 11-8 给出了 $EuPMo_{11}$/ODA/PQ 单层 LB 膜的原子力显微镜图像。表 11-8 列出了稀土杂多化合物杂化单层 LB 膜的形貌参数。与图 11-7 给出的十八胺/聚喹啉单层 LB 膜的形貌明显不同，在 $EuPMo_{11}$/ODA/PQ 单层 LB 膜的表面可观察到分布均匀的 $EuPMo_{11}$ 颗粒。得到的 $EuPMo_{11}$/ODA/PQ 单层 LB 膜的平均粗糙度约为 1 nm，最大粗糙度为 7 nm，EuPMo$_{11}$颗粒大小约为 56 nm(表 11-8)。其他稀土杂多化合物杂化单层 LB 膜也具有与 EuPMo$_{11}$/ODA/ PQ 单层 LB 膜类似的形貌，即在 LB 膜的表面上均匀地分布着相应的稀土杂多化合物颗粒。其中 GdPW$_{11}$/ODA/PQ 单层 LB 膜的平均粗糙度(2 nm)、最大粗糙度(16 nm)和粒径(80 nm)的数值比较大，而其余稀土杂多化合物杂化单层 LB 膜的相应数值则比较接近(其形貌参数见表 11-8)。

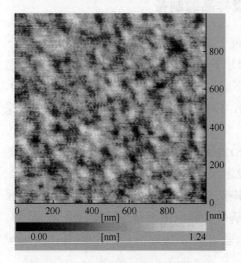

图 11-6　PQ 单层 LB 膜的原子力
显微镜图像
(承惠允，引自[66])

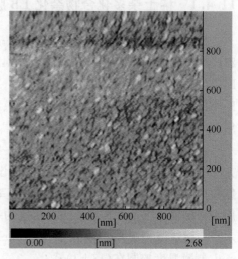

图 11-7　ODA/PQ 单层 LB 膜的原子力
显微镜图像
(承惠允，引自[66])

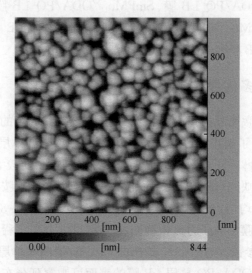

图 11-8　EuPMo$_{11}$/ODA/PQ 单层 LB 膜的原子力显微镜图像
(承惠允，引自[66])

表 11-8　稀土杂多化合物杂化单层 LB 膜的形貌参数 （单位：nm）

项目	$CePW_{11}$	$EuPW_{11}$	$GdPW_{11}$	$CePMo_{11}$	$EuPMo_{11}$	$GdPMo_{11}$
平均粗糙度	0.5	0.6	2	0.2	1	0.1
最大粗糙度	5	4	16	3	7	2
粒径	57	35～50	80	50	56	30

11.4.3　稀土杂多化合物杂化 LB 膜样品的特性

11.4.3.1　表面压-面积等温线

表 11-9 列出了稀土杂多化合物-十八胺-聚喹啉体系的成膜参数。聚喹啉在气-液界面可形成稳定的单分子膜，该单分子膜在纯水亚相和稀土杂多阴离子亚相上具有十分相似的压缩行为。以 $GdPW_{11}$ 为例，聚喹啉在纯水亚相上的崩溃压为 45 mN/m，单分子面积为 0.12 nm^2；而在 $GdPW_{11}$ 亚相上的崩溃压为 46 mN/m，单分子面积为 0.11 nm^2（表 11-9）。在稀土杂多阴离子亚相上，杂多阴离子的负电荷能够抵消聚喹啉分子阳离子基头很少部分的正电荷，使基头之间的相互排斥力略有减小，从而导致聚喹啉分子排列略微紧密而形成单分子膜。然而，聚喹啉分子与稀土杂多阴离子之间的相互作用十分微弱，因此聚喹啉成膜参数与其在纯水亚相上十分接近。

表 11-9　稀土杂多化合物-十八胺-聚喹啉体系的成膜参数

亚相	铺展液	崩溃压/(mN/m)	单分子面积/nm^2
H_2O	PQ	45	0.12
H_2O	ODA	＞70	0.19
H_2O	PQ-ODA	61	0.12
$GdPW_{11}$	PQ	46	0.11
$GdPW_{11}$	PQ-ODA	45	0.19
$EuPW_{11}$	PQ-ODA	49	0.21
$CePW_{11}$	PQ-ODA	46	0.18
$SmPMo_{11}$	PQ-ODA	43	0.20
$EuPMo_{11}$	PQ-ODA	40	0.22
$CePMo_{11}$	PQ-ODA	44	0.19

由于聚喹啉分子与稀土杂多阴离子之间的相互作用十分微弱，因此当聚喹啉在稀土杂多阴离子亚相上的单分子膜在向基片上转移的时候，这种微弱的相互作用不足以保证稀土杂多阴离子同时在基片上沉积。因此，为了使稀土杂多化合物

能有效地掺杂到聚喹啉中,需要采用添加辅助成膜剂十八胺的办法解决上述问题。

十八胺分子是由直链烷基($—C_{18}H_{37}$)和氨基($—NH_2$)组成的典型两亲性分子。其亲水基团是氨基,在适宜的条件下氨基能部分质子化($—NH_3^+$),从而使十八胺分子的亲水基头带正电荷。十八胺分子的亲水基头带正电荷就可以有效地吸附亚相中的稀土杂多阴离子,从而使稀土杂多阴离子受到的沿气-液界面的吸附作用增强。因此,在聚喹啉和十八胺的单分子膜向基片上转移的过程中,稀土杂多阴离子也同时转移到基片上,从而完成稀土杂多化合物在聚喹啉中的掺杂。

将十八胺与聚喹啉按 1 : 10 的物质的量比混合均匀,分别铺展在纯水亚相和稀土杂多阴离子亚相上,得到了稀土杂多化合物-十八胺-聚喹啉体系的表面压-面积等温线。作为代表,图 11-9 给出了聚喹啉在纯水相,十八胺/聚喹啉在纯水相以及十八胺/聚喹啉在 $EuPMo_{11}$ 溶液相上的表面压-面积等温线。聚喹啉和十八胺/聚喹啉在气-液界面皆能形成稳定的单分子膜。加入辅助成膜剂十八胺可以使聚喹啉单分子膜的稳定性进一步增强。正如表 11-9 所示,虽然聚喹啉单分子膜和十八胺/聚喹啉混合单分子膜在纯水亚相的单分子面积相同(均为 $0.12~nm^2$),但是十八胺/聚喹啉混合单分子膜在纯水亚相的崩溃压(61 mN/m)却比聚喹啉单分子膜在纯水亚相的崩溃压(45 mN/m)大得多。如前所述,由于十八胺分子带正电荷的亲水基头能够有效地吸附亚相中的稀土杂多阴离子,因此与十八胺/聚喹啉在纯水相上的单分子面积相比,十八胺/聚喹啉在 $EuPMo_{11}$ 溶液相上的单分子面积明显增加,达 $0.22~nm^2$,而崩溃压为 40 mN/m。

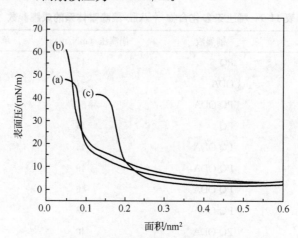

图 11-9　PQ 在纯水相(a)、ODA/PQ 在纯水相(b)、ODA/PQ 在 $EuPMo_{11}$

溶液相(c)上的 π-A 等温线

(承惠允,引自[66])

其他稀土杂多化合物-十八胺-聚喹啉体系也具有与 $EuPMo_{11}$-十八胺-聚喹啉

体系类似的表面压-面积等温线,相关的成膜参数列于表 11-9。它们的单分子表面积在 0.18~0.22 nm² 之间,而崩溃压在 40~49 mN/m 的范围。这些参数比较接近,这说明性质相似的稀土离子对稀土杂多化合物-十八胺-聚喹啉体系的成膜参数无明显的影响。

11.4.3.2　紫外-可见吸收光谱

图 11-10 给出了 ODA/PQ LB 膜、EuPMo₁₁ 水溶液以及 EuPMo₁₁/ODA/ PQ LB 膜的紫外-可见吸收光谱。借助辅助成膜剂十八胺的参与,成功地将 EuPMo₁₁ 组装进聚喹啉而得到了良好的 EuPMo₁₁/ODA/PQ LB 膜,因此 EuPMo₁₁/ODA/ PQ LB 膜的紫外-可见吸收光谱也应该是 EuPMo₁₁ 的紫外-可见吸收光谱与 ODA/ PQ LB 膜的紫外-可见吸收光谱的叠加。EuPMo₁₁ 在 200 nm 和 248 nm 处展现的吸收峰(在可见区无吸收峰出现)为稀土杂多化合物的特征吸收峰,它们可分别归属于杂多阴离子的 $O_d{\rightarrow}Mo$ 和 $O_{b,c}{\rightarrow}Mo$ 的电荷转移跃迁。聚喹啉的特征吸收峰出现在 210 nm 和 236 nm 处(可见区无吸收峰),它们源于聚喹啉分子的 $\pi{\rightarrow}\pi^*$ 跃迁。EuPMo₁₁/ODA/ PQ LB 膜的紫外-可见吸收光谱则在 200 nm 和 243 nm 处呈现出强度明显增强的两个吸收峰,这正是 EuPMo₁₁ 的两个特征吸收峰和聚喹啉的两个特征吸收峰相互叠加的结果。其他稀土杂多化合物杂化 LB 膜的紫外-可见吸收光谱中同样在紫外区出现了两个比较强的吸收峰,它们也是分别由稀土杂多阴离子的两个特征吸收峰和聚喹啉的两个特征吸收峰叠加得到的。

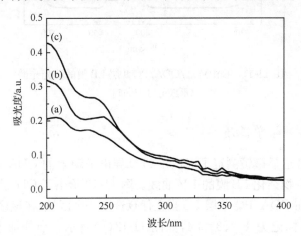

图 11-10　ODA/PQ LB 膜(a)、EuPMo₁₁ 水溶液(b)、EuPMo₁₁/ODA/PQ LB 膜(c)的
紫外吸收光谱
(承惠允,引自[66])

稀土杂多化合物杂化 LB 膜具有良好的纵向均匀性,表现在紫外-可见吸收光

谱上就是其吸收峰的强度(吸光度)随 LB 膜层数的增加而线性增强。

11.4.3.3　荧光光谱

采用波长为 270 nm 的激发光源,得到了稀土杂多化合物杂化 LB 膜和 ODA/PQ LB 膜的荧光光谱。作为代表,图 11-11 给出了 EuPMo$_{11}$/ODA/PQ 9 层 LB 膜的荧光光谱。由图 11-11 可见,EuPMo$_{11}$/ODA/PQ LB 膜在 412 nm 处出现一个发射峰。而 ODA/PQ LB 膜的荧光光谱中在 404 nm 处也展现出荧光发射峰,该发射峰源于聚喹啉的 $\pi^* \to \pi$ 跃迁发射。参照 ODA/PQ LB 膜的荧光光谱,可以认为 EuPMo$_{11}$/ODA/PQ LB 膜在 412 nm 处出现的发射峰也归属于膜中聚喹啉分子的 $\pi^* \to \pi$ 跃迁。其他稀土杂多化合物杂化 LB 膜的荧光光谱中,同样均在 410 nm 附近观察到强弱不等的荧光发射峰(皆来源于聚喹啉分子的 $\pi^* \to \pi$ 跃迁)。

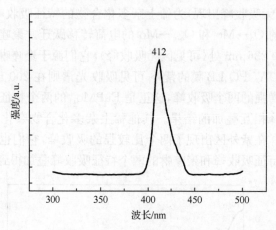

图 11-11　EuPMo$_{11}$/ODA/PQ 9 层 LB 膜的荧光光谱

(承惠允,引自[66])

11.4.3.4　电学性质

利用扫描隧道显微镜测定了沉积在 ITO 导电玻璃上的 ODA/PQ 单层 LB 膜和稀土杂多化合物杂化 LB 膜的 I-V 曲线。图 11-12 给出了 ODA/PQ 单层 LB 膜的 I-V 曲线。在 ODA/PQ 单层 LB 膜上任意选取一个区域,在该区域中再任意选取四个测试点,标记为 1、2、3 和 4,如图 11-12(a)所示。当外加电压在 $-2.0 \sim +2.0$ V 范围内变化时,对应的 ODA/PQ 单层 LB 膜的 I-V 曲线如图 11-12(b)所示[(b)图曲线的左面由下向上分别对应于(a)图的 1、2、3 和 4 测试点]。由图可直观地看出,ODA/PQ 单层 LB 膜在外加电压达到 ± 1.0 V 时,电流响应值仅为 ± 7 nA,可见 ODA/PQ 单层 LB 膜处于高阻态。

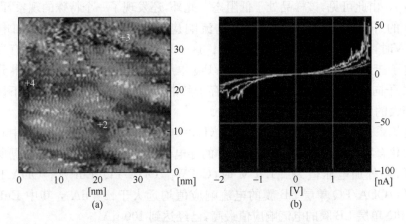

图 11-12　ODA/PQ 单层 LB 膜的 *I-V* 曲线图

（承惠允,引自[66]）

作为代表,图 11-13 给出了 CePW$_{11}$/ODA/PQ 单层 LB 膜的 *I-V* 曲线。共轭聚合物聚喹啉被稀土杂多化合物掺杂后,稀土杂多化合物将电子从聚喹啉的最高价带移走,使聚喹啉被氧化,所产生的空穴不完全离域,并有相应的极化子产生,从而载流子在膜中迁移而导电。因此,将稀土杂多化合物 CePW$_{11}$ 掺杂到聚喹啉中可使聚喹啉的导电性明显增强。在 CePW$_{11}$/ODA/PQ 单层 LB 膜的表面同样选取一个区域,并确定三个测试点,分别用 1、2 和 3 进行标记,如图 11-13(a)所示。当外加电压值为 1.0 V 时,测试点 1 和 2 的电流响应值约为 17 nA,而测试点 3 的电流响应值为 50 nA[(b)图中右上角的曲线由右至左分别对应于(a)图的 1、2 和 3

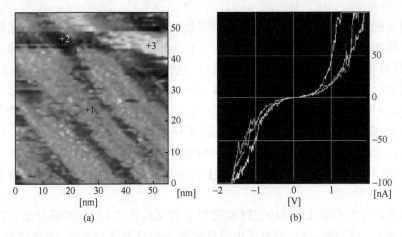

图 11-13　CePW$_{11}$/ODA/PQ 单层 LB 膜的 *I-V* 曲线图

（承惠允,引自[67]）

测试点]。由此可见,该样品处于低阻态。此外,还发现了一个特殊的现象,即当测试点 3 的外加电压为 -1.2 V 时,电流响应值仅有 60 nA,而当外加电压为 $+1.2$ V时,电流响应值却达到 100 nA。这一现象与稀土杂多化合物具有良好的储存电子能力有关。在 $CePW_{11}/ODA/PQ$ 单层 LB 膜中电子通过聚喹啉分子中的 N 原子向稀土杂多化合物传递并储存于其中,因而在适当的外加电压下该膜出现相当大的电流响应值。

将钨系列稀土杂多化合物 $LnPW_{11}$($Ln=$ Ce、Eu、Gd)掺杂到聚喹啉中制成稀土杂多化合物杂化 LB 膜均可使聚喹啉的导电性明显增强。正如 *I-V* 数据所表明的那样,当外加电压值为 ±1.0 V 时,$CePW_{11}/ODA/PQ$、$EuPW_{11}/ODA/PQ$ 和 $GdPW_{11}/ODA/PQ$ 单层 LB 膜的电流响应值均远大于 ±7 nA ,其中 $EuPW_{11}/ODA/PQ$ 单层 LB 膜的电流响应值最高,已经达到 100 nA。

将钼系列稀土杂多化合物 $LnPMo_{11}$($Ln=$ Ce、Sm、Eu、Gd)掺杂到聚喹啉中也能使聚喹啉的导电性明显增强,其中 $SmPMo_{11}$ 的掺杂使聚喹啉导电性增强最为显著。

可能是由于 $LnPMo_{11}$ 具有比 $LnPW_{11}$ 更强的接受电子能力,即容易得到电子而被还原,因此掺杂 $LnPMo_{11}$ 到聚喹啉中可以使聚喹啉的导电性增强更为显著。如 *I-V* 数据所表明的那样,当外加电压值为 ±1.0 V 时,$CePW_{11}/ODA/PQ$ 和 $GdPW_{11}/ODA/PQ$ 单层 LB 膜的电流响应值均不超过 50 nA,而 $CePMo_{11}/ODA/PQ$ 和 $GdPMo_{11}/ODA/PQ$ 单层 LB 膜的电流响应值已达到 100 nA。

11.5 小　结

稀土配合物 LB 膜研究已取得了重要的结果:①通过将疏水的长烷基链引入羧酸配体而使配体具有两亲性,从而得到了良好的稀土羧酸配合物 LB 膜。这些 LB 膜具有很好的纵向均匀性并能够发射羧酸配体敏化的稀土离子的特征荧光。②运用组合 LB 膜的方法可以构筑能够发射不同颜色光的 LB 膜,这为制备发射白光的荧光材料开辟了重要新途径。③借助加入辅助成膜剂十八胺成功地将稀土杂多化合物掺杂到聚喹啉中,得到了稀土杂多化合物的聚喹啉杂化 LB 膜。稀土杂多化合物的颗粒均匀地分布于十八胺和聚喹啉的膜中,颗粒直径在 $35\sim80$ nm 之间。④利用制备杂化 LB 膜的方法,稀土杂多化合物可以有效地提升聚喹啉的导电性。

虽然稀土配合物 LB 膜研究已取得很有意义的进展,但是要研发出实用的稀土配合物 LB 膜功能材料,尚有不少很具挑战性的难点需要解决,因此当年 LB 膜这一研究热点近年来逐渐陷入停滞状态。然而,如果有新的重要发现问世,LB 膜研究将有可能再次受到研究人员的关注。

参 考 文 献

[1] Langmuir I. The constitution and fundamental properties of solids and liquids. II. Liquids. J Am Chem Soc, 1917, 39: 1848-1906.

[2] Blodgett K. Films built by depositing successive monomolecular layers on a solid surface. J Am Chem Soc, 1935, 57: 1007-1022.

[3] 崔大付. LB 膜的物理性能与应用. 物理,1996,25: 54-63.

[4] Fukuda K, Nakahara H, Kato T. Monolayers and multilayers of anthraquinone derivatives containing long alkyl chains. J Colloid Interface Science, 1976, 54: 430-438.

[5] Kim J J, Jung D, Roh H S, et al. Molecular configuration of isotactic PMM Langmuir-Blodgett films observed by scanning tunneling microscopy. Thin Solid Films, 1994, 244: 700-704.

[6] Kuramoto N, Sinko E, Ozaki Y. Molecular aggregation, orientation, and structure in Langmuir-Blodgett films of 2,4-bis [(3,3-dimethyl-1-octadecyl-2,3-dihydro-2-indolylidene)-methyl]-1,3-cyclobutadienediylium-1,3-diolate studies by visible absorption and infrared spectroscopies. Langmuir, 1995, 11: 2195-2200.

[7] Linton R, Guarisco V, Lee J J, et al. Analytical surface spectroscopy of phospoholipid Langmuir-Blodgett films. Thin Solid Films, 1992, 210&211: 565-569.

[8] Kuzmenko I, Buller R, Bouwman W G, et al. Formation of chiral interdigitated multilayers at the air-liquid interface through acid-base interactions. Science, 1996, 274: 2046-2048.

[9] Zasadzinski J A, Viswanathan R, Madsen L, et al. Langmuir-Blodgett films. Science, 1994, 263: 1726-1733.

[10] Kuhn V H, Mobius D. Systeme aus monomolekularen schichten-zusammenbau und physikalisch-chemisches verhalten. Angew Chem, 1971, 83: 672-690.

[11] Serra O A, Rosa I L V, Medeiros C L. Luminescent properties of Eu^{3+} β-diketonate complexes supported on Langmuir-Blodgett films. J Lumin ,1994, 60&61: 112-114.

[12] Huang C H, Wang K Z, Zhu X Y, et al. Optical and electrical properties of the Langmuir-Blodgett films prepared from a rare earth coordination compound. Solid State Commun, 1994, 90: 151-154.

[13] Zhou D J, Wang K Z, Huang C H. Langmuir-Blodgett film study on N-hexadecyl pyridinium tetrakis (2-naphthyltrifluoroacetone) europium, HDP. Eu(NTA)₄. Solid State Commun, 1995, 93: 167-169.

[14] Wang K Z, Gao L H, Huang C H, et al. Langmuir-Blodgett films of series of new fluorescent ternary europium (III) complexes. Solid State Commun,1996, 98: 1075-1079.

[15] Zhang B, Ma Y, Xu M, et al. Planar organic microcavity of Eu-chelate film with metal mirrors. Solid State Commun, 1997, 104(10): 593-596

[16] 李琴,周德建,黄春辉. 铽与 1-苯基-3-甲基-4-酰代吡唑啉-5-酮的三元配合物的合成、表征与荧光性能. 化学学报,1998,56:52-57.

[17] 黄岩谊,于安池,黄春辉. 强荧光铽配合物 LB 膜光学微腔. 高等学校化学学报,1998,9: 1375-1377.

[18] Zhou D, Huang C, Yao G, et al. Luminescent europium-dibenzoylmethane complexes and their Langmuir-Blodgett films. J Alloys Compds, 1996, 235: 156-162

[19] Zhao Y, Zhou D, Huang C, et al. Langmuir-Blodgett film of a europium complex and its application in a silver mirror planar microcavity. Langmuir, 1998, 14: 417-422.

[20] Huang Y, Yu A, Huang C,et al. Microcavity effect from a novel terbium complex Langmuir-Blodgett

film. Advanced Materials, 1999,11(8): 627-629.

[21] Li H, Huang C, Zhao X, et al. Molecular design and Langmuir-Blodgett film studies on a serious of new nonlinear optical rare earth complexes. Langmuir, 1994, 10: 3794-3796.

[22] Wang K Z, Huang C H, Xu G X, et al. Optical properties of Langmuir-Blodgett films of hemicyanine containing the rare earth complex anion Dy(BPMPHD)$_2^-$. Thin Solid Films, 1994, 252: 139-144.

[23] Zhang R, Yang K. Investigation on monolayers and Langmuir-Blodgett films of a typical amphiphilic terbium complexes. Thin Solid Films, 2000, 371: 235-241.

[24] 钟国伦,杨孔章. LB膜中稀土配合物分子间能量转移研究. 物理化学学报, 1997, 13: 493-496.

[25] 钟国伦,杨孔章,朱贵云. 稀土-β-二酮 LB 膜和三线态能量转移研究. 高等学校化学学报, 1997,18: 1194-1196.

[26] Zhang R, Liu H, Yang K, et al. Fabrication and fluorescence characterization of the LB films of luminous rare earth complexes Eu(TTA)$_3$phen and Sm(TTA)$_3$phen. Thin Solid Films, 1997, 295: 228-233.

[27] Qian D, Nakahara H, Fukuda K, et al. Emission behavior of lanthanide complexes in monolayer assemblies. Langmuir, 1995, 11: 4491-4494.

[28] Qian D, Nakahara H, Fukuda K, et al. Monolayer assemblies of long-chain complex containing rare earth metal: N,N-distearyldimethylammonium tetra[4,4,4-trifluoro-1-(2-thienyl)-1,3-butanediono] europate(Ⅲ). Chem Lett, 1995,24(3): 175-176.

[29] Zhang R, Yang K. Fluorescence character of rare earth complex with high efficient green light in ordered molecular films. Langmuir, 1997, 13: 7141-7145.

[30] Zhang R, Liu H, Zhang C, et al. Influence of several compounds on the fluorescence of rare earth complexes Eu(TTA)$_3$phen and Sm(TTA)$_3$phen in LB films. Thin Solid Films, 1997, 302: 223-230.

[31] Qian D, Yang K, Nakahara H, et al. Monolayers of europium complexes with different long chains and β-diketonate ligands and their emission properties in Langmuir-Blodgett films. Langmuir, 1997, 13: 5925-5932.

[32] 张人杰,杨孔章. 非典型双亲性 β-二酮稀土配合物 LB 膜荧光稳定性的研究. 化学学报, 2000, 58: 748-752.

[33] Huang H, Liu H, Xue Q, et al. Monolayers of europium complex mixed with stearic acid and fluorescence properties in Langmuir-Blodgett films. Colloids and Surfaces A: Physicochemical and Engineering Aspects, 1999, 154: 327-333.

[34] Johnson D J, Amm D T, Laursen T. Langmuir-Blodgett deposition of yttrium arachidates. Thin Solid Films, 1993, 232: 245-251.

[35] Fink C, Hassmann J, Irmer B, et al. Langmuir-Blodgett films of trivalent rare earth arachidates preparation and characterization. Thin Solid Films, 1995, 263: 213-220.

[36] Schurr M, Hassmann J, Kugler R, et al. Ultrathin layers of rare earth oxides from Langmuir-Blodgett films. Thin Solid Films, 1997, 307: 260-265.

[37] (a)Li B, Zhang H J, Ma J F, et al. Luminescence LB films of rare earth complexes with monooctadecyl phthalate. Chinese Science Bulletin, 1997, 42: 825-828. (b) Wang J, Wang H S, Liu F Y, et al. Preparation and luminescence properties of LB films based on 4-hexadecyloxybenzoic terbium. Journal of Rare Earths, 2003, 21(5): 522-524. (c) Wang J, Wang H S, Liu F Y, et al. LB films of 2-n-heptadecanoylbenzoic-rare earth and their luminescence properties. Synthetic Metals, 2003, 139: 163-167.

[38] Zhang H, Li B, Ma J, et al. Luminescence properties of the Langmuir-Blodgett film of terbium（Ⅲ）stearoylanthranilate. Thin Solid Films, 1997, 310：274-278.

[39] 张引,陈文启,沈琪,等. 稀土(Nd, Pr)(Ⅲ)双酞菁衍生物的合成、表征和气敏特性. 高等学校化学学报,1994,15:1750-1753.

[40] 张引,高扬,黄景琴,等. Eu(Ⅲ)、Tb(Ⅲ)双酞菁配合物的合成及其 LB 膜的荧光性. 应用化学,1999,16：33-36.

[41] Vertsimakha Y. Peculiarities of optical properties of rare earth elements phthalocyanine LB films. Synth Met, 2000, 109：287-289.

[42] Liang B, Gan L, Yuan C, et al. Gas adsorption and gas-sensing properties of europium bisphthalocyanine derivative Langmuir-Blodgett thin films. Spectrochimica Acta Part A, 1998, 54：77-83.

[43] Dutton Philip J, Conte L. Terbium luminescence in Langmuir-Blodgett films of octafunctionalized calix[4]resorcinarenes. Langmuir, 1999, 15：613-617.

[44] 欧阳健明,郑文杰,黄宁兴. 8-羟基喹啉两亲配合物的 LB 膜及其电致发光器件研究. 化学学报,1999,57：333-338.

[45] Medeiros C L, Serra O A, Zaniquelli M E D. Europium-dihexadecyl phosphate Langmuir-Blodgett films. Thin Solid Films, 1994, 248：115-117.

[46] 李新民,袁春波,李斌,等. 铈对磷脂酰胆碱 LB 单分子膜结构影响的原子力显微镜观察. 化学学报,1998,56：688-691.

[47] Fanucci G E, Talham D R. Langmuir-Blodgett films based on known layered solids：lanthanide（Ⅲ）octadecylphosphonate LB films. Langmuir, 1999, 15：3289-3295.

[48] 李龙章,朱家理,赵为. 胆甾液晶二氮杂冠醚-Eu(Ⅲ)配合物 LB 膜和荧光性质研究. 高等学校化学学报,1998,19：1422-1425.

[49] Lin Q, Fu L S, Liang Y J, et al. Preparation, photo and electroluminescence properties of novel rare earth aromatic carboxylates. Journal of Rare Earth, 2002, 20：264-267.

[50] Gaines Jr G L. Insoluble Monolayers at Liquid-Gas Interfaces. New York：Wiley-Interscience, 1966.

[51] Vandevyver M, Barraud A, Teixier R, et al. Structure of porphyrin multilayers obtained by the Langmuir-Blodgett technique. J Colloid Interface Sci,1982,85：571-585.

[52] Wang K Z, Huang C H, Xu G X, et al. Optical properties of Langmuir-Blodgett film of hemicyanine containing the rare earth complex anion $Dy(BPMPHD)_2^-$. Thin Solid Films,1994,252：139-144.

[53] Kuhn H. Information, electron and energy transfer in surface layers. Pure Appl Chem,1981,53：2105-2122.

[54] Bartolo B D. Spectroscopy of the Excited State. New York：Plenum Press, 1976.

[55] Lumb M D. Luminescence Spectroscopy. New York：Academic Press, 1978.

[56] 钱东金,杨孔章. 稀土螯合物发光体 LB 膜的研究（Ⅰ）. 物理化学学报,1993,9：148-154.

[57] 李斌,张洪杰,马建方,等. 邻苯二甲酸正十八醇单酯稀土配合物发光 LB 膜的研究. 科学通报,1996,41：2147-2149.

[58] Ballardini R, Mulazzani Q G, Venturi M, et al. Photophysical characterization of the decatungstoeuropate(9-) anion. Inorg Chem, 1984, 23：300-305.

[59] Luo Q, Howell R C, Dankova M, et al. Coordination of rare earth elements in complexes with monovacant Wells-Dawson polyoxoanions. Inorg Chem, 2001, 40：1894-1901.

[60] Yamase T. Photo- and electrochromism of polyoxometalates and related materials. Chem Rev, 1998,

98：307-325.

[61] 刘杰,王恩波,周云山,等. 稀土杂多配合物的抗流感病毒活性. 中国稀土学报,1998,16：257-261.

[62] 邵纯红,周百斌,徐学勤. 稀土多酸配合物的合成及催化作用的研究进展. 稀土,2003,24：62-67.

[63] Lira-Cantu M, Gomez-Romero P. Electrochemical and chemical syntheses of the hybrid organic-inorganic electroactive material formed by phosphomolybdate and polyaniline: application as cation-insertion electrodes. Chem Mater, 1998, 10：698-704.

[64] Kulesza P J, Chojak M, Miecznikowski K, et al. Polyoxometallates as inorganic templates for monolayers and multilayers of ultrathin polyaniline. Electrochem Commun, 2002, 4：510-515.

[65] Cheng S A, Otero T F. Electrogeneration and electrochemical properties of hybrid materials polypyrrole doped with polyoxometalates $PW_{12-x}Mo_xO_{40}^{3-}$. Synth Met, 2002, 129：53-59.

[66] Wang Z, Liu S Z, Du Z L, et al. Fabrication, characterization and conductivity of organic-inorganic hybrid Langmuir-Blodgett films based on polyquinoline and rare earth-substituted heteropolymolybdate. Mater Sci Eng C, 2004, 24：459-462.

[67] 王峥,柳士忠,杜祖亮,等. 聚喹啉/十八胺/稀土杂多阴离子杂化 LB 膜的制备、结构及电性质. 高等学校化学学报, 2004, 25：401-404.

第12章　其他稀土杂化发光材料

杂化材料是由两种或多种材料构筑而成的,其优良的性能体现了所用构筑材料性能的复合,其种类也是多种多样的。以二氧化硅基材料,如凝胶材料、介孔材料、周期性介孔材料作为基质的稀土配合物杂化材料的研究已取得了丰硕的成果(前几章已进行了介绍)。与此同时,其他基质稀土配合物杂化材料的研究也正在不断受到关注,如以 M—O—M(M＝B、Al、Ti)骨架材料为基质的稀土配合物杂化材料[1,2]、稀土配合物与半导体材料(如 ZnO、TiO$_2$、ZnS、CdS、Ag$_2$S)的杂化材料[3]、稀土配合物与离子液的杂化材料[4]等[5]的研究均取得了进展。本章拟介绍几种其他稀土杂化发光材料,即稀土配合物插层发光材料、稀土配合物/透明树脂发光材料以及稀土与一维多孔二氧化锡纳米棒的杂化发光材料。

12.1　稀土配合物插层发光材料

稀土配合物具有优良的荧光发射性能,但是同时其光、热稳定性比较差,这就使其实际应用颇受限制。稀土配合物的上述特性使其特别适于作为杂化发光材料的光活性物质。鉴于此,研究人员正在竭力探索各种优良的适于制备稀土杂化发光材料的基质。无机基质以其优良的结构以及光、热稳定性而被研究人员广泛采用作为稀土配合物杂化发光材料的基质。Sabbatini 等研究了稀土配合物超分子化合物[6],而后 Hazenkamp 等对 Eu^{3+}等稀土离子的穴状配合物[Eu⊂2.2.1]$^{3+}$吸附在氧化物表面进行了研究[7]。Serra 研究小组最早将 Eu^{3+}的有机配体配合物组装于 Y 型分子筛中[8]。迄今,稀土配合物已被引入 LB 薄膜[9]、凝胶[10]以及介孔材料(含周期性介孔材料)[11]等基质材料中。层状化合物也是一种稀土配合物杂化发光材料可选用的基质。1964 年,Clearfield 等[12]首次合成了 α-磷酸氢锆(α-ZrP),并且证实其具有层状结构。α-磷酸氢锆同时也具有一些独特的性质,这使其在离子交换、化学吸附以及催化等方面具有比较广泛的应用前景[13]。除此之外,α-磷酸氢锆也是一种重要的插层材料的基质材料。将光活性物质稀土配合物嵌入 α-磷酸氢锆可得到稀土配合物的插层发光材料。下面将介绍以 α-磷酸氢锆作为基质材料,Eu^{3+}与二苯甲酰甲烷、邻菲罗啉的三元配合物[用 Eu(DBM)$_3$phen 表示]和 Tb^{3+}与乙酰丙酮、邻菲罗啉的三元配合物[用 Tb(acac)$_3$phen 表示]的插层发光材料[分别用 Eu(DBM)$_3$phen/α-ZrP 和 Tb(acac)$_3$phen/α-ZrP 表示]样品的制备方法以及发光性能。

12.1.1　层状化合物[14]

层状化合物就是具有层状结构的一类化合物。这类化合物的层与层之间具有一定的空隙,采用适当的方法,其他客体分子可以插入其层与层的空隙,从而形成插层复合材料。

可以作为制备插层复合材料的基质材料的常用层状化合物主要有黏土、石墨以及合成的层状化合物。

12.1.1.1　黏土

黏土的种类很多,如高岭土、蒙脱土、伊利土以及海泡石等。黏土大多数属于2：1型的层状或片状硅酸盐矿物,主要结构单元是二维排列的硅氧四面体和二维排列的铝氧八面体。每个晶格顶点是一个氧原子,这样的四面体片层和八面体片层以不同的方式叠合而形成层状的晶层,其晶层之间存在着相互作用的范德华力,而晶层内的四面体和八面体还可以有很广泛的类质同象替代。例如,四面体中的 Si^{4+} 可以被 Al^{3+}、Ti^{4+} 等离子替代,八面体中的 Al^{3+} 可以被 Ni^{2+}、Zn^{2+}、Mn^{2+} 等离子替代,这种替代的结果通常使晶层净带负电荷。因此,一些水合阳离子,如 Na^+、K^+、Ca^{2+} 的水合阳离子可以占据层间域以保持其电中性。各种有机阳离子,如烷基铵离子也可以通过离子交换反应置换黏土层间的水合阳离子,从而使通常表现为亲水性的黏土表面疏水化。

黏土作为一些有机聚合物的插层化合物的基质材料不仅在结构上具有优越性,而且对插层复合材料的性能也有重要影响,特别是能够赋予插层复合材料卓越的力学性能。因此,黏土作为基质的一些有机聚合物(如聚乙烯、环氧树脂、聚苯乙烯以及聚苯胺)的插层复合材料的研究备受关注。

12.1.1.2　石墨

石墨是碳的同素异形体之一,是典型的层状化合物。石墨片层是共价键结合的正六边形片状结构单元,层间依靠类似金属键的离域 π 键和范德华力连接,层间距为 0.34 nm。由于层间的结合力较小,层间的空隙较大,所以石墨的各层间可以滑动。由于离域 π 键电子在晶格中的自由流动性,且可以被激发,石墨具有金属光泽且导电、导热。石墨的各向异性也很显著,片层的切线方向与垂直方向的导电性相差很大。

由于石墨的上述特点,其作为插层材料的基质可以赋予插层复合材料许多优越的性能。因此,石墨成为插层复合材料的重要基质材料之一。有关有机化合物与石墨形成的插层复合材料的研究也比较多,如通过原位插层聚合制备了尼龙 6/石墨纳米复合材料,这种复合材料具有较高的电导率等优良性能。

12.1.1.3　合成的层状化合物

1. 金属氧化物

主要的层状金属氧化物有 V_2O_5、WO_3、MoO_3 等。这些金属氧化物除具有层状结构外，往往还具有特殊的功能，如电致变色等性质。其中 $V_2O_5 \cdot nH_2O$($n=$ 1.6~2.0)干凝胶是一种很重要的层状无机化合物，它集 V_2O_5 的强氧化性、n 型半导体、层间酸性以及形成稳定的胶体分散体系的能力于一身。它的层间距为 1.16 nm，适合与碱金属离子化合物、烷基胺、醇、亚砜等一系列化合物形成插层复合物。

以这类层状的金属氧化物作为基质材料，根据客体分子的不同，插层的驱动力可以是阳离子交换、酸碱作用或氧化还原作用等。因此，这类层状金属氧化物已经被广泛用于制备插层纳米复合物。

2. 过渡金属硫化物

过渡金属硫化物主要是金属二硫化物、硫化复合物，如 VS_2、MoS_2、WS_2、$KCrS_2$。这些层状化合物及其插层复合物具有有趣的电学性质，通过研究很有希望成为理想的高能可逆电池的电极材料。

3. 金属盐

磷酸盐、膦酸盐、砷酸盐等均具有层状结构，能够与客体分子形成层状复合物。磷酸盐和膦酸盐作为插层复合材料的基质具有制备容易、热稳定性好、夹层的形状和空间大小可以调节的特点，同时当客体分子插层并与之进行交换时还具有分子识别能力。因此，其在制备插层纳米复合材料方面的研究日益受到关注。

12.1.2　Eu(DBM)$_3$phen/α-ZrP 和 Tb(acac)$_3$phen/α-ZrP 样品的制备

层状化合物 α-磷酸氢锆是一种具有三明治式结构的化合物，中间为锆离子，两面为磷酸根阴离子[15]。在 α-磷酸氢锆中，每个磷酸根上具有一个可以离子化的羟基，从而使这一材料显示出比较强的酸性。因此，羟基上的质子将容易解离，而使所得到的基团可以和另外的阳离子结合。

由于 α-磷酸氢锆本身的层间距比较小，通常为 7.5 Å，因此分子体积较大的客体分子比较难以插入其层间。如果先用 α-磷酸氢锆和对甲氧基苯胺(PMA)进行反应，则对甲氧基苯胺可以比较容易地嵌入 α-磷酸氢锆的层间，对甲氧基苯胺的嵌入可以扩大 α-磷酸氢锆的层间距。另外，对甲氧基苯胺又很容易与具有适当分子尺寸、电荷及极性的客体分子发生交换反应,从而将最终的大体积客体分子组装进 α-磷酸氢锆的层间。由此可见,首先使 α-磷酸氢锆与对甲氧基苯胺反应以制备最终产物的预组装体(α-ZrP·2PMA)是制备分子体积较大的客体分子插层复合材料的一个必经的重要步骤。

Eu(DBM)$_3$phen/α-ZrP 和 Tb(acac)$_3$phen/α-ZrP 样品制备的具体操作过程可分为两步,现介绍如下。

12.1.2.1　预组装体 α-ZrP·2PMA 的制备

在不断搅拌下,将 3.83 g 的 Zr(O$_3$PO$^-$)$_2$(Na$^+$)$_2$·3H$_2$O 加入 150 mL 乙醇中,得到该试剂的悬浮液。然后,逐滴加入 4.25 g 48% 的 HBF$_4$。搅拌 24 h 后得到固体 ZrP(EtOH)$_x$,过滤,用 100 mL 乙醇洗涤(注意:在洗涤过程中应确保固体物润湿)。再将 ZrP(EtOH)$_x$ 加入 50 mL 含有 12.3 g 对甲氧基苯胺的乙醇溶液中,搅拌 4 周后即可得到对甲氧基苯胺的固体嵌入物。过滤,用乙醇和丙酮的混合溶液洗涤数次,直至洗液变为澄清,再经空气中干燥后得到目标预组装体 α-ZrP·2PMA。

12.1.2.2　稀土配合物的组装

将一定量的稀土配合物[Eu(DBM)$_3$phen 和 Tb(acac)$_3$phen]溶解于二甲基甲酰胺中,然后将上面已经制得的 α-ZrP·2PMA 加入上述溶液中(α-ZrP·2PMA 与稀土配合物的质量比为 10∶1)。将得到的上述反应物在室温下搅拌一周,过滤,用氯仿洗涤所得沉淀,直至滤液不再发出稀土离子的特征荧光为止,并于室温下干燥得到最终的产物。

12.1.3　Eu(DBM)$_3$phen/α-ZrP 和 Tb(acac)$_3$phen/α-ZrP 样品的结构

X 射线粉末衍射可以提供有价值的有关 α-磷酸氢锆、预组装体 α-ZrP·2PMA 以及 Eu(DBM)$_3$phen/α-ZrP 和 Tb(acac)$_3$phen/α-ZrP 样品的结构信息。在 α-磷酸氢锆的 X 射线粉末衍射图中在 $2\theta=11.7$° 的位置呈现出衍射峰,该峰归属于 (001)晶面的衍射。由 X 射线粉末衍射得到的相应 α-磷酸氢锆的层间距为 $d=7.5$ Å,该值与文献[15]报道一致。

α-ZrP·2PMA 显示出与纯 α-磷酸氢锆类似的 X 射线粉末衍射图,其差异是 α-ZrP·2PMA 中 α-磷酸氢锆的(001)晶面的衍射峰发生了位移,得到的相应层间距 d 也由 7.50 Å 增大到 20.25 Å。α-磷酸氢锆单元层厚度为 7.50 Å,故 α-ZrP·2PMA 的自由面间距应为 20.25 Å－7.50 Å＝12.75 Å,这相当于两个对甲氧基苯胺分子的高度。可见,对甲氧基苯胺嵌入 α-磷酸氢锆层中间所导致的结果是使

纯 α-磷酸氢锆的层间距明显增大。

　　Eu(DBM)$_3$phen/α-ZrP 样品的 X 射线粉末衍射图也出现了作为基质的 α-磷酸氢锆特征的(001)晶面的衍射峰。由 X 射线粉末衍射得到的 Eu(DBM)$_3$phen/α-ZrP 样品的 α-磷酸氢锆的层间距为 $d = 21.02$ Å，故其自由面间距应为 21.02 Å $- 7.50$ Å $= 13.52$ Å，该值相当于一个纯配合物 Eu(DBM)$_3$phen 分子的直径 ($d = 13.60$ Å)[16]。在预组装体 α-ZrP·2PMA 中，甲氧基苯胺的嵌入使 α-磷酸氢锆的层间距增大，从而为配合物 Eu(DBM)$_3$phen 插入基质 α-磷酸氢锆创造了适宜的条件，并最终导致 Eu(DBM)$_3$phen/α-ZrP 样品的成功组装。

　　Tb(acac)$_3$phen/α-ZrP 样品的 X 射线粉末衍射图与 Eu(DBM)$_3$phen/α-ZrP 样品比较类似。由 X 射线粉末衍射得到的 Tb(acac)$_3$phen/α-ZrP 样品的基质 α-磷酸氢锆相应的层间距为 $d = 21.22$ Å，故其自由面间距为 21.22 Å $- 7.5$ Å $= 13.72$ Å，该值也与一个纯配合物 Tb(acac)$_3$phen 分子的直径 (13.40 Å)接近[16]。由此可见，预组装体 α-ZrP·2PMA 中，甲氧基苯胺的嵌入使 α-磷酸氢锆的层间距增大，也可以使纯配合物 Tb(acac)$_3$phen 分子顺利地插入基质 α-磷酸氢锆的层中间。

12.1.4　Eu(DBM)$_3$phen/α-ZrP 和 Tb(acac)$_3$phen/α-ZrP 样品的紫外-可见吸收光谱

　　Eu(DBM)$_3$phen/α-ZrP 样品的紫外-可见吸收光谱在紫外区呈现出两个吸收峰，其波长分别为 348 nm 和 380 nm。基质材料 α-磷酸氢锆以及预组装体 α-ZrP·2PMA 的紫外-可见吸收光谱在该光谱区域均没有出现吸收峰。而纯配合物 Eu(DBM)$_3$phen 在波长分别为 348 nm 和 400 nm 处呈现两个吸收峰，这两个吸收峰归属于该配合物配体(二苯甲酰甲烷和邻菲罗啉)的吸收。与 Eu(DBM)$_3$phen 相比，Eu(DBM)$_3$phen/α-ZrP 样品的紫外-可见吸收峰发生了一定程度的蓝移，这可能是由于插层杂化材料中的微环境影响了 Eu(DBM)$_3$phen 中配体的吸收。然而，其吸收光谱的形状却非常相似。因此，可以合理地推断 Eu(DBM)$_3$phen/α-ZrP 样品的紫外-可见吸收光谱在紫外区呈现出的两个吸收峰应该是来源于其中插入的 Eu(DBM)$_3$phen 的配体。以上所述紫外-可见吸收光谱的特点显然意味着 Eu(DBM)$_3$phen/α-ZrP 样品对紫外光的吸收主要取决于该样品中插入的配合物 Eu(DBM)$_3$phen 的配体。

　　Tb(acac)$_3$phen/α-ZrP 样品的紫外-可见吸收光谱在紫外区的 290 nm 和 325 nm 处呈现两个吸收峰。而纯配合物 Tb(acac)$_3$phen 在波长为 325 nm 和 400 nm 处呈现两个吸收峰，这两个吸收峰归属于该配合物配体(乙酰基丙酮和邻菲罗啉)的吸收。参照 Tb(acac)$_3$phen 的紫外-可见吸收光谱，Tb(acac)$_3$phen/α-

ZrP 样品的紫外-可见吸收峰虽然也发生了一定程度的蓝移,但是两者吸收光谱的形状非常相似,故亦可认为 Tb(acac)$_3$phen/α-ZrP 样品的紫外-可见吸收光谱在紫外区呈现出的两个吸收峰来源于其中插入的 Tb(acac)$_3$phen 的配体,也就是说,Tb(acac)$_3$phen/α-ZrP 样品对紫外光的吸收也是主要取决于该样品中插入的配合物 Tb(acac)$_3$phen 的配体。

12.1.5　Eu(DBM)$_3$phen/α-ZrP 和 Tb(acac)$_3$phen/α-ZrP 样品的激发光谱和发射光谱

12.1.5.1　Eu(DBM)$_3$phen/α-ZrP 样品的激发光谱和发射光谱

Eu(DBM)$_3$phen/α-ZrP 样品的激发光谱出现了一个位于 250～450 nm 区域的不对称强宽带,其最大峰位的波长为 370 nm。纯配合物 Eu(DBM)$_3$phen 的激发峰是一个位于 250～480 nm 区域的对称强宽带,其最大峰位的波长是 395 nm,该激发峰归属于该配合物配体的吸收。这与纯配合物 Eu(DBM)$_3$phen 的紫外-可见吸收光谱所得到的结果是一致的。这样在 Eu(DBM)$_3$phen 中配体与 Eu^{3+} 之间应该存在有效的能量传递。参照纯配合物 Eu(DBM)$_3$phen 的激发光谱可知,Eu(DBM)$_3$phen/α-ZrP 样品的激发光谱中强宽带也应是源于其中插入的 Eu(DBM)$_3$phen 的配体,配体与 Eu^{3+} 之间存在的有效的能量传递将导致该插层发光材料样品发射配体敏化的 Eu^{3+} 的特征荧光。尽管 Eu(DBM)$_3$phen/α-ZrP 样品能够呈现出与纯配合物 Eu(DBM)$_3$phen 类似的激发光谱,但是 Eu(DBM)$_3$phen/α-ZrP 样品的激发光谱发生了一些变化,其中最明显的变化是 Eu(DBM)$_3$phen/α-ZrP 样品激发峰的最大激发波长相对于 Eu(DBM)$_3$phen 发生了蓝移。当纯配合物 Eu(DBM)$_3$phen 嵌入层状化合物基质 α-磷酸氢锆中后,Eu^{3+} 周围环境的极性会明显增高,从而导致 Eu(DBM)$_3$phen/α-ZrP 样品的最大激发波长相对于纯配合物 Eu(DBM)$_3$phen 发生一定的蓝移。

正如上述样品的紫外-可见吸收光谱和激发光谱所预期的,Eu(DBM)$_3$phen/α-ZrP 样品能够发射配体敏化的 Eu^{3+} 的特征荧光光谱,其荧光发射峰可以归属于 Eu^{3+} 的 ^{5}D$_0 \rightarrow ^7$F$_J$($J=0\sim4$) 跃迁发射,其中以 ^{5}D$_0 \rightarrow ^7$F$_2$ 跃迁的红光发射作为主峰。然而,与 Eu(DBM)$_3$phen 的发射光谱相比,Eu(DBM)$_3$phen/α-ZrP 样品的荧光发射峰显示出较小的劈裂程度,其原因有待于进一步考察。

当 Eu(DBM)$_3$phen 嵌入层状化合物基质 α-磷酸氢锆中后,Eu^{3+} 所处的格位对称性得以提升。Eu^{3+} 的 ^{5}D$_0 \rightarrow ^7$F$_2$ 跃迁的发射强度与 ^{5}D$_0 \rightarrow ^7$F$_1$ 跃迁的发射强度之比 R 的变化可为此提供证据。由于 ^{5}D$_0 \rightarrow ^7$F$_2$ 是电偶极跃迁,其发射强度将随 Eu^{3+} 格位对称性的改变而发生较大的改变,而 ^{5}D$_0 \rightarrow ^7$F$_1$ 属于磁偶极跃迁,其发射强度受 Eu^{3+} 格位对称性影响较小,所以可用 Eu^{3+} 的 ^{5}D$_0 \rightarrow ^7$F$_2$ 电偶极跃迁的发射强度与

$^5D_0 \rightarrow ^7F_1$ 磁偶极跃迁的发射强度之比 R 考察 Eu^{3+} 周围环境对称性的变化。R 值越小，则 Eu^{3+} 所处的格位对称性越高。经计算得到的 $Eu(DBM)_3phen/\alpha$-ZrP 样品和 $Eu(DBM)_3phen$ 的 R 值分别为 8.8 和 14.0。$Eu(DBM)_3phen/\alpha$-ZrP 样品比较小的 R 值意味着当 $Eu(DBM)_3phen$ 嵌入基质材料 α-磷酸氢锆中后，Eu^{3+} 所处的格位对称性得以升高。

12.1.5.2　$Tb(acac)_3phen/\alpha$-ZrP 样品的激发光谱和发射光谱

$Tb(acac)_3phen/\alpha$-ZrP 样品的激发光谱在紫外区出现了一个强的宽带。参照纯配合物 $Tb(acac)_3phen$ 的激发光谱以及 $Tb(acac)_3phen$、$Tb(acac)_3phen/\alpha$-ZrP 样品的紫外-可见吸收光谱，可以认为 $Tb(acac)_3phen/\alpha$-ZrP 样品的激发光谱中位于紫外区的强宽带是源于该样品中嵌入的 $Tb(acac)_3phen$ 的配体，并且嵌入的 $Tb(acac)_3phen$ 中配体与 Tb^{3+} 间存在有效的能量传递。

$Tb(acac)_3phen/\alpha$-ZrP 样品的发射光谱也是 Tb^{3+} 的特征荧光光谱，这是该插层发光材料样品中嵌入的 $Tb(acac)_3phen$ 的配体敏化的 Tb^{3+} 的特征荧光发射。其荧光发射峰可以归属于 Tb^{3+} 的 $^5D_4 \rightarrow ^7F_J(J=6\sim3)$ 能级的跃迁发射。

12.1.6　插层发光材料的基质 α-磷酸氢锆对稀土发光的作用

12.1.6.1　延长稀土离子的荧光寿命

层状化合物一般具有一定程度的刚性结构，当光活性物质稀土配合物分子被嵌入 α-磷酸氢锆的层间空隙后，稀土配合物分子的转动和振动将会受到某种程度的限制，这就会使稀土离子荧光发射过程中的一些非辐射去活化作用受到某种程度的抑制，从而有助于稀土离子荧光寿命的延长。$Eu(DBM)_3phen/\alpha$-ZrP、$Tb(acac)_3phen/\alpha$-ZrP 样品以及相应纯配合物 $Eu(DBM)_3phen$、$Tb(acac)_3phen$ 的稀土离子激发态（分别为 Eu^{3+} 的 $^5D_0$ 激发态和 Tb^{3+} 的 $^5D_4$ 激发态）的荧光寿命见表 12-1。表中列出的荧光寿命是分别采用 Eu^{3+} 的 $^5D_0 \rightarrow ^7F_2$ 跃迁发射和 Tb^{3+} 的 $^5D_4 \rightarrow ^7F_5$ 跃迁发射作为监控波长而测得的。从表 12-1 中的数据可明显地看出，$Eu(DBM)_3phen/\alpha$-ZrP、$Tb(acac)_3phen/\alpha$-ZrP 样品的荧光寿命（768 μs、1309 μs）均较其相应的纯配合物 $Eu(DBM)_3phen$、$Tb(acac)_3phen$ 的荧光寿命（608 μs、

表 12-1　Eu^{3+} 和 Tb^{3+} 在不同样品中的荧光寿命

项目	$Eu(DBM)_3phen$	$Eu(DBM)_3phen/\alpha$-ZrP	$Tb(acac)_3phen$	$Tb(acac)_3phen/\alpha$-ZrP
$\tau/\mu s$	608	768	960	1309
$t_{1/2}/h$	62	97	66	120

960 μs)明显延长。尤其值得指出的是,Tb(acac)$_3$phen/α-ZrP 样品的荧光寿命可以长达毫秒级,如此长的荧光寿命对其实际应用具有十分重要的意义。

12.1.6.2　提高稀土配合物的光稳定性

具有优良发光性能的稀土配合物本应该广泛地应用于许多领域,然而稀土配合物较差的光稳定性却严重限制了其作为材料的实用化。为此,研究人员正致力于设法改进稀土配合物的光稳定性。将稀土配合物组装到适当的基质中构筑杂化材料是很有希望取得成功的重要途径之一。

嵌入层状化合物 α-磷酸氢锆中的稀土配合物由于处于基质材料的惰性环境中,而使其光化学分解反应受到一定程度的抑制和屏蔽作用;另外,基质材料 α-磷酸氢锆具有优良的导热和导光性能,这可以减少基质材料的热效应和光损耗,进而有助于延缓稀土配合物的光辐照衰减过程,增加其光辐照寿命。以上两点均对稀土配合物光稳定性的提高发挥有益的作用。

经光辐照后,纯配合物及其相应的插层发光材料样品的荧光强度均有一定程度的下降,但与纯配合物相比,插层发光材料样品的荧光强度下降速率却显著不同。根据文献[17]的方法,可以定义当发光材料的荧光强度下降到起始值的一半时的光辐照时间 $t_{1/2}$ 为其光稳定性寿命。Eu(DBM)$_3$phen/α-ZrP、Tb(acac)$_3$phen/α-ZrP 样品以及纯配合物 Eu(DBM)$_3$phen、Tb(acac)$_3$phen 的光稳定性寿命 $t_{1/2}$ 值也列于表 12-1。表中的数据明确地显示,Eu(DBM)$_3$phen/α-ZrP、Tb(acac)$_3$phen/α-ZrP 样品的 $t_{1/2}$ 值显著大于相应的纯配合物,即插层发光材料样品的光稳定性得以提高。

12.1.6.3　提高稀土配合物分子的荧光强度

为了考察插层发光材料样品中稀土配合物的嵌入量及其嵌入层状化合物中后稀土配合物的发光特性,采用 ICP-AES 方法测定了插层发光材料样品中稀土元素的含量,并根据稀土配合物的分子组成,计算出相应稀土配合物的含量。为了对比方便,试引入参数 A 近似地表征样品单位发光分子的发光强度。

$$A = 样品荧光强度 / 稀土配合物含量$$

Eu(DBM)$_3$phen/α-ZrP 样品、Tb(acac)$_3$phen/α-ZrP 样品以及纯配合物 Eu(DBM)$_3$phen、Tb(acac)$_3$phen 的荧光强度以及其 A 值均列于表 12-2。

尽管 Eu(DBM)$_3$phen/α-ZrP、Tb(acac)$_3$phen/α-ZrP 样品的荧光强度小于其相应的纯配合物,但是其单位发光分子的发光强度大于纯稀土配合物。对于 Eu^{3+} 样品,Eu(DBM)$_3$phen/α-ZrP 样品的单位发光分子的发光强度是其纯配合物的 6 倍(表 12-2);而对于 Tb^{3+} 样品,Tb(acac)$_3$phen/α-ZrP 样品的单位发光分子的发光强度是其纯配合物的 2.1 倍(表 12-2)。由此可见,形成插层发光材料后,基质

α-磷酸氢锆可以起到提高稀土配合物发光强度的作用。

表 12-2　荧光强度与稀土配合物嵌入量之间的关系

样品	稀土配合物含量/(％,质量分数)	荧光强度/($\times 10^6$ a.u.)	A/($\times 10^6$ a.u.)
Eu(DBM)$_3$phen	100	1.20	1.2
Eu(DBM)$_3$phen/α-ZrP	6.71	0.48	7.2
Tb(acac)$_3$phen	100	4.60	4.6
Tb(acac)$_3$phen/α-ZrP	9.31	0.89	9.6

12.2　稀土配合物/聚合物透明发光树脂

12.2.1　引言

稀土配合物杂化发光材料种类较多,这些杂化发光材料主要以无机材料作为基质材料,如凝胶材料基质、介孔材料基质等。以聚合物透明发光树脂材料为基质的稀土配合物杂化发光材料也是一类颇具特色的杂化材料。

与稀土配合物杂化发光材料通常使用的无机基质材料相比,有机光学树脂以其特有的性质在基质材料中占有一席之地。光学树脂基质材料具有以下一些主要的优点:①质量比较轻,其密度一般为 0.8 ~ 1.5 g/cm³,为无机玻璃的 1/3~1/2,这对于航天等领域的应用具有重要的意义;②抗冲击强度较高,不易破碎,使用安全可靠;③加工成型方法简单,可以采用一般塑料的成型方法,如注射或压模成型;④价格比较便宜,这一方面是由于原材料本身价格较低,另一方面是由于其比较适合大批量的生产,从而其加工成本比较低;⑤有一些光学树脂还具有透明性,因此这种光学树脂的杂化材料特别适合于光学等领域的应用。

光学树脂种类繁多,已达到二百多种,而且仍正在增加。然而,从结构上看,光学树脂主要有以下几种类型:丙烯酸酯类、苯乙烯类、含烯单体聚合物。目前经常使用的光学树脂主要有聚甲基丙烯酸甲酯(PMMA)、聚苯乙烯(PS)、聚碳酸酯(PC)以及聚双烯丙基二甘醇碳酸酯(CR-39)等。

高聚物材料在较高的温度下使用需要保持一定的机械强度,即应具有较高的弹性模量、抗张强度以及硬度,同时还应具有一定的耐热性和耐溶剂性。研究表明,通过交联、共聚、共混及增塑等手段可以有效地提高材料的玻璃化温度(T_g)。

在光学树脂中引入功能性组分即得到功能光学树脂。功能性组分的引入能够使功能光学树脂具有特定的功能,这对于拓宽光学树脂的应用领域具有十分重要的意义。因此,功能光学树脂的研究日益受到研究人员的广泛关注。稀土有机配合物具有优良的发光性能,但其光、热稳定性较差,严重地限制了其广泛应用。

Ueba 等曾将发光稀土配合物引入聚苯乙烯(PS)[18,19]和聚甲基丙烯酸甲酯(PM-MA)[20]中，其结果是赋予了这些光学树脂以良好的发光性能，与此同时稀土配合物的热稳定性也得以明显改进。

本节介绍以甲基丙烯酸和苯乙烯的共聚物为基质的稀土配合物/聚合物透明发光树脂样品的制备以及发光等性能。

12.2.2　稀土配合物/聚合物透明发光树脂样品的制备方法

稀土配合物/聚合物透明发光树脂样品的制备比较容易。先将稀土配合物溶于共聚物单体的混合溶液中，然后使单体发生共聚合反应即可以得到掺杂有稀土配合物的聚合物透明发光树脂样品。其具体制备操作如下。

将稀土配合物(按照常用的方法进行制备)溶解于溶有甲基丙烯酸和苯乙烯的溶液中(如溶解不完全，可过滤以除去不溶物)。以偶氮二异丁氰(AIBN)作为引发剂，先在 60℃水浴中预聚合 20 min。然后，将具有一定黏度的预聚合溶液倒入装有两片玻璃板和硅橡胶垫圈的模具中，密封好模具，在 50℃条件下聚合 16 h。此后，以 5℃/min 速率逐步升温至 110℃，并在此温度下进行游离基共聚 2h，最后缓慢降温至室温，得到掺杂稀土配合物的聚合物透明发光树脂样品。

12.2.3　稀土配合物/聚合物透明发光树脂样品的性能

12.2.3.1　密度

聚合物透明发光树脂的密度比较小，通常在 1 g/cm³左右。稀土配合物/聚合物透明发光树脂样品中稀土配合物的加入量一般均比较小，这样稀土配合物的加入并不会使聚合物透明发光树脂的密度发生明显的变化。

表 12-3 列出了一些稀土配合物/聚合物透明发光树脂样品的密度。掺杂三种

表 12-3　掺杂稀土配合物的聚合物透明发光树脂的密度*

掺杂的配合物	掺杂量/(%,质量分数)	密度/(g/cm³)
Eu(DBM)₃phen	0.33	1.201
Eu(DBM)₃phen	0.21	1.192
Eu(TTA)₃phen	0.20	1.185
Tb(acac)₃phen	0.33	1.206
Tb(acac)₃phen	0.20	1.181
Tb(Sal)₃	0.50	1.178
Tb(Sal)₃	0.22	1.227

* DBM=二苯甲酰甲烷，phen=邻菲罗啉，TTA=噻吩甲酰三氟丙酮，acac=乙酰基丙酮，Sal=邻羟基苯甲酸。

Eu^{3+} 配合物的聚合物透明发光树脂的密度均在 1.2 g/cm³ 左右,而掺杂四种 Tb^{3+} 配合物的聚合物透明发光树脂的密度同样也在 1.2 g/cm³ 左右,也就是说不同种类配合物的掺杂仅能够引起稀土配合物/聚合物透明发光树脂样品密度的较小变化。另外,配合物的掺杂量在选定的范围内的改变也不会导致稀土配合物/聚合物透明发光树脂样品密度的明显变化。综上所述,稀土配合物/聚合物透明发光树脂样品显然具有比较轻的特点。

12.2.3.2　紫外-可见吸收光谱

基质材料聚合物透明发光树脂本身的紫外-可见吸收光谱的特点是在波长大于 400 nm 的区域,其透过率可以高达 80 %,它的截止透过波长约为 300 nm。而其在 300～400 nm 区域之间也具有一定的吸收(当然对该区域的光也有一定的透过率)。Eu^{3+} 和 Tb^{3+} 的配合物吸收基本是在紫外区域(这主要是配合物中有机配体的吸收),而其优良的荧光发射却处于可见区域,因此基质材料聚合物透明发光树脂对紫外-可见光的吸收特点将使其适合作为光活性物质 Eu^{3+} 和 Tb^{3+} 配合物的杂化发光材料的基质材料。

作为例子,图 12-1 给出了分别掺杂 $Eu(DBM)_3phen$ 和 $Tb(acac)_3phen$ 的两种稀土配合物/聚合物透明发光树脂样品的吸收光谱。稀土配合物/聚合物透明发光树脂样品的吸收光谱同时体现出了基质聚合物透明发光树脂和光活性物质稀土配合物的吸收特点。在可见区域稀土离子与 β-二酮、邻菲罗啉的三元配合物一般没有明显的吸收,而基质聚合物透明发光树脂在该光谱区域的透过率也可以达到 80%,这样稀土配合物/聚合物透明发光树脂样品在该光谱区域仍然保持良好的透过率,尽管稀土配合物的掺杂能够引起透过率显示出一定程度的下降。掺杂的稀

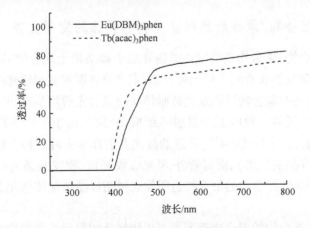

图 12-1　稀土配合物/聚合物透明发光树脂样品的吸收光谱

土配合物在紫外区通常呈现出强的宽吸收峰,其最大吸收波长一般在 350 nm 附近,这是源于配合物的有机配体 β-二酮、邻菲罗啉的吸收。而基质材料聚合物透明发光树脂在紫外区也有吸收。图 12-1 给出的稀土配合物/聚合物透明发光树脂样品的吸收光谱中在紫外区出现的强吸收(即透过率很低)正是掺杂的稀土配合物的有机配体的强吸收以及基质聚合物透明发光树脂的吸收相叠加的结果。分别掺杂 Eu(DBM)$_3$phen 和 Tb(acac)$_3$phen 的两种聚合物透明发光树脂样品的吸收光谱比较类似,其主要差异是在可见区的透过率有所不同。上述稀土配合物/聚合物透明发光树脂样品吸收光谱的特点反映出稀土配合物/聚合物透明发光树脂体系中对紫外光能量的吸收主要依靠配合物的有机配体 β-二酮、邻菲罗啉,也就是说,这预示着上述稀土配合物/聚合物透明发光树脂样品应该发射有机配体 β-二酮、邻菲罗啉敏化的稀土离子特征荧光。

12.2.3.3　激发光谱

分别以 Eu^{3+} 和 Tb^{3+} 的最强荧光发射为监控波长,得到了稀土配合物/聚合物透明发光树脂样品的激发光谱。这些激发光谱主要由紫外区呈现出的强而宽的激发峰组成,这是稀土配合物/聚合物透明发光树脂样品激发光谱的共同特点。参照稀土配合物/聚合物透明发光树脂样品的紫外-可见吸收光谱可以认为,激发光谱出现的强而宽的激发峰应该是源于稀土配合物中的 β-二酮以及邻菲罗啉等有机配体的吸收。上述激发光谱的特点正是掺杂到聚合物透明发光树脂中的稀土配合物的配体与稀土离子之间仍然存在着良好能量传递的反映,显然稀土配合物/聚合物透明发光树脂样品能够发射配体敏化的稀土离子特征荧光。

12.2.3.4　发光性能

1. 稀土配合物/聚合物透明发光树脂样品的发射光谱

以稀土配合物/聚合物透明发光树脂样品中掺杂稀土配合物的配体各自的最大吸收波长为激发波长得到了稀土配合物/聚合物透明发光树脂样品的发射光谱。掺杂 Eu^{3+} 配合物的聚合物透明发光树脂样品的发射光谱均呈现出 Eu^{3+} 的特征荧光发射。其荧光光谱一般由五个发射峰组成,分别归属于 Eu^{3+} 的 $^5D_0 \rightarrow {}^7F_J$($J=$0～4) 跃迁发射,其中以 $^5D_0 \rightarrow {}^7F_2$ 跃迁的红光发射作为主峰。稀土配合物/聚合物透明发光树脂样品的发射光谱与紫外-可见吸收光谱、激发光谱的特点互为佐证,可以认为掺杂 Eu^{3+} 配合物的聚合物透明发光树脂样品是配体敏化的 Eu^{3+} 特征荧光的发射体。

掺杂 Tb^{3+} 配合物的聚合物透明发光树脂样品的发射光谱则均呈现出 Tb^{3+} 的特征荧光发射。其荧光峰可以归属于 Tb^{3+} 的 $^5D_4 \rightarrow {}^7F_J$($J=$6～3)能级的跃迁发射,其中以$^5D_4 \rightarrow {}^7F_5$跃迁的发射作为其主峰。同样,掺杂 Tb^{3+} 配合物的聚合物透明发光树脂样品也是 Tb^{3+} 的特征荧光发射体。

2. 稀土配合物/聚合物透明发光树脂样品的光谱特点

当稀土配合物被掺杂进聚合物透明发光树脂后仍能够发射稀土离子的特征荧光,其荧光光谱与其在乙醇介质中的荧光光谱相似。然而,它们之间仍存在一定差异:①与乙醇溶液中稀土配合物的光谱相比,稀土配合物/聚合物透明发光树脂样品的激发光谱发生蓝移,而发射光谱发生红移,即斯托克斯位移变大。这应该是由于稀土离子掺杂进聚合物透明发光树脂后,其周围环境的极性增高所致。②稀土配合物/聚合物透明发光树脂样品中的 Eu^{3+} 的$^5D_0 \rightarrow {}^7F_2$电偶极跃迁的发射强度与$^5D_0 \rightarrow {}^7F_1$磁偶极跃迁的发射强度之比 R 值变小。在基质聚合物透明发光树脂中稀土离子周围环境的对称性变高,由此引起了 Eu^{3+} 的 R 值变小。

3. 关于浓度猝灭作用

稀土配合物/聚合物透明发光树脂样品制备时是先将稀土配合物溶解于聚合物的单体甲基丙烯酸和苯乙烯的溶液中,然后使单体发生共聚合反应以得到掺杂稀土配合物的聚合物透明发光树脂样品。这样稀土配合物能够比较均匀地分散于基质材料聚合物透明发光树脂中,也就是说形成稀土配合物/聚合物透明发光树脂样品后可以有效地防止稀土配合物浓度的局部过高,从而可以有效地抑制稀土离子荧光发射过程中的浓度猝灭现象。图 12-2 给出了 $Tb(acac)_3phen$ 掺杂量对 $Tb(acac)_3phen$/聚合物透明发光树脂样品荧光发射强度的影响。$Tb(acac)_3phen$ 的掺杂量增加时,其聚合物透明发光树脂样品的荧光强度呈现出增强的趋势,在所研究的浓度范围内尚没有观察到掺杂配合物 $Tb(acac)_3phen$ 的浓度猝灭现象。

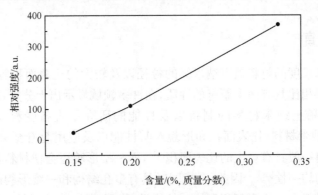

图 12-2　$Tb(acac)_3phen$ 掺杂量对其聚合物透明发光树脂样品发光强度的影响

4. 稀土配合物在聚合物透明发光树脂中的荧光寿命

光活性物质稀土配合物被掺杂进聚合物透明发光树脂后,基质材料聚合物透明发光树脂可能对稀土离子荧光发射过程中的一些非辐射去活化作用产生一定程度的抑制作用,致使稀土配合物/聚合物透明发光树脂样品的稀土离子的荧光寿命变长。通过测定稀土配合物在聚合物透明发光树脂中的荧光衰减曲线(分别以 Eu^{3+} 和 Tb^{3+} 的最强荧光发射为监控波长),并且经过计算得到一些稀土配合物/聚合物透明发光树脂样品的稀土离子的荧光寿命(Eu^{3+} 的 $^5D_0$ 激发态和 Tb^{3+} 的 $^5D_4$ 激发态)。这些荧光寿命值列于表 12-4。稀土配合物/聚合物透明发光树脂样品的荧光寿命均明显高于溶液中相应稀土配合物的荧光寿命。尤其值得一提的是,稀土配合物/聚合物透明发光树脂样品的荧光寿命基本可以达到毫秒级,如此高的荧光寿命对于其实际应用具有十分重要的意义。

表 12-4　稀土配合物在聚合物透明发光树脂和乙醇溶液中的荧光寿命的对比

稀土配合物	τ/ms	
	乙醇溶液中*	发光树脂中
Eu(DBM)₃phen	0.156	1.006
Eu(TTA)₃phen	0.655	0.832
Tb(acac)₃phen	0.596	1.158
Tb(Sal)₃dam**	1.241	1.456

* 稀土配合物浓度为 5.0×10^{-4} mol/L; ** dam=二安替比林甲烷。

12.3　掺杂 Eu^{3+} 的一维多孔二氧化锡纳米材料

12.3.1　引言

稀土纳米尺度的材料具有纳米级的粒径以及较大的比表面积等,与其相应的稀土块体材料相比具有诸多新奇的性质,在许多领域显示出十分重要的应用前景。因此,近年来稀土纳米材料的制备以及性能的研究一直备受科研工作者的关注[21]。对于纳米材料,比表面积和形貌对其性能以及应用起着至关重要的作用。多孔纳米材料一般具有更大的比表面积[22],而一维形貌还会使材料具有更好的规整性和性能的均一性[23]。因此,合成同时具有多孔结构和一维形貌的纳米材料就有可能赋予材料大的比表面积和均一的化学、物理等性能,这对稀土纳米材料的应用具有非常重要的意义。

与其他的发光材料相比,稀土离子能够展示出源于 f-f 跃迁的锐峰发射,并且具有发射荧光色度纯和寿命长等特点。因此,长期以来其在发光材料以及激光材料等许多方面的应用很受研究人员的青睐[24]。然而,如果直接激发稀土离子,其发光效率比较低,这是因为稀土离子的 f 轨道是跃迁禁戒的。因此,人们尝试将稀土离子引入具有宽能带的二氧化锡(SnO_2)半导体基质里,借助二氧化锡基质里的激子耦合敏化稀土离子的荧光发射,进而制备高性能的稀土纳米发光材料[25]。

本节将介绍一维多孔二氧化锡纳米材料、掺杂 Eu^{3+} 的一维多孔二氧化锡纳米材料的制备及其形貌、结构、荧光性能等。

12.3.2　基质材料二氧化锡简介

二氧化锡是一种重要的 n 型半导体材料,已经被广泛应用于气敏和光学材料等领域[26],同时二氧化锡的半导体能带为 3.6 eV,其能带宽度可有效激发稀土离子的 f 电子,因此二氧化锡作为一类新型的稀土掺杂半导体基质在光电领域亦具有巨大的潜在应用价值[27]。多年来研究人员对二氧化锡的研究很感兴趣,目前已经开展了有关二氧化锡的制备以及性能的研究。

材料的纳米化将会赋予材料更为优良的功能,同时可控的形貌以及多孔结构对材料性能的优化也是十分重要的。因此,采用简易的制备方法制备具有一维形貌的多孔结构的二氧化锡纳米材料对进一步拓展其应用领域具有颇为重要的意义。

合成多孔材料的方法很多,如模板法[28]、聚合物诱导相分离法[29]、刻蚀法[30]和热分解法[31]。其中热分解方法因具有操作简单、不需要复杂的设备等优点而通常被用于多孔材料的制备。热分解方法的机理一般是在高温加热过程中,由于材料前驱体中的有机物发生分解气化,而使所制备的材料内部留下微观孔道结构。如果选用具有适当结构的反应物作为前驱体,则借助热分解方法还可以制备具有一维形貌的多孔结构的材料。马建方小组[32]采用具有一维形貌的碱土金属苯膦酸化合物作为前驱体,通过热分解的方法合成了具有大的比表面积以及高稳定性的多孔碱土金属焦磷酸盐纳米材料。此外,夏幼南小组[33]通过将金属离子与聚乙二醇形成均一的纳米线作为前驱体,合成了具有多孔结构的金属氧化物(MO_x, M = Ti、Sn、In、Pb)纳米线。

有关具有特定形貌的二氧化锡材料的制备已经开展了一些有意义的工作。谢毅小组[34]通过热分解二月桂酸二丁基锡和乙酸混合溶液制备了多孔二氧化锡纳米片,并且他们认为二氧化锡纳米片多孔结构的形成主要与反应过程中前驱体的有机成分的分解有关。文献还报道了通过水解三苯基氯化锡(Ph_3SnCl)合成三苯基氢氧化锡(Ph_3SnOH),该产物是由无限长的分子链组成的。三苯基氢氧化锡之所以趋于生成具有一维形貌的微米晶,主要是通过其分子堆积而实现的[35]。

以具有一维形貌的锡金属有机化合物为前驱体,通过热分解法在控制的反应条件下使锡的金属有机化合物的有机成分发生热分解,有机成分的挥发会在产物中形成多孔结构,从而可以制得具有一维形貌的多孔结构的二氧化锡纳米材料。

一维形貌的多孔结构的二氧化锡纳米材料的多孔结构比较适于稀土离子的掺杂,同时具有宽能带的二氧化锡半导体材料中的激子耦合还可以敏化稀土离子的特征荧光发射。因此,一维形貌多孔结构的二氧化锡纳米材料也应是稀土离子的可供选择的优良基质材料之一。

12.3.3 样品的制备

利用三苯基氯化锡水解制得三苯基氢氧化锡,三苯基氢氧化锡是具有一维形貌的微米晶。再以三苯基氢氧化锡作为前驱体,利用热分解方法可以成功地制备一维多孔二氧化锡纳米材料(用多孔 SnO$_2$ 纳米棒表示)以及掺杂 Eu^{3+} 的一维多孔二氧化锡纳米材料(用多孔 SnO$_2$：Eu^{3+} 纳米棒表示)。多孔 SnO$_2$ 纳米棒样品和多孔 SnO$_2$：Eu^{3+} 纳米棒样品的制备过程如图 12-3 所示。其具体的制备反应操作如下。

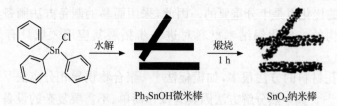

Ph$_3$SnOH微米棒   SnO$_2$纳米棒

图 12-3　多孔 SnO$_2$ 纳米棒样品的制备过程示意图

(承惠允,引自[25(b)])

1. Ph$_3$SnOH 微米棒前驱体的制备

将 38.5 mg Ph$_3$SnCl 和 X mg ($X=2,4,6,8$ 和 10)NaOH 加入乙醇水溶液中(乙醇和去离子水的物质的量比为 2：3),加热回流反应 2 h。当反应体系温度降至室温后,溶液里出现大量白色沉淀,过滤并干燥即可得到 Ph$_3$SnOH 微米棒前驱体。NaOH 的加入是为了控制 Ph$_3$SnCl 的水解反应速率,进而调控水解产物 Ph$_3$SnOH 微米棒的形貌[36]。

2. 多孔 SnO$_2$ 纳米棒样品的制备

以 Ph$_3$SnOH 微米棒作为热分解反应的前驱体,将其分别在一定温度下(600℃、700℃和 800℃)煅烧 1 h,即可得到多孔 SnO$_2$ 纳米棒样品。

3. 多孔 SnO_2：Eu^{3+} 纳米棒样品的制备

首先将 38.5 mg Ph_3SnCl 和 10 mg NaOH 加入乙醇水溶液中，然后加入 $EuCl_3 \cdot 6H_2O$ 和柠檬酸钠（又称枸橼酸钠）水溶液，其中 Eu^{3+} 与 Sn 的物质的量比为 8：100，而 Eu^{3+} 与柠檬酸钠的物质的量比为 1：1.5。加热回流反应 2 h 后，当反应体系温度降至室温时，溶液中出现大量白色沉淀。滤出沉淀，将其在一定温度下煅烧 1 h，即可得到多孔 SnO_2：Eu^{3+} 纳米棒样品。

12.3.4　前驱体 Ph_3SnOH 的形貌和结构[37-39]

前驱体 Ph_3SnOH 的红外光谱中除了源于苯环的红外振动谱带外，在 896 cm^{-1} 和 911 cm^{-1} 出现了两个振动谱带，归属于 Ph_3SnOH 中羟基的弯曲振动。此外，还在 3616 cm^{-1} 位置出现了归属于其羟基的伸缩振动的比较强的谱带。

Ph_3SnOH 的 X 射线粉末衍射图中所有衍射峰都与已经报道的 Ph_3SnOH 标准峰相吻合。不同的 NaOH 加入量的四种水解产物 Ph_3SnOH 的 X 射线粉末衍射图均比较相似，其衍射峰的位置保持不变，但是其衍射峰的相对强度却呈现出一定的变化。这应该是由得到的四种水解产物 Ph_3SnOH 微晶的形貌有所不同而导致的，也就是说 NaOH 的加入量能够调控产物 Ph_3SnOH 微晶的形貌。

Ph_3SnOH 的扫描电镜照片更直观地展示了加入不同量的 NaOH 所得到的 Ph_3SnOH 微晶的形貌特点（图 12-4）。当 NaOH 的量增加到 2 mg 时，得到了 Ph_3SnOH 块体微晶。随着 NaOH 量的增加，Ph_3SnOH 微晶的长径比逐渐增大，并且形成了具有一维结构的 Ph_3SnOH 微米棒。然而，当 NaOH 的加入量高于 4 mg 时，Ph_3SnOH 微米棒的长径比则不会进一步发生明显变化。从扫描电镜照片可以看到，得到的 Ph_3SnOH 微米棒具有很好的形貌均一性，其直径约为 4 μm。

根据文献报道[33,35(b)]，由于 Ph_3SnOH 分子的氧原子上的电子对与锡原子配位，所以 Ph_3SnOH 趋于形成一维长链结构[图 12-4(e)]，以一维分子链作为构筑单元，Ph_3SnOH 比较容易堆积形成具有一维取向的 Ph_3SnOH 的微晶。因此，具有一维形貌的 Ph_3SnOH 微米棒就成为制备多孔 SnO_2 纳米棒样品比较理想的前驱体。

12.3.5　多孔 SnO_2 纳米棒样品的形貌和结构[37,38]

多孔 SnO_2 纳米棒样品的红外光谱中呈现出 Sn—O—Sn 基团位于 610 cm^{-1} 的特征伸缩振动谱带。将水解产物 Ph_3SnOH 在 600℃温度下（或更高的温度）煅烧 1 h 后，其有机基团发生分解，反映在红外光谱中就是水解产物 Ph_3SnOH 中一些相应的有机基团的振动谱带完全消失，取而代之的是 Ph_3SnOH 的热分解产物多

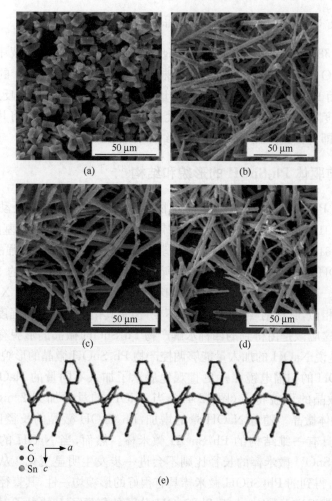

图 12-4 Ph₃SnOH 的 SEM 照片:(a)加 2 mg NaOH,(b) 加 4 mg NaOH,
(c) 加 8 mg NaOH,(d)加 10 mg NaOH;(e) Ph₃SnOH 的分子构型
(承惠允,引自[25(b)])

孔 SnO_2 纳米棒样品的 Sn—O—Sn 基团的位于 610 cm^{-1} 的特征伸缩振动谱带。

在不同温度下煅烧得到的样品的扫描电镜和透射电镜照片清晰地显示出多孔 SnO_2 纳米棒样品的形貌以及煅烧温度对其形貌的影响。经过煅烧,前驱体 Ph_3SnOH 微晶的一维形貌被很好地保留下来。在煅烧过程中由于前驱体 Ph_3SnOH 微晶中有机成分的分解,得到的多孔 SnO_2 纳米棒样品的尺寸由微米级降低到纳米级。与此同时正如电镜照片所示,多孔 SnO_2 纳米棒样品具有丰富的孔结构,并且孔结构是由小纳米粒子相互连接而构成的。煅烧温度对多孔 SnO_2 纳米棒样品的形貌、结构也有重要的影响。当煅烧温度升高到 800℃时,多孔 SnO_2 纳米棒样品的结构逐渐出现坍塌,这是由于温度的升高导致纳米粒子的相互连接作用减弱,从而引起其结构的破坏。根据 SAED 衍射分析结果,可以确定得到的多孔 SnO_2 纳米棒样品为多晶金红石相。

图 12-5 给出了不同煅烧温度得到的多孔 SnO_2 纳米棒样品的 X 射线粉末衍射图。多孔 SnO_2 纳米棒样品的衍射峰可归属于六方 SnO_2(晶胞参数:$a=4.745$ Å 和 $c=3.193$ Å),这一结果与标准 X 射线粉末衍射卡片(JCPDS No. 77-0450)相符[40]。不同煅烧温度下得到的多孔 SnO_2 纳米棒样品的 X 射线粉末衍射图比较相似,其衍射峰的位置保持不变,只是衍射峰的强度随煅烧温度升高而逐渐增强,这是样品的结晶度随温度升高而变高的反映。也就是说,煅烧温度越高,多孔 SnO_2 纳米棒样品的结晶度越好。

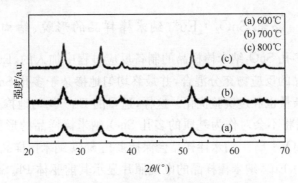

图 12-5　不同煅烧温度下得到的多孔 SnO_2 纳米棒样品的 XRD 图谱

(承惠允,引自[25(b)])

用热分解方法制备的多孔 SnO_2 纳米棒样品具有多孔结构,其多孔结构也反映在样品的氮气吸附/脱附等温线上[41]。图 12-6 给出了多孔 SnO_2 纳米棒样品的氮气吸附/脱附等温线以及孔径分布。多孔 SnO_2 纳米棒样品显示出典型的 IV 型氮气

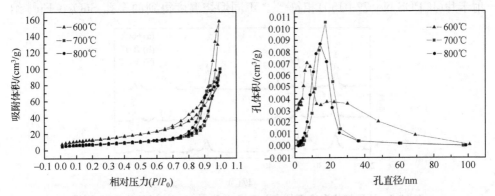

图 12-6　多孔 SnO_2 纳米棒样品的氮气吸附-脱附等温线以及孔径分布

(承惠允,引自[25(b)])

吸附/脱附等温线特征,并且氮气吸附/脱附等温线在 $0.8 \sim 1.0\ P/P_0$ 区间出现一个氮气吸附迟滞回线。经 600℃、700℃ 和 800℃ 的煅烧所得到的样品的 BET 比表面积分别测定为 47 m^2/g、24 m^2/g 和 27 m^2/g,上述相对较大的比表面积正是样品具有丰富孔结构的结果。多孔 SnO_2 纳米棒样品的孔径分布分析表明,不同温度煅烧的样品孔径基本上处于十几纳米左右,其中 600℃ 煅烧样品的孔径最小,约为 7 nm。于 600℃ 煅烧得到的多孔 SnO_2 纳米棒样品具有最大的比表面积和最小的孔径分布,这是由于在 600℃ 煅烧所得的样品是由比较小的纳米粒子(正如扫描电镜和透射电镜照片所示)构成的,从而使样品具有比较紧密的孔结构。

12.3.6 多孔 SnO_2:Eu^{3+} 纳米棒样品的形貌、结构和光谱

12.3.6.1 多孔 SnO_2:Eu^{3+} 纳米棒样品的形貌、结构

Eu^{3+} 是在多孔 SnO_2 纳米棒样品的制备反应过程中加入的,Eu^{3+} 与制备多孔 SnO_2 纳米棒样品的反应物充分混合,并最终均匀地掺杂于多孔 SnO_2 纳米棒样品中。Eu^{3+} 的掺杂量也经过实验优化。这样,适量的 Eu^{3+} 均匀地掺杂于多孔 SnO_2 纳米棒样品中后将不会对作为基质的多孔 SnO_2 纳米棒样品的形貌、结构产生影响,因此多孔 SnO_2:Eu^{3+} 纳米棒样品会保持多孔 SnO_2 纳米棒样品的形貌、结构。

多孔 SnO_2:Eu^{3+} 纳米棒样品的电镜照片显示其前驱体 Ph_3SnOH 微晶的一维形貌被很好地保留下来,并且具有丰富的孔结构,其孔结构也是由小的纳米粒子相互连接而成的。上述形貌、结构与多孔 SnO_2 纳米棒样品颇为类似。

图 12-7 给出了不同煅烧温度得到的多孔 SnO_2:Eu^{3+} 纳米棒样品的 X 射线粉末衍射图。多孔 SnO_2:Eu^{3+} 纳米棒样品的 X 射线粉末衍射图与多孔 SnO_2 纳米棒样品很相似。其衍射峰可归属于六方 SnO_2,这一结果与标准 X 射线粉末衍射卡片(JCPDS No. 77-0450)相符[40]。不同煅烧温度得到的多孔 SnO_2:Eu^{3+} 纳

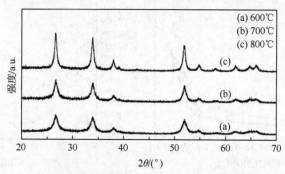

图 12-7　不同煅烧温度下的多孔 SnO_2:Eu^{3+} 纳米棒样品的 XRD 图谱

(承惠允,引自[25(b)])

米棒样品的 X 射线粉末衍射峰的位置也保持不变,只是衍射峰的强度随煅烧温度升高而逐渐增强,这正是由样品的结晶度随温度升高而变高导致的。

12.3.6.2　多孔 SnO_2：Eu^{3+} 纳米棒样品的光谱

1. 固体紫外-可见漫反射光谱

图 12-8 给出了多孔 SnO_2：Eu^{3+} 纳米棒样品的固体紫外-可见漫反射光谱。多孔 SnO_2：Eu^{3+} 纳米棒样品在 200～400 nm 范围内出现了宽的吸收带。基于固体紫外-可见漫反射光谱计算得到了不同煅烧温度下得到多孔 SnO_2：Eu^{3+} 纳米棒样品的半导体带隙 E_g 处于 3.4～3.6 eV(图 12-8 的插图中切线与横坐标轴的截点为 E_g),这与标准的 SnO_2 带隙 E_g(3.6 eV)基本一致。

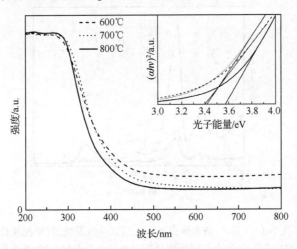

图 12-8　不同煅烧温度下的多孔 SnO_2：Eu^{3+} 纳米棒样品的固体紫外-可见漫反射光谱,插图为 $(\alpha h\nu)^2$ 对带隙能量的关系图

(承惠允,引自[25(b)])

2. 激发光谱

以 588 nm (Eu^{3+} 的 $^5D_0 \rightarrow {}^7F_1$ 跃迁发射波长)为检测波长的多孔 SnO_2：Eu^{3+} 纳米棒样品的激发光谱示于图 12-9(a)。位于 393 nm 的尖峰归属于 Eu^{3+} 的 $^7F_0 \rightarrow {}^5L_6$ 跃迁[42],而分别位于 325 nm (600℃)、302 nm (700℃)和 309 nm (800℃)的强而宽的激发峰来源于 SnO_2 半导体的带隙吸收。从峰强度上看,源于 SnO_2 的宽峰明显强于来自于 Eu^{3+} 的 $^7F_0 \rightarrow {}^5L_6$ 跃迁的尖峰。上述多孔 SnO_2：Eu^{3+} 纳米棒样品的激发光谱特点与其固体紫外-可见漫反射光谱相吻合。还应该指出的是,样品的煅烧温度对激发光谱的强度也有明显的影响。煅烧温度的升高可提高 SnO_2 基

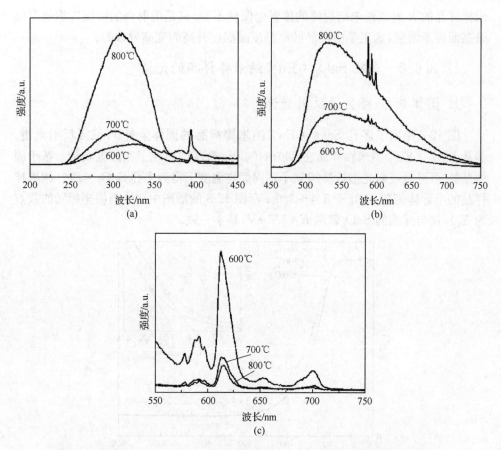

图 12-9　多孔 SnO_2：Eu^{3+} 纳米棒样品的光谱：(a)激发光谱(检测波长：588 nm)，
(b)发射光谱(选用 SnO_2 的本征吸收峰位置激发)和(c)发射光谱(激发波长：393 nm)
(承惠允,引自[25b])

质的结晶度,进而使源于 SnO_2 的宽峰明显增强,但是来自于 Eu^{3+} 的$^7F_0 \rightarrow {}^5L_6$跃迁的尖峰反而减弱。随着煅烧温度的升高,$Eu^{3+}$ 进入 SnO_2 晶格的量增多,从而使$^7F_0 \rightarrow {}^5L_6$跃迁发生跃迁禁戒,因此来自于 Eu^{3+} 的$^7F_0 \rightarrow {}^5L_6$跃迁的激发尖峰随之减弱。上述激发光谱特点意味着多孔 SnO_2 纳米棒基质与 Eu^{3+} 之间存在着能量传递。这种能量传递机理应该是：在多孔 SnO_2 纳米棒基质吸收紫外光能后,光激发产生的电子-空穴通过耦合而释放能量,并将所释放的能量传递给掺杂的 Eu^{3+},从而使多孔 SnO_2：Eu^{3+} 纳米棒样品发射 Eu^{3+} 的特征荧光[43]。

3. 发射光谱[44-49]

当采用多孔 SnO_2 纳米棒样品的最大吸收波长激发多孔 SnO_2：Eu^{3+} 纳米棒

样品时,其荧光光谱[图 12-9(b)]出现位于 588 nm、593 nm、599 nm 和 612 nm 的发射峰。这些发射峰来源于 Eu^{3+} 的发射,其中 Eu^{3+} 的 $^5D_0 \rightarrow {}^7F_1$ 跃迁发射劈裂为位于 588 nm、593 nm、599 nm 的三个峰,而位于 612 nm 的发射峰属于 Eu^{3+} 的 $^5D_0 \rightarrow {}^7F_2$ 跃迁。多孔 SnO_2 纳米棒基质对 Eu^{3+} 存在着能量传递,从而使得多孔 SnO_2:Eu^{3+} 纳米棒样品可以发射 Eu^{3+} 的特征荧光。此外,在 530 nm 左右出现的宽峰发射可归属于多孔 SnO_2 纳米棒基质的缺陷发光,这说明多孔 SnO_2:Eu^{3+} 纳米棒样品中多孔 SnO_2 纳米棒基质对 Eu^{3+} 的能量传递不是十分有效,从而导致部分能量以多孔 SnO_2 纳米棒基质荧光发射的方式释放。

由图 12-9(b)可以清楚地看到,多孔 SnO_2:Eu^{3+} 纳米棒样品的 $^5D_0 \rightarrow {}^7F_1$ 跃迁发射峰要明显强于 $^5D_0 \rightarrow {}^7F_2$ 跃迁发射峰,并且 $^5D_0 \rightarrow {}^7F_1$ 跃迁发射峰随煅烧温度的升高而增强,相反 $^5D_0 \rightarrow {}^7F_2$ 跃迁发射峰随煅烧温度的升高逐渐消失。当采用多孔 SnO_2 纳米棒的最大吸收波长激发多孔 SnO_2:Eu^{3+} 纳米棒样品时,以进入多孔 SnO_2 纳米棒晶格中的 Eu^{3+} 发光为主。据文献报道[46],Sn^{4+} 在 SnO_2 晶格中处于 D_{2h} 或 C_{2h} 对称中心,但是当 Eu^{3+} 被引入 SnO_2 晶格中时,它会占据 Sn^{4+} 的格位,从而引起 $^5D_0 \rightarrow {}^7F_1$ 跃迁发射峰的三重劈裂现象。与此同时,随着煅烧温度的升高,Eu^{3+} 进入基质多孔 SnO_2 纳米棒的量逐渐增加,于是 Eu^{3+} 的 $^5D_0 \rightarrow {}^7F_1$ 跃迁发射峰强度随之增强。正是由于引入 SnO_2 晶格中的 Eu^{3+} 处于 D_{2h} 或 C_{2h} 对称中心,因此 Eu^{3+} 的 $^5D_0 \rightarrow {}^7F_2$ 跃迁会被禁戒。然而,Eu^{3+} 半径要大于 Sn^{4+} 半径,Eu^{3+} 占据 Sn^{4+} 格位后能够引起周围的对称结构发生某种程度的扭曲,因此 Eu^{3+} 就处于扭曲的 D_{2h} 或 C_{2h} 对称中心,从而导致 Eu^{3+} 的 $^5D_0 \rightarrow {}^7F_2$ 跃迁禁戒部分被解除,因而可能看到十分微弱的 $^5D_0 \rightarrow {}^7F_2$ 跃迁发射。尽管如此,图 12-9(b)所示的位于 612 nm 的发射峰(归属于 Eu^{3+} 的 $^5D_0 \rightarrow {}^7F_2$ 跃迁)仍是主要源于未进入多孔 SnO_2 纳米棒晶格的 Eu^{3+} 的发射。Eu^{3+} 进入 SnO_2 晶格的量随着煅烧温度的升高而增多,处于非晶格区域的 Eu^{3+} 量逐渐减少,从而使非晶格区域 Eu^{3+} 的 $^5D_0 \rightarrow {}^7F_2$ 跃迁发射峰随之变弱。

当改变激发波长为 393 nm 时,多孔 SnO_2:Eu^{3+} 纳米棒样品则呈现出不同的荧光发射光谱,这是通过由 Eu^{3+} 的 $^7F_0 \rightarrow {}^5L_6$ 跃迁吸收激发能量而得到的 Eu^{3+} 的特征荧光发射[图 12-9(c)]。在该荧光光谱中 Eu^{3+} 的荧光发射峰明显变宽,并且处于 612 nm 的 $^5D_0 \rightarrow {}^7F_2$ 跃迁发射峰变为主发射峰,Eu^{3+} 的 $^5D_0 \rightarrow {}^7F_1$ 跃迁发射峰仍然发生劈裂。这一光谱特征说明产生这一荧光光谱的部分 Eu^{3+} 来自于非晶格区域,并且 Eu^{3+} 处于非中心对称位置,也就是说这部分 Eu^{3+} 处于多孔 SnO_2 纳米棒基质中的表面无定形区域。由此可见,当改变激发波长为 393 nm 时,以未进入晶格的 Eu^{3+} 发光为主。随着煅烧温度的升高,处于无定形区域的 Eu^{3+} 逐步进入 SnO_2 晶格,正如图 12-9(c)所示,产生于无定形区域 Eu^{3+} 发射的荧光光谱峰强度随之减弱。

　　由上述荧光发射光谱的特点可知,通过分别采用基质多孔 SnO_2 纳米棒的最大吸收波长和 Eu^{3+} 的自身吸收波长进行激发,可实现对多孔 SnO_2：Eu^{3+} 纳米棒样品荧光光谱的调控。因此,将 Eu^{3+} 掺杂到具有一维结构的多孔 SnO_2 纳米材料中对于发展新型高性能稀土复合荧光材料具有重要的引导作用。

12.4　小　　结

　　将稀土配合物嵌入层状化合物 $\alpha\text{-ZrP}$ 中,得到了稀土配合物插层发光材料样品。在紫外光激发下,稀土配合物插层发光材料样品发射出相应稀土离子的特征荧光。和纯稀土配合物粉末相比,其激发光谱发生一定的蓝移,而其发射光谱则表现出较小程度的劈裂。由于层状化合物对稀土配合物的保护作用,稀土配合物插层发光材料样品中的配合物具有较长的荧光寿命和较高的发光效率。

　　将稀土配合物组装进甲基丙烯酸和苯乙烯的共聚物中,制备了稀土配合物/聚合物透明发光树脂样品。作为基质的聚合物透明发光树脂具有良好的透光性,密度比较小,约为 $1.2\ \text{g/cm}^3$。稀土配合物在聚合物透明发光树脂中时,由于其周围环境的极性比较大,稀土离子占据的格位对称性升高。在紫外光的激发下,稀土配合物/聚合物透明发光树脂样品发射出稀土离子的特征荧光。稀土配合物在聚合物透明发光树脂中较其在乙醇溶液中具有更长的荧光寿命。

　　借助高温分解 Ph_3SnOH 前驱体成功地可控制备了具有一维形貌的多孔 SnO_2：Eu^{3+} 纳米棒样品。当分别采用基质 SnO_2 的最大吸收波长和 Eu^{3+} 本身的最大吸收波长进行激发时,多孔 SnO_2：Eu^{3+} 纳米棒样品能够呈现出不同的荧光发射光谱。具有特殊荧光发射性能的 Eu^{3+} 掺杂的一维多孔 SnO_2：Eu^{3+} 纳米棒样品的制备对于发展新型高性能稀土复合荧光材料具有引导作用。

　　稀土配合物插层发光材料、稀土配合物/聚合物透明发光树脂以及一维形貌的多孔 SnO_2：Eu^{3+} 纳米棒样品均展示了其特定的荧光发射性能等,但是仍有一些重要的工作尚待进行:①上述几种稀土杂化发光材料样品中稀土的掺杂量比较有限,这使其荧光发射强度受到限制。改进基质的结构以及掺杂方法以增加稀土掺杂量的工作的开展很有必要。②杂化材料的制备过程中稀土的组装采用一般的掺杂法,则稀土与其基质材料的结合将不牢固。采用共价键嫁接法组装稀土可以得到稳定性更为优良的杂化材料。因此,这方面工作的开展也很有意义。③无机 SiO_2 类的基质材料虽然有不少优点,但是其强度和机械加工性能等比较差,而且多孔材料富含的微孔可能成为俘获热量的陷阱,同时也会造成严重的光散射现象。上述无机 SiO_2 类基质材料的缺陷使其难以满足作为杂化光功能材料的基质应该具备高导热性、高透光性和好的机械加工性能的要求。聚合物材料具有较好的韧性和光学透明性,但其光、热及化学稳定性较差。如果将二者进行复合,制备出无机-聚合物复合材料作为稀土的基质材料,将有可能改善稀土杂化材料的综合性能。因此,开展以无机-聚合物复合材料为基质材料的稀土杂化材料研究是重要的课题。

参 考 文 献

[1] (a) Guo L, Yan B. Photoluminescent rare earth inorganic-organic hybrid systems with different metallic alkoxide components through 2-pyrazinecarboxylate linkage. J Photochem Photobiol A Chem, 2011, 224: 141-146. (b) Li Y J, Yan B. Preparation, characterization and luminescence properties of ternaryeuropium complexes covalently bonded to titania and mesoporous SBA-15. J Mater Chem, 2011, 21: 8129-8136. (c) Yan B, Li Y J. Photoactive lanthanide (Eu^{3+}, Tb^{3+}) centered hybrid systems with titania (alumina)-mesoporous silica based hosts. J Mater Chem, 2011, 21: 18454-18461. (d) Lunstroot K, Driesen K, Nockemann P, et al. Lanthanide-doped luminescent ionogels. Dalton Trans, 2009: 298-306.

[2] (a) Wang C, Yan B, Liu J L, et al. Photoactive europium hybrids of β-diketone-modified polysilsesquioxane bridge linking Si—O—B(Ti)—O xerogels. Eur J Inorg Chem, 2011: 879-887. (b) Yan B, Wang C, Guo L, et al. Photophysical properties of Eu(Ⅲ) center covalently immobilized in Si—O—B and Si—O—Ti composite gels. Photochem Photobiol, 2010, 86: 499-506. (c) Wang C, Yan B. Photophysical properties of rare earth (Eu^{3+}, Sm^{3+}, Tb^{3+}) complex covalently immobilized in hybrid Si—O—B xerogels. J Fluorescence, 2011, 21: 1239-1247. (d) Yan B, Wang C. Luminescent Eu^{3+}/Tb^{3+} immobilized in 5-amino-iso-phthalate functionalized hybrid gels through di-urea bridge. Inorg Chem Commun, 2011, 14: 1494-1497. (e) Wang C, Yan B. Rare earth (Eu^{3+}, Tb^{3+}) centered composite gels Si—O—M (M = B, Ti) through hexafluoroacetyl-acetone building block: sol-gel preparation, characterization and photoluminescence. Mater Res Bull, 2011, 46: 2515-2522.

[3] (a) Kwon B H, Jang H S, Yoo H S, et al. White-light emitting surface-functionalized ZnSe quantum dots: europium complex-capped hybrid nanocrystal. J Mater Chem, 2011, 21: 12812-12818. (b) Li Y J, Yan B. Photophysical properties of a novel organic-inorganic hybrid material: Eu(Ⅲ)-β-diketone complex covalently bonded to SiO$_2$/ZnO composite matrix. Photochem Photobiol, 2010, 86: 1008-1015. (c) Yan B, Zhao Y, Li Y J. Novel photofunctional multicomponent rare earth (Eu^{3+}, Tb^{3+}, Sm^{3+} and Dy^{3+}) hybrids with double cross-linking siloxane covalently bonding SiO$_2$/ZnS nanocomposite. Photochem Photobiol, 2011, 87: 757-765. (d) Yan B, Zhao Y, Li Q P. Europium hybrids/SiO$_2$/semiconductor: multicomponent sol-gel composition, characterization and photoluminescence. J Photochem Photobiol A Chem, 2011, 222: 351-359.

[4] (a) Gago S, Pillinger M, Ferreira R A S, et al. Immobilization of lanthanide ions in a pillared layered double hydroxide. Chem Mater, 2005, 17: 5803-5809. (b) de Faria E H, Nassar E J, Ciuffi K J, et al. New highly luminescent hybrid materials: terbium pyridine-picolinate covalently grafted on kaolinite. Appl Mater Interfaces, 2011, 3: 1311-1318.

[5] (a) Maggini L, Mohanraj J, Traboulsi H, et al. A luminescent host-guest hybrid between a Eu^{Ⅲ} complex and MWCNTs. Chem Eur J, 2011, 17: 8533-8537. (b) Maggini L, Traboulsi H, Yoosaf K, et al. Electrostatically-driven assembly of MWCNTs with a europium complex. Chem Commun, 2011, 47: 1625-1627.

[6] Sabbatini N, Mecati A, Guardigli M, et al. Lanthanide luminescence in supramolecular species. J Lumin, 1991, 49: 463-468.

[7] Hazenkamp M F, Blasse G, Sabbatini N. Luminescence of europium and cerium ([Eu⊂2.2.1]³⁺ and [Ce⊂2.2.1]³⁺) cryptates adsorbed on oxide surfaces. J Phys Chem, 1991, 95: 783-787.

[8] Rose I L V, Serra O A, Nassar E J. Luminescence study of the [Eu(bpy)₂]³⁺ supported on Y zeolite. J Lumin, 1997, 72-74: 532-534.

[9] Zhang R J, Liu H G, Zhang C R, et al. Influence of several compounds on the fluorescence of rare earth complexes Eu(TTA)₃phen and Sm(TTA)₃phen in LB films. Thin Solid Films, 1997, 302: 223-230.

[10] Matthews L R, Knobbe E T. Luminescence behavior of europium complexes in sol-gel derived host materials. Chem Mater, 1993, 5: 1697-1700.

[11] Hazenkamp M F, van der Veen A M H, Feiken N, et al. Hydrated rare-earth-metal ion-exchanged zeolite a: characterization by luminescence spectroscopy. Part 2. The Eu³⁺ ion. J Chem Soc, Faraday Trans, 1992, 88: 141-144.

[12] Clearfield A, Stynes J A. The preparation of crystalline zirconium phosphate and some observations on its ion exchange behaviour. J Inorg Nucl Chem, 1964, 26:117-129.

[13] Clearfield A. Role of ion exchange in solid-state chemistry. Chem Rev, 1988, 88: 125-148.

[14] 徐国财, 张立德. 纳米复合材料. 北京: 化学工业出版社, 2002.

[15] Kim R M, Pillion J E, Burwell D A, et al. Intercalation of aminophenyl- and pyridinium-substituted porphyrins into zirconium hydrogen phosphate: evidence for substituent-derived orientational selectivity. Inorg Chem, 1993, 32: 4509-4516.

[16] 黄春辉. 稀土配合物化学. 北京: 科学出版社, 1997.

[17] Canva M, Dubois A, Georges P M, et al. Perylene, pyrromethene and grafted rhodamine-doped xerogels for tunable solid state laser. Proc SPIE 2288, Sol-Gel Optics Ⅲ, 1994; 298.

[18] Banks E, Okamoto Y, Ueba Y. Synthesis and characterization of rare earth metal-containing polymers. I. Fluorescent properties of ionomers containing Dy³⁺, Er³⁺, Eu³⁺, and Sm³⁺. J Appl Polym Sci, 1980, 25: 359-368.

[19] Ueba Y, Zhu K J, Banks E, et al. Rare-earth-metal-containing polymers. 5. Synthesis, characterization, and fluorescence properties of Eu³⁺-polymer complexes containing carboxylbenzoyl and carboxylnaphthoyl ligands. J Polym Sci, Polym Chem Ed, 1982, 20: 1271-1278.

[20] Okamoto Y, Ueba Y, Dzhanibekov N F, et al. Rare earth metal containing polymers. 3. Characterization of ion-containing polymer structures using rare earth metal fluorescence probes. Macromol, 1981, 14: 17-22.

[21] (a) Wang X D, Summers C J, Wang Z L. Large-scale hexagonal-patterned growth of aligned ZnO nanorods for nano-optoelectronics and nanosensor arrays. Nano Lett, 2004, 4: 423-426. (b) Song S Y, Ma J F, Yang J, et al. Systematic synthesis and characterization of single-crystal lanthanide phenylphosphonate nanorods. Inorg Chem, 2006, 45: 1201-1207.

[22] (a) Corma A. From microporous to mesoporous molecular sieve materials and their use in catalysis. Chem Rev, 1997, 97: 2373-2420. (b) Rowsell J L C, Yaghi O M. Strategies for hydrogen storage in metal-organic frameworks. Angew Chem Int Ed, 2005, 44: 4670-4679. (c) Scott B J, Wirnsberger G, Stucky G D. Mesoporous and mesostructured materials for optical applications. Chem Mater, 2001, 13: 3140-3150.

[23] Xia Y N, Yang P D, Sun Y G, et al. One-dimensional nanostructures: synthesis, characterization, and applications. Adv Mater, 2003, 15: 353-389.

[24] (a) Piguet C, Bünzli J C G, Bernardinelli G, et al. Self-assembly and photophysical properties of lanthanide dinuclear triple-helical complexes. J Am Chem Soc, 1993, 115: 8197-8206. (b) Li H R, Zhang H J, Lin J. Preparation and luminescence properties of ormosil material doped with Eu(TTA)$_3$ phen Complex. J Non-Cryst Solids, 2000, 278: 218-222. (c) SáFerreira R A, Carlos L D, Gonçalves R R, et al. Energy-transfer mechanisms and emission quantum yields In Eu^{3+}-based siloxane-poly(oxyethylene) nanohybrids. Chem Mater, 2001, 13: 2991-2998.

[25] (a) Tachikawa T, Ishigaki T, Li J G, et al. Defect-mediated photoluminescence dynamics of Eu^{3+}-doped TiO$_2$ nanocrystals revealed at the single-particle or single-aggregate level. Angew Chem Int Ed, 2008, 47: 5348-5352. (b) Fan W Q, Song S Y, Feng J, et al. Facile synthesis and optical property of porous tin oxide and europium-doped tin oxide nanorods through thermal decomposition of the organotin. J Phys Chem C, 2008, 112 (50): 19939-19944.

[26] (a) Chowdhuri A, Gupta V, Sreenivas K, et al. Response speed of SnO$_2$-based H$_2$S gas sensors with CuO nanoparticles. Appl Phys Lett, 2004, 84: 1180-1182. (b) He J H, Wu T H, Hsin C L, et al. Beaklike SnO$_2$ nanorods with strong photoluminescent and field-emission properties. Small, 2006, 2: 116-120.

[27] (a) del-Castillo J, Rodríguez V D, Yanes A C, et al. Energy transfer from the host to Er^{3+} dopants in semiconductor SnO$_2$ nanocrystals segregated in sol-gel silica glasses. J Nanopart. Res, 2008, 10: 499-506. (b) Morais E A, Scalvi L V A, Tabata A, et al. Photoluminescence of Eu^{3+} ion in SnO$_2$ obtained by sol-gel. J Mater Sci, 2008, 43: 345-349.

[28] (a) Brian T H, Blanford C F, Stein A. Synthesis of macroporous minerals with highly ordered three-dimensional arrays of spheroidal voids. Science, 1998, 281: 538-540. (b) Yang P D, Deng T, Zhao D Y. Hierarchically ordered oxides. Science, 1998, 282: 2244-2246.

[29] Nakanishi K, Tanaka N. Sol-gel with phase separation. Hierarchically porous materials optimized for high-performance liquid chromatography separations. Acc Chem Res, 2007, 40: 863-873.

[30] (a) Koker L, Wellner A, Sherratt P A J, et al. Laser-assisted formation of porous silicon in diverse fluoride solutions: hexafluorosilicate deposition. J Phys Chem B, 2002, 106: 4424-4431. (b) Bisi O, Ossicini S, Pavesi L. Porous silicon: a quantum sponge structure for silicon based optoelectronics. Surf Sci Rep, 2000, 38: 1-126.

[31] (a) Yang A, Tao X M, Pang G K H, et al. Preparation of porous tin oxide nanobelts using the electrospinning technique. J Am Ceram Soc, 2008, 91: 257-262. (b) Song S Y, Ma J F, Yang J, et al. Selected-control synthesis of metal phosphonate nanoparticles and nanorods. Inorg Chem, 2005, 44: 2140-2142.

[32] Gao L L, Song S Y, Ma J F, et al. Hydrothermal synthesis and characterization of alkaline-earth metal phenylphosphonate nanostructures. Cryst Growth Des, 2007, 7: 895-899.

[33] (a) Wang Y L, Jiang X C, Xia Y N. A solution-phase, precursor route to polycrystalline SnO$_2$ nanowires that can be used for gas sensing under ambient conditions. J Am Chem Soc, 2003, 125: 16176-16177. (b) Jiang X C, Wang Y L, Herricks T, et al. Ethylene glycol-mediated synthesis of metal oxide nanowires. J Mater Chem, 2004, 14: 695-703.

[34] Zhao Q R, Zhang Z G, Dong T, et al. Facile synthesis and catalytic property of porous tin dioxide

nanostructures. J Phys Chem B, 2006, 110: 15152-15156.

[35] (a) Zheng G L, Ma J F, Yang J, et al. A new system in organooxotin cluster chemistry incorporating inorganic and organic spacers between two ladders each containing five tin atoms. Chem Eur J, 2004, 10: 3761-3768. (b) Glidewell C, Liles D C. The crystal and molecular structures of hydroxotriphenyl-tin(Ⅳ) and hydroxotriphenyllead(Ⅳ). Acta Crystallogr, 1978, B34: 129-134.

[36] Wharf I, Lamparski H, Reeleder R. Studies in aryltin chemistry: Part 7. Spectroscopic and fungicidal studies of some p-substituted tri-aryltin acetates, oxides and hydroxides. Appl Organomet Chem, 1997, 11: 969-976.

[37] Bueno W A. Infrared and Raman spectra of Ph_3SiOH, Ph_3SnOH and Ph_3PbOH. Spectrochim Acta, 1980, 36: 1059-1064.

[38] Gu F, Wang S F, Song C F, et al. Synthesis and luminescence properties of SnO_2 nanoparticles. Chem Phys Lett, 2003, 372: 451-454.

[39] Glidewell C, Low J N, Bomfim J A S, et al. Catena-poly[[triphenyltin(Ⅳ)]-μ-hydroxo-κ^2O:O] at 120 K. Acta Crystallogr, 2002, C58: m199-m201.

[40] Wang H Z, Liang J B, Fan H, et al. Synthesis and gas sensitivities of SnO_2 nanorods and hollow micro-spheres. J Solid State Chem, 2008, 181: 122-129.

[41] Kruk M, Jaroniec M. Gas adsorption characterization of ordered organic-inorganic nanocomposite mate-rials. Chem Mater, 2001, 13: 3169-3183.

[42] Fu X Y, Zhang H W, Niu S Y, et al. Synthesis and luminescent properties of SnO_2 : Eu nanopowder via polyacrylamide gel method. J Solid State Chem, 2005, 178: 603-607.

[43] Nogami M, Enomoto T, Hayakawa T. Enhanced fluorescence of Eu^{3+} induced by energy transfer from nanosized SnO_2 crystals in glass. J Lumin, 2002, 97: 147-152.

[44] Chang S S, Jo M S. Luminescence properties of Eu-doped SnO_2. Ceram Int, 2007, 33: 511-514.

[45] Moon T, Hwang S T, Jung D R, et al. Hydroxyl-quenching effects on the photoluminescence proper-ties of SnO_2 : Eu^{3+} nanoparticles. J Phys Chem C, 2007, 111: 4164-4167.

[46] Crabtree D F. The luminescence of SnO_2-Eu^{3+}. J Phys D: Appl Phys, 1975, 8: 107-116.

[47] (a) You H P, Nogami M. Local structure and persistent spectral hole burning of the Eu^{3+} ion in SnO_2-SiO_2 glass containing SnO_2 nanocrystals. J Appl Phys, 2004, 95: 2781-2785. (b) Chen J T, Wang J, Zhang F, et al. Structure and photoluminescence property of Eu-doped SnO_2 nanocrystalline powders fabricated by sol-gel calcination process. J Phys D: Appl Phys, 2008, 41, 105306-105310.

[48] Ferreira R A S, Nobre S S, Granadeiro C M. A theoretical interpretation of the abnormal $^5D_0 \rightarrow {}^7F_4$ in-tensity based on the Eu^{3+} local coordination in the $Na_9[EuW_{10}O_{36}] \cdot 14H_2O$ polyoxometalate. J Lu-min, 2006, 121: 561-567.

[49] Liu Y S, Luo W Q, Li R F, et al. Spectroscopic evidence of the multiple-site structure of Eu^{3+} ions in-corporated in ZnO nanocrystals. Opt Lett, 2007, 32: 566-569.

索 引

彩　　图

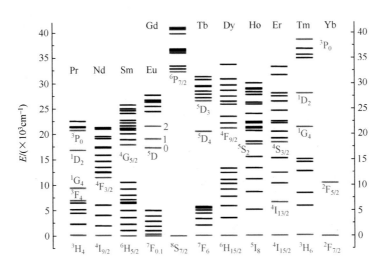

图 2-2　稀土离子的部分能级图

主要发光能级用红色标出，基态用蓝色标出

（承惠允，引自[1]）

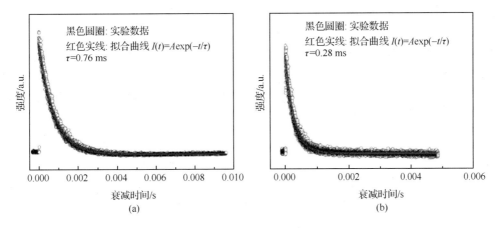

图 5-14　TbPABA-MM(a)和 EuPABA-MM(b)样品的荧光衰减曲线

（承惠允，引自[17]）

图 7-9　TbPABA-Fe$_3$O$_4$@SiO$_2$ 样品磁光性能的实验显示照片

（承惠允，引自［1(b)］）

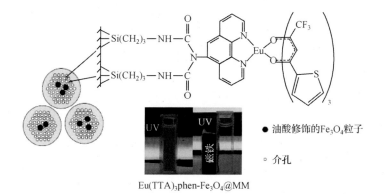

Eu(TTA)$_3$phen-Fe$_3$O$_4$@MM

● 油酸修饰的Fe$_3$O$_4$粒子

○ 介孔

图 7-15　Eu(TTA)$_3$phen-Fe$_3$O$_4$@MM 样品的组装结构及磁光性能显示

（承惠允，引自［1(c)］）

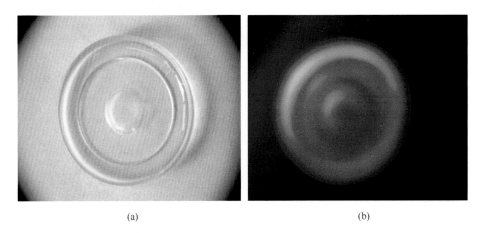

(a)

3

图 8-25　Eu(DBM-Si)$_3$(H$_2$O)$_2$-GEL 样品的在无紫外光(a)和紫外光照射下(b)的照片

（承惠允，引自[38(c)]）

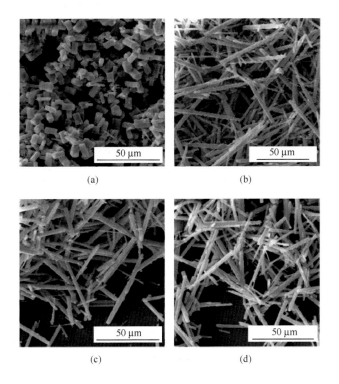

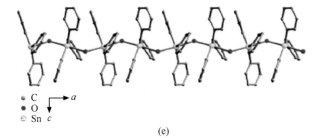

(e)

图 12-4　Ph₃SnOH 的 SEM 照片:(a)加 2 mg NaOH,(b) 加 4 mg NaOH,
(c) 加 8 mg NaOH,(d)加 10 mg NaOH;(e) Ph₃SnOH 的分子构型

(承惠允,引自[25(b)])

4